Introduction to
Applied Nonlinear Dynamical Systems
and Chaos

新装版

非線形の力学系とカオス

S.ウィギンス…著

丹羽 敏雄…監訳

丸善出版

Translation from the English language edition:

Introduction to Applied Nonlinear Dynamical Systems and Chaos

by S. Wiggins

Copyright ©1990 by Springer-Verlag New York Inc.

Springer-Verlag is a company in the BertelsmannSpringer publishing group

All Rights Reserved

まえがき

　この教科書はカルフォルニア工科大学で過去5年間にわたって教えてきた非線形力学系に関する大学院レベルの1年コースで与えた教材を基に発展させたものである．それは，この分野で研究を始める大学院生にとって必要であると信じる，基本的な技巧や結果を含んでいる．非線形力学のコースに対する予備知識としては，アーノルドの『常微分方程式論』(Arnold[1973])，あるいはハーシュ・スメイルの『力学系』(Hirsch and Smale[1974]) の十分な知識があれば理想的である．この予備知識が満たされていることは，まずめったにないので，節1.1において，必要な予備的材料をざっと復習しておいた．

　教室における，またこの本における主な目標は，学生が非線形問題に直面したとき成功する機会を高めるために多くの技巧を提供することにある．しかし，学ばれた方法や技巧が解かれるべき問題に対して旨く行かないことがしばしばあることは避けがたい．

　したがって，私は学生たちが，自分で必要な方法や技巧を開発するための道具や概念を持てるように，十分強力な理論的基礎を彼らに提供するようにも試みている．結果として，この本は細部において長く，かつ1年間の講義で可能なより以上の材料を含んでいる．しかし，この本は，主題に関する詳細にわたる取り扱いを含んでいるので，大学の1年間で提供される話題のすべてにわたっており，講義では深く触れる時間がない話題は，単に研究課題として読ませることが可能である．

　内容に関して2, 3の注意をしておきたい．第3章においては，分岐の余次元という概念にかなりの時間を割いたが，初めてこの主題を学ぶ学生が，その細部にこだわる必要があるようなものではない．例えば，私は通常，この主題に関しては1時間の講義を与えるだけで，あとは研究課題としている．これは，その概念が重要でないと信じているからではなく，むしろそれが真に理解されるためには，分岐理論の主題に関してある程度"数学的に成熟している"ことが必要とされているからである．私はそ

のような詳細にわたる取り扱いを含めた．なぜなら，力学系の分脈に沿ってのこの主題に関する完全な議論を見つけることは困難であるからである．これに関しては，私自身がこの話題を学んだ，Arnold[1972] のセミナー論文に従った．上のコメントのすべてにも拘わらず，この節を読むとき読者は，そのいかに多くが単なる形式的，数学的常識にすぎないかを自分自身に問うべきである．

第4章は力学系の大域的側面に関わっている．私の経験では，大部分の学生は，あらかじめそれらの概念にはほとんど出会ったことがないというのが実状である．それで私は幾何学的構成のほとんどを，写像に関しては2次元，ベクトル場に関しては3次元に制限した．こうして，私は学生がより容易に彼らの幾何学的直観を発展させることができることを願っている．にもかかわらず，結果のすべては高次元の場合にも妥当する．このレベルでの議論に興味のある読者は，『大域的分岐とカオス- 解析的方法』[Wiggins 1988] を参照されたい．

最後に，非線形力学とカオスは，この十年間一種の流行のようなものになってしまったが，非線形現象の理解には強固な数学的基盤と多くの険しい仕事が要求されるというのは，依然として真理である．その険しい仕事に努めている人々にこの本が役立つことを願っている．

ここで，私は，この本の執筆にあたって受けたすべての助力や励ましに対して感謝したいと思う．この本を通して，読者はフィリップ・ホルメスの影響に気づくであろう．彼フィルは，この主題に関する私の最初の先生であり，幾何学と力学の美しさを私に示してくれたのである．彼は力学系の研究への私のアプローチに様々に影響を与えた．この本を通して現れるような，長く詳細にわたる議論を好むという私の癖は例外であるが．このことに関しては彼に責任はない．スティーヴ・ショウは本のすべてを読み，多くの誤りを見つけ，多くの有益な示唆を与えてくれた．パット・セスナは内容やスタイルに関する多くの良き助言を与えてくれた．彼は忍耐強く，本の材料の多くを聴いてくれ，しばしば新しい洞察を私に提供した．ジェリー・マースデンとマーティー・ゴルビィツキーもまた原稿のかなりの部分に目を通し，数多くの誤りを見つけ，有益な助言を提供した．

この本の図の制作はペギー・ファースによってなされた．ペギーとの仕事は本当に楽しいものであった．彼女は私の荒っぽいスケッチとぼんやりとした記述を受け取り，それらを美しく教育的な図に直すことができた．彼女は，ほとんど際限のない，しばしば場あたり的な訂正に気持ちよく忍耐を持って応じてくれた．そのことが，この本に大きく役だっている．この本の原稿整理にあたった妻のメレディスにも感謝したい．私たちの慎重な計画にもかかわらず，この本の誕生は私たちの娘サマサの誕生に重なった．そのためメレディスは，しばしば我ままな著者の要求のまっただ中で腹痛に見舞

われながら，原稿整理を曲芸のように扱うことを余儀なくされた．この犠牲的行為に対して私は深く感謝している．最後に，私の研究活動への国立科学財団および海軍研究所の援助に対して感謝したい．

S．ウィギンス

はしがき

　力学系の理論でもっとも興味深いものは分岐理論とカオスの理論であろう．そのおもしろさは，理論の数学的な深さとともに，豊かな応用可能性にある．それは非線形現象の理解のための鍵になる理論の一つである．大きくいえば，新しい力学的自然観をもたらす可能性を秘めているといえよう．技術的にいえば．その魅力は定性的な側面と解析的な側面が有機的に関連しているところにある．スメイルたちによって始められた力学系のいわゆる公理的方法は，その理論の華やかさにもかかわらず，具体例に乏しいという大きな難点がある．分岐理論は，公理的方法の良さを取り入れつつ，具体的な計算も可能であり，それがこの理論をより深いものにしている．さて，本書はこの魅力的な分野への"入門書"である．入門書といっても内容はかなり高度なものにも及んでおり，研究書としての性格ももっている．それは本書のもっている"徹底性"に負うところが大きい．内容が豊富であるばかりでなく，具体例に即しつつ，計算は細部まで計算が実行されている．演習問題も非常に豊富であり理解の助けになるだろう．こうして，初等的な常微分方程式論を一通り学習した者なら，無理なく本書に取り組むことができ，この分野の現在の研究の前線に近いところまで学ぶことができる．ただし，ある種の大定理，たとえば，中心多様体定理などは証明されずに引用されている．しかし，その証明を知らなくても，定理の意味は明白であり，具体的な適用例などによって，その内容も的確に理解することが可能になるよう配慮されている．また，証明が省略されている場合は，文献が明示されているので，必要ならばそれにあたることもできる．力学系の理論を完全に自足的にすることは，分量からいっても一冊の本では不可能なことであるから，このようなやり方はもっとも教育的なやり方といえるだろう．

　はじめにも述べたように，分岐理論やカオスの理論はそれ固有の数学的興味だけではなく，応用的見地からみても重要である．それらはこれからも大きな発展が期待され，またさせなければならない分野である．にもかかわらず，残念なことに，本書の程度の内容をもつものが和書ではまだまだ不十分であるといわざるをえない．こうした

意味でも，本書の翻訳は意義あるものと考えている．この分野の研究者あるいは，これから学ぼうとする人々に本訳書が役立つことを願っている．

1992 年 2 月

丹羽敏雄

今井桂子

田中　茂

水谷正大

森　　真

新装版発行にあたって

　本書は旧版にあっては上下の 2 巻であったものを 1 冊にまとめたものである．それによって，判型を大きくしたこととあいまって随分と読みやすくなったのではないかと思う．ありがたいことに，値段も安くなって手にとっていただきやすくなった．

　さて，旧版が出てすでに 8 年になる．新装版発行にあたってはもちろん旧版で気づいた誤りを正したが，こうしたこと以上に本書が現在も積極的な意味をもつかどうかが当然のことながら訳者としても最も気になる点であった．本書は通常の数学書にみられる定義や定理を中心に述べるスタイルを取るのではなく，実に多様な具体例に即しながら，力学系をいかに解析していくか，その数学的技術や直観を開発することに主眼が置かれている．これは，本書が基礎にある原理を軽視したいわゆるハウツーものであることを意味するのではない．力学系理論の真髄である幾何学的直観と解析的計算の本質的結合という精神の習得こそが本書の目指すところである．

　力学系理論は現在，その力点が広い意味で応用に，すなわち具体的な諸現象を理解することに移っているのではないかと思われる．その傾向は当然のことながらコンピュータの普及と結びついており，これからもますます強まっていくであろう．そうした趨勢に照らし合わせてみると，上に述べた本書の性格が時代遅れであるどころか，時代の先を行くものであったことが判る．

2000 年 5 月

丹羽敏雄

目　次

序　　　　　　　　　　　　　　　　　　　　　　　　　　　　　　　1

第 1 章　力学系の幾何学的観点：予備事項，ポアンカレ写像と例題　　　5

  1.1　　　　力学系の理論からの予備事項.............................. 6

    1.1A　　平衡解：線形安定性 6

    1.1B　　リャプノフ関数 11

    1.1C　　不変多様体：線形系と非線形系 15

    1.1D　　周期解 26

    1.1E　　2 次元多様体上の可積分ベクトル場 30

    1.1F　　指数理論 36

    1.1G　　ベクトル場の一般的性質：存在性，一意性，微分可能性と流れ.. 38

    1.1H　　漸近的振る舞い 43

    1.1I　　ポアンカレ-ベンディクソンの定理 48

  1.2　　　ポアンカレ写像：定理，構成および例 64

    1.2A　　ポアンカレ写像：例 65

    1.2B　　断面の変動：写像の共役性 89

    1.2C　　構造安定性，生成性，横断性 95

    1.2D　　ポアンカレ写像の構成 104

    1.2E　　減衰，強制ダッフィング振動子の力学への応用 155

第 2 章　力学系を簡単にする方法　　　　　　　　　　　　　193

  2.1　　　中心多様体...193

    2.1A　　ベクトル場の中心多様体 194

    2.1B　　パラメータに依存する中心多様体 199

    2.1C　　線形的に不安定な方向の包含 204

2.1D	写像に対する中心多様体	. . . .	205
2.1E	中心多様体の性質	. . . .	211
2.2	標準形	. . . .	213
2.2A	ベクトル場の標準形	. . . .	213
2.2B	パラメータづけられたベクトル場の標準形	. . . . . .	221
2.2C	写像に対する標準形	. . . .	227
2.2D	ベクトル場の共役性と同値性	. . . .	232
2.3	最後の注意	. . . .	240

第3章 局所分岐   255

3.1	ベクトル場の不動点の分岐	. . . .	255
3.1A	0固有値	. . . .	257
3.1B	純虚数固有値の対：ポアンカレ-アンドロノフ-ホップ分岐	. . . .	273
3.1C	摂動のもとでの分岐の安定性	. . . .	281
3.1D	分岐の余次元の概念	. . . .	287
3.1E	2重0固有値	. . . .	325
3.1F	1つの0と1対の純虚数の固有値	. . . .	336
3.2	写像の不動点の分岐	. . . .	363
3.2A	固有値1	. . . .	365
3.2B	固有値 −1	. . . .	378
3.2C	絶対値1の1対の固有値：ナイマルク-サッカー分岐	. . . . .	381
3.2D	写像の局所分岐の余次元	. . . .	389
3.3	分岐図式の説明と応用：警告	. . . .	392

第4章 大域的分岐とカオスのいくつかの様相   425

4.1	スメールの馬蹄型力学系	. . . .	425
4.1A	スメールの馬蹄型写像の定義	. . . .	426
4.1B	不変集合の構成	. . . .	428
4.1C	記号力学	. . . .	436
4.1D	不変集合上の力学	. . . .	439
4.1E	カオス	. . . .	442
4.2	記号力学	. . . .	443
4.2A	記号列の空間の構造	. . . .	444
4.2B	ずらし写像	. . . .	448
4.3	コンリー-モーザー条件と "いかにして力学系がカオス的であること を示すか"	. . . .	449

4.3A	主定理	449
4.3B	セクター・バンドル	465
4.3C	双曲型不変集合	471
4.4	2次元写像のホモクリニック点の近傍における力学	478
4.5	2次元の時間周期ベクトル場におけるホモクリニック軌道に対する	
	メルニコフの方法	493
4.5A	一般論	493
4.5B	ポアンカレ写像とメルニコフ関数の幾何学	516
4.5C	メルニコフ関数のいくつかの性質	518
4.5D	低調波メルニコフ関数の関係	520
4.5E	ホモクリニック分岐と低調波分岐	522
4.5F	減衰, 強制ダッフィング振動子への応用	524
4.6	錯綜における幾何および力学	531
4.6A	主交叉点と耳状領域	533
4.6B	相空間における移送	538
4.6C	技術的な詳細	548
4.6D	メルニコフ理論の移送理論への応用	550
4.7	ホモクリニック分岐：周期倍加と鞍状点-結節点分岐のカスケード . .	553
4.8	3次元自励ベクトル場の双曲型不動点にホモクリニックな軌道 . . .	565
4.8A	純実数固有値を持つ鞍状点のホモクリニック軌道	569
4.8B	鞍状焦点にホモクリニックな軌道	586
4.9	局所余次元2の分岐によって生じる大域的分岐	605
4.9A	2つの0固有値の場合	605
4.9B	1つの0と1対の純虚数固有値の場合	609
4.10	リャプノフ指数	617
4.11	カオスとストレンジ・アトラクター	622

参考文献   **659**

索 引   **673**

序

この本では，$x \in U \subset \mathbb{R}^n, t \in \mathbb{R}^1$ と $\mu \in V \subset \mathbb{R}^p$ について，次の

$$\dot{x} = f(x, t; \mu) \tag{0.1}$$

と

$$x \mapsto g(x; \mu) \tag{0.2}$$

の形の方程式を研究する．ここで，U と V は，それぞれ $\mathbb{R}^n$ と $\mathbb{R}^p$ の開集合である．(0.1) の上部のドットは "$\frac{d}{dt}$" を意味し，変数 μ はパラメータとみなされている．力学系の研究では，独立変数はしばしば "時間" とみなされる．この用語は時折り使っていく．(0.1) をベクトル場または**常微分方程式**，(0.2) を写像または**差分方程式**といい，どちらも力学系と呼ぶ．(0.1) や (0.2) について何を調べようとするかを議論する前に，いくつかの用語を定めておこう．

(0.1) の解とは，ある区間 $I \subset \mathbb{R}^1$ から $\mathbb{R}^n$ への写像 x

$$x \colon I \to \mathbb{R}^n,$$
$$t \mapsto x(t)$$

で，$x(t)$ が (0.1) を満たしている，つまり

$$\dot{x}(t) = f(x(t), t; \mu)$$

なるときをいう．写像 x は $\mathbb{R}^n$ 内の曲線であると幾何学的に解釈される．(0.1) はその曲線の各点における接ベクトルを与えており，それ故に (0.1) をベクトル場という．(0.1) の従属変数の空間（つまり $\mathbb{R}^n$）を (0.1) の**相空間**という．抽象的にいえば，我々の目標は相空間における解曲線の幾何学を理解することである．多くの応用では，相空間の構造は $\mathbb{R}^n$ より一般的であることを注意しておく．いくつかの例では，相空間は円筒や球，トーラスである．これらの状況については出会うたびに議論することにしよう．しばらくは写像やベクトル場の相空間を $\mathbb{R}^n$ の開集合としても一般性を失う

2　序

ことはない.

　以下に述べるように,解に対する書き方に幾らかの情報を与えることは有用であることがわかる.

【初期条件に関する依存性】

　解曲線を,特定の時刻にそれが通過する相空間内の点,すなわち,解 $x(t)$ に対して $x(t_0) = x_0$ である点 x_0 によって区別することが役立つ.これで初期条件を記述しているという.このことは $x(t, t_0, x_0)$ と解を表すことに含まれてしまう.ある場合には初期条件を明示することが重要でないこともあり,その時には解を単に $x(t)$ と表すことにする.また他の場合には初期時刻は常に特定の時間,例えば, $t_0 = 0$ と理解してもよい.このときには解を $x(t, x_0)$ と表すことにする.

【パラメータに関する依存性】

　同様に,解のパラメータ依存性を明示することは有用である.この場合には $x(t, t_0, x_0; \mu)$,または,初期条件に関心がないときには, $x(t; \mu)$ と書く.パラメータが議論の中で役割を果たさないときには,表記からパラメータ依存性をしばしば省略することもある.

【いくつかの用語】

1. (0.1) の解という用語にやや同義ないくつかの用語がある. $x(t, t_0, x_0)$ は時刻 $t = t_0$ で点 x_0 を通る軌跡または相曲線ともいう.

2. t 上の $x(t, t_0, x_0)$ のグラフを積分曲線という.正確にいうと, I を解が存在する時間区間とすると, $x(t, t_0, x_0)$ のグラフ $= \{ (x, t) \in \mathbb{R}^n \times \mathbb{R}^1 \mid x = x(t, t_0, x_0),\ t \in I \}$ である.

3. x_0 を (0.1) の相空間内の点としよう. x_0 を通る軌道を $O(x_0)$ と表し, x_0 を通過する軌跡上に位置する相空間内の点の集合とする.より正確にいうと, $x_0 \in U \subset \mathbb{R}^n$ に対し x_0 を通る軌道は $O(x_0) = \{ x \in \mathbb{R}^n \mid x = x(t, t_0, x_0),\ t \in I \}$ で与えられる.任意の $T \in I$ に関して, $O(x(T, t_0, x_0)) = O(x_0)$ に注意する.

　ここで,軌跡,積分曲線,軌道の間の違いを説明する例を与えよう.

例 0.1　次の方程式を考える.

$$\begin{aligned} \dot{u} &= v, \\ \dot{v} &= -u, \end{aligned} \qquad (u, v) \in \mathbb{R}^1 \times \mathbb{R}^1. \tag{0.3}$$

時刻 $t = 0$ で点 $(u, v) = (1, 0)$ を通過する解は $(u(t), v(t)) = (\cos t, -\sin t)$ で与えられる.時刻 $t = 0$ で $(u, v) = (1, 0)$ を通過する積分曲線は $\{ (u, v, t) \in \mathbb{R}^1 \times \mathbb{R}^1 \times \mathbb{R}^1 \mid$

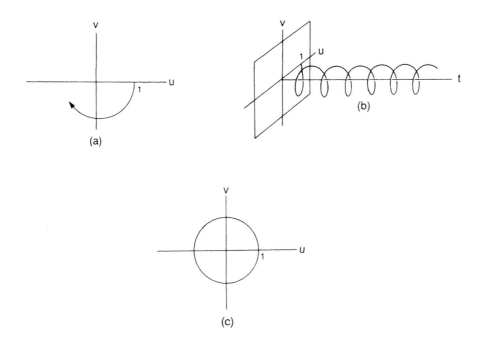

図 0.0.1 (a) $t=0$ で $(1,0)$ を通る解. (b) $t=0$ で $(1,0)$ を通る積分曲線. (c) $(1,0)$ の軌道.

全ての $t \in \mathbb{R}$ について $\bigl(u(t), v(t)\bigr) = (\cos t, -\sin t)\}$ で与えられる. $(u,v) = (1,0)$ を通過する軌道は円 $u^2 + v^2 = 1$ で与えられる. 図 0.0.1 はこの例に対するこうした違いを幾何学的に説明するものである.

慧眼な読者は, 議論が先に進みすぎてしまい, (0.1) が解を持つものと暗黙に仮定していることに気づくだろう. もちろん, このことは決して自明でなく, 解が存在するためにはなんらかの条件 (今までの所, 何も述べられてない) が $f(x,t;\mu)$ に課されなければならない. さらに, 解の付加的な性質 —— 一意性や初期条件とパラメータに関する微分可能性のような —— が実際の応用では必要である. このような問いを1.1節ではっきり考える際に, これらの性質は $f(x,t;\mu)$ に関する条件からも継承されることがわかる. 当分のあいだ, $f(x,t;\mu)$ が x, t と μ について C^r 級 $(r \geq 1)$ であれば, 任意の $x_0 \in \mathbb{R}^n$ を通る解が存在し, かつ, ある時間区間上で一意的であることを証明抜きで認めておこう. さらに解それ自身は t, t_0, x_0 と μ の C^r 級関数である. (注: 関数が C^r 級とは, これが r 回微分可能で各導関数が連続のときである. また $r=0$ のとき関数は連続であることに注意する.).

この段階では写像, つまり方程式 (0.2) については何も言及していない. 広い意味で, $g(x;\mu)$ に依存している2つの型の写像を調べよう. 1つは**非可逆写像**で固定した μ

について x の関数として $g(x;\mu)$ が逆を持たない写像，もう 1 つは**可逆写像**で $g(x;\mu)$ が逆を持つものである．写像が C^r **微分同相**とは，$g(x;\mu)$ が可逆であり，その逆を $g^{-1}(x;\mu)$ と表すとき，$g(x;\mu)$ と $g^{-1}(x;\mu)$ が共に C^r 写像であることである（写像が可逆であるとは，1 対 1 で上への写像であることに注意する）．我々の目標は (0.2) の軌道を調べることである．**軌道**とは，点の両側無限列（g が可逆のとき）

$$\{\cdots, g^{-n}(x_0;\mu), \cdots, g^{-1}(x_0;\mu), x_0, g(x_0;\mu), \cdots g^n(x_0;\mu), \cdots\}, \qquad (0.4)$$

である．ここで，$x_0 \in U$ であり g^n は帰納的に

$$g^n(x_0;\mu) \equiv g\big(g^{n-1}(x_0;\mu)\big), \qquad n \geq 2, \qquad (0.5\text{a})$$

$$g^{-n}(x_0;\mu) \equiv g^{-1}\big(g^{-n+1}(x_0;\mu)\big), \qquad n \geq 2, \qquad (0.5\text{b})$$

により定義されている．あるいは点の片側無限列（g が非可逆のとき）

$$\{x_0, g(x_0;\mu), \cdots, g^n(x_0;\mu), \cdots\} \qquad (0.6)$$

をいう．ここで，$x_0 \in U$ であり g^n は (0.5a) により帰納的に定義されている．（注：(0.5) が意味を持つためには $g^{n-1}(x_0;\mu)$, $g^{-n+1}(x_0;\mu) \in U$, $n \geq 2$, また (0.6) が意味を持つためには $g^{n-1}(x_0;\mu) \in U$, $n \geq 2$ を仮定しなければならないことはいうまでもない．）写像に関する軌道の存在や一意性の問題は明らかで，初期条件とパラメータに関する軌道の微分可能性は，微分計算の連鎖律を適用した帰結であることを注意しておく．

　これらの前置きを終えて，この本の主たる目標に向かうことにする．

第 1 章　力学系の幾何学的観点：予備事項，ポアンカレ写像と例題

　力学系の研究における主な目標は単純なことである．与えられた力学系について，その軌道構造の幾何学の完全な特徴づけを与えることである．力学系がパラメータに依存している場合には，パラメータが変化したとき軌道構造の変化を特徴づけることである．

　残念ながら，我々が研究する全ての力学系についてこの目標を達成することは出来ない．しかし，この本では，多くの問題に関して（そのいくつかについては多く，他のものについては僅かに）前進することが出来るような技巧と観点を発展させ，また我々の知識のどこに欠如があるのかを指摘しよう．これを行うために，広く変化にとんだ（一見して）異なった数学的技巧を与えられた問題に対して用いる必要がある．結果的にはかなりの量の予備事項を導入しなければならない．必要となる予備事項を開発しながら，同時に個別の力学系に焦点をあてていく．この意味で，個々の力学系に関する情報を可能な限り得るために利用する様々な考えや技巧を発展させていく．個別の力学系の解析で様々な考えや技巧を取り上げ，いかにこれらをまとめるかを示すようなこの研究法が，実際の応用において力学系を取り扱うための我々の戦術を最もよく示していると考えている．

　こうした予備事項を発展させていくときに用いる力学系を減衰強制ダッフィング振動子とし，これは次式で与えられる．

$$\dot{x} = y,$$
$$\dot{y} = x - x^3 - \delta y + \gamma \cos \omega t.$$

ここで，δ, γ, ω はパラメータであり，相空間は平面 $\mathbb{R}^2$ である．物理的には，δ は散逸，γ は強制力の振幅，そして ω は振動数とみなされている．この理由で $\delta, \gamma, \omega \geq 0$ とすることにしよう．減衰強制ダッフィング振動子は様々な応用に登場する．例えば，個々の応用や参考文献については Guckenheimer and Holmes [1983] を見よ．

　時間にあらわに依存するベクトル場は**非自励系**，時間に独立なベクトル場は**自励系**と

6　1. 力学系の幾何学的観点

呼ばれる．2次元のときには，自励系ベクトル場と非自励系とでは考えられる力学に大きな差異がある．実際，カオスは非自励系では可能であるが自励系の場合にはない．この理由から，まず非強制の場合から始めよう．

1.1　力学系の理論からの予備事項

　節1.1ではこの本を通して用いる予備事項の多くを発展させる．こうした事項の多くを非強制減衰ダッフィング振動子という例を通して説明していくことにする．非強制減衰ダッフィング振動子は次式で与えられる．

$$\begin{aligned} \dot{x} &= y, \\ \dot{y} &= x - x^3 - \delta y, \end{aligned} \qquad \delta \geq 0. \qquad (1.1.1)$$

(1.1.1)の軌道構造を理解する手始めの最も簡単な方法はその平衡点の性質を調べることである．

1.1A　平衡解：線形安定性

　一般の自励系ベクトル場を考えよう．

$$\dot{x} = f(x), \qquad x \in \mathbb{R}^n. \qquad (1.1.2)$$

(1.1.2)の平衡解とは

$$f(\bar{x}) = 0,$$

なる点 $\bar{x} \in \mathbb{R}^n$ である．つまり，時間変化をしない解である．"平衡解"という用語に代わる他の用語として，"不動点"，"停留点"，"静止点"，"特異点"，"臨界点"，または"定常点"がある．この本では，平衡点または不動点という用語を用いる．

　ひとたび(1.1.2)の解を見つけたとき，その解が安定かどうかを決定しようとするのは自然なことである．

【安定性】
　$\bar{x}(t)$ を(1.1.2)の任意の解とする．大まかにいえば，$\bar{x}(t)$ が**安定**とは，与えられた時刻で $\bar{x}(t)$ の"近く"から出発した解がその後ずっと $\bar{x}(t)$ の近くに留まるときをいう．**漸近安定**とは，近くの解が $t \to \infty$ で $\bar{x}(t)$ に収束するときをいう．これらの考えを定式化しよう．

定義 1.1.1　（リャプノフ安定）　$\bar{x}(t)$ が安定（またはリャプノフ安定）とは，与え

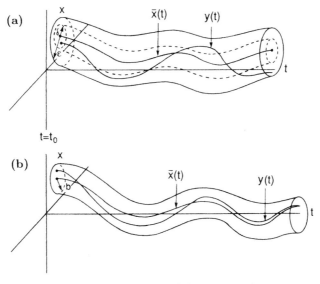

図 1.1.1 (a) リャプノフ安定. (b) 漸近安定.

られた $\varepsilon > 0$ について $\delta = \delta(\varepsilon) > 0$ が存在して，(1.1.2) の他の解 $y(t)$ に対して，$|\bar{x}(t_0) - y(t_0)| < \delta$ を満たすならば，$t > t_0, t \in \mathbb{R}$ に対して $|\bar{x}(t) - y(t)| < \varepsilon$ であるときである．

安定でない解を**不安定**という．

定義 1.1.2 （漸近安定）

$\bar{x}(t)$ が漸近安定とは，それがリャプノフ安定であり，また定数 $b > 0$ があって，もし $|\bar{x}(t_0) - y(t_0)| < b$ ならば $\lim_{t \to \infty} |\bar{x}(t) - y(t)| = 0$ であるときである．

これらの 2 つの定義の幾何学的解釈については図 1.1.1 を見よ．これら 2 つの定義は，無限時間にわたる解の存在についての情報を持っていることを意味することに注意する．このことは平衡解については自明であるが，すぐ近くの解については必ずしもそうでない．また，これらの定義は自励系に対するものである．なぜなら，非自励系では δ と b は t_0 にあからさまに依存してしまうからである（これについては後ほどもう少し触れる）．

定義 1.1.1 と 1.1.2 は数学的には非常にすっきりしたものである．しかし，これらは与えられた解が安定かどうかを決定する方法を提供していない．この問いに注意をむけてみよう．

8　1. 力学系の幾何学的観点

【線形化】

$\bar{x}(t)$ の安定性を決定するために，$\bar{x}(t)$ の近くの解の性質を理解しなければならない．

$$x = \bar{x}(t) + y. \tag{1.1.3}$$

とする．(1.1.3) を (1.1.2) に代入し，$\bar{x}(t)$ のまわりでテイラー展開すると

$$\dot{x} = \dot{\bar{x}}(t) + \dot{y} = f(\bar{x}(t)) + Df(\bar{x}(t))y + \mathcal{O}(|y|^2) \tag{1.1.4}$$

となる．ここで Df は f の導関数であり $|\cdot|$ は $\mathbb{R}^n$ のノルムである（注：(1.1.4) を得るには f は最低 2 階微分可能でなければならない）．$\dot{\bar{x}}(t) = f(\bar{x}(t))$ であることを使って，(1.1.4) は

$$\dot{y} = Df(\bar{x}(t))y + \mathcal{O}(|y|^2) \tag{1.1.5}$$

となる．方程式 (1.1.5) は $\bar{x}(t)$ の近くの軌道の発展を記述している．安定性については，$\bar{x}(t)$ に任意に近い解の挙動に関心があり，それに付随した**線形系**

$$\dot{y} = Df(\bar{x}(t))y \tag{1.1.6}$$

を調べることにより，この問いに答えることができよう．それ故，$\bar{x}(t)$ の安定性の問題は次の 2 つの段階を伴う：

1. (1.1.6) の解 $y = 0$ が安定かどうかを決定すること．
2. (1.1.6) の解 $y = 0$ の安定性（または不安定性）が $\bar{x}(t)$ の安定性（または不安定性）を意味することを示すこと．

段階 1 は元の問題と同じように困難である．というのも，時間に依存する係数を持つ線形常微分方程式の解を見いだす一般的方法がないからである．しかしながら，もし $\bar{x}(t)$ が平衡解，すなわち $\bar{x}(t) = \bar{x}$ であれば，$Df(\bar{x}(t)) = Df(\bar{x})$ は定数要素を持つ行列となり，$t = 0$ で点 $y_0 \in \mathbb{R}^n$ を通る (1.1.6) の解は直ちに

$$y(t) = e^{Df(\bar{x})t}y_0 \tag{1.1.7}$$

のように書ける．したがって，$Df(\bar{x})$ の固有値が負の実部を持つときは $y(t)$ は**漸近安定**である（演習問題 1.1.22 を参考）．

段階 2 に対する解答は次の定理から得られる．

定理 1.1.1　$Df(\bar{x})$ の固有値が全て負の実部を持つとする．このとき非線形ベクトル場 (1.1.2) の平衡解 $x = \bar{x}$ は漸近安定である．

証明　この定理の証明は節 1.1B でリャプノフ関数を議論するときに与える．　□

1.1 力学系の理論からの予備事項 **9**

節 1.1.B では，非線形ベクトル場の平衡解が線形近似では安定であるが，しかし実際には不安定である例を与える．しばしば "線形安定" という用語は解が線形近似において安定であることをいうために使われる．したがって，線形安定な解は非線形的には不安定かもしれない．

以下の節で読者は定理 1.1.1 と同じような趣旨の多くの結果をみることになる．すなわち，付随する線形ベクトル場の固有値の実部が 0 でなければ，非線形ベクトル場の平衡解の近くの軌道構造は線形ベクトル場のそれと基本的には同じであるということである．そのような平衡解は特別な名前が与えられている．

定義 1.1.3　$x = \bar{x}$ を $\dot{x} = f(x), x \in \mathbb{R}^n$ の不動点とする．このとき $\bar{x}$ が**双曲型不動点**であるとは，$Df(\bar{x})$ の固有値がどれも 0 の実部を持たないときである．

【写像】

こうして議論してきたことは全て写像にも適応される．そのいくつかの項目について述べてみよう．

$\mathbf{C}^r$（$r \geq 1$）写像

$$x \mapsto g(x), \qquad x \in \mathbb{R}^n \tag{1.1.8}$$

を考え，それが $x = \bar{x}$ で不動点，つまり $\bar{x} = g(\bar{x})$ であるとする．これに付随する線形写像は

$$y \mapsto Ay, \qquad y \in \mathbb{R}^n \tag{1.1.9}$$

で与えられる．ここで，$A \equiv Dg(\bar{x})$ である．

【写像に対する安定性の定義】

写像の軌道についての安定性や漸近安定性の定義はベクトル場に対する定義と非常に似ている．これらの定義の定式化は読者の演習問題に残しておく（演習問題 1.1.8 参照）．

【線形写像の不動点の安定性】

点 $y_0 \in \mathbb{R}^n$ を選ぶ．線形写像 (1.1.9) における y_0 の軌道は（写像が $\mathbf{C}^r$，$r \geq 1$ で微分同相のときには）両側無限列

$$\{\cdots, A^{-n}y_0, \cdots, A^{-1}y_0, y_0, Ay_0, \cdots, A^n y_0, \cdots\} \tag{1.1.10}$$

または，（写像が $\mathbf{C}^r$，$r \geq 1$ で非可逆のときには）片側無限列

$$\{y_0, Ay_0, \cdots, A^n y_0, \cdots\} \tag{1.1.11}$$

10　1. 力学系の幾何学的観点

で与えられる．(1.1.10) と (1.1.11) から，線形写像 (1.1.9) の不動点 $y = 0$ は A の全ての固有値が 1 より小さい絶対値を持つとき漸近安定となることは明らかである（演習問題 1.1.24 参照）．

【線形近似による写像の不動点の安定性】
　僅かな変更をすると，定理 1.1.1 は写像に対しても正しい．
　これらの考えを非強制ダッフィング振動子に適用する前に，まずいくつかの有用な用語を与えておこう．

【用語】
　ベクトル場の（または写像の）双曲型不動点が**鞍状点**と呼ばれるのは，付随する線形化の固有値について，そのいくつかの，しかし全てではないものが 0 より大きい実部（1 より大の絶対値）を持ち，残りの固有値が 0 より小さい実部（1 より小さい絶対値）を持つときである．全ての固有値が負の実部（または 1 より小さい絶対値）を持つときは，その双曲型不動点は**安定結節点**または**沈点**，また全ての固有値が正の実部（1 より大きい絶対値）を持つときは**不安定結節点**または**湧点**と呼ばれる．もし固有値がすべて純虚数（絶対値 1）で 0（1）でないとき，非双曲型不動点は**中心**と呼ばれる．
　さてこの結果を非強制ダッフィング振動子に適用しよう．

【非強制ダッフィング振動子への応用】
　方程式 (1.1.1)

$$\dot{x} = y,$$
$$\dot{y} = x - x^3 - \delta y, \qquad \delta \geq 0.$$

を思い起こそう．この方程式は

$$(x, y) = (0, 0), (\pm 1, 0) \tag{1.1.12}$$

で与えられる 3 つの不動点を持つことはすぐにわかる．線形化されたベクトル場に付随する行列は

$$\begin{pmatrix} 0 & 1 \\ 1 - 3x^2 & -\delta \end{pmatrix} \tag{1.1.13}$$

で与えられる．(1.1.12) と (1.1.13) を使うと，不動点 $(0, 0)$ に関する固有値 λ_1 と λ_2 は $\lambda_{1,2} = -\delta/2 \pm \frac{1}{2}\sqrt{\delta^2 + 4}$ で与えられ，不動点 $(\pm 1, 0)$ に関する固有値はそれぞれの点について同じで $\lambda_{1,2} = -\delta/2 \pm \frac{1}{2}\sqrt{\delta^2 - 8}$ で与えられる．したがって，$\delta > 0$ に対して $(0, 0)$ は不安定で，$(\pm 1, 0)$ は漸近安定である．$\delta = 0$ に対して，$(\pm 1, 0)$ は線形近似においては安定である．

1.1B リャプノフ関数

リャプノフの方法は，不動点の安定性が線形化から得られる情報からでは決定できないときに（つまり不動点が非双曲型であるときに）しばしば用いることができる．リャプノフの理論は領域が広く，ここではそのほんの僅かな部分だけを試みてみることにしよう．さらに多くの情報は Lasalle and Lefschetz [1961] を見よ．

この方法の基本的な考えは次のようなものである（その方法は n 次元空間やまた無限次元でもうまくいく．しかし，しばらくの間，これを平面で図形的に説明する）．平面で不動点 $\bar{x}$ を持つベクトル場があって，それが安定かどうかを決定したいとしよう．おおまかにいえば，前に述べた安定性の定義により，U の中から出発した軌道が全ての正の時間にわたって U に留まるような $\bar{x}$ の近傍 U を見いだせば十分である（ここしばらく安定性と漸近安定性とを区別しない）．この条件は，ベクトル場が U の境界に接しているか，または $\bar{x}$ に向かって内側を向いていることを示せば満たされる（図 1.1.2 を見よ）．この事態は U を $\bar{x}$ へ縮小したとしても正しくなければならない．リャプノフの方法はこれを正確に行う仕方を与えてくれるのである．このことを平面上のベクトル場について示し，そしてその結果を $\mathbb{R}^n$ に一般化しよう．

ベクトル場

$$\begin{aligned}\dot{x} &= f(x,y), \\ \dot{y} &= g(x,y),\end{aligned} \qquad (x,y) \in \mathbb{R}^2, \qquad (1.1.14)$$

があって，$(\bar{x}, \bar{y})$ に不動点（それは安定であるとする）を持つと仮定する．$(\bar{x}, \bar{y})$ の近傍で上のような事態が成立していることを示したい．$V(x,y)$ を $\mathbb{R}^2$ 上のスカラー値関数，すなわち $V: \mathbb{R}^2 \to \mathbb{R}^1$（そして少なくとも C^1）で $V(\bar{x}, \bar{y}) = 0$ とする．また，異なる C の値について $V(x,y) = C =$ 定数を満たす点の軌跡が $(\bar{x}, \bar{y})$ を囲む閉曲線

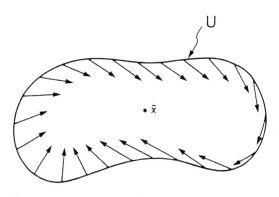

図 1.1.2 U の境界上のベクトル場．

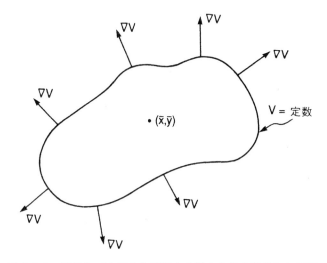

図 1.1.3 V のレベル集合と境界上の様々な点で表された ∇V.

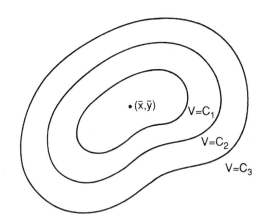

図 1.1.4 V のレベル集合, $0 < C_1 < C_2 < C_3$.

をなすとし, $(\bar{x}, \bar{y})$ の近傍で $V(x, y) > 0$ とする（図 1.1.3 を見よ）.

いま V の勾配, ∇V は各曲線 $V = C$ に沿った接ベクトルに垂直なベクトルで, V が増加する方向を指していることに注意する（図 1.1.4 を見よ）. このときベクトル場がいつも $(\bar{x}, \bar{y})$ を囲んでいるこれらの各曲線に接しているか, または内側を向いているとすると,

$$\nabla V(x, y) \cdot (\dot{x}, \dot{y}) \leq 0$$

となる. ここで "ドット" は通常のベクトル内積である.（これは単に, (1.1.14) の軌道

に沿った V の導関数である.) さてこうした考えを精密化する一般の定理を述べよう.

定理 1.1.2 次のようなベクトル場

$$\dot{x} = f(x), \qquad x \in \mathbb{R}^n. \tag{1.1.15}$$

を考える. $\bar{x}$ を (1.1.15) の不動点とし, $V: U \to \mathbb{R}$ を $\bar{x}$ のある近傍 U で定義された $\mathbf{C}^1$ 関数であり,

i) $V(\bar{x}) = 0$ かつ $x \neq \bar{x}$ のとき $V(x) > 0$,
ii) $U - \{\bar{x}\}$ で $\dot{V}(x) \leq 0$

であるとする. この時, $\bar{x}$ は安定である. さらに,

iii) $U - \{\bar{x}\}$ で $\dot{V}(x) < 0$

であれば, $\bar{x}$ は漸近安定である.

証明 演習問題 1.1.6 を見よ. □

V をリャプノフ関数という. U を $\mathbb{R}^n$ の全体と選べるとき, i) と iii) が成立していれば, $\bar{x}$ は**大域漸近安定**であることに注意する.

例 1.1.1 次のベクトル場

$$\begin{aligned} \dot{x} &= y, \\ \dot{y} &= -x + \varepsilon x^2 y \end{aligned} \tag{1.1.16}$$

を考える. (1.1.16) が $(x, y) = (0, 0)$ で非双曲型不動点を持つことはすぐ確かめられる. 目的はこの不動点が安定であるかを決定することである.

$V(x, y) = (x^2 + y^2)/2$ とする. 明らかに $V(0, 0) = 0$ で $(0, 0)$ の近傍で $V(x, y) > 0$ である. このとき,

$$\begin{aligned} \dot{V}(x, y) &= \nabla V(x, y) \cdot (\dot{x}, \dot{y}) \\ &= (x, y) \cdot (y, \varepsilon x^2 y - x) \\ &= xy + \varepsilon x^2 y^2 - xy \end{aligned}$$

であり, したがって $\dot{V} = \varepsilon x^2 y^2$ である. よって, 定理 1.1.2 より $(0, 0)$ は $\varepsilon = 0$ に対して大域安定であり, $\varepsilon < 0$ では大域漸近安定である.

リャプノフ理論を定理 1.1.1 の証明の概要を与えるために使ってみよう. その問題

14　1. 力学系の幾何学的観点

の設定から思い起こすことにする.

　ベクトル場

$$\dot{x} = f(x), \qquad x \in \mathbb{R}^n, \tag{1.1.17}$$

を考え, (1.1.17) が $x = \bar{x}$ で不動点を持つ, つまり $f(\bar{x}) = 0$ と仮定する. 座標の移動 $y = x - \bar{x}$ により不動点を原点に移動させると, (1.1.17) は

$$\dot{y} = f(y + \bar{x}), \qquad y \in \mathbb{R}^n \tag{1.1.18}$$

を与える. $\bar{x}$ のまわりで (1.1.18) をテーラー展開すると

$$\dot{y} = Df(\bar{x})y + R(y) \tag{1.1.19}$$

となる. ここで $R(y) \equiv \mathcal{O}(|y|^2)$ である.

　座標の尺度変換

$$y = \varepsilon u, \qquad 0 < \varepsilon < 1 \tag{1.1.20}$$

を導入しよう. このとき ε を小さく取るということは y を小さくすることである. (1.1.20) のもとでは, 方程式 (1.1.19) は

$$\dot{u} = Df(\bar{x})u + \bar{R}(u, \varepsilon) \tag{1.1.21}$$

となる. ここで, $\bar{R}(u, \varepsilon) = R(\varepsilon u)/\varepsilon$ である. $R(y) = \mathcal{O}(|y|^2)$ であるから $\bar{R}(u, 0) = 0$ は明らかである. リャプノフ関数として

$$V(u) = \frac{1}{2}|u|^2$$

を選ぶ.

　したがって,

$$\begin{aligned}
\dot{V}(u) &= \nabla V(u) \cdot \dot{u} \\
&= (u \cdot Df(\bar{x})u) + (u \cdot \bar{R}(u, \varepsilon))
\end{aligned} \tag{1.1.22}$$

となる. 線形代数学により, $Df(\bar{x})$ の全ての固有値が負の実部を持つとき, 全ての $u \neq 0$ について

$$(u \cdot Df(\bar{x}_0)u) < k|u|^2 < 0 \tag{1.1.23}$$

なる実数 k が存在することに注意しよう (証明は Arnold [1973] を見よ). したがって, ε を十分に小さく選ぶと, (1.1.22) は真に負となり, 不動点 $x = \bar{x}$ は漸近安定となることを意味する.

1.1C 不変多様体：線形系と非線形系

この本を通じて，不変多様体，特に安定，不安定及び中心多様体が力学系の解析において中心的な役割を果たすことがわかる．ベクトル場

$$\dot{x} = f(x), \qquad x \in \mathbb{R}^n \tag{1.1.24}$$

と写像

$$x \mapsto g(x), \qquad x \in \mathbb{R}^n. \tag{1.1.25}$$

の両方について，これらの考え方を同時に調べてみることにする．

定義 1.1.4　$S \subset \mathbb{R}^n$ を集合とする．このとき，

a) （連続時間）S がベクトル場 $\dot{x} = f(x)$ のもとで**不変**であるとは，$x_0 \in S$ に対して全ての $t \in \mathbb{R}$ で $x(t, 0, x_0) \in S$ であるときをいう．

b) （離散時間）S が写像 $x \mapsto g(x)$ のもとで**不変**であるとは，$x_0 \in S$ に対して全ての n で $g^n(x) \in S$ であるときをいう．

　正の時間（つまり $t \geq 0$, $n \geq 0$）に制限するときをいうには，S を**正不変集合**，負の時間のときは**負不変集合**という．

　g が非可逆であれば，$n \geq 0$ のときだけ意味を持つことに注意する（しかし場合によっては集合論的意味を持っている g^{-1} を考えることが有用でありうる）．

定義 1.1.5　不変集合 $S \subset \mathbb{R}^n$ が $\mathbf{C}^r$ $(r \geq 1)$ **不変多様体**であるとは，S が $\mathbf{C}^r$ 可微分多様体の構造を持つときである．同様に，正（負）不変集合 $S \subset \mathbb{R}^n$ が $\mathbf{C}^r$ **正（負）不変多様体**とは，S が $\mathbf{C}^r$ 可微分多様体の構造を持つときである．

　明らかに，"$\mathbf{C}^r$ 可微分多様体" という用語によって何を意味するのかをいう必要がある．しかしながら，これはそれ自身 1 つの課程の主題であるために，多様体の概念を完全に一般的に定義するのではなく，その広大な理論の中の必要な箇所だけを述べることにする．

　大まかに言えば，多様体とは**局所的に**ユークリッド空間の構造を持つ集合である．実際の応用では，多様体はほとんどが $\mathbb{R}^n$ に埋め込まれた m 次元曲面として現れる．その曲面が特異点を持たないとき，つまり曲面を表している関数の導関数が最大ランクを持つとき，陰関数定理によりそれは局所的にグラフとして表される．曲面を表している（局所）グラフが $\mathbf{C}^r$ のとき，それは $\mathbf{C}^r$ 多様体である（注：多様体のこの特別な表現についての全般的取扱いについては Dubrovin,Fomenko and Novikov [1985] を

16 1. 力学系の幾何学的観点

見よ.).

別の例はもっと基本的である. $\{s_1, \cdots, s_n\}$ を $\mathbb{R}^n$ における標準的基底とする. この集合からの j 個の基底ベクトルを $\{s_{i_1}, \cdots, s_{i_j}\}$, $j < n$ とする. このとき $\{s_{i_1}, \cdots, s_{i_j}\}$ が張る空間は, $\mathbb{R}^n$ の j 次元部分空間を形成し, 明らかに $\mathbf{C}^\infty$ j 次元多様体となっている. 応用の観点から見た多様体の理論の全般的な入門には Abraham, Marsden and Ratiu [1988] を見よ.

こうした例を選んだ主な理由は, この本の中では, "多様体" という用語が使われたときには次の 2 つの場合を考えれば十分であるためである.

1. **線形な設定の場合**：$\mathbb{R}^n$ の線形ベクトル部分空間.
2. **非線形な設定の場合**：(陰関数定理により正当化されうるような) グラフとして局所的に表されうる $\mathbb{R}^n$ に埋め込まれた曲面

どのようにして重要な不変多様体が現れるかを見るために, 不動点の近くの軌道構造の研究に戻ろう. ベクトル場から始めることにする. $\bar{x} \in \mathbb{R}^n$ を

$$\dot{x} = f(x), \qquad x \in \mathbb{R}^n. \tag{1.1.26}$$

の不動点とする. このとき節 1.1A の議論により, 付随する線形系

$$\dot{y} = Ay, \qquad y \in \mathbb{R}^n, \tag{1.1.27}$$

を考えることは自然である. ここで, $A \equiv Df(\bar{x})$ は定 $n \times n$ 行列である. $t = 0$ で点 $y_0 \in \mathbb{R}^n$ を通る (1.1.27) の解は

$$y(t) = e^{At}y_0 \tag{1.1.28}$$

で与えられる. ここで,

$$e^{At} = \mathrm{id} + At + \frac{1}{2!}A^2t^2 + \frac{1}{3!}A^3t^3 + \cdots \tag{1.1.29}$$

であり, "id" は $n \times n$ 単位行列である. 読者には, 定数係数線形常微分方程式の理論の十分な予備知識があって, (1.1.28) と (1.1.29) とが意味をなすことを仮定しなければならない. この理論のすぐれた参考文献は Arnold [1973] と Hirsch and Smalle [1974] である. ここでの目標はこの理論から必要な要素を取り出して (1.1.28) の幾何学的解釈を与えることである.

さて $\mathbb{R}^n$ は E^s, E^u と E^c と記される 3 つの部分空間の直和として表され, これらは次のように定義される：

$$E^s = \mathrm{span}\{e_1, \cdots, e_s\},$$
$$E^u = \mathrm{span}\{e_{s+1}, \cdots, e_{s+u}\}, \qquad s + u + c = n. \tag{1.1.30}$$
$$E^c = \mathrm{span}\{e_{s+u+1}, \cdots, e_{s+u+c}\},$$

ここで $\{e_1, \cdots, e_s\}$ は負の実部を持つ A の固有値に対応する A の（一般化）固有ベクトル，$\{e_{s+1}, \cdots, e_{s+u}\}$ は正の実部を持つ A の固有値に対応する A の（一般化）固有ベクトル，$\{e_{s+u+1} \cdots, e_{s+u+c}\}$ は 0 の実部を持つ A の固有値に対応する A の（一般化）固有ベクトルである（注：これは Hirsch and Smale [1974] に非常に詳しく証明されている）．E^s，E^u，E^c は，それぞれ安定，不安定，中心部分空間といわれる．

これらはまた不変部分空間（または多様体）の例である．なぜなら E^s，E^u，E^c のどれかにすっかり含まれる初期条件を持つ (1.1.27) の解は，全ての時間にわたってその部分空間にずっと留まらねばならないからである（すぐ後でこのことを説明する）．さらに，E^s から出発した解は $t \to \infty$ で漸近的に $y = 0$ に近づき，E^u から出発した解は $t \to -\infty$ で漸近的に $y = 0$ に近づく．さて，こうした考えを 3 つの例で説明しよう．簡単さと分かりやすく目に見えるように $\mathbb{R}^3$ で調べてみよう．

例 1.1.2　A の 3 つの固有値は実で互いに異なり，それを $\lambda_1, \lambda_2 < 0, \lambda_3 > 0$ と表すことにする．このとき A はそれぞれ $\lambda_1, \lambda_2, \lambda_3$ に対応する 3 つの線形独立な固有ベクトル e_1, e_2, e_3 を持つ．3×3 行列 T の列として，固有ベクトル e_1, e_2, e_3 を使って，

$$T \equiv \begin{pmatrix} \vdots & \vdots & \vdots \\ e_1 & e_2 & e_3 \\ \vdots & \vdots & \vdots \end{pmatrix} \tag{1.1.31}$$

とするとき，

$$\Lambda \equiv \begin{pmatrix} \lambda_1 & 0 & 0 \\ 0 & \lambda_2 & 0 \\ 0 & 0 & \lambda_3 \end{pmatrix} = T^{-1}AT \tag{1.1.32}$$

を得る．$t = 0$ で $y_0 \in \mathbb{R}^3$ を通る (1.1.27) の解は

$$y(t) = e^{At}y_0 = e^{T\Lambda T^{-1}t}y_0 \tag{1.1.33}$$

で与えられることに注意しよう．(1.1.29) を使うと，(1.1.33) は

$$y(t) = Te^{\Lambda t}T^{-1}y_0$$
$$= T \begin{pmatrix} e^{\lambda_1 t} & 0 & 0 \\ 0 & e^{\lambda_2 t} & 0 \\ 0 & 0 & e^{\lambda_3 t} \end{pmatrix} T^{-1}y_0$$

18   1. 力学系の幾何学的観点

$$= \begin{pmatrix} \vdots & \vdots & \vdots \\ e_1 e^{\lambda_1 t} & e_2 e^{\lambda_2 t} & e_3 e^{\lambda_3 t} \\ \vdots & \vdots & \vdots \end{pmatrix} T^{-1} y_0 \tag{1.1.34}$$

と同等であることはすぐにわかる. さて (1.1.34) の幾何学的解釈を与えたい. (1.1.30) より

$$E^s = \mathrm{span}\{e_1, e_2\},$$
$$E^u = \mathrm{span}\{e_3\}$$

であることに注意しよう.

【不変性】

点 $y_0 \in \mathbb{R}^n$ を任意に選ぶ. このとき T^{-1} は, $\mathbb{R}^3$ の標準基底 (つまり $(1,0,0)$, $(0,1,0)$, $(0,0,1)$) に関する y_0 の座標を基底 e_1, e_2, e_3 に関する座標に変える変換行列である. したがって $y_0 \in E^s$ に対して, $T^{-1} y_0$ は

$$T^{-1} y_0 = \begin{pmatrix} \tilde{y}_{01} \\ \tilde{y}_{02} \\ 0 \end{pmatrix} \tag{1.1.35}$$

なる形を持ち, $y_0 \in E^u$ に対して, $T^{-1} y_0$ は

$$T^{-1} y_0 = \begin{pmatrix} 0 \\ 0 \\ \tilde{y}_{03} \end{pmatrix} \tag{1.1.36}$$

なる形を持つ. したがって (1.1.35) ((1.1.36)) を (1.1.34) に代入すると, $y_0 \in E^s$ (E^u) が $e^{At} y_0 \in E^s$ (E^u) を意味することはすぐにわかる. したがって E^s と E^u は不変多様体である.

【漸近挙動】

(1.1.35) と (1.1.34) を使うと, $y_0 \in E^s$ に対して $t \to \infty$ のとき $e^{At} y_0 \to 0$ となり, $y_0 \in E^u$ に対して $t \to -\infty$ のとき $e^{At} y_0 \to 0$ となることがわかる (したがってこれが安定及び不安定多様体という名前の背後にある理由である).

E^s と E^u の幾何学的説明については図 1.1.5 を見よ.

例 1.1.3　A が, 2 つの複素共役の固有値 $\rho \pm i\omega$, $\rho < 0$, $\omega \neq 0$ と 1 つの実固有値 $\lambda > 0$ を持つとしよう. このとき A は 3 つの一般化固有ベクトル e_1, e_2, e_3 を持ち,

1.1 力学系の理論からの予備事項   **19**

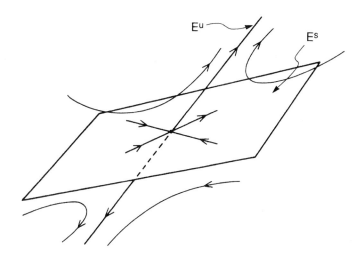

図 **1.1.5** 例 1.1.2 に対する E^s 及び E^u の幾何.

これらを A を変換するための行列 T の列として用いると，次のようにできる.

$$\Lambda \equiv \begin{pmatrix} \rho & \omega & 0 \\ -\omega & \rho & 0 \\ 0 & 0 & \lambda \end{pmatrix} = T^{-1}AT. \qquad (1.1.37)$$

例 1.1.2 より，この例では

$$\begin{aligned} y(t) &= Te^{\Lambda t}T^{-1}y_0 \\ &= T\begin{pmatrix} e^{\rho t}\cos\omega t & e^{\rho t}\sin\omega t & 0 \\ -e^{\rho t}\sin\omega t & e^{\rho t}\cos\omega t & 0 \\ 0 & 0 & e^{\lambda t} \end{pmatrix} T^{-1}y_0 \end{aligned} \qquad (1.1.38)$$

となることはすぐにわかる．例 1.1.2 と同じ議論から，$E^s = \mathrm{span}\{e_1, e_2\}$ は $t \to +\infty$ のとき零に指数的に減衰する解のなす不変多様体であり，$E^u = \mathrm{span}\{e_3\}$ は $t \to -\infty$ のとき零に指数的に減衰する解のなす不変多様体であることは明らかである（図 1.1.6 を見よ）．

例 1.1.4 A は，実 2 重固有値 $\lambda < 0$ と 3 つ目に，それらと異なる固有値 $\gamma > 0$ を持ち，その一般化固有ベクトル e_1, e_2 と e_3 を行列 T の列に用いて，A が次のように変換されるとしよう．

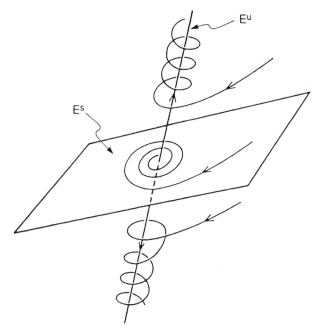

図1.1.6 例 1.1.3 に対する E^s 及び E^u の幾何 ($\omega < 0$).

$$\Lambda = \begin{pmatrix} \lambda & 1 & 0 \\ 0 & \lambda & 0 \\ 0 & 0 & \gamma \end{pmatrix} = T^{-1}AT. \tag{1.1.39}$$

例 1.1.2 と 1.1.3 によると，この例では $t = 0$ で点 $y_0 \in \mathbb{R}^3$ を通る解は

$$\begin{aligned} y(t) &= Te^{\Lambda t}T^{-1}y_0 \\ &= T\begin{pmatrix} e^{\lambda t} & te^{\lambda t} & 0 \\ 0 & e^{\lambda t} & 0 \\ 0 & 0 & e^{\gamma t} \end{pmatrix}T^{-1}y_0 \end{aligned} \tag{1.1.40}$$

で与えられる．例 1.1.2 と同じ議論から，$E^s = \mathrm{span}\{e_1, e_2\}$ は $t \to +\infty$ のとき $y = 0$ に減衰する解のなす不変多様体であり，$E^u = \mathrm{span}\{e_3\}$ は $t \to -\infty$ のとき $y = 0$ に減衰する解のなす不変多様体であることはすぐにわかる（図 1.1.7 を見よ）．

　読者は十分に線形代数を復習し，これらの例の議論の各段階を確かめることが出来るようにすべきである．中心部分空間を持つ線形ベクトル場の例を考えてこなかったことを注意しておく．読者は例 1.1.3 で $\rho = 0$ としたときや例 1.1.4 で $\lambda = 0$ とした

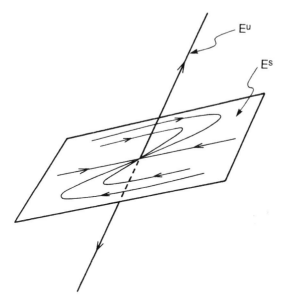

図 **1.1.7** 例 1.1.4 に対する E^s 及び E^u の幾何.

ときの例を自ら構成することができる.それらは演習問題として残しておき,今は非線形系の問題に向かうことにする.

【非線形系】

線形系
$$\dot{y} = Ay, \qquad y \in \mathbb{R}^n \tag{1.1.41}$$
を調べるための本来の動機を思い起こしておこう.ここで $A = Df(\bar{x})$ であるが,それは非線形方程式
$$\dot{x} = f(x), \qquad x \in \mathbb{R}^n \tag{1.1.42}$$
の不動点 $x = \bar{x}$ の近くの解の性質について情報を得るためであった.安定,不安定及び中心多様体定理はこの問に対する解答を与える.まず (1.1.42) をもっと便利な形に変換しよう.

最初に (1.1.42) の不動点 $x = \bar{x}$ を平行移動 $y = x - \bar{x}$ により原点に変換する.このとき (1.1.42) は
$$\dot{y} = f(\bar{x} + y), \qquad y \in \mathbb{R}^n \tag{1.1.43}$$
となる.$x = \bar{x}$ のまわりで $f(\bar{x} + y)$ をテーラー展開すると
$$\dot{y} = Df(\bar{x})y + R(y), \qquad y \in \mathbb{R}^n \tag{1.1.44}$$

となる. ここで, $R(y) = \mathcal{O}(|y|^2)$ であり, $f(\bar{x}) = 0$ を使った. 線形代数から (Hisch and Smale [1974] を見よ), 線形方程式 (1.1.41) をブロック対角形式

$$\begin{pmatrix} \dot{u} \\ \dot{v} \\ \dot{w} \end{pmatrix} = \begin{pmatrix} A_s & 0 & 0 \\ 0 & A_u & 0 \\ 0 & 0 & A_c \end{pmatrix} \begin{pmatrix} u \\ v \\ w \end{pmatrix} \tag{1.1.45}$$

に変換する線形変換 T を見いだすことが出来る. ここで, $T^{-1}y \equiv (u, v, w) \in \mathbb{R}^s \times \mathbb{R}^u \times \mathbb{R}^c$, $s + u + c = n$ で, A_s は負の実部の固有値を持つ $s \times s$ 行列, A_u は正の実部の固有値を持つ $u \times u$ 行列, そして A_c は 0 の実部の固有値を持つ $c \times c$ 行列である.（注：明らかなことであるが, (1.1.45) の "0" はスカラーの零でなく適当な大きさの全て零からなるブロックであることを指摘しておく. この記法はこの本を通して使うことにする.）この同じ線形変換は, 非線形系ベクトル場 (1.1.44) の座標を変換して, 方程式

$$\begin{aligned} \dot{u} &= A_s u + R_s(u, v, w), \\ \dot{v} &= A_u v + R_u(u, v, w), \\ \dot{w} &= A_c w + R_c(u, v, w) \end{aligned} \tag{1.1.46}$$

を与える. ここで, $R_s(u, v, w)$, $R_u(u, v, w)$, $R_c(u, v, w)$ は, それぞれベクトル $TR(T^{-1}y)$ の最初の s, u, c 成分である.

さて線形ベクトル場 (1.1.45) を考えよう. 前の議論から, (1.1.45) は全て原点で交わる s 次元不変安定多様体, u 次元不変不安定多様体, 及び c 次元不変中心多様体を持つ. 次の定理は, 非線形ベクトル場 (1.1.46) を考えたときに, どのようにこの構造が変化するかを示すものである.

定理 1.1.3 （不動点の局所, 安定, 不安定及び中心多様体）(1.1.46) は $\mathbf{C}^r$ 級, $r \geq 2$ とする. このとき (1.1.46) の不動点 $(u, v, w) = 0$ は, 全て $(u, v, w) = 0$ で交差しているような, $\mathbf{C}^r$ s 次元不変局所安定多様体 $W_{\text{loc}}^s(0)$, $\mathbf{C}^r$ u 次元不変局所不安定多様体 $W_{\text{loc}}^u(0)$, そして $\mathbf{C}^r$ c 次元不変局所中心多様体 $W_{\text{loc}}^c(0)$ を持つ. これらの多様体は全て, 線形ベクトル場 (1.1.45) の対応する不変多様体にそれぞれ原点で接しており, それゆえ局所的にはグラフとして表される. 実際,

$$W_{\text{loc}}^s(0) = \big\{ (u, v, w) \in \mathbb{R}^s \times \mathbb{R}^u \times \mathbb{R}^c \,|\, v = h_v^s(u), w = h_w^s(u);$$

$$Dh_v^s(0) = 0, Dh_w^s(0) = 0; |u| \text{ は十分小さい} \big\},$$

$$W_{\text{loc}}^u(0) = \big\{ (u, v, w) \in \mathbb{R}^s \times \mathbb{R}^u \times \mathbb{R}^c \,|\, u = h_u^u(v), w = h_w^u(v);$$

$$Dh_u^u(0) = 0, Dh_w^u(0) = 0; |v| \text{ は十分小さい} \bigr\},$$

$$W_{\mathrm{loc}}^c(0) = \bigl\{(u, v, w) \in \mathbb{R}^s \times \mathbb{R}^u \times \mathbb{R}^c \,|\, u = h_u^c(w), v = h_v^c(w);$$

$$Dh_u^c(0) = 0, Dh_v^c(0) = 0; |w| \text{ は十分小さい} \bigr\}$$

となる．ここで $h_v^s(u)$, $h_w^s(u)$, $h_u^u(v)$, $h_w^u(v)$, $h_u^c(w)$, $h_v^c(w)$ は $\mathbf{C}^r$ 関数である．さらに，$W_{\mathrm{loc}}^s(0)$ と $W_{\mathrm{loc}}^u(0)$ は，それぞれ E^s と E^u の持つ漸近的性質を持つ．すなわち，$W_{\mathrm{loc}}^s(0)$ $(W_{\mathrm{loc}}^u(0))$ に初期条件を持つ (1.1.46) の解は $t \to +\infty$ $(t \to -\infty)$ のとき漸近的に指数的割合で原点に近づく．

証明　詳しくは Fenichel [1971] か Hirsch, Pugh and Shub [1977] を，また不変多様体に関する歴史的なことや，それ以上の参考文献については Wiggins [1988] を見よ．　□

　この重要な定理についていくつかの注意を順番に挙げておく．

注意 1　まずいくつかの用語から．頻繁に用語 “安定多様体”，“不安定多様体” や “中心多様体” をそれだけで用いているが，しかしそれだけでは力学的な状況を記述するには不十分である．定理 1.1.3 は，**不動点の**安定，不安定及び中心多様体と称していることに注目する．“不動点の” という句がその鍵である．それが意味を持つためには，何ものかの安定，不安定及び中心多様体といわねばならないのである．その “何ものか” は，これまでのところ不動点であった．より一般的な不変集合もまた安定，不安定そして中心多様体を持つ．こうした議論については Wiggins [1988] を見よ．

注意 2　条件 $Dh_v^s(0) = 0$, $Dh_w^s(0) = 0$ 等は，非線形多様体がそれに対応する線形多様体に原点で接していることを反映している．

注意 3　不動点が双曲的，つまり $E^c = \emptyset$ とする．このとき，この定理の解釈としては，原点に十分近い近傍での非線形ベクトル場の解がそれに付随する線形ベクトル場の解と同じ挙動をするということである．

注意 4　一般的に，$W_{\mathrm{loc}}^c(0)$ における解の性質は，E^c での解の性質から判断することができない．これについては，より洗練された技巧が必要となり，第 2 章で展開される．

【写像】

同様な理論を写像についても発展させることが出来る. それらの事項を以下にまとめよう. $\mathbf{C}^r$ 微分同相写像

$$x \mapsto g(x), \qquad x \in \mathbb{R}^n \tag{1.1.47}$$

を考える. (1.1.47) が $x = \bar{x}$ に不動点を持つとし, この不動点の近くの軌道の性質を知りたい. このとき, それに付随する線形写像

$$y \mapsto Ay, \qquad y \in \mathbb{R}^n \tag{1.1.48}$$

を考えることは自然である. ここで, $A = Df(\bar{x})$ である. 線形写像 (1.1.48) は

$$E^s = \mathrm{span}\{e_1, \cdots, e_s\},$$
$$E^u = \mathrm{span}\{e_{s+1}, \cdots, e_{s+u}\},$$
$$E^c = \mathrm{span}\{e_{s+u+1}, \cdots, e_{s+u+c}\}$$

で与えられる不変多様体を持つ. ここで, $s + u + c = n$ で, $e_1, \cdots, e_s$ は 1 より小さい絶対値を持つ A の固有値に対応する A の (一般化) 固有ベクトル, $e_{s+1}, \cdots, e_{s+u}$ は 1 より大きい絶対値を持つ A の固有値に対応する A の (一般化) 固有ベクトル, $e_{s+u+1}, \cdots, e_{s+u+c}$ は 1 に等しい絶対値を持つ A の固有値に対応する A の (一般化) 固有ベクトルである. A をジョルダン標準形に直し, 点 $y_0 \in \mathbb{R}^n$ を通る線形写像 (1.1.48) の軌道が

$$\{\cdots, A^{-n} y_0, \cdots, A^{-1} y_0, y_0, A y_0, \cdots, A^n y_0, \cdots\} \tag{1.1.49}$$

で与えられることに注意すると, この証明は簡単であることがわかる.

この構造が非線形写像にどのように反映するかを考えてみよう. 写像の場合, 定理 1.1.3 が同じように成立している. すなわち, 非線形写像 (1.1.47) は $\mathbf{C}^r$ 不変 s 次元安定多様体, $\mathbf{C}^r$ 不変 u 次元不安定多様体, そして $\mathbf{C}^r$ 不変 c 次元中心多様体を持ち, これらは全て不動点で交叉しているのである. さらに, これらの多様体は, 線形写像 (1.1.48) の対応する不変多様体にそれぞれ不動点で接している.

基本的には, ベクトル場の不動点に対する安定, 不安定及び中心多様体に関する全てのことは写像の不動点についても成立している. 節 1.1 の終わりの演習問題で例を与えよう. 不変多様体に関する議論を終える前に, これらの結果を非強制ダッフィング振動子に適応してみよう.

【非強制ダッフィング振動子への応用】

節 1.1A で方程式

$$\begin{aligned} \dot{x} &= y, \\ \dot{y} &= x - x^3 - \delta y, \end{aligned} \qquad \delta > 0,$$

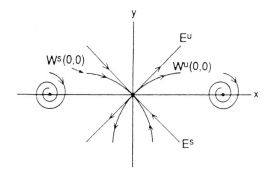

図 1.1.8 非強制ダッフィング振動子における局所不変多様体の構造, $0 < \delta < \sqrt{8}$.

は, $\delta > 0$ に対して $(x, y) = (0, 0)$ で鞍状不動点, $(\pm 1, 0)$ で沈点を持つことをみた. 定理 1.1.3 より $(\pm 1, 0)$ は, 図 1.1.8 に示されているように, 2 次元安定多様体をもち (これは明らか), $(0, 0)$ は 1 次元安定多様体と 1 次元不安定多様体 を持つことがわかる.(注:図は $0 < \delta < \sqrt{8}$ のときが描かれている. 読者は, $\delta > \sqrt{8}$ に対して, 沈点の近くの解がどうように変形されるかを示されるがよい.)定理 1.1.3 は, $(0, 0)$ の安定及び不安定多様体に対する良い局所近似が, 対応する不変線形多様体によって与えられ, それらは比較的簡単に計算できることを示していることに注意しよう. $\delta = 0$ の場合は節 1.1E で詳しく扱う. 最後に Guckenheimer and Holmes [1983] からの例を考察しよう.

例 1.1.5 平面上のベクトル場

$$\begin{aligned}\dot{x} &= x, \\ \dot{y} &= -y + x^2,\end{aligned} \quad (x, y) \in \mathbb{R}^1 \times \mathbb{R}^1,$$

を考える. これは $(x, y) = (0, 0)$ で双曲型不動点を持つ. 付随した線形化系は

$$\begin{aligned}\dot{x} &= x, \\ \dot{y} &= -y,\end{aligned}$$

で与えられる. この系は

$$\begin{aligned}E^s &= \{ (x, y) \in \mathbb{R}^2 \mid x = 0 \}, \\ E^u &= \{ (x, y) \in \mathbb{R}^2 \mid y = 0 \}\end{aligned}$$

で与えられる安定及び不安定部分空間を持つ(図 1.1.9 を見よ).

さて非線形ベクトル場に注意を向けよう. この場合, 解は次のようにして厳密に得

26   1. 力学系の幾何学的観点

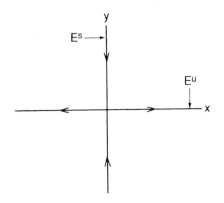

図 **1.1.9**　例 1.1.5 における安定及び不安定部分空間.

ることが出来る．独立変数としての時間を消去すると
$$\frac{\dot{y}}{\dot{x}} = \frac{dy}{dx} = \frac{-y}{x} + x$$
となり，これを解いて
$$y(x) = \frac{x^2}{3} + \frac{c}{x}$$
を得る．ここで，c はある定数である．すると $W^u_{\text{loc}}(0,0)$ は変数 x 上のグラフ，つまり $h(0) = h'(0) = 0$ となる $y = h(x)$ によって表される．上の解において c を変化させることは，軌道から軌道へと移ることである．不安定多様体に対応する c の値を探すと，それは $c = 0$ である．したがって，
$$W^u_{\text{loc}}(0,0) = \left\{ (x,y) \in \mathbb{R}^2 \,\middle|\, y = \frac{x^2}{3} \right\}$$
を得る．これはまた原点の大域的不安定多様体にもなっている（演習問題 1.1.28 を見よ）．最後に，x 成分が 0 の初期条件，すなわち $(0,y), \forall y$ を持つときには，解は y 軸に留まり，$t \uparrow \infty$ で $(0,0)$ に近づいていくことに注意しよう．

したがって $E^s = W^s(0,0) = \{(x,y) \mid x = 0\}$ となる（図 1.1.10 を見よ）．

1.1D　周期解

ベクトル場
$$\dot{x} = f(x), \qquad x \in \mathbb{R}^n, \tag{1.1.50}$$
及び，写像

1.1 力学系の理論からの予備事項　27

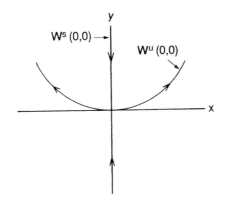

図 1.1.10 例 1.1.5 における $(x,y) = (0,0)$ の安定及び不安定多様体.

$$x \mapsto g(x), \qquad x \in \mathbb{R}^n \tag{1.1.51}$$

を考える.

定義 1.1.6 （ベクトル場）点 x_0 を通る (1.1.50) の解が周期 T で周期的とは，全ての $t \in \mathbb{R}$ に対して $x(t, t_0) = x(t + T, t_0)$ であるような $T > 0$ が存在するときをいう．（写像）$x_0 \in \mathbb{R}^n$ の軌道が周期 $k > 0$ で周期的とは，$g^k(x_0) = x_0$ であるときをいう．

(1.1.50) の解が周期 T で周期的であるとき，明らかにそれは任意の $n > 1$ に対して周期 nT で周期的であることを注意しておく．そこで，軌道の周期として定義 1.1.6 が成立する最小の $T > 0$ を選ぶことにする．同様のことは写像の周期軌道についてもいえる．

ベクトル場の周期軌道の安定性については節 1.2 でポアンカレ写像を議論する際に検討する．写像の周期軌道の安定性については演習問題 1.1.5 を見よ．

さて，平面上の自励ベクトル場の周期解の非存在を立証するために有用かつ簡単に応用できる技巧を学ぶことにしよう．こうしたベクトル場を

$$\begin{aligned}\dot{x} &= f(x,y), \\ \dot{y} &= g(x,y),\end{aligned} \qquad (x,y) \in \mathbb{R}^2, \tag{1.1.52}$$

と表そう．ここで，f と g は少なくとも $\mathbf{C}^1$ である．

定理 1.1.4 (ベンディクソンの判定基準)　単連結領域 $D \subset \mathbb{R}^2$ （D には穴がない）上で表式 $\frac{\partial f}{\partial x} + \frac{\partial g}{\partial y}$ が恒等的には 0 でなく，かつ符号を変えないとき，(1.1.52) は D に完全に含まれるような閉軌道を持たない．

証明　これは平面上のグリーンの定理の単純な結果である．Abraham, Marsden and

28   1. 力学系の幾何学的観点

Ratiu [1988] を見よ. (1.1.52) を使い, 連鎖律を適用すると, 任意の閉軌道 Γ 上で

$$\int_\Gamma f\,dy - g\,dx = 0 \tag{1.1.53}$$

である. グリーンの定理により, これは

$$\int_S \left(\frac{\partial f}{\partial x} + \frac{\partial g}{\partial y}\right) dx\,dy = 0 \tag{1.1.54}$$

となる. ここで, S は Γ を境界に持つ領域の内部である. しかし, $\frac{\partial f}{\partial x} + \frac{\partial g}{\partial y} \neq 0$ かつ符号を変えないとすると, これは明らかに正しくない. したがって, D では閉軌道はありえない.   □

デュラクによるベンディクソンの判定基準の一般化は次のようになる.

定理 1.1.5 $B(x,y)$ を単連結領域 $D \subset \mathbb{R}^2$ 上の $\mathbf{C}^1$ 関数とする. $\frac{\partial (Bf)}{\partial x} + \frac{\partial (Bg)}{\partial y}$ が恒等的には 0 でなく, D で符号を変えないとき, (1.1.52) は D に完全に含まれる閉軌道を持たない.

証明   証明は前の定理と非常に似ており, これを省略し, 演習問題に残す.   □

【非強制ダッフィング振動子への応用】
  ベクトル場

$$\begin{aligned}\dot{x} &= y \equiv f(x,y), \\ \dot{y} &= x - x^3 - \delta y \equiv g(x,y),\end{aligned} \qquad \delta \geq 0, \tag{1.1.55}$$

を考える. 簡単な計算により

$$\frac{\partial f}{\partial x} + \frac{\partial g}{\partial y} = -\delta$$

が示される. よって, $\delta > 0$ に対しては (1.1.55) は閉軌道を持たない. $\delta = 0$ のとき何が起こるかの問いには, 節 1.1.E で答えることにする.
  次の例は, 閉軌道が存在する可能性のある平面上の領域を定理 1.1.4 がいかにして限定するかを示すものである.

例 1.1.6   非強制ダッフィング振動子の次のような修正

$$\begin{aligned}\dot{x} &= y \equiv f(x,y), \\ \dot{y} &= x - x^3 - \delta y + x^2 y \equiv g(x,y),\end{aligned} \qquad \delta \geq 0, \tag{1.1.56}$$

を考える. この方程式は, $(x,y) = (0,0), (\pm 1, 0)$ に 3 つの不動点を持ち, 各不動点の

まわりでの付随する線形化の固有値 $\lambda_{1,2}$ は

$$(0,0) \Rightarrow \lambda_{1,2} = \frac{-\delta}{2} \pm \frac{1}{2}\sqrt{\delta^2 + 4}, \qquad (1.1.57a)$$

$$(1,0) \Rightarrow \lambda_{1,2} = \frac{-\delta + 1}{2} \pm \frac{1}{2}\sqrt{(-\delta + 1)^2 - 8}, \qquad (1.1.57b)$$

$$(-1,0) \Rightarrow \lambda_{1,2} = \frac{-\delta + 1}{2} \pm \frac{1}{2}\sqrt{(-\delta + 1)^2 - 8} \qquad (1.1.57c)$$

で与えられる．よって，$(0,0)$ は鞍状点，$(\pm 1, 0)$ は $\delta > 1$ に対しては沈点，$0 \leq \delta < 1$ では涌点である．

簡単な計算により

$$\frac{\partial f}{\partial x} + \frac{\partial g}{\partial y} = -\delta + x^2 \qquad (1.1.58)$$

を得る．したがって，(1.1.58) は直線 $x = \pm\sqrt{\delta}$ 上で 0 になる．これら 2 本の直線は平面を 3 つの交わりのない領域に分割し，図 1.1.11 のように，これらに（左から右に）R_1, R_2, R_3 とラベルをつける．

定理 1.1.4 から，(1.1.56) は領域 R_1, R_2, R_3 に完全に含まれるような閉軌道を持たないことが直ちに結論出来る．しかしながら，図 1.1.12 に示されているように，これらの領域にまたがるような閉軌道の存在を排除できない．節 1.1F で指数理論を議論する際に，このようないくつかの可能性をさらに減らす方法を調べることにする．最後に，これらの不動点の固有値の実部が 0 のとき，直線 $x = \pm\sqrt{\delta}$ が不動点 $(\pm 1, 0)$ を通るのは偶然ではないことを注意しておく．このとき何が起こるのかは，3 章でポアンカレ・アンドロノフ・ホップ分岐を研究するときに学ぶ．

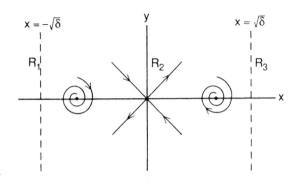

図 1.1.11　$x = \pm\sqrt{\delta}$ で定義された領域（この図は $\delta > 1$ について描かれている）．

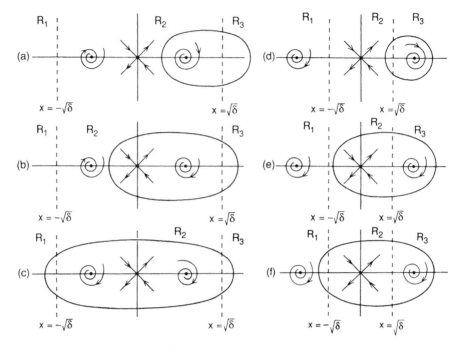

図 1.1.12 式 (1.1.55) における閉軌道の存在の可能性. (a)–(c) は $\delta > 1$ の場合, (d)–(f) は $0 < \delta < 1$ の場合に対応する.

1.1E　2次元多様体上の可積分ベクトル場

応用においては，しばしば 3 つの形の 2 次元相空間が現れる．これらは (1) 平面 $\mathbb{R}^2 = \mathbb{R}^1 \times \mathbb{R}^1$, (2) 円筒 $\mathbb{R}^1 \times S^1$, そして (3) 2-トーラス $T^2 = S^1 \times S^1$ である．こうしたベクトル場は

$$\begin{aligned}\dot{x} &= f(x,y), \\ \dot{y} &= g(x,y),\end{aligned} \tag{1.1.59}$$

と書くことができる．ここで，f と g は $\mathbf{C}^r$ $(r \geq 1)$ であり，平面上のベクトル場については $(x,y) \in \mathbb{R}^1 \times \mathbb{R}^1$, 円筒上のベクトル場については $(x,y) \in \mathbb{R}^1 \times S^1$, そしてトーラス上のベクトル場については $(x,y) \in T^2 = S^1 \times S^1$ である．S^1 は円（ときには 1-トーラス T^1 といわれる）である．このように様々な相空間がどうして現れるのかを示すような例を与え，同時に**可積分ベクトル場**の考えを導入しよう．非強制ダッフィング振動子から始めることにする．

例 1.1.7 非強制ダッフィング振動子

$$\ddot{x} - x + \delta\dot{x} + x^3 = 0, \tag{1.1.60}$$

で与えられるような，あるいは

$$\begin{aligned}\dot{x} &= y,\\\dot{y} &= x - x^3 - \delta y,\end{aligned} \qquad (x,y) \in \mathbb{R}^1 \times \mathbb{R}^1, \quad \delta \geq 0, \tag{1.1.61}$$

なる系として書かれる非強制ダッフィング振動子の相空間の大域的構造を徐々に明らかにしてきた．そうして，3つの不動点 $(x,y) = (0,0),(\pm 1, 0)$ の近くの局所構造と，$\delta > 0$ に対しては閉軌道がないことを知っている．次の段階は大域的軌道構造の幾何を理解することである．一般的にはこのことは容易でない仕事である．しかしながら，特別なパラメータ値 $\delta = 0$ に対しては大域的幾何を完全に理解することができる．それは，後でわかるように，$\delta \neq 0$ に対する大域的幾何を理解するための枠組みを準備するものである．

　これが出来る理由は，$\delta = 0$ に対しては，非強制，非減衰ダッフィング振動子が**第1積分**，つまりレベル曲線が軌道を与えるような従属変数の関数を持つからである．物理的用語を使っていいかえれば，非強制，非減衰ダッフィング振動子は，軌道上で定数であるようなエネルギー関数を持つ保存系である．これは次のようにしてわかる —— 非強制，非減衰ダッフィング振動子をとって，それに $\dot{x}$ を掛けて下のように積分する．

$$\dot{x}\ddot{x} - \dot{x}x + \dot{x}x^3 = 0$$

つまり

$$\frac{d}{dt}\left(\frac{1}{2}\dot{x}^2 - \frac{x^2}{2} + \frac{x^4}{4}\right) = 0 \tag{1.1.62}$$

である．したがって，

$$\frac{1}{2}\dot{x}^2 - \frac{x^2}{2} + \frac{x^4}{4} = h = 定数$$

つまり，

$$h = \frac{y^2}{2} - \frac{x^2}{2} + \frac{x^4}{4} \tag{1.1.63}$$

となる．これは，非強制，非減衰ダッフィング振動子に対する第1積分である．つまり，$y^2/2$ を運動エネルギー（質量は1と換算してある），$-x^2/2 + x^4/4 \equiv V(x)$ をポテンシャルエネルギーと考えると，h はその系の全エネルギーと考えられるのである．それゆえ，この関数のレベル曲線は相空間の大域的構造を与えるのである．

　一般的に，運動とポテンシャルエネルギーとの和として見ることが出来るような第1積分を持つ1自由度の問題（つまり，2次元相空間上のベクトル場）に対しては，相

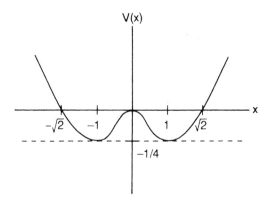

図 1.1.13 $V(x)$ のグラフ.

空間を描くための簡単でグラフ的な方法がある．この方法を非強制，非減衰ダッフィング振動子について説明しよう．準備段階として，$V(x)$ のグラフの形を図 1.1.13 に示しておく．

第 1 積分が

$$h = \frac{y^2}{2} + V(x)$$

で与えられるとすると，

$$y = \pm\sqrt{2}\sqrt{h - V(x)} \tag{1.1.64}$$

となる．目標は h のレベル集合を描くことである．h を固定して，点 $(0,0)$ に座っていると想像してみよう．いま，右の方（x が増加する方）に移動するとする．$V(x)$ のグラフを見ると V が減少し始めることはすぐにわかる．このとき $y = +\sqrt{2}\sqrt{h - V(x)}$ (しばらく符号 + を取る）であり，h が固定されているので，y はポテンシャルが最小値に達するまで増加し，それからポテンシャルの境界に達するまで（なぜ，それ以上いけないのか？）y は減少する（図 1.1.14 を見よ）．さて，$y = +$ または $-\sqrt{2}\sqrt{h - V(x)}$ である．したがって，固定した h に対して $(0,0)$ を通る完全な軌道は図 1.1.15 のようになる．（注：図 1.1.15 で矢印が特定の方向を向いているのはなぜか？）対称性より，図 1.1.16 のように左にもう 1 つの**ホモクリニック軌道**があり，この手続きを異なる点について繰り返すと，図 1.1.17 のように完全な相平面を描くことができる．ホモクリニック軌道は，ときには**セパラトリックス（分岐子）**と呼ばれる．なぜなら，それが 2 つの異なった運動形態の間の境界になっているからである．ホモクリニック軌道については第 4 章で詳しく研究する．

非強制，非減衰ダッフィング振動子の第 1 積分を h と表したのはあることを示唆す

1.1 力学系の理論からの予備事項

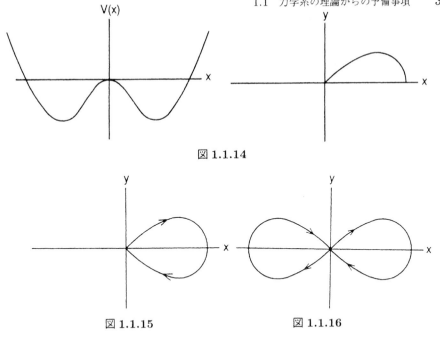

図 1.1.14

図 1.1.15   図 1.1.16

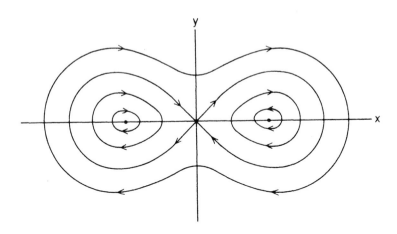

図 1.1.17 非強制, 非減衰ダッフィング振動子の軌道.

るためであった. 非強制, 非減衰ダッフィング振動子は実はハミルトン系である. つまり, 関数 $h = h(x,y)$ が存在して, ベクトル場は

$$\dot{x} = \frac{\partial h}{\partial y},$$
$$\dot{y} = -\frac{\partial h}{\partial x} \qquad (1.1.65)$$

で与えられる（これについて後ほど詳しく調べる）．全ての解は，位相的には S^1（または T^1）と同じような h のレベル曲線の上にあることを注意しておく．このハミルトン系は**可積分**ハミルトン系であり，全ての n 自由度の可積分ハミルトン系の有界な運動は，n 次元トーラスの上にのっているか，ホモクリニック及びヘテロクリニック軌道上にあるという特徴がある（Arnold [1978] または Abraham and Marsden [1978] を見よ）．（全ての1自由度ハミルトン系は可積分であることを注意しておく．）

例 1.1.8　振り子　単振り子（再び，全ての物理定数は規格化してある）の運動方程式は
$$\ddot{\phi} + \sin\phi = 0 \tag{1.1.66}$$
で与えられるか，または
$$\begin{aligned}\dot{\phi} &= v, \\ \dot{v} &= -\sin\phi,\end{aligned} \qquad (\phi, v) \in S^1 \times \mathbb{R}^1 \tag{1.1.67}$$
なる系で書かれる．この方程式は $(0,0), (\pm\pi, 0)$ で不動点を持ち，簡単な計算から，$(0,0)$ は中心（すなわち，固有値は純虚数），$(\pm\pi, 0)$ は鞍状点であることがわかる．しかし相空間は円筒であって平面でないために，$(\pm\pi, 0)$ は実は同じ点である（図 1.1.18 を見よ）．（振り子を物理的実体と考えると，これは明らかなことがわかる．）

さて，例 1.1.7 とちょうど同じように，この振り子はハミルトン系であり，その第1積分は

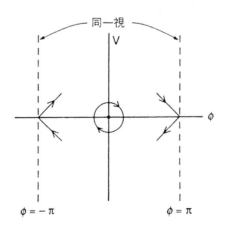

図 **1.1.18**　振り子の不動点．

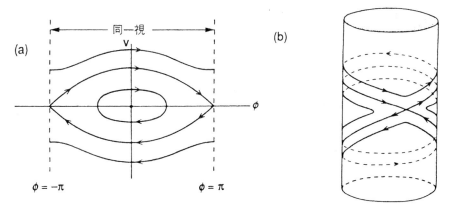

図 1.1.19 (a) $\phi = \pm\pi$ を同一視した $\mathbb{R}^2$ 上の振り子の軌道. (b) 円筒上の振り子の軌道

$$h = \frac{v^2}{2} - \cos\phi \tag{1.1.68}$$

で与えられる．再び，例 1.1.7 と同じようにして，この事実から，振り子に対する大域的な相図を図 1.1.19a で示されるように描くことができる．換言すれば，2 つの直線 $\phi = \pm\pi$ を張り合わせて，図 1.1.19b で示されるような円筒上の軌道が得られるのである．

例 1.1.9：2 次元トーラス上のベクトル場 2-トーラス上のベクトル場の例を考えたい．これは多少不自然なものとして現れるため，その状況を動機づける簡単な例から始めよう．線形振動子が 2 つ結合した非減衰 2 自由度系があるとする．一般的な条件の元で，正準座標（"基準モード"）へと変数変換を実行することができ，それが系を分離する．これが実行されたとすると，ベクトル場は

$$\begin{aligned}\ddot{x} + \omega_1^2 x &= 0, \\ \ddot{y} + \omega_2^2 y &= 0,\end{aligned} \tag{1.1.69}$$

の形を取るか，または

$$\begin{aligned}\dot{x}_1 &= x_2, \\ \dot{x}_2 &= -\omega_1^2 x_1, \\ \dot{y}_1 &= y_2, \\ \dot{y}_2 &= -\omega_2^2 y_1,\end{aligned} \quad (x_1, x_2, y_1, y_2) \in \mathbb{R}^4, \tag{1.1.70}$$

のような系で書ける．この系は可積分である．なぜなら，

36　1. 力学系の幾何学的観点

$$h_1 = \frac{x_2^2}{2} + \frac{\omega_1^2 x_1^2}{2},$$

$$h_2 = \frac{y_2^2}{2} + \frac{\omega_2^2 y_1^2}{2}$$

(1.1.71)

で与えられる2つの独立した従属変数の関数があるためである．これらの関数のレベル曲線はコンパクト集合（位相的には円）である．それゆえ，4次元相空間内での軌道は，確かに2-トーラス上にある．このことは変数変換

$$x_1 = \sqrt{2I_1/\omega_1} \sin\theta_1, \quad x_2 = \sqrt{2\omega_1 I_1} \cos\theta_1,$$

$$y_1 = \sqrt{2I_2/\omega_2} \sin\theta_2, \quad y_2 = \sqrt{2\omega_2 I_2} \cos\theta_2,$$

(1.1.72)

を行い，さらにはっきりさせることが出来る．この結果，新しい方程式

$$\dot{I}_1 = 0, \qquad \dot{I}_2 = 0,$$

$$\dot{\theta}_1 = \omega_1, \qquad \dot{\theta}_2 = \omega_2$$

(1.1.73)

を得る．これより，I_1 と I_2 は定数であり，したがって，力学は方程式

$$\dot{\theta}_1 = \omega_1, \atop \dot{\theta}_2 = \omega_2, \qquad (\theta_1, \theta_2) \in S^1 \times S^1 = T^2,$$

(1.1.74)

に含まれている．このベクトル場により定義された流れは節1.2Aでさらに詳しく議論される．

1.1F　指数理論

　指数理論をいくつか利用する前に，その考え方の発見的記述を与えてみよう．

　平面上のベクトル場があるとしよう（これは2次元だけの方法である）．Γ をベクトル場の**不動点を含まない**ような平面内の閉ループとする．ループ Γ 上の各点 p で，p におけるベクトル場の値を表すような矢印があると思うことができる（図1.1.20を見よ）．

　いま Γ を反時計回り（これを正の向きと呼ぶ）に移動すると，Γ 上のベクトルは回転し，出発点に戻るときには，これらは $2\pi k$ だけ回転している．ここで，k は整数である．この整数 k を Γ の指数という．

　不動点を含まない閉ループの指数は，Γ 上の各点におけるベクトルの角度を Γ をまわって積分することにより計算できる（この角度はある選ばれた座標系に関して測る）．

$$\dot{x} = f(x,y), \atop \dot{y} = g(x,y), \qquad (x,y) \in \mathbb{R}^1 \times \mathbb{R}^1,$$

(1.1.75)

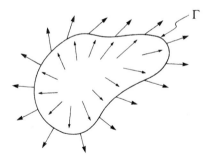

図 1.1.20　閉曲線 Γ 上のベクトル場.

で与えられる平面上のベクトル場に関しては，Γ の指数 k は計算により

$$k = \frac{1}{2\pi}\oint_\Gamma d\phi = \frac{1}{2\pi}\oint_\Gamma d\left(\tan^{-1}\frac{g(x,y)}{f(x,y)}\right)$$
$$= \frac{1}{2\pi}\oint_\Gamma \frac{f\,dg - g\,df}{f^2 + g^2} \tag{1.1.76}$$

となることがわかる．この積分はいくつかの性質を持つ．最も重要なことの1つは，Γ がなめらかに変形されるとき，それがベクトル場の不動点を通らないように変形される限り，その積分は同じ値を持ち続けるということである．上で与えられた指数の定義（単に図を描くことによらないでも）から，次の定理が証明できる．

定理 1.1.6

i) 沈点，涌点，または中心の指数は +1 である．
ii) 双曲型鞍状点の指数は −1 である．
iii) 閉軌道の指数は +1 である．
iv) 不動点を内部に含まない閉曲線の指数は 0 である．
v) 閉曲線の指数は，その中にある不動点の指数の和に等しい．

これから直ちに得られる系は次のようである．

系 1.1.7　任意の閉軌道 γ の内部には，少なくとも1つの不動点がなければならない．それがただ1つあるときには，それは沈点，涌点または中心である．γ 内の全ての不動点が双曲型であれば，奇数個 $2n+1$ の点があって，n 個は鞍状点，$n+1$ 個は沈点，涌点，または中心のどれかである．

指数理論に関するより多くの情報については，Andronov et al. [1971] を見よ．

38　1. 力学系の幾何学的観点

例 1.1.6　再考　上の結果を使い，読者は図 1.1.12b，1.1.12e 及び 1.1.12f で示された相図は起こりえないということが立証できる．この例は，指数理論を利用するベンディクソンとデュラックの判定基準が，平面上の相図の大域的構造を記述するにあたって，いかに効果があるかを示している．指数理論の高次元への一般化は**写像度理論**である．力学系と分岐理論における写像度理論の利用の紹介について，読者には Chow and Hale [1982] または Smoller [1983] を挙げておく．

1.1G　ベクトル場の一般的性質：存在性，一意性，微分可能性と流れ

この節ではベクトル場の解の一般的性質を表す基本定理のいくつかを与える．非自励系の場合でも同様に簡単であるので，その場合を考える．ベクトル場

$$\dot{x} = f(x, t) \tag{1.1.77}$$

を考える．ここで，$f(x, t)$ はある開集合 $U \subset \mathbb{R}^n \times \mathbb{R}^1$ 上で $\mathbf{C}^r$，$r \geq 1$ である．

【初期条件に関する存在，一意性，微分可能性】

定理 1.1.8　$(x_0, t_0) \in U$ とする．このとき，十分小さい $|t - t_0|$ に対して，$t = t_0$ で点 x_0 を通る (1.1.77) の解が存在する，それを $x(t, t_0, x_0)$ と表す：$x(t_0, t_0, x_0) = x_0$．$t = t_0$ で点 x_0 を通る (1.1.77) の任意の別の解は，それらが存在する共通の区間上で $x(t, t_0, x_0)$ と同じであるという意味で，この解は一意的である．さらに，$x(t, t_0, x_0)$ は t, t_0 及び x_0 の $\mathbf{C}^r$ 関数である．

証明　Arnold [1973]，Hirsch and Smale [1974]，Hale [1980] 等を見よ．　□

$f(x, t)$ に関する仮定を弱めても，解の存在と一意性を得ることが可能なことを注意しておく．その議論については読書は Hale [1980] を参照されたい．

定理 1.1.8 は十分小さな時間区間に対する解の存在と一意性を保証するだけである．次の結果は，解が存在する時間区間を一意的に拡大できることを保証するものである．

【解の延長】

$C \subset U \subset \mathbb{R}^n \times \mathbb{R}^1$ を (x_0, t_0) を含むコンパクト集合とする．

定理 1.1.9　解 $x(t, t_0, x_0)$ は，t について前向きにも後ろ向きにも C の境界まで一意的に拡大できる．

証明　Hale [1980] を見よ．　□

定理 1.1.9 はどのようにして解が存在しなくなるかを教えている．つまり，解の "爆発" である．次の例を考えてみよう．

例 1.1.10　方程式

$$\dot{x} = x^2, \qquad x \in \mathbb{R}^1 \tag{1.1.78}$$

を考える．$t = 0$ で x_0 を通る (1.1.78) の解は

$$x(t, 0, x_0) = \frac{-x_0}{x_0 t - 1} \tag{1.1.79}$$

で与えられる．(1.1.79) が全ての時間については存在しないことは明らかである．それは $t = 1/x_0$ で無限大になるからである．この例は解の存在する時間区間が x_0 に依存することをも示している．

実際には，しばしばパラメータに依存するベクトル場に出会ったり，パラメータに関して解を微分することが必要になる．次の結果はこの場合を含んでいる．

【パラメータに関する微分可能性】

ベクトル場

$$\dot{x} = f(x, t; \mu) \tag{1.1.80}$$

を考える．ここで，$f(x, t; \mu)$ はある開集合 $U \subset \mathbb{R}^n \times \mathbb{R}^1 \times \mathbb{R}^p$ 上で $\mathbf{C}^r$ $(r \geq 1)$ である．

定理 1.1.10　$(t_0, x_0, \mu) \in U$ に対して解 $x(t, t_0, x_0, \mu)$ は t, t_0, x_0 及び μ の $\mathbf{C}^r$ 関数である．

証明　Arnold [1973] または Hale [1980] を見よ．　□

ここで，$\mathbf{C}^r$，$r \geq 1$ 自励ベクトル場の特別な性質を指摘しよう，それらは役立つことがわかるであろう．

【自励ベクトル場】

ベクトル場

$$\dot{x} = f(x), \qquad x \in \mathbb{R}^n \tag{1.1.81}$$

を考える．ここで，$f(x)$ はある開集合 $U \subset \mathbb{R}^n$ 上で $\mathbf{C}^r$，$r \geq 1$ である．簡単のために，解は全ての時間にわたって存在するとする（解が有限の時間区間でのみ存在しているときに，必要な変更をすることは演習問題として残しておく）．次の 3 つの結果は応用において極めて有用である．

40　1. 力学系の幾何学的観点

命題 1.1.11　$x(t)$ が (1.1.81) の解ならば，任意の $\tau \in \mathbb{R}$ に対し $x(t+\tau)$ も解である．

証明　定義から

$$\frac{dx(t)}{dt} = f\big(x(t)\big). \tag{1.1.82}$$

よって

$$\frac{dx(t+\tau)}{dt}\bigg|_{t=t_0} = \frac{dx(t)}{dt}\bigg|_{t=t_0+\tau} = f\big(x(t_0+\tau)\big) = f\big(x(t+\tau)\big)\big|_{t=t_0}$$

つまり

$$\frac{dx(t+\tau)}{dt}\bigg|_{t=t_0} = f\big(x(t+\tau)\big)\big|_{t=t_0} \tag{1.1.83}$$

を得る．(1.1.83) は任意の $t_0 \in \mathbb{R}$ に対して正しいことから，結果を得る．　□

　命題 1.1.11 は非自励ベクトル場に対しては成立しないことを注意する．次の例を考えよう．

例 1.1.11　非自励ベクトル場

$$\dot{x} = e^t, \qquad x \in \mathbb{R}^1 \tag{1.1.84}$$

を考える．(1.1.84) の解は

$$x(t) = e^t \tag{1.1.85}$$

で与えられ，

$$x(t+\tau) = e^{t+\tau} \tag{1.1.86}$$

は，$\tau \neq 0$ に対して (1.1.84) の解でないことは明らかである．

　次の命題はポアンカレ-ベンディクソンの定理の根底にあるものである．

命題 1.1.12　$x_0 \in \mathbf{R}^n$ に対して，この点を通過する (1.1.81) の解がただ 1 つ存在する．

証明　この命題が正しくないとしたとき，解の一意性が破れることを示すことにする．
$x_1(t)$ と $x_2(t)$ を

$$x_1(t_1) = x_0,$$
$$x_2(t_2) = x_0$$

を満たす (1.1.81) の解とする. 命題 1.1.11 より

$$\tilde{x}_2(t) \equiv x_2\big(t - (t_1 - t_2)\big)$$

は

$$\tilde{x}_2(t_1) = x_0$$

を満たす (1.1.81) の解でもある. よって, 定理 1.1.8 から $x_1(t)$ と $x_2(t)$ は同じでなければならない. □

　自励ベクトル場については時間移動した解は解のままである（つまり命題 1.1.11 が成立している）ので, 固定した初期条件, 例えば $t_0 = 0$ を選べば十分である. これは事前に了解されていて, それゆえ表記からしばしば省略される（これからもそのようにする）.

命題 1.1.13

i) $x(t, x_0)$ は $\mathbf{C}^r$ である.

ii) $x(0, x_0) = x_0$.

iii) $x(t + s, x_0) = x\big(t, x(s, x_0)\big)$.

証明　i) は定理 1.1.8 からの結果である, ii) は定義により, そして iii) は命題 1.1.12 からの結果である. つまり, $\tilde{x}(t, x_0) \equiv x(t + s, x_0)$ と $x\big(t, x(s, x_0)\big)$ はどちらも $t = 0$ で同じ初期条件を満たす (1.1.81) の解である. よって, 一意性からこれらは一致しなければならない. □

　命題 1.1.13 は, (1.1.81) の解が相空間の $\mathbf{C}^r$, $r \geq 1$ 微分同相写像（可逆性は iii) からいえる）の 1 パラメータ族をなすことを示している. これを**相流**, または単に**流れ**という. 流れに対する共通の表記は $\phi(t, x)$ または $\phi_t(x)$ である.

　この表記 $\phi_t(x)$ についてもう少し注意しておく. x_0 に関する（t と t_0 は固定する）解の微分可能性を扱う定理 1.1.8 の部分は, 常微分方程式の解についての違った考えをゆるす. 正確にいうと, 解 $x(t, t_0, x_0)$ について, t と t_0 を固定して, 写像 $x(t, t_0, x_0)$ が相空間の中で点集合をどのように移すかを研究することができるのである. これは力学系の研究における大域的, 幾何学的な観点である. 集合 $U \subset \mathbb{R}^n$ に対して, この写像による像を $x(t, t_0, U)$ と表そう. 相空間内の点もまた文字 x でラベルづけされているので, 解に対する表記を変える方がより混乱しない, これが記号 ϕ を使う理由である. この観点は, 節 1.2 でポアンカレ写像の構成を研究する際にさらに明らかになる.

42   1. 力学系の幾何学的観点

最後に注意をひとつ．常微分方程式の研究において，"解" $x(t, t_0, x_0)$ が見つかると問題が終わってしまったと考えるかもしれない．この本の残りでは，これはそうでなくて，むしろ，本当のおもしろさを得るための始まりであることが示される．

【非自励ベクトル場】

命題 1.1.11，1.1.12 及び 1.1.13 は，非自励ベクトル場では成立しないことは明らかである．しかしながら，時間を新しい従属変数として定義し直すことにより，非自励ベクトル場は常に自励系にすることができる．これは次のようにして行う．

(1.1.77) を

$$\frac{dx}{dt} = \frac{f(x,t)}{1} \tag{1.1.87}$$

のように書き，連鎖律を使うことで，新しい独立変数 s を導入することができ，(1.1.87) は

$$\frac{dx}{ds} \equiv x' = f(x,t),$$

$$\frac{dt}{ds} \equiv t' = 1 \tag{1.1.88}$$

となる．$y = (x,t)$ と $g(y) = (f(x,t),1)$ を定義すると，(1.1.88) は

$$y' = g(y), \qquad y \in \mathbb{R}^n \times \mathbb{R}^1 \tag{1.1.89}$$

となることがわかる．もちろん (1.1.89) の解の情報は (1.1.77) の解の情報を意味し，また逆もそうである．例えば，$x(t)$ が $t = t_0$ で x_0 を通る，つまり $x(t_0) = x_0$ なる (1.1.77) の解であるとき，$y(s) = (x(s+t_0), t(s) = s+t_0)$ は $s = 0$ で $y_0 \equiv (x(t_0), t_0)$ を通る (1.1.89) の解である．

全てのベクトル場はこのように自励ベクトル場とみなすことができる．この外見上の技巧は，節 1.2 で見るように時間周期的または概周期的ベクトル場に対するポアンカレ写像の構成において大きな概念的助けとなる．時間を従属変数として定義し直すという技巧が初期位置の明示（つまり x_0 を明記する）を要求するような様々な局面で導入されることを注意しよう．実際，読者は節 1.1A で与えられた安定性の定義を再び試みるべきである．もう 1 つの非自励ベクトル場の見方については Sell [171] を見よ．

この本のほとんどの部分では，自励ベクトル場または非自励ベクトル場から構成された写像（明確にいえば，時間周期的及び概周期的ベクトル場から構成された写像）を考える．したがって今後は，自励ベクトル場と写像という文脈の中で定義を述べることにする．

1.1H 漸近的振る舞い

力学系の軌道の "長期間" 及び "観測可能な" 振る舞いについての概念を扱うための技術的道具立てを発展させよう. $\mathbb{R}^n$ 上の $\mathbf{C}^r$ $(r \geq 1)$ 写像と自励ベクトル場を考え, 次のように表すとしよう.

$$\text{ベクトル場:} \qquad \dot{x} = f(x), \qquad x \in \mathbb{R}^n, \qquad (1.1.90)$$

$$\text{写像:} \qquad x \mapsto g(x), \qquad x \in \mathbb{R}^n. \qquad (1.1.91)$$

(1.1.90) で生成される**流れ**（節 1.1G を見よ）を $\phi(t,x)$ と表す.

節 1.1I で調べるように, ポアンカレ-ベンディクソンの定理は, ある 2 次元多様体上の流れの α 及び ω 極限集合の性質を特徴づけるものである. まず α 及び ω 極限集合を定義しよう.

定義 1.1.7 点 $x_0 \in \mathbb{R}^n$ が $x \in \mathbb{R}^n$ の ω 極限点 $\omega(x)$ とは, 数列 $\{t_i\}, t_i \longrightarrow \infty$ が存在して,

$$\phi(t_i, x) \longrightarrow x_0$$

となるときである. α 極限点についても数列 $\{t_i\}, t_i \longrightarrow -\infty$ を取り同様に定義される.

例 1.1.12 図 1.1.21 で示されたような双曲型不動点 x を持つ平面上のベクトル場を考える. このとき x は, その安定多様体上の任意の点の ω 極限点であり, 不安定多様体上の任意の点の α 極限点である.

例 1.1.13 この例は, α 及び ω 極限点の定義において, なぜ時間についての部分数列 $\{t_i\}$ を取る必要があり, 単に $t \uparrow \infty$ とするだけではいけないかの理由を示すものである. 図 1.1.22 で示されるような大域的に吸引的な閉軌道 γ を持つ平面上のベクトル場を考える. このとき γ から出発しない軌道は γ に "巻きつく".

さて γ 上の各点に対して, $\phi(t_i, x), x \in \mathbb{R}^n$ が $i \uparrow \infty$ でその点に近づくような部分数列 $\{t_i\}$ を見つけることができる. したがって γ は, 期待しているように, x の ω 極限集合である. しかし, $\lim_{t \to \infty} \phi(t,x) \neq \gamma$ である.

定義 1.1.8 流れまたは写像の全ての ω 極限点の集合を ω **極限集合**と呼ぶ. α 極限集合についても同様に定義される.

α 及び ω 極限集合の考え方は流れという文脈のなかでのみ必要である. 写像に対し

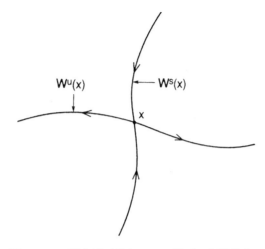

図 1.1.21 双曲型不動点 x の α 及び ω 極限集合.

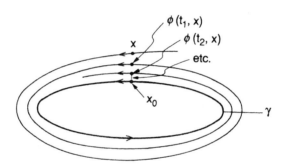

図 1.1.22 点 $x_0 \in \gamma$ は x の ω 極限点である.

て定義 1.1.8 を修正することは読者の演習問題に残しておく.

写像については,非遊走点の概念がより流行している.演習問題でこれら 2 つの概念の間の関係を探求しよう.

定義 1.1.9　点 x_0 が非遊走的であるとは次のことが成立することである.

流れ：x_0 の任意の近傍 U と $T > 0$ に対し,ある $|t| > T$ が存在して

$$\phi(t, U) \cap U \neq \emptyset.$$

写像：x_0 の任意の近傍 U に対し,ある $n \neq 0$ が存在して

$$g^n(U) \cap U \neq \emptyset.$$

写像が非可逆のときには $n > 0$ としなければならないことに注意する.

不動点や周期軌道は非遊走的である. 4 章でさらに込み入った例を見ることにする.

定義 1.1.10 写像あるいは流れの全ての非遊走点の集合をその写像あるいは流れの**非遊走集合**と呼ぶ.

定義 1.1.8 と 1.1.9 は漸近的運動の安定性の問いについては述べていない. このためにアトラクターの考え方を発展させよう.

定義 1.1.11 閉不変集合 $A \subset \mathbb{R}^n$ が**吸引集合**であるとは, A のある近傍 U が在って

流れ: $\forall x \in U, \quad \forall t \geq 0, \qquad \phi(t,x) \in U \qquad$ であり $\phi(t,x) \xrightarrow[t\uparrow\infty]{} A,$

写像: $\forall x \in U, \quad \forall n \geq 0, \qquad g^n(x) \in U \qquad$ であり $g^n(x) \xrightarrow[n\uparrow\infty]{} A,$

となるときである.

吸引集合があるとき, 相空間のどの点が吸引集合に漸近的に近づくかを問うのは自然である.

定義 1.1.12 A の**吸引領域**または**吸引域**は

流れ: $\bigcup_{t \leq 0} \phi(t, U),$

写像: $\bigcup_{n \leq 0} g^n(U),$

で与えられる. ここで, U は定義 1.1.11 で定義されているものである.

g が非可逆であるとしても, g^{-1} は集合論的には意味があることに注意する. すなわち $g^{-1}(U)$ は, g で U に写像される $\mathbb{R}^n$ の点の集合である. このとき $g^{-n}, n > 1$ は帰納的に定義される.

実際には, 吸引集合の場所を探す 1 つの方法としては, まず閉じこめ領域を見つけることである.

定義 1.1.13 閉連結集合 $\mathcal{M}$ が**閉じこめ領域**とは, $\forall t \geq 0$ に対して $\phi(t, \mathcal{M}) \subset \mathcal{M}$, つまり同じことであるが, $\mathcal{M}$ の境界 ($\partial \mathcal{M}$ と表す) 上のベクトル場が $\mathcal{M}$ の内部を向いているときである. このとき

$$\bigcap_{t > 0} \phi(t, \mathcal{M}) \stackrel{\text{def}}{=} A$$

は吸引集合である.

同様の定義は写像についても与えることが出来る.いままでのことで必要な修正は明らかであり,その詳細を演習問題として読者に残しておく.リャプノフ関数を見つけることは閉じこめ領域を見つけることと等価であることは読者には明白であろう.技術的な点についても述べておこう.定理 1.1.8 から,閉じ込め領域から出発した全ての解は全ての正の時間にわたって存在することがわかる.このことは $\mathbb{R}^n$ のような非コンパクト相空間において半無限時間区間に対する解の存在を証明するために有用である.

【非強制ダッフィング振動子への応用】

いままで見てきたように,非強制ダッフィング振動子は $\delta > 0$ に対して2つのアトラクターを持ち,それらは不動点である.2つのアトラクターに対する吸引領域の境界は原点にある鞍状点の安定多様体によって定義される(図 1.1.23 を見よ).さて吸引集合に対立するものとしての**アトラクター**の考え方の動機づけを与えよう.これを Guckenheimer and Holmes [1983] からとった次の例で行う.

例 1.1.14　平面の自励ベクトル場

$$\dot{x} = x - x^3, \qquad (x,y) \in \mathbb{R}^1 \times \mathbb{R}^1$$
$$\dot{y} = -y,$$

を考える.このベクトル場は $(0,0)$ で鞍状点,$(\pm 1, 0)$ で2つの沈点を持つ.y 軸は

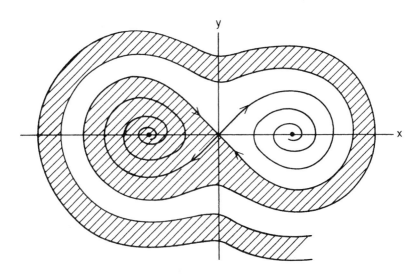

図 1.1.23　沈点の吸引域.

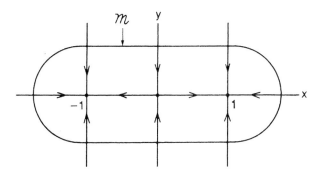

図 1.1.24　例 1.1.14 の吸引集合.

$(0,0)$ の安定多様体である．この 3 つの不動点を含む楕円 $\mathcal{M}$ を図 1.1.24 で示されるように選ぶ．$\mathcal{M}$ は閉じ込め領域であり，閉区間 $[-1,1] = \bigcap_{t \geq 0} \phi(t, \mathcal{M})$ は吸引集合であることは明らかであろう．

　例 1.1.14 は吸引集合の定義 1.1.11 において欠点とみなされうるものを指摘している．この例では，平面のほとんど全ての点は結局は沈点の 1 つに近づいていく．よって，吸引集合である区間 $[-1,1]$ は 2 つの**アトラクター**，沈点 $(\pm 1, 0)$ を含む．したがって，相空間の多くの点が最終的にどこへいくのかを表そうとするとき，吸引集合の考え方は十分に正確とはいえない．そこで吸引集合の定義に次のような概念を取り入れたい．つまりその概念とは個々のアトラクターの集まりでなく，流れまたは写像の発展のもとで，吸引集合の全ての点が最終的に吸引集合の中の他のどの点にも任意に近くなるというものである．このことを数学的に精密化してみよう．

定義 1.1.14　閉不変集合 A が**位相的に推移的**とは，任意の 2 つの開集合 $U, V \subset A$ に対して

流れ：$\exists\, t \in \mathbb{R},\ \phi(t, U) \cap V \neq \emptyset$,
写像：$\exists\, n \in \mathbb{Z},\ g^n(U) \cap V \neq \emptyset$,

となるときである．

定義 1.1.15　**アトラクター**とは位相的に推移的な吸引集合である．

　力学系のアトラクターやその吸引域の研究は急速に進んでおり，その結果，理論はまだ不完全であることを注意しておく．さらに多くの情報については Conley [1978], Guckenheimer and Holmes [1983], Milnor [1985] や Ruelle [1981] を見よ．

48 1. 力学系の幾何学的観点

1.1I ポアンカレ-ベンディクソンの定理

ポアンカレ-ベンディクソンの定理は平面，円筒及び2次元球面上の広いクラスの流れの漸近的振る舞いを完全に決定する．その定理はベクトル場についての細かい情報でなく，解の一意性，ω 極限集合の性質，そして相空間の幾何学のいくつかの性質を仮定するだけという著しいものである．その枠組みを設定し，いくつかの準備的定義から始めよう．

$\mathbf{C}^r$, $r \geq 1$ ベクトル場

$$\begin{aligned}\dot{x} &= f(x,y), \\ \dot{y} &= g(x,y),\end{aligned} \quad (x,y) \in \mathcal{P},$$

を考える．ここで，$\mathcal{P}$ は相空間を表し，平面，円筒または2次元球面でもよい．このベクトル場により生成された流れを

$$\phi_t(\cdot)$$

で表す．この表記で "·" は点 $(x,y) \in \mathcal{P}$ を表している．次の命題は基本的であり，相空間の次元とは（それが有限である限り）独立である．

命題 1.1.14 $\phi_t(\cdot)$ をベクトル場により生成された流れ，$\mathcal{M}$ をこの流れに対する正不変コンパクト集合とする．このとき，$p \in \mathcal{M}$ に対して

i) $\omega(p) \neq \emptyset$.

ii) $\omega(p)$ は閉である．

iii) $\omega(p)$ は流れに関して不変，つまり $\omega(p)$ は軌道の和集合である．

iv) $\omega(p)$ は連結である．

証明 i) 数列 $\{t_i\}$, $\lim_{t \to \infty} t_i = \infty$ を選び，$\{p_i = \phi_{t_i}(p)\}$ とする．$\mathcal{M}$ はコンパクトであるので，$\{p_i\}$ は収束する部分列を持ち，その極限は $\omega(p)$ に属する．よって，$\omega(p) \neq \emptyset$ である．

ii) $\omega(p)$ の補集合が開集合であることを示せば十分である．$q \notin \omega(p)$ を選ぶ．このとき q の近傍 $U(q)$ が存在し，ある $T > 0$ に対して点の集合 $\{\phi_t(p)|t \geq T\}$ とは共通部分を持たない．よって q は，$\omega(p)$ の点を含まないようなある開集合に含まれている．q は任意であることから証明ができた．

iii) $q \in \omega(p)$, $\tilde{q} = \phi_s(q)$ とする．$\phi_{t_i}(p) \to q$ なる数列 $t_i \xrightarrow[i \uparrow \infty]{} \infty$ を選ぶ．このとき $\phi_{t_i+s}(p) = \phi_s(\phi_{t_i}(p))$ （命題 1.1.13 のあとの流れに対する表記参照）は $i \to \infty$ で $\tilde{q}$ に収束する．よって $\tilde{q} \in \omega(p)$ であり，それゆえ $\omega(p)$ は不変である．しかし，この

議論には埋めなければならない僅かな穴がある．すなわち $\phi_s(\cdot)$ が全ての s にわたって存在することは直ぐには明らかではないということである．

$q \in \omega(p)$ のとき $s \in (-\infty, \infty)$ にわたって $\phi_s(q)$ が存在することから議論しよう．このことは，$\mathcal{M}$ が正不変コンパクト集合であるために $s \in (0, \infty)$ については正しい（定理 1.1.9 参照）．したがってこれが $s \in (-\infty, 0]$ について正しいことを示せば十分である．

さて $q \in \omega(p)$ である．よって定義から $i \to \infty$ のとき $\phi_{t_i}(p) \to q$ なる数列 $\{t_i\}$，$t_i \underset{i\uparrow\infty}{\longrightarrow} \infty$ を見つけることができる．この数列を並べて $t_1 < t_2 < \cdots < t_n < \cdots$ とする．次に $\phi_s\big(\phi_{t_i}(p)\big)$ を考える．命題 1.1.13 からこれは $s \in [-t_i, 0]$ に対しては正しい．$i \to \infty$ として極限を取り，$i \to \infty$ で $\phi_{t_i}(p) \to q$ という事実と共に連続性を使って，$\phi_s(q)$ は $s \in (-\infty, 0]$ に対して存在することがわかる．

iv) 証明は背理法による．$\omega(p)$ が連結でないとしよう．このとき開集合 V_1, V_2 を選んで，$\omega(p) \subset V_1 \cup V_2, \omega(p) \cap V_1 \neq \emptyset, \omega(p) \cap V_2 \neq \emptyset$ そして $\bar{V}_1 \cap \bar{V}_2 = \emptyset$ とできる．p の軌道は V_1 と V_2 両方の中の点に集積する．よって $T > 0$ を与えると，$\phi_t(p) \in \mathcal{M} - (V_1 \cup V_2) = K$ なる $t > T$ が存在する．このとき $\phi_{t_n}(p) \in K$ なる数列 $\{t_n\}, t_n \underset{n\uparrow\infty}{\longrightarrow} \infty$ を見つけることができる．必要なら部分数列を取って，$\phi_{t_n}(p) \to q, q \in K$ を得る．しかし，これは $q \in \omega(p) \in V_1 \cup V_2$ を意味する．これは**矛盾**である．$\square$

次の定義は有用である．

定義 1.1.16 Σ を $\mathcal{P}$ 内の連続な連結弧とする．このとき，Σ が $\mathcal{P}$ 上のベクトル場に**横断的**とは，Σ 上の各点での単位法線とその点でのベクトル場とのベクトル内積が 0 でなく Σ 上で符号を変えないときをいう．または同じことだが，ベクトル場が $\mathbf{C}^r, r \geq 1$ なので，ベクトル場が Σ 上で不動点を持たず，決して Σ に接しないことである．

さてポアンカレ-ベンディクソンの定理を実際に証明する段階にきている．まず最初に補題を証明しよう．定理はそれから容易に導かれる．その表し方は Palis and Melo [1982] に従っている．以下では，$\mathcal{M}$ は $\mathcal{P}$ における正不変コンパクト集合としている．点 $p \in \mathcal{P}$ に対して，**正の時間**にわたる流れ $\phi_t(\cdot)$ による p の軌道を $O_+(p)$ で表す（p の正半軌道ともいう）．

補題 1.1.15 $\Sigma \subset \mathcal{M}$ をベクトル場に横断的な弧とする．任意の点 $p \in \mathcal{M}$ を通る正半軌道 $O_+(p)$ は単調点列で Σ に交わる．つまり，p_i を Σ と $O_+(p)$ の i 番目の交点とすると，$p_i \in [p_{i-1}, p_{i+1}]$ である．

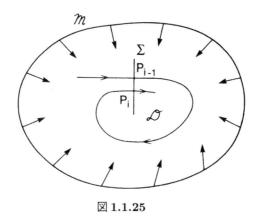

図 1.1.25

証明 区画 $[p_{i-1}, p_i] \subset \Sigma$ を加えた p_{i-1} から p_i までの軌道 $O_+(p)$ の部分を考える（図 1.1.25 を見よ）．（注：もちろん $O_+(p)$ が Σ を一度だけ横断するときには証明は終わる．）これは正不変領域 $\mathcal{D}$ をなす．よって $O_+(p_i) \subset \mathcal{D}$ であり，それゆえ p_{i+1} は（もし存在すれば）$\mathcal{D}$ に含まれる．したがって $p_i \in [p_{i-1}, p_{i+1}]$ が示された． □

補題 1.1.15 はじかにトーラス相空間にはそのまま適用されないことを注意しておく．これは区画 $[p_{i-1}, p_i] \subset \Sigma$ を加えた p_{i-1} から p_i までの軌道の部分が $\mathcal{M}$ を2つの"共通部分を持たない部分"に分けてしまうためである．このことはトーラスを完全に一周している軌道に対しては正しくない．とはいえ，補題は上で述べた $\mathcal{M}$ のように振る舞うトーラスの部分に適用されうるのである．

系 1.1.16 p の ω-極限集合（$\omega(p)$）は高々1点で Σ に交わる．

証明 証明は背理法による．$\omega(p)$ が Σ と 2 点 q_1 と q_2 で交わるとする．このとき ω 極限集合の定義から，$p_n \xrightarrow[n\uparrow\infty]{} q_1$ かつ $\bar{p}_n \xrightarrow[n\uparrow\infty]{} q_2$ なる Σ に交わるような $O_+(p)$ に沿った点列 $\{p_n\}$ と $\{\bar{p}_n\}$ を見つけることができる．しかしながら，これが本当だとすれば，$O_+(p)$ と Σ の交点の単調性に関する前の補題に矛盾する． □

補題 1.1.17 $\omega(p)$ が不動点を含まないとき，$\omega(p)$ は閉軌道である．

証明 戦略としては，点 $q \in \omega(p)$ を選び，q の軌道が閉じていることを示し，そして $\omega(p)$ が q の軌道と同じであることを示すことである．

$x \in \omega(q)$ を取る．このとき，$\omega(q)$ は連結で閉じており，不動点を含まない軌道の和集合であるので，x は不動点ではない．x でベクトル場に横断的な弧（それを Σ とい

1.1 力学系の理論からの予備事項   51

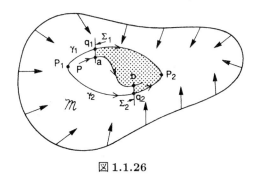

図 1.1.26

う）を構成する．さて $O_+(q)$ は $q_n \underset{n\uparrow\infty}{\to} x$ なる単調点列 $\{q_n\}$ で Σ に交わる．しかし $q_n \in \omega(p)$ であるので，前の系により全ての n に対して $q_n = x$ とならなければならない．$x \in \omega(q)$ なので q の軌道は閉軌道でなければならない．

あと残っているのは，q の軌道と $\omega(p)$ が同一のものであることを示すことだけである．q で横断的な弧 Σ を取ると，前の系により $\omega(p)$ は Σ に q でだけ交わることがわかる．$\omega(p)$ は軌道の和集合で不動点を含まず，かつ連結であるので，$O(q) = \omega(p)$ であることがわかる． □

補題 1.1.18 p_1 と p_2 を，$\omega(p), p \in \mathcal{M}$ に含まれるベクトル場の異なる不動点とする．このとき $\alpha(\gamma) = p_1$ かつ $\omega(\gamma) = p_2$ なる軌道 $\gamma \subset \omega(p)$ が高々 1 つ存在する．（注：$\alpha(\gamma)$ により γ 上の全ての点の α 極限集合を示す．$\omega(\gamma)$ についても同様である．）

証明 証明は背理法による．$\alpha(\gamma_i) = p_1, \omega(\gamma_i) = p_2, i = 1,2$ なる 2 つの軌道 $\gamma_1, \gamma_2 \subset \omega(p)$ が存在するとする．点 $q_1 \in \gamma_1$ と $q_2 \in \gamma_2$ を選び，これらの各点でベクトル場に横断的な弧 Σ_1 と Σ_2 を構成する（図 1.1.26 を見よ）．

$\gamma_1, \gamma_2 \subset \omega(p)$ なので $O_+(p)$ は Σ_1 に点 a で交わり，Σ_2 に点 b で交わる．よって点 q_1, a, b, q_2, p_2 で囲まれた領域は正不変領域である．しかし $\gamma_1, \gamma_2 \subset \omega(p)$ より，これは矛盾である． □

ようやく定理を証明することができる．

定理 1.1.19 (ポアンカレ-ベンディクソン) $\mathcal{M}$ を有限個の不動点を含むベクトル場に対する正不変領域とする．$p \in \mathcal{M}$ とし，$\omega(p)$ を考える．このとき次の可能性の中の 1 つが成立する．

i) $\omega(p)$ は不動点である．
ii) $\omega(p)$ は閉軌道である．

52   1. 力学系の幾何学的観点

iii) $\omega(p)$ は有限個の不動点 $p_1, \cdots, p_n$ と，$\alpha(\gamma) = p_i$ かつ $\omega(\gamma) = p_j$ なる軌道 γ から
　　成る．

証明　$\omega(p)$ が不動点だけを含むとき，$\mathcal{M}$ における不動点は有限であり，また $\omega(p)$
は連結集合であるために，それはただ 1 つの不動点から成っていなければならない．
　$\omega(p)$ が不動点を含まないとき，補題 1.1.17 により，それは閉軌道でなければならな
い．$\omega(p)$ が不動点と非不動点（しばしば正則点と呼ばれる）を含むと仮定する．γ を
正則点からなる $\omega(p)$ に含まれる軌道とする．このとき $\omega(\gamma)$ と $\alpha(\gamma)$ は不動点でなけ
ればならない．もしそうでないとすると，補題 1.1.17 により，$\omega(\gamma)$ と $\alpha(\gamma)$ は閉軌道
になり，$\omega(p)$ は連結で不動点を含むためにそれは不合理となるからである．
　したがって $\omega(p)$ の全ての正則点は α 及び ω 極限集合として不動点を持つことを示
したことになる．これにより iii) を証明し，これでポアンカレ-ベンディクソンの定理
の証明が完了したことになる．　□

　定理 1.1.19 の仮定にある不動点が有限個である必要性を説明するような例について
は Palis and Melo [1982] を見よ．任意の 2 次元多様体へのポアンカレ-ベンディクソ
ンの定理の一般化については Schwartz [1963] を見よ．

【非強制ダッフィング振動子への応用】

　ポアンカレ-ベンディクソンの定理を

$$\dot{x} = y,$$
$$\dot{y} = x - x^3 - \delta y, \qquad \delta > 0,$$

で与えられる非強制ダッフィング振動子に応用しよう．$V(x, y) = y^2/2 - x^2/2 + x^4/4$
のレベル集合が $\delta > 0$ で正不変集合をなすという事実を使うと，鞍状点の不安定多様
体は図 1.1.26 で示されるように沈点に落ち込まねばならないことがわかる．演習問題
1.1.36 を見よ．この章で発展させた解析的技巧に基づいて，図 1.1.27 が厳密に証明さ
れるということを読者自ら納得されたい．鞍状点の安定多様体の大域的振る舞いにつ
いては何も証明していないことを注意しておく．定性的には，それは図 1.1.28 のよう
に振る舞うが，これが厳密に正当化されたわけではないことを強調しておく．

演習問題

1.1.1 次の $\mathbb{R}^2$ 上の線形ベクトル場を考える．

1.1 力学系の理論からの予備事項　53

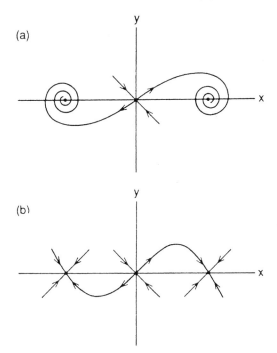

図 **1.1.27** a) $0 < \delta < \sqrt{8}$; b) $\delta \geq \sqrt{8}$.

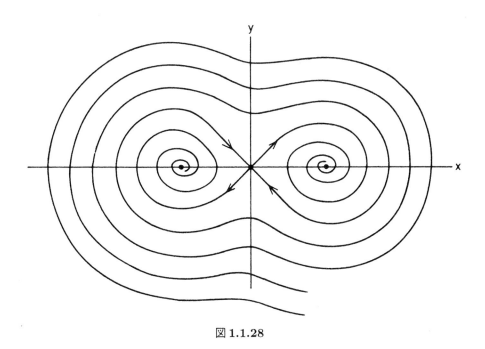

図 **1.1.28**

54　1. 力学系の幾何学的観点

a) $\begin{pmatrix} \dot{x}_1 \\ \dot{x}_2 \end{pmatrix} = \begin{pmatrix} \lambda & 0 \\ 0 & \mu \end{pmatrix} \begin{pmatrix} x_1 \\ x_2 \end{pmatrix}, \qquad \begin{matrix} \lambda < 0 \\ \mu > 0 \end{matrix}.$

b) $\begin{pmatrix} \dot{x}_1 \\ \dot{x}_2 \end{pmatrix} = \begin{pmatrix} \lambda & 0 \\ 0 & \mu \end{pmatrix} \begin{pmatrix} x_1 \\ x_2 \end{pmatrix}, \qquad \begin{matrix} \lambda < 0 \\ \mu < 0 \end{matrix}.$

c) $\begin{pmatrix} \dot{x}_1 \\ \dot{x}_2 \end{pmatrix} = \begin{pmatrix} \lambda & -\omega \\ \omega & \lambda \end{pmatrix} \begin{pmatrix} x_1 \\ x_2 \end{pmatrix}, \qquad \begin{matrix} \lambda < 0 \\ \omega > 0 \end{matrix}.$

d) $\begin{pmatrix} \dot{x}_1 \\ \dot{x}_2 \end{pmatrix} = \begin{pmatrix} 0 & 0 \\ 0 & \lambda \end{pmatrix} \begin{pmatrix} x_1 \\ x_2 \end{pmatrix}, \qquad \lambda < 0.$

e) $\begin{pmatrix} \dot{x}_1 \\ \dot{x}_2 \end{pmatrix} = \begin{pmatrix} 0 & \lambda \\ 0 & 0 \end{pmatrix} \begin{pmatrix} x_1 \\ x_2 \end{pmatrix}, \qquad \lambda > 0.$

f) $\begin{pmatrix} \dot{x}_1 \\ \dot{x}_2 \end{pmatrix} = \begin{pmatrix} 0 & 0 \\ 0 & 0 \end{pmatrix} \begin{pmatrix} x_1 \\ x_2 \end{pmatrix}.$

1) 各ベクトル場について全ての軌跡を計算し,それらを相平面上のグラフに表せ.原点の安定,不安定及び中心多様体を表せ.

2) ベクトル場 a) に対し,$|\lambda| < \mu, |\lambda| = \mu$ 及び $|\lambda| > \mu$ の場合について論ぜよ.これら 3 つの場合に対する力学において定性的及び定量的差異は何か.原点の不安定多様体は吸引集合またはアトラクターと考えられるか,またその固有値の相対的大きさがこれらの結論に影響するか.

3) ベクトル場 b) に対して,$\lambda < \mu, \lambda = \mu$ 及び $\lambda > \mu$ の場合について論ぜよ.これら 3 つの場合に対する力学において定性的及び定量的差異は何か.このベクトル場に対する全ての 0 次元及び 1 次元不変多様体を表せ.原点での軌跡の性質について述べよ.特に,どんな軌跡が x_1 または x_2 軸に接するか.

4) ベクトル場 c) に対して,軌跡が λ と ω の相対的大きさにどのように依存するかを述べよ.$\lambda = 0$ のとき何が起こるか.$\omega = 0$ のときはどうか.

5) それぞれのベクトル場に関する線形摂動の影響を述べよ.

6) それぞれのベクトル場に関する原点近くの非線形摂動の影響を述べよ.原点近傍の外側の力学に関する非線形摂動の影響について何かいえるか.

非双曲型不動点に対して 6) は難しい問題であることを注意しておく.この状況について 3 章で詳しく研究する.

1.1.2 次の $\mathbb{R}^2$ 上の写像を考える.

a) $\begin{pmatrix} x_1 \\ x_2 \end{pmatrix} \mapsto \begin{pmatrix} \lambda & 0 \\ 0 & \mu \end{pmatrix} \begin{pmatrix} x_1 \\ x_2 \end{pmatrix}, \qquad \begin{matrix} |\lambda| < 1 \\ |\mu| > 1 \end{matrix}.$

b) $\begin{pmatrix} x_1 \\ x_2 \end{pmatrix} \mapsto \begin{pmatrix} \lambda & 0 \\ 0 & \mu \end{pmatrix} \begin{pmatrix} x_1 \\ x_2 \end{pmatrix}, \qquad \begin{matrix} |\lambda| < 1 \\ |\mu| < 1 \end{matrix}.$

c) $\begin{pmatrix} x_1 \\ x_2 \end{pmatrix} \mapsto \begin{pmatrix} \lambda & -\omega \\ \omega & \lambda \end{pmatrix} \begin{pmatrix} x_1 \\ x_2 \end{pmatrix}, \qquad \omega > 0.$

d) $\begin{pmatrix} x_1 \\ x_2 \end{pmatrix} \mapsto \begin{pmatrix} 1 & 0 \\ 0 & \lambda \end{pmatrix} \begin{pmatrix} x_1 \\ x_2 \end{pmatrix}, \qquad |\lambda| < 1.$

e) $\begin{pmatrix} x_1 \\ x_2 \end{pmatrix} \mapsto \begin{pmatrix} 1 & \lambda \\ 0 & 1 \end{pmatrix} \begin{pmatrix} x_1 \\ x_2 \end{pmatrix}, \qquad \lambda > 0.$

f) $\begin{pmatrix} x_1 \\ x_2 \end{pmatrix} \mapsto \begin{pmatrix} 1 & 0 \\ 0 & 1 \end{pmatrix} \begin{pmatrix} x_1 \\ x_2 \end{pmatrix}.$

1) 各写像について全ての軌道を計算し，それらを相平面上のグラフに表せ．原点の安定，不安定及び中心多様体を表せ．

2) 写像 a) に対して，$\lambda, \mu > 0; \lambda = 0, \mu > 0; \lambda, \mu < 0$ 及び $\lambda < 0, \mu > 0$ の場合について論ぜよ．これら 4 つの場合に対する力学において定性的差異は何か．軌道が固有値の相対的大きさにどのように依存するかを論ぜよ．原点の不安定多様体の吸引的性質，及び固有値の相対的大きさに関する依存性を論じよ．

3) 写像 b) に対して，$\lambda, \mu > 0; \lambda = 0, \mu > 0; \lambda, \mu < 0$ 及び $\lambda < 0, \mu > 0$ の場合について論ぜよ．これら 4 つの場合に対する力学において定性的差異は何か．この写像に対する全ての 0 次元及び 1 次元不変多様体を表せ．全ての軌道は不変多様体上にあるか．

4) 写像 c) に対し，$\lambda^2 + \omega^2 < 1, \lambda^2 + \omega^2 > 1$ の場合，そして α が有理数及び α が無理数のとき $\lambda + i\omega = e^{i\alpha}$ の場合について考えよ．これら 4 つの場合に対する力学において定性的差異は何か．

5) それぞれの写像に関する線形摂動の影響を述べよ．

6) それぞれの写像に関する原点近くの非線形摂動の影響を述べよ．原点近傍の外側の力学に関する非線形摂動の影響について何かいえるか．

6) は非双曲型不動点に対しては（演習問題 1.1.1 におけるベクトル場に対する類似の場合よりもさらに）難しい問題であることを注意しておく．この状況について 3 章で詳しく研究する．

1.1.3 次のベクトル場を考える．

a) $\begin{aligned} \dot{x} &= y, \\ \dot{y} &= -\delta y - \mu x, \end{aligned} \qquad (x, y) \in \mathbb{R}^2.$

b) $\begin{aligned} \dot{x} &= y, \\ \dot{y} &= -\delta y - \mu x - x^2, \end{aligned} \qquad (x, y) \in \mathbb{R}^2.$

c) $\begin{aligned} \dot{x} &= y, \\ \dot{y} &= -\delta y - \mu x - x^3, \end{aligned} \qquad (x, y) \in \mathbb{R}^2.$

d) $\begin{aligned} \dot{x} &= -\delta x - \mu y + xy, \\ \dot{y} &= \mu x - \delta y + \tfrac{1}{2}(x^2 - y^2), \end{aligned} \qquad (x, y) \in \mathbb{R}^2.$

e) $\begin{aligned} \dot{x} &= -x + x^3, \\ \dot{y} &= x + y, \end{aligned} \qquad (x, y) \in \mathbb{R}^2.$

f) $\begin{aligned} \dot{r} &= r(1 - r^2), \\ \dot{\theta} &= \cos 4\theta, \end{aligned} \qquad (r, \theta) \in \mathbb{R}^+ \times S^1.$

56   1. 力学系の幾何学的観点

g) $\begin{aligned}\dot{r} &= r(\delta + \mu r^2 - r^4), \\ \dot{\theta} &= 1 - r^2,\end{aligned}$ $(r, \theta) \in \mathbb{R}^+ \times S^1.$

h) $\begin{aligned}\dot{\theta} &= v, \\ \dot{v} &= -\sin\theta - \delta v + \mu,\end{aligned}$ $(\theta, v) \in S^1 \times \mathbb{R}.$

i) $\begin{aligned}\dot{\theta}_1 &= \omega_1, \\ \dot{\theta}_2 &= \omega_2 + \theta_1^n,\ n \geq 1,\end{aligned}$ $(\theta_1, \theta_2) \in S^1 \times S^1.$

j) $\begin{aligned}\dot{\theta}_1 &= \theta_2 - \sin\theta_1, \\ \dot{\theta}_2 &= -\theta_2,\end{aligned}$ $(\theta_1, \theta_2) \in S^1 \times S^1.$

k) $\begin{aligned}\dot{\theta}_1 &= \theta_1^2, \\ \dot{\theta}_2 &= \omega_2,\end{aligned}$ $(\theta_1, \theta_2) \in S^1 \times S^1.$

全ての不動点を見いだし, 線形近似においてそれらの安定性を論じよ. 相図を描くことで不動点の安定及び不安定多様体の性質を述べよ. その多様体の大域的振る舞いについて何か決定することができるか. 周期的, ホモクリニックあるいはヘテロクリニック軌道が存在するか. (ヒント：指数理論, ベンディクソンの判定基準, ポアンカレ-ベンディクソンの定理などを使え. また演習問題 1.1.16 を先に見てもよい.)

各ベクトル場に対するアトラクターを表し, それらの吸引領域の決定について論ぜよ. a),b),c),d),g),h) では, $\delta < 0, \delta = 0, \delta > 0, \mu < 0, \mu = 0$ 及び $\mu > 0$ の場合を考えよ. i) と k) では, $\omega_1 > 0$ 及び $\omega_2 > 0$ の場合を考えよ.

1.1.4 次の写像を考える.

a) $\begin{aligned}x &\mapsto x, \\ y &\mapsto x + y,\end{aligned}$ $(x, y) \in \mathbb{R}^2.$

b) $\begin{aligned}x &\mapsto x^2, \\ y &\mapsto x + y,\end{aligned}$ $(x, y) \in \mathbb{R}^2.$

c) $\begin{aligned}\theta_1 &\mapsto \theta_1, \\ \theta_2 &\mapsto \theta_1 + \theta_2,\end{aligned}$ $(\theta_1, \theta_2) \in S^1 \times S^1.$

d) $\begin{aligned}\theta_1 &\mapsto \sin\theta_1, \\ \theta_2 &\mapsto \theta_1,\end{aligned}$ $(\theta_1, \theta_2) \in S^1 \times S^1.$

e) $\begin{aligned}x &\mapsto \frac{2xy}{x+y}, \\ y &\mapsto \left(\frac{2xy^2}{x+y}\right)^{1/2},\end{aligned}$ $(x, y) \in \mathbb{R}^2.$

f) $\begin{aligned}x &\mapsto \frac{x+y}{2}, \\ y &\mapsto (xy)^{1/2},\end{aligned}$ $(x, y) \in \mathbb{R}^2.$

g) $\begin{aligned}x &\mapsto \mu - \delta y - x^2, \\ y &\mapsto x,\end{aligned}$ $(x, y) \in \mathbb{R}^2.$

h) $\begin{aligned}\theta &\mapsto \theta + v, \\ v &\mapsto \delta v - \mu\cos(\theta + v),\end{aligned}$ $(\theta, v) \in S^1 \times \mathbb{R}^1.$

全ての不動点を見いだし, 線形近似においてそれらの安定性を論じよ. 相図を描くことで

不動点の安定及び不安定多様体の性質を述べよ. 何か高周期の周期軌道や大域的振る舞いを決定することができるか. アトラクターの性質, 及びそれらの吸引領域の決定について述べよ. g) と h) では, $\delta < 0, \delta = 0, \delta > 0, \mu < 0, \mu = 0$ 及び $\mu > 0$ の場合を考えよ.

1.1.5 $\mathbf{C}^r$ $(r \geq 1)$ 微分同相写像

$$x \mapsto f(x), \qquad x \in \mathbb{R}^n$$

を考える. f は周期 k の双曲型周期軌道を持つとする. その軌道を

$$O(p) = \left\{ p, f(p), f^2(p), \cdots, f^{k-1}(p), f^k(p) = p \right\}$$

で表す. $O(p)$ の安定性は, 任意の $j = 0, 1, \cdots, k-1$ に対して線形写像

$$y \mapsto Df^k(f^j(p))y$$

によって決定されることを示せ. 同様な結果が非可逆写像の周期軌道についても成立するか.

1.1.6 流れに対するリャプノフの定理を証明せよ. つまり, $\bar{x}$ を

$$\dot{x} = f(x), \qquad x \in \mathbb{R}^n$$

の不動点とし, また $V\colon W \to \mathbb{R}$ を $\bar{x}$ の近傍 W 上で定義された微分可能な関数であって

　i) $V(\bar{x}) = 0$ かつ $x \neq \bar{x}$ のとき $V(x) > 0$. 及び
　ii) $W - \{x\}$ で $\dot{V} \leq 0$

なるものとする. このとき $\bar{x}$ は安定である. さらに

　iii) $W - \{x\}$ で $\dot{V} < 0$

であれば, $\bar{x}$ は漸近安定である. また, $\dot{V}(x) > 0$ のとき, $x = \bar{x}$ は不安定であることを示せ.

1.1.7 ディリクレの定理 (Siegel and Moser [1971]) を証明せよ. $x = \bar{x}$ で不動点を持つような $\mathbf{C}^r$ ベクトル場 $(r \geq 1)$

$$\dot{x} = f(x), \qquad x \in \mathbb{R}^n$$

を考える. $H(x)$ を $x = \bar{x}$ の近傍で定義され, $x = \bar{x}$ が $H(x)$ の非退化な最小値であるようなこのベクトル場の第 1 積分とする. このとき $x = \bar{x}$ は安定である.

1.1.8 写像に対してリャプノフ安定及び漸近安定の定義を定式化せよ.

1.1.9 写像に対するリャプノフの定理を証明せよ. つまり, $\mathbf{C}^r$ 微分同相写像

$$x \mapsto f(x), \qquad x \in \mathbb{R}^n$$

を考え, ある開集合 $U \subset \mathbf{R}^n$ 上で定義されたスカラー値をとる関数

$$V\colon U \to \mathbb{R}^1$$

が

　i) $V(x_0) = 0$
　ii) $x \neq x_0$ に対して $V(x) \geq 0$

58　1. 力学系の幾何学的観点

iii) $V \circ f(x) \leq V(x)$ で $x = x_0$ のときに限り等号が成立する

であるとする. このとき $x = x_0$ は安定な不動点である. さらに iii) で真に不等号が成立するとき, $x = x_0$ は漸近安定である. 同様な結果が非可逆写像についても成立するか.

1.1.10 線形近似で漸近安定である写像の双曲型不動点は, 非線形においても漸近安定であることを示せ.

1.1.11 ベクトル場及び写像の不動点で線形近似では安定だが, 非線形的には不安定であるような例を与えよ.

1.1.12

$$\rho x^2 + \sigma y^2 + \sigma(z - 2\rho)^2 \leq c < \infty$$

で与えられる楕円体 E で, ローレンツ方程式

$$
\begin{aligned}
\dot{x} &= \sigma(y - x), \\
\dot{y} &= \rho x - y - xz, \qquad \sigma, \beta, \rho \geq 0, \\
\dot{z} &= -\beta z + xy,
\end{aligned}
$$

の全ての解が有限時間内で E に入り, それ以降 E に留まるようなものが存在することを示せ.

1.1.13 $V: \mathbb{R}^n \to \mathbb{R}$ を $\mathbf{C}^r$ 写像とする. このときベクトル場

$$\dot{x} = -\nabla V(x)$$

は勾配ベクトル場と呼ばれる. $\mathbb{R}^2$ 上の勾配ベクトル場の非遊走集合は不動点だけを含み, 周期またはホモクリニック軌道は不可能であることを示せ. (**ヒント**：$V(x)$ をリャプノフ関数のように使え. しかし必要ならば Hirsch and Smale [1974] を見よ.)

1.1.14 写像

$$x \mapsto \mu x(1 - x), \qquad \mu \in [0, 4]$$

の不動点といくつかの低周期の周期点を見いだせ. 新しい周期点が現れる**分岐値**を見い出せるか？　その結果をグラフで論ぜよ.

1.1.15 ベクトル場

$$
\begin{aligned}
\dot{x} &= x, \\
\dot{y} &= -y,
\end{aligned} \qquad (x, y) \in \mathbb{R}^2
$$

を考える. 原点は双曲型不動点で,

$$W^s(0,0) = \{(x,y) \mid x = 0\}, \quad W^u(0,0) = \{(x,y) \mid y = 0\}$$

で与えられる安定及び不安定多様体を持つ.

$$
\begin{aligned}
U_s &= \{(x,y) \mid \text{ある } \varepsilon > 0 \text{ に対して } |y - y_0| \leq \varepsilon, 0 \leq x \leq \varepsilon\}, \\
U_u &= \{(x,y) \mid \text{ある } \bar{\varepsilon} > 0 \text{ に対して } |x - x_0| \leq \bar{\varepsilon}, 0 \leq y \leq \bar{\varepsilon}\},
\end{aligned}
$$

とする. 図 E1.1.1 を見よ.

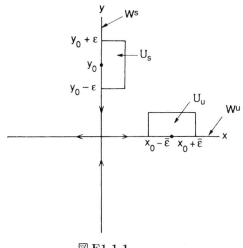

図 E1.1.1

より小さな閉集合 $\tilde{U}_s \subset U_s, \tilde{U}_u \subset U_u$ であって, $\tilde{U}_s$ が流れの時間 T 写像で $\tilde{U}_u$ の上に移され (T は注意深く選ぶ必要がある. それは $\tilde{U}_s, \tilde{U}_u$ の大きさに依存する), また $\tilde{U}_s$ の水平及び垂直な境界は $\tilde{U}_u$ の水平及び垂直な境界に対応しているようなものを見いだせることを示せ. 写像に対しては, どのようにこの問題が定式化され, 解決されるか？

(注：この単純にみえる演習問題はカオス的な不変集合の理解のために重要である. 後に4章でホモクリニック軌道の近くの軌道構造を研究するときにこれを用いる.)

1.1.16 次のベクトル場を考える.
  a) $\ddot{x} + \mu x = 0, \qquad x \in \mathbb{R}^1$.
  b) $\ddot{x} + \mu x + x^2 = 0, \qquad x \in \mathbb{R}^1$.
  c) $\ddot{x} + \mu x + x^3 = 0, \qquad x \in \mathbb{R}^1$.
  d) $\begin{aligned}\dot{x} &= -\mu y + xy, \\ \dot{y} &= \mu x + \tfrac{1}{2}(x^2 - y^2),\end{aligned} \qquad (x,y) \in \mathbb{R}^2$.

  i) a), b), c) を系として書け.
  ii) 不動点の安定性の性質を見いだし, 決定せよ.
  iii) 第1積分を見つけよ. また $\mu < 0, \mu = 0$ 及び $\mu > 0$ に対し全ての相曲線を描け.

1.1.17 自由剛体に対するオイラーの運動方程式は

$$\dot{m}_1 = \frac{I_2 - I_3}{I_2 I_3} m_2 m_3,$$
$$\dot{m}_2 = \frac{I_3 - I_1}{I_1 I_3} m_1 m_3, \qquad (m_1, m_2, m_3) \in \mathbb{R}^3,$$
$$\dot{m}_3 = \frac{I_1 - I_2}{I_1 I_2} m_1 m_2,$$

60　1. 力学系の幾何学的観点

である．ここで，$m_i = I_i \omega_i, i = 1, 2, 3, I_1 > I_2 > I_3$ である．

　1) 不動点の安定性の性質を見いだし，決定せよ．

　2) 関数

$$H(m_1, m_2, m_3) = \frac{1}{2} \left[\frac{m_1^2}{I_1} + \frac{m_2^2}{I_2} + \frac{m_3^2}{I_3} \right],$$

$$L(m_1, m_2, m_3) = m_1^2 + m_2^2 + m_3^2$$

　は軌道上で定数であることを示せ．

　3) L を固定して，全ての相曲線を描け．

1.1.18 円筒上の次のベクトル場

$$\begin{aligned}\dot{v} &= -v, \\ \dot{\theta} &= 1,\end{aligned} \qquad (v, \theta) \in \mathbb{R}^1 \times S^1,$$

が周期軌道を持つことを示せ．なぜベンディクソンの判定基準が成立しないのかを説明せよ．

1.1.19 ポアンカレ-ベンディクソンの定理を使って，ベクトル場

$$\begin{aligned}\dot{x} &= \mu x - y - x(x^2 + y^2), \\ \dot{y} &= x + \mu y - y(x^2 + y^2),\end{aligned} \qquad (x, y) \in \mathbb{R}^2,$$

は $\mu > 0$ に対しては閉軌道を持つことを示せ．(ヒント：極座標に変換せよ)

1.1.20 図 E1.1.2 に示されるような平面上の 6 つのベクトル場の相図がある．様々な相平面についての技巧（例えば，指数理論，ポアンカレ-ベンディクソンの定理）を使って，どの相図が正しく，どれが誤りであるかを決定せよ．**描かれている軌道を消さずに，存在している軌道の安定性を変えたり新しい軌道を追加して，誤った相図を正しく修正せよ．**

1.1.21 1 つの周期軌道を持つような負の発散を持つ $\mathbb{R}^3$ のベクトル場を構成せよ．周期軌道の連続な族を含むような負の発散を持つ $\mathbb{R}^3$ のベクトル場を構成せよ．

1.1.22 線形ベクトル場

$$\dot{x} = Ax, \qquad x \in \mathbb{R}^n,$$

を考える．ここで，A は $n \times n$ 定数行列である．A の全ての固有値が負の実部を持つとする．このとき $x = 0$ はこの線形ベクトル場に対して漸近安定な不動点であることを証明せよ．(ヒント：A をジョルダン標準形に変換するような座標の線形変換を利用せよ．)

1.1.23 演習問題 1.1.22 において行列 A の固有値のいくつかが 0 の実部（そして残りは負の実部）を持つとする．$x = 0$ は安定だとわかるか？ 次の例

$$\begin{pmatrix} \dot{x}_1 \\ \dot{x}_2 \end{pmatrix} = \begin{pmatrix} 0 & 1 \\ 0 & 0 \end{pmatrix} \begin{pmatrix} x_1 \\ x_2 \end{pmatrix}$$

を考えることによりこの問題に答えよ．

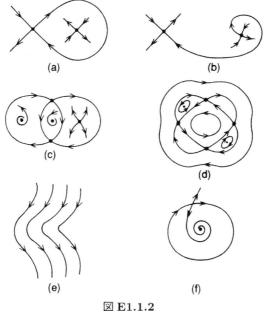

図 **E1.1.2**

1.1.24 線形写像

$$x \mapsto Ax, \qquad x \in \mathbb{R}^n,$$

を考える．ここで，A は $n \times n$ 定数行列である．A の全ての固有値の絶対値は 1 より小さいとする．このとき $x = 0$ はこの線形写像に対して漸近安定な不動点であることを証明せよ．(演習問題 1.1.22 で与えた同じヒントを使え)．

1.1.25 演習問題 1.1.24 における行列 A の固有値のいくつかが絶対値 1 を持つ (残りは絶対値 1 以下を持つ) とする．$x = 0$ は安定だとわかるか？ 次の例

$$\begin{pmatrix} x_1 \\ x_2 \end{pmatrix} \mapsto \begin{pmatrix} 1 & 1 \\ 0 & 1 \end{pmatrix} \begin{pmatrix} x_1 \\ x_2 \end{pmatrix}$$

を考えることによりこの問題に答えよ．

1.1.26 C^r $(r \geq 1)$ ベクトル場の鞍状型の双曲型不動点の安定及び不安定多様体を考える．
 1) 安定 (不安定) 多様体はそれ自身に交わることができるか？
 2) 安定 (不安定) 多様体は別の不動点の安定 (不安定) 多様体に交わることができるか？
 3) 安定多様体は不安定多様体に交わることができるか？もしそうなら，その交わりは点の離散的集合から成ることができるか？
 4) 安定 (不安定) 多様体は周期軌道に交わることができるか？

これらの問題はベクトル場の次元には (それが有限である限り) 独立である．とはいえ，解答のそれぞれを $\mathbb{R}^2$ 上のベクトル場についての幾何学的説明によって確かめよ．(ヒント：この問題に対する鍵は解の一意性である．)

62   1. 力学系の幾何学的観点

1.1.27 $\mathbf{C}^r$ $(r \geq 1)$ 微分同相写像の鞍状型の双曲型不動点の安定及び不安定多様体を考える.

1) 安定（不安定）多様体はそれ自身に交わることができるか？
2) 安定（不安定）多様体は別の不動点の安定（不安定）多様体に交わることができるか？
3) 安定多様体は不安定多様体に交わることができるか？もしそうなら，交わりは点の離散的集合から成ることができるか？

これらの問題は微分同相写像の次元には（それが有限である限り）独立である．とはいえ，解答のそれぞれを $\mathbb{R}^2$ 上の微分同相写像についての幾何学的説明によって確かめよ．その議論はベクトル場に対するものと同じか？

1.1.28 $\mathbf{C}^r$ $(r \geq 1)$ ベクトル場

$$\dot{x} = f(x), \qquad x \in \mathbb{R}^n$$

を考える．$\phi_t(x)$ をこのベクトル場によって生成される流れとし，全ての $t \in \mathbb{R}$, $x \in \mathbb{R}^n$ に対して解が存在すると仮定する．ベクトル場は $x = \bar{x}$ で s 次元安定多様体 $W^s(\bar{x})$ と u 次元不安定多様体 $W^u(\bar{x})(s + u = n)$ を持つような双曲型不動点を持つとする．これらの存在を証明する典型的な方法（例えば，Palis and deMelo [1982] または Fenichel [1971] を見よ）は，縮小写像のような議論を用いて，局所多様体 $W^s_{\mathrm{loc}}(\bar{x})$ と $W^u_{\mathrm{loc}}(\bar{x})$ の存在を証明することである．このとき大域多様体は

$$W^s(\bar{x}) = \bigcup_{t \leq 0} \phi_t(W^s_{\mathrm{loc}}(\bar{x})),$$

$$W^u(\bar{x}) = \bigcup_{t \geq 0} \phi_t(W^u_{\mathrm{loc}}(\bar{x}))$$

で定義される．

1) こうして定義された $W^s(\bar{x})$ 及び $W^u(\bar{x})$ は全ての $t \in \mathbb{R}$ に対して不変であることを示せ．
2) $W^s_{\mathrm{loc}}(\bar{x})$ 及び $W^u_{\mathrm{loc}}(\bar{x})$ が $\mathbf{C}^r$ のとき，定義から $W^s(\bar{x})$ 及び $W^u(\bar{x})$ は $\mathbf{C}^r$ であることがわかるか？
3) 多様体をどのように数値的に計算するかという意味合いから，安定及び不安定多様体に対するこの定義を議論せよ．

1.1.29 演習問題 1.1.28 における状況を $\mathbf{C}^r$ 微分同相写像に対して考える．双曲型不動点の安定及び不安定多様体の存在は同様に証明され（つまり，局所多様体は縮小写像の議論を経てその存在が示される），大域多様体は

$$W^s(\bar{x}) = \bigcup_{n \leq 0} g^n(W^s_{\mathrm{loc}}(\bar{x})),$$

$$W^u(\bar{x}) = \bigcup_{n \geq 0} g^n(W^u_{\mathrm{loc}}(\bar{x})),$$

で定義される．ここで，g は微分同相写像で，$\bar{x}$ は双曲型不動点である．$\mathbf{C}^r$ 微分同相写像に対して演習問題 1.1.28 の 1), 2), 3) に答えよ．

1.1.30 $\mathbb{R}^2$ 上の $\mathbf{C}^r$ $(r \geq 1)$ ベクトル場の双曲型不動点で，その安定及び不安定多様体が，図 E1.1.3. で示されるように，ホモクリニック軌道に沿って交わっているものを考える．ホモクリニック軌道上の点は有限時間では不動点には達することができないことを示せ．

図 E1.1.3

1.1.31 （$\mathbf{C}^r$ $(r \geq 1)$ ベクトル場または写像の）周期点で，相空間のコンパクト領域に含まれているものを考える．その軌道の周期は無限になりうるか？

1.1.32 $\phi_t(x)$ は $\mathbb{R}^n$ 上の $\mathbf{C}^r$ $(r \geq 1)$ ベクトル場により生成された流れを表し，全ての $x \in \mathbb{R}^n, t \in \mathbb{R}$ に対して存在するとする．
  1) 流れの α 及び ω 極限集合は流れの非遊走集合に含まれることを示せ．
  2) 非遊走集合は α 及び ω 極限集合の和集合に含まれるか？

1.1.33 $\phi_t(x)$ は $\mathbb{R}^n$ 上の $\mathbf{C}^r$ $(r \geq 1)$ ベクトル場により生成された流れを表し，全ての $x \in \mathbb{R}^n, t \in \mathbb{R}$ に対して存在するとする．A を吸引集合，U を A に吸引される A の近傍とする．このとき
$$A = \bigcap_{t>0} \phi_t(U)$$
は正しいか？

1.1.34 A を（ベクトル場または写像の）吸引集合とし，$\bar{x} \in A$ は鞍状型の双曲型不動点とする．次のこと
  1) $W^s(\bar{x}) \subset A$,
  2) $W^u(\bar{x}) \subset A$
は正しいか？

1.1.35 ホモクリニック軌道と，それが交わっている双曲型不動点（図 E1.1.3 に示されている）の和集合を考える．この集合は吸引集合になりうるか？

1.1.36 $\delta > 0$ に対して，非強制ダッフィング振動子の鞍状型不動点の不安定多様体は図 1.1.27 に示されているように沈点に落ち込むことを証明せよ．

1.1.37 $\mathbf{C}^r$ $(r \geq 1)$ ベクトル場
$$\dot{x} = f(x), \qquad x \in \mathbb{R}^n$$
で，流れ $\phi(t, x)$ が全ての $t \in \mathbb{R}$, $x \in \mathbb{R}^n$ に対して定義されているものを考える．$\operatorname{tr} Df(x) = 0$ $\forall x \in \mathbb{R}^n$ であるとき，その流れ $\phi(t, x)$ は体積を保存することを証明せよ．

64　1. 力学系の幾何学的観点

1.1.38 C^r $(r \geq 1)$ 微分同相写像

$$x \mapsto g(x), \qquad x \in \mathbb{R}^n$$

を考える．$\det Dg(x) = 1 \, \forall x \in \mathbb{R}^n$ であるとする．その微分同相写像は体積を保存することを証明せよ．

1.1.39 演習問題 1.1.37 と 1.1.38 の間の関係を議論せよ．

1.1.40 次の $\mathbb{R}^2$ 上のベクトル場

$$\begin{pmatrix} \dot{x}_1 \\ \dot{x}_2 \end{pmatrix} = \begin{pmatrix} -\lambda & 0 \\ 0 & \lambda \end{pmatrix} \begin{pmatrix} x_1 \\ x_2 \end{pmatrix}, \qquad \lambda > 0$$

を考える．原点の安定多様体は

$$W^s(0,0) = \left\{ (x_1, x_2) \in \mathbb{R}^2 \,|\, x_2 = 0 \right\}$$

で与えられる．$W^s(0,0)$ に含まれる線分を考える．ベクトル場により生成された流れの発展のもとで，線分の長さは $t \to \infty$ のとき 0 に縮まる．このことは演習問題 1.1.37 の結果に反することなのか？　なにゆえまたはどうしてそうでないのか？

1.1.41 C^r $(r \geq 1)$ 微分同相写像

$$x \mapsto g(x), \qquad x \in \mathbb{R}^n.$$

を考え，$x = \bar{x}$ が非遊走点，つまり $\bar{x}$ の任意の近傍 U に対して $g^n(U) \cap U \neq \emptyset$ であるような $n \neq 0$ が存在するようなものとする（定義 1.1.9 参照）．そのような n がただ 1 つだけ存在することは可能か，あるいは，もしある n が存在したとき，そのような n は可算（無限？）個あるべきなのか？　同じような結果は流れについても成立するか？

1.1.42 力学系の文脈では "摂動" という言葉は何を意味するのかを定義せよ．

$$\diamondsuit \qquad \diamondsuit \qquad \diamondsuit$$

1.2　ポアンカレ写像：定理，構成および例

1 章の後半では力学系の解析のためにより定量的で大域的な諸技法を発展させよう．特にポアンカレ写像の直観的，幾何的側面，さらに計算が可能であるという側面を強調しよう．これらの諸方法を次式で与えられる周期強制減衰ダッフィング振動子に応用する．

$$\begin{aligned} \dot{x} &= y, \\ \dot{y} &= x - x^3 - \delta y + \gamma \cos \omega t, \end{aligned} \qquad (x, y) \in \mathbb{R}^2, \qquad (1.2.1)$$

ここで $\delta \geq 0$ かつ $\gamma, \omega > 0$ とする．この方程式の力学は強制的でない場合と比べてずっと複雑である（非自励的な）ことがわかる．実際に非自励系の軌道は交差するこ

ともありうるのでポアンカレ-ベンディクソンの定理が成立しない．このことは今までに考察した力学系よりはるかに風変りなものである可能性を示唆している．4章において (1.2.1) 式は決定論的カオスであることを示す．

1.2A　ポアンカレ写像：例

連続時間の力学系（流れ）の研究をそれに関連する離散時間の力学系（写像）の研究に還元するアイデアは Poincaré [1899] によって考えだされた．ポアンカレは天体力学の3体問題の考察において初めてこの方法を用いたが，今では常微分方程式に伴う離散系をポアンカレ写像と呼んでいる．この技法は常微分方程式の研究において以下のようなものを含めいくつか有利な面が存在する．

1. **次元の低減**．ポアンカレ写像を構成することによって少なくとも1つは問題の変数が取り除け，次元の低いところで問題を研究することが可能になる．
2. **大域的力学**．低次元の問題（たとえば4次元以下）において数値計算によって求められたポアンカレ写像は系の大域的力学の興味深くかつ驚くべき像を与える．ポアンカレ写像の数値計算の例は Guckenheimer and Holmes [1983] および Lichtenberg and Lieberman [1982] に見られる．
3. **概念の明確性**．常微分方程式の概念を述べるのに何かと厄介な多くの概念がそれに伴うポアンカレ写像ではしばしば簡潔に述べることができる．常微分方程式の周期軌道の安定性の概念がその1例としてあげられる（Hale [1980] 参照）．ポアンカレ写像の言葉で述べるとこの問題は写像の不動点の安定性の問題に還元され，さらにこれは不動点のまわりで線形化された写像の固有値によって簡単に特徴づけられる（この節の1番目の場合参照）．

常微分方程式に伴うポアンカレ写像を構成する方法を与えることは有用であるが，ポアンカレ写像の構成には常微分方程式の相空間の幾何的構造を知る必要がある，したがって任意の常微分方程式に適用できる一般的な方法は残念ながら存在しない．それゆえポアンカレ写像は問題ごとに巧みに構成しなければならない．しかし頻繁に出会う以下の3つの場合においてはポアンカレ写像の構成はある意味で標準的であるということができる．3つの場合とは以下のようなものである．

1. 常微分方程式の周期点の近傍における軌道構造の研究．
2. 周期強制振動のように常微分方程式の相空間が周期的である場合．
3. ホモクリニックまたはヘテロクリニックな軌道の近傍における軌道の構造の研究．

まず1番目の場合について考えてみる．

【1. 周期軌道の近傍でのポアンカレ写像】

次の常微分方程式を考える.

$$\dot{x} = f(x), \qquad x \in \mathbb{R}^n, \tag{1.2.2}$$

ここで $f: U \to \mathbb{R}^n$ はある開集合 $U \subset \mathbb{R}^n$ の上で $\mathbf{C}^r$ 級とする. (1.2.2) から生成される流れを $\phi(t,\cdot)$ で表す. 今 (1.2.2) が周期 T の周期解を持つとして, この周期解を通る点の 1 つ $x_0 \in \mathbb{R}^n$ を用いて $\phi(t,x_0)$ で表す (つまり $\phi(t+T,x_0) = \phi(t,x_0)$). Σ を x_0 でベクトル場と横断的な $n-1$ 次元の曲面とする (ここで "横断的である" とは $f(x) \cdot n(x) \neq 0$ を満たすことで, "·" はベクトルの内積を, $n(x)$ は x での Σ への直交ベクトルを表す). Σ をベクトル場 (1.2.2) への断面という. 定理 1.1.8 で $f(x)$ が $\mathbf{C}^r$ 級ならば $\phi(t,x)$ は $\mathbf{C}^r$ 級であることを証明した. それゆえ, 開集合 $V \subset \Sigma$ で, V から出発する軌道は T に近い時間で Σ に戻ってくるようなものが存在する. V の点に対しその最初に Σ へ戻ってきた点を対応させる写像を**ポアンカレ写像**と呼び P で表す. 正確に表現すれば

$$\begin{aligned} P: V \to \Sigma, \\ x \mapsto \phi(\tau(x), x), \end{aligned} \tag{1.2.3}$$

ここで $\tau(x)$ は点 x の Σ への最初の再帰時間を表す. 構成方法から $\tau(x_0) = T$ かつ $P(x_0) = x_0$ であることを注意しておく.

それゆえ P の不動点は式 (1.2.2) の周期軌道に対応し, P の k 周期点 (すなわち $P^i(x) \in V$ $i = 1, \cdots, k$ という条件の下で $P^k(x) = x$ を満たす点 $x \in V$) は戻るまでに Σ を k 回通過する周期軌道に対応する (図 1.2.1 を参照). この技法を個々の例に応用しようとすると次のような問題が直ちに生じる.

1. どのように Σ を選ぶか?

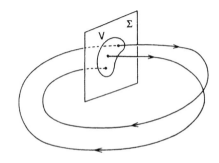

図 **1.2.1** 周期軌道に対するポアンカレ写像の幾何.

2. Σ が変わると P はどのように変わるか？

1番目の問いには Σ の取り方には多くの可能性が考えられるので一般的な形では答えられない．この事実は2番目の問いに答えるほうがより重要な問題であることを示している．しかし今はとりあえず特定の例を考察することにして，この問いに答えることを後まわしにする．

例 1.2.1　$\mathbb{R}^2$ 上に次のベクトル場を考える．

$$\begin{aligned}\dot{x} &= \mu x - y - x(x^2 + y^2), \\ \dot{y} &= x + \mu y - y(x^2 + y^2),\end{aligned} \qquad (x, y) \in \mathbb{R}^2, \tag{1.2.4}$$

ここで $\mu \in \mathbb{R}^2$ はパラメータである（注：この式 (1.2.4) はポアンカレ・アンドロノフ・ホップ分岐を考える時に再び表れる）．我々の目標は対応する1次元のポアンカレ写像を構成し，この写像の力学を考察することによって (1.2.4) を調べることである．前に述べたようにまず (1.2.4) の周期軌道を見つけその断面をつくり，それから (1.2.4) で生成される流れの下で断面上の点がどのように断面に戻ってくるかを調べる．式 (1.2.4) を考えかつ上のステップをすすめていく際のポイントは，この節のはじめに述べてあるようにポアンカレ写像を構成するには (1.2.4) によって生成される流れの幾何についての知識が必要だということである．この例においてはより適した座標系で，すなわち極座標系でのベクトル場を考えることで容易になる．

$$\begin{aligned}x &= r\cos\theta, \\ y &= r\sin\theta\end{aligned} \tag{1.2.5}$$

とおこう．すると (1.2.4) は

$$\begin{aligned}\dot{r} &= \mu r - r^3, \\ \dot{\theta} &= 1\end{aligned} \tag{1.2.6}$$

となる．ここで $\mu > 0$ とすると (1.2.6) で生成される流れは

$$\phi_t(r_0, \theta_0) = \left(\left(\frac{1}{\mu} + \left(\frac{1}{r_0^2} - \frac{1}{\mu} \right) e^{-2\mu t} \right)^{-1/2}, t + \theta_0 \right) \tag{1.2.7}$$

で与えられる．(1.2.6) は $\phi_t(\sqrt{\mu}, \theta_0)$ で与えられる周期解を持つことは明らかである．この周期解の近傍にポアンカレ写像を構成する．

　ベクトル場 (1.2.6) への断面 Σ を次の式で定義する．

$$\Sigma = \{ (r, \theta) \in \mathbb{R} \times S^1 \mid r > 0, \ \theta = \theta_0 \}. \tag{1.2.8}$$

68　1. 力学系の幾何学的観点

読者は Σ が実際に断面であることを確かめられたい．(1.2.6) によって，Σ から出発して Σ に戻るまでの時間が $t = 2\pi$ であることがわかる．この事実からポアンカレ写像は

$$P: \Sigma \to \Sigma$$
$$(r_0, \theta_0) \mapsto \phi_{2\pi}(r_0, \theta_0) = \left(\left(\frac{1}{\mu} + \left(\frac{1}{r_0^2} - \frac{1}{\mu} \right) e^{-4\pi\mu} \right)^{-1/2}, \theta_0 + 2\pi \right), \qquad (1.2.9)$$

または単に

$$r \mapsto \left(\frac{1}{\mu} + \left(\frac{1}{r^2} - \frac{1}{\mu} \right) e^{-4\pi\mu} \right)^{-1/2} \qquad (1.2.10)$$

で与えられる．ここで記号の簡略のために r から下つきの添字 0 を略した．ポアンカレ写像は $r = \sqrt{\mu}$ に不動点を持つ．この不動点の安定性は $DP(\sqrt{\mu})$ の固有値（といっても単に 1 次元写像の微分）を計算することで得られる．簡単な計算により

$$DP(\sqrt{\mu}) = e^{-4\pi\mu} \qquad (1.2.11)$$

を得る．したがって，不動点 $r = \sqrt{\mu}$ は漸近安定である．

この例を終わる前にいくつかの点を述べておこう．

1. (1.2.4) を適切な座標で見ることがこの問題のキーポイントであった．このことから断面の取り方が一般的にわかり，かつ断面上の適切な座標が与えられる（すなわち r と θ が分離される）．後にベクトル場を最も適切な座標系に変換する**標準形定理**と呼ばれる一般的な技法を学ぶ．

2. P の不動点が (1.2.6) の周期軌道に対応し，P の不動点が漸近安定であることがわかる．ではこのことは対応する (1.2.6) の周期軌道もまた漸近的に安定であることを意味するであろうか？ 事実はその通りなのだがまだそのことは証明していない（注：読者はこのことについてそれが明らかであると納得できるまでこの例について考えてみるべきである）．ポアンカレ写像が断面の変化に伴ってどのように変化するかを考察するときに，このことについて考えてみよう．

1 番目の場合を終わる前に，周期点の近傍でのポアンカレ写像の考察が幾何を簡単にすることを示そう．

$\mathbb{R}^3$ 上の $\phi_t(x)$ $(x \in \mathbb{R}^3)$ によって与えられる流れを生成するベクトル場を考えよう．また点 x_0 を通る周期 T の周期軌道 γ が存在するものとする，すなわち

$$\phi_t(x_0) = \phi_{t+T}(x_0)$$

を満たす．通常の方法でこの周期軌道のそばに x_0 を通るベクトル場の断面 Σ を構成

1.2 ポアンカレ写像：定理，構成および例   **69**

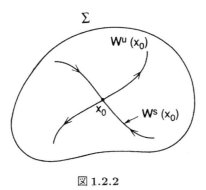

図 1.2.2

し，ベクトル場によって生成される流れによる点の Σ への再帰を考えることでポアンカレ写像をつくる（図 1.2.1 を参照）．

さてポアンカレ写像 P を考えよう．この写像は x_0 に不動点を持つ．この不動点が鞍状点であって 1 次元の安定多様体 $W^s(x_0)$ と 1 次元の不安定多様体 $W^u(x_0)$ を持つとする．図 1.2.2 を参照．これらの多様体が流れの中でどのように実現され，またどのように γ と関係しているかを見る．単純にいえばそれらを初期条件に用いれば γ の 2 次元の安定および不安定多様体を生成する．数学的にはそれらは次のように表される．

$$W^s(\gamma) = \bigcup_{t \leq 0} \phi_t(W^s_{\mathrm{loc}}(x_0)),$$

$$W^u(\gamma) = \bigcup_{t \geq 0} \phi_t(W^u_{\mathrm{loc}}(x_0)).$$

$\phi_t(x)$ は x について微分可能であるから，$W^s(\gamma)$ は $W^s_{loc}(x_0)$ と同様に微分可能である（同様に，$W^u(\gamma)$ も $W^u_{loc}(x_0)$ と同様に微分可能である）．図 1.2.3 を幾何の説明のために参照せよ．したがって $\mathbb{R}^3$ において $W^s(\gamma)$ と $W^u(\gamma)$ は閉曲線で交わっている 2 つの 2 次元曲面である．このことは周期軌道とそれに伴う安定および不安定多様体を考察するよりも対応するポアンカレ写像を考察する方が幾分か幾何的に簡単になることを示している．

2 番目の場合に戻る．

【2. 時間的に周期的な常微分方程式のポアンカレ写像】

次の常微分方程式を考える．

$$\dot{x} = f(x,t), \qquad x \in \mathbb{R}^n, \tag{1.2.12}$$

ここで $f : U \to \mathbb{R}^n$ はある開集合 $U \subset \mathbb{R}^n \times \mathbb{R}^1$ で $\mathbf{C}^r$ 級とする．(1.2.12) は定まっ

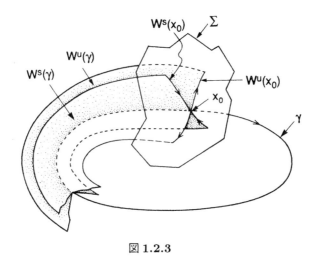

図 1.2.3

た周期 $T = 2\pi/\omega > 0$ で時間に依存している,すなわち $f(x,t) = f(x,t+T)$ とする. (1.2.12) を次の関数を定義することで $n+1$ 次元の自励系の形に書き直す (1.1G を参照).

$$\begin{aligned}\theta: \mathbb{R}^1 &\to S^1, \\ t &\mapsto \theta(t) = \omega t, \mod 2\pi.\end{aligned} \quad (1.2.13)$$

(1.2.13) を用いれば (1.2.12) は

$$\begin{aligned}\dot{x} &= f(x,\theta), \\ \dot{\theta} &= \omega,\end{aligned} \quad (x,\theta) \in \mathbb{R}^n \times S^1 \quad (1.2.14)$$

となる. (1.2.14) によって生成される流れを $\phi(t) = (x(t), \theta(t) = \omega t + \theta_0 \pmod{2\pi})$ と表す. ベクトル場 (1.2.14) の断面を次の $\Sigma^{\bar{\theta}_0}$ で定義する.

$$\Sigma^{\bar{\theta}_0} = \{ (x,\theta) \in \mathbb{R}^n \times S^1 \mid \theta = \bar{\theta}_0 \in (0, 2\pi] \}. \quad (1.2.15)$$

$\mathbb{R}^n \times S^1$ における $\Sigma^{\bar{\theta}_0}$ の正規直交ベクトルは $(0,1)$ で与えられ, $(f(x,\theta), \omega) \cdot (0,1) \neq 0$ より, $\Sigma^{\bar{\theta}_0}$ はベクトル場 (1.2.14) に横断的であることは明らかである. この場合 $\Sigma^{\bar{\theta}_0}$ は**大域的断面**と呼ばれる.

$\Sigma^{\bar{\theta}_0}$ のポアンカレ写像を次のように定義する.

$$P_{\bar{\theta}_0}: \Sigma^{\bar{\theta}_0} \to \Sigma^{\bar{\theta}_0},$$
$$\left(x\left(\frac{\bar{\theta}_0 - \theta_0}{\omega}\right), \bar{\theta}_0 \right) \mapsto \left(x\left(\frac{\bar{\theta}_0 - \theta_0 + 2\pi}{\omega}\right), \bar{\theta}_0 + 2\pi \equiv \bar{\theta}_0 \right),$$

または

$$x\left(\frac{\bar{\theta}_0 - \theta_0}{\omega}\right) \mapsto x\left(\frac{\bar{\theta}_0 - \theta_0 + 2\pi}{\omega}\right). \tag{1.2.16}$$

このようにポアンカレ写像は単に固定した位相における初期条件 x のベクトル場の 1 周期後をたどるだけである.

$P_{\bar{\theta}_0}$ の不動点は明らかに (1.2.12) の $2\pi/\omega$ 周期軌道に対応し, $P_{\bar{\theta}_0}$ の k 周期点は, (1.2.12) のもとに戻るまでに k 回 $\Sigma^{\bar{\theta}_0}$ を通る軌道に対応することは明らかであろう. 後に断面を取り替えることで生じる写像の力学への影響について考える. 例を考えよう.

例 1.2.2　周期強制線形振動子　次の常微分方程式を考える.

$$\ddot{x} + \delta\dot{x} + \omega_0^2 x = \gamma\cos\omega t. \tag{1.2.17}$$

これは微積分の初歩でほとんどの学生が解法を学ぶ方程式である. 我々の目標はポアンカレ写像との関係でより幾何的な背景で (1.2.17) の解の性質を学ぶことである. これによって読者諸氏が比較的なじんでいる事実に新しい視点を得てこの新しい観点の価値を理解してくれることを望む.

　まず (1.2.17) の解を得ることから始める. この一般解は時に自由振動と呼ばれる斉次方程式の解 (つまり $\gamma = 0$ の場合) と, 強制振動と呼ばれる特殊解の和で書けることを思い出そう (たとえば Arnold [1973] か Hirsh and Smale [1874] を参照). $\delta > 0$ の場合には以下に述べるように斉次解にはいくつかの可能性がある.

$\delta > 0$：斉次解 $x_h(t)$. $\delta^2 - 4\omega_0^2$ の符号によって 3 つの場合がある.

$$\delta^2 - 4\omega_0^2 > 0 \Rightarrow x_h(t) = C_1 e^{r_1 t} + C_2 e^{r_2 t}, \tag{1.2.18}$$

ここで

$$r_{1,2} = -\delta/2 \pm (1/2)\sqrt{\delta^2 - 4\omega_0^2},$$

$$\delta^2 - 4\omega_0^2 = 0 \Rightarrow x_h(t) = (C_1 + C_2 t)e^{-(\delta/2)t},$$

$$\delta^2 - 4\omega_0^2 < 0 \Rightarrow x_h(t) = e^{-(\delta/2)t}(C_1 \cos\bar{\omega}t + C_2 \sin\bar{\omega}t),$$

$\bar{\omega} = (1/2)\sqrt{4\omega_0^2 - \delta^2}$ である. 全ての場合 C_1, C_2 は初期条件によって定まる不定定数である. また 3 つの場合全てにおいて $\lim_{t\to\infty} x_h(t) = 0$ であることに注意する. 特殊解に移ろう.

72   1. 力学系の幾何学的観点

【特殊解 $x_p(t)$】

$$x_p(t) = A\cos\omega t + B\sin\omega t, \tag{1.2.19}$$

ここで

$$A \equiv \frac{(\omega_0^2 - \omega^2)\gamma}{(\omega_0^2 - \omega^2)^2 + (\delta\omega)^2}, \qquad B \equiv \frac{\delta\gamma\omega}{(\omega_0^2 - \omega^2)^2 + (\delta\omega)^2}$$

とおく. 次にポアンカレ写像の構成に移ろう. $\delta^2 - 4\omega_0^2 < 0$ の場合だけ考える. 他の場合も同様に考えられるが読者の演習とする.

ポアンカレ写像:$\delta^2 - 4\omega_0^2 < 0$. (1.2.17) を書き直すと

$$\begin{aligned}
\dot{x} &= y, \\
\dot{y} &= -\omega_0^2 x - \delta y + \gamma\cos\omega t.
\end{aligned} \tag{1.2.20}$$

2 番目の場合を考えた最初のところで述べたように, (1.2.20) を自励系に書き直すと

$$\begin{aligned}
\dot{x} &= y, \\
\dot{y} &= -\omega_0^2 x - \delta y + \gamma\cos\theta, \qquad (x, y, \theta) \in \mathbb{R}^1 \times \mathbb{R}^1 \times S^1. \\
\dot{\theta} &= \omega,
\end{aligned} \tag{1.2.21}$$

(1.2.21) で得られる流れは

$$\phi_t(x_0, y_0, \theta_0) = \bigl(x(t), y(t), \omega t + \theta_0\bigr) \tag{1.2.22}$$

で与えられ, (1.2.18c) と (1.2.19) を用いると, $x(t)$ は

$$x(t) = e^{-(\delta/2)t}(C_1\cos\bar{\omega}t + C_2\sin\bar{\omega}t) + A\cos\omega t + B\sin\omega t$$

かつ

$$y(t) = \dot{x}(t) \tag{1.2.23}$$

によって与えられる. 定数 C_1, C_2 は

$$\begin{aligned}
x(0) &= x_0, \\
y(0) &= y_0
\end{aligned}$$

とおくことで

$$\begin{aligned}
C_1 &= x_0 - A, \\
C_2 &= \frac{1}{\bar{\omega}}\left(\frac{\delta}{2}x_0 + y_0 - \frac{\delta}{2}A - \omega B\right)
\end{aligned} \tag{1.2.24}$$

となる．(1.2.20) から (1.2.22) において $\theta_0 = 0$ とおくことができることに注意せよ ((1.2.16) を参照)．

$\bar{\theta}_0 = 0$ における断面を次のように構成する (このことが初期条件を $t = 0$ と定めた理由である)．

$$\Sigma^0 \equiv \Sigma = \{\, (x, y, \theta) \in \mathbb{R}^1 \times \mathbb{R}^1 \times S^1 \mid \theta = 0 \in [0, 2\pi) \,\}, \tag{1.2.25}$$

ここで x, y, θ の下つきの添字 "0" は煩わしいので略した．(1.2.23) を用いればポアンカレ写像は

$$
\begin{aligned}
P : \Sigma &\to \Sigma, \\
\begin{pmatrix} x \\ y \end{pmatrix} &\mapsto e^{-\delta\pi/\omega} \begin{pmatrix} \mathcal{C} + \frac{\delta}{2\bar{\omega}}\mathcal{S} & \frac{1}{\bar{\omega}}\mathcal{S} \\ -\frac{\omega_0^2}{\bar{\omega}}\mathcal{S} & \mathcal{C} - \frac{\delta}{2\bar{\omega}}\mathcal{S} \end{pmatrix} \begin{pmatrix} x \\ y \end{pmatrix} \\
&+ \begin{pmatrix} e^{-\delta\pi/\omega} \left[-A\mathcal{C} + \left(-\frac{\delta}{2\bar{\omega}}A - \frac{\omega}{\bar{\omega}}B \right)\mathcal{S} \right] + A \\ e^{-\delta\pi/\omega} \left[-\omega B\mathcal{C} + \left(\frac{\omega_0^2}{\bar{\omega}}A + \frac{\delta\omega}{2\bar{\omega}}B \right)\mathcal{S} \right] + \omega B \end{pmatrix}
\end{aligned} \tag{1.2.26}
$$

で与えられる，ここで

$$\mathcal{C} \equiv \cos 2\pi \frac{\bar{\omega}}{\omega},$$

$$\mathcal{S} \equiv \sin 2\pi \frac{\bar{\omega}}{\omega}.$$

方程式 (1.2.26) は**アファイン写像**，すなわち線形変換プラス平行移動の例である．

ポアンカレ写像は次のただ 1 つの不動点を持っている：

$$(x, y) = (A, \omega B) \tag{1.2.27}$$

(このことは驚くには当らない)．次の問題はこの不動点が安定かどうかである．簡単な計算によって $DP(A, \omega B)$ の固有値は

$$\lambda_{1,2} = e^{-\delta\pi/\omega \pm i 2\pi\bar{\omega}/\omega} \tag{1.2.28}$$

であることがわかる．このように不動点は漸近安定であり，そのまわりの軌道の様子は図 1.2.4 のようになる．(注：不動点の近くの軌道が渦巻くのは固有値の虚部による)．図 1.2.4 は $A > 0$ の場合の図である，(1.2.19) を見よ．

共鳴の場合：$\bar{\omega} = \omega$．今度は強制力の振動数が自由振動の振動数と等しい場合を考える．この場合ポアンカレ写像は

$$
\begin{aligned}
P : \Sigma &\to \Sigma, \\
\begin{pmatrix} x \\ y \end{pmatrix} &\mapsto e^{-\delta\pi/\omega} \begin{pmatrix} 1 & 0 \\ 0 & 1 \end{pmatrix} \begin{pmatrix} x \\ y \end{pmatrix} + \begin{pmatrix} A(1 - e^{-\delta\pi/\omega}) \\ \omega B(1 - e^{-\delta\pi/\omega}) \end{pmatrix}
\end{aligned} \tag{1.2.29}
$$

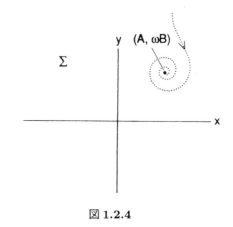

図 1.2.4

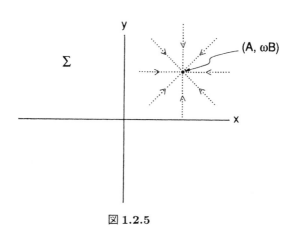

図 1.2.5

となる．この写像はただ1つの不動点を

$$(x, y) = (A, \omega B) \tag{1.2.30}$$

に持つ．$DP(A, \omega B)$ の固有値は一致し

$$\lambda = e^{-\delta \pi / \omega} \tag{1.2.31}$$

となる．このように不動点は漸近安定であり，まわりの軌道の様子は図 1.2.5 のようになる（注：この場合，固有値が実数であるので不動点のそばで軌道は渦を巻かない）．

$\delta > 0$ の時は全ての場合において自由振動は消滅してゆき，ポアンカレ写像の吸引不動点として表される振動数 ω の強制振動だけが残る．$\delta = 0$ の時に何が起きるかを見よう．

$\delta = 0$：低調波，高調波そして高低調波． この場合，方程式は

$$
\begin{aligned}
\dot{x} &= y, \\
\dot{y} &= -\omega_0^2 x + \gamma \cos \omega \theta, \\
\dot{\theta} &= \omega
\end{aligned}
\tag{1.2.32}
$$

となる． (1.2.18c) と (1.2.19) を用いると (1.2.32) の一般解は

$$
\begin{aligned}
x(t) &= C_1 \cos \omega_0 t + C_2 \sin \omega_0 t + \bar{A} \cos \omega t, \\
y(t) &= \dot{x}(t)
\end{aligned}
\tag{1.2.33}
$$

で与えられ，ここで

$$
\bar{A} \equiv \frac{\gamma}{\omega_0^2 - \omega^2}
\tag{1.2.34}
$$

かつ C_1 と C_2 は

$$
\begin{aligned}
x(0) &\equiv x_0 = C_1 + \bar{A}, \\
y(0) &\equiv y_0 = C_2 \omega_0
\end{aligned}
\tag{1.2.35}
$$

を解くことで得られる．この際 (1.2.33) が成り立つためには $\bar{\omega} \neq \omega_0$ としなければならないことは明らかである．

　ポアンカレ写像を書き下す前に，$\delta > 0$ の場合と $\delta = 0$ の場合には重要な違いがあることを述べる．上に述べたように，$\delta > 0$ の場合には自由振動は徐々に消滅してゆき振動数 ω の強制振動のみが残る．このことは対応するポアンカレ写像がただ 1 つの漸近安定不動点を持つことに対応する．$\delta = 0$ の場合は，(1.2.33) を調べることにより，このようなことは起こらないことがわかる．一般に，$\delta = 0$ の場合に解は振動数 ω と ω_0 の 2 つの解の重ね合わせであることは明らかである．ω と ω_0 の関係によっていくつかの場合に分けられる．まずポアンカレ写像を書き下しその後で各々の場合を見ていく．

　ポアンカレ写像は

$$
\begin{aligned}
P \colon \Sigma &\to \Sigma, \\
\begin{pmatrix} x \\ y \end{pmatrix} &\mapsto \begin{pmatrix} \cos 2\pi \frac{\omega_0}{\omega} & \frac{1}{\omega_0} \sin 2\pi \frac{\omega_0}{\omega} \\ -\omega_0 \sin 2\pi \frac{\omega_0}{\omega} & \cos 2\pi \frac{\omega_0}{\omega} \end{pmatrix} \begin{pmatrix} x \\ y \end{pmatrix} \\
&\quad + \begin{pmatrix} \bar{A} \left(1 - \cos 2\pi \frac{\omega_0}{\omega} \right) \\ \omega_0 \bar{A} \sin 2\pi \frac{\omega_0}{\omega} \end{pmatrix}
\end{aligned}
\tag{1.2.36}
$$

で与えられる．我々の目標は P の軌道を研究することである．上に述べたようにこれは ω と ω_0 の関係による．最も簡単な場合から始める．

1) 調和応答. 点
$$(x,y) = (\bar{A}, 0) \tag{1.2.37}$$
を考える．この点は振動数 ω を持つ (1.2.32) の解に対応する P の不動点であることを確かめるのは容易である．

後で役に立つのだが，この解をより幾何的な視点から記述してみる．(1.2.37) と (1.2.35) と (1.2.33) を用いると (1.2.37) で表される不動点は次の解に対応する.

$$\begin{aligned} x(t) &= \bar{A}\cos\omega t, \\ y(t) &= -\bar{A}\omega\sin\omega t. \end{aligned} \tag{1.2.38}$$

この解を $x-y$ 平面でみると，時間 $2\pi/\omega$ 後に閉じる円を描く．この解を $x-y-\theta$ 相空間で見ると円筒の表面にあるような螺旋を描く．この円筒は $x-y$ 平面上の (1.2.38) で与えられる円を θ 方向へ引き延ばしたものと考えることができる．θ は周期的だから円筒の端はトーラスになるようにつながれ，軌跡はトーラス面上の曲線であり，もとに戻るまでにトーラスを1周する．トーラスは2つの角度でパラメータづけることができる．角度 θ で経度を表し緯度を θ_0 で表す．これは $x-y$ 平面の円の上の軌跡の回転角度を表す．その図は幾何的に図 1.2.6 に描かれている．トーラス上を何周もする軌跡は図 1.2.6 のように書くのは難しい．したがって同じ情報を得るより簡単な方法を考えよう．まずトーラスを切り開き図 1.2.7 に示すように両端を同一視する．そして経度 θ に沿って切り開き図 1.2.8 に示すように正方形にする．この正方形は両方の縦の辺および両方の横の辺をそれぞれ同一視すればまさにトーラスである．このことは正方形の上の辺に到った軌跡は正方形の下の辺の上の辺と交わったと同じ角度 θ のところから再び表れることを意味する．トーラス上の軌跡についてのくわしい記述

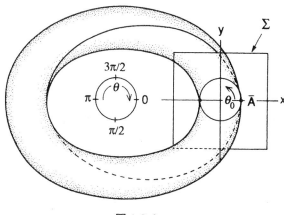

図 1.2.6

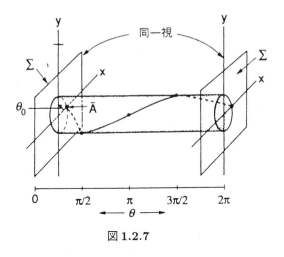

図 1.2.7

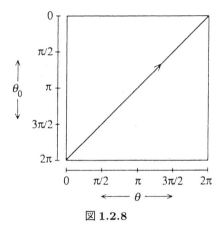

図 1.2.8

は Abraham and Shaw [1984] にある.この構成がうまくいくのは (1.2.32) の全ての軌跡が $x-y$ 平面の円の上にのっていることが理由であることを強調しておく.トーラス上の運動は多重周期系の特性である.

2) 次数 m の低調波応答. m を整数とし

$$\omega = m\omega_0, \qquad m > 1 \qquad (1.2.39)$$

とする.Σ 上の $(x,y) = (\bar{A},0)$(この点についてはすでに知っている) 以外の全ての点について考える.(1.2.33) と (1.2.36) で与えられたポアンカレ写像の表現を用いると $(x,y) = (\bar{A},0)$ 以外の点は全て周期 m であることが容易にわかる,すなわちポアンカレ写像の m 乗の不動点である(注:"点の周期" とは最小周期を表している).これら

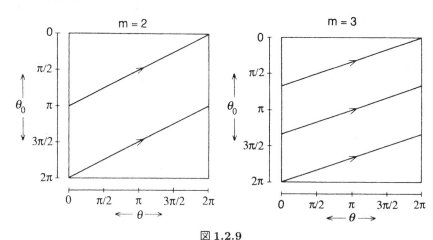

図 1.2.9

がトーラス上の運動とどのようにかかわっているかを見る．

(1.2.39) と (1.2.33) を用いると $x(t)$ と $y(t)$ は振動数 ω/m を持つことは明らかであろう．したがって，時間 $t = 2\pi/\omega$ 後には解は $x-y$ 平面で角度 $2\pi/m$ 回転する，すなわち θ_0 は $2\pi/m$ 変わる．それゆえ経線方向に m 回，緯線方向に 1 回まわってもとに戻る．軌道が $\theta = 0$ で交わってできる相異なる m 個の点は P の m 周期点，同じことだが P の m 乗の不動点になる．このような解を**次数 m の低調波**と呼ぶ．図 1.2.9 に $m=2$ と $m=3$ の場合を示す．

3) <u>次数 n の高調波応答</u>．n を整数とし

$$n\omega = \omega_0, \qquad n > 1 \tag{1.2.40}$$

とする．$(x,y) = (\bar{A}, 0)$ 以外の Σ 上の全ての点について考える．(1.2.40) と (1.2.33) を用いると，全ての点はポアンカレ写像の不動点であることは容易にわかる．これらをトーラス上の運動で表現すると何になるであろうか．

(1.2.33) と (1.2.40) を用いると，$x(t)$ と $y(t)$ は振動数 $n\omega$ を持つことがわかる．このことから時間 $t = 2\pi/\omega$ 後に解は閉じる前に $x-y$ 平面を角度 $2\pi n$ 回る．$2\pi n = 2\pi (\bmod 2\pi)$ であるから，このことはこれら P の不動点の性質を説明している：解は緯線方向に n 回，経線方向に 1 回まわって戻る．図 1.2.10 に $n=2$ と $n=3$ の場合を幾何的に図示してある．このような解を**次数 n の高調波**と呼ぶ．

4) <u>次数 m, n の高低調波応答</u>．m, n を**互いに素な整数**，すなわち，n/m の全ての共通因数は消去されているとし

$$n\omega = m\omega_0, \qquad m, n > 1 \tag{1.2.41}$$

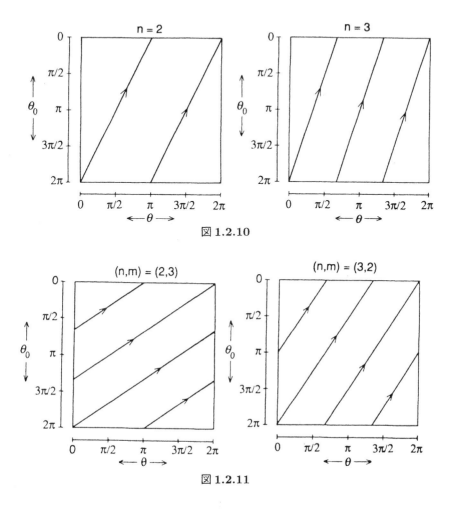

図 1.2.10

図 1.2.11

とする．前と全く同じ方法で $(x,y) = (\bar{A},0)$ 以外の点は経線方向に m 回，緯線方向に n 回トーラスを回ってもとに戻る周期 m の点であることは容易にわかる．これらの解は**次数 m, n の高低調波**と呼ばれる．$(n,m) = (2,3)$ と $(n,m) = (3,2)$ の場合について図 1.2.11 に図示する．

5) <u>準周期的応答</u>．最後の場合として

$$\frac{\omega}{\omega_0} = 無理数 \tag{1.2.42}$$

とする．Σ 上の $(x,y) = (\bar{A},0)$ 以外の全ての点は $x-y-\theta$ 空間の不変 2 次元トーラスに対応する Σ 上の円を稠密に埋めつくす．このことを例 1.2.3 で厳密に示す．

例 1.2.3 円写像を通しての結合振動子の考察. 例 1.1.9 において 4 次元相空間における 2 つの線形に結合された線形非減衰振動子 ($I_1, I_2 \neq 0$) の考察は次の 2 次元のベクトル場の考察に帰することができることを見た.

$$\begin{aligned} \dot{\theta}_1 &= \omega_1, \\ \dot{\theta}_2 &= \omega_2, \end{aligned} \qquad (\theta_1, \theta_2) \in S^1 \times S^2. \tag{1.2.43}$$

(1.2.43) によって生成された流れは 2 次元トーラス $S^1 \times S^1 \equiv T^2$ 上に定義され, θ_1 と θ_2 はそれぞれ経度, 緯度と呼ばれる. 図 1.2.12 を参照. 例 1.2.2 と同様に, トーラスを切り開いて横の辺どうしおよび縦の辺どうしを同一視して, 図 1.2.13 に示してあるような正方形で考える方が多くの場合容易になる. (1.2.43) で生成された流れは容易に計算できて次式で与えられる.

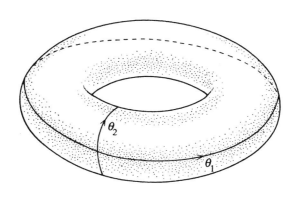

図 1.2.12

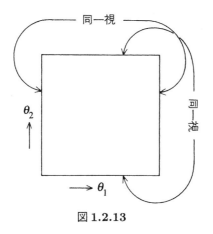

図 1.2.13

$$\begin{aligned}\theta_1(t) &= \omega_1 t + \theta_{10}, \\ \theta_2(t) &= \omega_2 t + \theta_{20},\end{aligned} \quad (\bmod 2\pi). \tag{1.2.44}$$

しかしこの流れの軌道は ω_1 と ω_2 の関係に依存している.

定義 1.2.1　ω_1 と ω_2 は次の式が $n, m \in \mathbb{Z}$(整数) について解を持たないとき非通約であると呼ばれる.

$$m\omega_1 + n\omega_2 = 0$$

そのほかの場合は ω_1 と ω_2 は**通約**であると呼ばれる.

定理 1.2.1　ω_1 と ω_2 が通約であるならば (1.2.43) の全ての相曲線は閉じている. 一方 ω_1 と ω_2 が非通約である場合は, 全ての相曲線はトーラス上いたるところ稠密である.

この定理を証明するには次の補題が必要である.

補題 1.2.2　円 S^1 が角度 α で回転するとする. ここで α は 2π と非通約であるとする. このとき

$$S = \{\theta, \theta + \alpha, \theta + 2\alpha, \cdots, \theta + n\alpha, \cdots, (\bmod 2\pi)\}$$

という列は円上いたるところ稠密である (ここで n は整数とする).

証明

$$\theta + m\alpha \ (\bmod 2\pi) = \begin{cases} \theta + m\alpha & m\alpha - 2\pi < 0 \text{ のとき}, \\ \theta + (m\alpha - 2\pi k) & m\alpha - 2\pi k > 0, k > 1 \text{ かつ} \\ & m\alpha - 2\pi(k+1) < 0 \text{ のとき} \end{cases}$$

であるから, 特に α と 2π は非通約であるので列 S は無限でかつ繰り返しがない.

ここで鳩と巣の原理を用いよう. すなわち n 個の巣と $n+1$ 羽の鳩がいるとすると最低 1 つの巣には 2 羽以上の鳩が入らなければならない.

円を k 個の $2\pi/k$ の等しい長さを持った半開区間に分ける. そのとき S の最初の $k+1$ 個の中には少なくとも 2 つの点は 1 つの同じ半開区間に属する, それらを $\theta + p\alpha$, $\theta + q\alpha(\bmod 2\pi)$　$p > q$ とする. このとき $(p-q)\alpha \equiv s\alpha < 2\pi/k$　$(\bmod 2\pi)$ が成り立つ. したがって列 $\bar{S}$ を

$$\bar{S} = \{\theta, \theta + s\alpha, \theta + 2s\alpha, \cdots, \theta + ns\alpha, \cdots (\bmod 2\pi)\}$$

で与えると, $\bar{S}$ の続く 2 つの点は同じ長さ d だけ離れていて, $d < 2\pi/k$ を満たす

82 1. 力学系の幾何学的観点

($\bar{S} \subset S$ に注意).

そこで S^1 上の任意の点についてそのまわりに ε 近傍をとる. ここで k を $2\pi/k < \varepsilon$ が満たされるようにとれば, $\bar{S}$ の少なくとも 1 つの点は ε 近傍に入る. これで補題の証明を終わる. □

さて定理 1.2.1 を証明する.

証明 まず ω_1 と ω_2 を通約とする, すなわちある $n, m \in \mathbb{Z}$ が存在して $\omega_1 = (n/m)\omega_2$ とする. ポアンカレ写像を次のようにつくる. 断面 Σ を

$$\Sigma^{\theta_{10}} = \{ (\theta_1, \theta_2) \mid \theta_1 = \theta_{10} \} \tag{1.2.45}$$

で与える. このとき (1.2.45) を用いれば

$$\begin{aligned} P_{\theta_{10}} : \Sigma^{\theta_{10}} &\to \Sigma^{\theta_{10}}, \\ \theta_2 &\mapsto \theta_2 + \omega_2 \frac{2\pi}{\omega_1} \end{aligned} \tag{1.2.46}$$

を得る. しかし $\omega_2/\omega_1 = m/n$ より

$$\theta_2 \mapsto \theta_2 + 2\pi \frac{m}{n} (\bmod 2\pi) \tag{1.2.47}$$

である. これは円からそれ自身の上への (**円写像と呼ばれる**) 写像で, ω_2/ω_1 は**回転数**と呼ばれる (回転数は非線形円写像についても後に定義する).

この写像の n 乗は

$$\theta_2 \mapsto \theta_2 + 2\pi m (\bmod 2\pi) = \theta_2 \tag{1.2.48}$$

で与えられることは明らかである. したがって全ての θ_2 は周期点で, 流れは完全に閉軌道から成り立っている. このことは定理の前半を示している.

ω_1 と ω_2 を非通約とする, そのとき $\omega_2/\omega_1 = \alpha$ とおくと α は無理数である. ポアンカレ写像は

$$\theta_2 \mapsto \theta_2 + 2\pi\alpha (\bmod 2\pi); \tag{1.2.49}$$

で与えられ, 補題 1.2.2 によって任意の点 θ_2 の軌道は円上稠密である.

次に T^2 上の任意の点 p を選んで p の ε 近傍をつくる. 定理 1.2.1 は T^2 上の任意の軌道が p の ε 近傍をいずれは通ることを示せば証明を終わる. このことは次のように示される.

まず p の ε 近傍を通る新しい断面 $\Sigma^{\bar{\theta}_{10}}$ をつくることができる, 図 1.2.14 を参照. すでに $P_{\theta_{10}} : \Sigma^{\theta_{10}} \to \Sigma^{\theta_{10}}$ の軌道は任意の θ_{10} について $\Sigma^{\theta_{10}}$ 上で稠密であることを見た. それゆえ $\Sigma^{\theta_{10}}$ 上の任意の点をとって, 流れ (1.2.44) の下で $\Sigma^{\bar{\theta}_{10}}$ との最初の交点

1.2 ポアンカレ写像：定理，構成および例   *83*

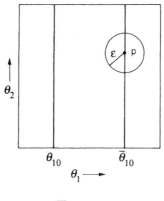

図 **1.2.14**

を見る．このことからこの点の $P_{\theta_{10}}$ の繰り返しによる像は $\Sigma^{\bar{\theta}_{10}}$ で稠密である．これで証明を終わる． □

この例を終える前に最後の注意をしておく．最初の動機を述べたところでポアンカレ写像は問題の次元を少なくとも1次元は下げると注意した．この例において4次元の力学系の考察がどのようにして1次元の力学系の考察に帰されるかを見た．このことは相空間の幾何，すなわち2次元のトーラスの族からなっているという理解から可能になる．相空間の幾何を定性的によく理解しているということが定量的な解析のために最も大切であるということがこの本における基調である．

最後にこれらの T^2 上の線形ベクトル場についての結果は T^2 上の非線形微分可能ベクトル場においても成立する，すなわち，特異点のないベクトル場の ω 極限集合は閉軌道であるかトーラス全体であることに注意する，Hale [1980] を参照．

【3．ホモクリニック軌道の近傍でのポアンカレ写像】

ホモクリニック軌道の近傍におけるポアンカレ写像の構成の例を述べる．任意の次元の自励系の常微分方程式における双曲型不動点のホモクリニック軌道の一般的な解析はかなり複雑であり Wiggins [1988] に見ることができる．技術的な部分にこだわって混乱させるよりも主要なアイデアがわかる2次元の特別な例について考察することにする．なお節 4.8 には多くの例がある．

次の常微分方程式を考える，ただし $f_1, f_2 = \mathcal{O}(|x|^2 + |y|^2)$ かつ $\mathbf{C}^r$ 級 $r \geq 2$ とする

$$\begin{aligned}\dot{x} &= \alpha x + f_1(x,y;\mu), \\ \dot{y} &= \beta y + f_2(x,y;\mu),\end{aligned} \quad (x,y,\mu) \in \mathbb{R}^1 \times \mathbb{R}^1 \times \mathbb{R}^1, \qquad (1.2.50)$$

84　1. 力学系の幾何学的観点

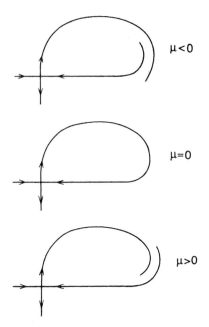

図 1.2.15　μ の変化に伴うホモクリニック軌道の挙動.

ここで μ はパラメータである．(1.2.50) に次の仮定をおく．

仮定 1 $\alpha < 0, \beta > 0$ かつ $\alpha + \beta \neq 0$

仮定 2 $\mu = 0$ で，(1.2.50) は双曲型不動点 $(x,y) = (0,0)$ をそれ自身と結ぶホモクリニック軌道を持つとし，$\mu = 0$ の両側でホモクリニック軌道は壊れているとする．さらにホモクリニック軌道は，$\mu = 0$ のそれぞれの側で安定および不安定多様体が異なる方向を持っているという意味で横断的に壊れるとする．明確にするために，$\mu > 0$ で安定多様体は不安定多様体の外側に，$\mu < 0$ で安定多様体は不安定多様体の内側にあって，$\mu = 0$ でそれらは一致するとする．図 1.2.15 を参照せよ．

　仮定 1 は局所的な性格である．というのは不動点のまわりで線形化されたベクトル場の固有値についての仮定だからである．仮定 2 は大域的な性格である．というのはホモクリニック軌道の存在とそのパラメータへの依存についての仮定だからである．

　なぜこのような筋書きで考えるのかという問いが生じるであろう．なぜ $\mu > 0$ で安定多様体が内側でなく，$\mu < 0$ では不安定多様体が内側ではないのか．もちろんこのようなことは起きうるのだが，このことについて考えるのは重要でない．大切なことは $\mu = 0$ の一方で安定多様体が不安定多様体の内側にあって他の側では不安定多様体が安定多様体の内側にあるということである．もちろん応用上ではどちらの場合が実

際に起きているかを定める必要がある．そして4章でこのことについての方法（メルニコフの方法）を学ぶ．しかし今は平面ベクトル場の双曲型不動点のホモクリニック軌道が上に述べたように壊れる場合何が生じるかを調べよう．

もちろん固有値 α と β がパラメータ μ に依存することは可能である．しかしこのことは仮定1が個々のパラメータ値で満たされている限り，またこのことが μ が0に十分近いとき成立していれば，なんらの影響も及ぼさない．

$\mu = 0$ の近くでのホモクリニック軌道の近傍での軌道構造はどのような性質のものか，というのが我々の問題である．ホモクリニック軌道の近傍でのポアンカレ写像を計算しポアンカレ写像の軌道構造を考察することで，この問いに答える．これからつくるポアンカレ写像は前の2つの場合とは異なっていて2つの写像の合成になっている．写像の1つ P_0 は原点の近傍での流れ（原点のまわりで (1.2.50) の線形化によって生成される流れをとる）によってつくられる．他方もう1つの写像 P_1 は不動点の近傍の外側の流れからつくられる，それはまたホモクリニック軌道に十分近ければいくらでも厳密な運動を近似できる．結果として得られるポアンカレ写像 P は $P \equiv P_1 \circ P_0$ で与えられる．明らかにこの近似によってポアンカレ写像は（壊れた）ホモクリニック軌道の十分近くで定義されている場合にのみ（この力学系が (1.2.50) の力学を反映しているという意味で）有効である．この近似の有効性については後に議論することにして解析を始めよう．

解析はいくつかの段階で進める．

段階1 ポアンカレ写像の定義域を定める．

段階2 P_0 を計算する．

段階3 P_1 を計算する．

段階4 $P = P_1 \circ P_0$ の力学を調べる．

段階1 ポアンカレ写像の定義域の決定． P_0 の定義域として

$$\Sigma_0 = \{ (x, y) \in \mathbb{R}^2 \mid x = \varepsilon > 0,\ y > 0 \} \tag{1.2.51}$$

をとり，P_1 の定義域として

$$\Sigma_1 = \{ (x, y) \in \mathbb{R}^2 \mid x > 0,\ y = \varepsilon > 0 \} \tag{1.2.52}$$

をとる．

ε を小さくとるが，この理由は後に明らかになる．Σ_0 と Σ_1 の幾何的な図示は図 1.2.16 にある．

86　1. 力学系の幾何学的観点

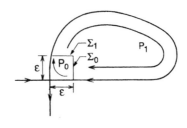

図 1.2.16

段階 2　P_0 の計算. 線形ベクトル場

$$\begin{aligned}\dot{x} &= \alpha x,\\ \dot{y} &= \beta y\end{aligned} \quad (1.2.53)$$

によって生成される流れを Σ_0 から Σ_1 への写像 P_0 の計算に用いる. これが良好な近似であるためには, ε と y を小さくとらなければいけないことは明らかである. この近似の有効性については後に議論することにする.

(1.2.53) によって生成される流れは

$$\begin{aligned}x(t) &= x_0 e^{\alpha t},\\ y(t) &= y_0 e^{\beta t}\end{aligned} \quad (1.2.54)$$

で与えられる. (1.2.54) のもとで点 $(\varepsilon, y_0) \in \Sigma_0$ が Σ_1 に到着するまでの時間 T は

$$\varepsilon = y_0 e^{\beta T} \quad (1.2.55)$$

を解くことで得られて

$$T = \frac{1}{\beta} \log \frac{\varepsilon}{y_0} \quad (1.2.56)$$

である.

(1.2.56) から $y_0 \leq \varepsilon$ が成り立っている必要があることは明らかである.

$$\begin{aligned}&P_0\colon \Sigma_0 \to \Sigma_1,\\ &(\varepsilon, y_0) \mapsto \left(\varepsilon \left(\frac{\varepsilon}{y_0}\right)^{\alpha/\beta}, \varepsilon\right).\end{aligned} \quad (1.2.57)$$

段階 3　P_1 の計算. 定理 1.1.8 を用いて, 初期値に関する流れの連続性とホモクリニック軌道に沿って Σ_1 から Σ_0 に到るのに有限の時間しかかからないことによって, (1.2.53) によって生成される流れのもとで Σ_0 の上に写される近傍 $U \subset \Sigma_1$ を見つけることができる. この写像を

$$P_1(x, \varepsilon; \mu) = \big(P_{11}(x, \varepsilon; \mu), P_{12}(x, \varepsilon; \mu)\big) : U \subset \Sigma_1 \to \Sigma_0 \qquad (1.2.58)$$

で表す，ここで $P_1(0, \varepsilon; 0) = (\varepsilon, 0)$ である．(1.2.58) の $(x, \varepsilon; \mu) = (0, \varepsilon; 0)$ のまわりでのテーラー展開から

$$P_1(x, \varepsilon; \mu) = (\varepsilon, ax + b\mu) + \mathcal{O}(2) \qquad (1.2.59)$$

を得る．(1.2.59) の "$\mathcal{O}(2)$" は ε, x および μ を小さくとったときに小さくできる高次の非線形の項を表す．今これらの項を無視して写像として

$$\begin{aligned} P_1 &: U \subset \Sigma_1 \to \Sigma_0, \\ (x, \varepsilon) &\mapsto (\varepsilon, ax + b\mu) \end{aligned} \qquad (1.2.60)$$

を選ぼう，ここで $a > 0$ かつ $b > 0$ とする．なぜ $a > 0$ かつ $b > 0$ とするかについて読者は図 1.2.15 を考察されたい．

段階 4　$P = P_1 \circ P_0$ の力学の考察．

$$\begin{aligned} P = P_1 \circ P_0 &: V \subset \Sigma_0 \to \Sigma_0, \\ (\varepsilon, y_0) &\mapsto \left(\varepsilon, a\varepsilon \left(\frac{\varepsilon}{y_0} \right)^{\alpha/\beta} + b\mu \right) \end{aligned} \qquad (1.2.61)$$

が成立する，ここで $V = (P_0)^{-1}(U)$，または

$$P(y; \mu) : y \to Ay^{|\alpha/\beta|} + b\mu, \qquad (1.2.62)$$

ここで $A \equiv a\varepsilon^{1+(\alpha/\beta)} > 0 (y_0$ の下つきの添字 "0" は記述を簡単にするために略した) (注：もちろん U は $(P_0)^{-1}(U) \subset \Sigma_0$ が成立するように十分に小さくする)．

$\delta = |\alpha/\beta|$ とすると，$\alpha + \beta \neq 0$ ならば $\delta \neq 1$ になる．そこでポアンカレ写像の不動点，すなわち $y \in V$ で

$$P(y; \mu) = Ay^\delta + b\mu = y \qquad (1.2.63)$$

を満たすものを見つける．この不動点は固定した μ について $P(y, \mu)$ のグラフと直線 $y = P(y; \mu)$ との交点として図示される．

2つの場合がある．

場合 1.　$|\alpha| > |\beta|$ すなわち $\delta > 1$ のとき． この場合 $D_y P(0; 0) = 0$，P のグラフは $\mu > 0, \mu = 0$ および $\mu < 0$ それぞれの場合について図 1.2.17 にある．したがって $\mu > 0$ で μ が小さいときに，(1.2.62) は不動点を持つ．この不動点は μ が十分に小さいとき $0 < D_y P < 1$ が成立するので安定でかつ双曲型である．構成方法からこの不

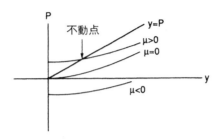

図 1.2.17　$\delta > 1$ のときの $\mu > 0, \mu = 0, \mu < 0$, それぞれの場合の P のグラフ.

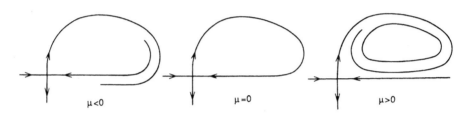

図 1.2.18　$\delta > 1$ の場合の (1.2.50) の相平面.

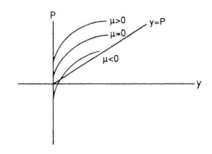

図 1.2.19　$\delta < 1$ のときの $\mu > 0, \mu = 0, \mu < 0$, それぞれの場合の P のグラフ.

動点は (1.2.50) の吸引周期軌道に（この近似が正当化できるならば）対応することがわかる．図 1.2.18 参照．もしホモクリニック軌道が図 1.2.15 と反対の方向で壊れるならば，(1.2.62) の不動点は $\mu < 0$ で起きることを注意しておく．

場合 2. $|\alpha| < |\beta|$ すなわち $\delta < 1$ のとき．この場合，$D_y P(0,0) = \infty$，P のグラフは図 1.2.19 のようになる．したがって $\mu < 0$ について (1.2.62) は反発不動点を持つ．構成法からこれは (1.2.50) の反発周期軌道に対応する，図 1.2.20 参照．

もしホモクリニック軌道が図 1.2.15 と反対の方向で壊れるならば (1.2.62) の不動点は $\mu > 0$ で起きることを注意しておく．結果をまとめると次の定理になる．

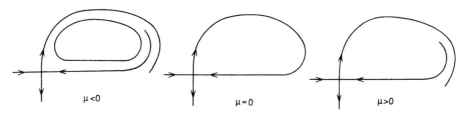

図 1.2.20　$\delta < 1$ の場合の (1.2.50) の相平面.

定理 1.2.3　仮定 *1* および仮定 *2* が成立する力学系を考える．このとき μ が十分小さならば，

i) $\alpha + \beta < 0$ のとき，ただ *1* つの安定周期軌道が $\mu = 0$ の一方に存在し，他方には周期軌道は存在しない．

ii) $\alpha + \beta > 0$ のとき，i) と同じ結論を得る．ただし周期軌道は不安定である．

　もしホモクリニック軌道が図 1.2.15 と反対の方向で壊れるならば，定理 1.2.3 の主張は周期軌道が μ の値について反対符号で起きることを除けば成立することを注意しておく．定理 1.2.3 は Andronov et al. [1971] にある古典的な結果である．さらなる証明が Guckenheimer and Holmes [1983], Chow and Hale [1982] にある．

　この例を終わる前に重要な点について述べておかなければならない．すなわち我々の計算したポアンカレ写像は近似に過ぎないから，我々は定理 1.2.3 を厳密には証明していないということである．それゆえ本当のポアンカレ写像の力学は近似のポアンカレ写像の力学に含まれていることを示さなければならない．我々の主な目標はホモクリニック軌道の近傍におけるポアンカレ写像の構成方法を示すことであるから，読者に（壊れた）ホモクリニック軌道の十分に近くで（すなわち ε および μ が十分に小さいとき）の上の証明に関しては Wiggins [1988] を参照することを勧める．

1.2B　断面の変動：写像の共役性

　さて断面の取り方がどのようにポアンカレ写像に影響するかという問いに答えよう．これから考える視点は，2 つの異なった断面上に定義されたポアンカレ写像は（一般的には非線形であるが）座標変換によって関連づけられるというものである．力学系の考察において座標変換の重要性は評価し過ぎるということはない．たとえば，線形定数係数常微分方程式による力学系を考察する際には，力学系を座標変換によって独立な系に分解して 1 階線形の力学系のシステムに帰着すると容易に解ける．完全積分

90 1. 力学系の幾何学的観点

可能なハミルトン力学系の考察においては，作用・角座標系への変換はもとの系を簡単に解ける力学系へと変換する（Arnold [1978] 参照）．そしてこれらの座標系は近可積分系の考察においても有用である．力学系の一般的な性質を考えるとき，座標変換は座標変換によって不変な性質によって力学系を分類する方法を与える．1.2C において構造安定性の概念はこのような分類法に基づいていることを見るであろう．

ポアンカレ写像を考える前に，特定の微分可能なクラスの座標変換によって保たれる写像またはベクトル場の性質に関する結果を与える座標変換，またはもっと一般的な数学用語を用いるなら共役性，について議論する．読者にとってなじみ深い例から始めよう．

例 1.2.4 座標変換が写像の軌道にどのように影響するかをみる．
2 つの線形可逆写像を考える．

$$x \mapsto Ax, \qquad x \in \mathbb{R}^n \tag{1.2.64a}$$

$$y \mapsto By, \qquad y \in \mathbb{R}^n. \tag{1.2.64b}$$

$x_0 \in \mathbb{R}^n$ に対し，A による x_0 の軌道を

$$O_A(x_0) = \{\cdots, A^{-n}x_0, \cdots, A^{-1}x_0, x_0, Ax_0, \cdots, A^n x_0, \cdots\} \tag{1.2.65a}$$

で表し，$y_0 \in \mathbb{R}^n$ に対し B による y_0 の軌道を，

$$O_B(y_0) = \{\cdots, B^{-n}y_0, \cdots, B^{-1}y_0, y_0, By_0, \cdots, B^n y_0, \cdots\} \tag{1.2.65b}$$

で表す．A, B が相似変換によって関係づけられている，すなわちある可逆な行列 T が存在して

$$B = TAT^{-1} \tag{1.2.66}$$

を満たすとする．T は A を B に変形するものと考えることができて，線形の場合，写像をその生成する行列と混同しても害は生じないから，T が (1.2.64a) を (1.2.64b) に変換すると考える．このことを次の図式に表現する．

$$
\begin{array}{ccc}
\mathbb{R}^n & \xrightarrow{A} & \mathbb{R}^n \\
\downarrow{T} & & \downarrow{T}. \\
\mathbb{R}^n & \xrightarrow{B} & \mathbb{R}^n
\end{array} \tag{1.2.67}
$$

問題はこうである：(1.2.66) によって (1.2.64a) が (1.2.64b) に変形されるとき，A の軌道と B の軌道はいかに関係しているのだろうか？ この問いに答えるには，(1.2.66)

から全ての n について

$$B^n = TA^nT^{-1} \tag{1.2.68}$$

が得られることに注意する．(1.2.68) を用いて (1.2.64a) と (1.2.66) を比較することで，A の軌道は B の軌道に変換 $y = Tx$ で写されることがわかる．さらに，同値な行列は同じ固有値を持つことから，これらの軌道の安定性のタイプは変換 T のもとで一致する．

さて，より一般的な非線形の場合の座標変換について考えてみる．しかし読者は上の例にアイデアの本質が含まれていることがわかるであろう．

2 つの $\mathbf{C}^r$ 微分同相写像 $f : \mathbb{R}^n \to \mathbb{R}^n$ と $g : \mathbb{R}^n \to \mathbb{R}^n$，および $\mathbf{C}^k$ 微分同相写像 $h : \mathbb{R}^n \to \mathbb{R}^n$ を考える．

定義 1.2.2　f と g が $\mathbf{C}^k$ 共役 $(k \le r)$ であるとは，ある $\mathbf{C}^k$ 微分同相写像 $h : \mathbb{R}^n \to \mathbb{R}^n$ が存在して $g \circ h = h \circ f$ が成立することである．もし $k = 0$ ならば f と g は位相共役であるという．

2 つの微分同相写像の共役性はしばしば次の図式で表現される．

$$
\begin{array}{ccc}
\mathbb{R}^n & \xrightarrow{\ f\ } & \mathbb{R}^n \\
\downarrow{\scriptstyle h} & & \downarrow{\scriptstyle h}. \\
\mathbb{R}^n & \xrightarrow{\ g\ } & \mathbb{R}^n
\end{array}
\tag{1.2.69}
$$

図式は関係式 $g \circ h = h \circ f$ が成立するとき**可換**であるという．この意味は図式の左上から右下にいたる 2 つの道で同じ点に到るということである．h が $\mathbb{R}^n$ の全ての点で定義されていなくても与えられた点の近傍でだけ定義されていればよいということを注意しておく．そのような場合 f と g は局所 $\mathbf{C}^k$ 共役と呼ばれる．

f と g が $\mathbf{C}^k$ 共役であるならば次の結果を得る．

命題 1.2.4　f と g が $\mathbf{C}^k$ 共役であるならば，h によって f の軌道は g の軌道に写される．

証明　$x_0 \in \mathbb{R}^n$ とするこのとき，x_0 の f による軌道は

$$O(x_0) = \{\cdots, f^{-n}(x_0), \cdots, f^{-1}(x_0), x_0, f(x_0), \cdots, f^n(x_0), \cdots\}. \tag{1.2.70}$$

定義 1.2.2 から $f = h^{-1} \circ g \circ h$ であり，与えられた $n > 0$ について

92 1. 力学系の幾何学的観点

$$f^n(x_0) = \underbrace{(h^{-1} \circ g \circ h) \circ (h^{-1} \circ g \circ h) \circ \cdots \circ (h^{-1} \circ g \circ h)}_{n \text{ 個}}(x_0)$$

$$= h^{-1} \circ g^n \circ h(x_0) \tag{1.2.71}$$

または

$$h \circ f^n(x_0) = g^n \circ h(x_0) \tag{1.2.72}$$

である. また定義 1.2.2 から $f^{-1} = h^{-1} \circ g^{-1} \circ h$ が成立し, それで同じ議論から $n > 0$ について

$$h \circ f^{-n}(x_0) = g^{-n} \circ h(x_0) \tag{1.2.73}$$

を得る. それゆえ (1.2.71) と (1.2.73) から x_0 の f による軌道は h によって $h(x_0)$ の g による軌道に写される. □

命題 1.2.5 f と g が $\mathbf{C}^k$ 共役 $(k \geq 1)$ で x_0 が f の不動点ならば $Df(x_0)$ の固有値は $Dg(h(x_0))$ の固有値に等しい.

証明 定義 1.2.2 から $f = h^{-1} \circ g \circ h$ である. x_0 が不動点であることから $h^{-1} \circ g \circ h(x_0) = x_0$ が成立することを注意しておく. また逆写像定理より $Dh^{-1} = (Dh)^{-1}$ が成り立つ. これと h が微分可能であることから

$$Df\big|_{x_0} = Dh^{-1}\big|_{x_0} Dg\big|_{h(x_0)} Dh\big|_{x_0} \tag{1.2.74}$$

を得て, 同値な行列は同じ固有値を持つことから証明を終わる. □

断面が変わるときポアンカレ写像にどのようなことが起きるかという問いに戻る. 周期軌道の近傍で定義されたポアンカレ写像である 1 番目の場合から始める.

場合 1. 断面の変動 x_0, x_1 を (1.2.2) の周期解上の 2 点とし, Σ_0 と Σ_1 をそれぞれ x_0, x_1 でのベクトル場に横断的に交わる $n - 1$ 次元の曲面とする. また Σ_1 は (1.2.2) によって生成された流れの Σ_0 の像として選ばれているとする. 図 1.2.21 参照. 定理 1.1.8 からこれは $\mathbf{C}^r$ 微分同相を導く.

$$h: \Sigma_0 \to \Sigma_1. \tag{1.2.75}$$

ポアンカレ写像 P_0 と P_1 を前と同様に構成する.

$$\begin{aligned} P_0 &: V_0 \to \Sigma_0, \\ & x_0 \mapsto \phi\big(\tau(\bar{x}_0), \bar{x}_0\big), \qquad \bar{x}_0 \in V_0 \subset \Sigma_0, \end{aligned} \tag{1.2.76}$$

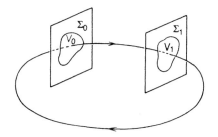

図 1.2.21 断面 Σ_0 と Σ_1.

$$\begin{aligned}P_1 \colon V_1 &\to \Sigma_1, \\ x_1 &\mapsto \phi\bigl(\tau(\bar{x}_1), \bar{x}_1\bigr), \qquad \bar{x}_1 \in V_1 \subset \Sigma_1.\end{aligned} \tag{1.2.77}$$

このとき次の結果を得る.

命題 1.2.6 P_0 と P_1 は局所的に $\mathbf{C}^r$ 共役である.

証明

$$P_1 \circ h = h \circ P_0$$

を導けば h が $\mathbf{C}^r$ 微分同相であるから証明が終わるが,写像の定義域には少し注意を払わなければいけない.

$$\begin{aligned}h(\Sigma_0) &= \Sigma_1, \\ P_0(V_0) &\subset \Sigma_0, \\ P_1(V_1) &\subset \Sigma_1\end{aligned} \tag{1.2.78}$$

が成立することから $h \circ P_0 \colon V_0 \to \Sigma_1$ の定義には問題はないが,P_1 が Σ_1 全体で定義されているわけではないので,$P_1 \circ h$ は定義されているとは限らない.しかしこの問題は Σ_1 を $V_1 = h(V_0)$ ととってさらに V_0 を十分小さくとれば解消する. □

場合 2. 断面の変動 (1.2.16) のように断面 $\Sigma^{\bar{\theta}_0}$ 上に定義されたポアンカレ写像 $P_{\bar{\theta}_0}$ を考える.ここでもうひとつのポアンカレ写像,$P_{\bar{\theta}_1}$ を同じように,ただし断面を

$$\Sigma^{\bar{\theta}_1} = \bigl\{\, (x,\theta) \in \mathbb{R}^n \times S^1 \mid \theta = \bar{\theta}_1 \in (0, 2\pi] \,\bigr\} \tag{1.2.79}$$

にとる.このとき次の結果を得る.

命題 1.2.7 $P_{\bar{\theta}_0}$ と $P_{\bar{\theta}_1}$ は $\mathbf{C}^r$ 共役である.

証明 証明は命題 1.2.6 で与えられたのと同様にできる.$\Sigma^{\bar{\theta}_0}$ から $\Sigma^{\bar{\theta}_1}$ の中への $\mathbf{C}^r$ 微

94　1. 力学系の幾何学的観点

分同相 h を, (1.2.14) によって生成される流れによって $\Sigma^{\bar{\theta}_0}$ の点を $\Sigma^{\bar{\theta}_1}$ の点へ写像することで構成する. 時間 $t_0 = (\bar{\theta}_0 - \theta)/\omega$ に $\Sigma^{\bar{\theta}_0}$ を出発した点は $\Sigma^{\bar{\theta}_1}$ に $t = (\bar{\theta}_1 - \bar{\theta}_0)/\omega$ 後に到着する. それで

$$
\begin{aligned}
h: \Sigma^{\bar{\theta}_0} &\to \Sigma^{\bar{\theta}_1}, \\
\left(x\left(\frac{\bar{\theta}_0 - \theta_0}{\omega}\right), \bar{\theta}_0 \right) &\mapsto \left(x\left(\frac{\bar{\theta}_1 - \theta_0}{\omega}\right), \bar{\theta}_1 \right)
\end{aligned}
\tag{1.2.80}
$$

を得る. (1.2.80) と別の断面上に定義されたポアンカレ写像の表現を用いて

$$
\begin{aligned}
h \circ P_{\bar{\theta}_0}: \Sigma^{\bar{\theta}_0} &\to \Sigma^{\bar{\theta}_1}, \\
\left(x\left(\frac{\bar{\theta}_0 - \theta_0}{\omega}\right), \bar{\theta}_0 \right) &\mapsto \left(x\left(\frac{\bar{\theta}_1 - \theta_0 + 2\pi}{\omega}\right), \bar{\theta}_1 + 2\pi \equiv \bar{\theta}_1 \right)
\end{aligned}
\tag{1.2.81}
$$

と

$$
\begin{aligned}
P_{\bar{\theta}_1} \circ h: \Sigma^{\bar{\theta}_0} &\to \Sigma^{\bar{\theta}_1}, \\
\left(x\left(\frac{\bar{\theta}_0 - \theta_0}{\omega}\right), \bar{\theta}_0 \right) &\mapsto \left(x\left(\frac{\bar{\theta}_1 - \theta_0 + 2\pi}{\omega}\right), \bar{\theta}_1 + 2\pi \equiv \bar{\theta}_1 \right)
\end{aligned}
\tag{1.2.82}
$$

を得る. したがって (1.2.81) と (1.2.82) から

$$
h \circ P_{\bar{\theta}_0} = P_{\bar{\theta}_1} \circ h
\tag{1.2.83}
$$

を得て証明を終わる.　□

　それゆえ命題 1.2.4 と 1.2.5 は, 周期軌道に十分に近いところで考察する限り断面を取り替えることは, 同じ安定性のタイプを持った同様の軌道を持つという意味で力学系としては何も変わらないということを述べている. しかし幾何的には安定および不安定多様体と同様に軌道の位置が断面を取り替えることで移動するという意味で明らかな違いがある. 断面をうまく選べば "もっと対称な" ポアンカレ写像が得られて解析を容易にすることが可能になるかもしれない. このことを後に例で見る.

　3 番目の場合, ホモクリニック軌道の近傍でのポアンカレ写像は同じ方法で扱うことができて同じ答えを得る. これは読者に演習として残しておく.

　これらの結果から, 2 番目の場合 (すなわち大域的断面) に構成されたポアンカレ写像はベクトル場の全ての可能な力学的情報を持っている. 局所的な断面しか構成できないとき (たとえば 1 番目と 3 番目の場合), 一般的にはポアンカレ写像はベクトル場の可能な全ての力学的情報を持っているというわけではない. 異なった断面上に定義された異なったポアンカレ写像は異なった力学を持つかもしれない.

1.2C 構造安定性,生成性,横断性

我々がまわりの世界や我々自身に対し意味があるように工夫した数学的なモデルは単に近似でしかありえない.それゆえ,現実を正確に反映しているならば,モデルそれ自身は摂動に対して安定であるにちがいないということはもっともらしい.このかなりあいまいな概念に数学的な実体を与える試みから**構造安定**という概念が導かれた.構造安定の定義を与える前に,多くの問題とされるべき論点を例示する特定の例を考えよう.

例 1.2.5 単純調和振動子を考える.

$$\begin{aligned}\dot{x} &= y, \\ \dot{y} &= -\omega_0^2 x,\end{aligned} \qquad (x,y) \in \mathbb{R}^2. \tag{1.2.84}$$

この系については全てがわかっている.周期 ω_0 を持つ 1-パラメータの周期軌道の族に囲まれた双曲型でない不動点 $(x,y) = (0,0)$ を持っている.(1.2.84) の相図は図 1.2.22 にある(注:厳密にいうと相曲線は $\omega_0 = 1$ のとき円でそのほかは楕円になる).(1.2.84) は摂動に関して安定だろうか?(注:節 1.1A で特定の解について与えた安定性のアイデアとは異なって,これは安定性に関する新しい概念である),いくつかの摂動を試みて何が起きるかを見よう.

【線形散逸摂動】
摂動された系

$$\begin{aligned}\dot{x} &= y, \\ \dot{y} &= -\omega_0^2 x - \varepsilon y\end{aligned} \tag{1.2.85}$$

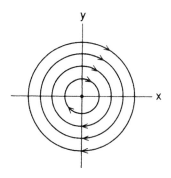

図 1.2.22

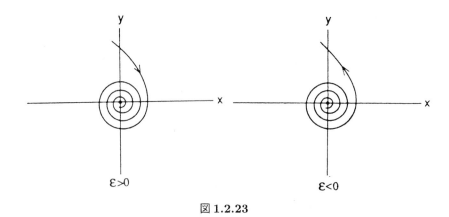

図 1.2.23

を考える.原点が双曲型不動点であることは容易にわかり,$\varepsilon > 0$ のときに沈点で,$\varepsilon < 0$ のとき湧点である.しかし全ての周期軌道は壊れる(ベンディクソンの判定条件を用いる).したがって,この摂動は (1.2.84) の相空間の構造を根本的に変える,図 1.2.23 を参照.

【非線形摂動】

摂動系

$$\begin{aligned}\dot{x} &= y, \\ \dot{y} &= -\omega_0^2 x + \varepsilon x^2\end{aligned} \qquad (1.2.86)$$

を考える.摂動系は次の 2 つの不動点を持つ.

$$\begin{aligned}(x,y) &= (0,0), \\ (x,y) &= (\omega_0^2/\varepsilon, 0).\end{aligned} \qquad (1.2.87)$$

原点はまだ中心で(すなわち摂動で変化しない),新しい不動点は鞍状点で ε が小さいとき遠くにある.

この特殊な摂動は第 1 積分を保存する.特に (1.2.86) は

$$h(x,y) = \frac{y^2}{2} + \frac{\omega_0^2 x^2}{2} - \varepsilon \frac{x^3}{3} \qquad (1.2.88)$$

で与えられる第 1 積分を持つ.このことから (1.2.86) の全ての相曲線を描くことができる.これを図 1.2.24 に示した.図 1.2.24 から次のことがわかる.

1. この特別な摂動は第 1 積分の存在から示唆される (1.2.86) の対称性を保つ.それゆえ $(x,y) = (0,0)$ に十分近い (1.2.84) と (1.2.86) の相図は同じ様に見える.しかし (1.2.86) については,(1.2.84) に反して原点からの距離で周期軌道の振動数は

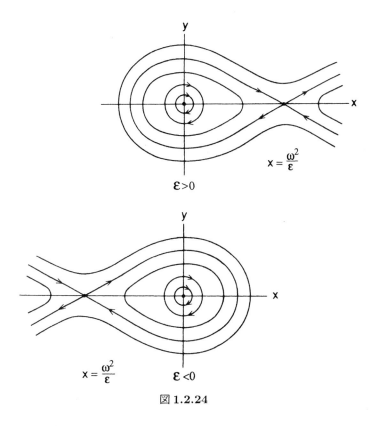

図 1.2.24

変わることに注意しておくことは大切である.

2. (1.2.84) の相空間は有界でない.それゆえ,ε がどのように小さくても原点から遠くでは摂動はもはや摂動ではない.このことは図 1.2.24 で鞍状点とそれ自身を結んでいるホモクリニック軌道から明らかである.非有界な相空間でベクトル場の摂動について議論することには問題がある.

【時間に依存する摂動】

$$\begin{aligned}\dot{x} &= y, \\ \dot{y} &= -\omega_0^2 x + \varepsilon x \cos t\end{aligned} \quad (1.2.89)$$

という系を考えよう.この摂動は前の 2 つとは全く異なった性質を持つ.(1.2.89) を自励系に書き直すと (1.1G を参照)

$$\begin{aligned}\dot{x} &= y, \\ \dot{y} &= -\omega_0^2 x + \varepsilon x \cos\theta, \\ \dot{\theta} &= 1\end{aligned} \quad (1.2.90)$$

98 1. 力学系の幾何学的観点

時間に依存する摂動は系の次元を大きくする影響があることがわかる．しかし，とも
かく $(x, y) = (0, 0)$ はまだ，(1.2.90) の周期軌道と解釈されるのだが，(1.2.89) の不動
点である．時間に依存することから難しい問題となったが，$(x, y) = (0, 0)$ の近傍で
の流れの性質はどのようなものであろうか．方程式 (1.2.89) はマシューの方程式とし
て知られ，$\omega_0 = n/2$, n は整数というときパラメータ共鳴を起こすことができて，原
点の近くから出発するある解は限りなく大きくなる．それゆえ原点の近傍での (1.2.90)
の流れは (1.2.84) の原点の近傍での流れと全く異なる．マシュー方程式に関して詳細
は Nayfeh and Mook [1979] を参照．

　この簡単な例は，系の摂動のもとでの安定性について議論する際に考えなければい
けないいくつかの点を示している．

1. 許される摂動のタイプを特定することは大切である．たとえば系が対称性を持つな
   らば対称性を保つ摂動のみを考えるべきである．したがって構造安定性の概念は考
   えている力学系に依存している．
2. 力学系の摂動の考えを議論する際に，2 つのベクトル場や写像が"近い"とは何を
   意味するかを特定しておかなければならない．我々の例では ε が小さいことをもっ
   て近いということにした．しかし相空間が非有界のときには役に立たないというこ
   ともみた．
3. "2 つの力学系が定性的に同じ系である"という命題を定式化しておく必要がある．
   このことは系が構造安定かを定めようとするときには特定しておく必要がある．

　ここまでの我々の議論は発見的であった．実際，我々の主たる目的は読者に考察中
の系が摂動について安定かどうかについて考えさせることにあった．この本全体を通
して特に分岐理論を考える際，この問いについての考察が力学系の基礎にある力学に
ついて多くのことを明らかにすることがわかるだろう．しかし構造安定の概念につい
ての数学的定式化について少しばかり述べたい．

【構造安定性と生成性の定義】

　構造安定性の定義は Andronov and Pontryagin [1931] によって与えられ，力学系
の理論の発展において中心的役割を果たした．雑にいえば，力学系（ベクトル場また
は写像）はそれに近い系が質的に同じ力学を持つならば構造安定と呼ばれる．それゆ
え構造安定の定義においては，2 つの系が"近い"とかまた 2 つの系が質的に同じ系で
あるとは何を意味するかについての答えを与えなければならない．それぞれの問いを
別個に議論しよう．

　$\mathbf{C}^r(\mathbb{R}^n, \mathbb{R}^n)$ で $\mathbb{R}^n$ から $\mathbb{R}^n$ への $\mathbf{C}^r$ 写像のつくる空間を表す．力学系の言葉を用
いれば $\mathbf{C}^r(\mathbb{R}^n, \mathbb{R}^n)$ の元はベクトル場と考えることができる．微分同相写像からな

る $\mathbf{C}^r(\mathbb{R}^n, \mathbb{R}^n)$ の部分集合を $\mathrm{Diff}^r(\mathbb{R}^n, \mathbb{R}^n)$ で表す．ある種の対称性を持った力学系を考えるときにはさらにこれらの空間に制限を加えなければならないことを注意しておく．

$\mathbf{C}^r(\mathbb{R}^n, \mathbb{R}^n)$ の2つの元が $\mathbf{C}^k$ の意味で ε 近傍に属する $(k \le r)$ とはそれらのはじめの k 階微分があるノルムで ε 以内にあるということである．この定義には問題がある，すなわち $\mathbb{R}^n$ が非有界であり無限大での行動を制御可能であるようにする必要があるということである（注：このことはほとんどの力学系の理論がなぜコンパクトな相空間上で考察されていたかを説明している．しかし応用上これでは不十分で適当な修正が必要である）．

この困難を克服するにはいくつかの方法がある．我々の議論の目的のためには普通用いられる方法によって，写像は $\mathbb{R}^n$ 全体でなくコンパクトで境界のない n 次元微分可能多様体 M 上に作用していると仮定する．$\mathbf{C}^r(M, M)$ の2つの元の間の距離によって $\mathbf{C}^r(M, M)$ の上に導入される位相は $\mathbf{C}^k$ 位相と呼ばれる．読者に Palis and de Melo [1982] または Hirsch [1976] をより詳細な議論のために勧める．

2つの力学系が近いということは何かという問いにはふつう共役性の言葉で答えられる．特に $\mathbf{C}^0$ 共役写像は 1.2B で与えられた命題の意味で同じ軌道構造を持つ．ベクトル場の場合，$\mathbf{C}^k$ 共役性についても同様の概念があって $\mathbf{C}^k$ 同値であると呼ばれる．分岐理論を研究するとき，3章で詳細について議論する（注：ある意味で分岐理論の研究は構造不安定性の研究である）．この節でベクトル場と同時に写像に対する定義を述べる．読者はベクトル場について関連した概念を考察するときにこれらの定義を再び参照する方がよい．

さて構造安定性を形式的に定義できるところにきた．

定義 1.2.3　$f \in \mathrm{Diff}^r(M, M)$（または $\mathbf{C}^r(M, M)$ に属する $\mathbf{C}^r$ ベクトル場）を考える．このとき f が**構造安定**であるとは，ある f の $\mathbf{C}^k$ 位相での近傍 $\mathcal{N}$ が存在して f は $\mathcal{N}$ の全ての写像（またはベクトル場）と $\mathbf{C}^0$ 共役（または $\mathbf{C}^0$ 同値）であることである．

さて構造安定性を定義したので，特定の系の構造安定性を判断できる指標を決定できればよい．このことは応用科学者の観点からは有効である，なぜなら自然で起きる現象のモデルとして用いられる力学系は構造安定性を持っていると仮定しているからである．残念ながらそのような特徴づけは存在しない，しかしいくつか部分的な結果は知られている，それについて少し述べよう．構造安定性の特徴づけの1つのアプローチは典型的もしくは生成的な力学系の性質によって述べられる．そのアイデアについて述べる．

100   1. 力学系の幾何学的観点

素朴にいえば力学系の典型的もしくは生成的な性質とは $\mathbf{C}^r(M, M)$ における力学系の稠密な集合に共通なものであると考えられる．しかしたとえば実数の集合における有理数の集合のように稠密かつその補集合すなわち無理数の集合も稠密であるような集合が存在することからこれでは不十分である．しかし有理数よりも無理数の方が多い，そしてある意味で無理数の方が有理数に比べて典型的であるといえるであろう．このことは**剰余集合**という概念でとらえることができる．

定義 1.2.4 X を相空間とする．X の部分集合 U が**剰余集合**であるとは，X で開かつ稠密な集合の可算個の交わりであるときをいう．もし剰余集合そのものも X で稠密であれば X は**ベール空間**と呼ばれる．

$\mathbf{C}^k$ 位相 $(k \leq r)$ を入れた $\mathbf{C}^r(M, M)$ はベール空間であることを注意しておく，Palis and de Melo [1982] を参照．さて生成性の定義を与える．

定義 1.2.5   写像（またはベクトル場）の性質が $\mathbf{C}^k$ **生成的**であるとは，その性質を持つ写像（またはベクトル場）の集合が $\mathbf{C}^k$ 位相で剰余部分集合を持つことである．

例 1.2.6   不動点を持つ力学系のクラスにおいて双曲型不動点は構造安定で生成的である．

構造安定な系を特徴づけるのに生成的な性質の概念を用いるに際し，まずいくつかの生成的な性質を確認しよう．構造安定な系はその近傍の全ての系と $\mathbf{C}^0$ 共役（またはベクトル場として同値）であるから，構造安定な系は $\mathbf{C}^0$ 共役性（またはベクトル場として同値）で保存されるような性質ならば，その性質を持っていなければならない．この議論については別の方法を好む人もいるであろう，たとえば構造安定な系が生成的であることを示せればよい．2 次元のコンパクト多様体上のベクトル場においては Peixoto [1962] による次の結果がある．

定理 1.2.8   コンパクトで境界のない 2 次元多様体 M 上の $\mathbf{C}^r$ ベクトル場が構造安定であるための必要かつ十分条件は

 i) 不動点および周期軌道の数は有限で双曲型である，

 ii) 鞍状点を結ぶ軌道はない，

iii) 非遊走集合は不動点と周期軌道からなる．

さらに，M が向付け可能ならば，そのようなベクトル場は $\mathbf{C}^r(M, M)$ で開かつ稠密である（注：このことは生成性より強い）．

1.2 ポアンカレ写像：定理，構成および例　　**101**

この定理は，コンパクトで境界のない 2 次元の多様体上のベクトル場の系が構造安定である正確な条件をきちんと述べているという意味で有用である．残念ながら高次元の場合には同様の結果はない．これは 2 次元のベクトル場では起きないような複雑な再帰的な運動が存在することが一因である（たとえばスメールの馬蹄力学系，4 章を参照）．もっと失望することに n 次元の微分同相 $(n \geq 2)$ またはベクトル場 $(n \geq 3)$ では構造安定性は生成的な性質ではない．このことは Smale [1966] によって始めに証明された．

この辺で構造安定性と生成性の概念についての短い議論を打ち切る．より詳細な情報については Chillingworth [1976], Hirsch [1976], Arnold [1982], Nitecki [1971], Smale [1967], Shub [1987] を参照されたい．しかしこの節を終わる前に応用科学者，すなわち特定の力学系においてどのようなタイプの力学が起きているかを発見しなければいけない人達にこの考え方が適切であることを述べておきたい．

上に定義した生成性および構造安定性は力学系の理論の発展に指針を与えてきた．しばしば与えられたアプローチはある種の力学系のクラスに対して，"合理的な"力学の形式を前提し，そしてこの形の力学がこのクラスで構造安定であるか（あるいは同時に）生成的であるかを証明するというものであった．もしこの方法を粘り強く追及するならばときおりは成功して生成的あるいは構造安定な力学的性質の重要なカタログが得られる．このカタログは応用科学者にとって特定の力学系についてどんな力学が期待されるかについてなんらかの考えを与えるという意味で有用である．しかしこれではほとんど不十分である．特定の力学系が与えられたとき，それは構造安定かつ（あるいは）生成的か？

ある条件のもとで特定の力学系が構造安定かつ（あるいは）生成的である，そのような条件で計算可能なものを与えたい．ある特定の運動のタイプ，周期軌道とか不動点とか，において，このことは線形化された系の固有値の言葉で与えられる．しかしより一般的で大域的な運動，たとえばホモクリニック軌道とか準周期的軌道とかにおいては，近傍での軌道の構造は甚だしく複雑になり局所的な記述ができない（4 章参照）のでこのことはそう容易にはできない．このことをつきつめれば，特定の力学系が構造安定であるかどうかを決定するには軌道の構造を詳細にわたって知らなければならない，皮肉をこめていうならば，この問いに答えるには答えを知っていなければならないということになる．このことからもこれらのアイデアは応用科学者にとってほとんど何の役にも立たないということになるが，とはいえ全く真実というわけでもない．なぜなら構造安定性や生成性について述べている定理は，特定の系について正確に何が起きているかを語りはしないが，どんなことが起きているか，何が期待されるかについての良き概念を与えるからである．同時に読者は系がどのような意味で安定かまた典型的かを常に反芻すべきである．応用科学者にとってこれら 2 つの問いを数学的

に定式化する最良の方法はおそらくまだ定まっていない.

【横断性】

この節を終わる前に**横断性**についての考えを紹介する.この考えは我々の幾何的な議論において中心的な役割を果たす.

横断性は曲面とか多様体の交差に関する幾何的な概念である.M と N を（少なくとも C^1 微分可能な）$\mathbb{R}^n$ 内の多様体とする.

定義 1.2.6 p を $\mathbb{R}^n$ の点とする.M と N が p で**横断的**であるとは,$p \notin M \cap N$ であるか,$p \in M \cap N$ で $T_pM + T_pN = \mathbb{R}^n$ を満たすことである.ここで T_pM と T_pN は M と N の p における接空間をそれぞれ表す.M と N が**横断的**であるとは,全ての $p \in \mathbb{R}^n$ において横断的なことである.図 1.2.25 参照

交わりが横断的かどうかは M と N の共通部分の次元を知ることで決定される.このことは次のようにわかる.2つの線形部分空間の共通部分の次元に関する公式から,

$$\dim(T_pM + T_pN) = \dim T_pM + \dim T_pN - \dim(T_pM \cap T_pN). \tag{1.2.91}$$

定義 1.2.6 から p で M と N が横断的に交わるならば

$$n = \dim T_pM + \dim T_pN - \dim(T_pM \cap T_pN). \tag{1.2.92}$$

M および N の次元は既知であるから,共通部分の次元を知れば,交わりが横断的かどうか決定できる.

2つの多様体がある点で横断的であるというのはその点で互いに貫通しているというだけではない.次の例を参照.

例 1.2.7 M を $\mathbb{R}^2$ の x 軸として N を $f(x) = x^3$ のグラフとする.図 1.2.26 参照.このとき M と N は $\mathbb{R}^2$ の原点で交わっているが原点で横断的ではない.なぜな

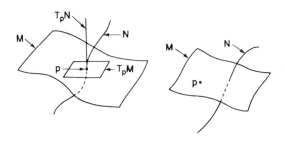

図 **1.2.25** 点 p で M と N は横断的.

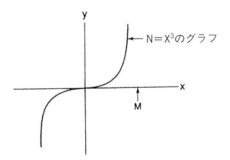

図 **1.2.26** 横断的でない多様体.

ら M の接空間は x 軸そのもので N の接空間は $(1,0)$ によって張られる，したがって $T_{(0,0)}N = T_{(0,0)}M$ であって，$T_{(0,0)}N + T_{(0,0)}M \neq \mathbb{R}^2$ である．

横断性のもっとも重要な特徴は十分小さな摂動では壊れないということである．このことは多くの幾何的な議論において有用な役割を果たすであろう．しばしば横断性の同義語として一般的な位置にあるという言葉が用いられることを注意しておく，すなわち 2 つないしもっと多くの横断的な多様体は**一般的な位置**にあると呼ばれる．

この節をいくつかの横断性の "力学的な" 例を見て終わることにする．

例 1.2.8 $\mathbb{R}^n$ 上の $\mathbf{C}^r$ ベクトル場 $(r \geq 1)$ の双曲型不動点を考える．その不動点でのベクトル場の線形化に付随する行列が，$n-k$ 個の固有値は正の実部を持ち k 個の固有値は負の実部を持つとする．したがってこの不動点は $n-k$ 次元の不安定多様体と k 次元の安定多様体を持つ．これらの多様体がある点で交わるならば，解の一意性と多様体の不変性から，これらは（少なくとも）1 次元の軌道に沿って交わらなければならない．したがって，(1.2.92) からこれらは横断的ではありえない．

例 1.2.9 例 1.2.8 のベクトル場がハミルトニアン系で全ての軌道がハミルトニアンの等高面によって定まる $n-1$ 次元の "エネルギー" 曲面上に制限されているとする．このときには双曲型不動点の安定および不安定多様体が $n-1$ **次元エネルギー平面**上で横断的に交わることができる．

例 1.2.10 $\mathbb{R}^n$ 上の $\mathbf{C}^r$ ベクトル場 $(r \geq 1)$ の双曲型周期軌道を考える．不動点の近傍で線形化された周期軌道に伴うポアンカレ写像が $n-k-1$ 個の絶対値が 1 より大きい固有値を持ち，k 個の 1 より小さい固有値を持つとする．そのとき周期軌道は $n-k$ 次元の不安定多様体と $k+1$ 次元の安定多様体を持つ．したがって，(1.2.92) からこれらの多様体が横断的に交わるならば交わりの次元は 1 次元でなければならない．このことは解の一意性および多様体の不変性を壊すことなく可能である．

104 1. 力学系の幾何学的観点

1.2D ポアンカレ写像の構成

非線形系に対するポアンカレ写像を構成する2つの方法を開発しよう. それらは, 摂動法であり, 次のような形の系に適用される.

$$\dot{x} = f(x) + \varepsilon g(x, t, \varepsilon), \qquad x \in \mathbb{R}^n, \tag{1.2.93}$$

ここで,

$$f: U \to \mathbb{R}^n,$$
$$g: U \times \mathbb{R}^1 \times [0, \varepsilon_0) \to \mathbb{R}^n,$$

は, それぞれの定義域上の $\mathbf{C}^r$ $(r \geq 1)$ 級関数である. また U は $\mathbb{R}^n$ の開集合である. ε は小さくとり, 固定して考える. 方程式 (1.2.93) はパラメータに依存することもあるが, 議論に影響を及ぼさないときはパラメータを省略する.

$\varepsilon = 0$ とおくと, 方程式

$$\dot{x} = f(x), \qquad x \in \mathbb{R}^n, \tag{1.2.94}$$

が得られるが, これを**非摂動方程式**と呼ぶ. ほとんどの摂動法におけるように, (1.2.94) の解の知識を用いることによって (1.2.93) の解を推察する. ここでのアプローチは, (1.2.94) の相空間の幾何構造についての知識を用いて, (1.2.93) の相空間の幾何構造を推察するという点で, 幾何的である. これは, この本を通じて共通のテーマである.

ポアンカレ写像の構成方法の議論に入る前に, 時間的発展にしたがって, (1.2.93) と (1.2.94) の軌跡がどれ程近くに留まっているかを評価するための一般的な結果が必要である. $x_\varepsilon(t)$, $x_0(t)$ をそれぞれ (1.2.93) と (1.2.94) の解とし, $x_\varepsilon(t_0)$ と $x_0(t_0)$ が"近い"とする. このとき, どのくらい長く $x_\varepsilon(t)$ と $x_0(t)$ は"近く"に留まっているのだろうか? この問いに答えるために, 次の補題が有用である.

補題 1.2.9 （グロンウォールの不等式） 関数 $u(s)$ と $v(s)$ は区間 $[t_0, t]$ で連続, 非負であり, 関数 $c(s)$ は $\mathbf{C}^1$ 級で, 区間 $[t_0, t]$ で非負であり, 次の式を満たすとする.

$$v(t) \leq c(t) + \int_{t_0}^t u(s) v(s)\, ds;$$

このとき,

$$v(t) \leq c(t_0) \exp\left(\int_{t_0}^t u(s)\, ds\right) + \int_{t_0}^t \dot{c}(s) \left(\exp \int_s^t u(\tau)\, d\tau\right) ds$$

が成り立つ.

1.2 ポアンカレ写像：定理，構成および例　　***105***

証明　Guckenheimer and Holmes [1983] または Hale [1980] を見よ．　□

　グロンウォールの不等式は有限区間における (1.2.93) と (1.2.94) の解の差を評価するための基本的手段である．次の命題でこのことを見てみよう．

命題 1.2.10　$|x_\varepsilon(t_0) - x_0(t_0)| = \mathcal{O}(\varepsilon)$ と仮定すると，$|t - t_0| = \mathcal{O}(1)$ に対して，$|x_\varepsilon(t) - x_0(t)| = \mathcal{O}(\varepsilon)$ が成り立つ．

証明　(1.2.93) から (1.2.94) を引くと

$$\dot{x}_\varepsilon - \dot{x}_0 = f(x_\varepsilon) - f(x_0) + \varepsilon g(x_\varepsilon, t, \varepsilon) \tag{1.2.95}$$

となる．(1.2.95) を積分し，絶対値を考えると次のような評価式が得られる．

$$|x_\varepsilon(t) - x_0(t)| \leq |x_\varepsilon(t_0) - x_0(t_0)| + \int_{t_0}^t \left| f\big(x_\varepsilon(s)\big) - f\big(x_0(s)\big) \right| ds$$

$$+ \varepsilon \int_{t_0}^t \left| g\big(x_\varepsilon(s), s, \varepsilon\big) \right| ds. \tag{1.2.96}$$

g は $\mathbf{C}^r$ $(r \geq 1)$ 級であるから，I を $\mathbb{R}^1$ におけるコンパクト区間としたとき，

$$U \times I \times [0, \varepsilon_0) \text{ 上で} \qquad |g(x, t, \varepsilon)| \leq M \tag{1.2.97}$$

を満たす定数 $M \geq 0$ が存在する．平均値の定理により，ある $L \geq 0$ に対し，

$$\left| f\big(x_\varepsilon(s)\big) - f\big(x_0(s)\big) \right| \leq L|x_\varepsilon(s) - x_0(s)| \tag{1.2.98}$$

となる．(1.2.97) と (1.2.98) を (1.2.96) に代入する．

$$|x_\varepsilon(t) - x_0(t)| \leq |x_\varepsilon(t_0) - x_0(t_0)| + L\int_{t_0}^t |x_\varepsilon(s) - x_0(s)| \, ds + \varepsilon M(t - t_0). \tag{1.2.99}$$

ここで，(1.2.99) にグロンウォールの不等式を適用する（$c(t) = \varepsilon M(t - t_0) + |x_\varepsilon(t_0) - x_0(t_0)|$, $u(s) = L$, $v(s) = |x_\varepsilon(s) - x_0(s)|$ とする）と，

$$|x_\varepsilon(t) - x_0(t)| \leq |x_\varepsilon(t_0) - x_0(t_0)| \exp\left(\int_{t_0}^t L \, ds \right)$$

$$+ \int_{t_0}^t \varepsilon M \left(\exp \int_s^t L \, d\tau \right) ds$$

$$\leq \left(|x_\varepsilon(t_0) - x_0(t_0)| + \varepsilon \frac{M}{L} \right) \exp L(t - t_0)$$

$$\tag{1.2.100}$$

106 1. 力学系の幾何学的観点

が得られる. $|x_\varepsilon(t_0) - x_0(t_0)| = \mathcal{O}(\varepsilon)$ だから, (1.2.100) より $0 < L(t-t_0) < N$ に対し, $|x_\varepsilon(t) - x_0(t)| = \mathcal{O}(\varepsilon)$ となる. ここで, N は ε に無関係な定数である. いいかえると, 次のようになる.

$$t_0 \le t \le t_0 + \frac{N}{L} \text{ に対して} \qquad |x_\varepsilon(t) - x_0(t)| = \mathcal{O}(\varepsilon). \quad \square$$

これでポアンカレ写像に対する最初の構成方法を導く準備ができた.

i) 平均化法

この平均化法は, 過去200年位の間に様々な形で応用数学や工学の分野において現れてきた手法である. 歴史的概観やその他の参考文献については, Arnold [1982], Lochak and Meunier [1988] や Sanders and Verhulst [1985] を参照のこと. ここでは, 一般理論のごく一部のみを考えることにする.

平均化法では, 次のような形の方程式を考える.

$$x \in \mathbb{R}^n \text{ に対して} \qquad \dot{x} = \varepsilon f(x, t) + \varepsilon^2 g(x, t, \varepsilon). \tag{1.2.101}$$

ここで,

$$f: U \times \mathbb{R}^1 \to \mathbb{R}^n,$$
$$g: U \times \mathbb{R}^1 \times [0, \varepsilon_0) \to \mathbb{R}^n$$

は, それぞれの定義域上の $\mathbf{C}^r$ ($r \ge 1$) 級関数であり, U は $\mathbb{R}^n$ の開集合である. さらに, f と g は t に関して周期 $T > 0$ の周期関数であると仮定する (注: 時間周期性はこの手法において必要条件ではない; Hale [1980] や Sanders and Verhulst [1985] を参照). 対応する平均化方程式は

$$\dot{y} = \varepsilon \bar{f}(y), \qquad y \in \mathbb{R}^n \tag{1.2.102}$$

によって与えられる. ここで,

$$\bar{f}(y) = \frac{1}{T} \int_0^T f(y, t) \, dt$$

である.

この手法の考え方は, 単純である. 多分, (1.2.102) は (1.2.101) よりも研究が簡単だろう. そこで, (1.2.102) の力学の理解を基礎として (1.2.101) の力学の性質を推察できるだろうか? 明らかに, 次のようなもっと特殊な問題が起こる.

1. (1.2.102) が不動点または周期軌跡を持つとする．これらの特殊解は (1.2.101) で何に対応するのか？

2. (1.2.102) の特殊解の安定，または不安定多様体は，(1.2.101) の他の特殊解の安定，または不安定多様体に関係があるのか？

平均化定理は，(1.2.102) の力学の (1.2.101) の力学に対する関係を調べる上での出発点であり，その過程で，これらの 2 つの問いの答えを得るであろう．しかしながら，平均化定理を述べて証明に入る前に，2 つの重要な点を注意しておかねばならない．

1. この節の初めに，我々が興味を持っている系は (1.2.93) の形であると述べた．明らかに，(1.2.101) はこの形をしていない．ならば，(1.2.93) はどのようにすれば (1.2.101) の形に変換できるのだろうか？（最後になぜ平均化法を用いるとき，ベクトル場にかける小さなパラメータ ε が必要であるかがわかるだろう．）

2. この節のタイトルは，"ポアンカレ写像の構成" である．平均化法の使用がいかにポアンカレ写像の構成を容易にするか？

まず，最初の問いに答えよう．その過程で第 2 の問いに光をあてることになる．

【(1.2.93) から (1.2.101) への変換】

(1.2.93) において，g は t に関して周期的でその周期は $T = 2\pi/\omega$ と仮定する．$x(t, x_0)$ を非摂動方程式 (1.2.94) の振動数 ω_0 の周期解とする（注：$x(t, x_0)$ が周期的である必要性についてはすぐ議論することになろう）．目標は，解 $x(t, x_0)$ における初期条件 x_0 の時間発展を支配する常微分方程式を導くことである．節 1.2A のポアンカレ写像の議論から，この手続きはポアンカレ写像の精神を呼び起こす．議論を進めていくうちにこれを詳しく述べる．

初期条件 x_0 は，結果として得られる関数

$$y(t) \equiv x(t, x_0(t)) \qquad (1.2.103)$$

が摂動方程式 (1.2.93) の解であるような時間の関数であると仮定しよう．もし，これが成り立つならば，$x_0(t)$ は (1.2.103) を微分しそれを摂動方程式 (1.2.93) に代入することにより得られる形をしていなければならない．つまり，

$$\dot{y} = \dot{x} + (D_{x_0}x)\dot{x}_0 = f(x(t, x_0)) + \varepsilon g(x(t, x_0), t, \varepsilon)$$

つまり

$$\dot{x}_0 = (D_{x_0}x)^{-1}\left(f(x(t, x_0)) - \dot{x} + \varepsilon g(x(t, x_0), t, \varepsilon)\right) \qquad (1.2.104)$$

となる．$x(t, x_0)$ が非摂動方程式 (1.2.94) の解，したがって，$\dot{x} = f(x(t, x_0))$ であれ

108 1. 力学系の幾何学的観点

ば，(1.2.104) は次のように書き直せる．

$$\dot{x}_0 = \varepsilon (D_{x_0}x)^{-1}g\big(x(t,x_0),t,\varepsilon\big). \tag{1.2.105}$$

このベクトル場は明らかに方程式 (1.2.101) と同じ形をしている．しかし，問題がある．というのは，(1.2.101) は周期 T を持つが，$x(t,x_0)$ が t に関して振動数 ω_0 であり，$g(t,x,\varepsilon)$ は振動数 ω であることから，(1.2.105) は振動数 ω_0 と ω で準周期的であるということである．目標が (1.2.105) の周期的な時間依存性を得ること（したがって，(1.2.101) と同じ形にすること）であるから，これがどのようになされるかを示さなければならない．これは，2 つの方法のどちらかで行うことができる．

1. 方法の応用を ω と ω_0 が一致する場合に制限する．この場合，(1.2.105) は時間周期的なベクトル場であり，平均化法が適用できる．上の場合を特殊な場合として含むような時間周期的なベクトル場を得るもう 1 つの方法は，次のようなものである．
2. m と n を整数とし，$n\omega$ が $m\omega_0$ に "近い" と仮定する．（注：m と n は，共通因子があればそれで割って，互いに素としておく．）$x(t,x_0)$ の振動数を $(n/m)\omega$ とする．この場合，$x(t,x_0)$ はもはや非摂動問題 (1.2.94) の解ではなく，(1.2.104) は (1.2.105) に帰着されない．しかし，平均化法を適用するために，ある意味で，$f\big(x(t,x_0)\big)$ は $\dot{x}$ に近い ($\mathcal{O}(\varepsilon)$) と期待する．それゆえ (1.2.105) は t に関して周期的であると考えられる．これは，確かに奇妙で動機がないように見えるかもしれないが，次の例によって意味がはっきりする．

例 1.2.11 次のようなベクトル場を考える．

$$\begin{aligned} \dot{u} &= v, \\ \dot{v} &= -\omega_0^2 u + \varepsilon h(u,v,t,\varepsilon), \end{aligned} \qquad (u,v) \in \mathbb{R}^2 \tag{1.2.106}$$

ここで，h は周期 $T = 2\pi/\omega$ の t に関する周期関数で $\mathbf{C}^r$ ($r \geq 1$) 級関数とする．目的は (1.2.106) を一般形 (1.2.101) に変換することである．

まず，非摂動ベクトル場

$$\begin{aligned} \dot{u} &= v, \\ \dot{v} &= -\omega_0^2 u \end{aligned} \tag{1.2.107}$$

を考える．(1.2.33) より，(1.2.107) の解は，

$$\begin{aligned} u(t) &= u_0 \cos \omega_0 t + \frac{v_0}{\omega_0} \sin \omega_0 t, \\ v(t) &= \dot{u}(t) = -u_0\omega_0 \sin \omega_0 t + v_0 \cos \omega_0 t \end{aligned} \tag{1.2.108}$$

で与えられる．

$$n\omega = m\omega_0 \tag{1.2.109}$$

と仮定し，(1.2.108) の ω_0 に $(n/m)\omega$ を代入する．そして，上で述べた手続きを行うと，この例では

$$x(t,x_0) \equiv \big(u(t,u_0,v_0),v(t,u_0,v_0)\big) \tag{1.2.110}$$

となる．よって，

$$D_{x_0}x = \begin{pmatrix} \cos\frac{\omega}{k}t & \frac{k}{\omega}\sin\frac{\omega}{k}t \\ -\frac{\omega}{k}\sin\frac{\omega}{k}t & \cos\frac{\omega}{k}t \end{pmatrix} \tag{1.2.111}$$

となり，逆行列

$$(D_{x_0}x)^{-1} = \begin{pmatrix} \cos\frac{\omega}{k}t & -\frac{k}{\omega}\sin\frac{\omega}{k}t \\ \frac{\omega}{k}\sin\frac{\omega}{k}t & \cos\frac{\omega}{k}t \end{pmatrix} \tag{1.2.112}$$

を持つ．そして，

$$f\big(x(t,x_0)\big) = \begin{pmatrix} -u_0\frac{\omega}{k}\sin\frac{\omega}{k}t + v_0\cos\frac{\omega}{k}t \\ -u_0\omega_0^2\cos\frac{\omega}{k}t - v_0\frac{k\omega_0^2}{\omega}\sin\frac{\omega}{k}t \end{pmatrix}, \tag{1.2.113}$$

$$g\big(x(t,x_0),t,\varepsilon\big) = \begin{pmatrix} 0 \\ h\big(u(t,u_0,v_0),v(t,u_0,v_0),t,\varepsilon\big) \end{pmatrix} \tag{1.2.114}$$

である．ここで，

$$k = \frac{m}{n}$$

とおいた．(1.2.110), (1.2.112), (1.2.113), (1.2.114) を (1.2.104) に代入すると次の式となる．

$$\begin{pmatrix} \dot{u}_0 \\ \dot{v}_0 \end{pmatrix} = \frac{\omega^2 - k^2\omega_0^2}{k^2}\begin{pmatrix} -\frac{k}{\omega}(u_0\cos\frac{\omega}{k}t + \frac{kv_0}{\omega}\sin\frac{\omega}{k}t)\sin\frac{\omega}{k}t \\ (u_0\cos\frac{\omega}{k}t + \frac{kv_0}{\omega}\sin\frac{\omega}{k}t)\cos\frac{\omega}{k}t \end{pmatrix}$$
$$+\varepsilon\begin{pmatrix} -\frac{k}{\omega}h\big(u(t,u_0,v_0),v(t,u_0,t_0),t,\varepsilon\big)\sin\frac{\omega}{k}t \\ h\big(u(t,u_0,v_0),v(t,u_0,t_0),t,\varepsilon\big)\cos\frac{\omega}{k}t \end{pmatrix}. \tag{1.2.115}$$

ここで

$$k^2\omega_0^2 - \omega^2 \equiv \varepsilon\rho \tag{1.2.116}$$

とおく．この ρ を "異調" パラメータという．この場合，ベクトル場 (1.2.115) は t に関して周期的で，(1.2.101) の形をしている．最後に，

$$v_0 \to -\frac{\omega}{k}v_0 \tag{1.2.117}$$

とおくと，(1.2.115) は，より対称性を持つ次のような形に書けることを注意しておく．

$$\begin{pmatrix} \dot{u}_0 \\ \dot{v}_0 \end{pmatrix} = \frac{\varepsilon\rho}{k\omega}\begin{pmatrix} (u_0\cos\frac{\omega}{k}t - v_0\sin\frac{\omega}{k}t)\sin\frac{\omega}{k}t \\ (u_0\cos\frac{\omega}{k}t - v_0\sin\frac{\omega}{k}t)\cos\frac{\omega}{k}t \end{pmatrix}$$

$$+\varepsilon\begin{pmatrix} h\big(u(t,u_0,v_0),v(t,u_0,v_0),t,\varepsilon\big)\sin\frac{\omega}{k}t \\ h\big(u(t,u_0,v_0),v(t,u_0,v_0),t,\varepsilon\big)\cos\frac{\omega}{k}t \end{pmatrix}. \qquad (1.2.118)$$

スケール変換された変数 (1.2.117) によって，変換 (1.2.110) は非線形振動理論でなじみ深い"ファン・デア・ポール変換"の形に書き換えられた；Sanders and Verhulst [1985] 参照．

　この段階までは，平均化方程式の解の解釈についてほとんど述べてこなかった．平均化定理を与えるまでこの議論をあとまわしにする．しかし，平均化定理について述べる前に，強制ダッフィング振動子が，どのように，平均化法の応用に適った形に変形されるかを見ておこう．

例 1.2.12　次の方程式を考える．

$$\begin{aligned} \dot{x} &= y, \\ \dot{y} &= x - x^3 - \varepsilon\delta y + \varepsilon\gamma\cos\omega t, \end{aligned} \qquad (x,y)\in\mathbb{R}^2. \qquad (1.2.119)$$

平均化法を用いて，特殊解 $(\hat{x}(t),\hat{y}(t))$ の近くで (1.2.119) を調べる．まず，この手法の標準型に (1.2.119) を直す．

$$\begin{aligned} x(t) &= \hat{x}(t) + \mu u(t), \\ y(t) &= \hat{y}(t) + \mu v(t) \end{aligned} \qquad (1.2.120)$$

とおく．ここで $\mu = \mu(\varepsilon)$ は，特殊な場合には注意を要するような小さなパラメータである．これについてはすぐ後で考慮する．(1.2.120) を (1.2.119) に代入し，

$$\begin{aligned} \dot{u} &= v, \\ \dot{v} &= -(3\hat{x}^2(t) - 1)u - 3\mu\hat{x}(t)u^2 - \varepsilon\delta v - \mu^2 u^3 \end{aligned} \qquad (1.2.121)$$

となる．

　$(x,y) = (1,0)$ に近い小さな振幅の共鳴周期解の近傍での (1.2.119) の力学に興味があるとする．(注：$(x,y) = (-1,0)$ の近くでも，対称性から同じ結果が得られる．) $(x,y) = (\pm 1,0)$ は $\varepsilon = 0$ に対する (1.2.119) の中心型の不動点である．したがって，摂動理論を用いて，$(\hat{x}(t),\hat{y}(t))$ を解かなければならない．2つの場合がある．

場合 1: $\omega = \sqrt{2}$ – 1:1 共鳴．この場合通常の摂動法は，永年項があるために，$(\hat{x}(t),\hat{y}(t))$ を近似するのに適さない．リントシュテットの方法あるいは2タイミング（Kevorkian and Cole [1981] 参照）を用いると，振動数 $\omega = \sqrt{2}$ の周期解を計算することができ，

$$\begin{aligned} \hat{x}(t) &= 1 + \mathcal{O}(\varepsilon^{1/3}), \\ \hat{y}(t) &= \mathcal{O}(\varepsilon^{1/3}) \end{aligned} \qquad (1.2.122)$$

の形を持つことがわかる. 方程式 (1.2.122) を (1.2.121) に代入すると

$$
\begin{aligned}
\dot{u} &= v, \\
\dot{v} &= -2u + \mathcal{O}(\varepsilon^{1/3}) + \mathcal{O}(\varepsilon^{2/3}) + \mathcal{O}(\mu) + \mathcal{O}(\mu\varepsilon^{1/3}) + \mathcal{O}(\varepsilon) + \mathcal{O}(\mu^2)
\end{aligned}
\tag{1.2.123}
$$

となり,

$$
\mu = \varepsilon^{1/3}
$$

とすると, (1.2.123) は次のようになる.

$$
\begin{aligned}
\dot{u} &= v, \\
\dot{v} &= -2u + \mathcal{O}(\varepsilon^{1/3}).
\end{aligned}
\tag{1.2.124}
$$

例 1.2.11 より, ファン・デァ・ポール変換は, (1.2.124) を平均化法の応用に対する標準型に変換することができる. (ここで $\varepsilon^{1/3}$ は小さなパラメータとみなす.) 詳しくは, 演習問題 1.2.18 を見よ.

<u>場合 2</u>: $\omega = m\sqrt{2}, \, m > 1$ – $1:m$ 共鳴. この場合は, 標準の摂動法で振動数 $\omega = m\sqrt{2}, \, m > 1$ の (1.2.119) に対する周期解を近似することができる. その解は

$$
\begin{aligned}
\dot{x}(t) &= 1 + \mathcal{O}(\varepsilon), \\
\dot{y}(t) &= \mathcal{O}(\varepsilon)
\end{aligned}
\tag{1.2.125}
$$

の形をしている. (1.2.125) を (1.2.121) に代入すると

$$
\begin{aligned}
\dot{u} &= v, \\
\dot{v} &= -2u + \mathcal{O}(\varepsilon) + \mathcal{O}(\mu) + \mathcal{O}(\mu\varepsilon) + \mathcal{O}(\mu^2)
\end{aligned}
\tag{1.2.126}
$$

となり,

$$
\mu = \varepsilon
$$

と定義すると, (1.2.126) は,

$$
\begin{aligned}
\dot{u} &= v, \\
\dot{v} &= -2u + \mathcal{O}(\varepsilon)
\end{aligned}
\tag{1.2.127}
$$

となる. 例 1.2.11 よりファン・デァ・ポール変換は (1.2.127) を平均化法の応用に対する標準型に変換することができる. 詳しくは, 演習問題 1.2.18 で述べる. この例の観点から, 2 つの点を指摘しておく.

1. 平均化法から得られた結果は $(x, y) = (1, 0)$ の近くでのみ有効であろう. このように, 平均化法は, 相空間の局所的な力学の情報を与えてくれる.

2. 例 1.2.12 における変換は平均化方程式の力学が, $(x, y) = (1, 0)$ の近傍における共鳴

112   1. 力学系の幾何学的観点

に近い解の情報しか与えないことを意味する. このように, この方法は $(x,y) = (1,0)$ の近くにある他の形の解を発見できないかもしれない.

平均化定理について述べて, それを証明しよう.

定理 1.2.11 $(1.2.101)$ が

$$\dot{y} = \varepsilon \bar{f}(y) + \varepsilon^2 f_1(y,t,\varepsilon), \tag{1.2.128}$$

となるような $\mathbf{C}^r$ 級の座標変換 $x = y + \varepsilon\omega(y,t)$ が存在する. ここで, f_1 は t に関する周期 T の周期関数であり, さらに, 次のことが成り立つ.

i) もし, $x(t)$ と $y(t)$ がそれぞれ $(1.2.101)$ と $(1.2.102)$ の解で, $x(t_0) = x_0$, $y(t_0) = y_0$, $|x_0 - y_0| = \mathcal{O}(\varepsilon)$ が成り立つとすると, $\mathcal{O}(1/\varepsilon)$ 程度の時間で $y(t) \in U$ ならば, その間 $|x(t) - y(t)| = \mathcal{O}(\varepsilon)$ となる.

ii) p_0 が $(1.2.102)$ の双曲型不動点とすると, 全ての $0 < \varepsilon \leq \varepsilon_0$ に対して, $(1.2.101)$ が p_0 と同じ安定型の孤立双曲型周期軌道 $\gamma_\varepsilon(t) = p_0 + \mathcal{O}(\varepsilon)$ を持つような ε_0 が存在する.

iii) $x^s(t) \in W^s(\gamma_\varepsilon)$ が双曲型周期軌道 $\gamma_\varepsilon(t) = p_0 + \mathcal{O}(\varepsilon)$ の安定多様体にある $(1.2.101)$ の解とすれば, $y^s(t) \in W^s(p_0)$ は, 双曲型不動点 p_0 の安定多様体にある $(1.2.102)$ の解となる. さらに, $|x(0) - y(0)| = \mathcal{O}(\varepsilon)$ ならば, $t \in [0,\infty)$ に対して, $|x^s(t) - y^s(t)| = \mathcal{O}(\varepsilon)$ である. 同様のことが時間区間 $(-\infty, 0]$ で不安定多様体上の解に対して成り立つ.

証明   まず, $(1.2.101)$ を $(1.2.128)$ へ変換する座標変換を構成しよう. 座標変換の効果は, 陽に現れた $\mathcal{O}(\varepsilon)$ の時間依存性を $\mathcal{O}(\varepsilon^2)$ 程度に移すことにより, 消去することにある.

$(1.2.101)$ の $f(x,t)$ を振動部分と平均部分に次のように分ける.

$$f(x,t) = \bar{f}(x) + \tilde{f}(x,t). \tag{1.2.129}$$

ここで,

$$\bar{f}(x) = \frac{1}{T} \int_0^T f(x,t)\,dt, \qquad \tilde{f}(x,t) = f(x,t) - \frac{1}{T} \int_0^T f(x,t)\,dt$$

である. $(1.2.129)$ を用いると, $(1.2.101)$ は次のように書き直せる.

$$\dot{x} = \varepsilon \bar{f}(x) + \varepsilon \tilde{f}(x,t) + \varepsilon^2 g(x,t,\varepsilon). \tag{1.2.130}$$

座標変換

$$x = y + \varepsilon w(y,t)$$

を行う. w は後で定義する. すると,

$$\dot{x} = \dot{y} + \varepsilon D_y w \dot{y} + \varepsilon \frac{\partial w}{\partial t} = \varepsilon \bar{f}(y + \varepsilon w) + \varepsilon \tilde{f}(y + \varepsilon w, t)$$
$$+ \varepsilon^2 g(y + \varepsilon w, t, \varepsilon) \tag{1.2.131}$$

が得られる. 次に, (1.2.131) の右辺を ε の巾級数に展開する.

$$\dot{y} + \varepsilon D_y w \dot{y} + \varepsilon \frac{\partial w}{\partial t} = \varepsilon \left(\bar{f}(y) + \tilde{f}(y, t) \right)$$
$$+ \varepsilon^2 \left(D_y \bar{f}(y) w + D_y \tilde{f}(y, t) w + g(y, t, 0) \right)$$
$$+ \mathcal{O}(\varepsilon^3). \tag{1.2.132}$$

もし必要なら (1.2.132) において, $\mathcal{O}(\varepsilon^3)$ の項を求めることもできることに注意する. (1.2.132) を

$$(I + \varepsilon D_y w) \dot{y} = \varepsilon \left(\bar{f}(y) + \tilde{f}(y, t) - \frac{\partial w}{\partial t} \right)$$
$$+ \varepsilon^2 \left(D_y \bar{f}(y) w + D_y \tilde{f}(y, t) w + g(y, t, 0) \right) + \mathcal{O}(\varepsilon^3)$$

つまり

$$\dot{y} = (I + \varepsilon D_y w)^{-1} \left\{ \varepsilon \left(\bar{f}(y) + \tilde{f}(y, t) - \frac{\partial w}{\partial t} \right) \right.$$
$$\left. + \varepsilon^2 \left(D_y \bar{f}(y) w + D_y \tilde{f}(y, t) w + g(y, t, 0) \right) + \mathcal{O}(\varepsilon^3) \right\} \tag{1.2.133}$$

と変形できる. ここで "I" は $n \times n$ の単位行列である. 小さな ε に対して, $(I + \varepsilon D_y w)^{-1} = I - \varepsilon D_y w - \mathcal{O}(\varepsilon^2)$ だから, (1.2.133) は

$$\dot{y} = \varepsilon \left(\bar{f}(y) + \tilde{f}(y, t) - \frac{\partial w}{\partial t} \right)$$
$$+ \varepsilon^2 \left(D_y \bar{f}(y) w + D_y \tilde{f}(y, t) w + g(y, t, 0) \right.$$
$$\left. - D_y w \bar{f}(y) - D_y w \tilde{f}(y, t) + D_y w \frac{\partial w}{\partial t} \right) + \mathcal{O}(\varepsilon^3) \tag{1.2.134}$$

となる.

$$f_1(y, t, \varepsilon) \equiv D_y \bar{f}(y) w + D_y \tilde{f}(y, t) w + g(y, t, 0)$$
$$- D_y w \bar{f}(y) - D_y w \tilde{f}(y, t) + D_y w \frac{\partial w}{\partial t} + \mathcal{O}(\varepsilon)$$

114   1. 力学系の幾何学的観点

と定義すると, (1.2.134) は

$$\dot{y} = \varepsilon \left(\bar{f}(y) + \tilde{f}(y,t) - \frac{\partial w}{\partial t} \right) + \varepsilon^2 f_1(y,t,\varepsilon) \tag{1.2.135}$$

の形になる. 次に, w を

$$\frac{\partial w}{\partial t} = \tilde{f}(y,t) \tag{1.2.136}$$

を満たすようにとれば, (1.2.135) は

$$\dot{y} = \varepsilon \bar{f}(y) + \varepsilon^2 f_1(y,t,\varepsilon) \tag{1.2.137}$$

となる. 上記の操作からわかるように, f_1 が t に関して T-周期的であることは明らかである.

i) を示そう.

i) (1.2.102) と (1.2.128) の解を次のように書き換えて, 比較することから始める.

$$\dot{y} = \varepsilon \bar{f}(y) + \varepsilon^2 f_1(y,t,\varepsilon), \qquad y(t_0) = y_0,$$
$$\dot{x} = \varepsilon \bar{f}(x), \qquad\qquad\quad x(t_0) = x_0.$$

積分して, (1.2.128) と (1.2.102) の差をとると

$$y(t) - x(t) = y_0 - x_0 + \varepsilon \int_{t_0}^{t} \left(\bar{f}(y(s)) - \bar{f}(x(s)) \right) ds + \varepsilon^2 \int_{t_0}^{t} f_1(y(s),s,\varepsilon)\, ds$$

となり,

$$|y(t) - x(t)| \leq |y_0 - x_0| + \varepsilon \int_{t_0}^{t} \left| \bar{f}(y(s)) - \bar{f}(x(s)) \right| ds$$

$$+ \varepsilon^2 \int_{t_0}^{t} |f_1(y(s),s,\varepsilon)|\, ds \tag{1.2.138}$$

が得られる. ベクトル場が $\mathbf{C}^r$ $(r \geq 1)$ 級であることから, U 上で, ある定数 $L > 0$ に対し,

$$|\bar{f}(y) - \bar{f}(x)| \leq L|y - x| \tag{1.2.139}$$

となり, $U \times \mathbb{R} \times (0, \varepsilon_0]$ 上で, ある定数 $M > 0$ に対し,

$$|f_1(y,t,\varepsilon)| \leq M \tag{1.2.140}$$

が成り立つ (注:f_1 は t に関して周期的である). $v(t) \equiv |x(t) - y(t)|$ とおき, (1.2.139) と (1.2.140) を用いると, (1.2.138) は

$$v(t) \le v(t_0) + \varepsilon^2 M(t - t_0) + \varepsilon L \int_{t_0}^{t} v(s) \, ds \tag{1.2.141}$$

となる. 次に, (1.2.141) にグロンウォールの不等式を適用する.

$$v(t) \le v(t_0) \exp \int_{t_0}^{t} \varepsilon L \, ds + \int_{t_0}^{t} \varepsilon^2 M \left(\exp \int_{s}^{t} \varepsilon L \, d\tau \right) ds$$

$$= v(t_0) \exp \varepsilon L(t - t_0) + \varepsilon^2 M \exp(\varepsilon L t) \int_{t_0}^{t} \exp(-\varepsilon L s) \, ds$$

$$= v(t_0) \exp \varepsilon L(t - t_0)$$

$$+ \varepsilon^2 M \exp(\varepsilon L t) \left(\frac{1}{\varepsilon L} \big(\exp(-\varepsilon L t_0) - \exp(-\varepsilon L t) \big) \right)$$

$$\le v(t_0) \exp \varepsilon L(t - t_0) + \frac{\varepsilon M}{L} \exp \varepsilon L(t - t_0) \tag{1.2.142}$$

または,

$$|x(t) - y(t)| \le \left(|x_0 - y_0| + \frac{\varepsilon M}{L} \right) \exp \varepsilon L(t - t_0)$$

が得られる. したがって, $|x_0 - y_0| = \mathcal{O}(\varepsilon)$ に対して, $0 \le \varepsilon L(t - t_0) \le N$ の間で, または, 同値な条件として $t_0 \le t \le t_0 + N/(\varepsilon L)$ に対し, $|x(t) - y(t)| = \mathcal{O}(\varepsilon)$ となる. ここで N は ε に独立な定数である. この結果と

$$\dot{x} = \varepsilon f(x, t) + \varepsilon^2 g(x, t, \varepsilon)$$

と書き換えた (1.2.101) とを関係づける. (1.2.101) の解は,

$$t_0 \le t \le t_0 + \frac{N}{\varepsilon L} \quad \text{上で} \qquad x_\varepsilon(t) = y(t) + \varepsilon w(y, t)$$

と書けるので $t_0 \le t \le t_0 + N/(\varepsilon L)$ に対して,

$$|x_\varepsilon(t) - x(t)| = |y(t) + \varepsilon w(y, t) - x(t)|$$

$$\le |y(t) - x(t)| + \varepsilon |w(y, t)| = \mathcal{O}(\varepsilon)$$

となる. ここで, $|w(y, t)|$ の評価には, $\mathcal{O}(1/\varepsilon)$ 程度の時間において $y(t) \in U$ であることを用いた. これで, i) の証明が終わった.

ii) 通常の摂動論を用いて, ポアンカレ写像を具体的に構成しよう.

(1.2.128) の解が $\mathbf{C}^r$ 級で ε に依存することを使うと, (1.2.128) の解をテイラー展開することができる.

$$y(t, \varepsilon) = y(t, 0) + \varepsilon y_1(t) + \varepsilon^2 y_2(t) + \mathcal{O}(\varepsilon^3). \tag{1.2.143}$$

116   1. 力学系の幾何学的観点

ここで $y(t, 0)$ は

$$\dot{y}(t, 0) = 0 \tag{1.2.144}$$

の解であり, $y_1(t)$ は

$$\dot{y}_1 = \bar{f}\big(y(t, 0)\big) \tag{1.2.145}$$

の解である. また, $y_2(t)$ は

$$\dot{y}_2 = D_y \bar{f}\big(y(t, 0)\big) + f_1\big(y(t, 0), t, 0\big) \tag{1.2.146}$$

の解である. 方程式 (1.2.145) と (1.2.146) はそれぞれ第 1 変分方程式, 第 2 変分方程式と呼ばれ, (1.2.128) を ε で微分することにより得られる；詳しくは Hale [1980] を参照.

　標準的な（節 1.2 の場合 2 を参照）時間 $2\pi/\omega$ ポアンカレ写像を次のように構成する.

$$y(0, \varepsilon) \mapsto y(2\pi/\omega, \varepsilon). \tag{1.2.147}$$

(1.2.143) を用い,

$$y(0, \varepsilon) = y(0, 0) = y_0 \tag{1.2.148}$$

のように初期条件を選び, $i \geq 1$ に対し $y_i(0) = 0$ とおくと, (1.2.147) は

$$y_0 \mapsto y_0 + \varepsilon y_1\left(\frac{2\pi}{\omega}\right) + \varepsilon^2 y_2\left(\frac{2\pi}{\omega}\right) + \mathcal{O}(\varepsilon^3) \tag{1.2.149}$$

となる. $\mathcal{O}(\varepsilon^2)$ で (1.2.149) を丸めて得られる写像

$$y_0 \mapsto y_0 + \varepsilon y_1\left(\frac{2\pi}{\omega}\right) \tag{1.2.150}$$

を考えよう. (1.2.145) と (1.2.148) から

$$y_1\left(\frac{2\pi}{\omega}\right) = \frac{2\pi}{\omega}\bar{f}(y_0) \tag{1.2.151}$$

を得るので, (1.2.150) は

$$y_0 \mapsto y_0 + \varepsilon\frac{2\pi}{\omega}\bar{f}(y_0) \tag{1.2.152}$$

となる. (1.2.152) より, 平均化方程式の不動点は (1.2.152) の不動点に対応することがわかる. また, $D\bar{f}(y_0)$ が双曲的であれば, 十分小さな ε に対し,

$$\mathrm{id} + \varepsilon\frac{2\pi}{\omega}D\bar{f}(y_0) \tag{1.2.153}$$

も双曲的であり，さらに，$D\bar{f}(y_0)$ が左（右）半平面に持つ固有値と同数の固有値を，(1.2.153) は単位円の内部（外部）に持つ（Kato [1980] 参照）；演習問題 1.2.24 参照．これらの事実は，すぐに有用になるだろう．

完全なポアンカレ写像 (1.2.149) を考えよう．(1.2.149) が不動点を持つという条件は

$$y_0 = y_0 + \varepsilon \frac{2\pi}{\omega} \bar{f}(y_0) + \mathcal{O}(\varepsilon^2)$$

つまり

$$\left(\frac{2\pi}{\omega} \bar{f}(y_0) + \mathcal{O}(\varepsilon) \right) \equiv g(y_0, \varepsilon) = 0 \tag{1.2.154}$$

である．今や証明を完成することができる．平均化方程式 (1.2.102) は $y = \bar{y}_0$ で双曲型不動点を持つと仮定する．これは，$\mathcal{O}(\varepsilon^2)$ で丸めたポアンカレ写像 (1.2.152) の同じ安定型を持つ双曲型不動点に対応する．これらの条件が，この不動点が完全なポアンカレ写像において，安定性を変えることなく存在しつづけるための十分条件であること，したがって，同じ安定性型を持つ完全な方程式の双曲型周期軌道に対応する平均化方程式の双曲型不動点に対してもそうであることを示したい．(1.2.154) に陰関数定理を適用することによりこれを行う．

$$g(\bar{y}_0, 0) = 0$$

であり，この行列

$$D_{y_0} g(\bar{y}_0, 0) = \frac{2\pi}{\omega} D\bar{f}(\bar{y}_0) \tag{1.2.155}$$

は双曲的である．したがって，十分小さな ε に対し，ε の $\mathbf{C}^r$ 級関数 $y_0(\varepsilon)$ が存在して，

$$g\big(y_0(\varepsilon), \varepsilon\big) = 0$$

となる．

iii) この結果は，正規双曲型不変多様体に対する持続理論から得られるが，これは，この本の範囲を超えている．Fenichel[1971], [1974], [1977], [1979]; Hirsch, Pugh, and Shub[1978]; Schecter[1988]; Murdock and Robinson[1980] を参照のこと．　□

【平均化方程式の力学の解釈】

ここでは，平均化方程式の力学と完全に時間に依存する方程式との関係について議論する．例 1.2.11 の状況においてこれを行う．

例 1.2.11 では，次のような方程式を考えた．

$$\begin{aligned} \dot{u} &= v, \\ \dot{v} &= -\omega_0^2 u + \varepsilon h(u, v, t, \varepsilon). \end{aligned} \tag{1.2.156}$$

118 1. 力学系の幾何学的観点

非摂動方程式に対する解は，$\big(u(t,u_0,v_0),v(t,u_0,v_0)\big)$ によって与えられ，振動数 ω_0 で t に関して周期的である．(1.2.156) を平均化法が適用できるような形に変形するためにこの解を用いた．これは 2 つの段階で行われた．

段階 1 $n\omega$ は $m\omega_0$ に"近い"と仮定し，$(n/m)\omega$ を $\big(u(t,u_0,v_0),v(t,u_0,v_0)\big)$ の振動数の ω_0 に代入する．

段階 2 初期条件 (u_0,v_0) は時間の関数と仮定し，$\big(u(t,u_0(t),v_0(t)),v(t,u_0(t),v_0(t))\big)$ が (1.2.156) の解になるような $\big(u_0(t),v_0(t)\big)$ に対するベクトル場を導くために，非摂動方程式の"ほとんど完全な"解を用いる．

$\big(u_0(t),v_0(t)\big)$ に対するこのベクトル場は平均化法の標準型をしており，後に周期 $T = 2\pi/\omega$ 上で平均化される．平均化定理により，平均化方程式の双曲型不動点は周期 $2\pi/\omega$ の周期軌道に対応することがわかる．

　平均化方程式の双曲的不動点が見つかったとしよう．すると，(1.2.108) と平均化定理より，

$$u(t) = u_0(t)\cos\frac{n}{m}\omega t + v_0(t)\frac{m}{n\omega}\sin\frac{n}{m}\omega t,$$
$$v(t) = -u_0(t)\frac{n}{m}\omega\sin\frac{n}{m}\omega t + v_0(t)\cos\frac{n}{m}\omega t \tag{1.2.157}$$

が得られる．ここで，$u_0(t)$ と $v_0(t)$ は周期 $2\pi/\omega$ を持つ周期関数である．(1.2.157) は周期 $2\pi m/\omega$ を持つ t の周期関数であるから，(1.2.157) をポアンカレ写像の観点から考えることは自然であろう．ここでの初期条件は (1.2.156) によって生成される流れのもとで，時刻 $2\pi/\omega$ の流れのもとでの像に写される（節 1.2A 参照）．3 つの場合を考える．

1. $n = 1$. この場合，解 (1.2.157) は，出発点に戻る前に，m 回ポアンカレ断面を通過する．このように，平均化方程式の不動点はポアンカレ写像の周期 m 点，つまり，位数 m の低調波に対応している．

2. $m = 1$. この場合，解 (1.2.157) は，ポアンカレ写像で出発点に戻る．このように，平均化方程式の不動点は，ポアンカレ写像の不動点，つまり，位数 n の高調波に対応している．

3. $n > 1, m > 1$. 上の議論より，この場合は，平均化方程式の双曲型不動点がポアンカレ写像の周期 m 点，つまり，位数 m,n の高低調波に対応していることを読者は証明することができよう．

ii) 低調波メルニコフ理論

平均化と精神において類似であるが，それよりももっと幾何的なポアンカレ写像の構成法を開発しよう．しかしながら，少し (1.2.93) を制限しなければならない．特に，次のように成分形式で書ける t に関して周期的な 2 次元の系を考える．

$$
\begin{aligned}
\dot{x} &= f_1(x,y) + \varepsilon g_1(x,y,t,\varepsilon), \\
\dot{y} &= f_2(x,y) + \varepsilon g_2(x,y,t,\varepsilon),
\end{aligned}
\qquad (x,y) \in \mathbb{R}^2. \qquad (1.2.158)
$$

記法の簡便さのために，(1.2.158) を次のようなベクトル形式に書くことがある．

$$
\dot{q} = f(q) + \varepsilon g(q,t,\varepsilon). \qquad (1.2.159)
$$

ここで，$q \equiv (x,y)$, $f \equiv (f_1,f_2)$, $g \equiv (g_1,g_2)$ である．f, g にも (1.2.93) と同じ微分可能性に関する仮定をおく．しかし，ここでは，g は t に関して周期 $T = 2\pi/\omega$ を持つとする．系はパラメータに依存するかもしれないが，いまはその可能性を考えないことにする．

摂動系を研究するための解析的手法を構成するための枠組として大域的な幾何構造を用いるというのが我々の戦略である．このために，まず，非摂動系の幾何構造に関するいくつかの仮定を導入せねばならない．最初に，非摂動ベクトル場はハミルトン系であると仮定する．つまり，

$$
\begin{aligned}
f_1(x,y) &= \frac{\partial H(x,y)}{\partial y}, \\
f_2(x,y) &= -\frac{\partial H(x,y)}{\partial x}
\end{aligned}
\qquad (1.2.160)
$$

を満たすような $\mathbf{C}^{r+1}$ 級スカラー値関数 $H(x,y)$ が存在するとする．（注：f と H は同じ定義域を持つとする．）(1.2.158) は

$$
\begin{aligned}
\dot{x} &= \frac{\partial H(x,y)}{\partial y} + \varepsilon g_1(x,y,t,\varepsilon), \\
\dot{y} &= -\frac{\partial H(x,y)}{\partial x} + \varepsilon g_2(x,y,t,\varepsilon)
\end{aligned}
\qquad (1.2.161)
$$

となり，また，ベクトル形式では

$$
\dot{q} = JDH(q) + \varepsilon g(q,t,\varepsilon) \qquad (1.2.162)
$$

と書ける．ここで，

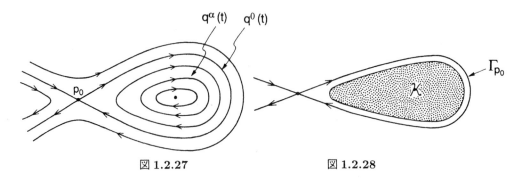

図 1.2.27　　　　図 1.2.28

$$DH \equiv \begin{pmatrix} \frac{\partial H}{\partial x} \\ \\ \frac{\partial H}{\partial y} \end{pmatrix}$$

$$J \equiv \begin{pmatrix} 0 & 1 \\ -1 & 0 \end{pmatrix}$$

である．摂動（すなわち，g）はハミルトニアンである必要はないが，後でわかるように，摂動がハミルトニアンである場合とそうでない場合では，力学は非常に異なる．

これまで，全てを非常に一般的に考えてきた．ここで非摂動系の構造に関して次の仮定をおきたい．

仮定 1　非摂動系は双曲型不動点 p_0 を持ち，それはホモクリニック軌道 $q_0(t) \equiv (x^0(t), y^0(t))$ によって結ばれている．

仮定 2　$\Gamma_{p_0} = \{q \in \mathbb{R}^2 \mid q = q_0(t), t \in \mathbb{R}\} \cup \{p_0\} = W^s(p_0) \cap W^u(p_0) \cup \{p_0\}$ とおく．Γ_{p_0} の内部は周期 T^α の周期軌道 $q^\alpha(t), \alpha \in (-1, 0)$ の連続な族によって埋めつくされている．$\lim_{\alpha \to 0} q^\alpha(t) = q_0(t)$, $\lim_{\alpha \to 0} T^\alpha = \infty$ とする．

図 1.2.27 は，非摂動相空間の幾何を表している．次のことに注意されたい．

注意 1　α は Γ_{p_0} 内の周期軌道の添字を表すパラメータである．特殊な問題においては，α はエネルギー，作用，楕円のモジュライなどの解釈がされるかもしれない．区間 $(-1, 0)$ は重要ではなく，任意でよい．この区間にしたのは記法の簡単化のためである．

注意 2　個別の方程式においてホモクリニック軌道に対応する双曲型不動点や，周期軌道の族が 2 つ以上現れる場合，方法を各々別々に適用することができる．

ここからは，摂動のもとで周期軌道の 1 パラメータ族の力学がどのようになるかに

1.2 ポアンカレ写像：定理，構成および例　　***121***

ついてのみ考える．第4章では，摂動のもとで Γ_{p_0} の挙動を研究するための手法を開
発し，それが目を見張るほどの複雑さを有していることを学ぶだろう．

次の補題は大変有用である．

補題 1.2.12　$q^\alpha(t-t_0)$ を周期 T^α を持つ非摂動系の周期軌道とする．このとき，十
分小さな ε と全ての $\alpha \in (-1,0)$ に対して，$t \in [t_0, t_0 + T^\alpha]$ で一様に

$$q_\varepsilon^\alpha(t,t_0) = q^\alpha(t-t_0) + \varepsilon q_1^\alpha(t-t_0) + \mathcal{O}(\varepsilon^2)$$

と表せるような，必ずしも周期的とは限らない摂動軌道が存在する．

証明　任意の $\alpha = \hat\alpha < 0$ をとり，$q^\alpha(t-t_0), \alpha \in (-1,\hat\alpha]$ のみを考える．この場合周
期 T^α は上記のことから有界で，近似問題は，有限時間内の問題である．よって，こ
の場合命題 1.2.10 が直接適用できる．

この補題の持つ意味は，$\lim_{\alpha \to 0} T^\alpha = \infty$ という事実にある．この場合には，命題 1.2.10
で用いたような粗い評価では役に立たない．この状況を救う方法は，双曲型不動点の安定，
または不安定多様体に付随する幾何構造を用いることである．詳しくは，Guckenheimer
and Holmes [1983] に載っているので，参照のこと．　□

補題 1.2.12 の重要な意味のいくつかは次の注意で明らかになる．

注意1　上で述べたように，この補題は自明ではない．これは，周期が ∞ に行く時
（つまり，Γ_{p_0} に近づくとき），摂動軌道を**一様に**（全ての $q^\alpha, \alpha \in (-1,0)$ に対し，同
じ ε でよいという意味で）非摂動軌道によって近似できることをいう．双曲型不動点
の安定，不安定多様体の幾何構造を制御しているので，このようなことが可能になる．
摂動のもとでの Γ_{p_0} の大域的挙動を調べることになる第4章でもっと詳しく考察する．

注意2　$q_1^\alpha(t,t_0)$ は，線形**第1変分方程式**の解である．したがって，$t \in [t_0, t_0 + T^\alpha]$
に対して，

$$\dot q_1^\alpha = JD^2H\big(q^\alpha(t-t_0)\big)q_1^\alpha + g\big(q^\alpha(t-t_0),t,0\big) \tag{1.2.163}$$

となる．（演習問題 1.2.11 参照）

注意3　Γ_{p_0} に近づくとき，1つの非摂動周期（この周期が ∞ になるとしても）に
対してのみ，一様に摂動軌道を非摂動軌道によって近似できる．幾何的には，これは，
近似された摂動軌道が双曲型不動点の近傍を一度だけ通れることを意味している．4.5
節で見るように，双曲型不動点は摂動ベクトル場に対しては双曲型周期軌道になる．
これは，軌道が Γ_{p_0} に近づけば近づくほど双曲型周期軌道の近くに長く留まっている
からであり，したがって，小さな誤差は任意の大きさに拡大されうる．初期状態を正

しく選ぶことによって，双曲型周期軌道の近傍を一度通過するときにでるこの誤差を制御することができる．しかし，2 度目は制御できない．もし，α が有界となるように Γ_{p_0} から離れたところに留まっているなら，nT^α, $n > 1$ （n は整数）に対して摂動軌道を非摂動軌道によって近似することができるが，この場合は $\varepsilon = \varepsilon(n)$ であり，$n \uparrow \infty$ のとき $\varepsilon(n) \to 0$ となり，一様性が成り立たなくなる．

注意 4 注意 3 に興味のあるのは共鳴周期軌道，すなわち

$$nT^\alpha = mT,$$

の形の関係式によって周期が外部摂動の周期に関係づけられているような軌道に関心があるからである．ここで $T = 2\pi/\omega$ は摂動の周期であり，m と n は互いに素な整数である．

解析を始めよう．しばらくの間，Γ_{p_0} から離れた内部の有界な領域に制限して考えよう．そこを $\mathcal{K}$ と書くことにする（図 1.2.28 参照）．$\mathcal{K}$ においては，非摂動軌道の周期は一様に上に有界で，この上界を C とする．そのような状況ではハミルトン系は新しい座標系，いわゆる作用-角座標系，に変換することができる（Arnold [1978], Goldstein [1980], Percival and Richards [1982] を参照）．この座標変換は，関数

$$I = I(x, y), \qquad \theta = \theta(x, y)$$

によって表され，逆変換

$$x = x(I, \theta), \quad y = y(I, \theta)$$

を持つ．このような座標系では，非摂動ベクトル場は

$$\dot{I} = 0,$$
$$\dot{\theta} = \Omega(I)$$

と表せる．したがって，I は非摂動軌道上で定数であり，ハミルトニアンは

$$H = H(I)$$

の形をしている．また，$\Omega(I) = \frac{\partial H}{\partial I}$ であり，作用-角座標系においては，I は前に導入した一般的なパラメータ α の役割を果たす．すなわち，I を特定することは周期軌道を特定することである．もし，**摂動ベクトル場の座標を非摂動ハミルトン・ベクトル場に対する作用-角変換を用いて，変換したとすると，**

$$\dot{I} = \varepsilon \left(\frac{\partial I}{\partial x} g_1 + \frac{\partial I}{\partial y} g_2 \right) \equiv \varepsilon F(I, \theta, t, \varepsilon),$$

$$\dot{\theta} = \Omega(I) + \varepsilon \left(\frac{\partial \theta}{\partial x} g_1 + \frac{\partial \theta}{\partial y} g_2 \right) \equiv \Omega(I) + \varepsilon G(I, \theta, t, \varepsilon)$$

となる．（注：デカルト座標で系が与えられたとき，作用-角変数にどのように変換すればよいかという問題が当然起こる．しばしば，このことが必要であることがわかる．作用-角変数は幾何的解釈をより明確にする単なる便宜にすぎず，最終的には，計算はベクトル場を作用-角座標系に具体的には変換しないで行うことができる．）

　この場では，作用-角変数の導入の動機づけはあまりないようにみえる．しかし，この変数は我々の考えている系に対して最も幾何的に自然で，性質を明らかにするのに適した座標であるといいたい．このために少し余談になるかもしれないが，背後にある幾何構造を反映する作用-角変数を導びこう．

【余談：作用-角変数】

　作用-角変数の考え方の "伝統的" なやり方は古典力学の**母関数**のよく知られた考え方を利用している（Goldstein [1980] や Landau and Lifshitz [1976] を参照）．この観点からの作用-角変数の導出については，Percival and Richards [1982] を参照すること．ここでは，もっと直接的に，ベクトル場の幾何を利用した（Melnikov [1963] によって示唆された）アプローチを行う．

　平面上の

$$\begin{aligned} \dot{x} &= \frac{\partial H}{\partial y}(x, y), \\ \dot{y} &= -\frac{\partial H}{\partial x}(x, y), \end{aligned} \qquad (x, y) \in \mathbb{R}^2 \qquad (1.2.164)$$

で与えられる $\mathbf{C}^r$ $(r \geq 1)$ 級ハミルトン・ベクトル場を考える．次の仮定をおく．

仮定 1. $\mathbb{R}^2$ 内のある開集合に，周期軌道の 1-パラメータ族によって囲まれた中心型の不動点 (x_c, y_c) が存在する．すなわち，$H(x, y) = H = $ 定数　は，この開集合において (x_c, y_c) を囲む閉，かつ自己交差をしない曲線からなる（図 1.2.29）．

　微分方程式が最も簡単な構造を持つような新しい座標系，すなわち，見ただけで解が書き下せるような座標系を見つけることが目標である．次のような動機づけとなる例を考えよう．

例 1.2.13　簡単な調和振動

$$\begin{aligned} \dot{x} &= y, \\ \dot{y} &= -x \end{aligned} \qquad (1.2.165)$$

124   1. 力学系の幾何学的観点

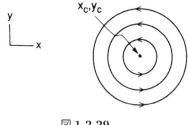

図 1.2.29

を考えよう．(1.2.165) は $(x,y) = (0,0)$ に純虚数の固有値を持つ不動点（すなわち，中心）を持ち，$H = y^2/2 + x^2/2$ で与えられる周期軌道の1-パラメータ族で囲まれている．(1.2.165) を極座標

$$x = r\sin\theta,$$
$$y = r\cos\theta$$

で変換すると，ベクトル場は

$$\dot{r} = 0,$$
$$\dot{\theta} = 1$$

となり，明らかに

$$r = 定数,$$
$$\theta = t + \theta_0$$

という解を持つ．この例では，(1.2.165) が線形となり，したがって，周期軌道の全てが同じ周期を持つので，極座標は都合がよい．

一般の非線形ベクトル場 (1.2.164) において，同じ効果を持つ座標変換を捜そう．つまり，逆変換

$$(\theta, I) \mapsto (x(I,\theta), y(I,\theta))$$

を持ち，(θ, I) 座標においてベクトル場 (1.2.164) が次の条件を満たすような座標変換

$$(x, y) \mapsto (\theta(x,y), I(x,y))$$

を探す．

1. $\dot{I} = 0$
2. θ は閉軌道上で時間に関して線形に変化する．

θ と I を"非線形極座標"として発見的にとらえる．

作用-角変数の構成を次の段落で行おう．

1. **変換の定義．** これは (1.2.164) の相空間の幾何に依存している．
2. **新しい座標でベクトル場を記述する．** この段階では，(θ, I) 座標では (1.2.164) は

$$\begin{aligned}\dot{I} &= 0, \\ \dot{\theta} &= \Omega(I)\end{aligned} \quad (1.2.166)$$

の形をしていることを示す．

3. **変換がハミルトン構造を保つことを示す．** この段階は次のことを意味する．(1.2.166) がある関数 $K(I)$ に対し，ハミルトン系であることに注意する．ここで，$\Omega(I) = \frac{\partial K}{\partial I}$ である．もし，変換がハミルトン構造を保つなら，

$$K(I) = H\bigl(x(I,\theta), y(I,\theta)\bigr)$$

でなければならない．

まず，段階1から始めよう．

段階1 まず，$\theta(x,y)$ を定義する．L を (x_c, y_c) から出て，各周期軌道と1回ずつ交わる（図 1.2.30）曲線とする．L をパラメータを用いて次のように表す．

$$L = \bigl\{ \bigl(x_0(s), y_0(s)\bigr) \in \mathbb{R}^2 \mid s \in \mathbb{R} \text{ 内のある区間} \bigr\}.$$

L を出発点とする (1.2.164) の解を $\bigl(x(t,s), y(t,s)\bigr)$ とする．ここで，$x(0,s) = x_0(s)$，$y(0,s) = y_0(s)$ である．(x,y) を $\bigl(x(t,s), y(t,s)\bigr)$ の軌道上の点とし，$t = t(x,y)$ を解が $\bigl(x_0(s), y_0(s)\bigr)$ を出発し (x,y) に着くまでの時間とする．

（注：陰関数定理を用いると，t は x, y に関してベクトル場と同じ程度の微分可能性を持つことがわかる．）$H(x,y) = H = $ 定数 によって定義される各周期軌道の周期を $T(H)$ で表すことにする．角変数 $\theta(x,y)$ を

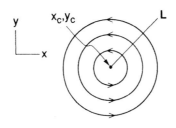

図 1.2.30

1. 力学系の幾何学的観点

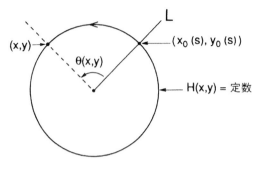

図 1.2.31

$$\theta(x,y) = \frac{2\pi}{T(H)} t(x,y) \tag{1.2.167}$$

によって定義する．ここで，$(x,y) \in H = $ 定数 である（図 1.2.31）．$\theta(x,y)$ は多価関数であることに注意する．すなわち，その値は 2π の倍数の任意性を持つ．しかし，$\frac{\partial \theta}{\partial x}$, $\frac{\partial \theta}{\partial y}$ は一価関数である．

次に作用変数 $I(x,y)$ を定義する．任意の閉曲線によって囲まれる領域の面積は時間に関して一定である．この面積は作用と呼ばれ，

$$I = \frac{1}{2\pi} \oint_H y \, dx \tag{1.2.168}$$

によって定義される．ここで，H は $H(x,y) = H = $ 定数 によって定義される周期軌道を表す．$1/(2\pi)$ による正規化は次のような理由によっている．(1.2.168) を H で微分すると，

$$\frac{\partial I}{\partial H} = \frac{1}{2\pi} \int_H \frac{\partial y}{\partial H} dx \tag{1.2.169}$$

となる．(1.2.164) より

$$\frac{\partial H}{\partial y} = \frac{dx}{dt}$$

が得られる．連鎖律により

$$\frac{\partial y}{\partial H} dx = dt \tag{1.2.170}$$

であることが簡単に分かり，(1.2.169) は

$$\frac{\partial I}{\partial H} = \frac{1}{2\pi} T(H) \tag{1.2.171}$$

となる．このように，$\frac{\partial H}{\partial I}$ は振動の振動数とみなすことができる．また，(1.2.168) より

$$I = I(H) \tag{1.2.172}$$

となることは明らかであろう．(1.2.171) を用いれば (1.2.172) の逆

$$H = H(I) \tag{1.2.173}$$

が得られる．(1.2.171) に代入して

$$T = T(I) \tag{1.2.174}$$

となり，したがって，

$$\frac{\partial H}{\partial I} = \frac{2\pi}{T(I)} \equiv \Omega(I) \tag{1.2.175}$$

である．

段階 2 定義 (1.2.168) より，

$$\dot{I} = 0$$

は明らかであり，(1.2.167) と (1.2.175) を用いると，

$$\dot{\theta} = \frac{2\pi}{T(I)} = \Omega(I)$$

となる．

段階 3 の前に，後で大切になる変換関数の偏微分の間の 2 つの関係式を導いておく．軌道に沿って t に関して (1.2.168) を微分する．

$$\dot{I} = \frac{\partial I}{\partial x}\dot{x} + \frac{\partial I}{\partial y}\dot{y} = 0. \tag{1.2.176}$$

(1.2.164) を (1.2.176) に代入すると，

$$\frac{\partial I}{\partial x}\frac{\partial H}{\partial y} - \frac{\partial I}{\partial y}\frac{\partial H}{\partial x} = 0 \tag{1.2.177}$$

となる．同様にして，(1.2.167) を軌道に沿って微分して

$$\frac{\partial \theta}{\partial x}\frac{\partial H}{\partial y} - \frac{\partial \theta}{\partial y}\frac{\partial H}{\partial x} = \Omega(I) = \frac{\partial H}{\partial I} \tag{1.2.178}$$

が得られる．次に，(1.2.173) と $I = I(x,y)$ より，(1.2.173) を微分すると，

$$\begin{aligned}
\frac{\partial H}{\partial y} &= \frac{\partial H}{\partial I}\frac{\partial I}{\partial y}, \\
\frac{\partial H}{\partial x} &= \frac{\partial H}{\partial I}\frac{\partial I}{\partial x}
\end{aligned} \tag{1.2.179}$$

128 1. 力学系の幾何学的観点

となる．周期軌道上で，$\frac{\partial H}{\partial x}$ と $\frac{\partial H}{\partial y}$ が同じに 0 になることはないから，(1.2.179) は $\frac{\partial H}{\partial I} \neq 0$ を意味する（(1.2.171) からもわかる）．したがって，(1.2.179) を (1.2.178) に代入すると

$$\frac{\partial \theta}{\partial x}\frac{\partial I}{\partial y} - \frac{\partial \theta}{\partial y}\frac{\partial I}{\partial x} = 1 \tag{1.2.180}$$

が得られる．(1.2.180) が作用-角変数への変換のヤコビアンとみなせることに気がつくであろう．ヤコビアンが 1 であることは，面積が作用-角変換のもとで保たれることを示している．

段階 3 作用-角変数において (1.2.164) は

$$\begin{aligned} \dot{I} &= 0, \\ \dot{\theta} &= \Omega(I) \end{aligned} \tag{1.2.181}$$

の形をしていることを示した．前に述べたように，明らかに (1.2.181) はハミルトン関数 $K(I)$ を持つハミルトン系である．作用-角変換は

$$H\big(x(I,\theta), y(I,\theta)\big) = K(I) \tag{1.2.182}$$

という意味で，ハミルトン構造を保つことを示したい．したがって，H を θ と I の関数と考え，

$$\frac{\partial H}{\partial I} = \frac{\partial K}{\partial I},$$

$$\frac{\partial H}{\partial \theta} = 0$$

を示さなければならない．次のようにする．

$$\begin{aligned} \frac{\partial K}{\partial I} = \dot{\theta} &= \frac{\partial \theta}{\partial x}\dot{x} + \frac{\partial \theta}{\partial y}\dot{y} \\ &= \frac{\partial \theta}{\partial x}\frac{\partial H}{\partial y} - \frac{\partial \theta}{\partial y}\frac{\partial H}{\partial x} \\ &= \frac{\partial \theta}{\partial x}\left(\frac{\partial H}{\partial \theta}\frac{\partial \theta}{\partial y} + \frac{\partial H}{\partial I}\frac{\partial I}{\partial y}\right) - \frac{\partial \theta}{\partial y}\left(\frac{\partial H}{\partial \theta}\frac{\partial \theta}{\partial x} + \frac{\partial H}{\partial I}\frac{\partial I}{\partial x}\right) \\ &= \frac{\partial H}{\partial I}\left(\frac{\partial \theta}{\partial x}\frac{\partial I}{\partial y} - \frac{\partial \theta}{\partial y}\frac{\partial I}{\partial x}\right) \\ &= \frac{\partial H}{\partial I} \qquad ((1.2.180)\text{ を用いた}). \end{aligned}$$

同様の計算で，

$$-\frac{\partial K}{\partial \theta} = \dot{I} = -\frac{\partial H}{\partial \theta} = 0$$

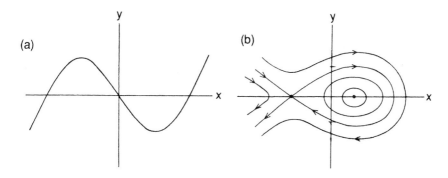

図 1.2.32

が得られる.

2つの有益な例を見ておこう.

例 1.2.14 ハミルトニアン

$$H(x,y) = \frac{y^2}{2} + V(x) \tag{1.2.183}$$

によって与えられるハミルトン・ベクトル場を考える．ここで，$V(x)$ は図 1.2.32a で示したもので，対応するベクトル場の相曲線を図 1.2.32b に示した．図 1.2.32b のホモクリニック軌道によって囲まれる領域の内部の軌道のみを考える．（注：より物理的には，(1.2.183) は運動エネルギーと位置エネルギーの和の形をしている.)

(1.2.183) より

$$y = \pm\sqrt{2}\sqrt{H - V(x)} \tag{1.2.184}$$

が得られる．(1.2.168) と (1.2.184) を用いると，

$$I = \frac{\sqrt{2}}{\pi} \int_{x_{\min}}^{x_{\max}} \sqrt{H - V(x)}\,dx \tag{1.2.185}$$

となる．ここで，$x_{\min}$ は $H = $ 定数 と x 軸との最も左にある交点を，$x_{\max}$ は最も右にある交点を表す．(注：読者は，(1.2.185) のプラス，マイナスの取り方がどうなるかを図示してみよ.)

(1.2.164), (1.2.167), (1,.2.184) により

$$\theta(x,y) = \frac{2\pi}{T(H)} \int_{x_{\min}}^{x} \frac{dx}{\sqrt{2}\sqrt{H - V(x)}} \tag{1.2.186}$$

となり，これから

130 1. 力学系の幾何学的観点

$$T(H) = 2 \int_{x_{\min}}^{x_{\max}} \frac{dx}{\sqrt{2}\sqrt{H - V(x)}} \tag{1.2.187}$$

が得られる．(1.2.171) を用いて直接計算することにより，直ちに

$$\frac{\partial I}{\partial H} = \frac{T(H)}{2\pi} \tag{1.2.188}$$

を導けるだろう．

例 1.2.15 摂動方程式 (1.2.161) は

$$\begin{aligned}
\dot{x} &= \frac{\partial H}{\partial y}(x, y) + \varepsilon g_1(x, y, t, \varepsilon), \\
\dot{y} &= -\frac{\partial H}{\partial y}(x, y) + \varepsilon g_2(x, y, t, \varepsilon)
\end{aligned} \tag{1.2.189}$$

で与えられた．このベクトル場を非摂動ベクトル場に対する作用-角変換を用いて変換したい．この変換を微分すると

$$\begin{aligned}
\dot{I} &= \frac{\partial I}{\partial x}\dot{x} + \frac{\partial I}{\partial y}\dot{y}, \\
\dot{\theta} &= \frac{\partial \theta}{\partial x}\dot{x} + \frac{\partial \theta}{\partial y}\dot{y}
\end{aligned} \tag{1.2.190}$$

となる．(1.2.189) を (1.2.190) に代入すると，

$$\begin{aligned}
\dot{I} &= \left(\frac{\partial I}{\partial x}\frac{\partial H}{\partial y} - \frac{\partial I}{\partial y}\frac{\partial H}{\partial x} \right) + \varepsilon \left(\frac{\partial I}{\partial x}g_1 + \frac{\partial I}{\partial y}g_2 \right), \\
\dot{\theta} &= \left(\frac{\partial \theta}{\partial x}\frac{\partial H}{\partial y} - \frac{\partial \theta}{\partial y}\frac{\partial H}{\partial x} \right) + \varepsilon \left(\frac{\partial \theta}{\partial x}g_1 + \frac{\partial \theta}{\partial y}g_2 \right)
\end{aligned} \tag{1.2.191}$$

が得られる．(1.2.177), (1.2.180) により，(1.2.191) は

$$\begin{aligned}
\dot{I} &= \varepsilon F(I, \theta, t, \varepsilon), \\
\dot{\theta} &= \Omega(I) + \varepsilon G(I, \theta, t, \varepsilon)
\end{aligned} \tag{1.2.192}$$

と書き換えられる．ここで，

$$\begin{aligned}
F(I, \theta, t, \varepsilon) &= \frac{\partial I}{\partial x}\big(x(I, \theta), y(I, \theta)\big) g_1\big(x(I, \theta), y(I, \theta), t, \varepsilon\big) \\
&\quad + \frac{\partial I}{\partial y}\big(x(I, \theta), y(I, \theta)\big) g_2\big(x(I, \theta), y(I, \theta), t, \varepsilon\big), \\
G(I, \theta, t, \varepsilon) &= \frac{\partial \theta}{\partial x}\big(x(I, \theta), y(I, \theta)\big) g_1\big(x(I, \theta), y(I, \theta), t, \varepsilon\big)
\end{aligned}$$

$$+ \frac{\partial \theta}{\partial y}\bigl(x(I,\theta), y(I,\theta)\bigr) g_2\bigl(x(I,\theta), y(I,\theta), t, \varepsilon\bigr)$$

である．F と G が θ に関して周期 2π であり，t に関しては周期 $T = 2\pi/\omega$ であることは明らかである．

　作用-角変数を 2 次元で扱ってきた．高次元における一般化は，Arnold [1978], Goldstein [1980], Nehorošev [1972] を参照せよ．

　(1.2.161) に対するポアンカレ写像の構成に戻ろう．(1.2.192) を自励系として表すと

$$\begin{aligned}
\dot{I} &= \varepsilon F(I, \theta, \phi, \varepsilon), \\
\dot{\theta} &= \Omega(I) + \varepsilon G(I, \theta, \phi, \varepsilon), \qquad (I, \theta, \phi) \in \mathbb{R}^+ \times S^1 \times S^1 \\
\dot{\phi} &= \omega,
\end{aligned} \qquad (1.2.193)$$

となる（節 1.2A 参照）．このベクトル場に対して次のように定義される大域的断面 Σ を構成する．

$$\Sigma^{\phi_0} = \{ (I, \theta, \phi) \mid \phi = \phi_0 \}. \qquad (1.2.194)$$

（注：節 1.2A では，Σ のこの定義で $\bar{\phi}_0 = 0$ とおいたものを考えた．）(1.2.193) の解の (I, θ) 成分を $\bigl(I_\varepsilon(t), \theta_\varepsilon(t)\bigr)$ と書き，$\varepsilon = 0$ に対する (1.2.193) の解の (I, θ) 成分を $\bigl(I_0, \Omega(I_0)t + \theta_0\bigr)$ とすると，（摂動）ポアンカレ写像は

$$\begin{aligned}
P_\varepsilon \colon \Sigma^{\phi_0} &\to \Sigma^{\phi_0}, \\
\bigl(I_\varepsilon(0), \theta_\varepsilon(0)\bigr) &\mapsto \bigl(I_\varepsilon(T), \theta_\varepsilon(T)\bigr)
\end{aligned} \qquad (1.2.195)$$

で与えられ，ポアンカレ写像の m 乗は，

$$\begin{aligned}
P_\varepsilon^m \colon \Sigma^{\phi_0} &\to \Sigma^{\phi_0}, \\
\bigl(I_\varepsilon(0), \theta_\varepsilon(0)\bigr) &\mapsto \bigl(I_\varepsilon(mT), \theta_\varepsilon(mT)\bigr)
\end{aligned}$$

で与えられる．補題 1.2.12 を用いて摂動問題に対する解を近似することができる．

$$\begin{aligned}
I_\varepsilon(t) &= I_0 + \varepsilon I_1(t) + \mathcal{O}(\varepsilon^2), \\
\theta_\varepsilon(t) &= \theta_0 + \Omega(I_0)t + \varepsilon \theta_1(t) + \mathcal{O}(\varepsilon^2).
\end{aligned}$$

ここで，I_0 は非摂動（定数）作用値であり，I_1, θ_1 は第 1 変分方程式

$$\dot{q}_1^\alpha = Df(q)q_1^\alpha + g(q_1^\alpha, \phi(t), 0)$$

を解くことにより得られる．ここで $\phi(t) = \omega t + \phi_0$ であり，作用-角変数で

$$\begin{pmatrix} \dot{I}_1 \\ \dot{\theta}_1 \end{pmatrix} = \begin{pmatrix} 0 & 0 \\ \frac{\partial \Omega}{\partial I}(I_0) & 0 \end{pmatrix} \begin{pmatrix} I_1 \\ \theta_1 \end{pmatrix} + \begin{pmatrix} F(I_0, \Omega(I_0)t + \theta_0, \phi(t), 0) \\ G(I_0, \Omega(I_0)t + \theta_0, \phi(t), 0) \end{pmatrix}$$

132 1. 力学系の幾何学的観点

とも書ける．作用-角座標を用いることにより，非常に便利になったことがわかるであ
ろう．というのは，この方程式の解は，行列が定数係数であるので自明であるからで
ある．（任意の座標系では，通常，時間に依存し，定数係数でない線形方程式を解く一
般的な方法はない．）このようにして，

$$I_\varepsilon(0) = I_0,$$
$$\theta_\varepsilon(0) = \theta_0$$

とすることによって，

$$P_\varepsilon^m: \Sigma^{\phi_0} \to \Sigma^{\phi_0},$$
$$\big(I_\varepsilon(0), \theta_\varepsilon(0)\big) \mapsto \big(I_\varepsilon(mT), \theta_\varepsilon(mT)\big)$$
$$= (I_0, \theta_0) \mapsto \big(I_0 + \varepsilon I_1(mT), \theta_0 + mT\Omega(I_0) + \varepsilon\theta_1(mT)\big) + \mathcal{O}(\varepsilon^2)$$

が得られる．第 1 変分方程式より，$I_1(mT)$ と $\theta_1(mT)$ は，

$$I_1(mT) = \int_0^{mT} F(I_0, \Omega(I_0)t + \theta_0, \omega t + \phi_0, 0)\, dt \equiv M_1^{m/n}(I_0, \theta_0; \phi_0),$$

$$\theta_1(mT) = \frac{\partial\Omega}{\partial I}\bigg|_{I=I_0} \int_0^{mT} \int_0^t F\big(I_0, \Omega(I_0)\xi + \theta_0, \omega\xi + \phi_0, 0\big)\, d\xi\, dt$$

$$+ \int_0^{mT} G\big(I_0, \Omega(I_0)t + \theta_0, \omega t + \phi_0, 0\big)\, dt \equiv M_2^{m/n}(I_0, \theta_0; \phi_0)$$

で与えられる．ポアンカレ写像はしたがって

$$P_\varepsilon^m: \Sigma^{\phi_0} \to \Sigma^{\phi_0},$$
$$(I, \theta) \mapsto \big(I, \theta + mT\Omega(I)\big) + \varepsilon\big(M_1^{m/n}(I, \theta; \phi_0), M_2^{m/n}(I, \theta; \phi_0)\big) \quad (1.2.196)$$
$$+ \mathcal{O}(\varepsilon^2)$$

の形になる．ここで，記法の簡略化のために I と θ の添字 0 は省略した．また，ϕ_0 は
断面 Σ^{ϕ_0} にポアンカレ写像が依存することを表している．

$$M^{m/n}(I, \theta; \phi_0) \equiv \big(M_1^{m/n}(I, \theta; \phi_0), M_2^{m/n}(I, \theta; \phi_0)\big) \quad (1.2.197)$$

によって，V. K. メルニコフの名を取って名づけられた**低調波メルニコフ・ベクトル**を
定義する．いくつか注意を与えておく．

注意 1　共鳴関係

$$nT(I) = mT$$

を満たす周期軌道であることを示すためにメルニコフ・ベクトルの肩に m/n をつけ

た．この関係は定理 1.2.13 の証明の後の注意 4 において示すように，メルニコフ・ベクトルの計算に関わる．このように，m/n は，メルニコフ・ベクトルにおける I の値が共鳴関係を満たすことを意味している．また，4.5 節におけるホモクリニック・メルニコフ関数と区別するためにも役立つ．

注意 2　以前の周期軌道に対するメルニコフ理論の説明において定義した低調波メルニコフ関数（Guckenheimer and Holmes [1983] 参照）は，軌道上の定数である正規化因子を除いて，メルニコフ・ベクトルの第 1 成分である．定理 1.2.13 の証明の後，このことについて詳しく議論する．

注意 3　上の記法に関して 2，3 のコメントをしておく．

a) I と α は同じ役割をする．

b) 共鳴関係

$$nT(I) = mT$$

より，n，m，I には関数関係があることがわかる．このように，低調波メルニコフ・ベクトルに n, m, I（または α）をつけたことは，少し余分なことであるが，習慣になっている．

時折，I（または，α）や m/n は明示されないかもしれない．すなわち，$M(I, \theta; \phi_0)$，$M(\alpha, t_0; \phi_0)$，$M^{m/n}(\theta; \phi_0)$，$M^{m/n}(t_0; \phi_0)$ などと書かれるかもしれない．しかしながら，読者は，共鳴関係 $nT(I) = mT$（または，$nT^\alpha = mT$）が解析的，幾何的前提であることを心に留めておくべきである．

　低調波周期軌道の存在に関する主定理を述べよう．

定理 1.2.13　$T(\bar{I}) = (m/n)T$ が成立ち，次の条件の 1 つを満たすような点 $(\bar{I}, \bar{\theta})$ が存在すると仮定する．

$$FP1) \qquad M_1^{m/n}(\bar{I}, \bar{\theta}; \phi_0) = 0 \qquad and \qquad \left(\frac{\partial \Omega}{\partial I} \frac{\partial M_1^{m/n}}{\partial \theta} \right) \bigg|_{(\bar{I}, \bar{\theta})} \neq 0;$$

$$FP2) \qquad M^{m/n}(\bar{I}, \bar{\theta}; \phi_0) = 0, \qquad \frac{\partial \Omega}{\partial I} \bigg|_{\bar{I}} = 0, \qquad and$$

$$\left(\frac{\partial M_1^{m/n}}{\partial I} \frac{\partial M_2^{m/n}}{\partial \theta} - \frac{\partial M_2^{m/n}}{\partial I} \frac{\partial M_1^{m/n}}{\partial \theta} \right) \bigg|_{(\bar{I}, \bar{\theta})} \neq 0.$$

このとき，$0 < \varepsilon \leq \varepsilon(n)$ に対して，ポアンカレ写像 P_ε^m は，周期 m の不動点を持つ．もし，$n = 1$ ならば結果は $0 < \varepsilon \leq \varepsilon(1)$ において一様に成り立つ．

134 1. 力学系の幾何学的観点

証明 FP1) の場合

$$M_1(\bar{I}, \bar{\theta}; \phi_0) = 0, \qquad \frac{\partial \Omega}{\partial I} \frac{\partial M_1}{\partial \theta}\bigg|_{(\bar{I}, \bar{\theta})} \neq 0.$$

(注：記法を簡単にするために添字 m/n は省略した.) すると，

$$P_\varepsilon^m(\bar{I}, \bar{\theta}) - (\bar{I}, \bar{\theta}) = \big(0, mT\Omega(\bar{I})\big) + \varepsilon\big(0, M_2(\bar{I}, \bar{\theta}; \phi_0)\big) + \mathcal{O}(\varepsilon^2)$$

となる. ΔI だけ作用を摂動する. $\hat{I} = \bar{I} + \Delta I$ とし，$\bar{I}$ に関して右辺を展開する.

$$P_\varepsilon^m(\hat{I}, \bar{\theta}) - (\hat{I}, \bar{\theta}) = \left(0, mT\Omega(\bar{I}) + mT\frac{\partial \Omega}{\partial I}\bigg|_{\bar{I}} \Delta I + \mathcal{O}((\Delta I)^2)\right)$$
$$+ \varepsilon\big(0, M_2(\bar{I}, \bar{\theta}; \phi_0)\big) + \mathcal{O}(\varepsilon \Delta I) + \mathcal{O}(\varepsilon^2)$$

となる. 共鳴関係から

$$mT\Omega(\bar{I}) = 2\pi n = 0 (\mathrm{mod}\, 2\pi)$$

であるが，また

$$\Delta I = -\varepsilon \frac{M_2(\bar{I}, \bar{\theta}; \phi_0)}{mT\frac{\partial \Omega}{\partial I}\big|_{\bar{I}}}$$

とすれば，$\Delta I = \mathcal{O}(\varepsilon)$ であるから，

$$P_\varepsilon^m(\hat{I}, \bar{\theta}) - (\hat{I}, \bar{\theta}) = \mathcal{O}(\varepsilon^2)$$

となる. したがって，ポアンカレ写像の m 回の反復は $\mathcal{O}(\varepsilon^2)$ の誤差で不動点を持つことが示された. 写像が正確に不動点を持つことは，

$$\det\left((DP_\varepsilon^m - \mathrm{id})\bigg|_{(\hat{I}, \bar{\theta})}\right) \neq 0$$

という条件を満たせば陰関数定理からすぐ導ける. ここで "id" は 2×2 の単位行列を表している. 簡単な計算でこの条件は

$$\left(\frac{\partial \Omega}{\partial I} \frac{\partial M_1}{\partial \theta}\right)_{(\bar{I}, \bar{\theta})} \neq 0$$

と同値であることがわかる.

FP2) の場合 FP1 に対して行ったものと全く同様の議論で済む. 詳細は読者にまかせる. □

1.2 ポアンカレ写像：定理，構成および例 **135**

定理 1.2.13 の結果と意味を考察する 2, 3 の注意を与えよう.

注意 1　前に，作用-角変数は問題を幾何学的にとらえるための単なる便宜であることを注意した．それらを用いて，簡単に解ける第 1 変分方程式 (1.2.163) によってポアンカレ写像を $\mathcal{O}(\varepsilon^2)$ で近似できることを見た．他の座標系では，(1.2.163) は解析的に扱えないかもしれない．しかし，高低調波を見つけるために定理 1.2.13 を使うには，低調波メルニコフ・ベクトルを計算しなければならない．これを行うために，もとの摂動方程式 (1.2.161) を，まず，作用-角変換によって (1.2.193) に変換しなければならないように思えるだろう．FP1 の場合に，これは不必要であることを示そう.

$$\frac{\partial \Omega}{\partial I} \neq 0$$

と仮定する．この場合，定理 1.2.13 によって，高低調波の存在を決定するためには，$M_1^{m/n}(I, \theta; \phi_0)$ に関する情報のみが必要である．(1.2.196) より $M_1^{m/n}(I, \theta; \phi_0)$ は

$$M_1^{m/n}(I, \theta) = \int_0^{mT} F\big(I, \Omega(I)t + \theta, \omega t + \phi_0, 0\big)\, dt \qquad (1.2.198)$$

によって与えられることを思い起こそう．ここで

$$F = \frac{\partial I}{\partial x} g_1 + \frac{\partial I}{\partial y} g_2$$

である．さて，$\frac{\partial H}{\partial I} = \Omega(I) \neq 0$ である．したがって，これの逆が存在して，$I = I\big(H(x,y)\big)$ と書ける．連鎖律によって

$$\frac{\partial I}{\partial x} = \frac{\partial I}{\partial H}\frac{\partial H}{\partial x} = \frac{1}{\Omega(I)}\frac{\partial H}{\partial x},$$

$$\frac{\partial I}{\partial y} = \frac{\partial I}{\partial H}\frac{\partial H}{\partial y} = \frac{1}{\Omega(I)}\frac{\partial H}{\partial y}$$

が得られる．したがって F は

$$F = \frac{1}{\Omega(I)}\left(\frac{\partial H}{\partial x} g_1 + \frac{\partial H}{\partial y} g_2\right)$$

となり，

$$M_1^{m/n} = \frac{1}{\Omega(I)} \int_0^{mT} (DH \cdot g)(\text{非摂動軌道})\, dt, \qquad (1.2.199)$$

が得られる．ここで，"·" はベクトルの内積を表す．

非摂動軌道のまわりでの $DH \cdot g$ の積分において，非摂動軌道を作用-角変数で表す

136　1. 力学系の幾何学的観点

か，またはデカルト座標で表すかは問題でない．なぜならば，2つの座標系の間の変換のヤコビアンは恒等的に1であるからである．このようにして，(1.2.199)における"非摂動軌道"に対して，

$$q^{\alpha}\left(\frac{\theta - \theta_0}{\Omega(I)}\right) \tag{1.2.200}$$

を代用するかもしれない．ここで $q^{\alpha}(\cdot)$ は (1.2.161) の座標における非摂動周期軌道を表す．(1.2.200) に対する変数は，$\theta = \Omega(I)t + \theta_0$ を t について解くことによって得られる．$\theta/\Omega(I) = t$，$\theta_0/\Omega(I) = t_0$ とすると，(1.2.199) は

$$M_1^{m/n}(\alpha, t_0; \phi_0) = \frac{1}{\Omega(I)} \int_0^{mT} (DH \cdot g)\big(q^{\alpha}(t - t_0), \omega t + \phi_0, 0\big)\, dt \tag{1.2.201}$$

となる．すると，$t \to t + t_0$ としたとき，ベクトル場の t に関する周期性から (1.2.201) は

$$M_1^{m/n}(\alpha, t_0; \phi_0) = \frac{1}{\Omega(I)} \int_0^{mT} (DH \cdot g)\big(q^{\alpha}(t), \omega t + \omega t_0 + \phi_0, 0\big)\, dt \tag{1.2.202}$$

となる．

$$\bar{M}_1^{m/n}(\alpha, t_0; \phi_0) = \int_0^{mT} (DH \cdot g)\big(q^{\alpha}(t), \omega t + \omega t_0 + \phi_0, 0\big)\, dt \tag{1.2.203}$$

と定義すれば，$\bar{M}_1^{m/n}(\alpha, t_0; \phi_0)$ が零点を持ち，そこで $\frac{\partial \bar{M}_1^{m/n}(\alpha, t_0; \phi_0)}{\partial t_0} \neq 0$ であることと，$M_1^{m/n}(\alpha, t_0; \phi_0)$ が零点を持ち，そこで $\frac{\partial M_1^{m/n}(\alpha, t_0; \phi_0)}{\partial t_0} \neq 0$ であることが同値であることはすぐわかる．このようにして，定理 1.2.13 の仮定を確かめるには，もとの座標系おいて (1.2.203) の計算をすれば十分である．$\bar{M}_1^{m/n}(\alpha, t_0; \phi_0)$ は，Guckenheimer and Holmes [1983] に見いだすことができる標準的低調波メルニコフ関数であることに注意する．

　FP2 の場合は，$\frac{\partial \Omega}{\partial I} = 0$ であるが，作用-角座標において導かれた低調波メルニコフ・ベクトルを (1.2.161) の元の座標系に変換するような類似の簡単な変換を見つけられなかった．この場合においては，作用-角座標を，直接，計算しなければならないように見える．FP2 が生じる状況は，線形系の摂動においても起こるだろう．

注意 2　構成の仕方より，$M^{m/n}(I, \theta; \phi_0)$ が θ に関して周期 2π を持つことはすぐわかる．FP1 の場合に，この幾何的意味を調べるが，FP2 の場合については読者に残しておくことにする．

　FP1 の場合に定理 1.2.13 の仮定を満たす点 $(\bar{I}, \bar{\theta})$ の位置を定めたとする．点 $(\bar{I}, \bar{\theta})$

は $\mathcal{O}(\varepsilon)$ で P_ε の周期 m 点の近くにある．$M_1^{m/n}(\bar{I},\theta;\phi_0)$ は θ に関して周期 2π であるから，これは，$M_1^{m/n}(\bar{I},\theta;\phi_0)$ が $\theta \in [0,2\pi)$ に対して，少なくとも m 個の零点を持つことを意味する．これらの零点は P_ε のもとで周期 m 点の軌道である．つまり，P_ε^m の m 個の不動点である．我々はさらに先に進むことさえできる．まず，$M_1^{m/n}(\bar{I},\theta;\phi_0)$ は θ に関して周期的であるから，$\frac{\partial M_1^{m/n}}{\partial \theta}(\bar{I},\theta;\phi_0)$ もそうであることに注意する．したがって，$\frac{\partial M_1^{m/n}}{\partial \theta}(\bar{I},\theta;\phi_0)$ は P_ε^m に対するそれらの各不動点で同一であり，0 にならない．したがって，平均値の定理より，P_ε^m のこれらの不動点の任意の 2 点間に，$M_1^{m/n}(\bar{I},\theta;\phi_0) = 0$ であり $\frac{\partial M_1^{m/n}}{\partial \theta}(\bar{I},\theta;\phi_0) \neq 0$ を満たす点が少なくとももう 1 つは存在する．上と同様の議論により，そのような m 個の点がなければならないと結論する．

まとめると，FP1 の場合，定理 1.2.13 の仮定を満たす点 $(\bar{I},\bar{\theta})$ は P_ε^m に対する $2m$ 個の不動点の存在を意味し，同値なこととして，P_ε の 2 つの周期 m 軌道の存在をも意味する．後でこれらの 2 つの軌道が異なる安定特性を持つことがわかる．

注意 3 以前に述べたように，非摂動相空間の大域的幾何は摂動軌道の構造の解析をするための枠組みを提供する．このことを心に留めて，

$$(I,\theta) \mapsto \big(I,\theta + mT\Omega(I)\big)$$

と書き直した非摂動ポアンカレ写像の幾何を議論しよう．これは，極めて，単純な写像である．軌道の全ては，（非摂動問題の構造から）閉曲線上にあり，$mT\Omega(I)$ は各繰り返しにおいて，点が曲線をどれくらい回るかを示している．ホモクリニック軌道の内部で $\frac{\partial \Omega}{\partial I} < 0$ と仮定する．$\frac{\partial \Omega}{\partial I}$ が I の孤立点で 0 になるとすると，ホモクリニック軌道の内部の $\frac{\partial \Omega}{\partial I}$ の符号が変化しないような部分集合（I の値の範囲）に我々の議論を適用することができる．この仮定のもとで，振動数 $\Omega(I)$ は，ホモクリニック軌道に近づくにつれて 0 に単調に減少する．したがって，P_0 のもとで動径の像を調べると，図 1.2.33 のようになる．

このようにして，ホモクリニック軌道に近い点は，中心に近い点ほどは動かない．この型の写像は**ねじれ写像**と呼ばれる．明らかに，ねじれは $\mathcal{O}(1)$ の性質であるので，摂動写像もまたねじれ写像である．FP1 の場合を見てみると，ねじれ条件がもたらすものがわかる．2 次元の写像を扱っているので，不動点を決定するためには，通常，2 つの条件を満たさなければならない．しかし，共鳴周期点に対する研究においては，FP1 の場合の証明から，ねじれ条件（$\frac{\partial \Omega}{\partial I} \neq 0$）は，正しい θ の値でポアンカレの断面に戻ることを保証していることがわかる．よって，像と原像の動径座標（すなわち，I）が適合しているかどうかを確認すればよく，これは $M_1^{m/n}$ によって測られる．

FP2 の場合，ここでのねじれは 0 であり，P_ε^m の不動点が存在するためには 2 つの条件

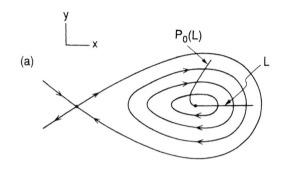

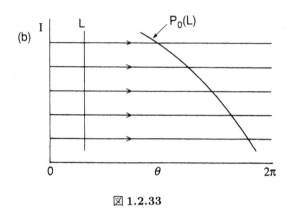

図 1.2.33

が満たされなければならないことは明らかである．すなわち，$(M_1^{m/n}, M_2^{m/n}) = (0,0)$ である．

注意 4　m と n についてはどうであろうか？これらはかなり不思議に見えるかもしれないので，これらが何を意味するのかを詳しく調べよう．外力と共鳴し，**共鳴関係**

$$nT(I) = mT, \qquad n, m \text{ は互いに素}$$

（注：これは共鳴軌道の定義ともいえる）つまり，$T(I) = (m/n)T$ を満たす摂動系における周期軌道を探そう．今，写像は，Σ^{ϕ_0} に点を取り（初期条件），それらが Σ^{ϕ_0} に戻ってくるまでの時間（Σ^{ϕ_0} の定義から，これは時間 T 後に起こる）それらを動かすことにより，常微分方程式から構成されている．点が P_ε を m 回繰り返して，Σ^{ϕ_0} の出発点に戻ったとすると，その点を写像 P_ε に対する周期 m 点と呼ぶ．この写像に対する周期 m 点はどのように常微分方程式の周期軌道と関係しているのだろうか？読

者はメルニコフ・ベクトルの計算が周期 $T(I)$ を持つ非摂動周期軌道のまわりでの積分を含んでいたことを思い起こすべきである. $(I,\theta) = (\bar{I}, \bar{\theta})$ にある周期 m 点に対応するメルニコフ関数の零点がわかれば, このメルニコフ・ベクトルを計算した非摂動軌道の周期は $T(\bar{I})$ で与えられる. この軌道が, Σ^{ϕ_0} に戻り, 写像の周期 m 不動点になるためには, $nT(I) = mT$ が必要である. したがって, ある特別な周期軌道上のメルニコフ・ベクトルを計算し, その周期軌道に対する式において $T(I)$ に mT/n を代入するということを通してメルニコフ・ベクトルに n が入っていることがわかる. こうして, 摂動ベクトル場で周期 $(m/n)T$ の高低調波が保存されることについて語れるのである.

節 1.2A で与えたポアンカレ写像の幾何的記述を振りかえるよう読者に強く勧めたい.

注意 5   ねじれ条件 $\frac{\partial \Omega}{\partial I} \neq 0$ と共に $M_1^{m/n}(I,\theta;\phi_0)$ の符号は, 共鳴帯の不動点の近く, つまり, 共鳴関係 $nT(I) = mT$ を満たす $I = \bar{I}$ の近傍における軌道構造について多くのことを示している. この考え方を説明しよう.

$$\frac{\partial \Omega}{\partial I} < 0$$

と仮定する. さらに,

$$T(\bar{I}) = \frac{3T}{n}$$

となる $I = \bar{I}$ を見つけたとする. 図 1.2.34 に, 作用-角座標で不変な円を図示した. 不変円上の矢印は円上の P_0^3 の作用を表す. この場合, $I = \bar{I}$ とラベルづけられた円は不動点からなる円であり, $\frac{\partial \Omega}{\partial I} < 0$ にしたがって, $I = \bar{I}$ より上にある円上の点は左へ, $I = \bar{I}$ より下にある円上の点は右へ動く.

さらに,

$$M_1^{m/n}(\bar{I}, \bar{\theta}; \phi_0) = 0,$$

$$\frac{\partial \Omega}{\partial I} \frac{\partial M_1^{m/n}}{\partial \theta}(\bar{I}, \bar{\theta}; \phi_0) \neq 0$$

を満たす $\bar{\theta}$ があったとすると, 定理 1.2.13 と定理の証明の後の注意 2 より, P_ε^3 は $I = \bar{I}$ の近く $(\mathcal{O}(\varepsilon))$ に 6 個の不動点を持つことがわかる. 図 1.2.35 には, $I = \bar{I}$ によって与えられる不動点からなる非摂動円の上部で $M_1^{3/n}(\bar{I}, \theta; \phi_0)$ を描いた. $M_1^{3/n}(\bar{I}, \theta; \phi_0)$ のグラフの交点は P_ε^3 の不動点を表している.

構成方法より, $M_1^{3/n}(\bar{I}, \theta; \phi_0)$ は, $I = \bar{I}$ によって定められる非摂動閉軌道に垂直な方向に, 摂動によって "押される量" を表している. こうして, $M_1^{3/n}(\bar{I}, \theta; \phi_0) > 0$ ならば, $(\bar{I}, \theta)$ の近くを出発した点は, $I = \bar{I}$ の上に押され, $M_1^{3/n}(\bar{I}, \theta; \phi_0) < 0$ ならば, $(\bar{I}, \theta)$ の近くを出発した点は, $I = \bar{I}$ の下に押される. これを用いると, 図 1.2.35 のほ

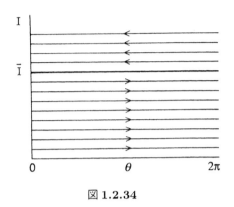

図 1.2.34

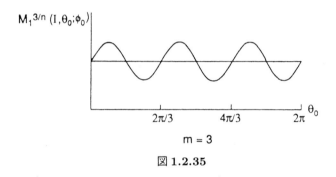

図 1.2.35

かに,不動点の近くで摂動の I 成分によって押される方向を矢印で表した図 1.2.36a が得られる.ねじれ ($\frac{\partial \Omega}{\partial I} \neq 0$) がオーダ1であることを用いると,$\theta$ の動きによって押される方向を描くことができて,それが図 1.2.36b である.図 1.2.36c は,図 1.2.36a と図 1.2.36b に示したような,I と θ の不動点の近くでの動きを重ねたものであり,$\frac{\partial \Omega}{\partial I} \frac{\partial M_1^{3/n}}{\partial \theta} > 0$ を満たす不動点の近くでは,点は双曲的に動き,$\frac{\partial \Omega}{\partial I} \frac{\partial M_1^{3/n}}{\partial \theta} < 0$ を満たす不動点の近くでは,点は不動点を回るような円を描く.(注:最初に $\frac{\partial \Omega}{\partial I} > 0$ を仮定したらどうなるだろうか?)

これは発見的な議論にすぎないことを協調しておく.次の節で直接安定性について述べる.しかし,述べてきたことの多くは,より一般的な意味で正しい.オーダ m/n の共鳴帯において,$2m$ 個の不動点が得られる.共鳴帯のまわりを動く時,これらの不動点の安定性のタイプは,(一般には)交互に代わる.これらの不動点の m 個は鞍状点である.残りの不動点の安定性はもっと微妙な問題である(注:上の議論において,近くの点が不動点のまわりを"回る"傾向があるというような曖昧な表現をわざと用いた).散逸的摂動に対して,これらの不動点は沈点になるだろうし,ハミルトン摂動に対しては,楕円型不動点であるだろう(それらの固有値は絶対値1を持つ).

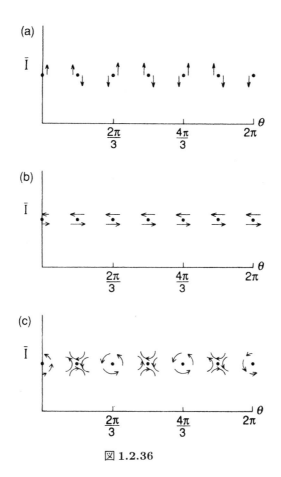

図 1.2.36

注意 6 FP1 の場合に対して，(1.2.203) より，x-y 座標系における低調波メルニコフ・ベクトルの第 1 成分（零でない $1/\Omega(I)$ による正規化を除けば）は次のように与えられた．

$$\bar{M}_1^{m/n}(\alpha, t_0; \phi_0) = \int_0^{mT} (DH \cdot g)(q^\alpha(t), \omega t + \omega t_0 + \phi_0, 0) dt.$$

このように，ベクトル場の周期性によって，t_0 を変化させることと ϕ_0 を変化させることは，$\bar{M}_1^{m/n}(\alpha, t_0; \phi_0)$ に同じ効果を持つことがわかる．したがって，ポアンカレ写像が定義されている断面 Σ^{ϕ_0} を変化させることは，周期軌道の位相を移すことに対応する．

142 1. 力学系の幾何学的観点

【iia. 安定性】

ポアンカレ写像でものごとを扱う大きな利点の1つは，安定問題が簡単にわかることにある．P_ε^m の不動点の安定性は，不動点に関して写像を線形化することと固有値の計算によって決定されることが多い．FP1 と FP2 の場合は異なる．したがって，各々を別々に扱う．また，ポアンカレ写像の m 乗は，

$$P_\varepsilon^m(I,\theta) = \big(I, \theta + mT\Omega(I)\big) + \varepsilon\big(M_1^{m/n}(I,\theta;\phi_0), M_2^{m/n}(I,\theta;\phi_0)\big) + \mathcal{O}(\varepsilon^2)$$

によって与えられた．したがって，線形化は

$$DP_\varepsilon^m = \begin{pmatrix} 1 + \varepsilon M_{1,I}^{m/n} & \varepsilon M_{1,\theta}^{m/n} \\ mT\Omega_I + \varepsilon M_{2,I}^{m/n} & 1 + \varepsilon M_{2,\theta}^{m/n} \end{pmatrix} + \mathcal{O}(\varepsilon^2)$$

となる．ここで，記法の簡略化のために，偏微分を

$$\frac{\partial M_1^{m/n}}{\partial \theta} \equiv M_{1,\theta}^{m/n},$$

$$\frac{\partial M_1^{m/n}}{\partial I} \equiv M_{1,I}^{m/n},$$

$$\frac{\partial \Omega}{\partial I} \equiv \Omega_I$$

と書き，$M_2^{m/n}$ に対しても同様に書くことにする．

<u>FP1 の場合．</u>　$nT(\bar{I}) = mT$ と

$$M_1^{m/n}(\bar{I},\bar{\theta}) = 0, \qquad \left(\frac{\partial \Omega}{\partial I} \frac{\partial M_1^{m/n}}{\partial \theta}\right)\Bigg|_{(\bar{I},\bar{\theta})} \neq 0$$

を満たす点 $(\bar{I},\bar{\theta})$ が得られているとする．すると，定理 1.2.13 より，P_ε に対する周期 m 点であるような点 $(\hat{I},\hat{\theta}) = (\bar{I},\bar{\theta}) + \mathcal{O}(\varepsilon)$ が存在することがわかる．

この不動点の安定性を計算したい．DP_ε^m の固有値は

$$\lambda_{1,2} = \frac{\mathrm{tr}DP_\varepsilon^m}{2} \pm \frac{1}{2}\sqrt{(\mathrm{tr}(DP_\varepsilon^m))^2 - 4\det(DP_\varepsilon^m)}$$

で与えられる．ここで，（添字 m/n は省略している）

$$\mathrm{tr}\,DP_\varepsilon^m = 2 + \varepsilon(M_{1,I} + M_{2,\theta}) + \mathcal{O}(\varepsilon^2),$$

$$\det DP_\varepsilon^m = 1 - \varepsilon mT\Omega_I M_{1,\theta} + \varepsilon(M_{1,I} + M_{2,\theta}) + \mathcal{O}(\varepsilon^2),$$

$$(\mathrm{tr}\,DP_\varepsilon^m)^2 - 4\det DP_\varepsilon^m = 4 + 4\varepsilon(M_{1,I} + M_{2,\theta}) + \mathcal{O}(\varepsilon^2)$$

$$-4 + 4\varepsilon m T \Omega_I M_{1,\theta} - 4\varepsilon(M_{1,I} + M_{2,\theta}) + \mathcal{O}(\varepsilon^2),$$
$$= 4\varepsilon m T \Omega_I M_{1,\theta} + \mathcal{O}(\varepsilon^2)$$

である．このとき，正確な不動点は未知で，M_1 の零点の $\mathcal{O}(\varepsilon)$ 近似しか得られないので，偏微分を計算する点はどこかという問題が起こる．しかし，$\operatorname{tr} DP_\varepsilon^m$ と $\det DP_\varepsilon^m$ の上の式から，これらを $(\bar{I}, \bar{\theta})$ のまわりでテイラー展開し，$(\hat{I}, \hat{\theta}) = (\bar{I}, \bar{\theta}) + \mathcal{O}(\varepsilon)$ に代入することによって，誤差は $\mathcal{O}(\varepsilon^2)$ にしかならないことがわかる．したがって，$(\bar{I}, \bar{\theta})$ において，すなわち，$nT(I) = mT$ を満たす M_1 に対する零点で偏微分を計算する．このようにして次の式が得られる．

$$\lambda_{1,2} = 1 + \frac{\varepsilon}{2}(M_{1,I} + M_{2,\theta}) \pm \sqrt{\varepsilon m T \Omega_I M_{1,\theta} + \mathcal{O}(\varepsilon^2)} + \mathcal{O}(\varepsilon^2).$$

平方根の部分をテイラー級数展開すると

$$\lambda_{1,2} = 1 \pm \sqrt{\varepsilon}\sqrt{m T \Omega_I M_{1,\theta}} + \frac{\varepsilon}{2}(M_{1,I} + M_{2,\theta}) + \mathcal{O}(\varepsilon^{3/2}) \qquad (1.2.204)$$

となる．この式から $\mathcal{O}(\sqrt{\varepsilon})$ と $\mathcal{O}(\varepsilon)$ の項が零でないという条件のもとで，安定性を決定できる．$m T \Omega_I M_{1,\theta} > 0$ と十分小さな ε に対して，(1.2.204) の $\mathcal{O}(\sqrt{\varepsilon})$ の項が安定性を決定するために十分であることに注意する（定理 1.2.13 の証明の後の注意 5 を参照）．

FP2 の場合．$nT(\bar{I}) = mT$ と

$$M(\bar{I}, \bar{\theta}) = 0, \qquad \left.\frac{\partial \Omega}{\partial I}\right|_{\bar{I}} = 0, \qquad \left.\left(\frac{\partial M_1}{\partial I}\frac{\partial M_2}{\partial \theta} - \frac{\partial M_2}{\partial I}\frac{\partial M_1}{\partial \theta}\right)\right|_{(\bar{I}, \bar{\theta})} \neq 0$$

を満たす点 $(\bar{I}, \bar{\theta})$ が見つかったとする．定理 1.2.13 より，$(\hat{I}, \hat{\theta}) = (\bar{I}, \bar{\theta}) + \mathcal{O}(\varepsilon)$ に P_ε に対する周期 m 点が得られる．FP1 の場合と同様にして不動点における線形化写像の固有値を計算する．この場合は $O(\varepsilon^2)$ の項に関して注意深く扱わなければならない．次のように DP_ε^m に対する式にそれらを含める．

$$DP_\varepsilon^m = \begin{pmatrix} 1 + \varepsilon M_{1,I} + \varepsilon^2 A & \varepsilon M_{1,\theta} + \varepsilon^2 B \\ \varepsilon M_{2,I} + \varepsilon^2 C & 1 + \varepsilon M_{2,\theta} + \varepsilon^2 D \end{pmatrix}.$$

ここで，もちろん A, B, C, D は未知である．DP_ε^m の固有値は次の式で与えられる．

$$\lambda_{1,2} = \frac{(\operatorname{tr} DP_\varepsilon^m)}{2} \pm \frac{1}{2}\sqrt{(\operatorname{tr} DP_\varepsilon^m)^2 - 4\det DP_\varepsilon^m}.$$

ここで，

$$\operatorname{tr} DP_\varepsilon^m = 2 + \varepsilon(M_{1,I} + M_{2,\theta}) + \varepsilon^2(A + D),$$

144   1. 力学系の幾何学的観点

$$\det DP_\varepsilon^m = 1 + \varepsilon(M_{1,I} + M_{2,\theta}) + \varepsilon^2(M_{1,I}M_{2,\theta} - M_{1,\theta}M_{2,I})$$
$$+ \varepsilon^2(A + D) + \mathcal{O}(\varepsilon^3),$$

$$(\operatorname{tr} DP_\varepsilon^m)^2 - 4\det DP_\varepsilon^m = 4 + 4\varepsilon(M_{1,I} + M_{2,\theta}) + \varepsilon^2(M_{1,I} + M_{2,\theta})^2$$
$$+ 4\varepsilon^2(A + D) + \mathcal{O}(\varepsilon^3)$$
$$- 4 - 4\varepsilon(M_{1,I} + M_{2,\theta})$$
$$- 4\varepsilon^2(M_{1,I}M_{2,\theta} - M_{2,I}M_{1,\theta})$$
$$= \varepsilon^2(M_{1,I} + M_{2,\theta})^2 - 4\varepsilon^2(A + D) + \mathcal{O}(\varepsilon^3)$$
$$- 4\varepsilon^2(M_{1,I}M_{2,\theta} - M_{2,I}M_{1,\theta}) + \mathcal{O}(\varepsilon^3)$$

である．（未知の $\mathcal{O}(\varepsilon^2)$ の項が偶然消えたことに注意する．）このようにして，

$$\lambda_{1,2} = 1 + \frac{\varepsilon}{2}(M_{1,I} + M_{2,\theta})$$
$$\pm \frac{\varepsilon}{2}\sqrt{(M_{1,I} + M_{2,\theta})^2 - 4(M_{1,I}M_{2,\theta} - M_{1,\theta}M_{2,I})}$$
$$+ \mathcal{O}(\varepsilon^2) \tag{1.2.205}$$

が得られる．FP1 に対するのと同様に，全ての偏微分は共鳴関係 $nT(I) = mT$ を満たしているようなメルニコフ・ベクトル $M = (M_1, M_2)$ の零点で計算する．上の式は，FP2 の場合における安定性の決定に用いることができる．

　周期 m 点のまわりで線形化された P_ε^m の固有値に対するこれらの式の使用に関して注意しなければならないことがある．それらが安定性の考察に対して有効となるのは，十分小さな ε に対して，高次の未知の項を含めることによって固有値が複素平面の単位円を超えさせることにならないという意味で，式の既知の部分が，未知の部分にまさっているかどうかによる．特殊な例を考えよう．

例 1.2.16　次のような数を考えよう．

$$\lambda(\varepsilon) = 1 + i\sqrt{\varepsilon}a + \varepsilon b + \mathcal{O}(\varepsilon^{3/2}). \tag{1.2.206}$$

ここで，a と b は実数とした（注：これは，$\frac{\partial \Omega}{\partial I}\frac{\partial M_1^{m/n}}{\partial \theta} < 0$ の FP1 の場合に対応する）．簡単な計算から，

$$|\lambda(\varepsilon)| = \sqrt{1 + \varepsilon(a^2 + 2b) + \mathcal{O}(\varepsilon^2)} \tag{1.2.207}$$

が得られる．こうして (1.2.207) より，(1.2.206) の $\mathcal{O}(\sqrt{\varepsilon})$ と $\mathcal{O}(\varepsilon)$ の項は $|\lambda(\varepsilon)|$ が十分小さな ε に対して 1 より大きいか小さいかを決めるために重要であることがわかる．

　このような問題を考えるための情報として Murdock and Robinson[1980] をあげて

おく. 最後に, 摂動がハミルトニアンであれば, 多くの安定条件は, ある意味で, 摂動理論に対する"全てのオーダを超えている"ことを注意しておく. この場合は, 別の方法を取らなければならない. このような問題についてはそれが生じたときに注意するであろう.

【iib. 共鳴帯の構造】

共鳴関係を満たす作用値の近くのポアンカレ断面における領域を共鳴帯ということにする. これまでに得られた手法は, 高低調波の存在や, 場合によっては, 安定性さえも決定することを可能にする. 共鳴帯のまわりでの大域的力学を研究するための手法を開発したい. このやり方は, 特定の共鳴帯のまわりでの力学を記述する常微分方程式を導き, 平均化法を用いることである. 元々の手法は, Melnikov[1963] によるもので, Guckenheimer and Holmes[1983] や Greenspan and Holmes[1983] にも見ることができる.

作用-角座標における摂動系の形を思い出すことから始めよう. これは, 次のように書き直せる.

$$\dot{I} = \varepsilon \left(\frac{\partial I}{\partial x} g_1 + \frac{\partial I}{\partial y} g_2 \right) \equiv F(I, \theta, t, \varepsilon),$$

$$\dot{\theta} = \Omega(I) + \varepsilon \left(\frac{\partial \theta}{\partial x} g_1 + \frac{\partial \theta}{\partial y} g_2 \right) \equiv \Omega(I) + \varepsilon G(I, \theta, t, \varepsilon). \tag{1.2.208}$$

この場合, 変数 I は非摂動周期軌道を指示するパラメータであり, 我々は, 摂動のもとでの共鳴周期軌道, すなわち, T を摂動の周期とし,

(共鳴関係) $\qquad nT(I) = mT$

を満たす I によって指示された軌道の振る舞いに興味があったことを思い出そう. そのような I を $I^{m,n}$ と名づける. 固定された共鳴帯の近傍において有効な次のような変換を導入しよう.

$$I = I^{m,n} + \mu h,$$

$$\theta = \Omega(I^{m,n})t + \phi = \left(\frac{2\pi n}{mT} \right) t + \phi. \tag{1.2.209}$$

ここで, μ はあとで定めなければならい小さなパラメータである.

図 1.2.37 には, この変換が $\mathcal{O}(\mu)$ の幅の陰をつけた領域内で有効であることを図示してある. 後で, μ を ε で表す.

方程式 (1.2.208) にこの変換を代入すると

$$\mu \dot{h} = \varepsilon F\big(I^{m,n} + \mu h, \Omega(I^{m,n})t + \phi, t, \varepsilon\big),$$

$$\Omega(I^{m,n}) + \dot{\phi} = \Omega(I^{m,n} + \mu h) + \varepsilon G\big(I^{m,n} + \mu h, \Omega(I^{m,n})t + \phi, t, \varepsilon\big) \tag{1.2.210}$$

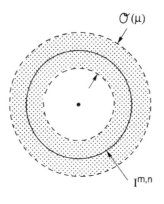

図 1.2.37

が得られる．

(1.2.210) の右辺を μ と ε の巾で展開する．

$$\mu \dot{h} = \varepsilon F\bigl(I^{m,n}, \Omega(I^{m,n})t + \phi, t, 0\bigr) + \varepsilon\mu \frac{\partial F}{\partial I}(I^{m,n}, \Omega(I^{m,n})t + \phi, t, 0)h \\ + \mathcal{O}(\varepsilon\mu^2) + \mathcal{O}(\varepsilon^2),$$

$$\Omega(I^{m,n}) + \dot{\phi} = \Omega(I^{m,n}) + \mu \frac{\partial \Omega}{\partial I}(I^{m,n})h + \mu^2 \frac{1}{2}\frac{\partial^2 \Omega}{\partial I^2}(I^{m,n})h^2 \\ + \varepsilon G\bigl(I^{m,n}, \Omega(I^{m,n})t + \phi, t, 0\bigr) + \mathcal{O}(\mu^3) + \mathcal{O}(\varepsilon\mu) + \mathcal{O}(\varepsilon^2).$$

つまり，(記法の簡略化のために関数の変数は書いていない)

$$\begin{aligned} \dot{h} &= \frac{\varepsilon}{\mu}F + \varepsilon\frac{\partial F}{\partial I}h + \mathcal{O}(\varepsilon\mu) + \mathcal{O}\left(\frac{\varepsilon^2}{\mu}\right), \\ \dot{\phi} &= \mu\frac{\partial \Omega}{\partial I}h + \varepsilon G + \mu^2\frac{1}{2}\frac{\partial^2 \Omega}{\partial I^2}h^2 + \mathcal{O}(\varepsilon\mu) + \mathcal{O}(\mu^3) + \mathcal{O}(\varepsilon^2). \end{aligned} \quad (1.2.211)$$

が得られる．μ がどのように ε に関係しているのかという問いに答えよう．

目標は，(1.2.211) に平均化法を適用することである．このために，ベクトル場に小さなパラメータを掛けなければならない．この状況が成り立つような μ を選ぼう．したがって，

$$\frac{\varepsilon}{\mu} = \mu,$$

でなければならない．よって，

$$\mu = \sqrt{\varepsilon}$$

となる．方程式 (1.2.211) は，

$$\dot{h} = \sqrt{\varepsilon}F\big(I^{m,n},\Omega(I^{m,n})t+\phi,t,0\big) + \varepsilon\frac{\partial F}{\partial I}\big(I^{m,n},\Omega(I^{m,n})t+\phi,t,0\big)h$$

$$+\mathcal{O}(\varepsilon^{3/2}),$$

$$\dot{\phi} = \sqrt{\varepsilon}\frac{\partial\Omega}{\partial I}(I^{m,n})h + \varepsilon\left(G\big(I^{m,n},\Omega(I^{m,n})t+\phi,t,0\big) + \frac{1}{2}\frac{\partial^2\Omega}{\partial I^2}(I^{m,n})h^2\right)$$

$$+\mathcal{O}(\varepsilon^{3/2}) \tag{1.2.212}$$

となる．$\mu=\sqrt{\varepsilon}$ の取り方が $\frac{\partial\Omega}{\partial I}(I^{m,n})\neq 0$ という事実に基づいているということは重要である．さもないと，ε の異なる分数の巾が要求される．この問題は Morozov and Silnikov [1984] において議論されている．また，演習問題 1.2.36 や 1.2.37 も参照のこと．今後，$\frac{\partial\Omega}{\partial I}(I^{m,n})\neq 0$ と仮定する．

(1.2.212) は平均化定理が適用できる形になっていることは明らかであろう．しかし，まず，計算的に有利で，低調波メルニコフ理論との関係が明らかになるように，(1.2.212) の $\dot{h}$ 成分の第 1 項を簡単にする．作用-角変換の式，連鎖律，陰関数，微分を用いて，次の式が得られる．

$$\frac{\partial I}{\partial x} = \frac{\partial I}{\partial H}\frac{\partial H}{\partial x} = \frac{1}{\Omega(I)}\frac{\partial H}{\partial x},$$

$$\frac{\partial I}{\partial y} = \frac{\partial I}{\partial H}\frac{\partial H}{\partial y} = \frac{1}{\Omega(I)}\frac{\partial H}{\partial y};$$

こうして，

$$F\big(I^{m,n},\Omega(I^{m,n})t+\phi,t,0\big) = \frac{1}{\Omega(I^{m,n})}(DH\cdot g)\big(I^{m,n},\Omega(I^{m,n})t+\phi,t,0\big)$$

となる．ここで，$DH\cdot g \equiv \frac{\partial H}{\partial x}\,g_1 + \frac{\partial H}{\partial y}\,g_2$ である．したがって，$\sqrt{\varepsilon}$ の最初の項に対し，(1.2.212) は

$$\dot{h} = \frac{\sqrt{\varepsilon}}{\Omega(I^{m,n})}(DH\cdot g)\big(I^{m,n},\Omega(I^{m,n})t+\phi,t,0\big),$$

$$\dot{\phi} = \sqrt{\varepsilon}\frac{\partial\Omega}{\partial I}(I^{m,n})h \tag{1.2.213}$$

となる．(1.2.213) に平均化定理を適用しよう．右辺の時間依存は周期的であるので，摂動の 1 周期上で平均化すればよく，平均化定理により，平均化方程式からもとの完全な方程式に関する結論を引き出すことが可能である．このようにして，

$$\dot{\bar{h}} = \frac{\sqrt{\varepsilon}}{\Omega(I^{m,n})}\frac{1}{T}\int_0^T (DH\cdot g)\big(I^{m,n},\Omega(I^{m,n})t+\bar{\phi},t,0\big)\,dt,$$

$$\dot{\bar{\phi}} = \sqrt{\varepsilon}\frac{\partial\Omega}{\partial I}(I^{m,n})\bar{h} \tag{1.2.214}$$

148 1. 力学系の幾何学的観点

が得られる. (1.2.214) を簡単にするために, 次の事実を用いる.

1. 共鳴関係より, $T = \frac{2\pi n}{m\Omega(I^{m,n})}$ である.
2. (1.2.180) より変換

$$\big(x(I,\theta), y(I,\theta)\big) \leftrightarrow \big(I(x,y), \theta(x,y)\big)$$

はヤコビアンが 1 で, 被積分関数をもとの座標に戻して評価しても, 方程式における結果が変わらないような座標変換ができる.

これらの 2 つの注意を合わせると, 平均化方程式

$$\dot{\bar{h}} = \frac{\sqrt{\varepsilon}}{\Omega(I^{m,n})mT} \int_0^{mT} (DH \cdot g)\left(q^{I^{m,n}}\left(t - \frac{\bar{\phi}}{\Omega(I^{m,n})}\right), t, 0\right) dt,$$

$$\dot{\bar{\phi}} = \sqrt{\varepsilon}\frac{\partial\Omega}{\partial I}(I^{m,n})\bar{h} \tag{1.2.215}$$

が得られる. ここで, $q^{I^{m,n}}\left(t - \frac{\bar{\phi}}{\Omega(I^{m,n})}\right)$ は, 周期が

$$nT(I, m, n) = mT$$

を満たす非摂動周期軌道を表している. ($q^{I^{m,n}}(\cdot)$ の変数の性質についての考察は, 定理 1.2.13 の証明の後の最初の注意を見よ.)

$\dot{h}$ の方程式の最初の項は (驚くことはないが), 低調波メルニコフ・ベクトルの正規化された第 1 成分であることに注意する. 共鳴帯の近くでの力学を記述する平均化方程式は, このようにして

$$\dot{\bar{h}} = \sqrt{\varepsilon}\frac{1}{2\pi n}\bar{M}_1^{m/n}\left(\frac{\bar{\phi}}{\Omega(I^{m,n})}\right),$$

$$\dot{\bar{\phi}} = \sqrt{\varepsilon}\frac{\partial\Omega}{\partial I}(I^{m,n})\bar{h} \tag{1.2.216}$$

で与えられる. ここで, $\bar{M}_1^{m/n}$ は定理 1.2.13 の証明の後の注意 1 で定義したものである. したがって, 条件

$$\bar{M}_1^{m/n}\left(\frac{\bar{\phi}}{\Omega(I^{m,n})}\right) = 0,$$

$$\bar{h} = 0$$

は, もとの方程式に対する低調波周期軌道に対応している (このことは推測され, また, 実際, 低調波メルニコフ理論を用いてすでに示されている). しかし, 平均化定理は平均化方程式の双曲型不動点の安定, 不安定多様体が完全な方程式の対応する構

造に近いことを示しているので，共鳴帯の構造について (1.2.216) を調べることによって，より多くの情報が得られる.

　この特別な方程式には，しかしながら，問題がある．第 1 次の平均化方程式は，

$$H = \sqrt{\varepsilon}\left(\frac{\partial \Omega}{\partial I}(I^{m,n})\frac{\bar{h}^2}{2} - V(\bar{\phi})\right) \tag{1.2.217}$$

で与えられるハミルトニアンを持つ（任意の摂動に対して構造安定でない）ハミルトン系であることに注意する．ここで，

$$V(\bar{\phi}) = \frac{1}{2\pi n}\int \bar{M}_1^{m/n}\left(\frac{\bar{\phi}}{\Omega(I^{m,n})}\right)d\bar{\phi}$$

である．もし，摂動がハミルトニアンかつ自励的（ある $\mathbf{C}^{r+1}$ 級関数 $\tilde{H}$ に対して，$g_1(x,y,\varepsilon) = \frac{\partial \tilde{H}}{\partial y}(x,y,\varepsilon)$, $g_2(x,y,\varepsilon) = -\frac{\partial \tilde{H}}{\partial y}(x,y,\varepsilon)$ ）でないならば，第 1 次の平均化方程式では，共鳴帯の近くでの質的力学を正確にとらえられない．したがって，平均化を少なくとも $\sqrt{\varepsilon}$ の第 2 次の項まで行わねばならないだろう.

　もとの完全な方程式に戻ろう.

$$\dot{h} = \frac{\sqrt{\varepsilon}}{2\pi n}(DH \cdot g)(I^{m,n}, \Omega(I^{m,n})t + \phi, t, 0)$$

$$+ \varepsilon\frac{\partial F}{\partial I}(I^{m,n}, \Omega(I^{m,n})t + \phi, t, 0)h + \mathcal{O}(\varepsilon^{3/2}),$$

$$\dot{\phi} = \sqrt{\varepsilon}\frac{\partial \Omega}{\partial I}(I^{m,n})h + \varepsilon\Big(G(I^{m,n}, \Omega(I^{m,n})t + \phi, t, 0)$$

$$+ \frac{1}{2}\frac{\partial^2 \Omega}{\partial I^2}(I^{m,n})h^2\Big) + \mathcal{O}(\varepsilon^{3/2}).$$

平均化定理の証明より，その方法は時間依存性を最高位で消去した座標変換を選ぶことによって，遂行されていること，及び，座標変換の自明でない部分を，最高位の項の振動部分の（時間に関する）反導関数となるように選んでいることを思い出そう．ベクトル場の $\dot{h}$ 成分の $\mathcal{O}(\sqrt{\varepsilon})$ の振動部分は，

$$\tilde{F}(I^{m,n}, \Omega(I^{m,n})t + \phi, t, 0) = \frac{1}{\Omega(I^{m,n})}(DH \cdot g)(I^{m,n}, \Omega(I^{m,n})t + \phi, t, 0)$$

$$- \frac{1}{2\pi n}\bar{M}_1^{m/n}\left(\frac{\phi}{\Omega(I^{m,n})}\right)$$

で与えられる．ベクトル場の $\dot{\phi}$ 成分の $\mathcal{O}(\sqrt{\varepsilon})$ 部分は定数なので，平均化変換として

150 1. 力学系の幾何学的観点

$$h \rightarrow \bar{h} + \sqrt{\varepsilon} \int \tilde{F}(I^{m,n}, \Omega(I^{m,n})t + \phi, t, 0) ,$$
$$\phi \rightarrow \bar{\phi}$$

を選ぶ. また

$$\frac{d}{dt} \int \tilde{F}(I^{m,n}, \Omega(I^{m,n})t + \phi, t, 0) = \tilde{F}(I^{m,n}, \Omega(I^{m,n})t + \phi, t, 0)$$
$$+ \frac{\partial}{\partial \phi} \int \tilde{F}(I^{m,n}, \Omega(I^{m,n})t + \phi, t, 0)\dot{\phi}$$

に注意する. 方程式にこれを代入し, (平均化定理の証明におけるのと同様な) ある代数的操作を行うと,

$$\dot{\bar{h}} = \frac{\sqrt{\varepsilon}}{2\pi n} \bar{M}_1^{m/n} \left(\frac{\bar{\phi}}{\Omega(I^{m,n})} \right) + \varepsilon \left(\frac{\partial F}{\partial I}(I^{m,n}, \Omega(I^{m,n})t + \bar{\phi}, t, 0)\bar{h} \right.$$
$$\left. - \frac{\partial}{\partial \phi} \int \frac{\partial \Omega}{\partial I}(I^{m,n})\bar{h}\tilde{F}(I^{m,n}, \Omega(I^{m,n})t + \bar{\phi}, t, 0) \right) + \mathcal{O}(\varepsilon^{3/2}) ,$$

$$\dot{\bar{\phi}} = \sqrt{\varepsilon} \frac{\partial \Omega}{\partial I}(I^{m,n})\bar{h} + \varepsilon \left(\frac{1}{2} \frac{\partial^2 \Omega}{\partial I^2}(I^{m,n})\bar{h}^2 \right.$$
$$+ G(I^{m,n}, \Omega(I^{m,n})t + \bar{\phi}, t, 0)$$
$$\left. + \frac{\partial \Omega}{\partial I}(I^{m,n}) \int \tilde{F}(I^{m,n}, \Omega(I^{m,n})t + \bar{\phi}, t, 0) \right) + \mathcal{O}(\varepsilon^{3/2}) \qquad (1.2.218)$$

が得られる. $\sqrt{\varepsilon}$ の第 2 位で (1.2.218) を平均化し, $\tilde{F}$ が平均で 0 (したがって, $\int \tilde{F}$ と $\frac{\partial}{\partial \phi} \int \tilde{F}$ もそうである) であることを使うと

$$\dot{\bar{h}} = \frac{\sqrt{\epsilon}}{2\pi n} \bar{M}_1^{m/n} \left(\frac{\bar{\phi}}{\Omega(I^{m,n})} \right) + \varepsilon \overline{\frac{\partial F}{\partial I}}(\bar{\phi})\bar{h},$$
$$\dot{\phi} = \sqrt{\varepsilon} \frac{\partial \Omega}{\partial I}(I^{m,n})\bar{h} + \varepsilon \left(\frac{1}{2} \frac{\partial^2 \Omega}{\partial I^2}(I^{m,n})\bar{h}^2 + \bar{G}(\bar{\phi}) \right)$$

$$(1.2.219)$$

となる. ここで

$$\frac{\partial \overline{F}}{\partial I}(\bar{\phi}) \equiv \frac{1}{mT} \int_0^{mT} \frac{\partial F}{\partial I}(I^{m,n}, \Omega(I^{m,n})t + \bar{\phi}, t, 0)dt,$$

$$\overline{G}(\bar{\phi}) = \frac{1}{mT} \int_0^{mT} G(I^{m,n}, \Omega(I^{m,n})t + \bar{\phi}, t, 0)dt$$

と定義した. 摂動がハミルトニアンでない場合は, しばしば, 方程式 (1.2.219) は特殊な共鳴帯の近くでの力学の多くを決定可能にするのに, 十分であるだろう. 摂動が

ハミルトニアンであるときは，特別な問題が起こる．それらについては出てきたときに議論する．

【iic. 非共鳴】

ここまでは，共鳴，すなわち，

$$nT(I) = mT$$

を満たす I の近傍での軌道構造についてのみ考えてきた．Γ_{p_0} の内部の周期軌道の性質について考えよう．図 1.2.38 を考える．この図には，グラフ $\Omega(I)$ を描いてある．ここで，Ω_c は中心型不動点のまわりで線形化されたベクトル場の振動数を表し，I_h は $\Omega(I_h) = 0$ であるようなホモクリニック軌道上の作用の値（注：作用はホモクリニック軌道上で定義されているが，角変数はホモクリニック軌道上では定義されていない）を表している．そして，$I \in [0, I_h]$ に対し，Ω は Ω_c と 0 の間の全ての値をとる．（注：図 1.2.38 では $\frac{\partial \Omega}{\partial I} < 0$ の場合を示した．こうしても一般性を失わない．）したがって，固定した T に対し，

$$n\frac{2\pi}{\Omega_c} \geq mT$$

を満たす全ての m と n に対して，

$$n\frac{2\pi}{\Omega(I)} = mT$$

となる I を一意的に見つけることができる．よって，そのような可算無限な共鳴 I のレベル，または共鳴帯が存在する．（注：$\frac{\partial \Omega}{\partial I} = 0$ より，与えられた n と m に対する共鳴関係を満たす 2 つ以上の I の値があるかもしれないということは明らかであろう．）P_0^m は各共鳴 I レベルを不動点からなる円として固定する．明らかに，これは構造的に不安定な状態で，任意の摂動により不動点からなるこの円は有限個の不動点に分解

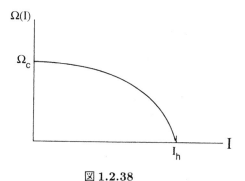

図 1.2.38

152 1. 力学系の幾何学的観点

されるとしなければならない（定理 1.2.13 の証明の後の注意を参照）．

共鳴関係が満たされないような，区間 $[0, I_h]$ に含まれる非可算無限個の I の値，つまり，

$$\frac{T(I)}{T} = \text{有理数} \tag{1.2.220}$$

となるような値が存在することは明らかであろう．摂動ポアンカレ写像に対して，そのような I の値の近くでは，軌道構造の性質はどうなるかを問うことは自然である．共鳴の場合と異なり，P_ε^m のいかなる繰り返しでも不動点からなる円を持つことはなく，むしろ非共鳴 I レベル上の軌道は，これらの**不変な円**に留まり，P_ε^m の繰り返しによりその円を稠密に埋める（節 1.2 の例 1.2.3 参照）．この場合には，（いくつかの）不変円は摂動で保たれることが期待されるかもしれない．これは摂動がハミルトニアンであるかどうかに非常に依存していることがわかる..

【ハミルトニアンでない摂動】

この場合には，一般的な定理は存在しない．しかし，多くの情報を与える量は

$$\det DP_\varepsilon \tag{1.2.221}$$

と表される線形化ポアンカレ写像の行列式である．(1.2.221) は面積の拡大縮小を局所的に測るものである．よって，もし，(1.2.221) が至るところ定数（一般には DP_ε は点によって変わる）であり，1 から離れているとすると，DP_ε は不変な円は持つことができない（演習問題 1.2.26）．この場合，非摂動ポアンカレ写像の非共鳴不変円は壊れると予測される．(1.2.221) が定数でないならば，もっと注意深い解析が必要となる．

【ハミルトニアン摂動】

この場合，(1.2.221) は恒等的に 1 であり，有名な KAM（コルモゴロフ，アーノルド，モーザーの略）の定理やモーザーのねじれ定理で扱われている状況にあることになる（Moser [1973]）．概略を述べると，これらの定理は，(1.2.220) が数論的な意味で有理数によってうまく近似されないという性質を持つ非共鳴不変円は，摂動ポアンカレ写像によって準周期軌道で埋められているような不変円として保たれることを示す．

モーザーのねじれ定理を，より一般的な状況で述べよう．円環

$$A = \left\{ (I, \theta) \in \mathbb{R}^+ \times S^1 \mid I \in [I_1, I_2] \right\}$$

上で定義された非摂動可積分写像

$$\begin{aligned}
I &\mapsto I, \\
\theta &\mapsto \theta + \alpha(I)
\end{aligned} \tag{1.2.222}$$

を考えよう. 摂動写像は

$$I \mapsto I + f(I, \theta),$$
$$\theta \mapsto \theta + \alpha(I) + g(I, \theta) \qquad (1.2.223)$$

とする. f と g も A 上で定義されているとする（すぐ後で，微分可能性について気にすることになろう）. (1.2.223) が (1.2.222) の摂動とみなされるためには，f と g は "小さく" なければならない. A 上の $\mathbf{C}^r$ 級関数を $\mathbf{C}^r(A)$ と書き，$\mathbf{C}^r(A)$ 上のノルム $|\cdot|_r$ を次のように定義する.

$$h \in \mathbf{C}^r(A) \Rightarrow |h|_r = \sup_{\substack{i+j \le r \\ A}} \left| \frac{\partial^{i+j} h}{\partial I^i \partial \theta^j} \right|.$$

モーザーのねじれ定理を述べよう.

定理 1.2.14 (Moser [1973]) $\varepsilon > 0$ を正数とし，$\alpha(I) \in \mathbf{C}^r$ $(r > 5)$, A において $\left| \frac{\partial \alpha}{\partial I} \right| \ge \nu > 0$ とする. このとき，次のような ε, r, $\alpha(r)$ に依存する δ が存在する. すなわち，f と g が A 上で $\mathbf{C}^r$ 級 $(r \ge 5)$ で，

$$|f(I, \theta) - I|_r + |g(I, \theta) - \alpha(I)|_r < \nu\delta$$

を満たすならば，(1.2.223) は

$$I = \bar{I} + u(t), \quad \theta = t + v(t), \quad t \in [0, 2\pi)$$

というパラメータ表現を持つ A 内の不変円を持つ. ここで，u と v は周期 2π の $\mathbf{C}^1$ 級関数で，$\bar{I} \in [I_1, I_2]$ で

$$|u|_1 + |v|_1 < \varepsilon$$

を満たす. さらに，この不変円に制限した写像は，

$$t \to t + \omega, \qquad t \in [0, 2\pi)$$

で与えられる. ここで，ω は 2π と非通約であり，$\gamma, \tau > 0$ と全ての整数 $p, q > 0$ に対して無限に多くの条件

$$\left| \frac{\omega}{2\pi} - \frac{p}{q} \right| \ge \gamma q^{-\tau} \qquad (1.2.224)$$

を満たす. 実際，(1.2.224) を満たす $\omega \in [\Omega(I_1), \Omega(I_2)]$ はそのような不変円を与える.

証明 Moser [1973] を見よ. $\square$

いくつかの注意を順番にあげておこう.

154　1. 力学系の幾何学的観点

注意 1　方程式 (1.2.224) は無理数 $\omega/2\pi$ が有理数によってうまく近似されていないことを示している. 確かにこの条件を満たさない無理数が存在する. 定理はこれらについては何も述べていない.

注意 2　ポアンカレ写像の m 乗は (1.2.196) より

$$
\begin{aligned}
I &\mapsto I + \varepsilon M_1(I,\theta) + \mathcal{O}(\varepsilon^2), \\
\theta &\mapsto \theta + mT\Omega(I) + \varepsilon M_2(I,\theta) + \mathcal{O}(\varepsilon^2)
\end{aligned}
\tag{1.2.225}
$$

となる. 今は, 非共鳴力学に興味があるので M_1 と M_2 の肩の m/n を取り去っていることに注意する.

a) 積分可能な場合より, (1.2.223) の摂動の大きさは ε によって制御される. これは, M_1 と M_2 は最初の r 階導関数と共に $\mathbb{R}^+ \times S_1$ の有界部分集合で有界であるので, 問題にならない.

b) (1.2.225) における $mT\Omega(I)$ は, 定理 1.2.14 の $\alpha(I)$ の役割を果たす. このように $\frac{\partial \alpha}{\partial I} \neq 0$ と $\frac{\partial \Omega}{\partial I} \neq 0$ は同値である. したがって, 定理 1.2.14 より,

$$
\left| \frac{mT\Omega(\bar{I})}{2\pi} - \frac{p}{q} \right| \geq \gamma q^{-\tau}
$$

となる $I = \bar{I} \in (0, I_h)$ に対して, (1.2.223) は $I = \bar{I}$ の近くに不変円を持つ.

注意 3　不変円の存在は安定性の議論に対して大変有用であることがわかる. 不変円によって囲まれた相空間の領域は不変集合であるからである (演習問題 1.2.25, 1.2.27 を見よ).

注意 4　定理 1.2.14 は次のような自然な問いを導く. (1.2.223) の全ての準周期軌道は不変円の上にあるのだろうか? より正確にいえば, (1.2.223) の準周期軌道の閉包は不変円だろうか? この問いに対する答えは, ノーである. 閉包がカントール集合になるような準周期軌道が存在する. この構造は, しばしばカントーラスと呼ばれる. カントーラスに関しては Aubry [1983a], [1983b], Mather [1982], Percival [1979] を参照のこと.

注意 5　直接的には, 2 次元の写像に対する準周期軌道を定義しなかった. 1 つの定義は, 閉包が不変円となる軌道であるとすることである. 時間周期的常微分方程式のポアンカレ写像から生じるものとして写像をとらえるなら, 準周期軌道は 2 つの振動数が非通約であるような常微分方程式の 2 つの振動を持つ解である. カントーラスの発見は, 準周期軌道の概念の一般化が望まれるかもしれないことを示している (その

議論に関しては Mather [1982] を見よ）．しかし，現在のところ，2次元，保測ねじれ写像のカントーラスに対する一般存在定理しか得られていない（しかし，Katok and Bernstein[1987] を見よ）．

注意6　定理 1.2.14 は摂動定理である．すなわち，未知の大きさの摂動に対してのみ不変円の存在を主張する．興味のある（実際的な）問題は非摂動写像における準周期的な不変円の存在場所を定め，摂動の強さが大きくなるにつれて，どうなるかを研究することである．最近，このような方向で解析的，数値的な結果がでている．これらについては，Celletti and Chierchia [1988], Herman [1988], de la Llave and Rana [1988], MacKay [1988], MacKay, Meiss, and Stark [1989], MacKay and Percival [1985], Mather [1984,1986], Stark [1988] を参照せよ．

注意7　KAM の定理は定理 1.2.14 より一般的であり，完全積分可能，n 自由度ハミルトン系の摂動における n 振動準周期運動の保存に関するものである．正確な記述や定理のいくつかの一般化については，Arnold [1978], Moser [1973], Siegel and Moser [1971], Bost [1986] を見よ．

1.2E　減衰，強制ダッフィング振動子の力学への応用

この大きな理論を減衰，強制ダッフィング振動子に応用しよう．この方程式は ε を小さいとし（注：これは我々の理論を厳密に適用するためである），γ, δ, ω は正のパラメータとしたとき，

$$
\begin{aligned}
\dot{x} &= y, \\
\dot{y} &= x - x^3 + \varepsilon(\gamma \cos \omega t - \delta y)
\end{aligned}
\tag{1.2.226}
$$

で与えられる．非摂動系は

$$
\begin{aligned}
\dot{x} &= y, \\
\dot{y} &= x - x^3
\end{aligned}
\tag{1.2.227}
$$

であり，ハミルトニアン

$$
H(x, y) = \frac{y^2}{2} - \frac{x^2}{2} + \frac{x^4}{4}
\tag{1.2.228}
$$

を持つハミルトン系である．最初にすることは，図 1.2.39 に描いたような非摂動相空間の幾何を完全に理解することである．節 1.1E で述べたように，全ての軌道はハミルトニアン (1.2.228) のレベル集合によって与えられる．以下で，式の導出の詳細な部分は読者にまかせるが，それらの軌道に対する解析的表示を与えるだろう．

次のような安定型を持つ 3 つの平衡点がある．

1. 力学系の幾何学的観点

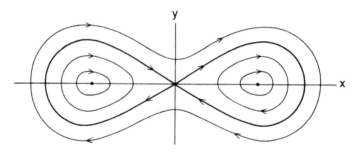

図 1.2.39

$$(x, y) = (\pm 1, 0) \text{ — 中心},$$
$$(x, y) = (0, 0) \text{ — 鞍状点}$$

鞍状点は

$$q_+^0(t) = (\sqrt{2}\operatorname{sech} t, -\sqrt{2}\operatorname{sech} t \tanh t),$$
$$q_-^0(t) = -q_+^0(t)$$

で与えられる2つのホモクリニック軌道によってつながっている．対応するホモクリニック軌道の内部に次の式で与えられる2つの周期軌道の族が存在する．

$$q_+^k(t) = \left(\frac{\sqrt{2}}{\sqrt{2-k^2}} \operatorname{dn}\left(\frac{t}{\sqrt{2-k^2}}, k \right), \right.$$
$$\left. \frac{-\sqrt{2}k^2}{2-k^2} \operatorname{sn}\left(\frac{t}{\sqrt{2-k^2}}, k \right) \operatorname{cn}\left(\frac{t}{\sqrt{2-k^2}}, k \right) \right),$$
$$q_-^k(t) = -q_+^k(t), \qquad k \in (0, 1).$$

ここで，kは楕円モジュラスであり，$\operatorname{sn}(\cdot), \operatorname{cn}(\cdot), \operatorname{dn}(\cdot)$は楕円関数である（Byrd and Friedman [1971] を見よ）．上の周期軌道に対する式をハミルトニアンに対する式に代入すると，ハミルトニアンと楕円モジュラスの間の次の関係式が得られる．

$$H\bigl(q_\pm^k(t)\bigr) \equiv H(k) = \frac{k^2 - 1}{(2-k^2)^2} \qquad \text{（軌道上で定数）}.$$

楕円関数の基本的性質から，上の軌道の周期は

$$T(k) = 2K(k)\sqrt{2-k^2}$$

となることがわかる．ここで，$K(k)$は第1種完全楕円積分である．

また，ホモクリニック軌道の外側には

$$q^k(t) = \left(\sqrt{\frac{2k^2}{2k^2-1}} \operatorname{cn}\left(\frac{t}{\sqrt{2k^2-1}}, k\right), \right.$$
$$\left. \frac{-\sqrt{2}k}{2k^2-1} \operatorname{sn}\left(\frac{t}{\sqrt{2k^2-1}}, k\right) \operatorname{dn}\left(\frac{t}{\sqrt{2k^2-1}}, k\right) \right), \quad k \in (1, 1/\sqrt{2})$$

で与えられる周期軌道の族が存在する．これらの軌道の周期は

$$T(k) = 4K(k)\sqrt{2k^2-1}$$

となる．$k \to 1$ とすると，どちらの周期軌道の族もホモクリニック軌道に収束することが，簡単に示せる．これらの証明は演習問題 1.2.29 を見よ．

摂動系 (1.2.226) の研究のお膳立てをする．3次の自励系として (1.2.226) を書き直すと

$$\begin{aligned} \dot{x} &= y, \\ \dot{y} &= x - x^3 + \varepsilon(\gamma \cos\phi - \delta y), \quad (x, y, \phi) \in \mathbb{R}^2 \times S^1. \\ \dot{\phi} &= \omega, \end{aligned}$$

ここで，S^1 は長さ $2\pi/\omega$ の円であり，$\phi(t) = \omega t + \phi_0$ である．

非摂動拡大相空間を図 1.2.40 に図示した．流れに対する大域的横断面

$$\Sigma^{\phi_0} = \left\{ (x, y, \phi) \,\bigg|\, \phi = \phi_0 \in \left[0, \frac{2\pi}{\omega}\right) \right\}$$

をつくる．付随するポアンカレ写像は

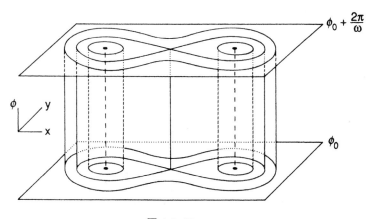

図 1.2.40

158 1. 力学系の幾何学的観点

$$P: \Sigma^{\phi_0} \to \Sigma^{\phi_0},$$

$$\big(x(0), y(0)\big) \mapsto \big(x(2\pi/\omega), y(2\pi/\omega)\big)$$

で与えられる.

摂動力学系の研究を 2 つの予備的な補題から始めよう. まず, ベクトル場が全ての時間に対してその境界上で内部を向いているような $\mathbb{R}^2$ 内の閉凸集合 D が存在することを示そう. このようにして, 閉じ込め領域の存在を立証するだろう. 後でこのことが使われる.

次のようなスカラー値関数を考える.

$$L(x,y) = \frac{y^2}{2} + \nu xy - \frac{x^2}{2} + \frac{x^4}{4}, \qquad 0 < \nu < \varepsilon\delta.$$

この関数のレベル集合

$$L(x,y) = C$$

を考えよう. 大きな C に対して, レベル集合は本質的に楕円である (L はハミルトニアンを少し変更したものにすぎないことに注意する). さらに, 直線 $y = \alpha x$ は任意の与えられたレベル集合 (十分大きな C に対しては) と原点に関してちょうど反対側にある 2 つの点で交わる.

$$D = \{\, (x,y) \mid L(x,y) \le C,\ C\ \text{は大}\, \},$$

$$\partial D = \{\, (x,y) \mid L(x,y) = C \,\}$$

とする.

補題 1.2.15 (Holmes and Whitley [1984])　摂動ベクトル場は全ての時間に対して ∂D 上で内部を向く.

証明

$$\text{全ての時間に対して} \partial D \text{ 上で} \qquad \nabla L \cdot (\dot{x}, \dot{y}) < 0$$

となれば補題は正しいことになる. ここで, $(\dot{x}, \dot{y})$ は摂動ベクトル場である. この式を計算すると

$$\begin{aligned}
\nabla L \cdot (\dot{x}, \dot{y}) &= (\nu y - x + x^3, y + \nu x) \cdot \big(y, x - x^3 + \varepsilon(\gamma \cos \omega t - \delta y)\big) \\
&= \nu y^2 - xy + x^3 y + xy - x^3 y + \varepsilon(\gamma y \cos \omega t - \delta y^2) \\
&\quad + \nu x^2 - \nu x^4 + \varepsilon(\nu\gamma x \cos \omega t) - \nu\delta xy) \\
&= (\nu - \varepsilon\delta)y^2 + \varepsilon\gamma \cos \omega t(y + \nu x) - \nu x^2(x^2 - 1) - \varepsilon\nu\delta xy \\
&\le -(\varepsilon\delta - \nu)y^2 - \nu x^2(x^2 - 1) + \varepsilon\nu\delta|xy| + \varepsilon\gamma|y + \nu x|
\end{aligned}$$

となる．$\nu < \varepsilon\delta$ であった．y 軸上ではこの式は

$$\nabla L \cdot (\dot{x}, \dot{y}) \leq -(\varepsilon\delta - \nu)y^2 + \varepsilon\gamma|y|$$

となる．したがって，大きな y に対しては，これは真に負である．また，任意の直線 $y = \alpha x$ 上では，これは

$$\nabla L \cdot (\dot{x}, \dot{y}) \leq -(\varepsilon\delta - \nu)\alpha^2 x^2 - \nu x^2(x^2 - 1) + \varepsilon\nu\delta|\alpha|x^2 + \varepsilon\gamma|x||1 + \nu\alpha|$$

である．α を $(-\infty, \infty)$ の間で動かすと，D 内で全ての点を掃く．したがって，十分大きな x に対しては，直線 $y = \alpha x \ (\alpha \in (-\infty, \infty))$ 上でこの式は真に負である．□

注意1 上の補題は減衰 (δ) 項に完全に依存しており，その項がなければ成り立たない．

補題 1.2.16

$$\det DP = e^{-2\pi\varepsilon\delta/\omega} < 1, \qquad \delta > 0.$$

証明 任意のポアンカレ写像の行列式に対する一般的な証明を与えよう．一般の T-周期常微分方程式

$$\dot{x} = f(x, t), \qquad f(x, t) = f(x, t + T)$$

を考えよう．$\bar{x}(t)$ を解とする．この解のまわりで線形化した変分方程式

$$\dot{\xi} = D_x f(\bar{x}(t), t))\xi$$

を考える．この方程式は，基本解行列

$$X(t)$$

を持ち，線形化方程式の一般解は $\xi(t) = X(t)\xi_0$ である．したがって，もとの方程式の線形化ポアンカレ写像は

$$x_0 \mapsto X(T)x_0$$

で与えられる．そのヤコビアンは

$$DP = X(T)$$

である．リューヴィルの公式（Arnold [1973]）より，

$$\det X(T) = \det DP = \exp \int_0^T \operatorname{tr} D_x f(\bar{x}(t), t)\, dt$$

が得られる．我々の系 (1.2.226) に対しては，

$$f = \begin{pmatrix} y \\ x - x^3 - \varepsilon\delta y + \varepsilon\gamma \cos\omega t \end{pmatrix},$$

160 1. 力学系の幾何学的観点

$$Df = \begin{pmatrix} 0 & 1 \\ 1 - 3x^2 & -\varepsilon\delta \end{pmatrix}$$

となり，$\mathrm{tr}Df = -\varepsilon\delta =$ 定数 である．したがって，$\det DP = e^{-2\pi\varepsilon\delta/\omega}$ となる（演習問題 1.2.39）．□

補題 1.2.16 は，$\delta > 0$ に対してポアンカレ写像が面積縮小であることを示している．したがって，これは，不変円を持たない．

摂動ポアンカレ写像の力学を考察するためのより詳しい情報を得るために，メルニコフ関数 $\bar{M}_1^{m/n}(t_0)$ を計算する．共鳴関係を通して m/n でラベル付けられる共鳴周期軌道に興味があるので，断面 ϕ_0 と α への依存を明示することを省略する（その役割は楕円モジュラス k によって果たされる）．低調波メルニコフベクトルの 1 つの成分のみを計算する理由は

$$\frac{\partial\Omega}{\partial I} \neq 0 \tag{1.2.229}$$

である．(1.2.229) を示すことは読者に任せる．しかし，それは解析の過程で導かれる振動数に対する様々な式からはっきりしてくるであろう．

ホモクリニック軌道の内部にある周期軌道の 2 つの族に対するメルニコフ関数は

$$\bar{M}_1^{m/n}(t_0; \gamma, \delta, \omega) = -\delta J_1(m, n) \pm \gamma J_2(m, n, \omega)\sin\omega t_0 \tag{1.2.230}$$

によって与えられる．ここで，m, n は共鳴関係

$$2K(k)\sqrt{2 - k^2} = \frac{2\pi m}{\omega n}$$

を満たす互いに素な正の整数である．＋か－かは周期軌道の右側の族か左側の族かによる（注：周期の単調性より，この方程式は $2\pi m/(\omega n) > \sqrt{2}\pi$ となる m, n をどのように選んでも解を持つ）．そして，$J_1(m, n)$, $J_2(m, n, \omega)$ は次のように楕円関数を含む正の複雑な式である（注：$K(k)$ と $E(k)$ はそれぞれ第 1 種，第 2 種完全楕円積分を表している）．

$$J_1(m, n) = \frac{4}{3}\big((2 - k^2)E(k) - 2k'^2 K(k)\big)/(2 - k^2)^{3/2}.$$

ここで，$k' = \sqrt{1 - k^2}$,

$$J_2(m, n, \omega) = \begin{cases} 0 & \text{for } n \neq 1 \\ \sqrt{2}\pi\omega\,\mathrm{sech}\,\dfrac{\pi m K(k')}{K(k)} & \text{for } n = 1 \end{cases}$$

である．この計算の詳細は，Greenspan and Holmes [1984]，演習問題 1.2.30 を見よ．このようにして，ホモクリニック軌道の内部には摂動によって引き起こされる高低調

波が存在しないことがわかった．したがって，今後は

$$\bar{M}_1^{m/1}(t_0;\gamma,\delta,\omega) = -\delta J_1(m,1) \pm \gamma J_2(m,1,\omega)\sin\omega t_0 \quad (1.2.231)$$

と書くことにする．

$$R^m(\omega) = \frac{J_1(m,1)}{J_2(m,1,\omega)}$$

と定義すると，メルニコフ関数の零点の存在条件は

$$-\delta R^m(\omega) - \gamma\sin\omega t_0 = 0$$

つまり

$$\left|\frac{\delta R^m(\omega)}{\gamma}\right| \leq 1$$

つまり

$$\frac{\gamma}{\delta} \geq R^m(\omega) \quad (1.2.232)$$

と書ける．この条件の意味を幾何的に注意深く解釈しよう．

断面 Σ 上の非摂動ポアンカレ写像と共鳴関係

$$T(k) = 2K(k)\sqrt{2-k^2} = \frac{2\pi m}{\omega}$$

を満たす非摂動周期軌道を考えよう．図 1.2.41 に解を描いた．（注：ホモクリニック軌道の内部では，右半平面と左半平面の両方に（対称性により）同じ状況が現れるので今後は右側だけを描き，ホモクリニック軌道は描かない．）

非摂動写像に対して，上の円は周期 m 点であり，したがって，写像の m 乗の不動点である．これらの周期 m 点は摂動写像で保たれるだろうか．答えはメルニコフ関数によってもたらされる．

1. $\gamma/\delta < R^m(\omega)$ に対し，メルニコフ関数は零点を持たない．したがって，摂動ポア

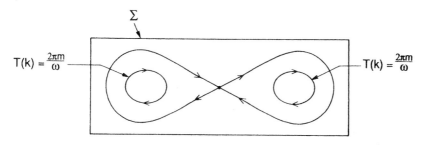

図 1.2.41

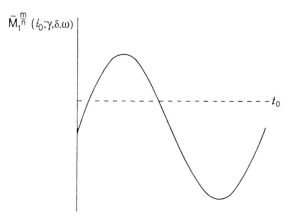

図 1.2.42

ンカレ写像はこの m に対して，周期 m 点を持たない．
2. $\gamma/\delta > R^m(\omega)$ に対し，メルニコフ関数は零点を持つ．いくつあるかを数えたい．

メルニコフ関数は周期 $2\pi/\omega$ で周期的であるので，メルニコフ関数の 1 周期は図 1.2.42 のようになる．このように，摂動の 1 周期の間にメルニコフ関数は 2 つの零点を持つ．安定性を考察した前の議論から，1 つの零点は周期 m 鞍状点に対応することがわかっている．さらに計算をするともうひとつの零点は $\delta > 0$ に対しては周期 m 沈点に対応することがわかるだろう．

非摂動軌道を回るとき費やす時間（すなわち，その周期）は $2\pi m/\omega$ である．よって，この間にメルニコフ関数は m 周期通る．この特別な共鳴レベルでは，摂動ポアンカレ写像は $2m$ 個の周期点を持ち（つまり，m 乗は，$2m$ 個の不動点を持つ），それらのうち m 個は鞍状点であり，後でわかるように後の m 個は沈点である．

条件 (1.2.232) をもう少し詳しく調べてみよう．m を固定したとき，$\gamma/\delta < R^m(\omega)$ のときは，共鳴帯上には周期 m 点は存在しない．また，$\gamma/\delta > R^m(\omega)$ に対しては，共鳴帯上に $2m$ 個の周期 m 点が存在する．このように，パラメータ値 $\gamma/\delta = R^m(\omega)$ はある意味で，"臨界" である．第 3 章では，これは**分岐**の例であることがわかるだろう．

$m \to \infty$ としたときの $R^m(\omega)$ の極限を考えることができた．

$$\lim_{m\to\infty} R^m(\omega) \equiv R^0(\omega). \tag{1.2.233}$$

この極限が存在することは簡単に確かめられるが，どのような意味を持つのだろうか？周期軌道に対するのと同様の方法でこれを解釈すると，

$$\frac{\gamma}{\delta} > R^0(\omega)$$

に対して，**無限に多くの周期軌道を持つ**という結論に達する．第4章で摂動のもとでの Γ_{p_0} の分解を調べるとき，これが実際にそのような場合（注：$m \to \infty$ の極限において，共鳴に対して $T(k) \to \infty$ であり，それは，ホモクリニック軌道に近づくことを示している）になっていることがわかる．さらに，この現象は**カオス**と呼ばれるものの核心にある．

方程式 (1.2.232) と (1.2.233) はポアンカレ写像の大域的構造に関係がある．例えば，$\omega = 1$ に対し，$R^m(1)$ は $R^0(1)$ に単調に近づくことがわかる．このように，任意の M を取ると，$\gamma > R^M(1)\delta$ ならば，位数 M の（ホモクリニック軌道の内部にあるという意味で）内部低調波が存在する．また，$m < M$ に対して $R^m(1) < R^M(1)$ であるので，

$$\gamma > R^M(1)\delta > R^m(1)\delta \qquad \forall m < M$$

となる．このように，$m \leq M$ の全ての位数 m の内部低調波が励起される．$\omega \neq 1$ に対して，列は単調ではないかもしれないことに注意する（演習問題 1.2.30 を参照）．

ホモクリニック軌道の外側の軌道に対しては，メルニコフ関数の同様の計算（演習問題 1.2.30）を行う．すると

$$\bar{M}_1^{m/1}(t_0; \gamma, \delta, \omega) = -\delta\hat{J}_1(m, 1) - \gamma\hat{J}_2(m, 1, \omega)\sin\omega t_0$$

が得られる．ここで，$\hat{J}_1$ と $\hat{J}_2$ は楕円関数（注：$n = 1$ である）を含む正の複雑な式であり，m は奇数でなければならない．$\hat{R}^m(\omega) = \hat{J}_1(m, 1)/\hat{J}_2(m, 1, \omega)$ とおくと，ホモクリニック軌道の外側にある位数 m の低調波の存在に対する（パラメータに関する）条件は，

$$\frac{\gamma}{\delta} > \hat{R}^m(\omega), \qquad m \text{ は奇数}$$

で与えられる．内部低調波に対するのと同様に，

$$\lim_{m \to \infty} \hat{R}^m(\omega) \equiv R^0(\omega)$$

がわかり，$\omega = 1$ に対して，この $R^0(\omega)$ に単調に近づくことがいえる．図 1.2.43 に $\omega = 1$ に対する低調波分岐曲線を示した（これが正しいことは第3章で証明される）．

i) ダッフィング方程式における共鳴帯

既に得られた理論をダッフィング方程式における共鳴帯の研究に適用する．Greenspan and Holmes [1983, 1984] と Morozov [1976] に従う．内部右側低調波についてのみ議論する．なぜなら，本質的に他の低調波（外部低調波で奇数の m を持つものを除く）

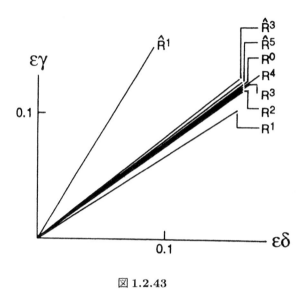

図 1.2.43

も同じ振る舞いをするからである．共鳴関係

$$nT(I) = mT$$

を満たす時間周期的な外部強制力と共鳴した周期軌道について調べていた．非摂動軌道に対する式において，これは

$$2K(k)\sqrt{2-K^2} = \frac{2\pi m}{n\omega}$$

と書ける．ここで，I と K の関係は

$$I(k) = \frac{2(2-k^2)E(k) - 4k'^2 K(k)}{3\pi(2-k^2)^{3/2}}, \qquad k'^2 = 1 - k^2$$

で与えられる．(注：I と k の関係が単調であることを証明するのは難しくない．)

すでに，H と k の単調な関係式

$$H(k) = \frac{k^2 - 1}{(2-k^2)^2}$$

が得られていた．2つの関係式を用いて，

$$\frac{\partial \Omega}{\partial I} = \frac{\partial}{\partial I}\left(\frac{2\pi}{T(I)}\right) = -\frac{2\pi}{T(k)^2}\frac{\partial}{\partial k}(T(k)) \Big/ \frac{\partial}{\partial k}(I(k))$$

$$= -\frac{\pi^2(2-k^2)\big((2-k^2)E(k)-2k'^2K(k)\big)}{2k^4k'^2K(k)^3} \equiv \Omega'(m)$$

となるが，ここで共鳴関係によって各 k に対して一意的に選んだ m を明示したいために，Ω' の変数を m で表した．

固定された共鳴レベルの近傍で有効な変換を用いて，$\sqrt{\varepsilon}$ の 1 次までに対して我々の系はハミルトニアン

$$H = \sqrt{\varepsilon}\left(\frac{\Omega'(m)\bar{h}^2}{2} - V(\bar{\phi})\right)$$

を持つ次のようなハミルトン系

$$\dot{\bar{h}} = \sqrt{\varepsilon}\frac{1}{2\pi n}\bar{M}_1^{m/n}\left(\frac{\bar{\phi}}{\Omega(m)}\right),$$
$$\dot{\bar{\phi}} = \sqrt{\varepsilon}\Omega'(m)\bar{h}$$

となる．メルニコフ関数の前の計算を用いると，我々の系をこの形にすることができる．また，ハミルトニアンを次のように書き表すことができる．

$$\dot{\bar{h}} = \frac{\sqrt{\varepsilon}}{2\pi}\big(-\delta J_1(m) + \gamma J_2(m,\omega)\sin(m\bar{\phi})\big),$$
$$\dot{\bar{\phi}} = \sqrt{\varepsilon}\Omega'(m)\bar{h},$$
$$H = \sqrt{\varepsilon}\left(\frac{\Omega'(m)}{2}\bar{h}^2 + \frac{1}{2\pi}\left(\delta J_1(m)\bar{\phi} + \frac{\gamma J_2(m,\omega)}{m}\cos m\bar{\phi}\right)\right).$$

ここで，$n \neq 1$ に対しては，P_ε^m の不動点は存在しないので，$J_1(m,1) \equiv J_1(m)$，$J_2(m,1,\omega) \equiv J_2(m,\omega)$ と書いた．完全な系の $\mathcal{O}(\sqrt{\varepsilon})$ の打ち切りによって与えられる m 次共鳴レベルの構造を調べよう．

我々の系の不動点は

$$-\delta J_1(m) + \gamma J_2(m,\omega)\sin(m\bar{\phi}) = 0,$$
$$\bar{h} = 0$$

で与えられる．近似不動点のまわりで線形化した不動点の安定型を計算することができる．ベクトル場の線形化は

$$\begin{pmatrix} 0 & \frac{\sqrt{\varepsilon}\gamma m J_2(m,\omega)}{2\pi}\cos m\bar{\phi} \\ \sqrt{\varepsilon}\Omega'(m) & 0 \end{pmatrix}$$

で与えられる．$\bar{\phi}$ が 0 から 2π まで動く（非摂動周期軌道のまわりを 1 度回る）につれて γ，δ を近似的に選ぶと（ω は固定されているとして），メルニコフ関数は m 周

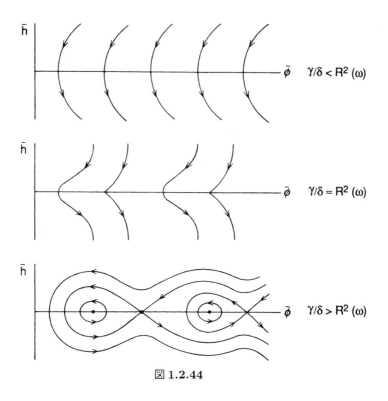

図 1.2.44

期通る.したがって,高々$2m$の零点を持つことができる(少し異なる議論を用いて,すでに得ている結果である).これらが鞍状点から中心へと安定型を変化させることは上の行列から簡単にわかる(ハミルトン構造からこのような結論を得る).$\mathcal{O}(\varepsilon)$系に対して,$m=2$共鳴帯を図1.2.44に図示した.ここで,$R^m(\omega) = J_1(m)/J_2(m,\omega)$である(注:平均ベクトル場を調べ,$\Omega'(m) < 0$であることに注意すると,矢印の正確な方向が求められる).

この構造的に不安定なハミルトン系から完全な系については何もいえないので,方程式の第2項($\mathcal{O}(\varepsilon)$)も考えなければならない.具体的な計算なしに,前節での記法や定式化を用いると,退屈だが機械的計算によって

$$\overline{\frac{\partial F}{\partial I}} = -\gamma K_2(m,w)\sin m\bar{\phi} - \delta K_1(m),$$

$$\bar{G} = -\gamma K_2(m,\omega)\frac{\cos m\bar{\phi}}{m}$$

が得られる.ここでK_1とK_2は楕円積分を含む正定数である.

このようにして,$\mathcal{O}(\varepsilon)$に対する平均系は

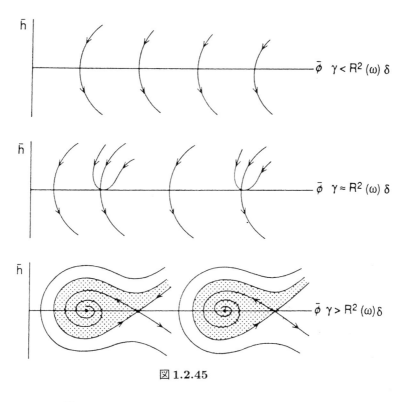

図 1.2.45

$$\dot{\bar{h}} = \frac{\sqrt{\varepsilon}}{2\pi}\left(-\delta J_1(m) + \gamma J_2(m,\omega)\sin m\bar{\phi}\right) \\ -\varepsilon\bigl(\delta K_1(m) + \gamma K_2(m,\omega)\sin m\bar{\phi}\bigr)\bar{h},$$

$$\dot{\bar{\phi}} = \sqrt{\varepsilon}\frac{\partial\Omega}{\partial I}(m)\bar{h} + \varepsilon\left(\frac{1}{2}\frac{\partial^2\Omega}{\partial I^2}(m)\bar{h}^2 - \gamma K_2(m,\omega)\frac{\cos m\bar{\phi}}{m}\right)$$

となる．線形系のトレースは簡単な計算により $-\varepsilon\delta K_1(m) < 0$ となり，中心は実際，沈点である．また，ベンディクソンの判定条件により，共鳴帯には閉軌道がないことがわかっている．したがって，平均化定理に訴えることにより，共鳴帯の近傍におけるポアンカレ写像は図 1.2.45 ($m=2$ 共鳴帯だけを描いた) に微分同相であることが示せる．

次に，共鳴帯の幅と沈点の吸引領域の大きさを評価したい．$\mathcal{O}(\sqrt{\varepsilon})$ で，共鳴レベルの近傍での系は

$$H = \sqrt{\varepsilon}\left(\frac{\Omega'(m)}{2}\bar{h}^2 + \frac{1}{2\pi}\left(\delta J_1(m)\bar{\phi} + \frac{\gamma J_2(m,\omega)}{m}\cos m\bar{\phi}\right)\right)$$

で与えられるハミルトン関数を持つハミルトン系であり，$\gamma > R^m(\omega)\delta$ に対して，こ

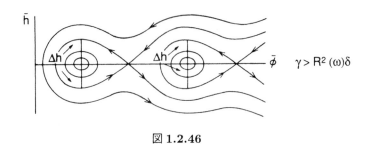

図 1.2.46

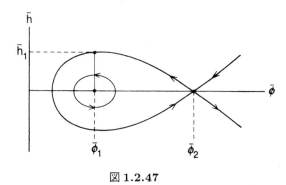

図 1.2.47

のハミルトン系の相図は図1.2.46のようになる．ここでは，$m=2$ だけを描いた．エネルギーレベルの幅は，図1.2.46に示したように，中心を通る垂直な直線（$\Delta \bar{h}$ と書いた）の長さになる．図をわかりやすくするために図1.2.47に1つの鞍状点-中心点の組を描く．ここでは，中心，鞍状点の角をそれぞれ $\bar{\phi}_1$，$\bar{\phi}_2$ で表した．中心と同じ角を持つホモクリニック軌道上のハミルトニアンの値を，H_1 で表し，鞍状点でのハミルトニアンの値を H_2 と書くと，明らかに，$H_1 = H_2$ である．図1.2.47より，もとの座標での共鳴帯の幅は

$$\Delta I = \sqrt{\varepsilon}\Delta \bar{h} + \mathcal{O}(\varepsilon)$$

となる．ここで，$\Delta \bar{h} = 2\bar{h}_1$ である．次のように $\bar{h}_1$ を計算することができる．

$$H_1 = \sqrt{\varepsilon}\left(\frac{\Omega'}{2}\bar{h}_1^2 + V(\bar{\phi}_1)\right)$$

となり，ここで，

$$V(\bar{\phi}_1) = \frac{1}{2\pi}\left(\delta J_1(m)\bar{\phi}_1 + \frac{\gamma J_2(m,\omega)}{m}\cos m\bar{\phi}_1\right)$$

である．H_2 は

$$H_2 = \sqrt{\varepsilon}V(\bar{\phi}_2)$$

であり，したがって，

$$V(\bar{\phi}_2) = \frac{\Omega'}{2}\bar{h}_1^2 + V(\bar{\phi}_1)$$

あるいは，

$$\bar{h}_1 = \sqrt{\frac{2}{\Omega'}\big(V(\bar{\phi}_2) - V(\bar{\phi}_1)\big)}$$

が得られる．共鳴帯の幅は，$\bar{\phi}_2, \bar{\phi}_1$ をそれぞれ，隣接した鞍状点と中心におけるメルニコフ関数の零点とすると，

$$\Delta I = 2\sqrt{\varepsilon}\sqrt{\frac{2}{\Omega'}\big(V(\bar{\phi}_2) - V(\bar{\phi}_1)\big)} + \mathcal{O}(\varepsilon)$$

となる．

$V(\bar{\phi})$ はメルニコフ関数の不定積分であることを思い起こそう．これはメルニコフ関数が持つ他の情報の例になっている．

<u>$\delta = 0$ の場合．</u> この場合，摂動はハミルトニアンであり，m 位の共鳴レベルにおいて m 個の鞍状点と m 個の楕円型不動点を持つ．通常の摂動法を用いると，鞍状点の安定，不安定多様体は図 1.2.48a に示すように一致することがわかるだろう．しかし（第 4

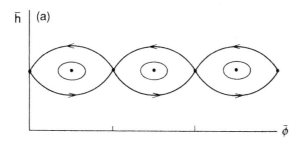

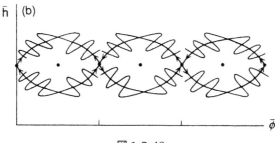

図 **1.2.48**

170 1. 力学系の幾何学的観点

章で示すが），鞍状点の安定，不安定多様体は典型的には，無限回交わり，図 1.2.48b に図示したような，いわゆる“確率層”と呼ばれるものを構成することが期待される．このような確率層の幅は，ε に関して指数関数的に小さい．よって，標準的摂動理論の“全ての位数を超えて”いる．第 4 章では，最近のより大域的な摂動法を用いて，そのような振る舞いをどのようにして調べるかを議論するだろう．

【近似の妥当性】

平均化法によって得られた結果の妥当性を調べたい．$\mathcal{O}(\sqrt{\varepsilon})$ に対して，平均化方程式は

$$\dot{\bar{h}} = \frac{\sqrt{\varepsilon}}{2\pi}\left(-\delta J_1(m) - \gamma J_2(m,\omega)\sin m\bar{\phi}\right),$$

$$\dot{\bar{\phi}} = \sqrt{\varepsilon}\,\Omega'(m)\bar{h}$$

で与えられていた．楕円関数で与えられる振動数の式から，$m \uparrow \infty$（または，同値な条件として $k \to 1$ あるいは $k' \to 0$）としたとき，それほど困難なく

$$\Omega'(m) \approx \frac{-1}{k'^2\left(\log(4/k')\right)^3} \approx -\frac{\omega^3 \exp(2\pi m/\omega)}{m^3}$$

であることが示せる．このように，指数関数的に $\Omega'(m) \to -\infty$ である（演習問題 1.2.31 を見よ）．上で与えられた方程式より，（$\dot{\bar{\phi}}$ の項から）ε が小さければ小さいほど安定性の結果が確かなものになることがわかる．ホモクリニック軌道の任意の小さな近傍では，低調波について（存在以外）何も主張できない．（注：我々が前に得たポアンカレ写像の構造についての研究は，この難しさから逃れる道ではない．というのは，それを導くとき，作用-角変数を用い，作用-角変換はホモクリニック軌道上で特異であるからである．）

ホモクリニック軌道に近いところで何が起きるのかを理解するためには，異なる解析の方法を用いなければならないだろう．これは，節 4.7 で行う．

証明なしにもう 1 つの結果を述べておく．共鳴帯の幅の主要項に対する式を与えたことを思い起こそう．その式に含まれる楕円積分の振る舞いに対する漸近形式を用いることにより

$$m \uparrow \infty \ \text{のとき} \quad \Delta I \approx \sqrt{\varepsilon\frac{m^3}{\omega^3}\exp\left(\frac{-2\pi m}{\omega}\right)} + \mathcal{O}(\varepsilon)$$

となる．このようにして，共鳴帯の幅はホモクリニック軌道に近づくにつれて，指数関数的に小さくなる．これは事実上低位 $(m \leq 5)$ の低調波のみが，通常，観察される

理由を説明している.

ii) 共鳴帯間の相互作用

与えられた共鳴帯上の力学がいくらか理解できたので，隣接する共鳴帯がどのように影響し合うのかについて，それらの理解を増したい.ここでの議論は，特殊ダッフィング方程式に対するものである.しかし同じタイプの挙動が他の応用においても現れる.

ダッフィング方程式に対して，低調波メルニコフ関数は

$$\bar{M}_1^{m/n}(t_0; \gamma, \delta, \omega) = -\delta J_1(m, n) + \gamma J_2(m, n, \omega) \sin \omega t_0$$

で与えられることを思い起こそう.ここで，

$$J_1(m, n) = \frac{2}{3}\big((2 - k^2)2E(k) - 4k'^2 K(k)\big)/(2 - k^2)^{3/2} > 0,$$

$$J_2(m, n, \omega) = \begin{cases} 0 & \text{for } n \neq 1 \\ \sqrt{2}\pi\omega \operatorname{sech} \frac{\pi m K(k')}{K(k)} & \text{for } n = 1 \end{cases}$$

である.

ダッフィング方程式において，共鳴帯は $n = 1$ に対してのみ存在することがわかる.メルニコフ関数は，摂動によって動径方向（すなわち，共鳴帯からはなれる方向）に"押される"量であった.ホモクリニック軌道の内部で位数 $(m+1)/1$ と $m/1$ の隣接する共鳴帯を考えよう（有理数による順序づけが逆になることを除いて，同じ議論がホモクリニック軌道の外側の共鳴レベルに適用できる）.これらの2つの共鳴帯の間に，位数 $\overline{m}/n$, $n > 1$ の共鳴レベル稠密集合が存在する.しかし，メルニコフ関数の形を調べると，これらの共鳴レベル上には零点がないこと（したがって，$(m+1)/1$ 共鳴帯と $m/1$ 共鳴帯の間には周期軌道が存在しない），各 $\overline{m}/n$, $n > 1$ の帯において，メルニコフ関数は真に負であることがわかる.よって，$(m+1)/1$ 共鳴帯の近傍で，沈点の吸引領域ではないところから出発する軌道は $m/1$ 共鳴帯へ進む.詳しくいうと，$(m+1)/1$ 共鳴レベル上の鞍状点の不安定多様体の1つの成分は，$m/1$ 共鳴レベルの近傍に見いだすことができ，また $m/1$ 共鳴レベル上の鞍状点の安定多様体の1つの成分は，$(m+1)/1$ 共鳴レベルの近傍に見いだすことができることがわかる.実際，より以上のことを証明することができる.

定理 1.2.17 $(m+1)/1$ 共鳴帯上の鞍状点の不安定多様体は，$m/1$ 共鳴帯上の鞍状点の安定多様体の両方の成分と位相的に横断的に交わる.

もちろん，これは $(m+1)/1$ 共鳴帯が存在することを仮定している.この定理の証

172   1. 力学系の幾何学的観点

明は，最初，Morozov [1976] によって与えられた．主な考え方を概説するが，詳しいことについては原論文を参照されたい．しかし，まず一般的な注意をしておこう．

注意1 "位相的横断性"という言葉によって，多様体の交差が奇数位でありえることを意味する．

注意2 定理は内部低調波に適用される．しかし，外部低調波にも同じ結論が成り立つが，共鳴帯につけたラベルの整数の順序は逆になる．この考え方は，より大きな振幅の低調波の不安定多様体がより低い振幅の低調波の安定多様体に交わるということである．

証明 証明は可能な場合を尽くしていくことで行われる．$(m+1)/1$ 共鳴帯上の鞍状点，沈点をそれぞれ Sa^{m+1}, Si^{m+1} と表し，それぞれの安定，不安定多様体を $W^s(Sa^{m+1})$，$W^s(Si^{m+1})$，$W^u(Sa^{m+1})$，$W^u(Si^{m+1})$ と書く．$m/1$ 共鳴帯上の鞍状点，沈点に対しても同様に定義する．

　異なる可能な場合を数え上げる前に，自明であるが重要な注意をしておく．**非摂動ポアンカレ写像**は

$$I \mapsto I,$$
$$\theta \mapsto \theta + T\Omega(I)$$

で与えられた．また，写像の相空間は図 1.2.49 のようになっている．図 1.2.49 において π で表されるパイ状の領域と $P(\pi)$ で表されたそれの像を考えよう．半径の直線はねじられているが，π の向きは保たれていることがわかる．したがって，中心から伸びた，π の葉層構造をつくっている半径直線の順序（葉と横断的に交わる円に沿った角座標による順序）は P のもとで保たれることがわかる．明らかに，この性質は摂動写像で保たれる．

　可能な場合をあげよう．

1. 場合 a. $W^u(Sa^{m+1}) \cap W^s(Sa^m) = \emptyset$
2. 場合 b. $W^u(Sa^{m+1}) \cap W^s(Si^m) \neq \emptyset$
3. 場合 c. $W^u(Sa^{m+1})$ は $W^s(Sa^m)$ の 1 つの成分とのみ交わる．
4. 場合 d. $W^u(Sa^{m+1})$ は $W^s(Sa^m)$ と非位相的に横断的に交わる．

場合 a–d は起こりえない，つまり，$W^u(Sa^{m+1})$ は $W^u(Sa^m)$ の両方の成分と位相的に横断的に交わることを示そう．これは $(m+1)/1$ 共鳴帯が存在するような任意の整数 $m > 0$ に対して正しい．しかし，$m = 2$ に対してのみ図を描くだろう．任意の m の場合に議論を一般化するのは簡単である．また，参考のために図に非摂動共鳴レベルを書き込んだものを描く．これらは，$W^u(Sa^{m+1})$ が片側に入り，$W^s(Sa^m)$ がも

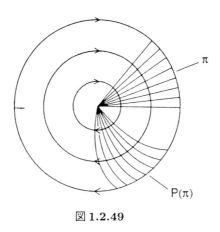

図 1.2.49

う一方に入る円環を成す. 場合 a を考えよう.

<u>場合 a.</u> 図 1.2.50 に第 3 と第 2 位共鳴帯のみを示す写像の相平面を描いた. $W^u(Sa^3) \cap W^s(Sa^2) = \emptyset$ と仮定している. 円環を定義する外部円と内部円を C_1, C_2 と書く. (この環は摂動ポアンカレ写像のもとで不変ではない.) $W^u(Sa^3) \cap W^s(Sa^2) = \emptyset$ と仮定したので, メルニコフ関数が C_1 と C_2 の間で負であることから, 図 1.2.50 で示されるように, 第 2 位鞍状点の安定多様体が C_2 と交わると仮定できる. このように, $W^s(Sa^2)$ (適当な成分を選べば) は, 1 つの成分内に 2 つの第 3 位鞍状点–沈点の組を持ち, もう一方の成分に残りの第 3 位鞍状点–沈点の組を持つような, 2 つの成分に円環を分割する.

外側の鞍状点–沈点の組を O_1, O_2, O_3, 内側の鞍状点–沈点の組を I_1, I_2 とする. O_i, I_i の相対的向きに注意する. 焦点となる 2 つの重要な側面がある.

1. 鞍状点と沈点の不変多様体は $\mathbb{R}^2$ 内で固定されている (したがって, 動かない).
2. これらの周期点は, 安定, 不安定多様体上の点と共に, 固定されていない. 例えば, ポアンカレ写像による繰り返しで,

$$O_1 \to O_2 \to O_3 \to O_1$$

であり,

$$W^u(Sa_1^3) \to W^u(Sa_2^3) \to W^u(Sa_3^3) \to W^u(Sa_1^3)$$

となっている. ここで, Sa_i^3 は鞍状点–沈点の組 O_i における鞍状点型周期軌道を表す.

この図を繰り返し, 全てが<u>反時計回りに</u>回転すると仮定する. 1 回の繰り返しでは, 図

174   1. 力学系の幾何学的観点

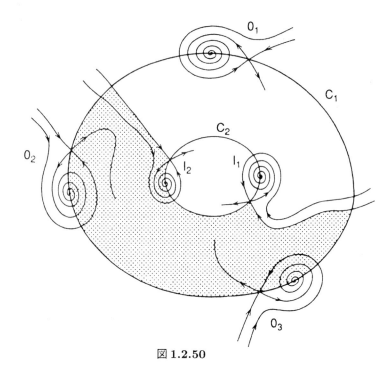

図 1.2.50

1.2.51 で表した相空間では $O_1 \to O_2$, $O_2 \to O_3$, $O_3 \to O_1$, $I_1 \to I_2$, $I_2 \to I_1$ となる. $W^{u,s}(Sa^3)$, $W^{u,s}(Sa^2)$ のこの特殊な配置に対して, $W^s(Sa^2)$ は 1 回写像を施すことにより, C_2 上の O_2 の前に飛ぶ. これは, 写像の向きを保つ性質に反する. したがって, 場合 a は起こりえない.

<u>場合 b.</u> この場合には, $W^u(Sa^3)$ は, 図 1.2.52 に描いたように Si^2 の吸引の領域にあると仮定する. 図 1.2.52 をもう一度繰り返すと, I_1 (I_2) に引きつけられる軌道の反復は I_2 (I_1) に引きつけられるので, 図 1.2.53 に示したようになり, $O_1 \to O_2$, $O_2 \to O_3$, $O_3 \to O_1$, $I_1 \to I_2$, $I_2 \to I_1$ となる. しかし, 図 1.2.53 は鞍状点–沈点の組の安定と不安定多様体が $\mathbf{R}^2$ で固定されているという事実に反する. したがって, 場合 b も起こりえない.

<u>場合 c.</u> この場合にはたくさんの可能性がある. 図 1.2.54 を繰り返すと, 図 1.2.55 となる. 場合 b と同様にして, 図 1.2.54 は不変多様体が $\mathbb{R}^2$ で固定された位置を持つことに反していることがわかる. よって, 場合 c も起こらない.

<u>場合 d.</u> 場合 b と c で用いたのと全く同様な議論により, 場合 d も起こらないことが証明できる.

1.2 ポアンカレ写像：定理，構成および例　　*175*

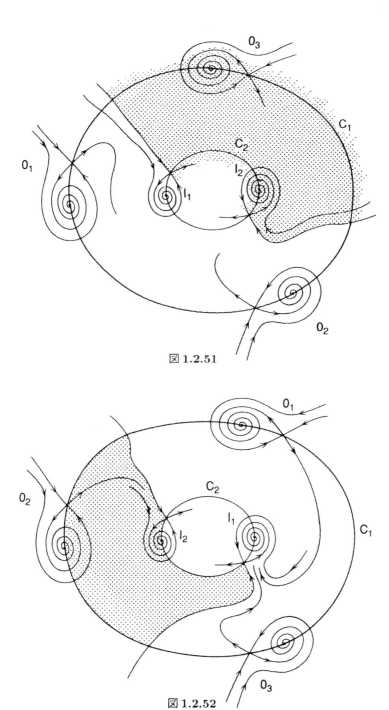

図 1.2.51

図 1.2.52

176   1. 力学系の幾何学的観点

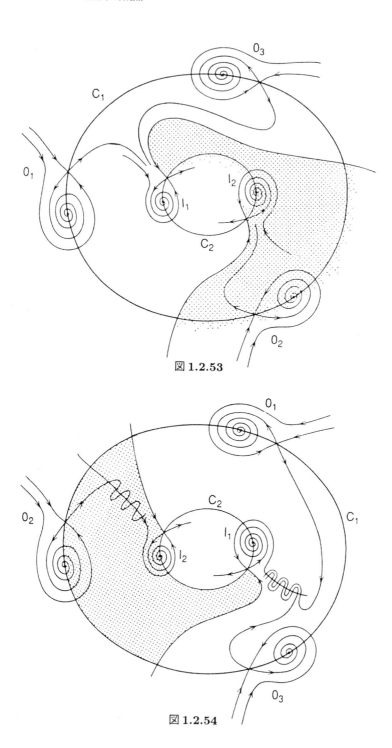

図 1.2.53

図 1.2.54

1.2 ポアンカレ写像：定理，構成および例

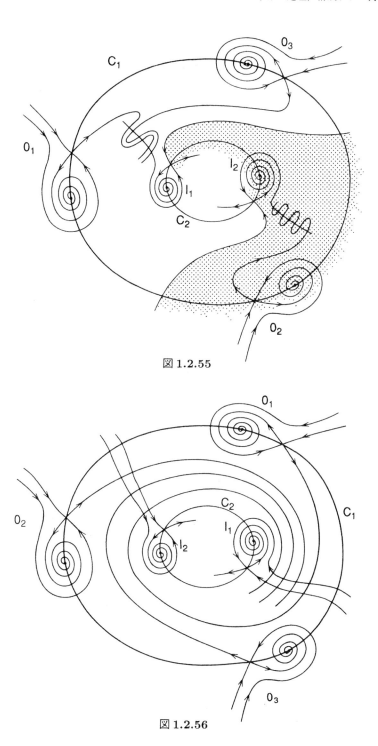

図 1.2.55

図 1.2.56

178　1. 力学系の幾何学的観点

このようにして，与えられた共鳴帯の中の鞍状点の不安定多様体は，隣接する低次の共鳴帯の中の鞍状点の安定多様体と交わることが結論される．これを図 1.2.56 に示した．演習問題 1.2.34 ではこの結果からの帰結のいくつかを探る．

演習問題

演習 **1.2.1** から **1.2.4** までは次のポアンカレ写像に関するものである．

(1.2.26) で与えられたポアンカレ写像を考える．

$$\begin{pmatrix} x \\ y \end{pmatrix} \mapsto e^{-\delta\pi/\omega} \begin{pmatrix} \mathcal{C} + \frac{\delta}{2\bar{\omega}}\mathcal{S} & \frac{1}{\bar{\omega}}\mathcal{S} \\ -\frac{\omega_0^2}{\bar{\omega}}\mathcal{S} & \mathcal{C} - \frac{\delta}{2\bar{\omega}}\mathcal{S} \end{pmatrix} \begin{pmatrix} x \\ y \end{pmatrix}$$

$$+ \begin{pmatrix} e^{-\delta\pi/\omega}[-A\mathcal{C} + (\frac{-\delta}{2\bar{\omega}}A - \frac{\omega}{\bar{\omega}}B)\mathcal{S}] + A \\ e^{-\delta\pi/\omega}[-\omega B\mathcal{C} + (\frac{\omega_0^2}{\bar{\omega}}A + \frac{\delta\omega}{2\bar{\omega}}B)\mathcal{S}] + \omega B \end{pmatrix},$$

ここで

$$\mathcal{C} = \cos 2\pi\frac{\bar{\omega}}{\omega}, \qquad \mathcal{S} = \sin 2\pi\frac{\bar{\omega}}{\omega},$$

かつ

$$\bar{\omega} = \frac{1}{2}\sqrt{4\omega_0^2 - \delta^2}, \quad A = \frac{(\omega_0^2 - \omega^2)\gamma}{(\omega_0^2 - \omega^2)^2 + (\delta\omega)^2}, \quad B = \frac{\delta\gamma\omega}{(\omega_0^2 - \omega^2)^2 + (\delta\omega)^2}.$$

1.2.1　$(x, y) = (A, \omega B)$ がこの写像のただ一つの不動点であることを示せ，したがってそれが大域的吸引集合であることを論ぜよ．

1.2.2 種々の $\bar{\omega}/\omega$ の値について，$(x, y) = (A, \omega B)$ の近傍での軌道構造の性質について論ぜよ．

1.2.3 断面（すなわち，位相の角度）が変わるとポアンカレ写像の不動点がどのように変わるか見よ．

1.2.4 次の式のポアンカレ写像を構成し，それを研究せよ．

$$\dot{x} = y,$$
$$\dot{y} = -\omega_0^2 x + \gamma\cos\theta,$$
$$\dot{\theta} = \omega_0.$$

1.2.5 から 1.2.9 までの演習は次のポアンカレ写像の研究に関するものである．次の (1.2.36) で与えられたポアンカレ写像 $(\omega \neq \omega_0)$ を考える．

$$\begin{pmatrix} x \\ y \end{pmatrix} \mapsto \begin{pmatrix} \cos 2\pi \frac{\omega_0}{\omega} & \frac{1}{\omega_0} \sin 2\pi \frac{\omega_0}{\omega} \\ -\omega_0 \sin 2\pi \frac{\omega_0}{\omega} & \cos 2\pi \frac{\omega_0}{\omega} \end{pmatrix} \begin{pmatrix} x \\ y \end{pmatrix}$$
$$+ \begin{pmatrix} \bar{A}(1 - \cos 2\pi \frac{\omega_0}{\omega}) \\ \omega_0 \bar{A} \sin 2\pi \frac{\omega_0}{\omega} \end{pmatrix}.$$

1.2.5 $\omega = m\omega_0, m > 1$ について点 $(x, y) = (\bar{A}, 0)$ を除いて全ての点は周期 m であることを示せ.

1.2.6 $n\omega = \omega_0, n > 1$ について全ての点が不動点であることを示せ.

1.2.7 ω/ω_0 が無理数であるときのポアンカレ写像の軌道構造について論ぜよ.

1.2.8 調和波, 低調波, 高調波, 高低調波の安定性について論ぜよ.

1.2.9 1.2.5, 1.2.6, 1.2.7, 1.2.8 の各問との関連で構造安定性の考えについて論ぜよ. 各種の場合について種々の摂動の影響について論ぜよ.

1.2.10 次のベクトル場および写像の構造安定性の考えについて論ぜよ.

a) $\begin{aligned} \dot{\theta}_1 &= \omega_1, \\ \dot{\theta}_2 &= \omega_2, \end{aligned} \qquad (\theta_1, \theta_2) \in S^1 \times S^1.$

b) $\begin{aligned} \dot{x} &= 1, \\ \dot{y} &= 2, \end{aligned} \qquad (x, y) \in \mathbb{R}^2.$

c) $\begin{aligned} \dot{x} &= y, \\ \dot{y} &= x - x^3, \end{aligned} \qquad (x, y) \in \mathbb{R}^2.$

d) $\begin{aligned} \dot{x} &= y, \\ \dot{y} &= x - x^3 - y, \end{aligned} \qquad (x, y) \in \mathbb{R}^2.$

e) $\theta \mapsto \theta + \omega, \qquad \theta \in S^1.$

f) $\theta \mapsto \theta + \omega + \varepsilon \sin \theta, \qquad \varepsilon$ 十分小, $\quad \theta \in S^1.$

1.2.11 方程式 $\dot{x} = \varepsilon x, x \in \mathbb{R}^1$ を考え, この方程式を解け, またこの解がどのような時間区間で有効か論ぜよ.
$\frac{\partial x(t, \varepsilon)}{\partial \varepsilon}\big|_{\varepsilon=0}$ と $\frac{\partial^2 x(t, \varepsilon)}{\partial \varepsilon^2}\big|_{\varepsilon=0}$ を計算して, それらの t に関する行動を $x(t, \varepsilon)$ と比較せよ.

1.2.12 (1.2.93) の解を $x(t, \varepsilon)$ で表し, これがある時間区間 I で意味を持つとする. このとき $x(t, 0)$, $\frac{\partial x(t, \varepsilon)}{\partial \varepsilon}\big|_{\varepsilon=0}$ と $\frac{\partial^2 x(t, \varepsilon)}{\partial \varepsilon^2}\big|_{\varepsilon=0}$ が満たす微分方程式を導け. これらの方程式はどのような時間区間で意味を持つか. $\frac{\partial x(t, \varepsilon)}{\partial \varepsilon}\big|_{\varepsilon=0}$ と $\frac{\partial^2 x(t, \varepsilon)}{\partial \varepsilon^2}\big|_{\varepsilon=0}$ の満たす方程式はそれぞれ第 1 および第 2 変分方程式として知られている.

1.2.13 2 次平均化. 座標の変換として $y = z + \varepsilon^2 h(z, t)$ を構成して (1.2.128) が $\dot{z} = \varepsilon \bar{f}(z) + \varepsilon^2 \bar{f}_1(z) + \mathcal{O}(\varepsilon^3)$ となるようにする, ここで $\bar{f}_1(z) \equiv \frac{1}{T} \int_0^T f_1(z, t, 0) \, dt$ である. 定理 1.2.11 と同じ内容を持つ **2 次平均化定理**を述べまた証明せよ.

1.2.14 次の方程式を考える.

180 1. 力学系の幾何学的観点

$$\dot{x} = \varepsilon f(x, \theta),$$
$$\dot{\theta} = \Omega(x) + \theta(\varepsilon), \qquad (x, \theta) \in \mathbb{R}^n \times S^1,$$

ここで f と Ω はそれぞれ $\mathbb{R}^n \times S^1$ および $\mathbb{R}^n$ 上で $\mathbf{C}^r$ 級 $(r \geq 1)$ であるとする. $f(x, \theta)$ の θ の依存性を ε について高いオーダーにするために "近恒等" 座標変換のアイデアを用いて, 定理 1.2.11 と同じ内容を持つこの系に関する定理を述べ証明せよ. どのような条件が $\Omega(x)$ に必要か?
ヒント: $x = y + \varepsilon h(y, \theta), \theta = \theta$ という変換を用い h を適当な値にせよ. ある $\bar{x} \in \mathbb{R}^n$ について $\Omega(\bar{x}) = 0$ となった場合何が起きるか?

1.2.15 次の系を考えよ.

$$\dot{x} = \varepsilon f(x, \theta_1, \theta_2),$$
$$\dot{\theta}_1 = \Omega_1(x) + \mathcal{O}(\varepsilon), \qquad (x, \theta_1, \theta_2) \in \mathbb{R}^n \times S^1 \times S^1,$$
$$\dot{\theta}_2 = \Omega_2(x) + \mathcal{O}(\varepsilon),$$

ここで f, Ω_1 および Ω_2 はそれぞれ $\mathbb{R}^n \times S^1 \times S^1$ と $\mathbb{R}^n$ の十分に大きい開集合合上の $\mathbf{C}^r$ 級関数 $(r \geq 2)$ とする. 次の座標変換

$$x = y + \varepsilon h(y, \theta_1, \theta_2)$$

を導入する. $h(y, \theta_1, \theta_2)$ をベクトル場が

$$\dot{y} = \varepsilon \bar{f}(y) + \mathcal{O}(\varepsilon^2),$$
$$\dot{\theta}_1 = \Omega_1(y) + \mathcal{O}(\varepsilon),$$
$$\dot{\theta}_2 = \Omega_2(y) + \mathcal{O}(\varepsilon)$$

となるように選べることを示せ, ここで

$$\bar{f}(y) = \frac{1}{(2\pi)^2} \int_0^{2\pi} \int_0^{2\pi} f(y, \theta_1, \theta_2) d\theta_1 d\theta_2$$

とし, 整数 n_1, n_2 について

$$n_1 \Omega_1(y) + n_2 \Omega_2(y) \neq 0$$

が成り立つことを仮定する. 幾何的に $\mathbb{R}^n \times S^1 \times S^1$ において

$$\dot{y} = \varepsilon \bar{f}(y)$$

の双曲型不動点をどのように説明するか?
ヒント: f を振動部分と平均部分に次のように分けよ,

$$f(y, \theta_1, \theta_2) = \bar{f}(y) + \tilde{f}(y, \theta_1, \theta_2),$$

ここで

$$\tilde{f}(y, \theta_1, \theta_2) \equiv f(y, \theta_1, \theta_2) - \frac{1}{(2\pi)^2} \int_0^{2\pi} \int_0^{2\pi} f(y, \theta_1, \theta_2) d\theta_1 d\theta_2$$

とする. ベクトル場から $\tilde{f}$ を除くために, h は次の形でなければならないことを示せ.

$$\frac{\partial h}{\partial \theta_1} \Omega_1 + \frac{\partial h}{\partial \theta_2} \Omega_2 = \tilde{f}.$$

この方程式を解くために $\tilde{f}$ と $\tilde{h}$ をフーリエ級数に展開して

$$\tilde{f}(y, \theta_1, \theta_2) = \sum_{\|n\| \geq 0} f_n(y) e^{i(n_1\theta_1 + n_2\theta_2)},$$

$$h(y, \theta_1, \theta_2) = \sum_{\|n\| \geq 0} h_n(y) e^{i(n_1\theta_1 + n_2\theta_2)},$$

h のフーリエ成分を求めよ,ここで $\|n\| = |n_1| + |n_2|$ である.この例は,"小さい分母"の問題が 1 つ以上の振動数について平均をしようとすると生じることを示していることに注意する.この主題は非常に広く,またこの本の範囲を越えている.多重振動数の平均については Grebenikov and Ryabov [1983] および Lochak and Meunier [1988] を参照することを勧める.

1.2.16 ファン・デア・ポール方程式

$$\ddot{x} + \varepsilon(x^2 - 1)\dot{x} + x = 0$$

を考える.平均化の方法を用いて,十分に小さい $\varepsilon > 0$ についてこの方程式は振幅 $2 + \mathcal{O}(\varepsilon^2)$ と位相 $\theta_0 + \mathcal{O}(\varepsilon^2)$ の吸引周期軌道を持つことを示せ.

1.2.17 次の強制ファン・デア・ポール方程式を考える.

$$\ddot{x} + \frac{\varepsilon}{\omega}(x^2 - 1)\dot{x} + x = \varepsilon F \cos \omega t.$$

a) この方程式を例 1.2.11 で議論したファン・デア・ポール変換を用い,平均化法を適用するために標準形にせよ.

b) 方程式を平均化して

$$\dot{u} = \frac{\varepsilon}{2\omega}\left[u - \sigma v - \frac{u}{4}(u^2 + v^2)\right],$$

$$\dot{v} = \frac{\varepsilon}{2\omega}\left[\sigma u + v - \frac{v}{4}(u^2 + v^2) - F\right],$$

を得よ,ここで $\varepsilon\sigma = 1 - \omega^2$ である.

c) 平均化方程式を

$$t \to \frac{2\omega}{\varepsilon}t,$$
$$v \to 2v,$$
$$u \to 2u$$

のようにスケールを変え,$\gamma = F/2$ とおいて

$$\dot{u} = u - \sigma v - u(u^2 + v^2),$$
$$\dot{v} = \sigma u + v - v(u^2 + v^2) - \gamma$$

を得よ.この方程式の力学の詳細にわたる考察は 3 章の後の演習で行う.

182   1. 力学系の幾何学的観点

1.2.18

$$\dot{x} = y,$$
$$\dot{y} = x - x^3 + \varepsilon(\gamma \cos \omega t - \delta y), \qquad \delta, \gamma, \omega > 0$$

を考える.$(x, y) = (1, 0)$ の近傍の小さな振幅を持った周期軌道の考察に興味がある.例 1.2.12 参照

調和応答——1:1 共鳴

a) $(x, y) = (1, 0)$ の近傍に振動数 $\omega = \sqrt{2}$ の周期解が存在して次の形をしていることを示せ.

$$\hat{x}(t) = 1 + \mathcal{O}(\varepsilon^{1/3}),$$
$$\hat{y}(t) = \mathcal{O}(\varepsilon^{1/3}).$$

(注:リントシュテットの方法または2タイミングの方法を用いる必要がある.Kevorkian and Cole [1981] を参照)

b) この解を方程式 (1.2.121) に代入して (1.2.121) をファン・デア・ポール変換を応用して平均化法適用の標準形にせよ(例 1.2.11 参照).

c) 平均化方程式を計算せよ.

低調波応答——1:3 共鳴

d) $(x, y) = (1, 0)$ の近傍に振動数 $\omega = 3\sqrt{2}$ の周期軌道が存在して次の形をしていることを証明せよ.

$$\hat{x}(t) = 1 + \mathcal{O}(\varepsilon),$$
$$\hat{y}(t) = \mathcal{O}(\varepsilon).$$

(注:普通の摂動展開が周期解を見つけるのに十分有効である.)

e) この方程式を (1.2.121) に代入して,(1.2.121) にファン・デア・ポール変換を応用して平均化法適用の標準形にせよ.

f) 平均化方程式を計算せよ.

3章でいくつかの分岐理論を展開した後に,この例に戻り両方の場合について詳細に平均化方程式を解析する.

1.2.19 平面上の楕円軌道にある任意の形をした衛星の秤動運動を記述する運動方程式は

$$(1 + \varepsilon\mu\cos\theta)\psi'' - 2\varepsilon\mu\sin\theta(\psi' + 1) + 3K_i\sin\psi\cos\psi = 0$$

であり,ここで $\psi' \equiv \frac{\partial\psi}{\partial\theta}, K_i = \frac{I_{x,x} - I_{z,z}}{I_{y,y}}$ で,ε は小さくそして $\varepsilon\mu$ は軌道の離心率である.Modi and Brereton [1969] を参照.図は図 E 1.2.1 に記してある.ε が小さいと,この方程式は次の形に書ける($\frac{1}{1+\varepsilon\mu\cos\theta} = 1 - \varepsilon\mu\cos\theta + \mathcal{O}(\varepsilon^2)$ であることを用いる).

$$\psi'' + 3K_i\sin\psi\cos\psi = \varepsilon[2\mu\sin\theta(\psi' + 1)$$
$$+ 3\mu K_i\sin\psi\cos\psi\cos\theta] + \mathcal{O}(\varepsilon^2).$$

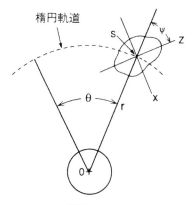

図 E1.2.1.

低調波に対するメルニコフの方法を用いて，種々の μ, K_i の値について可能な限りこの方程式の力学について述べよ．運動について数学的にそしてまた物理的に記述せよ．

1.2.20 駆動モース振動子は理論化学で分子の光分離を記述するのにしばしば用いられる（たとえば Goggin and Milonni [1988] 参照）．方程式は

$$\dot{x} = y,$$
$$\dot{y} = -\mu(e^{-x} - e^{-2x}) + \varepsilon\gamma\cos\omega t$$

で与えられる，ここで $\mu, \gamma, \omega > 0$.
$\varepsilon = 0$ のときは方程式はハミルトン関数

$$H(x, y) = \frac{y^2}{2} + \mu\left(-e^{-x} + \frac{1}{2}e^{-2x}\right)$$

を持つハミルトトン方程式である．

a) $\varepsilon = 0$ に対しハミルトン関数を全ての軌道を決定するのに用いよ．相平面において軌道を図示せよ．
b) ε が小さいとき大域的力学を記述せよ．力学はどのように μ, γ および ω に依存するか？
c) $\varepsilon = 0$ のときおよび $0 < \varepsilon \ll 1$ のとき，∞ における力学の性質を記述せよ．特に点 $(x, y) = (\infty, 0)$ での力学を記述せよ．

この系のカオスの可能性については 4 章で調べる．

1.2.21 流体輸送と力学系的視点
3 次元の粘性のある非圧縮流体のナヴィエ・ストークス方程式

$$\frac{\partial v}{\partial t} + (v \cdot \nabla)v = -\nabla p + \frac{1}{R}\nabla^2 v$$

を考えよう，ここで p は圧力を，R はレイノルズ数を表す．さらに境界および初期条件を定められている．この高度に非線形の偏微分方程式の解は速度場 $v(x, t)$ を与える．この流れの中で無限小流体要素（流体の粒子と解釈される）の輸送に興味を持つとしよう．流

184 1. 力学系の幾何学的観点

体の粒子は，速度場による対流（または移流）と分子の拡散（実際，流体は連続体ではない）という2つの過程の影響により動く．流体の粒子の対流による運動は

$$\dot{x} = v(x, t), \qquad x \in \mathbb{R}^3$$

で記述される．これは相空間が実際に流体によって占められている物理空間である有限次元の力学系である．

2次元の非圧縮非粘性流体の流れを考えると，速度場は流れ関数 $\psi(x_1, x_2; t)$ で決定される．ここで

$$v(x_1, x_2, t) = \left(\frac{\partial \psi}{\partial x_2}, -\frac{\partial \psi}{\partial x_1} \right);$$

これらの事柄の背景を知るには Chorin and Marsden [1979] を参照．この場合の流体粒子の運動の方程式は

$$\dot{x}_1 = \frac{\partial \psi}{\partial x_2}(x_1, x_2, t),$$

$$\dot{x}_2 = -\frac{\partial \psi}{\partial x_1}(x_1, x_2, t)$$

となる．読者はこれが単に流れ関数がハミルトニアンの役割をするハミルトン系であることに注意されたい．この考え方に基づいての流体の移送と混合の力学系理論の枠組を用いた研究は現代における多くの興味ある話題である．読者は導入のためのよい文献として Ottino [1989] を，特定の例については Rom-Kedar, Leonard and Wiggins [1989] を参照されたい．

下から温められた2要素からなる混合流体の変調移動波における流体粒子の移送の状態を考える．Weiss and Knobloch [1989], Moses and Steinberg [1988] を参照．時間に依存する振動へ導く不安定性の近傍で流れ関数（動標構での）は

$$\psi(x_1, x_2, t) = \psi_0(x_1, x_2) + \varepsilon \psi_1(x_1, x_2, t)$$

で与えられる，ここで

$$\psi_0(x_1, x_2) = -x_2 + R \cos x_1 \sin x_2,$$

$$\psi_1(x_1, x_2, t) = \frac{\gamma}{2} \left[\left(1 - \frac{2}{\omega} \right) \cos(x_1 + \omega t + \theta) \right. $$
$$\left. + \left(1 + \frac{2}{\omega} \right) \cos(x_1 - \omega t - \theta) \right] \sin x_2.$$

上で $\omega > 0$ で，θ は位相そして R, γ と ε はパラメータで（大きさは温度による）$0 < \varepsilon << 1$ を満たす．詳細については Weiss and Knobloch [1989] を参照．流体粒子の運動方程式は

$$\dot{x}_1 = \frac{\partial \psi_0}{\partial x_2}(x_1, x_2) + \varepsilon \frac{\partial \psi_1}{\partial x_2}(x_1, x_2, t),$$

$$\dot{x}_2 = -\frac{\partial \psi_0}{\partial x_1}(x_1, x_2) - \varepsilon \frac{\partial \psi_1}{\partial x_1}(x_1, x_2, t)$$

で与えられる．

1.2 ポアンカレ写像：定理，構成および例　**185**

a) $\varepsilon = 0$ のときの流体粒子の軌道について述べよ．流れの位相は R が変わるとどのように変わるか？

b) $\varepsilon \neq 0$ の低調波のときメルニコフ理論を用いて流体粒子の軌道について記述せよ．流体の流れの位相は R, γ, ω および θ が変わるとどのように変わるか？

c) Moses and Steinberg [1988] の実験による結果と読者の結果を比較せよ．

1.2.22 節 1.1A の 1 番目の場合で論じた周期軌道の近傍におけるポアンカレ写像について考えよ．ベクトル場が $\mathbf{C}^r$ であるなら，最初の復帰時間 $\tau(x)$ は x について $\mathbf{C}^r$ 関数であるか？証明もしくは反例をあげよ．

1.2.23 平面上の自励ハミルトニアン・ベクトル場で鞍状不動点をつなぐホモクリニック軌道の作用について述べよ．ホモクリニック軌道に対する角変換の性質は何か？また中心型不動点に近づいた極限における作用・角変換を論ぜよ（極座標および調和振動子を考えよ）．2 つの場合を比較せよ．

1.2.24 $n \times n$ 行列 A が k 個の負の実部を持つ固有値と $n-k$ 個の正の実部を持つ固有値を持つとする．そのとき ε が十分小さいとき，行列 id$+\varepsilon A$ は k 個の絶対値が 1 より小さい固有値と $n-k$ 個の絶対値が 1 より大きな固有値を持つことを示せ（ここで "id" は $n \times n$ の単位行列を表す）．

1.2.25 平面上保測 $\mathbf{C}^r$ 微分同相写像 $(r \geq 1)$ を考える，すなわち

$$f \colon \mathbb{R}^2 \to \mathbb{R}^2$$

で $\det Df(x) = 1 \quad \forall x \in \mathbb{R}^2$ を満たす．f が不変円を持つとする．このとき不変円の内側に含まれる領域は不変集合であることを示せ．

1.2.26 $\mathbf{C}^r$ 微分同相写像 $(r \geq 1)$

$$f \colon \mathbb{R}^2 \to \mathbb{R}^2$$

で $\det Df(x) \neq 1 \quad \forall x \in \mathbb{R}^2$ を満たすものを考える．f は不変円を持たないことを示せ．

1.2.27 C^r 微分同相写像 $(r \geq 1)$

$$f \colon \mathbb{R}^2 \to \mathbb{R}^2$$

で $\det Df(x) = 1 \quad \forall x \in \mathbf{R}^2$ を満たすものを考える．f は楕円型不動点を $x = \bar{x}$ に持つとする，すなわち $Df(\bar{x})$ の固有値は双方とも絶対値 1 であるとする．この不動点の非線形安定性について論ぜよ（ヒント：この問題を適切に設定するにはいくつかしておかなければならないことがある；考えるべき場合がいくつかある．演習 1.2.25 とモーザーのねじれ定理（または KAM 定理）を適用することができれば解くことができる．楕円型不動点の近傍でモーザーのねじれ定理の仮定を満たすのはどのような条件のもとでか？）この問題には長い歴史がある，それについては Siegel and Moser [1971] を参照

1.2.28 マシュー方程式

$$\ddot{\phi} + (\alpha^2 + \beta \cos t)\phi = 0$$

を考える，ここで $\alpha, \beta \geq 0$ はパラメータである．モーザーのねじれ定理または KAM 定理が不動点 $(x, y) = (0, 0)$ の安定性の研究に適用できるか？次の非線形マシュー方程式

$$\ddot{\phi} + (\alpha^2 + \beta \cos t)\sin \phi = 0$$

186　1. 力学系の幾何学的観点

を考えよ．モーザーのねじれ定理または KAM 定理が不動点 $(x, y) = (0, 0)$ の安定性の研究に適用できるか？ 線形および非線形の問題を比較せよ．非線形の問題は線形の問題より難かしいと当然想像されるが，この供述にこの演習の文脈でコメントせよ．

演習 1.2.29 － 1.2.31 は節 1.2E の計算の実行のいくつかと関係している．

1.2.29 非強制非減衰ダッフィング方程式

$$\dot{x} = \frac{\partial H}{\partial y}(x, y) = y,$$

$$\dot{y} = -\frac{\partial H}{\partial x}(x, y) = x - x^3$$

を考える，ここで $H(x, y) = \frac{y^2}{2} - \frac{x^2}{2} + \frac{x^4}{4}$.

a) 積分

$$\int dt = \frac{1}{\sqrt{2}} \int \frac{dx}{\sqrt{H + \frac{x^2}{2} - \frac{x^4}{4}}}$$

　から解 $(x(t), y(t))$ が見つかることを示せ，ここで $H = \frac{y^2}{2} - \frac{x^2}{2} + \frac{x^4}{4} = $ 定数．

b) 節 1.2E で与えられた内部の周期軌道，ホモクリニック軌道そして外部の周期軌道の表現を求めるために積分を具体的に計算せよ（すなわち Byrd and Friedman [1971] を用いる）．

c) b) の結果を用いて $H(k)$ を計算せよ，ここで k は楕円積分のモジュラスである．内部および外部の周期軌道の k の範囲はどうなるか？

d) 楕円関数の性質を用いて内部および外部の周期軌道の周期を求めよ．

e) 内部および外部の周期軌道の作用 $I(k)$ を計算せよ（演習 1.2.14 参照）．

f) $H(I), \frac{\partial H}{\partial I}(I), \frac{\partial H}{\partial k}(k), \frac{\partial I}{\partial k}(k)$ を内部および外部の周期軌道について計算せよ．ホモクリニック軌道に近づいたときの極限と中心型不動点に近づいたときの極限の性質を述べよ．極限は連続か？ 微分可能か？（演習 1.2.23 参照）

g) ねじれ条件（すなわち $\frac{\partial \Omega}{\partial I} \neq 0$）は内部周期軌道についてはいつも満たされていることを示せ．外部周期軌道についてはどうか？ ねじれ条件は下のどれかと同値か？

1)　$\dfrac{\partial \Omega}{\partial K} \neq 0,$

2)　$\dfrac{\partial \Omega}{\partial H} \neq 0;$

3)　$\dfrac{\partial T}{\partial H} \neq 0;$

4)　$\dfrac{\partial T}{\partial K} \neq 0;$

5)　$\dfrac{\partial T}{\partial I} \neq 0?$

　　答えを立証せよ．

1.2 ポアンカレ写像：定理，構成および例 **187**

1.2.30 強制減衰ダッフィング方程式

$$\dot{x} = y,$$
$$\dot{y} = x - x^3 + \varepsilon(\gamma \cos \omega t - \delta y)$$

を考える．

a) 内部周期軌道についての低調波メルニコフ関数が

$$\bar{M}_1^{m/n}(t_0; \gamma, \delta, \omega) = -\delta J_1(m, n) \pm \gamma J_2(m, n, \omega) \sin \omega t_0$$

で与えられることを示せ，ここで $k' = \sqrt{1-k^2}$ とするとき

$$J_1(m, n) = \frac{4}{3}\big[(2 - k^2)E(k) - 2k'^2 K(k)\big]/(2 - k^2)^{3/2},$$

$$J_2(m, n, \omega) = \begin{cases} 0 & n \neq 1 \\ \sqrt{2}\pi\omega \operatorname{sech} \frac{\pi m K(k')}{K(k)} & n = 1 \end{cases}$$

である．

b) 外部周期軌道についての低調波メルニコフ関数が

$$\bar{M}_1^{m/n}(t_0; \gamma, \delta, \omega) = -\delta \hat{J}_1(m, n) - \gamma \hat{J}_2(m, n, \omega) \sin \omega t_0$$

で与えられることを示し，$\hat{J}_1(m, n)$ と $\hat{J}_2(m, n, \omega)$ の具体的な形を与えよ．特に，m が奇数でなければならないことを示せ．次の極限を計算し議論せよ．

$$\lim_{m \to \infty} J_1(m, 1), \qquad \lim_{m \to \infty} \hat{J}_1(m, 1),$$

および

$$\lim_{m \to \infty} J_2(m, 1, \omega), \qquad \lim_{m \to \infty} \hat{J}_2(m, 1, \omega).$$

c)

$$R^m(\omega) = \frac{J_1(m, 1)}{J_2(m, 1, \omega)},$$

$$\hat{R}^m(\omega) = \frac{\hat{J}_1(m, 1)}{\hat{J}_2(m, 1, \omega)}$$

とせよ．

1) 全ての $\omega > 0$ について $R^m(\omega)$ と $\hat{R}^m(\omega)$ が正であることを示せ．

2) 次の数列を ω の関数として述べよ．

$$\{R^1(\omega), R^2(\omega), \cdots, R^m(\omega), \cdots\}$$

$$\{\hat{R}^1(\omega), \hat{R}^3(\omega), \cdots, \hat{R}^m(\omega), \cdots\}$$

特に，いくつかのまたは全ての ω についてこの数列は単調か？ 単調性または非単調性の力学的な結果は何か？

188 1. 力学系の幾何学的観点

1.2.31 強制減衰ダッフィング方程式の内部の共鳴帯の幅は m が無限大に近づくとき漸近的に次の形を持つことを示せ.

$$\Delta I \approx \sqrt{\varepsilon \frac{m^3}{\omega^3} \exp\left(\frac{-2\pi m}{\omega}\right)} + \mathcal{O}(\varepsilon) \qquad m \uparrow \infty.$$

1. ヒント:

   1) $K(k)$ と $E(k)$ の漸近的な性質を用いて, $k' \to 0$ のとき次式を示せ (Byrd and Friedman [1971] 参照).

   $$\Omega'(m) \approx \frac{-1}{k'^2 (\log 4/k')^3} \qquad k' \to 0.$$

   2) $m \uparrow \infty, k' \to 0$ のとき

   $$\frac{-1}{k'^2 \log 4/k'} \sim -\frac{\omega^3 e^{2\pi m/\omega}}{m^3} \qquad m \uparrow \infty, \ k' \to 0$$

   を示すのに共鳴関係 $2K(k)\sqrt{2-k^2} = \frac{2\pi m}{\omega}$ を用いよ.

   3) $m \uparrow \infty$ のとき $J_1(m,1)$ と $J_2(m,1,\omega)$ が $\mathcal{O}(1)$ であることを示せ.

   4) 1), 2), 3) を節 1.2.E,i) で与えられた ΔI の表現に適用せよ.

1.2.32 節 1.2D, ii) で展開された低調波メルニコフ理論は時間に周期的に依存する摂動された自由度 1 のハミルトン系に適用される. この演習では, この方法が自由度 2 のハミルトン系に簡約法を用いてどのように拡張されうるかを見る (Holmes and Marsden [1982] を参照). 次の自由度 2 のハミルトン系を考える.

$$\dot{x} = \frac{\partial F}{\partial y}(x,y) + \varepsilon \frac{\partial H^1}{\partial y}(x,y,I,\theta),$$

$$\dot{y} = -\frac{\partial F}{\partial x}(x,y) - \varepsilon \frac{\partial H^1}{\partial x}(x,y,I,\theta), \quad (x,y,I,\theta) \in \mathbb{R} \times \mathbb{R} \times \mathbb{R}^+ \times S^1,$$

$$\dot{I} = -\varepsilon \frac{\partial H^1}{\partial \theta}(x,y,I,\theta),$$

$$\dot{\theta} = \frac{\partial G}{\partial I}(I) + \varepsilon \frac{\partial H^1}{\partial I}(x,y,I,\theta), \qquad\qquad \text{(E1.2.1)}$$

ここでハミルトン関数は

$$H^\varepsilon(x,y,I,\theta) = F(x,y) + G(I) + \varepsilon H^1(x,y,I,\theta).$$

$\varepsilon = 0$ では, ベクトル場の $x - y$ 成分は $I - \theta$ 成分と独立になる.

非摂動系 (すなわち $\varepsilon = 0$ であるベクトル場) について次の仮定をおく. ベクトル場の $x - y$ 成分は次の 2 つの仮定を満たす.

仮定 1. 非摂動系の $x - y$ 成分は自分自身とホモクリニック軌道 $q^0(t) = (x^0(t), y^0(t))$ でつながっている双曲型不動点 $p_0 \equiv (x_0, y_0)$ を持つ.

1.2 ポアンカレ写像：定理，構成および例   **189**

仮定 2.

$$\Gamma_{p_0} = \{(x,y) \in \mathbb{R}^2 \mid (x,y) = (x^0(t), y^0(t)), t \in \mathbf{R}\} \cup \{p_0\}$$
$$= W^s(p_0) \cap W^u(p_0) \cup \{p_0\}$$

とおく．Γ_{p_0} の内部は周期軌道の連続な族 $q^\alpha(t) = (x^\alpha(t), y^\alpha(t))$, $\alpha \in (-1, 0)$ で周期 T^α を持つもので満たされる．$\lim_{\alpha \to 0} q^\alpha(t) = q^0(t)$ および $\lim_{\alpha \to 0} T^\alpha = \infty$ を仮定する．

ベクトル場の $I - \theta$ 成分は次の仮定を満たす．

仮定 3. $\dfrac{\partial G}{\partial I}(I) \neq 0$

したがって非摂動系の相空間は図 E 1.2.2 のように表される．上に与えた仮定 1 と 2 は，節 1.2D,ii) で考察された自由度 1 の時間に依存する摂動における非摂動構造に対してそこで与えた仮定 1 と 2 と同じものであることを確かめられたい．

a) 3 次元の曲面

$$H^\varepsilon(x, y, I, \theta) = F(x, y) + G(I) + \varepsilon H^1(x, y, I, \theta) \equiv h = \text{定数} \qquad \text{(E1.2.2)}$$

はベクトル場からつくられる流れに関し不変である．ヒント：不変性はベクトル場が曲面に接していることを意味する．

b) 仮定 3,a) と陰関数定理を用いて，ε が十分小さいとき I は x, y, θ, h の関数として表されることを示せ，そしてそれを次のように書く．

$$I = \mathcal{L}^\varepsilon(x, y, \theta; h) = \mathcal{L}^0(x, y; h) + \varepsilon \mathcal{L}^1(x, y, \theta; h) + \mathcal{O}(\varepsilon^2). \qquad \text{(E1.2.3)}$$

h には何か制限があるか？ x, y および θ についてはどうか？ $\mathcal{L}^\varepsilon$ は θ について周期 2π か？

c)

$$\mathcal{L}^0(x, y; h) = G^{-1}(h - F(x, y)) \qquad \text{(E1.2.4)}$$

と

$$\mathcal{L}^1(x, y, \theta; h) = \frac{-H^1(x, y, \mathcal{L}^0(x, y; h), \theta)}{\Omega(\mathcal{L}^0(x, y; h))}, \qquad \text{(E1.2.5)}$$

を示せ，ただし $\Omega \equiv \frac{\partial G}{\partial I}$．ヒント：(E1.2.3) を (E1.2.2) へ代入し，結果を ε の級数に展開し，ε の同じ次数の巾を等しいものとせよ．
$\mathcal{L}^1$ は θ について周期 2π か？

d) 次の時間に周期的に依存する自由度 1 のハミルトン系の 1-パラメータの族を導け．

$$\frac{dx}{d\theta} = -\frac{\partial \mathcal{L}^\varepsilon}{\partial y}(x, y, \theta; h) = -\frac{\partial \mathcal{L}^0}{\partial y}(x, y; h)$$

$$\qquad\qquad - \varepsilon \frac{\partial \mathcal{L}^1}{\partial y}(x, y, \theta; h) + \mathcal{O}(\varepsilon^2), \qquad \text{(E1.2.6)}$$

190   1. 力学系の幾何学的観点

$$\frac{dy}{d\theta} = \frac{\partial \mathcal{L}^\varepsilon}{\partial x}(x, y, \theta; h) = \frac{\partial \mathcal{L}^0}{\partial x}(x, y; h)$$

$$+ \varepsilon \frac{\partial \mathcal{L}^1}{\partial x}(x, y, \theta; h) + \mathcal{O}(\varepsilon^2).$$

ヒント：

1) $\frac{dx}{d\theta} = \left(\frac{dx}{dt}\right) / \left(\frac{d\theta}{dt}\right)$; $\frac{dy}{d\theta}$ についても同様.

2) $\left(\frac{dx}{dt}\right) / \left(\frac{d\theta}{dt}\right) = \left(\frac{\partial H^\varepsilon}{\partial y}\right) / \left(\frac{\partial H^\varepsilon}{\partial I}\right)$; $\left(\frac{dy}{dt}\right) / \left(\frac{d\theta}{dt}\right)$ についても同様.

3) $\frac{dH^\varepsilon}{dy} = 0 = \frac{\partial H^\varepsilon}{\partial y} + \frac{\partial H^\varepsilon}{\partial I}\frac{\partial I}{\partial y}$; $\frac{dH^\varepsilon}{dx}$ についても同様.

4) ヒント 3) から $\left(\frac{\partial H^\varepsilon}{\partial y}\right) / \left(\frac{\partial H^\varepsilon}{\partial I}\right) = -\frac{\partial I}{\partial y} = -\frac{\partial \mathcal{L}^\varepsilon}{\partial y}$; $\frac{\partial H^\varepsilon}{\partial x} / \frac{\partial H^\varepsilon}{\partial I}$ についても同様.

ここで用いた全ての連鎖律を正当化せよ.

e) (E1.2.6) は簡約系と呼ばれる. 非摂動簡約系

$$\frac{dx}{d\theta} = -\frac{\partial \mathcal{L}^0}{\partial y}(x, y; h),$$

$$\frac{dy}{d\theta} = \frac{\partial \mathcal{L}^0}{\partial x}(x, y; h), \qquad\qquad (E1.2.7)$$

は仮定 1 と 2 を満たすことを示せ. パラメータ h に相空間の構造はどのように依存しているか？ 仮定 1 と 2 に述べられた自由度 2 の非摂動系の $x - y$ 成分のホモクリニック軌道と周期軌道の 1-パラメータ族は (E1.2.7) の軌道とどのように関係しているか？

f) 低調波メルニコフ理論が簡約系 (E1.2.6) に適用できる. 簡約系がホモクリニック軌道に囲まれた領域で非零ねじれ条件を満たすこと, すなわち実際にねじれが存在することを示せ.

$$\bar{M}_1^{m/n}(\theta_0; h)$$

$$= \int_0^{2\pi m} \left\{ \mathcal{L}^0(x^\alpha(\theta), y^\alpha(\theta); h) \mathcal{L}^1(x^\alpha(\theta), y^\alpha(\theta), \theta + \theta_0; h) \right\} d\theta$$

を示せ. ここで

$$\{\mathcal{L}^0, \mathcal{L}^1\} \equiv \frac{\partial \mathcal{L}^0}{\partial x}\frac{\partial \mathcal{L}^1}{\partial y} - \frac{\partial \mathcal{L}^0}{\partial y}\frac{\partial \mathcal{L}^1}{\partial x}$$

は $\mathcal{L}^0$ と $\mathcal{L}^1$ のポアッソン括弧である.

$$\{\mathcal{L}^0, \mathcal{L}^1\} = \frac{1}{\Omega^2}\{F, H^1\}$$

を示せ, ただし $\Omega \equiv \frac{\partial G}{\partial I}$ であることを思い出せ.

1.2.33 次の自由度 2 のハミルトン系を考える.

1.2 ポアンカレ写像：定理，構成および例　*191*

$$\dot{\phi} = v = \frac{\partial H^\varepsilon}{\partial v},$$

$$\dot{v} = \sin\phi + \varepsilon(x - \phi) = -\frac{\partial H^\varepsilon}{\partial \phi},$$

$$\dot{x} = y = \frac{\partial H^\varepsilon}{\partial y}, \qquad (\phi, v, x, y) \in S^1 \times \mathbb{R} \times \mathbb{R} \times \mathbb{R},$$

$$\dot{y} = -\omega^2 x - \varepsilon(x - \phi) = -\frac{\partial H^\varepsilon}{\partial x},$$

ここで

$$H^\varepsilon(\phi, v, x, y) = \frac{v^2}{2} - \cos\phi + \frac{y^2}{2} + \frac{\omega^2 x^2}{2} + \frac{\varepsilon}{2}(x - \phi)^2.$$

演習 1.2.32 で議論した簡約法をこの系の力学の解析に ε が小さいときに用いよ．ヒント：非摂動ベクトル場の x 成分と y 成分を，ベクトル場が (E1.2.1) の形になるように作用・角変数を変形する必要がある．

1.2.34 節 1.2E で議論した周期的強制減衰ダッフィング振動子の共鳴帯における軌道の極限の行動にはどのような可能性があるか？

1.2.35 $\mathbf{C}^1$ 写像 f が $\det Df > 0$ ならば向きを保つことを思い出そう．節 1.2A で議論した 3 種のポアンカレ写像が向きを保つことを示せ．もしそうでなければどのようになるか？

1.2.36 節 1.2.D, iib) における共鳴帯の考察を思い出せ．この演習では共鳴帯の幅の ε についてのスケーリングを考察する．

$$\frac{\partial^r \Omega}{\partial I^r}(I^{m,n}) = 0, \qquad r = 1, \cdots, k,$$

と

$$\frac{\partial^{r+1} \Omega}{\partial I^{r+1}}(I^{m,n}) \neq 0$$

が成り立つとせよ．このとき (1.2.209) の変換における小さなパラメータ μ が

$$\mu = \varepsilon^{1/(r+2)}$$

で与えられることを示せ．(注：Morozov and Silnikov [1984] の論文はこの状況について詳細に議論している．)

1.2.37 演習 1.2.18 を思い出せ．

$$\dot{x} = y,$$
$$\dot{y} = x - x^3 + \varepsilon(\gamma \cos\omega t - \delta y), \qquad \delta, \gamma, \omega > 0$$

の $(x, y) = (1, 0)$ の近傍での軌道構造に着目した．この演習では同じ問いに低調波メルニコフ理論を用いる．

　a) 節 1.2.D, ii で述べた技法を用いて，1:1 共鳴すなわち $\omega = \sqrt{2}$ の近傍での軌道の構造を考察せよ．演習 1.2.36 は周期応答の $O(\varepsilon^{1/3})$ 振幅を説明しているか？ ヒント： $\frac{\partial \Omega}{\partial I}(0)$ を考察しなければならない，演習 1.2.29 の f) および g) を参照．

192   1. 力学系の幾何学的観点

b) 1:3 共鳴すなわち $\omega = 3\sqrt{2}$ でも同様の解析を行え.

c) 演習 1.2.18 においてファン・デア・ポール変換（例 1.2.11 参照）は異調パラメーター ρ を導入し，それで ρ の 0 からの変化に伴う**共鳴帯通過**の考察を可能にした.（注：3 章において分岐理論を研究するときに詳細について考察する.）非摂動系は線形，したがって振動数は定数，なのでこのパラメータは必要であった.しかし節 1.2D, ii) で考察した非摂動問題のクラスは非線形である.演習 1.2.18 で導出された方程式の構造とこの演習で導出したものの構造を比較することで，異調もしくは共鳴帯通過の考え方がこの場合どのように生じるかを示せ.同じ力学を導くという意味で 2 つの方法は同等か？

d) 同じ結果を得るのに，演習 1.2.18 の場合に要した計算努力とこの演習での努力を比較せよ.

1.2.38 減衰強制ダッフィング振動子の高低調波 節 1.2E で方程式

$$\dot{x} = y,$$
$$\dot{y} = x - x^3 + \varepsilon(\gamma \cos \omega t - \delta y), \qquad \delta, \gamma, \omega > 0, \quad \text{(E1.2.8)}$$

が高低調波解を持たないことを見た.次の方程式を考察する.

$$\dot{x} = y,$$
$$\dot{y} = x - x^3 + \varepsilon \gamma \cos \omega t - \varepsilon^2 \delta y, \qquad \delta, \gamma, \omega > 0. \quad \text{(E1.2.9)}$$

(E1.2.9) が高低調波解を持つことを示せ.　（ヒント：節 1.2D, ii) で展開した形式を用い，$\mathcal{O}(\varepsilon^2)$ までポアンカレ写像を計算せよ，すなわち高次数のメルニコフ理論をつくれ.）(E1.2.8) (E1.2.9) の力学を比較せよ.

1.2.39 補題 1.2.16 の証明における全ての段階を正当化せよ.特に一般に線形変分方程式は軌道から軌道へ変わるということが困難を生じさせるか？

第 2 章　力学系を簡単にする方法

　力学系を簡単にしようとするとき，2 つのアプローチが考えられる．1 つは系の次元を減らすことであり，もう 1 つは非線形性を除くことである．この 2 つのアプローチにそって実質的な発展を与える 2 つの厳密な数学的技巧は，中心多様体理論と標準形の方法である．この 2 つのテクニックは最も重要で広く応用できる方法であり，力学系の局所理論にも利用でき，第 3 章での分岐理論の展開の基礎を与えるものである．

　有限次元での中心多様体理論は，Pliss [1964], Šošitaĭšvili [1975], および Kelley [1967] の論文にさかのぼる．また，Guckenheimer and Holmes [1983], Hassard, Kazarinoff and Wan [1980], Marsden and McCracken [1976], Carr [1981], Henry [1981], および Sijbrand [1985] の文献も役に立つ．

　標準形の方法は，Poincaré の学位論文 [1929] にさかのぼる．また，van der Meer [1985] および Bryuno [1989] の本に役立つ歴史的背景がある．

2.1　中心多様体

　まず，動機づけから議論を始めよう．線形系

$$\dot{x} = Ax, \tag{2.1.1a}$$

$$x \longmapsto Ax, \qquad x \in \mathbb{R}^n \tag{2.1.1b}$$

を考えよう．ここで A は $n \times n$ 行列である．節 1.1C で述べた通り，この系は不変な部分空間 E^s, E^u, E^c を持っている．これらの部分空間は，それぞれ

流れの場合：　実部が負，実部が正，実部が 0
写像の場合：　絶対値が < 1，絶対値が > 1，絶対値が $= 1$

の固有値に対応する一般化された固有ベクトルで張られたものである．これらの部分空間の名前は以下の性質からつけられた：E^s から出発する軌道は t（写像の場合は n）

194   2. 力学系を簡単にする方法

↑∞ のとき 0 に収束し，E^u から出発する軌道は t（写像の場合は n）↑∞ のとき非有界になり，E^c から出発する軌道は t（写像の場合は n）↑∞ のとき指数的に発散も収束もしない．

もし $E^u = \emptyset$ と仮定すると，どの軌道も急速に E^c に落ち込むことがいえる．したがって長時間にわたる挙動（つまり安定性）を調べたいのなら，E^c に制限した系を調べればよい．

これと同様の "還元原理" が，非線形のベクトル場と写像の非双曲型不動点の安定性の研究に応用できれば素晴らしい，つまり，不動点を通る不変な**中心多様体**があって，不動点の近傍での漸近的な挙動を調べるとき，系をそこに制限できれば，である．これが可能であるということが中心多様体理論の内容である．

2.1A　ベクトル場の中心多様体

まずベクトル場の中心多様体から始めよう．設定は次の通りである．次の形のベクトル場を考えよう．

$$\dot{x} = Ax + f(x,y),$$
$$\dot{y} = By + g(x,y), \qquad (x,y) \in \mathbb{R}^c \times \mathbb{R}^s \qquad (2.1.2)$$

ここで

$$f(0,0) = 0, \qquad Df(0,0) = 0,$$
$$g(0,0) = 0, \qquad Dg(0,0) = 0 \qquad (2.1.3)$$

である．（一般のベクトル場が不動点の近傍では (2.1.2) の形に変形できるということについては節 1.1C を参照．）

ここで，A は実部が 0 の固有値を持つ $c \times c$ 行列であり，B は実部が負の固有値を持つ $s \times s$ 行列である．また f と g は $\mathbf{C}^r$ 級の関数 $(r \geq 2)$ である．

定義 2.1.1　不変な多様体は，十分小さな δ に対して局所的に

$$W^c(0) = \{ (x,y) \in \mathbb{R}^c \times \mathbb{R}^s \mid y = h(x), |x| < \delta, h(0) = 0, Dh(0) = 0 \}$$

と表されるとき，(2.1.2) の中心多様体と呼ばれる．

条件 $h(0) = 0$ と $Dh(0) = 0$ から $W^c(0)$ が E^c に $(x,y) = (0,0)$ で接していることがいえることを注意しておく．以下の 3 つの定理は Carr [1981] の優れた本からとったものである．

中心多様体についての最初の結果は存在定理である．

2.1 中心多様体 **195**

定理 **2.1.1** (2.1.2) の $\mathbf{C}^r$ 級の中心多様体が存在する．(2.1.2) の力学を中心多様体に制限したものは，十分小さな u に対して次の c 次元ベクトル場

$$\dot{u} = Au + f(u, h(u)), \qquad u \in \mathbb{R}^c \tag{2.1.4}$$

で与えられる．

証明 Carr [1981] を参照． $\square$

次の結果は，$u = 0$ の近くでの (2.1.4) の力学は $(x, y) = (0, 0)$ の近くでの (2.1.2) の力学を決定するということである．

定理 **2.1.2** i)(2.1.4) の零解が安定（漸近安定）（不安定）であるとする．このとき (2.1.2) の零解も安定（漸近安定）（不安定）である．ii)(2.1.4) の零解が安定であるとする．このとき $(x(t), y(t))$ が十分小さな初期値 $(x(0), y(0))$ を持つ (2.1.2) の解であるとすると，(2.1.4) の解 $u(t)$ で，$t \to \infty$ のとき

$$x(t) = u(t) + \mathcal{O}\big(e^{-\gamma t}\big),$$
$$y(t) = h(u(t)) + \mathcal{O}\big(e^{-\gamma t}\big)$$

を満たすものが存在する．ここで $\gamma > 0$ は定数．

証明 Carr [1981] を参照． $\square$

次に問題になるのは，定理 2.1.2 の恩恵を得ることのできる中心多様体はどのように計算できるか，ということである．この問題に答えるため，$h(x)$ のグラフが (2.1.2) の中心多様体になるために $h(x)$ が満たすべき方程式を導こう．

十分小さな δ に対し，次の中心多様体が与えられているとする．

$$W^c(0) = \{(x, y) \in \mathbb{R}^c \times \mathbb{R}^s \mid y = h(x), |x| < \delta, h(0) = 0, Dh(0) = 0\} \tag{2.1.5}$$

$W^c(0)$ が (2.1.2) の力学に対し不変であることを用いて，$h(x)$ が満たすべき準線形偏微分方程式が次のように導かれる．

1. $W^c(x)$ 上の点の (x, y) 座標は

$$y = h(x) \tag{2.1.6}$$

を満たす．

2. (2.1.6) を時間について微分することにより，$W^c(x)$ 上の点の $(\dot{x}, \dot{y})$ 座標は

$$\dot{y} = Dh(x)\dot{x} \tag{2.1.7}$$

196 2. 力学系を簡単にする方法

を満たす.

3. $W^c(x)$ 上の点は (2.1.2) から定まる力学に従う. したがって,

$$\dot{x} = Ax + f(x, h(x)), \tag{2.1.8a}$$

$$\dot{y} = Bh(x) + g(x, h(x)) \tag{2.1.8b}$$

を (2.1.7) に代入することにより

$$Dh(x)\big[Ax + f(x, h(x))\big] = Bh(x) + g(x, h(x)) \tag{2.1.9}$$

すなわち

$$\mathcal{N}(h(x)) \equiv Dh(x)\big[Ax + f(x, h(x))\big] - Bh(x) - g(x, h(x)) = 0 \tag{2.1.10}$$

を得る.

方程式 (2.1.10) は, $h(x)$ のグラフが不変な中心多様体になるために, $h(x)$ が満たす準線形偏微分方程式である:多様体の不変性の概念についてのさらなる議論については演習問題 2.14 を参照. 中心多様体を見つけるためには (2.1.10) を解けばよい.

残念ながら, (2.1.10) を解くのはおそらく最初の問題よりもずっと難しい. しかし次の定理は (2.1.10) の近似解を望むだけの精度で計算する方法を与えてくれる.

定理 2.1.3 $\phi : \mathbb{R}^c \to \mathbb{R}^s$ は $\mathbf{C}^1$ 関数で $\phi(0) = D\phi(0) = 0$ を満たし, $x \to 0$ のとき, $q > 1$ があって $\mathcal{N}(\phi(x)) = \mathcal{O}(|x|^q)$ であるとする. $x \to 0$ のとき

$$|h(x) - \phi(x)| = \mathcal{O}(|x|^q)$$

が成り立つ.

証明 Carr [1981] を参照. □

中心多様体を望むだけの精度で計算するには, この定理によりその精度で (2.1.10) を解けばよい. このためには巾級数展開が役に立つ. 具体的な例を挙げよう.

例 2.1.1 ベクトル場

$$\dot{x} = x^2 y - x^5,$$

$$\dot{y} = -y + x^2, \qquad (x, y) \in \mathbb{R}^2 \tag{2.1.11}$$

を考えよう.

原点は明らかに (2.1.11) の不動点である. 問題はそれが安定かどうか, である.

2.1 中心多様体 **197**

(2.1.11) を $(x, y) = (0, 0)$ のまわりで線形化したときの固有値は 0 と -1 である. したがって不動点は双曲型でないから, 線形化では $(x, y) = (0, 0)$ が安定か不安定かについてはわからない. (注：線形近似の場合, 原点は安定であるが, 漸近安定ではない.) 安定性の問題を中心多様体を用いて解こう.

定理 2.1.1 により, (2.1.11) の中心多様体が存在し, 局所的には十分小さな δ に対し

$$W^c(0) = \left\{ (x, y) \in \Re^2 \mid y = h(x), |x| < \delta, \ h(0) = Dh(0) = 0 \right\} \qquad (2.1.12)$$

と表される. この $W^c(0)$ を計算したい. $h(x)$ が

$$h(x) = ax^2 + bx^3 + \mathcal{O}(x^4) \qquad (2.1.13)$$

の形をしているとし, (2.1.13) を, $h(x)$ が中心多様体になるために満たすべき式 (2.1.10) に代入する. x の各巾ごとに係数を比較することにより, $h(x)$ を望むだけの精度で解くことができる. 実際には, 安定性を調べるには, 少しの項だけを計算すれば十分である.

(2.1.10) から, 中心多様体の方程式は

$$\mathcal{N}\left(h(x)\right) = Dh(x)\left[Ax + f\left(x, h(x)\right)\right] - Bh(x) - g\left(x, h(x)\right) = 0 \qquad (2.1.14)$$

で与えられることを思いだそう. この例では $(x, y) \in \mathbb{R}^2$ で

$$\begin{aligned} A &= 0, \\ B &= -1, \\ f(x, y) &= x^2 y - x^5, \\ g(x, y) &= x^2 \end{aligned} \qquad (2.1.15)$$

を得る. (2.1.13) を (2.1.14) に代入して (2.1.15) を用いると

$$\begin{aligned} \mathcal{N}\left(h(x)\right) &= (2ax + 3bx^2 + \cdots)(ax^4 + bx^5 - x^5 + \cdots) \\ &\quad + ax^2 + bx^3 - x^2 + \cdots = 0 \end{aligned} \qquad (2.1.16)$$

となる.

(2.1.16) が成り立つためには, x の各巾の係数が 0 にならねばならない. 演習問題 2.20 を参照. だから x の各巾の係数を 0 とおいて

$$\begin{aligned} x^2 &: a - 1 = 0 \Rightarrow a = 1, \\ x^3 &: b = 0, \\ &\ \ \vdots \quad \ \ \vdots \end{aligned} \qquad (2.1.17)$$

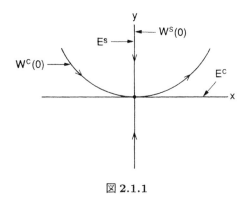

図 2.1.1

となり，したがって

$$h(x) = x^2 + \mathcal{O}(x^4) \tag{2.1.18}$$

を得る．定理 2.1.1 と共に (2.1.18) を用いると，中心多様体に制限されたベクトル場は，十分小さな x に対して

$$\dot{x} = x^4 + \mathcal{O}(x^5) \tag{2.1.19}$$

で与えられる．よって $x = 0$ は (2.1.19) で不安定である．したがって定理 2.1.1 により $(x, y) = (0, 0)$ は (2.1.11) で不安定である．図 2.1.1 は $(x, y) = (0, 0)$ の近傍での流れの様子を描いたものである．

この例は重要な現象を示している．それを記そう．

【接平面近似の失敗】

アイデアは次の通りである．(2.1.11) を考えよう．$(x, y) = (0, 0)$ の近くから出発した軌道の y 成分は指数的な速さで 0 に減少するとしてよい．したがって，原点の安定性を調べるには，原点の近くから出発した軌道の x 成分を調べればよいことになる．そこで (2.1.11) で $y = 0$ とおいて導かれた方程式

$$\dot{x} = -x^5 \tag{2.1.20}$$

を調べたくなる．これは $W^c(0)$ を E^c で近似したことになる．しかし $x = 0$ は (2.1.20) で安定であり，したがって $(x, y) = (0, 0)$ は (2.1.11) で安定であるという**間違った結論**に達してしまう．接平面近似はしばしば役に立つが，この例が示すようにいつでもうまくいくわけではない．

2.1B　パラメータに依存する中心多様体

(2.1.2) がベクトルのパラメータ，たとえば $\varepsilon \in \mathbb{R}^p$ に依存するとしよう．この場合，(2.1.2) は

$$\dot{x} = Ax + f(x, y, \varepsilon),$$
$$\dot{y} = By + g(x, y, \varepsilon), \qquad (x, y, \varepsilon) \in \mathbb{R}^c \times \mathbb{R}^s \times \mathbb{R}^p \qquad (2.1.21)$$

の形になる．ここで

$$f(0,0,0) = 0, \qquad Df(0,0,0) = 0,$$
$$g(0,0,0) = 0, \qquad Dg(0,0,0) = 0$$

であり，A と B は (2.1.2) の時と同じ仮定を満たし，f と g は $(x, y, \varepsilon) = (0,0,0)$ の近傍で $\mathbf{C}^r$ 級の関数 $(r \geq 2)$ である．なぜ行列 A と B が ε に依存しないとしているのか，という疑問が起こる．これについてはすぐ後で答える．

パラメータづけられた系を扱う方法はパラメータ ε を新しい**従属変数**として含め，

$$\dot{x} = Ax + f(x, y, \varepsilon),$$
$$\dot{\varepsilon} = 0, \qquad (x, y, \varepsilon) \in \mathbb{R}^c \times \mathbb{R}^s \times \mathbb{R}^p \qquad (2.1.22)$$
$$\dot{y} = By + g(x, y, \varepsilon),$$

とすることである．一見してこの方法ではなにも新しく得られないように思えるが，そうではないことが示せる．

あらためて (2.1.22) を考えることにしよう．明らかに $(x, y, \varepsilon) = (0,0,0)$ に不動点がある．この不動点で (2.1.22) を線形化した系に付随する行列は $c + p$ 個の実部 0 の固有値と s 個の実部が負の固有値を持つ．ここで中心多様体定理を適用しよう．定義 2.1.1 を修正すれば中心多様体は x および ε 変数のグラフで表される，つまり，十分小さな x と ε に対し $h(x, \varepsilon)$ のグラフとして．定理 2.1.1 がまた応用できて，中心多様体に制限されたベクトル場が次の式で与えられる．

$$\dot{u} = Au + f(u, h(u, \varepsilon), \varepsilon),$$
$$\dot{\varepsilon} = 0, \qquad (u, \varepsilon) \in \mathbb{R}^c \times \mathbb{R}^p. \qquad (2.1.23)$$

定理 2.1.2 と 2.1.3 も成り立つ．（われわれはすぐあとで中心多様体を計算するための修正について触れるつもりである．）このようにして，パラメータを新しい従属変数として付け加えることは，力学を持たない p 個の新しい中心方向を付け加えることで (2.1.2) の行列 A を増大させる動きをするに過ぎない．そして理論は全く同様に成り立つ．しかしながらそこには，**分岐理論**を研究するのに重要な新しい概念がある．つ

200   2. 力学系を簡単にする方法

まり中心多様体は $\varepsilon = 0$ の十分小さな近傍内の全ての ε に対して存在する，ということである．第3章で，非双曲型不動点を摂動することにより解をつくりだしたり消し去ったりすることができることを学ぶ．こうして，不変中心多様体が x と ε の両方について $(x, \varepsilon) = (0, 0)$ の十分小さな近傍で存在するから，全ての分岐した解は低次元の中心多様体に含まれる．

中心多様体を計算することにとりかかろう．中心多様体の存在定理から，局所的には，十分小さな δ と $\bar{\delta}$ に対して

$$W_{\text{loc}}^c(0) = \big\{ (x, \varepsilon, y) \in \mathbb{R}^c \times \mathbb{R}^p \times \mathbb{R}^s \mid y = h(x, \varepsilon), |x| < \delta,$$
$$|\varepsilon| < \bar{\delta}, \ h(0, 0) = 0, \ Dh(0, 0) = 0 \big\} \tag{2.1.24}$$

である．$h(x, \varepsilon)$ のグラフが (2.1.22) により生成される力学に関して不変であることを用いて，

$$\dot{y} = D_x h(x, \varepsilon)\dot{x} + D_\varepsilon h(x, \varepsilon)\dot{\varepsilon} = Bh(x, \varepsilon) + g\left(x, h(x, \varepsilon), \varepsilon\right) \tag{2.1.25}$$

が得られる．しかしながら

$$\dot{x} = Ax + f\left(x, h(x, \varepsilon), \varepsilon\right),$$
$$\dot{\varepsilon} = 0 \tag{2.1.26}$$

であるから，(2.1.26) を (2.1.25) に代入することにより，$h(x, \varepsilon)$ のグラフが中心多様体になるために $h(x, \varepsilon)$ が満たすべき準線形偏微分方程式が次のように得られる．

$$\mathcal{N}\left(h(x, \varepsilon)\right) = D_x h(x, \varepsilon)\left[Ax + f\left(x, h(x, \varepsilon), \varepsilon\right)\right]$$
$$- Bh(x, \varepsilon) - g\left(x, h(x, \varepsilon), \varepsilon\right) = 0. \tag{2.1.27}$$

こうして (2.1.27) は (2.1.10) とよく似ていることがわかる．

特定の例を考える前に，重要な事実を指摘したい．ε を新しい従属変数と考えると，

$$x_i \varepsilon_j, \qquad 1 \le i \le c, \quad 1 \le j \le p$$

や

$$y_i \varepsilon_j, \qquad 1 \le i \le s, \quad 1 \le j \le p$$

のような項は非線形項になる．この場合，この節の初めに出した問いに戻って，行列 A と B の，ε に依存した部分は非線形項とみなして，それぞれ (2.1.22) の f と g の項に含まれる．与えられた系に中心多様体理論を応用する際には，((2.1.2) または (2.1.22) の) 標準形にまず変形しておかなければならないことを注意しておく．

例 2.1.2   ローレンツ方程式

$$\dot{x} = \sigma(y - x),$$
$$\dot{y} = \bar{\rho}x + x - y - xz, \qquad (x, y, z) \in \mathbb{R}^3 \qquad (2.1.28)$$
$$\dot{z} = -\beta z + xy,$$

を考えよう．ここで，σ と β は固定された正の定数とみなし，$\bar{\rho}$ はパラメータとみなす．(注：標準的なローレンツ方程式では伝統的に $\bar{\rho} = \rho - 1$ とおいている．) 明らかに $(x, y, z) = (0, 0, 0)$ は (2.1.28) の不動点である．(2.1.28) をこの不動点のまわりで線形化して付随する行列

$$\begin{pmatrix} -\sigma & \sigma & 0 \\ 1 & -1 & 0 \\ 0 & 0 & -\beta \end{pmatrix} \qquad (2.1.29)$$

を得る．(注：$\bar{\rho}x$ は非線形項であることを思いだせ.)

(2.1.29) はブロック分けされているので，固有値は

$$0, -\sigma - 1, -\beta \qquad (2.1.30)$$

と簡単に求まる．また，対応する固有ベクトルは

$$\begin{pmatrix} 1 \\ 1 \\ 0 \end{pmatrix}, \begin{pmatrix} \sigma \\ -1 \\ 0 \end{pmatrix}, \begin{pmatrix} 0 \\ 0 \\ 1 \end{pmatrix} \qquad (2.1.31)$$

である．われわれの目標は，0 の近くの $\bar{\rho}$ に対して，$(x, y, z) = (0, 0, 0)$ の安定性の様子を決定することである．まず第一に (2.1.29) を標準形 (2.1.22) に変形しなければならない．固有ベクトルの基底 (2.1.31) を用いて，変換

$$\begin{pmatrix} x \\ y \\ z \end{pmatrix} = \begin{pmatrix} 1 & \sigma & 0 \\ 1 & -1 & 0 \\ 0 & 0 & 1 \end{pmatrix} \begin{pmatrix} u \\ v \\ w \end{pmatrix} \qquad (2.1.32)$$

と，その逆変換

$$\begin{pmatrix} u \\ v \\ w \end{pmatrix} = \frac{1}{1 + \sigma} \begin{pmatrix} 1 & \sigma & 0 \\ 1 & -1 & 0 \\ 0 & 0 & 1 + \sigma \end{pmatrix} \begin{pmatrix} x \\ y \\ z \end{pmatrix} \qquad (2.1.33)$$

が求まり，これにより (2.1.28) は

$$\begin{pmatrix} \dot{u} \\ \dot{v} \\ \dot{w} \end{pmatrix} = \begin{pmatrix} 0 & 0 & 0 \\ 0 & -(1 + \sigma) & 0 \\ 0 & 0 & -\beta \end{pmatrix} \begin{pmatrix} u \\ v \\ w \end{pmatrix}$$

202　2. 力学系を簡単にする方法

$$+ \frac{1}{1+\sigma} \begin{pmatrix} \sigma\bar{\rho}(u+\sigma v) - \sigma w(u+\sigma v) \\ -\bar{\rho}(u+\sigma v) + w(u+\sigma v) \\ (1+\sigma)(u+\sigma v)(u-v) \end{pmatrix},$$

$$\dot{\bar{\rho}} = 0 \qquad\qquad (2.1.34)$$

と変形される. こうして, 中心多様体理論により, $\bar{\rho} = 0$ の近くでの $(x, y, z) = (0, 0, 0)$ の安定性は中心多様体上の一階の常微分方程式の 1-パラメータ族を調べることで決定される. この中心多様体は変数 u と $\bar{\rho}$ のグラフとして, 十分小さな u と $\bar{\rho}$ に対して

$$W^c(0) = \big\{ (u, v, w, \bar{\rho}) \in \Re^4 \mid v = h_1(u, \bar{\rho}), w = h_2(u, \bar{\rho}),$$

$$h_i(0, 0) = 0, Dh_i(0, 0) = 0, i = 1, 2 \big\} \qquad (2.1.35)$$

と表される.

中心多様体を計算し, その上のベクトル場を求めよう. 定理 2.1.3 を用いて,

$$h_1(u, \bar{\rho}) = a_1 u^2 + a_2 u\bar{\rho} + a_3 \bar{\rho}^2 + \cdots,$$

$$h_2(u, \bar{\rho}) = b_1 u^2 + b_2 u\bar{\rho} + b_3 \bar{\rho}^2 + \cdots \qquad (2.1.36)$$

とおこう. (2.1.27) から, 中心多様体は

$$\mathcal{N}\big(h(x, \varepsilon)\big) = D_x h(x, \varepsilon) \left[Ax + f(x, h(x, \varepsilon), \varepsilon) \right]$$

$$- Bh(x, \varepsilon) - g(x, h(x, \varepsilon), \varepsilon) = 0 \qquad (2.1.37)$$

を満たさねばならないことを思い起こそう. この例では

$$x \equiv u, \qquad y \equiv (v, w), \qquad \varepsilon \equiv \bar{\rho}, \qquad h = (h_1, h_2),$$

$$A = 0,$$

$$B = \begin{pmatrix} -(1+\sigma) & 0 \\ 0 & -\beta \end{pmatrix}, \qquad\qquad (2.1.38)$$

$$f(x, y, \varepsilon) = \frac{1}{1+\sigma} [\sigma\bar{\rho}(u+\sigma v) - \sigma w(u+\sigma v)],$$

$$g(x, y, \varepsilon) = \frac{1}{1+\sigma} \begin{pmatrix} -\bar{\rho}(u+\sigma v) + w(u+\sigma v) \\ (1+\sigma)(u+\sigma v)(u-v) \end{pmatrix}$$

である. (2.1.36) を (2.1.37) に代入して (2.1.38) を用いると中心多様体に対する方程式の 2 つの成分

$$(2a_1 u + a_2\bar{\rho} + \cdots) \left[\frac{\sigma}{1+\sigma} \big(\bar{\rho}(u+\sigma h_1) - h_2(u+\sigma h_1)\big) \right]$$

$$+ (1 + \sigma)h_1 + \frac{\bar{\rho}}{1+\sigma}(u + \sigma h_1) - \frac{h_2}{1+\sigma}(u + \sigma h_1) = 0,$$

$$(2b_1 u + b_2 \bar{\rho} + \cdots)\left[\frac{\sigma}{1+\sigma}\left(\bar{\rho}(u + \sigma h_1) - h_2(u + \sigma h_1)\right)\right]$$

$$+ \beta h_2 - (u + \sigma h_1)(u - h_1) = 0 \tag{2.1.39}$$

が得られる．同次項を 0 とおくことにより

$$u^2 : a_1(1 + \sigma) = 0 \Rightarrow a_1 = 0,$$

$$\beta b_1 - 1 = 0 \Rightarrow b_1 = \frac{1}{\beta}, \tag{2.1.40}$$

$$u\bar{\rho} : (1 + \sigma)a_2 + \frac{1}{1+\sigma} = 0 \Rightarrow a_2 = \frac{-1}{(1+\sigma)^2},$$

$$\beta b_2 = 0 \Rightarrow b_2 = 0$$

となる．したがって (2.1.40) と (2.1.36) を用いて

$$h_1(u, \bar{\rho}) = -\frac{1}{(1+\sigma)^2}u\bar{\rho} + \cdots,$$

$$h_2(u, \bar{\rho}) = \frac{1}{\beta}u^2 + \cdots \tag{2.1.41}$$

が求まる．最後に，(2.1.41) を (2.1.34) に代入して，中心多様体に制限されたベクトル場

$$\dot{u} = u\left(\frac{\sigma}{(1+\sigma)}\bar{\rho} - \frac{\sigma}{\beta}u^2 + \cdots\right),$$

$$\dot{\bar{\rho}} = 0 \tag{2.1.42}$$

が求まる．図 2.1.2 に (2.1.42) の不動点を，$\mathcal{O}(\bar{\rho}^2), \mathcal{O}(u\bar{\rho}), \mathcal{O}(u^3)$ などの高次の項を無視して描いた．$u = 0$ は明らかに常に不動点であり，$\bar{\rho} < 0$ の時安定で，$\bar{\rho} > 0$ の時不安定である．安定性が変わる点（つまり $\bar{\rho} = 0$）で，新しい 2 つの安定な不動点ができ，それらは

$$\frac{1}{1+\sigma}\bar{\rho} = \frac{1}{\beta}u^2 \tag{2.1.43}$$

で与えられる．簡単な計算で，この不動点は安定なことがわかる．第 3 章で，これが**熊手型分岐**の例であることを示す．

　この例を終えるまえに，2 つのコメントを述べたい．

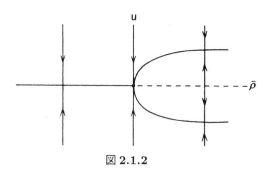

図 2.1.2

1. 図 2.1.2 はパラメータを新しい従属変数とみなすことが役に立つことを示している．パラメータ空間の全近傍で，新しい解が中心多様体上で捕捉される．図 2.1.2 上で，任意に固定した $\bar{\rho}$ に対して u 方向に流れがある．これは矢印つきの垂直線で示してある．
2. 図 2.1.2 では，(2.1.42) の高次の項の影響を考慮に入れていない．これら高次の項は，原点の近くでは，図を質的に変えない（つまり，不動点をつくり出したり消し去ったり，また不動点の安定性を変えたりしない）ということを第 3 章で示す．

2.1C 線形的に不安定な方向の包含

次の系
$$\begin{aligned} \dot{x} &= Ax + f(x,y,z), \\ \dot{y} &= By + g(x,y,z), \qquad (x,y,z) \in \mathbb{R}^c \times \mathbb{R}^s \times \mathbb{R}^u \\ \dot{z} &= Cz + h(x,y,z), \end{aligned} \qquad (2.1.44)$$

を考えよう．ここで，f, g と h は原点のある近傍で $\mathbf{C}^r$ 級 $(r \geq 2)$ で

$$\begin{aligned} f(0,0,0) &= 0, & Df(0,0,0) &= 0, \\ g(0,0,0) &= 0, & Dg(0,0,0) &= 0, \\ h(0,0,0) &= 0, & Dh(0,0,0) &= 0 \end{aligned}$$

を満たす．また，A は実部 0 の固有値を持った $c \times c$ 行列，B は実部が負の固有値を持った $s \times s$ 行列，C は実部が正の固有値を持った $u \times u$ 行列である．

この場合，u 次元不安定多様体が存在するため，$(x,y,z) = (0,0,0)$ は不安定である．しかし，中心多様体定理の多くが適用でき，特に存在に関する定理 2.1.1 は適用できて，中心多様体は十分小さな x に対して局所的に

$$W^c(0) = \big\{(x,y,z) \in \mathbb{R}^c \times \mathbb{R}^s \times \mathbb{R}^u \mid y = h_1(x), z = h_2(x),$$
$$h_i(0) = 0, Dh_i(0) = 0, i = 1, 2\big\} \qquad (2.1.45)$$

と表される．中心多様体に制限されたベクトル場は

$$\dot{u} = Au + f\big(u, h_1(u), h_2(u)\big), \qquad u \in \mathbb{R}^c \qquad (2.1.46)$$

で与えられる．中心多様体が (2.1.44) で生成された力学で不変であるという事実を用いると

$$\dot{x} = Ax + f\big(x, h_1(x), h_2(x)\big),$$
$$\dot{y} = Dh_1(x)\dot{x} = Bh_1(x) + g\big(x, h_1(x), h_2(x)\big), \qquad (2.1.47)$$
$$\dot{z} = Dh_2(x)\dot{x} = Ch_2(x) + h\big(x, h_1(x), h_2(x)\big)$$

が得られ，$h_1(x)$ と $h_2(x)$ に関する次の準線形偏微分方程式が求まる．

$$Dh_1(x)\big[Ax + f\big(x, h_1(x), h_2(x)\big)\big]$$
$$- Bh_1(x) - g\big(x, h_1(x), h_2(x)\big) = 0,$$
$$Dh_2(x)\big[Ax + f\big(x, h_1(x), h_2(x)\big)\big]$$
$$- Ch_2(x) - h\big(x, h_1(x), h_2(x)\big) = 0. \qquad (2.1.48)$$

定理 2.1.3 も適用できて，巾級数展開を用いて (2.1.48) の近似解を求めることができる．また，節 2.1B でやったのと全く同様に，パラメータを含めることもできる．

2.1D 写像に対する中心多様体

中心多様体理論は，中心多様体を計算する方法をほんの少し変えることで，写像に適用できるように修正できる．以下，理論の概略を述べよう．
写像

$$\begin{aligned} x &\longmapsto Ax + f(x,y), \\ y &\longmapsto By + g(x,y), \end{aligned} \qquad (x,y) \in \mathbb{R}^c \times \mathbb{R}^s \qquad (2.1.49)$$

あるいは

$$\begin{aligned} x_{n+1} &= Ax_n + f(x_n, y_n), \\ y_{n+1} &= By_n + g(x_n, y_n) \end{aligned}$$

を考えよう．ここで，f と g は原点のある近傍で $\mathbf{C}^r (r \geq 2)$ で

$$f(0,0) = 0, \qquad Df(0,0) = 0,$$
$$g(0,0) = 0, \qquad Dg(0,0) = 0$$

206　2. 力学系を簡単にする方法

を満たす. また, A は絶対値 1 の固有値を持った $c \times c$ 行列, B は絶対値が 1 より小さな固有値を持った $s \times s$ 行列である.

明らかに, $(x, y) = (0, 0)$ は (2.1.49) の不動点であり, その安定性を決定するには線形近似では十分でない. 定理 2.1.1, 2.1.2 および 2.1.3 と全く類似した 3 つの定理が成り立つ.

定理 2.1.4　(2.1.49) の $\mathbf{C}^r$ 級中心多様体が存在する. それは局所的に十分小さな δ に対して次のようなグラフとして表される.

$$W^c(0) = \{(x, y) \in \mathbb{R}^c \times \mathbb{R}^s \mid y = h(x), |x| < \delta, h(0) = 0, Dh(0) = 0\} \quad (2.1.50)$$

さらに中心多様体に制限された (2.1.49) の力学は, 十分小さな u に対して次の c 次元写像で与えられる.

$$u \longmapsto Au + f(u, h(u)), \qquad u \in \mathbb{R}^c. \quad (2.1.51)$$

証明　Carr [1981] を参照.　□

次の定理によって, $(x, y) = (0, 0)$ が安定か不安定かは (2.1.51) で $u = 0$ が安定か不安定かで決まることがいえる.

定理 2.1.5　i)(2.1.51) の零解が安定 (漸近安定または不安定) であると仮定する. このとき, (2.1.49) の零解は安定 (漸近安定または不安定) である. ii)(2.1.51) の零解が安定であると仮定する. 十分小さな (x_0, y_0) に対して (2.1.49) の解を (x_n, y_n) とおく. このとき, (2.1.51) の解 u_n が存在して, 全ての n に対して $|x_n - u_n| \leq k\beta^n$ と $|y_n - h(u_n)| \leq k\beta^n$ を満たす. ここで k と β は正の定数で, $\beta < 1$ である.

証明　Carr [1981] を参照.　□

次に, (2.1.51) を導くために, 中心多様体を計算したい. このことはベクトル場の時と全く同様にできる. つまり, $h(x)$ のグラフが (2.1.49) の力学のもとで不変になるために満たすべき非線形関数方程式を導くことによってである. この場合,

$$\begin{aligned} x_{n+1} &= Ax_n + f(x_n, h(x_n)), \\ y_{n+1} &= h(x_{n+1}) = Bh(x_n) + g(x_n, h(x_n)) \end{aligned} \quad (2.1.52)$$

つまり

$$\mathcal{N}(h(x)) = h(Ax + f(x, h(x))) - Bh(x) - g(x, h(x)) = 0 \quad (2.1.53)$$

となる. (注:読者は (2.1.53) を (2.1.10) と比べられたい.) 次の定理により, 巾級数展

2.1. 中心多様体　**207**

開で (2.1.53) の近似解を求めることができる.

定理 2.1.6　$\phi : \mathbb{R}^c \to \mathbb{R}^s$ は $\mathbf{C}^1$ 級写像で $\phi(0) = 0, \phi'(0) = 0$ および, ある $q > 1$ があって $x \to 0$ のとき $\mathcal{N}(\phi(x)) = \mathcal{O}(|x|^q)$ を満たすとする. このとき $x \to 0$ のとき

$$h(x) = \phi(x) + \mathcal{O}(|x|^q)$$

が成り立つ.

証明　Carr [1981] を参照.　□

さて, 例をあげよう.

例 2.1.3　次の写像を考える.

$$\begin{pmatrix} u \\ v \\ w \end{pmatrix} \mapsto \begin{pmatrix} -1 & 0 & 0 \\ 0 & -\frac{1}{2} & 0 \\ 0 & 0 & \frac{1}{2} \end{pmatrix} \begin{pmatrix} u \\ v \\ w \end{pmatrix} + \begin{pmatrix} vw \\ u^2 \\ -uv \end{pmatrix}, \quad (u, v, w) \in \mathbb{R}^3. \quad (2.1.54)$$

明らかに $(x, y, z) = (0, 0, 0)$ は (2.1.54) の不動点であり, この不動点のまわりで線形化した写像の固有値は $-1, -1/2, 1/2$ である. したがって安定か不安定かを判定するには線形近似では不十分である. この問題に中心多様体定理を適用してみよう.

中心多様体は局所的には十分小さな u に対して

$$W^c(0) = \big\{ (u, v, w) \in \mathbb{R}^3 \mid v = h_1(u), w = h_2(u), h_i(0) = 0,$$
$$Dh_i(0) = 0, i = 1, 2 \big\} \quad (2.1.55)$$

と表される. 中心多様体は次の方程式を満たすことを思い出そう.

$$\mathcal{N}\big(h(x)\big) = h\big(Ax + f(x, h(x))\big) - Bh(x) - g\big(x, h(x)\big) = 0. \quad (2.1.56)$$

この例では

$$x = u, \quad y \equiv (v, w), \quad h = (h_1, h_2),$$
$$A = -1,$$
$$B = \begin{pmatrix} -\frac{1}{2} & 0 \\ 0 & \frac{1}{2} \end{pmatrix},$$
$$f(u, v, w) = vw,$$
$$g(u, v, w) = \begin{pmatrix} u^2 \\ -uv \end{pmatrix} \quad (2.1.57)$$

208   2. 力学系を簡単にする方法

である. 中心多様体が

$$h(u) = \begin{pmatrix} h_1(u) \\ h_2(u) \end{pmatrix} = \begin{pmatrix} a_1 u^2 + b_1 u^3 + \mathcal{O}(u^4) \\ a_2 u^2 + b_2 u^3 + \mathcal{O}(u^4) \end{pmatrix} \tag{2.1.58}$$

の形をしているとしよう. (2.1.58) を (2.1.56) に代入し, (2.1.57) を用いると

$$\begin{aligned}
\mathcal{N}(h(u)) &= \begin{pmatrix} a_1 u^2 - b_1 u^3 + \mathcal{O}(u^5) \\ a_2 u^2 - b_2 u^3 + \mathcal{O}(u^5) \end{pmatrix} \\
&\quad - \begin{pmatrix} -1/2 & 0 \\ 0 & 1/2 \end{pmatrix} \begin{pmatrix} a_1 u^2 + b_1 u^3 + \cdots \\ a_2 u^2 + b_2 u^3 + \cdots \end{pmatrix} - \begin{pmatrix} u^2 \\ -u h_1(u) \end{pmatrix} \\
&= \begin{pmatrix} 0 \\ 0 \end{pmatrix}
\end{aligned} \tag{2.1.59}$$

が導かれる. 成分ごとに同次項の係数を比較して

$$u^2 : \begin{pmatrix} a_1 + \frac{1}{2}a_1 - 1 \\ a_2 - \frac{1}{2}a_2 \end{pmatrix} = \begin{pmatrix} 0 \\ 0 \end{pmatrix} \Rightarrow \begin{array}{rcl} a_1 &=& \frac{2}{3} \\ a_2 &=& 0 \end{array} \tag{2.1.60}$$

$$u^3 : \begin{pmatrix} -b_1 + \frac{1}{2}b_1 \\ -b_2 - \frac{1}{2}b_2 + a_1 \end{pmatrix} = \begin{pmatrix} 0 \\ 0 \end{pmatrix} \Rightarrow \begin{array}{rcl} b_1 &=& 0 \\ b_2 &=& a_1 \frac{2}{3} = \frac{4}{9} \end{array}$$

を得る. したがって中心多様体は $(h_1(u), h_2(u))$ のグラフで与えられる. ここで

$$h_1(u) = \frac{2}{3}u^2 + \mathcal{O}(u^4),$$

$$h_2(u) = \frac{4}{9}u^3 + \mathcal{O}(u^4) \tag{2.1.61}$$

である. 中心多様体の上の写像は

$$u \longmapsto -u + \frac{8}{27}u^5 + \mathcal{O}(u^6) \tag{2.1.62}$$

で与えられ, したがって原点は吸引的である. 図 2.1.3 を参照.

例 2.1.4 次の写像を考える.

$$\begin{pmatrix} x \\ y \end{pmatrix} \mapsto \begin{pmatrix} 0 & 1 \\ -\frac{1}{2} & \frac{3}{2} \end{pmatrix} \begin{pmatrix} x \\ y \end{pmatrix} + \begin{pmatrix} 0 \\ -y^3 \end{pmatrix}, \qquad (x,y) \in \mathbb{R}^2. \tag{2.1.63}$$

原点はこの写像の不動点である. 原点のまわりで線形化した写像の固有値を計算すると

$$\lambda_{1,2} = 1, 1/2$$

である. したがって 1 次元の中心多様体と 1 次元の安定多様体とがあり, $(0,0)$ の近

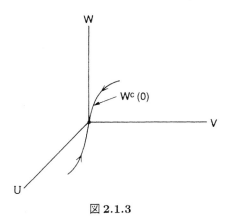

図 2.1.3

傍での軌道構造は中心多様体上での軌道構造によって決まる.

中心多様体を計算したい. しかしまず線形部分を (2.1.49) で与えたようにブロック分けした対角行列の型に変形しなければならない. 線形変換の行列は線形化した写像の固有ベクトルを列成分に持った行列であり,

$$T = \begin{pmatrix} 1 & 2 \\ 1 & 1 \end{pmatrix}, \quad T^{-1} = \begin{pmatrix} -1 & 2 \\ 1 & -1 \end{pmatrix} \tag{2.1.64}$$

と簡単に求まる. したがって

$$\begin{pmatrix} x \\ y \end{pmatrix} = T \begin{pmatrix} u \\ v \end{pmatrix}$$

とすると写像は

$$\begin{pmatrix} u \\ v \end{pmatrix} \mapsto \begin{pmatrix} 1 & 0 \\ 0 & \frac{1}{2} \end{pmatrix} \begin{pmatrix} u \\ v \end{pmatrix} + \begin{pmatrix} -2(u+v)^3 \\ (u+v)^3 \end{pmatrix} \tag{2.1.65}$$

となる. 十分小さな u に対して中心多様体

$$W^c(0) = \{ (u,v) \mid v = h(u); h(0) = Dh(0) = 0 \} \tag{2.1.66}$$

を求める. 次のステップは $h(u)$ が

$$h(u) = au^2 + bu^3 + \mathcal{O}(u^4) \tag{2.1.67}$$

の形であるとし, (2.1.67) を中心多様体の方程式

$$\mathcal{N}(h(u)) = h\Big(Au + f\big(u, h(u)\big)\Big) - Bh(u) - g(u, h(u)) = 0 \tag{2.1.68}$$

210   2. 力学系を簡単にする方法

に代入することである．この例では

$$A = 1,$$
$$B = \frac{1}{2},$$
$$f(u, v) = -2(u + v)^3,$$
$$g(u, v) = (u + v)^3 \tag{2.1.69}$$

が得られ，(2.1.68) は

$$a\Big(u - 2\big(u + au^2 + bu^3 + \mathcal{O}(u^4)\big)^3\Big)^2 + b\Big(u - 2\big(u + au^2 + bu^3 + \mathcal{O}(u^4)\big)^3\Big)^3$$
$$+ \cdots - \frac{1}{2}\big(au^2 + bu^3 + \mathcal{O}(u^4)\big) - \big(u + au^2 + bu^3 + \mathcal{O}(u^4)\big)^3 = 0, \tag{2.1.70}$$

すなわち

$$au^2 + bu^3 - \frac{1}{2}au^2 - \frac{1}{2}bu^3 - u^3 + \mathcal{O}(u^4) = 0 \tag{2.1.71}$$

となる．同次項の係数を 0 とおいて

$$u^2 : a - \frac{1}{2}a = 0 \Rightarrow a = 0,$$
$$u^3 : b - \frac{1}{2}b - 1 = 0 \Rightarrow b = 2 \tag{2.1.72}$$

を得る．したがって中心多様体は

$$h(u) = 2u^3 + \mathcal{O}(u^4) \tag{2.1.73}$$

のグラフで与えられ，中心多様体に制限された写像は

$$u \mapsto u - 2\big(u + 2u^3 + \mathcal{O}(u^4)\big)^3 \tag{2.1.74}$$

すなわち

$$u \mapsto u - 2u^3 + \mathcal{O}(u^4) \tag{2.1.75}$$

で与えられる．したがって $(0, 0)$ の近傍での軌道の構造は図 2.1.4 のようになり，$(0, 0)$ は安定である．

　いくつかの注意を述べよう．

注意 1　パラメータづけられた写像の族. 写像の場合にも節 2.1B でのベクトル場の場合と全く同様に，パラメータを新しい従属変数として含めることができる．

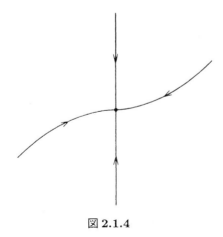

図 2.1.4

注意 2 線形的に不安定な方向の包含．原点が不安定多様体を持つ場合も，節 2.1C でのベクトル場の場合と全く同様に扱うことができる．

2.1E 中心多様体の性質

この短い節で，中心多様体のいくつかの性質を調べよう．より詳しい情報は Carr [1981] および Sijbrand [1985] を参照．

【一意性】
中心多様体が存在しても，それが一意的とは限らない．これは次の例からもわかる．ベクトル場

$$\begin{aligned} \dot{x} &= x^2, \\ \dot{y} &= -y, \end{aligned} \quad (x,y) \in \mathbb{R}^2 \tag{2.1.76}$$

を考える．明らかに $(x,y)=(0,0)$ が不動点で，安定多様体は $x=0$ で与えられる．$y=0$ が不変な中心多様体であることも明らかだが，別の中心多様体もある．

(2.1.76) で独立変数の t を消去すると

$$\frac{dy}{dx} = \frac{-y}{x^2} \tag{2.1.77}$$

が得られる．(2.1.77) の解（$x \neq 0$ の場合）は，全ての実定数 α に対して

$$y(x) = \alpha e^{1/x} \tag{2.1.78}$$

で与えられる．したがって

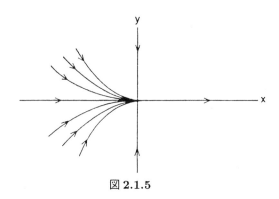

図 2.1.5

$$W_\alpha^c(0) = \{(x,y) \in \mathbb{R}^2 \mid x < 0 \text{ に対しては } y = \alpha e^{1/x}, x \geq 0 \text{ に対しては } y = 0\}$$
(2.1.79)

で与えられる曲線が，$(x,y) = (0,0)$ の中心多様体の（α でパラメータづけられた）1-パラメータ族である．図 2.1.5 を参照．

この例から，直ちに次の 2 つの問いが出てくる．

1. 定理 2.1.3 にしたがって中心多様体を巾級数展開で近似するとき，どちらの中心多様体が実際に近似されるのか？
2. 与えられた不動点の全ての中心多様体上で，力学的挙動は "同じ" だろうか？

問い 1 に関しては，与えられた不動点のどの 2 つの中心多様体も（高々）超越的に小さな項（(2.1.79) 参照）しか異ならないことが証明されている．(Carr [1981] および Sijbrand [1985] を参照．) したがって，どの 2 つの中心多様体のテイラー級数展開も全ての次数で一致する．

この事実は実際的な観点から，問い 2 の重要性を強調している．しかしながら，中心多様体の吸引的性質から，次のことがいえる．全ての時間で原点の近くに留まるある軌道が，例えば不動点，周期軌道，ホモクリニック軌道，及びヘテロクリニック軌道が，与えられた不動点の全ての中心多様体の上に存在しなければならない．

【微分可能性】

定理 2.1.1 から，ベクトル場が C^r ならば中心多様体も C^r であることがいえている．しかし，ベクトル場が解析的でも，中心多様体が解析的とは限らない．Sijbrand [1985] を参照．

【対称性の保存】

ベクトル場 (2.1.2) がある種の対称性（たとえばハミルトニアンのような）を持つと仮定する．中心多様体に制限されたベクトル場も同じ対称性を持つだろうか？ この問

題に関しては Ruelle [1973] を参照.

2.2 標準形

標準形の手法は，力学系が "最も単純な" 形をとるような座標系を見つける方法を与える．ここで，"最も単純な" という言葉はこれから定義される．この手法を発展させていく段階で，3つの重要な特徴が明らかになる．

1. この手法は，座標変換が既知の解の近傍で与えられるという意味で，局所的である．われわれの目的に対しては，既知の解は不動点である．しかしながら，写像の理論を発展させれば，その結果は，ポアンカレ写像を用いて，ベクトル場の周期軌道に直ちに応用できる（節 1.2A を参照）．
2. 座標変換は，一般的には従属変数の非線形関数である．しかしながら，重要なのは，これらの座標変換が一連の**線形問題**を解くことで求まる，ということである．
3. 標準形の構造はベクトル場の線形部分の性質で完全に決定される．

では，手法を発展させよう．

2.2A ベクトル場の標準形

ベクトル場

$$\dot{w} = G(w), \qquad w \in \mathbb{R}^n \tag{2.2.1}$$

を考えよう．ここで，G は $\mathbf{C}^r$ 級で，この r は後で決定される．（実際には $r \geq 4$ が必要である．）(2.2.1) が $w = w_0$ に不動点を持つとしよう．まず最初に，(2.2.1) をより扱いやすい形に変換するいくつかの（線形の）座標変換を施したい．

1. 第一に，平行移動

$$v = w - w_0, \qquad v \in \mathbb{R}^n$$

で不動点を原点に写す．このとき，(2.2.1) は

$$\dot{v} = G(v + w_0) \equiv H(v) \tag{2.2.2}$$

になる．
2. 次に，ベクトル場の線形部分を "抽出" して (2.2.2) を

$$\dot{v} = DH(0)v + \bar{H}(v) \tag{2.2.3}$$

214   2. 力学系を簡単にする方法

の形に書く. ここで, $\bar{H}(v) \equiv H(v) - DH(0)v$ である. 明らかに $\bar{H}(v) = \mathcal{O}(|v|^2)$ である.

3. 最後に, 行列 $DH(0)$ を (実) ジョルダン標準形に変換する行列を T とする. この変換

$$v = Tx \tag{2.2.4}$$

で, (2.2.3) は

$$\dot{x} = T^{-1}DH(0)Tx + T^{-1}\bar{H}(Tx) \tag{2.2.5}$$

となる. $DH(0)$ の (実) ジョルダン標準形を J と表すと,

$$J \equiv T^{-1}DH(0)T \tag{2.2.6}$$

であり,

$$F(x) \equiv T^{-1}\bar{H}(Tx)$$

と定義すれば, (2.2.4) は

$$\dot{x} = Jx + F(x), \qquad x \in \mathbb{R}^n \tag{2.2.7}$$

と表される. 変換 (2.2.4) は (2.2.3) の線形部分をできるだけ簡単にしたものであることを注意しておく. さて, 非線形部分 $F(x)$ を簡単にする仕事にとりかかろう.

最初に, $F(x)$ をテイラー展開して (2.2.7) を

$$\dot{x} = Jx + F_2(x) + F_3(x) + \cdots + F_{r-1}(x) + \mathcal{O}(|x|^r) \tag{2.2.8}$$

と変換しよう. ここで, $F_i(x)$ は $F(x)$ のテイラー展開の i 次の項を表す. 次に, 座標変換

$$x = y + h_2(y) \tag{2.2.9}$$

を導入する. ここで, $h_2(y)$ は y の 2 次の項である. (2.2.9) を (2.2.8) に代入して

$$\dot{x} = \bigl(\mathrm{id} + Dh_2(y)\bigr)\dot{y} = Jy + Jh_2(y) + F_2\bigl(y + h_2(y)\bigr)$$
$$+ F_3\bigl(y + h_2(y)\bigr) + \cdots + F_{r-1}\bigl(y + h_2(y)\bigr) + \mathcal{O}(|y|^r) \tag{2.2.10}$$

を得る. ここで, "id" は $n \times n$ 単位行列を表す.

$$F_k\bigl(y + h_2(y)\bigr), \qquad 2 \le k \le r - 1 \tag{2.2.11}$$

の各項は

$$F_k(y) + \mathcal{O}(|y|^{k+1}) + \cdots + \mathcal{O}(|y|^{2k}) \tag{2.2.12}$$

と表せて，したがって (2.2.10) は

$$\bigl(\mathrm{id} + Dh_2(y)\bigr)\dot{y} = Jy + Jh_2(y) + F_2(y) + \tilde{F}_3(y)$$
$$+ \cdots + \tilde{F}_{r-1}(y) + \mathcal{O}(|y|^r) \tag{2.2.13}$$

となる．ここで，項 $\tilde{F}_k(y)$ は座標変換で変形された $\mathcal{O}(|y|^k)$ の項を表す．

さて，十分小さな y に対して

$$\bigl(\mathrm{id} + Dh_2(y)\bigr)^{-1} \tag{2.2.14}$$

が存在し，次のように級数展開できる．(演習問題 2.7 参照)

$$\bigl(\mathrm{id} + Dh_2(y)\bigr)^{-1} = \mathrm{id} - Dh_2(y) + \mathcal{O}(|y|^2). \tag{2.2.15}$$

(2.2.15) を (2.2.13) に代入して

$$\dot{y} = Jy + Jh_2(y) - Dh_2(y)Jy + F_2(y) + \tilde{F}_3(y)$$
$$+ \cdots + \tilde{F}_{r-1}(y) + \mathcal{O}(|y|^r) \tag{2.2.16}$$

を得る．

ここまでは，$h_2(y)$ は全く任意であった．しかしここで，$\mathcal{O}(|y|^2)$ の項ができるだけ簡単になるように特別な形の $h_2(y)$ を選ぼう．アイデアとしては，$h_2(y)$ を

$$Dh_2(y)Jy - Jh_2(y) = F_2(y) \tag{2.2.17}$$

を満たすように選ぶことである．この式は (2.2.16) から $F_2(y)$ を消去する．方程式 (2.2.17) は，未知関数 $h_2(y)$ についての方程式と考えられる．正しく見たとき，これは実際，線形ベクトル場に作用する線形方程式だという事実を指摘したい．これは，1) 適当な線形ベクトル空間を定義し，2) そのベクトル空間上の線形作用素を定義し，そして 3) この線形ベクトル場で解かれる方程式（これが (2.2.17) であることがわかる．）を記述することによって成される．段階 1 から始めよう．

段階 1　k 次のベクトル値単項式の空間 H_k. $s_1, \cdots, s_n$ を $\mathbb{R}^n$ の基底とし，$y = (y_1, \ldots, y_n)$ をこの基底に関する座標とする．さて，次数 k の単項式を係数とする基底要素，つまり

$$(y_1^{m_1} y_2^{m_2} \cdots y_n^{m_n}) s_i, \quad \sum_{j=1}^n m_j = k \tag{2.2.18}$$

を考えよう．ここで $m_j \geq 0$ は整数である．これを **k 次のベクトル値単項式** と呼ぶ．k 次のベクトル値単項式全体の集合は線形ベクトル空間を成す．これを H_k と書こう．H_k には，各 s_i に全ての可能な k 次の単項式を掛けて得られる要素からなる自明な基

216　2. 力学系を簡単にする方法

底がある. 読者はこれらのことを確かめてほしい. 具体的な例を考えよう.

例 2.2.1　$\mathbb{R}^2$ 上に標準基底

$$\begin{pmatrix} 1 \\ 0 \end{pmatrix}, \begin{pmatrix} 0 \\ 1 \end{pmatrix} \tag{2.2.19}$$

を取り, この基底に関する座標をそれぞれ x と y で表そう. このとき,

$$H_2 = \mathrm{span}\left\{ \begin{pmatrix} x^2 \\ 0 \end{pmatrix}, \begin{pmatrix} xy \\ 0 \end{pmatrix}, \begin{pmatrix} y^2 \\ 0 \end{pmatrix}, \begin{pmatrix} 0 \\ x^2 \end{pmatrix}, \begin{pmatrix} 0 \\ xy \end{pmatrix}, \begin{pmatrix} 0 \\ y^2 \end{pmatrix} \right\} \tag{2.2.20}$$

となる.

段階 2　H_k 上の線形写像.　さて, 再び方程式 (2.2.17) を考えよう. 明らかに $h_2(y)$ は H_2 の要素とみなせる. 写像

$$h_2(y) \longmapsto Dh_2(y)Jy - Jh_2(y) \tag{2.2.21}$$

が H_2 から H_2 への線形写像であることはすぐわかる. 実際, 同様に, 任意の要素 $h_k(y) \in H_k$ に対して, 写像

$$h_k(y) \longmapsto Dh_k(y)Jy - Jh_k(y) \tag{2.2.22}$$

は H_k から H_k への線形写像となる.

　方程式 (2.2.17) についての, 伝統的となった用語について言及しよう. リー代数におけると同様に, (たとえば Oliver [1986] 参照) この写像は

$$L_J\big(h_k(y)\big) \equiv -\big(Dh_k(y)Jy - Jh_k(y)\big), \tag{2.2.23}$$

すなわち

$$-\big(Dh_k(y)Jy - Jh_k(y)\big) \equiv [h_k(y), Jy] \tag{2.2.24}$$

としばしば表される. ここで, $[\cdot, \cdot]$ はベクトル場 $h_k(y)$ と J_y についてのリー括弧作用素を表す.

段階 3　(2.2.17) の解.　(2.2.17) を解く問題に戻ろう. 明らかに, $F_2(y)$ は H_2 の要素とみなせる. 線形代数の初歩から, H_2 は

$$H_2 = L_J(H_2) \oplus G_2 \tag{2.2.25}$$

と (一意的ではなく) 表せる. ここで, G_2 は $L_J(H_2)$ の補空間である. (2.2.17) を解くのは, 線形代数で方程式 $Ax = b$ を解くことと同様である. もし $F_2(y)$ が $L_J(\cdot)$

の値域に入っていれば, (2.2.17) の $\mathcal{O}(|y|^2)$ の項は全て消去できる. いずれにしても, G_2 に入っている $\mathcal{O}(|y|^2)$ の項だけが残るように $h_2(y)$ を選ぶことができる. この項を

$$F_2^r(y) \in G_2 \tag{2.2.26}$$

と表す. (注：(2.2.26) の添字 r は "共鳴" 項を意味する. これについてはすぐ後で説明する.)

こうして, (2.2.16) は

$$\dot{y} = Jy + F_2^r(y) + \tilde{F}_3(y) + \cdots + \tilde{F}_{r-1}(y) + \mathcal{O}(|y|^r) \tag{2.2.27}$$

と簡単にできる. ここで, "2 次の項を簡単化する" という言葉の意味がはっきりする. つまり, 新しい座標系では, $L_J(H_2)$ の補空間に入るような 2 次の項だけが存在するような座標変換を導入することである. もし $L_J(H_2) = H_2$ であれば, 2 次の項は全て消去できる.

次に $\mathcal{O}(|y|^3)$ の項を簡単化しよう. $h_3(y) = \mathcal{O}(|y|^3)$ として, 座標変換

$$y \longmapsto y + h_3(y) \tag{2.2.28}$$

を導入し (注：方程式の変数 y は同じ y のままにしておく), 2 次の項を扱った時と同じ代数的操作を施すと, (2.2.27) は

$$\begin{aligned} \dot{y} = Jy + F_2^r(y) + Jh_3(y) - Dh_3(y)Jy + \tilde{F}_3(y) + \tilde{\tilde{F}}_4(y) \\ + \cdots + \tilde{\tilde{F}}_{r-1}(y) + \mathcal{O}(|y|^r) \end{aligned} \tag{2.2.29}$$

となる. ここで $\tilde{\tilde{F}}_k(y)$, $4 \le k \le r-1$ の項は, 以前と同様に, 座標変換が 3 次より高い次数の項を修正したことを示している. ここで, 3 次の項を簡単化することは

$$Dh_3(y)Jy - Jh_3(y) = \tilde{F}_3(y) \tag{2.2.30}$$

を解くことを意味する. 2 次の時と同じ注意が適用できる. 写像

$$h_3(y) \longmapsto Dh_3(y)Jy - Jh_3(y) \equiv -L_J(h_3(y)) \tag{2.2.31}$$

は H_3 から H_3 への線形写像である. したがって, G_3 を $L_J(H_3)$ のある補空間として,

$$H_3 = L_J(H_3) \oplus G_3 \tag{2.2.32}$$

と書ける. したがって 3 次の項は

$$F_3^r(y) \in G_3 \tag{2.2.33}$$

と簡単化できる. もし $L_J(H_3) = H_3$ であれば, 3 次の項は消去できる.

明らかにこの操作は繰り返すことができ, 次の**標準形定理**を得る.

218   2. 力学系を簡単にする方法

定理 2.2.1 (標準形定理)   一連の解析的座標変換により, (2.2.8) は

$$\dot{y} = Jy + F_2^r(y) + \cdots + F_{r-1}^r(y) + \mathcal{O}(|y|^r) \tag{2.2.34}$$

と変換できる. ここで, $F_k^r(y) \in G_k, 2 \leq k \leq r-1$ で, G_k は $L_J(H_k)$ のある補空間である. 方程式 (2.2.34) は標準形にあるといわれる.

いくつかの注釈を述べよう.

1. 項 $F_k^r(y), 2 \leq k \leq r-1$ は共鳴項と呼ばれる. (だから添字 r をつけた) これが何を意味するかは節 2.2D,i) で説明する.

2. (2.2.34) の非線形項の構造はベクトル場（つまり J）の線形部分により完全に決定される.

3. k 次の項を簡単化するとき, それより低い次数の項は修正されない, ということは明らかである. しかし, k 次より高い次数の項は修正される. このことは, この手法を適用する各段階でいえる. 標準形の各項の係数を元のベクトル場の項から実際に計算したいなら, 各々の座標変換で高次の項がどのように修正されるかをたどることが必要である.

例 2.2.2   線形部分が

$$J = \begin{pmatrix} 0 & 1 \\ 0 & 0 \end{pmatrix} \tag{2.2.35}$$

で与えられる不動点の近傍の $\mathbb{R}^2$ 上のベクトル場の標準形を計算したい.

【2 次の項】

$$H_2 = \text{span} \left\{ \begin{pmatrix} x^2 \\ 0 \end{pmatrix}, \begin{pmatrix} xy \\ 0 \end{pmatrix}, \begin{pmatrix} y^2 \\ 0 \end{pmatrix}, \begin{pmatrix} 0 \\ x^2 \end{pmatrix}, \begin{pmatrix} 0 \\ xy \end{pmatrix}, \begin{pmatrix} 0 \\ y^2 \end{pmatrix} \right\} \tag{2.2.36}$$

である. $L_J(H_2)$ を求めたい. これは H_2 の基底の各元への $L_J(\cdot)$ の作用を次のように計算することで行われる.

$$L_J \begin{pmatrix} x^2 \\ 0 \end{pmatrix} = \begin{pmatrix} 0 & 1 \\ 0 & 0 \end{pmatrix} \begin{pmatrix} x^2 \\ 0 \end{pmatrix} - \begin{pmatrix} 2x & 0 \\ 0 & 0 \end{pmatrix} \begin{pmatrix} y \\ 0 \end{pmatrix} = \begin{pmatrix} -2xy \\ 0 \end{pmatrix} = -2 \begin{pmatrix} xy \\ 0 \end{pmatrix},$$

$$L_J \begin{pmatrix} xy \\ 0 \end{pmatrix} = \begin{pmatrix} 0 & 1 \\ 0 & 0 \end{pmatrix} \begin{pmatrix} xy \\ 0 \end{pmatrix} - \begin{pmatrix} y & x \\ 0 & 0 \end{pmatrix} \begin{pmatrix} y \\ 0 \end{pmatrix} = \begin{pmatrix} -y^2 \\ 0 \end{pmatrix} = -1 \begin{pmatrix} y^2 \\ 0 \end{pmatrix},$$

$$L_J \begin{pmatrix} y^2 \\ 0 \end{pmatrix} = \begin{pmatrix} 0 & 1 \\ 0 & 0 \end{pmatrix} \begin{pmatrix} y^2 \\ 0 \end{pmatrix} - \begin{pmatrix} 0 & 2y \\ 0 & 0 \end{pmatrix} \begin{pmatrix} y \\ 0 \end{pmatrix} = \begin{pmatrix} 0 \\ 0 \end{pmatrix},$$

$$L_J \begin{pmatrix} 0 \\ x^2 \end{pmatrix} = \begin{pmatrix} 0 & 1 \\ 0 & 0 \end{pmatrix} \begin{pmatrix} 0 \\ x^2 \end{pmatrix} - \begin{pmatrix} 0 & 0 \\ 2x & 0 \end{pmatrix} \begin{pmatrix} y \\ 0 \end{pmatrix} = \begin{pmatrix} x^2 \\ -2xy \end{pmatrix}$$

$$= \begin{pmatrix} x^2 \\ 0 \end{pmatrix} - 2 \begin{pmatrix} 0 \\ xy \end{pmatrix},$$

$$L_J \begin{pmatrix} 0 \\ xy \end{pmatrix} = \begin{pmatrix} 0 & 1 \\ 0 & 0 \end{pmatrix} \begin{pmatrix} 0 \\ xy \end{pmatrix} - \begin{pmatrix} 0 & 0 \\ y & x \end{pmatrix} \begin{pmatrix} y \\ 0 \end{pmatrix} = \begin{pmatrix} xy \\ -y^2 \end{pmatrix}$$

$$= \begin{pmatrix} xy \\ 0 \end{pmatrix} - \begin{pmatrix} 0 \\ y^2 \end{pmatrix},$$

$$L_J \begin{pmatrix} 0 \\ y^2 \end{pmatrix} = \begin{pmatrix} 0 & 1 \\ 0 & 0 \end{pmatrix} \begin{pmatrix} 0 \\ y^2 \end{pmatrix} - \begin{pmatrix} 0 & 0 \\ 0 & 2y \end{pmatrix} \begin{pmatrix} y \\ 0 \end{pmatrix} = \begin{pmatrix} y^2 \\ 0 \end{pmatrix}. \tag{2.2.37}$$

(2.2.37) から

$$L_J(H_2) = \mathrm{span} \left\{ \begin{pmatrix} 2xy \\ 0 \end{pmatrix}, \begin{pmatrix} -y^2 \\ 0 \end{pmatrix}, \begin{pmatrix} 0 \\ 0 \end{pmatrix}, \begin{pmatrix} x^2 \\ -2xy \end{pmatrix}, \right.$$
$$\left. \begin{pmatrix} xy \\ -y^2 \end{pmatrix}, \begin{pmatrix} y^2 \\ 0 \end{pmatrix} \right\} \tag{2.2.38}$$

が得られる. 明らかに, この集合のうち, ベクトルの組

$$\begin{pmatrix} -2xy \\ 0 \end{pmatrix}, \begin{pmatrix} y^2 \\ 0 \end{pmatrix}, \begin{pmatrix} x^2 \\ -2xy \end{pmatrix}, \begin{pmatrix} xy \\ -y^2 \end{pmatrix} \tag{2.2.39}$$

は線形独立で, したがってこれら4つのベクトルの線形結合である2次の項は消去できる. 消去できない2次の項 (つまり $F_2^r(y)$) の性質を決定するには, $L_J(H_2)$ の補空間を計算しなければならない. G_2 と表されるこの集合は2次元である.

G_2 を計算するには, まず, 線形作用素 $L_J(\cdot)$ の行列表現を得ることが役に立つ. これを (2.2.36) で与えられた基底に関して行うと次のように表される. すなわち (2.2.36) で与えられた H_2 の基底の各要素に $L_J(\cdot)$ を個別に作用させたとき得られる, 基底の各要素に掛ける係数から行列の列成分が構成される. (2.2.37) を用いて, $L_J(\cdot)$ の行列表現は

220   2. 力学系を簡単にする方法

$$
\begin{pmatrix}
0 & 0 & 0 & 1 & 0 & 0 \\
-2 & 0 & 0 & 0 & 1 & 0 \\
0 & -1 & 0 & 0 & 0 & 1 \\
0 & 0 & 0 & 0 & 0 & 0 \\
0 & 0 & 0 & -2 & 0 & 0 \\
0 & 0 & 0 & 0 & -1 & 0
\end{pmatrix}
\tag{2.2.40}
$$

で与えられる．補空間 G_2 を見つける 1 つの方法は，線形独立で，(2.2.40) の行列の各列成分に（$\mathbb{R}^6$ の標準内積を用いて）直交する 2 つの 6 次元ベクトルを見つけることである．つまり，いいかえると，(2.2.40) の固有値 0 の線形独立な左固有ベクトルを 2 つ見つけることである．(2.2.40) のほとんどの成分が 0 であるという事実から，これは簡単に計算でき，次のような 2 つのベクトル

$$
\begin{pmatrix}
1 \\
0 \\
0 \\
0 \\
\frac{1}{2} \\
0
\end{pmatrix},
\begin{pmatrix}
0 \\
0 \\
0 \\
1 \\
0 \\
0
\end{pmatrix}
\tag{2.2.41}
$$

が得られる．したがってベクトル

$$
\begin{pmatrix} x^2 \\ \frac{1}{2}xy \end{pmatrix},
\begin{pmatrix} 0 \\ x^2 \end{pmatrix}
\tag{2.2.42}
$$

が H_2 の 2 次元部分空間を張るが，これが $L_J(H_2)$ の補空間である．これから 2 次までの標準形は

$$
\begin{aligned}
\dot{x} &= y + a_1 x^2 + \mathcal{O}(3), \\
\dot{y} &= a_2 xy + a_3 x^2 + \mathcal{O}(3)
\end{aligned}
\tag{2.2.43}
$$

で与えられる．ここで，a_1, a_2 と a_3 は定数である．

さて，G_2 の決め方は明らかに一通りではない．別な決め方として

$$
G_2 = \mathrm{span} \left\{ \begin{pmatrix} x^2 \\ 0 \end{pmatrix}, \begin{pmatrix} 0 \\ x^2 \end{pmatrix} \right\}
\tag{2.2.44}
$$

が考えられる．この補空間は (2.2.42) で与えられたベクトル

$$
\begin{pmatrix} x^2 \\ \frac{1}{2}xy \end{pmatrix}
\tag{2.2.45}
$$

をとり，それから $L_J(H_2)$ に含まれたベクトル

$$\begin{pmatrix} 0 \\ -\frac{1}{2}xy \end{pmatrix} \tag{2.2.46}$$

を引いて得られる．これは，ベクトル

$$\begin{pmatrix} x^2 \\ 0 \end{pmatrix} \tag{2.2.47}$$

を与える．

　補空間の基底のもう 1 つの要素として，(2.2.42) で与えられた

$$\begin{pmatrix} 0 \\ x^2 \end{pmatrix} \tag{2.2.48}$$

をとる．G_2 をこう決めると，標準形は

$$\begin{aligned} \dot{x} &= y + a_1 x^2 + \mathcal{O}(3), \\ \dot{y} &= a_2 x^2 + \mathcal{O}(3) \end{aligned} \tag{2.2.49}$$

となる．(2.2.35) で与えられた線形部分を持った平面ベクトル場の，不動点の近くでのこの標準形は，Takens [1974] によって初めて調べられた．

　もう 1 つの G_2 の可能性として，

$$G_2 = \mathrm{span}\left\{ \begin{pmatrix} 0 \\ x^2 \end{pmatrix}, \begin{pmatrix} 0 \\ xy \end{pmatrix} \right\} \tag{2.2.50}$$

が考えられる．ここで，これら 2 つのベクトルは，(2.2.38) で与えられたベクトルに，$L_J(H_2)$ のベクトルの適当な線形結合を加えることで得られる．この G_2 に対する標準形は

$$\begin{aligned} \dot{x} &= y + \mathcal{O}(3), \\ \dot{y} &= a_1 x^2 + b_2 xy + \mathcal{O}(3) \end{aligned} \tag{2.2.51}$$

となるが，これは，(2.2.35) で与えられた線形部分を持った不動点の近傍における $\mathbb{R}^2$ 上のベクトル場に対する標準形であり，Bogdanov [1975] によって最初に調べられた．

2.2B　パラメータづけられたベクトル場の標準形

　標準形の技巧をパラメータづけられた系に拡張したい．ベクトル場

$$\dot{x} = f(x, \mu), \qquad x \in \mathbb{R}^n, \quad \mu \in I \subset \mathbb{R}^p \tag{2.2.52}$$

222　2. 力学系を簡単にする方法

を考える．ここで，I は $\mathbb{R}^p$ のある開集合で，f は各変数について $\mathbf{C}^r$ 級である．

$$f(0,0) = 0 \tag{2.2.53}$$

を仮定する．（注：節 2.2A の最初で，不動点は $(x,\mu) = (0,0)$ にあると仮定しても一般性を失わないといったことを思いだしてほしい．）目標は (2.2.52) を不動点の近傍で相空間とパラメータ空間の両方について標準形に変形することである．(2.2.52) を標準形にする最も直接的な方法は，変換の係数がパラメータに依存するのを許す以外パラメータを持たない系の時と同じ手法をとることであろう．この線に沿って一般論を発展させるよりは，後でずっと役に立つ特別な例についてアイデアを述べよう．

例 2.2.3　$x \in \mathbb{R}^2$ で，$Df(0,0)$ は 2 つの純虚数の固有値 $\lambda(0) = \pm i\omega(0)$ を持つとする．この時，十分小さな μ に対して $D_x f(0,\mu)$ を

$$D_x f(0,\mu) = \begin{pmatrix} \mathrm{Re}\ \lambda(\mu) & -\mathrm{Im}\ \lambda(\mu) \\ \mathrm{Im}\ \lambda(\mu) & \mathrm{Re}\ \lambda(\mu) \end{pmatrix} \tag{2.2.54}$$

の形にする線形変換を見つけることができる．また，陰関数定理により，不動点は μ に関して（十分小さな μ で）$\mathbf{C}^r$ 級に変化するから，必要ならば，パラメータに依存した座標変換を行って，十分小さな全ての μ に対して $x = 0$ が不動点だとしてよい．演習問題 2.13 を参照．以下，こうなっているとする．

$$\begin{aligned} \mathrm{Re}\ \lambda(\mu) &= |\lambda(\mu)| \cos(2\pi\theta(\mu)), \\ \mathrm{Im}\ \lambda(\mu) &= |\lambda(\mu)| \sin(2\pi\theta(\mu)) \end{aligned} \tag{2.2.55}$$

として，(2.2.54) が

$$D_x f(0,\mu) = |\lambda(\mu)| \begin{pmatrix} \cos 2\pi\theta(\mu) & -\sin 2\pi\theta(\mu) \\ \sin 2\pi\theta(\mu) & \cos 2\pi\theta(\mu) \end{pmatrix} \tag{2.2.56}$$

の形にできることは容易にわかる．そこで，次の方程式を標準形に変形したい．

$$\begin{aligned} \begin{pmatrix} \dot{x} \\ \dot{y} \end{pmatrix} &= |\lambda(\mu)| \begin{pmatrix} \cos 2\pi\theta(\mu) & -\sin 2\pi\theta(\mu) \\ \sin 2\pi\theta(\mu) & \cos 2\pi\theta(\mu) \end{pmatrix} \begin{pmatrix} x \\ y \end{pmatrix} \\ &\quad + \begin{pmatrix} f^1(x,y;\mu) \\ f^2(x,y;\mu) \end{pmatrix}, \qquad (x,y) \in \mathbb{R}^2, \end{aligned} \tag{2.2.57}$$

ここで，f^i は x と y に関して非線形である．

　標記を簡潔にするため，しばしばパラメータ λ, θ への依存性や，時には他の量についても無視することがあることを注意しておく．

　複素数の固有値を持ったベクトル場の線形部分を扱うとき，複素座標を用いて標準

形を計算した方が簡単なことがある．この手法を，この例で示そう．

線形変換

$$\begin{pmatrix} x \\ y \end{pmatrix} = \frac{1}{2} \begin{pmatrix} 1 & 1 \\ -i & i \end{pmatrix} \begin{pmatrix} z \\ \bar{z} \end{pmatrix}; \qquad \begin{pmatrix} z \\ \bar{z} \end{pmatrix} = \begin{pmatrix} 1 & i \\ 1 & -i \end{pmatrix} \begin{pmatrix} x \\ y \end{pmatrix} \tag{2.2.58}$$

を用いて

$$\begin{pmatrix} \dot{z} \\ \dot{\bar{z}} \end{pmatrix} = |\lambda| \begin{pmatrix} e^{2\pi i\theta} & 0 \\ 0 & e^{-2\pi i\theta} \end{pmatrix} \begin{pmatrix} z \\ \bar{z} \end{pmatrix} + \begin{pmatrix} F^1(z, \bar{z}; \mu) \\ F^2(z, \bar{z}; \mu) \end{pmatrix} \tag{2.2.59}$$

を得る．ここで，

$$F^1(z, \bar{z}; \mu) = f^1(x(z, \bar{z}), y(z, \bar{z}); \mu) + if^2(x(z, \bar{z}), y(z, \bar{z}); \mu),$$

$$F^2(z, \bar{z}; \mu) = f^1(x(z, \bar{z}), y(z, \bar{z}); \mu) - if^2(x(z, \bar{z}), y(z, \bar{z}); \mu)$$

である．したがって，(2.2.59) の第 2 式は単に第 1 式の複素共役になっているから，方程式

$$\dot{z} = |\lambda| e^{2\pi i\theta} z + F^1(z, \bar{z}; \mu) \tag{2.2.60}$$

を調べればよいことになる．そこで (2.2.60) を標準形に変形し，そのあと x, y 変数に戻そう．

(2.2.60) をテイラー級数に展開して

$$\dot{z} = |\lambda| e^{2\pi i\theta} z + F_2 + F_3 + \cdots + F_{k-1} + \mathcal{O}(|z|^r, |\bar{z}|^r) \tag{2.2.61}$$

を得る．ここで，F_j は z と $\bar{z}$ の j 次の多項式で，係数は μ に依存している．

【まず，2 次の項を簡単化する】

変換

$$z \longmapsto z + h_2(z, \bar{z}) \tag{2.2.62}$$

を行う．ここで，$h_2(z, \bar{z})$ は z と $\bar{z}$ に関して 2 次であり，**係数は μ に依存している．**ここで具体的な μ への依存を示すことは省略されている．

(2.2.62) を行うと (2.2.61) は

$$\dot{z} \left(1 + \frac{\partial h_2}{\partial z} \right) + \frac{\partial h_2}{\partial \bar{z}} \dot{\bar{z}} = \lambda z + \lambda h_2 + F_2(z, \bar{z}) + \mathcal{O}(3) \tag{2.2.63}$$

すなわち

$$\dot{z} = \left(1 + \frac{\partial h_2}{\partial z} \right)^{-1} \left[\lambda z + \lambda h_2 - \frac{\partial h_2}{\partial \bar{z}} \dot{\bar{z}} + F_2 + \mathcal{O}(3) \right]$$

224   2. 力学系を簡単にする方法

となる.

$$\dot{\bar{z}} = \bar{\lambda}\bar{z} + \bar{F}_2 + \mathcal{O}(3) \tag{2.2.64}$$

であり, 十分小さな $z, \bar{z}$ に対して

$$\left(1 + \frac{\partial h_2}{\partial z}\right)^{-1} = 1 - \frac{\partial h_2}{\partial z} + \mathcal{O}(2) \tag{2.2.65}$$

であることを注意する. したがって, (2.2.64) と (2.2.65) を用いると (2.2.63) は

$$\dot{z} = \lambda z - \lambda\frac{\partial h_2}{\partial z}z - \bar{\lambda}\frac{\partial h_2}{\partial \bar{z}}\bar{z} + \lambda h_2 + F_2 + \mathcal{O}(3) \tag{2.2.66}$$

となる. したがって, もし

$$\lambda h_2 - \left(\lambda\frac{\partial h_2}{\partial z}z + \bar{\lambda}\frac{\partial h_2}{\partial \bar{z}}\bar{z}\right) + F_2 = 0 \tag{2.2.67}$$

であれば, 全ての2次の項が消去できる. 方程式 (2.2.67) は, 以前求めた方程式 (2.2.17) とほとんど同じである. 写像

$$h_2 \longmapsto \lambda h_2 - \left(\lambda\frac{\partial h_2}{\partial z}z + \bar{\lambda}\frac{\partial h_2}{\partial \bar{z}}\bar{z}\right) \tag{2.2.68}$$

は, z と $\bar{z}$ の単項式の空間からそれ自身への線形写像である. この空間を H_2 と表そう. F_2 もこの空間の要素とみなせる. (2.2.67) を解くことは線形代数の問題である.
　さて,

$$H_2 = \mathrm{span}\left\{z^2, z\bar{z}, \bar{z}^2\right\} \tag{2.2.69}$$

が得られた. これらの基底の各要素に線形写像 (2.2.68) を作用させて

$$\lambda z^2 - \left[\lambda\left(\frac{\partial}{\partial z}z^2\right)z + \bar{\lambda}\left(\frac{\partial}{\partial \bar{z}}z^2\right)\bar{z}\right] = -\lambda z^2,$$

$$\lambda z\bar{z} - \left[\lambda\left(\frac{\partial}{\partial z}z\bar{z}\right)z + \bar{\lambda}\left(\frac{\partial}{\partial \bar{z}}z\bar{z}\right)\bar{z}\right] = -\bar{\lambda}z\bar{z},$$

$$\lambda\bar{z}^2 - \left[\lambda\left(\frac{\partial}{\partial z}\bar{z}^2\right)z + \bar{\lambda}\left(\frac{\partial}{\partial \bar{z}}\bar{z}^2\right)\bar{z}\right] = (\lambda - 2\bar{\lambda})\bar{z}^2$$

が得られる. したがって, (2.2.68) はこの基底に関して,

$$\begin{pmatrix} -\lambda(\mu) & 0 & 0 \\ 0 & -\bar{\lambda}(\mu) & 0 \\ 0 & 0 & \lambda(\mu) - 2\bar{\lambda}(\mu) \end{pmatrix} \tag{2.2.70}$$

によって与えられる対角行列で表現される. $\mu = 0$ の時, 明らかに $\lambda(0) \neq 0$ で $\lambda(0) = -\bar{\lambda}(0)$ であり, よって, 十分小さな μ に対して, $\lambda(\mu) \neq 0$ で $\lambda(\mu) - 2\bar{\lambda}(\mu) \neq 0$ である. したがって, 十分小さな μ に対して, (2.2.61) から全ての 2 次の項が消去できる.

【次に 3 次の項を簡単化する】

$$\dot{z} = \lambda z + F_3 + \mathcal{O}(4) \tag{2.2.71}$$

が得られた. ここで $z \mapsto z + h_3(z, \bar{z})$ とすると,

$$\dot{z} = \left(1 + \frac{\partial h_3}{\partial z}\right)^{-1} \left[\lambda z - \frac{\partial h_3}{\partial \bar{z}}\dot{\bar{z}} + \lambda h_3 + F_3(z, \bar{z}) + \mathcal{O}(4)\right]$$

$$= \lambda z - \lambda \frac{\partial h_3}{\partial z} z - \bar{\lambda} \frac{\partial h_3}{\partial \bar{z}} \bar{z} + \lambda h_3 + F_3 + \mathcal{O}(4)$$

が得られる.

$$\lambda h_3 - \lambda \frac{\partial h_3}{\partial z} z - \bar{\lambda} \frac{\partial h_3}{\partial \bar{z}} \bar{z} + F_3 = 0 \tag{2.2.72}$$

を解きたい.

$$H_3 = \mathrm{span}\left\{z^3, z^2\bar{z}, z\bar{z}^2, \bar{z}^3\right\} \tag{2.2.73}$$

であった. H_3 の基底の各要素に線形写像

$$h_3 \longmapsto \lambda h_3 - \left[\lambda \frac{\partial h_3}{\partial z} z + \bar{\lambda} \frac{\partial h_3}{\partial \bar{z}} \bar{z}\right] \tag{2.2.74}$$

を作用させると,

$$\lambda z^3 - \left[\lambda \left(\frac{\partial}{\partial z} z^3\right) z + \bar{\lambda} \left(\frac{\partial}{\partial \bar{z}} z^3\right) \bar{z}\right] = -2\lambda z^3,$$

$$\lambda z^2\bar{z} - \left[\lambda \left(\frac{\partial}{\partial z} z^2\bar{z}\right) z + \bar{\lambda} \left(\frac{\partial}{\partial \bar{z}} z^2\bar{z}\right) \bar{z}\right] = -\left(\lambda + \bar{\lambda}\right) z^2\bar{z},$$

$$\lambda z\bar{z}^2 - \left[\lambda \left(\frac{\partial}{\partial z} z\bar{z}^2\right) z + \bar{\lambda} \left(\frac{\partial}{\partial \bar{z}} z\bar{z}^2\right) \bar{z}\right] = -2\bar{\lambda} z\bar{z}^2,$$

$$\lambda \bar{z}^3 - \left[\lambda \left(\frac{\partial}{\partial z} \bar{z}^3\right) z + \bar{\lambda} \left(\frac{\partial}{\partial \bar{z}} \bar{z}^3\right) \bar{z}\right] = \left(\lambda - 3\bar{\lambda}\right) \bar{z}^3 \tag{2.2.75}$$

が得られる. したがって (2.2.74) を行列表現すると

226   2. 力学系を簡単にする方法

$$
\begin{pmatrix}
-2\lambda(\mu) & 0 & 0 & 0 \\
0 & -(\lambda(\mu) + \bar{\lambda}(\mu)) & 0 & 0 \\
0 & 0 & -2\bar{\lambda}(\mu) & 0 \\
0 & 0 & 0 & \lambda(\mu) - 3\bar{\lambda}(\mu)
\end{pmatrix}
\tag{2.2.76}
$$

となる. さて, $\mu = 0$ のとき,

$$
\lambda(0) + \bar{\lambda}(0) = 0
\tag{2.2.77}
$$

であるが, (2.2.76) の残りの列はどれも $\mu = 0$ のとき 0 に等しくはならない. したがって十分小さな μ に対して

$$
z^2 \bar{z}
\tag{2.2.78}
$$

の形でない 3 次の項は消去できる.

こうして, 3 次までの標準形は

$$
\dot{z} = \lambda z + c(\mu) z^2 \bar{z} + \mathcal{O}(4)
\tag{2.2.79}
$$

で与えられる. ここで, $c(\mu)$ は μ に依存した定数である.

次に, 4 次の項を簡単化しよう. しかし, 各々の次数で, 簡単化は

$$
\lambda h - \left(\lambda z \frac{\partial h}{\partial z} + \bar{\lambda} \bar{z} \frac{\partial h}{\partial \bar{z}} \right) = 0
\tag{2.2.80}
$$

が, ある $h = z^n \bar{z}^m$ に対して成り立つかどうかに関係するということを注意しておく. ここで, $m + n$ は, 簡単化したい項の次数である. これを (2.2.80) に代入して,

$$
\begin{aligned}
\lambda z^n \bar{z}^m - \left(n \lambda z^n \bar{z}^m + m \bar{\lambda} z^n \bar{z}^m \right) = 0, \\
\left(\lambda - n \lambda - m \bar{\lambda} \right) z^n \bar{z}^m = 0
\end{aligned}
\tag{2.2.81}
$$

が得られる. $\mu = 0$ の時, $\lambda = -\bar{\lambda}$ であり, よって

$$
1 + m - n = 0
\tag{2.2.82}
$$

であってはならない. すぐわかるように, m と n が偶数の時はこれは成り立たない. したがって, 偶数次の項は全て除去でき, $\mu = 0$ のある近傍の μ に対して, 標準形は

$$
\dot{z} = \lambda z + c(\mu) z^2 \bar{z} + \mathcal{O}(5)
\tag{2.2.83}
$$

で与えられる.

これは, x, y 座標では次のように書ける. $\lambda(\mu) = \alpha(\mu) + i\omega(\mu)$ および $c(\mu) = a(\mu) + ib(\mu)$ とおこう. この時

$$
\begin{aligned}
\dot{x} = \alpha x - \omega y + (ax - by)(x^2 + y^2) + \mathcal{O}(5), \\
\dot{y} = \omega x + \alpha y + (bx + ay)(x^2 + y^2) + \mathcal{O}(5)
\end{aligned}
\tag{2.2.84}
$$

である．極座標では，これは

$$
\begin{aligned}
\dot{r} &= \alpha r + ar^3 + \cdots, \\
\dot{\theta} &= \omega + br^2 + \cdots
\end{aligned}
\tag{2.2.85}
$$

と表される．この標準形を持った力学については，第3章でポアンカレ-アンドロノフ-ホップ分岐を扱うときに詳しく調べる．

【微分可能性】

(2.2.83) の標準形を得るためには，ベクトル場は少なくとも $\mathbf{C}^5$ でなければならない，という重要な注意をつけ加えておく．

2.2C 写像に対する標準形

今度は写像に対する標準形の手法を発展させたい．これは，ベクトル場の場合をほんのちょっと修正するだけで，ほとんど同じだということがわかる．

原点に不動点を持つ $\mathbf{C}^r$ 級の写像

$$
x \longmapsto Jx + F_2(x) + \cdots + F_{r-1}(x) + \mathcal{O}(|x|^r)
$$

すなわち

$$
x_{n+1} = Jx_n + F_2(x_n) + \cdots + F_{r-1}(x_n) + \mathcal{O}(|x_n|^r)
\tag{2.2.86}
$$

を考える．ここで，$x \in \mathbb{R}^n$ であり，F_j はベクトル値の j 次単項式である．座標変換

$$
x \longmapsto y + h_2(y), \qquad h_2 = \mathcal{O}(|y|^2)
\tag{2.2.87}
$$

を施すと (2.2.86) は

$$
x_{n+1} = y_{n+1} + h_2(y_{n+1}) = Jy_n + Jh_2(y_n) + F_2(y_n) + \mathcal{O}(3)
$$

すなわち

$$
(\mathrm{id} + h_2)(y_{n+1}) = Jy_n + Jh_2(y_n) + F_2(y_n) + \mathcal{O}(3)
\tag{2.2.88}
$$

となる．さて，十分小さな y に対して，関数 $(\mathrm{id} + h_2)(\cdot)$ は可逆であるから (2.2.88) は

$$
y_{n+1} = (\mathrm{id} + h_2)^{-1}\big(Jy_n + Jh_2(y_n) + F_2(y_n) + \mathcal{O}(3)\big)
\tag{2.2.89}
$$

と書ける．十分小さな y に対して，$(\mathrm{id} + h_2)^{-1} \cdot$ は

$$
(\mathrm{id} + h_2)^{-1}(\cdot) = (\mathrm{id} - h_2 + \mathcal{O}(4))(\cdot)
\tag{2.2.90}
$$

と表せる（演習問題 2.7 参照）から，(2.2.89) は

228   2. 力学系を簡単にする方法

$$y_{n+1} = Jy_n + Jh_2(y_n) - h_2(Jy_n) + F_2(y_n) + \mathcal{O}(3) \tag{2.2.91}$$

となる. したがって, もし

$$Jh_2(y) - h_2(Jy) + F_2(y) = 0 \tag{2.2.92}$$

であれば, 2次の項は消去できる. (これをベクトル場の場合と比較せよ.)

この操作は繰り返せるが, j 次の項を消去できるかどうかは, 次の作用素に依存する.

$$h_j(y) \longmapsto Jh_j(y) - h_j(Jy) \equiv M_J(h_j(y)). \tag{2.2.93}$$

この作用素は H_j から H_j への線形写像である (読者はこのことを確かめられたい). ここで, H_j は j 次のベクトル値単項式の線形空間である. 解析の手法はベクトル場の場合とほとんど同じだが, 解くべき方程式は少し異なる. (行列を掛けるのではなく, 合成を含んだ項がある.) 例 2.2.3 の離散時間版ともいうべき例を考えよう.

例 2.2.4 平面上の $\mathbf{C}^r$ 級写像

$$x \longmapsto f(x, \mu), \qquad x \in \mathbb{R}^2, \ \mu \in I \in \mathbb{R}^p \tag{2.2.94}$$

を考えよう. ここで, I は $\mathbb{R}^p$ のある開集合である. また, (2.2.94) は十分小さな μ に対して $x = 0$ に不動点を持ち, (例 2.2.3 参照) 小さな μ に対して $Df(0, \mu)$ の固有値は

$$\lambda_1 = |\lambda(\mu)| e^{2\pi i \theta(\mu)}, \qquad \lambda_2 = |\lambda(\mu)| e^{-2\pi i \theta(\mu)} \tag{2.2.95}$$

で与えられると仮定する. したがって $\bar{\lambda}_1 = \lambda_2$ である. さらに, $\mu = 0$ の時, 固有値は単位円上にある, つまり $|\lambda(0)| = 1$ と仮定する. 例 2.2.3 の時と同様に, 座標の線形変換で写像を

$$\begin{pmatrix} x \\ y \end{pmatrix} \longmapsto |\lambda| \begin{pmatrix} \cos 2\pi\theta & -\sin 2\pi\theta \\ \sin 2\pi\theta & \cos 2\pi\theta \end{pmatrix} \begin{pmatrix} x \\ y \end{pmatrix} + \begin{pmatrix} f^1(x, y; \mu) \\ f^2(x, y; \mu) \end{pmatrix} \tag{2.2.96}$$

の形にできる. ここで, $f^i(x, y; \mu)$ は x と y に関して非線形である.

例 2.2.3 の時と同じ複素線形変換を用いて, 2次元の写像の研究を1次元の複素写像

$$z \longmapsto \lambda(\mu)z + F^1(z, \bar{z}; \mu) \tag{2.2.97}$$

の研究に帰着できる. ここで, $F^1 = f^1 + if^2$ で, $\lambda(\mu) = |\lambda(\mu)| e^{2\pi i \theta(\mu)}$ である.

この複素写像を標準形に変形したい. まず手始めに, $F^1(z, \bar{z}; \mu)$ を z と $\bar{z}$ について, **係数は μ に依存する**ようにテイラー展開して, (2.2.97) を

$$z_{n+1} = \lambda(\mu)z_n + F_2 + \cdots + F_{r-1} + \mathcal{O}(r) \tag{2.2.98}$$

とする. ここで, F_j は z と $\bar{z}$ の j 次多項式である.

2.2. 標準形　　*229*

【まず，2 次の項を簡単化する．】

$h_2(z, \bar{z})$ を z と $\bar{z}$ の多項式で係数が μ に依存するものとして，変換

$$z \longmapsto z + h_2(z, \bar{z}) \tag{2.2.99}$$

を導入すると，(2.2.98) は

$$z_{n+1} + h_2(z_{n+1}, \bar{z}_{n+1}) = \lambda z_n + \lambda h_2(z_n, \bar{z}_n) + F_2(z_n, \bar{z}_n) + \mathcal{O}(3)$$

すなわち

$$z_{n+1} = \lambda z_n + \lambda h_2(z_n, \bar{z}_n) - h_2(z_{n+1}, \bar{z}_{n+1}) + F_2(z_n, \bar{z}_n) + \mathcal{O}(3) \tag{2.2.100}$$

となる．さらに (2.2.100) の右辺の

$$h_2(z_{n+1}, \bar{z}_{n+1}) \tag{2.2.101}$$

の項を簡単化しよう．明らかに

$$z_{n+1} = \lambda z_n + \mathcal{O}(2),$$
$$\bar{z}_{n+1} = \bar{\lambda} \bar{z}_n + \mathcal{O}(2) \tag{2.2.102}$$

であるから，

$$h_2(z_{n+1}, \bar{z}_{n+1}) = h_2(\lambda z_n, \bar{\lambda} \bar{z}_n) + \mathcal{O}(3) \tag{2.2.103}$$

となる．(2.2.103) を (2.2.100) に代入して

$$z_{n+1} = \lambda z_n + \lambda h_2(z_n, \bar{z}_n) - h_2(\lambda z_n, \bar{\lambda} \bar{z}_n) + F_2 + \mathcal{O}(3) \tag{2.2.104}$$

を得る．したがって，

$$\lambda h_2(z, \bar{z}) - h_2(\lambda z, \bar{\lambda} \bar{z}) + F_2 = 0 \tag{2.2.105}$$

を満たす $h_2(z, \bar{z})$ を見つけることができれば，2 次の項を全て消去できる．これまで出会ってきた標準形を含む全ての場合と同様に，これは初等線形代数の問題を含んでいる．これは，写像

$$h_2(z, \bar{z}) \longmapsto \lambda h_2(z, \bar{z}) - h_2(\lambda z, \bar{\lambda} \bar{z}) \tag{2.2.106}$$

が H_2 から H_2 への線形写像だからである．ここで，

$$H_2 = \mathrm{span} \left\{ z^2, z\bar{z}, \bar{z}^2 \right\} \tag{2.2.107}$$

である．(2.2.106) の行列表現を計算するために，(2.2.107) の基底の各要素に対する (2.2.106) の作用を計算する必要がある．そうすると

230   2. 力学系を簡単にする方法

$$\lambda z^2 - \lambda^2 z^2 = \lambda(1-\lambda)z^2,$$

$$\lambda z\bar{z} - \lambda\bar{\lambda}z\bar{z} = \lambda(1-\bar{\lambda})z\bar{z},$$

$$\lambda\bar{z}^2 - \bar{\lambda}^2\bar{z}^2 = (\lambda - \bar{\lambda}^2)\bar{z}^2 \tag{2.2.108}$$

が得られる. (2.2.108) を用いれば, 基底 (2.2.107) に対する (2.2.106) の行列表現は

$$\begin{pmatrix} \lambda(\mu)(1-\lambda(\mu)) & 0 & 0 \\ 0 & \lambda(\mu)(1-\bar{\lambda}(\mu)) & 0 \\ 0 & 0 & \lambda(\mu) - \bar{\lambda}(\mu)^2 \end{pmatrix} \tag{2.2.109}$$

となる. さて, 仮定から

$$|\lambda(0)| = 1, \qquad \bar{\lambda}(0) = \frac{1}{\lambda(0)} \tag{2.2.110}$$

であった. したがって, もし

$$\lambda(0) \neq 1,$$

$$\lambda(0) \neq \frac{1}{\lambda(0)^2} \Rightarrow \lambda(0)^3 \neq 1 \tag{2.2.111}$$

であれば, (2.2.109) は $\mu = 0$ で可逆である. もし (2.2.111) が $\mu = 0$ で成り立てば, $\mu = 0$ の十分小さな近傍でも成り立つ. ゆえに, もし (2.2.111) が成り立てば, 十分小さな μ に対して, 標準形から 2 次の項は全て消去できる.

【次に 3 次の項を消去しよう】

これまでやってきたのと全く同じ論法を用いれば, もし

$$\lambda h_3(z, \bar{z}) - h_3(\lambda z, \bar{\lambda}\bar{z}) + F_3 = 0 \tag{2.2.112}$$

が成り立てば, 3 次の項は消去できる. 写像

$$h_3(z, \bar{z}) \longmapsto \lambda h_3(z, \bar{z}) - h_2(\lambda z, \bar{\lambda}\bar{z}) \tag{2.2.113}$$

は H_3 から H_3 への線形写像である. ここで

$$H_3 = \operatorname{span}\left\{z^3, z^2\bar{z}, z\bar{z}^2, \bar{z}^3\right\} \tag{2.2.114}$$

である. (2.2.114) の各要素への (2.2.113) の作用は

$$\lambda z^3 - \lambda^3 z^3 = \lambda(1-\lambda^2)z^3,$$

$$\lambda z^2\bar{z} - \lambda^2\bar{\lambda}z^2\bar{z} = \lambda(1-\lambda\bar{\lambda})z^2\bar{z},$$

$$\lambda z\bar{z}^2 - \bar{\lambda}^2\lambda z\bar{z}^2 = \lambda(1-\bar{\lambda}^2)z\bar{z}^2,$$

$$\lambda\bar{z}^3 - \bar{\lambda}^3\bar{z}^3 = (\lambda - \bar{\lambda}^3)\bar{z}^3 \tag{2.2.115}$$

によって与えられる．したがって，(2.2.114) の基底に関する (2.2.113) の行列表現は

$$
\begin{pmatrix}
\lambda(\mu)\big(1 - \lambda(\mu)^2\big) & 0 & 0 & 0 \\
0 & \lambda(\mu)\big(1 - \lambda(\mu)\bar{\lambda}(\mu)\big) & 0 & 0 \\
0 & 0 & \lambda(\mu)(1 - \bar{\lambda}(\mu)^2) & 0 \\
0 & 0 & 0 & \lambda(\mu) - \bar{\lambda}(\mu)^3
\end{pmatrix}
$$

$$(2.2.116)$$

となる．$\mu = 0$ では

$$|\lambda(0)| = 1, \qquad \bar{\lambda}(0) = \frac{1}{\lambda(0)} \tag{2.2.117}$$

であったから，$\mu = 0$ では (2.2.116) の第 2 列は全て 0 になる．もし

$$\lambda^2(0) \neq 1, \qquad \lambda^4(0) \neq 1 \tag{2.2.118}$$

であれば，$\mu = 0$ で，残りの列成分は線形独立になることはすぐわかる．このことは十分小さな μ に対しても成り立つ．したがって，もし

$$\lambda^n(0) \neq 1, \qquad n = 1, 2, 3, 4$$

であれば，十分小さな μ に対して標準形は

$$z \longmapsto \lambda(\mu)z + c(\mu)z^2\bar{z} + \mathcal{O}(4) \tag{2.2.119}$$

となる．ここで $c(\mu)$ は定数である．

　もっと一般的に，k 次の項の簡単化は線形作用素

$$h_k(z, \bar{z}) \longmapsto \lambda h_k(z, \bar{z}) - h_k(\lambda z, \bar{\lambda}\bar{z}) \tag{2.2.120}$$

が $h = z^n \bar{z}^m$ にどのように作用するかに依存する．ここで $m + n$ は消去したい項の次数である．これを上の方程式に代入すると，

$$\lambda z^n \bar{z}^m - \lambda^n \bar{\lambda}^m z^n \bar{z}^m = \lambda(1 - \lambda^{n-1}\bar{\lambda}^m)z^n z^m \tag{2.2.121}$$

が得られる．$\mu = 0$ では $\bar{\lambda} = 1/\lambda$ であったから，

$$\lambda^{n-m-1}(0) = 1 \tag{2.2.122}$$

ではありえない．(2.2.122) に基づいて，高次の項を消去するための一般的な条件を導くことは読者に任せたい．

【微分可能性】

　(2.2.119) の標準形を得るためには，写像は少なくとも $\mathbf{C}^4$ でなければならない，という重要な注意をつけ加えておく．

232   2. 力学系を簡単にする方法

2.2D ベクトル場の共役性と同値性

節 1.2B で写像の C^r 共役性，あるいは座標変換のアイデアを論じた．これは，ポアンカレ写像の力学が，写像が定義された断面変更にどう影響されるか，という問題から考えられた．断面の変更は，写像の座標の変更とみなされる．ここで，標準形の手法に関しても同様の問題が起こる．つまり，ベクトル場や写像の標準形は座標変換によって得られている．この座標変換は力学をどのように変形するか？写像に関しては，節 1.2B の議論が適用できる．しかし，ベクトル場の共役性の概念をまだ扱っていない．この話題に取り掛かるために，定義から始めよう．

$$\dot{x} = f(x), \qquad x \in \mathbb{R}^n, \qquad (2.2.123a)$$

$$\dot{y} = g(y), \qquad y \in \mathbb{R}^n \qquad (2.2.123b)$$

は，$\mathbb{R}^n$ 上（または十分大きな $\mathbb{R}^n$ の開集合上）で定義された 2 つの C^r 級ベクトル場 $(r \geq 1)$ とする．

定義 2.2.1 ベクトル場 f と g から生成される力学が C^k 同値 $(k \leq r)$ であるとは，f から生成された流れの軌道 $\phi(t,x)$ を g から生成された流れの軌道 $\psi(t,x)$ へ写す C^k 微分同相 h で，向きは保つが時間のパラメータは保つとは限らないものが存在するときをいう．h が時間のパラメータも保つとき，f と g から生成される力学は C^k 共役である，という．

写像の場合のように，共役性は $\mathbb{R}^n$ 全体で定義されている必要はなく，$\mathbb{R}^n$ の適当に選ばれた開集合上で定義されていればよいことを注意する．この場合，f と g は局所 C^k 同値，あるいは局所 C^k 共役である，という．

定義 2.2.1 は写像に対する同様の定義 1.2.2 と少し違っている．実際，定義 2.2.1 ではもう 1 つの概念，つまり C^k 同値性のアイデア，を導入した．これらの違いは，ベクトル場の場合，独立変数（時間）は連続であり，写像の場合は離散であるという事実から発生している．この違いを，例を通して見てみよう．しかし，読者は次のことをしっかり銘記してほしい．

定義 2.2.1 の目的は，2 つのベクトル場がいつ質的に同じ力学を与えるか，の特徴づけの方法を与えることである．

例 2.2.5 2 つのベクトル場

$$\begin{aligned} \dot{x}_1 &= x_2, \\ \dot{x}_2 &= -x_1, \end{aligned} \qquad (x_1, x_2) \in \mathbb{R}^2 \qquad (2.2.124)$$

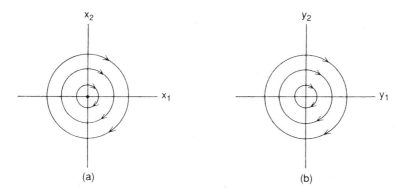

図 2.2.1 (a) (2.2.124) の相図. (b) (2.2.125) の相図.

と

$$\begin{aligned}\dot{y}_1 &= y_2, \\ \dot{y}_2 &= -y_1 - y_1^3,\end{aligned} \qquad (y_1, y_2) \in \mathbb{R}^2 \qquad (2.2.125)$$

を考える.

これらのベクトル場の相図は図 2.2.1 に示されている. どちらのベクトル場も原点にただ 1 つの不動点である中心を持っている. どちらの場合も, 不動点は周期軌道の 1-パラメータ族で囲まれている. 図 2.2.1 からどちらの場合も周期軌道にそっての運動の向きは同じであることが分かり, したがってこれら 2 つのベクトル場は質的に同じ力学を持つ, つまり相図が一致することがいえる. しかし, $\mathbf{C}^k$ 共役のアイデアを入れるとどうなるか見てみよう.

(2.2.124) から生成される流れを

$$\phi(t, x), \qquad x \equiv (x_1, x_2),$$

(2.2.125) から生成される流れを

$$\psi(t, y), \qquad y \equiv (y_1, y_2)$$

とする. $\mathbf{C}^k$ 微分同相 h で, (2.2.124) から生成される流れの軌道を (2.2.125) から生成される流れの軌道に写すものがあったとしよう. この時,

$$h \circ \phi(t, x) = \psi(t, h(x)) \qquad (2.2.126)$$

となる. 方程式 (2.2.126) からすぐに次のことがわかる. つまり, もし $\phi(t, x)$ と $\psi(t, y)$ が t に関して周期的ならば, (2.2.126) が成り立つためには $h \circ \phi(t, x)$ つまり $\psi(t, h(x))$ も同じ周期を持たねばならない. しかし, (2.2.126) は一般的には成り立たない. (2.2.124)

234   2. 力学系を簡単にする方法

と (2.2.125) を考えよう. ベクトル場 (2.2.124) は線形であるから, 全ての周期軌道は同じ周期を持つ. ベクトル場 (2.2.125) は非線形だから, 不動点からの距離が変われば周期軌道の周期も変わる. したがって (2.2.124) と (2.2.125) は C^k 共役ではない. (注: ベクトル場 (2.2.125) はハミルトン・ベクトル場であるから, その軌道の周期を実際に計算することができる. それは, 楕円積分を含む, うんざりする演習問題である.)

正にこのような状況で, C^k 同値性が役に立つ. つまり, 軌道を軌道に写す C^k 微分同相を見つけるだけではなく, 同時に軌道に沿って時間のパラメータを変えることも許すのである. このアイデアをもっと量的にすると, 次のようになる. $\alpha(x,t)$ を, 軌道に沿っての t の増加関数とする. (注: 軌道の向きを保つために増加でなければならない.) この時, (2.2.124) と (2.2.125) は次の式

$$h \circ \phi(t,x) = \psi\big(\alpha(x,t), h(x)\big) \tag{2.2.127}$$

が成り立つとき, C^k 同値である. 方程式 (2.2.127) は, 次のことを示している. (2.2.124) から生成される流れの軌道は (2.2.125) から生成される流れの軌道に写されるが, 軌道の h による像の時間への依存の仕方は軌道毎に変えてもよい. 最後に, 定義 2.2.1 の, "向きを保つ" という言葉は, 軌道に沿っての運動の向きが C^k 同値によって変わらない, という事実を示していることを注意しておく.

定義 2.2.1 から導かれる力学的結果をいくつか述べよう.

命題 2.2.2 f と g が C^k 共役であるとする. この時

i) f の不動点は g の不動点に写される.
ii) f の $T-$ 周期軌道は g の $T-$ 周期軌道に写される.

証明 f と g が写像 h によって C^k 共役である $(k \geq 1)$ とは,

$$h \circ \phi(t,x) = \psi\big(t, h(x)\big), \tag{2.2.128}$$

$$Dh\dot{\phi} = \dot{\psi} \tag{2.2.129}$$

を満たすことだった. i) は (2.2.129) からいえ, ii) は (2.2.128) からいえる. □

命題 2.2.3 f と g が C^k 共役 $(k \geq 1)$ であり, $f(x_0) = 0$ とする. この時, $Df(x_0)$ は $Dg(h(x_0))$ と同じ固有値を持つ.

証明 2 つのベクトル場 $\dot{x} = f(x), \dot{y} = g(y)$ がある. (2.2.128) を t で微分して,

$$Dh|_x f(x) = g\big(h(x)\big) \tag{2.2.130}$$

が得られる. (2.2.130) を x で微分すると

$$D^2h\big|_x f(x) + Dh\big|_x Df\big|_x = Dg\big|_{h(x)} Dh\big|_x \tag{2.2.131}$$

となる. (2.2.131) に x_0 を代入すると

$$Dh\big|_{x_0} Df\big|_{x_0} = Dg\big|_{h(x_0)} Dh\big|_{x_0} \tag{2.2.132}$$

つまり

$$Df\big|_{x_0} = (Dh)^{-1}\big|_{x_0} Dg\big|_{h(x_0)} Dh\big|_{x_0} \tag{2.2.133}$$

となり, 同値な行列の固有値は一致するから, 証明は完成する. □

この 2 つの命題は, $\mathbf{C}^k$ 共役についての命題であった. 次に, $\mathbf{C}^k$ 同値についての結果を, 軌道に沿っての時間のパラメータの変換が $\mathbf{C}^1$ 級であるという仮定のもとで調べよう. この仮定の正当性は, 個々の応用に際して確かめられねばならない.

命題 2.2.4 f と g が $\mathbf{C}^k$ 同値であるとする. この時

i) f の不動点は g の不動点に写される.

ii) f の周期軌道は g の周期軌道に写される. しかし, 周期は一致するとは限らない.

証明 もし f と g が $\mathbf{C}^k$ 同値なら,

$$h \circ \phi(t,x) = \psi\big(\alpha(x,t), h(x)\big) \tag{2.2.134}$$

が成り立つ. ここで, α は軌道に沿っての時間の増加関数である. (注：軌道の向きを保つためには, α は増加関数でなければならない.)

(2.2.134) を微分すると,

$$Dh\dot{\phi} = \frac{\partial \alpha}{\partial t} \frac{\partial \psi}{\partial \alpha} \tag{2.2.135}$$

が得られる. したがって, (2.2.135) から i) がいえる. また, ii) は, 自動的にいえる. なぜなら, $\mathbf{C}^k$ 微分同相は閉曲線を閉曲線に写すから. (もし, そうでないなら, 逆写像が不連続になる.) □

命題 2.2.5 f と g が $\mathbf{C}^k$ 同値 ($k \geq 1$) であり, $f(x_0) = 0$ とする. この時, $Df(x_0)$ の固有値と $Dg(h(x_0))$ の固有値は, 正の乗数を除いて一致する.

証明 命題 2.2.3 の証明と同様にして,

$$Dh\big|_x f(x) = \frac{\partial \alpha}{\partial t} g\big(h(x)\big) \tag{2.2.136}$$

236　2. 力学系を簡単にする方法

が得られる. (2.2.136) を微分すると

$$D^2h\big|_x f(x) + Dh\big|_x Df\big|x = \frac{\partial \alpha}{\partial t} Dg\big|_{h(x)} Dh\big|_x + \frac{\partial^2 \alpha}{\partial x \partial t}\bigg|_x g(h(x)) \qquad (2.2.137)$$

となる. x_0 を代入して,

$$Dh\big|_{x_0} Df\big|_{x_0} = \frac{\partial \alpha}{\partial t} Dg\big|_{h(x_0)} Dh\big|_{x_0} \qquad (2.2.138)$$

が得られ, したがって $Df\big|_{x_0}$ と $Dg\big|_{h(x_0)}$ とは, 乗数 $\partial\alpha/\partial t$ を除いて同値になる. α は軌道上増加だから, この乗数は正である.　□

例 2.2.6　ベクトル場

$$\begin{aligned}\dot{x}_1 &= x_1, \\ \dot{x}_2 &= x_2,\end{aligned} \qquad (x_1, x_2) \in \mathbb{R}^2,$$

および

$$\begin{aligned}\dot{y}_1 &= y_1, \\ \dot{y}_2 &= 2y_2,\end{aligned} \qquad (y_1, y_2) \in \mathbb{R}^2$$

を考えよう. 質的にはこれら 2 つのベクトル場は同じ力学を持つ. しかし, 命題 2.2.5 により, この 2 つは $\mathbf{C}^k$ 同値ではない. $(k \geq 1)$

i) 応用：ハルトマン-グロブマン定理

この本の第 1 章の底に流れていた主題は, 双曲型不動点の近くでの軌道構造は, それに付随する線形化した力学系の軌道構造と質的に同じだということである. Hartman[1960] と Grobman[1959] によって独立に証明された定理は, このことを明確にしている. ベクトル場の場合を記述しよう.

　$\mathbf{C}^r (r \geq 1)$ 級ベクトル場

$$\dot{x} = f(x), \qquad x \in \mathbb{R}^n \qquad (2.2.139)$$

を考えよう. ここで, f は $\mathbb{R}^n$ の十分大きな開集合上で定義されているとする. (2.2.139) は $x = x_0$ に**双曲型不動点**を持つとする. つまり,

$$f(x_0) = 0$$

であり, $Df(x_0)$ は虚軸上に固有値を持たない. 付随する線形ベクトル場

$$\dot{\xi} = Df(x_0)\xi, \qquad \xi \in \mathbb{R}^n \qquad (2.2.140)$$

を考えよう. この時, 次の定理が得られる.

定理 2.2.6 (ハルトマン-グロブマン) 式 (2.2.139) から生成される流れは (2.2.140) から生成される流れと，不動点 $x = x_0$ の近くで $\mathbf{C}^0$ 共役である．

証明 Arnold [1973] または Palis and de Melo [1982] を参照． □

　定理は写像の双曲型不動点に適用できるように修正できる，ということを注意しておく．この線に沿って定理を構成し直すことは読者に任せる．

　定理 2.2.6 について注意したい点は，双曲型不動点の近くで非線形の流れを線形の流れに写す共役写像は微分可能ではなくて，単なる同相写像であるということである．このことは，例えば標準形定理によっては変換をつくることは不可能だということを示している．なぜなら，その定理からつくられる座標変換は巾級数展開であり，したがって微分可能であるから．しかし，標準形定理をもっとよく見れば，"微分可能な線形化" についての問題の核心がはっきりするだろう．このことについて，少し議論を展開してみよう．

　方程式 (2.2.8)

$$\dot{x} = Jx + F_2(x) + \cdots + F_{r-1}(x) + \mathcal{O}(|x|^r), \qquad x \in \mathbb{R}^n \qquad (2.2.141)$$

を思いだそう．(2.2.141) から $\mathcal{O}(|x|^k)$ の項 $(2 \leq k \leq r - 1)$ を消去できるための十分条件は線形作用素 $L_J(\cdot)$ が H_k 上可逆であることである．なぜ $L_J(\cdot)$ が可逆でないかを探求してみよう．

　$h_k(x) \in H_k$ に対して

$$L_J\big(h_k(x)\big) \equiv Jh_k(x) - Dh_k(x)Jx \qquad (2.2.142)$$

であった．ここで，H_k は k 次のベクトル値単項式の線形ベクトル空間である．H_k の基底を選ぼう．J を，固有値 $\lambda_1, \cdots, \lambda_n$ を持つ対角行列とする．(注：J が対角化可能でないときにも，以下の議論は少し修正すれば成り立つ．Arnold [1982] または Bryuno [1989] を参照) $e_i, 1 \leq i \leq n$ を $\mathbb{R}^n$ の標準基底とする．つまり，e_i は n 次元ベクトルで，第 i 成分が 1 でそれ以外の成分が 0 となるものである．この時，

$$Je_i = \lambda_i e_i \qquad (2.2.143)$$

である．H_k の基底として，次の要素の集合

$$x_1^{m_1} \cdots x_n^{m_n} e_i, \qquad \sum_{j=1}^{n} m_j = k, \quad m_j \geq 0 \qquad (2.2.144)$$

をとる．ここで，各 $e_i, 1 \leq i \leq n$ に可能な全ての k 次の項 $x_1^{m_1} \cdots x_n^{m_n}$ を掛けたもの

238　2. 力学系を簡単にする方法

を考える.

次に H_k のこの基底の各要素に $L_J(\cdot)$ を作用させよう.

$$h_k(x) = x_1^{m_1} \cdots x_n^{m_n} e_i, \qquad \sum_{j=1}^{n} m_j = k, \qquad m_j \geq 0 \qquad (2.2.145)$$

とすると, 簡単な計算で

$$L_J\big(h_k(x)\big) = Jh_k(x) - Dh_k(x)Jx = \left[\lambda_i - \sum_{j=1}^{n} m_j \lambda_j\right] h_k(x) \qquad (2.2.146)$$

となる. したがって線形作用素 $L_J(\cdot)$ はこの基底で対角的になり, その固有値は

$$\lambda_i - \sum_{j=1}^{n} m_j \lambda_j \qquad (2.2.147)$$

で与えられる. いまや, 問題が了解される. 線形作用素 $L_J(\cdot)$ は, 0 の固有値を持てば可逆でなくなるが, この場合, それは

$$\lambda_i = \sum_{j=1}^{n} m_j \lambda_j \qquad (2.2.148)$$

となる. 方程式 (2.2.148) は**共鳴**と呼ばれ, これが, 定理 2.2.1 で記述された標準形において消去不可能な非線形項を "共鳴項" と呼ぶ理由である. 整数

$$\sum_{j=1}^{n} m_j$$

は, **共鳴の次数**と呼ばれる. したがって, 双曲型不動点の近傍でベクトル場を線形化させる微分可能な座標変換を見つけることの難しさは, 線形化した部分の固有値の 1 つが, 他の固有値たちの非負整数係数の線形結合となることがある, という事実にある. 複素平面での共鳴の幾何学について, および共鳴を避けた状況での微分可能な線形化について, 多くの仕事がある. もっと詳しくは, Sternberg [1957], [1958] の基本的な論文, および Arnold [1982] と Bryuno [1989] を参照してほしい.

スターンバーグによる次の例を考えよう. (Meyer [1986] も参照) ベクトル場

$$\begin{aligned} \dot{x} &= 2x + y^2, \\ \dot{y} &= y, \end{aligned} \qquad (x, y) \in \mathbb{R}^2 \qquad (2.2.149)$$

を考える. 明らかに, このベクトル場は原点に双曲型不動点を持つ. このベクトル場

を原点の近くで線形化すると

$$\dot{x} = 2x,$$
$$\dot{y} = y \tag{2.2.150}$$

となる. 独立変数 t を消去すると, (2.2.150) は

$$\frac{dx}{dy} = \frac{2x}{y}, \qquad y \neq 0 \tag{2.2.151}$$

と書ける. (2.2.151) を解いて, (2.2.150) の軌道は

$$x = cy^2 \tag{2.2.152}$$

で与えられる. ここで, c は定数である. 明らかに (2.2.152) は原点で解析的な曲線である.

今度は非線形ベクトル場 (2.2.149) を考えよう. 独立変数 t を消去すると, (2.2.149) は

$$\frac{dx}{dy} = \frac{2x}{y} + y, \qquad y \neq 0 \tag{2.2.153}$$

と書ける. 方程式 (2.2.153) は普通の一階線形微分方程式で, 初等的な方法で解ける. (例えば, Boyce and DiPrima [1977] を参照) (2.2.153) の解は

$$x = y^2 \left[k + \log |y| \right] \tag{2.2.154}$$

で与えられる. ここで, k は定数である. 明らかに, (2.2.154) は原点で $\mathbf{C}^1$ 級であるが $\mathbf{C}^2$ 級ではない. $\mathbf{C}^2$ 曲線上の性質は $\mathbf{C}^2$ 座標変換で保存される (連鎖律) から, (2.2.149) と (2.2.150) とは $\mathbf{C}^1$ 共役であるが $\mathbf{C}^2$ 共役ではない, と結論づけられる.

共鳴という点からみるとこの問題は 2 次の共鳴を含んでいる. (したがって, $\mathbf{C}^2$ 線形化の問題である.) このことは次のようにわかる.

$$\lambda_1 = 1,$$
$$\lambda_2 = 2$$

を線形化の固有値とする. この時, $m_1 = 2, m_2 = 0$ として

$$\lambda_2 = m_1 \lambda_1 + m_2 \lambda_2$$

が成り立つ. また, $\sum_{j=1}^{2} m_j = 2$ である.

ii) 応用：不動点の近くの力学

240   2. 力学系を簡単にする方法

パラメータに依存したベクトル場

$$
\begin{aligned}
\dot{x} &= Ax + f(x, y, z, \varepsilon), \\
\dot{y} &= By + g(x, y, z, \varepsilon), \qquad (x, y, z, \varepsilon) \in \mathbb{R}^c \times \mathbb{R}^s \times \mathbb{R}^u \times \mathbb{R}^p \\
\dot{z} &= Cz + h(x, y, z, \varepsilon),
\end{aligned} \tag{2.2.155}
$$

を考える. ここで, f, g と h は原点のある近傍における $\mathbf{C}^r (r \geq 2)$ 級関数で

$$
\begin{aligned}
f(0,0,0,0) &= 0, & Df(0,0,0,0) &= 0, \\
g(0,0,0,0) &= 0, & Dg(0,0,0,0) &= 0, \\
h(0,0,0,0) &= 0, & Dh(0,0,0,0) &= 0
\end{aligned}
$$

を満たし, A は実部が 0 の固有値を持った $c \times c$ 行列, B は実部が負の固有値を持った $s \times s$ 行列, C は実部が正の固有値を持った $u \times u$ 行列である.

中心多様体定理から次のことがわかる. $\mathbb{R}^c \times \mathbb{R}^s \times \mathbb{R}^u \times \mathbb{R}^p$ の原点の近くでは, (2.2.155) から生成される流れは次のベクトル場

$$
\begin{aligned}
\dot{x} &= w(x, \varepsilon), \\
\dot{y} &= -y, \qquad (x, y, z, \varepsilon) \in \mathbb{R}^c \times \mathbb{R}^s \times \mathbb{R}^u \times \mathbb{R}^p \\
\dot{z} &= z,
\end{aligned} \tag{2.2.156}
$$

から生成される流れと $\mathbf{C}^0$ 共役である. ここで, $w(x, \varepsilon)$ は, 中心多様体上の $\mathbf{C}^r$ ベクトル場を表す.

2.3 最後の注意

注意 1 標準形の非一意性. 今までの議論で明らかなように, 標準形は一意的とは限らない. しかし, ベクトル場のいくつかの性質 (たとえば対称性) はどの標準形でも成り立つ, ということがありうる. この問題は, Kummer [1971], Bryuno [1989], van der Meer [1985], Baider and Churchill [1988] および Baider [1989] らによって調べられている.

注意 2 標準化変換の発散. 一般的には, 標準形は発散する. これは Siegel [1941] および Bryuno [1989] に詳しく述べられている. しかし, このことは局所安定性を考えるのになんら影響しない.

注意3 標準形の計算. Elphick et al. [1987] は,標準形を求めるのに非常に有効な方法を述べている.彼らは,共鳴項のよい解釈と特徴づけをも与えている.Cushman and Sanders [1986] も参照.Rand and Armbruster [1987] の本には,コンピュータを用いて標準形を計算する方法が述べられている.

注意4 振幅展開の方法. この方法は,以前から流体力学の安定性の研究に用いられていて,中心多様体による簡約化と多くの共通性がある.この状況は,Coullet and Spiegel [1983] が解明した.

注意5 ホモロジー方程式. 用語について,一言述べたい.不動点の近くでベクトル場の標準形を計算する際,ベクトル場のテイラー展開の k 次の項を簡単化するために,方程式

$$Dh_k(y)J_y - Jh_k(y) = F_k(y)$$

を解かねばならない.この方程式を**ホモロジー方程式**と呼ぶ.(Arnold [1982] 参照)写像についての同様の方程式もホモロジー方程式と呼ぶ.

注意6 非自励系. $\mathbf{C}^r$ ベクトル場

$$\dot{x} = f(x), \qquad x \in \mathbb{R}^n \tag{2.3.1}$$

を考える.(ここで,r は必要なだけ大きくとる)この章で展開された標準形の方法は,不動点の近傍でベクトル場を簡単化する方法とみなせる.しかし,$x(t) = \bar{x}(t)$ をこのベクトル場の軌跡としよう.この時,標準形の方法は,一般的な(時間に依存した)解の近傍でベクトル場を簡単化するのに利用できるだろうか? 答は,"時々は" できる.しかし困難が付随している.

$$x = \bar{x}(t) + y$$

とすると,(2.3.1) は

$$\dot{y} = A(t)y + \mathcal{O}(|y|^2) \tag{2.3.2}$$

となる.ここで

$$A(t) \equiv Df(\bar{x}(t))$$

である.標準形の方法を (2.3.2) に適用するとき,$A(t)$ が時間に依存するという事実が問題を起こす.もし $\bar{x}(t)$ が t に関して周期的なら,$A(t)$ も周期的である.したがって,フロッケの理論が使えて,(2.3.2) を,線形部分が定数であるベクトル場に変換で

242   2. 力学系を簡単にする方法

きる. (これは Arnold [1982] に述べられている.) この場合, この章で展開した標準形の方法は適用できる. 最近, フロッケの理論が Johnson [1986, 1987] によって準周期的な場合に一般化された. このアイデアを用いれば標準形の理論はこの場合にも適用できる.

中心多様体の理論に関しては, Sell [1978] が, 非自励系の安定多様体, 不安定多様体, および中心多様体の存在定理を証明している.

演習問題

2.1　次の各ベクトル場について, 原点の近くの力学を調べよ. 相図を描け. 中心多様体を計算し, 中心多様体上の力学を記述せよ. 原点が安定か不安定かを論ぜよ.

a)
$$\dot{\theta} = -\theta + v^2, \qquad (\theta, v) \in S^1 \times \mathbb{R}^1.$$
$$\dot{v} = -\sin\theta,$$

b)
$$\dot{x} = \frac{1}{2}x + y + x^2 y, \qquad (x, y) \in \mathbb{R}^2.$$
$$\dot{y} = x + 2y + y^2,$$

c)
$$\dot{x} = x - 2y, \qquad (x, y) \in \mathbb{R}^2.$$
$$\dot{y} = 3x - y - x^2,$$

d)
$$\dot{x} = 2x + 2y, \qquad (x, y) \in \mathbb{R}^2.$$
$$\dot{y} = x + y + x^4,$$

e)
$$\dot{x} = -y - y^3, \qquad (x, y) \in \mathbb{R}^2.$$
$$\dot{y} = 2x,$$

f)
$$\dot{x} = -2x + 3y + y^3, \qquad (x, y) \in \mathbb{R}^2.$$
$$\dot{y} = 2x - 3y + x^3,$$

g)
$$\dot{x} = -x - y - xy, \qquad (x, y) \in \mathbb{R}^2.$$
$$\dot{y} = 2x + y + 2xy,$$

h)
$$\dot{x} = -x + y, \qquad (x, y) \in \mathbb{R}^2.$$
$$\dot{y} = -e^x + e^{-x} + 2x,$$

i)
$$\dot{x} = -2x + y + z + y^2 z,$$
$$\dot{y} = x - 2y + z + xz^2, \qquad (x, y, z) \in \mathbb{R}^3.$$
$$\dot{z} = x + y - 2z + x^2 y,$$

演習問題　　*243*

$$j) \quad \begin{aligned} \dot{x} &= -x - y + z^2, \\ \dot{y} &= 2x + y - z^2, \qquad (x, y, z) \in \mathbb{R}^3. \\ \dot{z} &= x + 2y - z, \end{aligned}$$

$$k) \quad \begin{aligned} \dot{x} &= -x - y - z - yz, \\ \dot{y} &= -x - y - z - xz, \qquad (x, y, z) \in \mathbb{R}^3. \\ \dot{z} &= -x - y - z - xy, \end{aligned}$$

$$l) \quad \begin{aligned} \dot{x} &= y + x^2, \\ \dot{y} &= -y - x^2, \qquad (x, y) \in \mathbb{R}^3. \end{aligned}$$

$$m) \quad \begin{aligned} \dot{x} &= x^2, \\ \dot{y} &= -y - x^2, \qquad (x, y) \in \mathbb{R}^2. \end{aligned}$$

$$n) \quad \begin{aligned} \dot{x} &= -x + 2y + x^2 y + x^4 y^5, \\ \dot{y} &= y - x^4 y^6 + x^8 y^9, \qquad (x, y) \in \mathbb{R}^2. \end{aligned}$$

2.2　　パラメータ $\varepsilon \in \mathbb{R}^1$ でパラメータづけられた次のベクトル場の族を考えよ．$\varepsilon = 0$ の時，原点は各ベクトル場の不動点である．小さい ε に対して，原点の近くで力学を調べよ．相図を描け．中心多様体の 1-パラメータ族を計算し，中心多様体上の力学を記述せよ．力学は ε にどのように依存するか？ $\varepsilon = 0$ の時，たとえば a) と a') とは演習問題 2.1 の a) になる．これらの場合を比較して，パラメータが果たす役割を論ぜよ．たとえば，a) と a') の場合，パラメータ ε はそれぞれ線形の項と非線形の項に掛かっている．これら 2 つの場合の違いを，できれば最も一般的な設定で論ぜよ．

$$a) \quad \begin{aligned} \dot{\theta} &= -\theta + \varepsilon v + v^2, \qquad (\theta, v) \in S^1 \times \mathbb{R}^1. \\ \dot{v} &= -\sin \theta, \end{aligned}$$

$$a') \quad \begin{aligned} \dot{\theta} &= -\theta + v^2 + \varepsilon v^2, \\ \dot{v} &= -\sin \theta \end{aligned}$$

$$b) \quad \begin{aligned} \dot{x} &= \tfrac{1}{2}x + y + x^2 y, \qquad (x, y) \in \mathbb{R}^2. \\ \dot{y} &= x + 2y + \varepsilon y + y^2, \end{aligned}$$

$$b') \quad \begin{aligned} \dot{x} &= \tfrac{1}{2}x + y + x^2 y, \\ \dot{y} &= x + 2y + y^2 + \varepsilon y^2, \end{aligned}$$

$$c) \quad \begin{aligned} \dot{x} &= x - 2y + \varepsilon x, \qquad (x, y) \in \mathbb{R}^2. \\ \dot{y} &= 3x - y - x^2, \end{aligned}$$

$$c') \quad \begin{aligned} \dot{x} &= x - 2y + \varepsilon x^2, \\ \dot{y} &= 3x - y - x^2, \end{aligned}$$

$$d) \quad \begin{aligned} \dot{x} &= 2x + 2y + \varepsilon y, \qquad (x, y) \in \mathbb{R}^2. \\ \dot{y} &= x + y + x^4, \end{aligned}$$

244   2. 力学系を簡単にする方法

d')
$$\dot{x} = 2x + 2y,$$
$$\dot{y} = x + y + x^4 + \varepsilon y^2,$$

e)
$$\dot{x} = -y - \varepsilon x - y^3,$$
$$\dot{y} = 2x, \qquad (x, y) \in \mathbb{R}^2.$$

e')
$$\dot{x} = -y - y^3,$$
$$\dot{y} = 2x + \varepsilon x^2,$$

f)
$$\dot{x} = -2x + 3y + \varepsilon x + y^3,$$
$$\dot{y} = 2x - 3y + x^3, \qquad (x, y) \in \mathbb{R}^2.$$

f')
$$\dot{x} = -2x + 3y + y^3 + \varepsilon x^2,$$
$$\dot{y} = 2x - 3y + x^3,$$

g)
$$\dot{x} = -x - y + \varepsilon x - xy,$$
$$\dot{y} = 2x + y + 2xy, \qquad (x, y) \in \mathbb{R}^2.$$

g')
$$\dot{x} = -x - y - xy + \varepsilon x^2,$$
$$\dot{y} = 2x + y + 2xy,$$

h)
$$\dot{x} = -x + y,$$
$$\dot{y} = -e^x + e^{-x} + 2x + \varepsilon y, \qquad (x, y) \in \mathbb{R}^2.$$

h')
$$\dot{x} = -x + y + \varepsilon x^2,$$
$$\dot{y} = -e^x + e^{-x} + 2x,$$

i)
$$\dot{x} = -2x + y + z + \varepsilon x - y^2 z,$$
$$\dot{y} = x - 2y + z + \varepsilon x + xz^2, \qquad (x, y, z) \in \mathbb{R}^3.$$
$$\dot{z} = x + y - 2z + \varepsilon x + x^2 y,$$

i')
$$\dot{x} = -2x + y + z + \varepsilon x^2 + y^2 z,$$
$$\ddot{y} = x - 2y + z + \varepsilon xy + xz^2,$$
$$\dot{z} = x + y - 2z + x^2 y.$$

j)
$$\dot{x} = -x - y + z^2,$$
$$\dot{y} = 2x + y + \varepsilon y - z^2, \qquad (x, y, z) \in \mathbb{R}^3.$$
$$\dot{z} = x + 2y - z,$$

j')
$$\dot{x} = -x - y + \varepsilon x^2 + z^2,$$
$$\dot{y} = 2x + y - z^2 + \varepsilon y^2,$$
$$\dot{z} = x + 2y - z.$$

k)
$$\dot{x} = -x - y - z + \varepsilon x - yz,$$
$$\dot{y} = -x - y - z - xz, \qquad (x, y, z) \in \mathbb{R}^3.$$
$$\dot{z} = -x - y - z - yz,$$

$$\text{k}') \quad \begin{aligned} \dot{x} &= -x - y - z - yz + \varepsilon x^2, \\ \dot{y} &= -x - y - z - xz, \\ \dot{z} &= -x - y - z - xy. \end{aligned}$$

$$\text{l}) \quad \begin{aligned} \dot{x} &= y + x^2 + \varepsilon y, \\ \dot{y} &= -y - x^2, \end{aligned} \qquad (x, y) \in \mathbb{R}^2.$$

$$\text{l}') \quad \begin{aligned} \dot{x} &= y + x^2 + \varepsilon y^2, \\ \dot{y} &= -y - x^2, \end{aligned}$$

$$\text{m}) \quad \begin{aligned} \dot{x} &= x^2 + \varepsilon y, \\ \dot{y} &= -y - x^2, \end{aligned} \qquad (x, y) \in \mathbb{R}^2.$$

$$\text{m}') \quad \begin{aligned} \dot{x} &= x^2 + \varepsilon y^2, \\ \dot{y} &= -y - x^2. \end{aligned}$$

2.3 次の各写像について，原点の近くの力学を調べよ．相図を描け．中心多様体を計算し，中心多様体上の力学を記述せよ．原点が安定か不安定かを論ぜよ．

$$\text{a}) \quad \begin{aligned} x &\mapsto -\frac{1}{2}x - y - xy^2, \\ y &\mapsto -\frac{1}{2}x + x^2, \end{aligned} \qquad (x, y) \in \mathbb{R}^2.$$

$$\text{b}) \quad \begin{aligned} x &\mapsto x + 2y + x^3, \\ y &\mapsto 2x + y, \end{aligned} \qquad (x, y) \in \mathbb{R}^2.$$

$$\text{c}) \quad \begin{aligned} x &\mapsto -x + y - xy^2, \\ y &\mapsto y + x^2 y, \end{aligned} \qquad (x, y) \in \mathbb{R}^2.$$

$$\text{d}) \quad \begin{aligned} x &\mapsto 2x + y, \\ y &\mapsto 2x + 3y + x^4, \end{aligned} \qquad (x, y) \in \mathbb{R}^2.$$

$$\text{e}) \quad \begin{aligned} x &\mapsto x, \\ y &\mapsto x + 2y + y^2, \end{aligned} \qquad (x, y) \in \mathbb{R}^2.$$

$$\text{f}) \quad \begin{aligned} x &\mapsto 2x + 3y, \\ y &\mapsto x + x^2 + xy^2, \end{aligned} \qquad (x, y) \in \mathbb{R}^2.$$

$$\text{g}) \quad \begin{aligned} x &\mapsto x - z^3, \\ y &\mapsto 2x - y, \\ z &\mapsto x + \frac{1}{2}z + x^3, \end{aligned} \qquad (x, y, z) \in \mathbb{R}^3.$$

$$\text{h}) \quad \begin{aligned} x &\mapsto x + z^4, \\ y &\mapsto -x - 2y - x^3, \\ z &\mapsto y - \frac{1}{2}z + y^2, \end{aligned} \qquad (x, y, z) \in \mathbb{R}^3.$$

246   2. 力学系を簡単にする方法

i) $\begin{aligned} x &\mapsto y + x^2, \\ y &\mapsto y + xy, \end{aligned}$ $(x, y) \in \mathbb{R}^2.$

j) $\begin{aligned} x &\mapsto x^2, \\ y &\mapsto y + xy, \end{aligned}$ $(x, y) \in \mathbb{R}^2.$

2.4   パラメータ $\varepsilon \in \mathbb{R}^1$ でパラメータづけられた次の写像の族を考えよ. $\varepsilon = 0$ の時, 原点は各写像の不動点である. 小さい ε に対して, 原点の近くで力学を調べよ. 相図を描け. 中心多様体の 1-パラメータ族を計算し, 中心多様体上の力学を記述せよ. 力学は ε にどのように依存するか? $\varepsilon = 0$ の時, たとえば a) と a') とは演習問題 2.3 の a) になる. これらの場合を比較して, パラメータが果たす役割を論ぜよ. たとえば, a) と a') の場合, パラメータ ε はそれぞれ線形の項と非線形の項に掛かっている. これら 2 つの場合の違いを, できれば最も一般的な設定で論ぜよ.

a) $\begin{aligned} x &\mapsto -\frac{1}{2}x - y - xy^2, \\ y &\mapsto -\frac{1}{2}x + \varepsilon y + x^2, \end{aligned}$ $(x, y) \in \mathbb{R}^2.$

a') $\begin{aligned} x &\mapsto -\frac{1}{2}x - y - xy^2, \\ y &\mapsto -\frac{1}{2}y + \varepsilon y^2 + x^2. \end{aligned}$

b) $\begin{aligned} x &\mapsto x + 2y + x^3, \\ y &\mapsto 2x + y + \varepsilon y, \end{aligned}$ $(x, y) \in \mathbb{R}^2.$

b') $\begin{aligned} x &\mapsto x + 2y + x^3, \\ y &\mapsto 2x + y + \varepsilon y^2. \end{aligned}$

c) $\begin{aligned} x &\mapsto -x + y - xy^2, \\ y &\mapsto y + \varepsilon y + x^2 y, \end{aligned}$ $(x, y) \in \mathbb{R}^2.$

c') $\begin{aligned} x &\mapsto -x + y - xy^2, \\ y &\mapsto y + \varepsilon y^2 + x^2 y. \end{aligned}$

d) $\begin{aligned} x &\mapsto 2x + y, \\ y &\mapsto 2x + 3y + \varepsilon x + x^4, \end{aligned}$ $(x, y) \in \mathbb{R}^2.$

d') $\begin{aligned} x &\mapsto 2x + y + \varepsilon x^2, \\ y &\mapsto 2x + 3y + x^4. \end{aligned}$

e) $\begin{aligned} x &\mapsto x + \varepsilon y, \\ y &\mapsto x + 2y + y^2, \end{aligned}$ $(x, y) \in \mathbb{R}^2.$

e') $\begin{aligned} x &\mapsto x + \varepsilon y^2, \\ y &\mapsto x + 2y + y^2. \end{aligned}$

f)
$$x \mapsto 2x + 3y,$$
$$y \mapsto x + \varepsilon y + x^2 + xy^2, \qquad (x, y) \in \mathbb{R}^2.$$

f′)
$$x \mapsto 2x + 3y,$$
$$y \mapsto x + x^2 + \varepsilon y^2 + xy^2.$$

g)
$$x \mapsto x - z^3,$$
$$y \mapsto 2x - y + \varepsilon y, \qquad (x, y, z) \in \mathbb{R}^3.$$
$$z \mapsto x + \frac{1}{2}z + x^3,$$

g′)
$$x \mapsto x - z^3,$$
$$y \mapsto 2x - y + \varepsilon y^2,$$
$$z \mapsto x + \frac{1}{2}z + x^3.$$

h)
$$x \mapsto x + \varepsilon z^4,$$
$$y \mapsto -x - 2y - x^3, \qquad (x, y, z) \in \mathbb{R}^3.$$
$$z \mapsto y - \frac{1}{2}z + y^2,$$

h′)
$$x \mapsto x + \varepsilon x + z^4,$$
$$y \mapsto -x - 2y - x^3,$$
$$z \mapsto y - \frac{1}{2}z + y^2.$$

i)
$$x \mapsto y + \varepsilon x + x^2, \qquad (x, y) \in \mathbb{R}^2.$$
$$y \mapsto y + xy,$$

i′)
$$x \mapsto y + x^2,$$
$$y \mapsto y + xy + \varepsilon x^2.$$

j)
$$x \mapsto \varepsilon x + x^2, \qquad (x, y) \in \mathbb{R}^2.$$
$$y \mapsto y + xy,$$

j′)
$$x \mapsto x^2 + \varepsilon y,$$
$$y \mapsto y + xy.$$

2.5 H_k が線形ベクトル空間であることを示せ.

2.6 $h_k(x) \in H_k (x \in \mathbb{R}^n)$ とし,J を $n \times n$ 実行列とする.この時,写像

a) $h_k(x) \mapsto Jh_k(x) - Dh_k(x)Jx \equiv L_J(h_k(x)),$

b) $h_k(x) \mapsto Jh_k(x) - h_k(Jx) \equiv M_J(h_k(x))$

が H_k から H_k への線形写像であることを示せ.

2.7 十分小さな $y \in \mathbb{R}^n$ に対して

248　　2. 力学系を簡単にする方法

　　a)　　$(\mathrm{id}+Dh_k(y))^{-1}$ が存在すること，

および，$h_k(y) \in H_k$ に対して

　　b)　　$(\mathrm{id}+Dh_k(y))^{-1} = \mathrm{id} - Dh_k(y) + \cdots$

となることを示せ．同様にして，十分小さな $y \in \mathbb{R}^n$ に対して

　　c)　　$(\mathrm{id}+h_k)^{-1}(y)$ が存在すること，

および，

　　d)　　$(\mathrm{id}+h_k)^{-1}(y) = (\mathrm{id} - h_k + \cdots)(y)$

となることを示せ．

2.8　　不動点の近くで線形部分

$$\begin{pmatrix} 1 & 1 \\ 0 & 1 \end{pmatrix}$$

を持った写像の標準形を 2 次の項まで計算せよ．この標準形を，不動点の近くで線形部分

$$\begin{pmatrix} 0 & 1 \\ 0 & 0 \end{pmatrix}$$

を持ったベクトル場の標準形と比較せよ．（例 2.2.2 参照）その結果を説明せよ．

2.9　　不動点の近くで，$\mathbb{R}^3$ の標準基底に関して線形部分

$$\begin{pmatrix} 0 & -\omega & 0 \\ \omega & 0 & 0 \\ 0 & 0 & 0 \end{pmatrix}$$

を持った 3 次の自励ベクトル場を考えよ．円筒座標では標準形は

$$\begin{aligned} \dot{r} &= a_1 rz + a_2 r^3 + a_3 rz^2 + \mathcal{O}(4), \\ \dot{z} &= b_1 r^2 + b_2 z^2 + b_3 r^2 z + b_4 z^3 + \mathcal{O}(4), \\ \dot{\theta} &= \omega + c_1 z + \mathcal{O}(2) \end{aligned}$$

で与えられることを示せ．ここで，$a_1, a_2, a_3, b_1, b_2, b_3, b_4$, と c_1 とは定数である．（ヒント：行列のブロック

$$\begin{pmatrix} 0 & -\omega \\ \omega & 0 \end{pmatrix}$$

の部分に対応する 2 次元の座標を 1 つの複素座標にまとめよ．）

2.10　　4 次元の $\mathbf{C}^r$ ベクトル場で（r は必要なだけ大きいとする），線形化に対する行列が

$$\begin{pmatrix} 0 & -\omega_1 & 0 & 0 \\ \omega_1 & 0 & 0 & 0 \\ 0 & 0 & 0 & -\omega_2 \\ 0 & 0 & \omega_2 & 0 \end{pmatrix}$$

で与えられるような不動点を持つものを考えよ. 標準形を 3 次まで計算せよ. (ヒント: 2 つの複素変数を用いよ.) ある種の "共鳴" 問題が起こっていることがわかる. つまり, 標準形は $m\omega_1 + n\omega_2 \neq 0, |m| + |n| \leq 4$ に依存する. 次の各々の場合に標準形を求めよ.

a) $m\omega_1 + n\omega_2 = 0, \qquad |m| + |n| = 1.$

b) $m\omega_1 + n\omega_2 = 0, \qquad |m| + |n| = 2.$

c) $m\omega_1 + n\omega_2 = 0, \qquad |m| + |n| = 3.$

d) $m\omega_1 + n\omega_2 = 0, \qquad |m| + |n| = 4.$

e) $m\omega_1 + n\omega_2 \neq 0, \qquad |m| + |n| \leq 4.$

2.11 不動点での線形化に対応する行列の固有値 (これを λ_1 と λ_2 とおく.) が複素共役で, 絶対値が 1 である, つまり, $\lambda_1 = \bar{\lambda}_2$ かつ $|\lambda_1| = |\lambda_2| \equiv |\lambda| = 1$ が成り立つような $\mathbb{R}^2$ の写像について, 不動点の近傍での標準形を調べよ. (例 2.2.4 参照) 次の各々の場合に標準形を求めよ.

a) $\lambda = 1.$

b) $\lambda^2 = 1.$

c) $\lambda^3 = 1.$

d) $\lambda^4 = 1.$

2.12 不動点での線形化に対応する行列が次の形であるような, $\mathbb{R}^2$ の写像について, 不動点の近傍での標準形を計算せよ.

a) $\begin{pmatrix} 1 & 1 \\ 0 & 1 \end{pmatrix}.$

b) $\begin{pmatrix} 1 & 0 \\ 0 & 1 \end{pmatrix}.$

c) $\begin{pmatrix} -1 & 1 \\ 0 & -1 \end{pmatrix}.$

d) $\begin{pmatrix} -1 & 0 \\ 0 & -1 \end{pmatrix}.$

この標準形を, 演習問題 2.11 の a) と b) で求めた標準形と比較せよ.

2.13 $\mathbb{R}^2 \times \mathbb{R}^1$ の十分大きな開集合上で定義された $\mathbf{C}^r (r \geq 2)$ ベクトル場

$$\dot{x} = f(x, \mu), \qquad x \in \mathbb{R}^2, \quad \mu \in \mathbb{R}^1$$

を考えよ. $(x, \mu) = (0, 0)$ がこのベクトル場の不動点で, $D_x f(0, 0)$ が一対の純虚数の固有値を持つとせよ.

a) 十分小さな μ に対して $x(\mu)$ と表されるベクトル場の不動点の曲線で, $x(0) = 0$ を満たすものが存在することを示せ.

b) この不動点の曲線をパラメータに依存した座標変換として用いて, 相空間の原点が十分小さな μ 全てに対して不動点となるような座標を選べることを示せ.

250　2. 力学系を簡単にする方法

2.14　$\mathbf{C}^r(r \geq 1)$ ベクトル場

$$\begin{aligned}\dot{x} &= Ax + f(x,y), \\ \dot{y} &= By + g(x,y),\end{aligned} \qquad (x,y) \in \mathbb{R}^n \times \mathbb{R}^m \qquad \text{(E2.1)}$$

を考えよう. ここで, A は $n \times n$ 行列, B は $m \times m$ 行列であり, $f(0,0) = 0, g(0,0) = 0, Df(0,0) = 0, Dg(0,0) = 0$ である. (E2.1) から生成される流れを

$$\phi_t(x,y) \equiv \big(\phi_t^x(x,y), \phi_t^y(x,y)\big) \qquad \text{(E2.2)}$$

とし, これが全ての $t \in \mathbb{R}, (x,y) \in \mathbb{R}^n \times \mathbb{R}^m$ に対して存在すると仮定する. U を $\mathbb{R}^n$ のコンパクト集合とし, $\mathbf{C}^r(r \geq 1)$ 関数

$$h : U \subset \mathbb{R}^n \longrightarrow \mathbb{R}^m,$$
$$x \longmapsto h(x)$$

を考える. この時,

$$M \equiv \text{graph } h = \big\{(x,y) \in \mathbb{R}^n \times \mathbb{R}^m \mid y = h(x), x \in U\big\}$$

は $\mathbb{R}^n \times \mathbb{R}^m$ の n 次元曲面である.

大まかにいって, M の点に (E2.1) から生成される流れを施しても M に留まるとき, M は (E2.1) から生成された力学系に関して**不変**であると呼ぼう.

このアイデアをもっと探求していきたい.

a)　この不変性の定義は, ベクトル場 (E2.1) が M と接することと同値であることを確かめよ. また, これは

$$Dh(x)[Ax + f(x,h(x))] - Bh(x) - g(x,h(x)) = 0 \qquad \text{(E2.3)}$$

を意味することを示せ.

b)　次の条件

$$\phi_t^y(x,y) = h(\phi_t^x(x,y)), \qquad (x,y) \in M \qquad \text{(E2.4)}$$

もまた不変性と同値であることを示せ. (E2.3) は (E2.4) を t について微分することで得られることを示せ.

c)　ここまで, 技術的な困難, つまり M が境界を持つということを避けてきた. M の境界を表せ. それを ∂M で表そう. 境界を持った不変多様体を定義するには, どんな注意をしなければならないか？ 特に, ∂M 上のベクトル場を記述せよ. 上の a) と b) とはどのように修正しなければならないか？　（注：境界を持った不変多様体については, Carr [1981], Fenichel [1971], [1974], [1977], [1979], Henry [1981] あるいは Wiggins [1988] を参照）

ここから後は, 少し特殊化した問題になる. つまり, 不動点 $(x,y) = (0,0)$ の安定多様体と中心多様体を考えよう. このために, 行列 A と B に次の2つの仮定をつけ加えなければならない.

仮定 1.　A の n 個の固有値は実部が 0 である.

仮定 2.　B の m 個の固有値は実部が負である.

d)　線形化されたベクトル場

$$\begin{aligned}\dot{x} &= Ax, \\ \dot{y} &= By,\end{aligned} \qquad (x,y) \in \mathbb{R}^n \times \mathbb{R}^m$$

に対して，$y = 0$ は不動点 $(x,y) = (0,0)$ の中心多様体であり，$x = 0$ はその安定多様体である．原点の局所中心多様体と安定多様体をそれぞれ次のように

$$W_{\mathrm{loc}}^c(0) = \left\{ (x,y) \in \mathbb{R}^n \times \mathbb{R}^m \mid y = h(x); h(0) = 0, Dh(0) = 0 \right\},$$

$$W_{\mathrm{loc}}^s(0) = \left\{ (x,y) \in \mathbb{R}^n \times \mathbb{R}^m \mid x = v(y); v(0) = 0, Dv(0) = 0 \right\}$$

線形不変多様体の上のグラフとして求めよう．条件

$$\begin{aligned}h(0) = 0, Dh(0) = 0, \\ v(0) = 0, Dv(0) = 0.\end{aligned} \tag{E2.5}$$

の幾何学的および力学的意味を記述せよ．$h(x)$ と $v(y)$ は次の準線形偏微分方程式

$$Dh(x)[Ax + f(x,h(x))] - Bh(x) - g(x,h(x)) = 0, \tag{E2.6a}$$

$$Dv(y)[By + g(v(y),y)] - Av(y) - f(v(y),y) = 0 \tag{E2.6b}$$

の解であることを示せ．

e)　方程式 (E2.6a) と (E2.6b) は，特性方程式の方法で解ける．(E2.6a) と (E2.6b) の特性方程式を記述せよ．初期値 (E2.5) は特性方程式の方法を適用するのに何か問題があるか？

f)　(E2.6a) と (E2.6b) を用いると，不動点での中心多様体と安定多様体の存在は偏微分方程式の解の存在問題に帰着される．この点を論ぜよ．特に，局所的な安定と不安定の多様体に興味があるのだから，(E2.6a) と (E2.6b) の "小さな" 解で十分である．これは (E2.6a) と (E2.6b) を解くのにある種の摂動法や逐次近似法が利用できることを示している．これらの可能性を論ぜよ．(ヒント：この問題については，2 つの古典的論文 Moser [1966a], [1966b] を調べることができる．)

g)　(E2.6b) の解 $v(y)$ が見つかったとせよ．この時，(そうに違いないと分かっているように) グラフ $v(y)$ 上の解が原点に指数的速さで近づくと，どうして結論づけられるか？ この指数的速さについて何かいえるか？ 同様にして，$h(x)$ のグラフ上の解の増加あるいは減少の速さについて何かいえるか？

h)　準線形偏微分方程式の解の一般的性質によると，$W_{loc}^c(0)$ と $W_{loc}^s(0)$ の微分可能性について何がいえるか？

　（ヒント：ここでも Moser [1966a], [1966b] が役に立つ．)

i)　不動点の安定多様体は一意的であるが，中心多様体は一意的とは限らない．これを，(E2.6a) と (E2.6b) の解の一意性（または非一意性）と関連させて論ぜよ．この結論は行列 A と B の性質に関係するか？

j)　(E2.6) のような偏微分方程式は衝撃波を示すことがある．この現象が今の場合に生じるか？ もしそうなら，(E2.1) の力学の言葉でどのように解釈されるのか？

2.15　$\mathbf{C}^r (r \geq 1)$ 写像

$$\begin{aligned}\bar{x} &= Ax + f(x,y), \\ \bar{y} &= By + g(x,y),\end{aligned} \qquad (x,y) \in \mathbb{R}^n \times \mathbb{R}^m \tag{E2.7}$$

252   2. 力学系を簡単にする方法

を考える．ここで，f, g は $f(0,0) = 0, Df(0,0) = 0, g(0,0) = 0$ と $Dg(0,0) = 0$ を満たし，A はその固有値がすべて絶対値が 1 に等しい $n \times n$ 行列，B はその固有値がすべて絶対値が 1 より小さい $m \times m$ 行列である．不動点 $(x, y) = (0, 0)$ の近くの軌道構造に興味がある．

線形化した写像は

$$\bar{x} = Ax,$$
$$\bar{y} = By$$

で与えられ，$y = 0$ は不動点 $(x, y) = (0, 0)$ の中心多様体，$x = 0$ は安定多様体である．原点の局所中心多様体と安定多様体をそれぞれ次の線形不変多様体

$$W_{\mathrm{loc}}^c(0) = \left\{ (x, y) \in \mathbb{R}^n \times \mathbb{R}^m \mid y = h(x); h(0) = 0, Dh(0) = 0 \right\},$$
$$W_{\mathrm{loc}}^s(0) = \left\{ (x, y) \in \mathbb{R}^n \times \mathbb{R}^m \mid x = v(y); v(0) = 0, Dv(0) = 0 \right\}$$

の上のグラフとして求めよう．

  a)   条件

$$h(0) = 0, \ Dh(0) = 0,$$
$$v(0) = 0, \ Dv(0) = 0 \tag{E2.8}$$

の幾何学的および力学的意味を記述せよ．

  b) 不変性の条件は，$h(x)$ と $v(y)$ が次の関数方程式

$$Bh(x) + g(x, h(x)) = h(Ax + f(x, h(x))), \tag{E2.9a}$$

$$Av(y) + f(v(y), y) = v(By + g(v(y), y)) \tag{E2.9b}$$

を満たすことを意味することを示せ．

  c) A^{-1} と B^{-1} が存在すれば，(E2.9a) と (E2.9b) は

$$h(x) = B^{-1}[h(Ax + f(x, h(x))) - g(x, h(x))] \equiv T^c(h(x)), \tag{E2.10a}$$

$$v(y) = A^{-1}[v(By + g(v(y), y)) - f(v(y), y)] \equiv T^s(v(y)) \tag{E2.10b}$$

と表される（これについて何がいえるか？）．

T^c と T^s は適当に選ばれた関数空間の上で定義された非線形作用素である．こうして，(E2.10a) と (E2.10b) から，$(x, y) = (0, 0,)$ の局所中心多様体と安定多様体の存在は，それぞれ，T^c と T^s の不動点の存在と同値になる．T^c と T^s はグラフ変換と呼ばれる．T^s の不動点は縮小写像の原理を用いて求められる，というように問題を設定せよ．これと関連して，$W_{loc}^s(0)$ の一意性の問題と，さらに $W_{loc}^s(0)$ 上の軌道の減少する速さの問題を提出せよ．T^c に同様の手続きを施して，$W_{loc}^c(0)$ の存在を示すことができるか？不変多様体の滑らかさの問題についてはどうか？（ヒント：Shub [1987] が助けになる．）

2.16 $\mathbf{C}^r (r \geq 1)$ ベクトル場

$$\dot{x} = f(x), \qquad x \in \mathbb{R}^n \tag{E2.11}$$

を考えよ．このベクトル場から生成される流れを $\phi_t(x)$ で表し，全ての $t \in \mathbb{R}$ に対して存在するとする．この流れの "時間 1" の写像を $\phi_1(x)$ で表す．

a) M をこのベクトル場の不変多様体とする．（演習問題 2.14 を見よ）M は $\phi_1(x)$ に関しても不変か？

b) M を写像 $\phi_1(x)$ の不変多様体とする．（演習問題 2.15 を見よ）M はベクトル場 (E2.11) から生成される流れに関して不変か？

2.17 次の平面上のハミルトン系

$$\begin{aligned}\dot{x} &= \frac{\partial H}{\partial y}(x,y), \\ \dot{y} &= -\frac{\partial H}{\partial x}(x,y),\end{aligned} \qquad (x,y) \in \mathbb{R}^2 \qquad \text{(E2.12)}$$

を考えよ．ここで，$H(x,y)$ は $\mathbf{C}^{r+1}$ 級関数（r は必要なだけ大きくとる）である．(E2.12) は $(x,y) = (0,0)$ に不動点を持つとせよ．われわれの目標は (E2.12) を，各段階でハミルトン構造を保持しながら，標準系に変形することである．この目標を達成するために，2 つの方法が考えられる．

方法 1. (E2.12) をテイラー級数に展開し，節 2.2A で述べたベクトル場の方法を用いよ．ハミルトン構造はテイラー展開の各次数で付与することができる．

方法 2. 方法 1 はベクトル場が単一のスカラー関数から導かれるという事実の利点を用いていない．この方法で，たとえば Arnold [1978] や van der Meer [1985] が述べているように，ハミルトン関数を直接簡単化せよ．

(E2.12) の不動点のまわりでの線形化に付随する行列が次の形であるとする．

a) $\begin{pmatrix} 0 & -\omega \\ \omega & 0 \end{pmatrix}, \qquad \omega > 0,$

b) $\begin{pmatrix} \lambda & 0 \\ 0 & -\lambda \end{pmatrix}, \qquad \lambda > 0,$

ここで，ω と λ は実数である．

方法 1 と 2 の両方を用いて，a) と b) の場合について標準形を計算せよ．

2.18 ハミルトン・ベクトル場

$$\dot{x} = JDH(x), \qquad x \in \mathbb{R}^{2n} \qquad \text{(E2.13)}$$

を考えよ．ここで，$H(x)$ は $\mathbf{C}^{r+1}$ 級関数（r は必要なだけ大きくとる）であり，J は

$$J = \begin{pmatrix} 0 & -\mathrm{id} \\ \mathrm{id} & 0 \end{pmatrix}$$

である．ただし，"id" は $n \times n$ 単位行列である．(E2.13) が $x = 0$ に不動点を持ち，行列 $JD^2H(0)$ は $2n-2$ 個の実部が 0 でない固有値と 2 つの純虚数の固有値を持つとせよ．この時，$x = 0$ は 2 次元の中心多様体，$(n-1)$ 次元の安定多様体と $(n-1)$ 次元の不安定多様体を持つ．中心多様体上に導かれたベクトル場はまたハミルトン系になるか？安定多様体上に制限されたベクトル場についてはどうか？不安定多様体については？中心多様体上の $x = 0$ の近くの力学について，なにが結論できるか？

これをハミルトン系でない場合と比較せよ．（ヒント：まず，一番簡単な $n = 2$ の場合を考えよ．）

254   2. 力学系を簡単にする方法

2.19 $C^r (r \geq 1)$ 写像

$$x \mapsto f(x), \qquad x \in \mathbb{R}^n \tag{E2.14}$$

を考えよ. この写像は $x = x_0$ に不動点を持つ, つまり,

$$x_0 = f(x_0)$$

であるとする. 次にベクトル場

$$\dot{x} = f(x) - x \tag{E2.15}$$

を考えよ. 明らかに (E2.15) は $x = x_0$ に不動点を持つ. ベクトル場 (E2.15) の不動点 $x = x_0$ の近くでの軌道構造についての知識を基にして, 写像 (E2.14) の不動点の近くでの軌道構造について, なにが決定できるか?

2.20 C^r 写像

$$f : \mathbb{R}^1 \to \mathbb{R}^1$$

を考え, f のテイラー展開を

$$f(x) = a_0 + a_1 x + \cdots + a_{r-1} x^{r-1} + \mathcal{O}(|x|^r)$$

とせよ. f が恒等的に 0 であるとせよ. この時, $a_i = 0, i = 0, \ldots, r-1$ が成り立つことを示せ. C^r 写像

$$f : \mathbb{R}^n \to \mathbb{R}^n, n > 1$$

についても同じ結果が成り立つか?

第3章 局所分岐

　この章では，ベクトル場と写像の局所分岐を調べる．"局所"という言葉は，不動点の近くで起こる分岐を意味する．"不動点の分岐"という言葉は，いくつかの例を考えたあとで定義しよう．まず，ベクトル場の不動点の分岐を調べることから始めよう．

3.1　ベクトル場の不動点の分岐

　パラメータ付けられたベクトル場

$$\dot{y} = g(y, \lambda), \qquad y \in \mathbb{R}^n, \quad \lambda \in \mathbb{R}^p \tag{3.1.1}$$

を考えよう．ここで，g は，$\mathbb{R}^n \times \mathbb{R}^p$ のある開集合上の $\mathbf{C}^r$ 関数である．微分可能性の階数は (3.1.1) をテイラー展開する必要に応じて決定される．普通には $\mathbf{C}^5$ で十分である．

　(3.1.1) が $(y, \lambda) = (y_0, \lambda_0)$ に不動点を持つ，つまり，

$$g(y_0, \lambda_0) = 0 \tag{3.1.2}$$

と仮定する．2つの問いがすぐ生じる．

1. 不動点は安定か，不安定か？
2. 安定性，あるいは不安定性は λ を動かすとどのように変化するか？

　問1に答えるために取るべき第1段階は，(3.1.1) を不動点 $(y, \lambda) = (y_0, \lambda_0)$ のまわりで線形化して得られる線形ベクトル場を調べることである．この線形ベクトル場は

$$\dot{\xi} = D_y g(y_0, \lambda_0)\xi, \qquad \xi \in \mathbb{R}^n \tag{3.1.3}$$

で与えられる．

　もし不動点が双曲型（つまり，$D_y g(y_0, \lambda_0)$ のどの固有値も虚軸上にない）であれ

256   3. 局所分岐

ば, (3.1.1) で (y_0, λ_0) の安定性は線形方程式 (3.1.3) で決定される (節 1.1A を参照). これから問 2 にも答えることができる, というのは, 双曲型不動点は構造安定である (節 1.2C を参照) から, λ を少し動かしても不動点の安定性の性質は変化しないからである. これは直観的に明らかだが, この点をもう少し調べてみよう.

$$g(y_0, \lambda_0) = 0 \tag{3.1.4}$$

であり,

$$D_y g(y_0, \lambda_0) \tag{3.1.5}$$

は虚軸上に固有値を持たないのであった. したがって, $D_y g(y_0, \lambda_0)$ は可逆である. 陰関数定理により, $\mathbf{C}^r$ 関数 $y(\lambda)$ で λ_0 に十分近い λ に対して

$$g(y(\lambda), \lambda) = 0 \tag{3.1.6}$$

と,

$$y(\lambda_0) = y_0 \tag{3.1.7}$$

を満たすものがただ 1 つ存在する. さて, 固有値はパラメータに関して連続であるから, λ_0 に十分近い λ に対して

$$D_y g(y(\lambda), \lambda) \tag{3.1.8}$$

は虚軸上に固有値を持たない. したがって λ_0 に十分近い λ に対して (3.1.1) の双曲型不動点 (y_0, λ_0) は持続し, その安定性の型は変化しない. 要約すると, λ_0 の近傍で (3.1.1) の孤立不動点は存続し, 常に同じ安定性の型を持つ.

　真におもしろいことは, (3.1.1) の不動点 (y_0, λ_0) が双曲型でないとき, つまり, $D_y g(y_0, \lambda_0)$ が虚軸上に固有値を持つときに起こる. この場合, λ_0 に十分近い λ に対して (そして y_0 に十分近い y に対して), 劇的に新しい力学的挙動が生じる. 例えば, 不動点が作られたり消えたり, また周期的, 準周期的あるいはカオス的力学のような時間に依存した挙動が作り出されたりする. ある意味で (あとで明確にする), 固有値が虚軸上に多数あればあるほど, 力学は奇妙なものになるといえる.

　$D_y g(y_0, \lambda_0)$ が非双曲型になる最も簡単な場合を考えることから研究を始めよう. これは, $D_y g(y_0, \lambda_0)$ が単一の 0 固有値を持ち, その他の固有値は 0 でない実部を持つ場合である. この場合, 問題は, λ_0 に近い λ に対しこの非双曲型不動点の性質はどうなるか, ということである. 中心多様体の理論の本当の力がはっきりするのは, このような状況においてである. というのは, 対応する中心多様体に制限された (3.1.1) のベクトル場を調べることで, この問いに答えることができるからである (節 2.1 参照). この場合, 中心多様体上のベクトル場は 1 次元ベクトル場の $p-$ パラメータ族となる. これは (3.1.1) の非常な単純化を意味する.

3.1A 0 固有値

$D_y g(y_0, \lambda_0)$ が単一の 0 固有値を持ち，その他の固有値は 0 でない実部を持つと仮定する．このとき，(y_0, λ_0) の近くの軌道構造は対応する中心多様体方程式で決定される．これは

$$\dot{x} = f(x, \mu), \qquad x \in \mathbb{R}^1, \quad \mu \in \mathbb{R}^p \tag{3.1.9}$$

で表される．ここで，$\mu = \lambda - \lambda_0$ である．さらに，(3.1.9) は

$$f(0, 0) = 0, \tag{3.1.10}$$

$$\frac{\partial f}{\partial x}(0, 0) = 0 \tag{3.1.11}$$

を満たさねばならないことがわかっている．方程式 (3.1.10) は単なる不動点の条件であり，(3.1.11) は 0 固有値の条件である．(3.1.1) が $\mathbf{C}^r$ であれば，(3.1.9) も $\mathbf{C}^r$ であることを注意する．いくつかの特殊な例を調べることから始めよう．これらの例では，

$$\mu \in \mathbb{R}^1$$

を仮定する．もし問題の中にもっとパラメータがあれば（つまり，$\mu \in \mathbb{R}^p, p > 1$），1 つを除いて残りを固定して考える．後で，問題の中でパラメータの数が果たす役割をもっと注意深く考えよう．"分岐" という言葉で何を意味するのかは，まだ正確には定義されていないことを注意する．このことは，以下の一連の例のあとで考える．

i) いくつかの例

例 3.1.1 ベクトル場

$$\dot{x} = f(x, \mu) = \mu - x^2, \qquad x \in \mathbb{R}^1, \quad \mu \in \mathbb{R}^1 \tag{3.1.12}$$

を考えよう．

$$f(0, 0) = 0 \tag{3.1.13}$$

と

$$\frac{\partial f}{\partial x}(0, 0) = 0 \tag{3.1.14}$$

は容易に確かめられる．しかし，この例ではもっと限定できる．(3.1.12) の不動点の集合は

$$\mu - x^2 = 0$$

つまり

$$\mu = x^2 \tag{3.1.15}$$

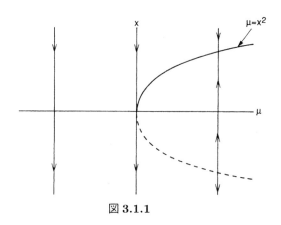

図 3.1.1

で与えられる．これは，図 3.1.1 に示すように，$\mu - x$ 平面の放物線をあらわす．この図で，垂直線上の矢印は (3.1.12) から生成された x 軸にそっての流れをあらわす．したがって，$\mu < 0$ の時，(3.1.12) は不動点を持たず，ベクトル場は x について減少する．$\mu > 0$ の時，(3.1.12) は2つの不動点を持つ．簡単な線形安定性解析により，不動点の1つは安定であり（放物線の実線の枝で示す），もう1つの不動点は不安定である（放物線の破線の枝で示す）．しかしながら，$\mathbb{R}^1$ 上の $\mathbf{C}^r (r \geq 1)$ ベクトル場がちょうど2つの**双曲型不動点**を持つ時，そのうちの1つは安定であり，もう1つは不安定である，ということは，読者の皆さんには自明であることと思う．

これが分岐の一例である．$(x, \mu) = (0, 0)$ を**分岐点**と呼び，$\mu = 0$ を**分岐値**と呼ぶ．

図 3.1.1 は**分岐図式**と呼ばれる．この特別な分岐の型（つまり，分岐値の片側では不動点が無く，別の側では2つの不動点がある）は，**鞍状点-結節点分岐**と呼ばれる．あとで，鞍状点-結節点分岐を明白に与える中心多様体上のベクトル場の厳密な条件を求めよう．

例 3.1.2 ベクトル場

$$\dot{x} = f(x, \mu) = \mu x - x^2, \qquad x \in \mathbb{R}^1, \quad \mu \in \mathbb{R}^1 \tag{3.1.16}$$

を考えよう．

$$f(0, 0) = 0 \tag{3.1.17}$$

と

$$\frac{\partial f(0, 0)}{\partial x} = 0 \tag{3.1.18}$$

は容易に確かめられる．さらに，(3.1.16) の不動点は

3.1 ベクトル場の不動点の分岐   *259*

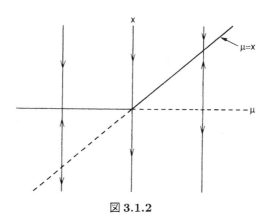

図 **3.1.2**

$$x = 0 \tag{3.1.19}$$

と

$$x = \mu \tag{3.1.20}$$

で与えられる．これを図 3.1.2 に描く．したがって，$\mu < 0$ の時，2 つの不動点があり，$x = 0$ は安定で $x = \mu$ は不安定である．この 2 つの不動点は $\mu = 0$ の時合体し，$\mu > 0$ の時，$x = 0$ は不安定で $x = \mu$ は安定である．このように，安定性の入れ替えが $\mu = 0$ で生じている．この分岐の型は**安定性交替型分岐**と呼ばれる．

例 3.1.3   ベクトル場

$$\dot{x} = f(x, \mu) = \mu x - x^3, \qquad x \in \mathbb{R}^1, \quad \mu \in \mathbb{R}^1 \tag{3.1.21}$$

を考えよう．明らかに

$$f(0, 0) = 0, \tag{3.1.22}$$

$$\frac{\partial f}{\partial x}(0, 0) = 0 \tag{3.1.23}$$

である．さらに，(3.1.21) の不動点は

$$x = 0 \tag{3.1.24}$$

と

$$x^2 = \mu \tag{3.1.25}$$

で与えられる．これを図 3.1.3 に描く．したがって，$\mu < 0$ の時，1 つの不動点 $x = 0$ があり，安定である．$\mu > 0$ の時，$x = 0$ はやはり不動点であるが，2 つの不動点が

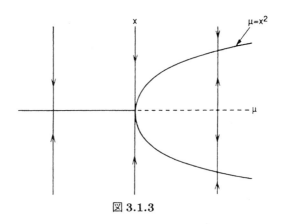

図 3.1.3

$\mu=0$ で生成され, $x^2=\mu$ で与えられる. この過程で, $x=0$ は $\mu>0$ の時不安定になり, 他の 2 つの不動点が安定になる. この分岐の型は**熊手型分岐**と呼ばれる.

例 3.1.4 ベクトル場

$$\dot{x} = f(x,\mu) = \mu - x^3, \quad x \in \mathbb{R}^1, \quad \mu \in \mathbb{R}^1 \tag{3.1.26}$$

を考えよう.

$$f(0,0) = 0 \tag{3.1.27}$$

と

$$\frac{\partial f}{\partial x}(0,0) = 0 \tag{3.1.28}$$

はすぐ確かめられる. さらに, (3.1.26) のすべての不動点は

$$\mu = x^3 \tag{3.1.29}$$

で与えられる. これを図 3.1.4 に描く. しかしこの例では (3.1.27) と (3.1.28) にもかかわらず, (3.1.26) の力学は $\mu>0$ の時と $\mu<0$ の時とで質的に同じである. つまり, (3.1.26) はただ 1 つの安定な不動点を持つ.

ii) "不動点の分岐"とは何か？

"分岐"という言葉は非常に一般的である. この言葉を力学系に使用するにあたり, 非双曲型不動点の近くでの軌道構造の記述に使用することから始めよう. まず, 前の例で何を学んだかを考えよう.

4 つの例はどれも

$$f(0,0) = 0$$

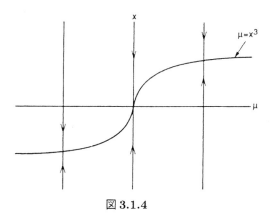

図 3.1.4

と

$$\frac{\partial f}{\partial x}(0,0) = 0$$

を満たすが，$\mu = 0$ の近くの軌道構造は4つの場合に全て異なっていた．したがって $\mu = 0$ の時不動点が0固有値を持つことがわかっても，0の近くの μ に対して軌道構造を決定するのに十分ではない．各々の例を個別に考えよう．

1. (例 **3.1.1**) この例ではただ1つの不動点の曲線（あるいは枝）は原点を通る．さらに，曲線は $\mu - x$ 平面の $\mu = 0$ の一方の側にある．
2. (例 **3.1.2**) この例では，$\mu - x$ 平面で不動点の2曲線が原点で交わっている．どちらの曲線も $\mu = 0$ の両側にわたっている．しかし，不動点の安定性はどちらの曲線でも $\mu = 0$ を通る時変化する．
3. (例 **3.1.3**) この例では，$\mu - x$ 平面で2つの不動点の曲線が原点で交わっている．1つの曲線 ($x = 0$) だけが $\mu = 0$ の両側にわたっているが，その安定性は $\mu = 0$ を通る時変化する．もう1つの不動点の曲線は $\mu = 0$ の一方の側だけにあり，$\mu > 0$ に対して $x = 0$ の安定性と反対の安定性の型を持つ．
4. (例 **3.1.4**) この例は $\mu - x$ 平面で原点を通るただ1つの不動点の曲線を持ち，それは $\mu = 0$ の両側にわたっている．さらに，この曲線上の不動点はすべて同じ安定性の型を持つ．したがって，不動点 $(x, \mu) = (0, 0)$ が非双曲型であるという事実にもかかわらず，軌道構造はすべての μ で質的に同じである．

μ が0を通る時の軌道構造の変化を記述するために，例 3.1.1, 3.1.2 と 3.1.3 には "分岐" の言葉を使いたいが，例 3.1.4 には使いたくない．したがって，次の定義にたどりつく．

262   3. 局所分岐

定義 3.1.1   1 次元ベクトル場の 1-パラメータ族の不動点 $(x, \mu) = (0, 0)$ が $\mu = 0$ で分岐を起こすとは，0 の近くの μ に対する x の 0 近傍における流れが，$\mu = 0$ に対する x の 0 近傍における流れと質的に同じではない時をいう．

　この定義に関して，いくつかの注意を述べる．

注意 1   "質的に同じ"という言葉は少しあいまいである．これは "$\mathbf{C}^0$− 同値"という言葉に置き換えれば厳密にすることができる（節 2.2D を参照）し，**1** 次元のベクトル場の不動点の分岐を研究するにはそれで十分である．しかし，より高次元の相空間と大域的分岐を探求するときには，"2 つの力学系が質的に同じ力学を持つ"という言葉をどのように数学的に厳密にするか，ということは，ますますあいまいになっていくことがわかるだろう．

注意 2   実を言えば，1 次元のベクトル場の不動点 (x_0, μ_0) が分岐点になるのは，$\mu - x$ 平面上で (x_0, μ_0) を通る 2 本以上の不動点の曲線がある場合か，または $\mu - x$ 平面上で (x_0, μ_0) を通る不動点の曲線が 1 本のときは，その曲線が $\mu - x$ 平面上で直線 $\mu = \mu_0$ の（局所的に）一方の側にある場合である．

注意 3   例 3.1.4 から明らかなように，不動点が非双曲型であるという条件は，ベクトル場の 1-パラメータ族で分岐が起こるための必要条件ではあるが十分条件ではない．

　次に，1 次元ベクトル場の 1-パラメータ族で，例 3.1.1, 3.1.2 および 3.1.3 に示したような分岐が起こるための一般的な条件を導こう．

iii) 鞍状点-結節点分岐

一般的な 1 次元ベクトル場の 1-パラメータ族が，例 3.1.1 で示したのと同じ鞍状点-結節点分岐を起こすための条件を求めたい．これらの条件はベクトル場の分岐点での導関数を含み，$\mu - x$ 平面上の分岐点の近傍における不動点の曲線の幾何を考慮に入れることで得られる．

　例 3.1.1 を思い出そう．この例では x でパラメータ付けられたただ 1 つの不動点の曲線が $(\mu, x) = (0, 0)$ を通った．不動点の曲線を $\mu(x)$ で表そう．この不動点の曲線は次の 2 つの性質を満たした．

1. その曲線は $x = 0$ で直線 $\mu = 0$ に接する，つまり

$$\frac{d\mu}{dx}(0) = 0. \tag{3.1.30}$$

2. その曲線は全て $\mu = 0$ の一方の側にある．このことは

$$\frac{d^2\mu}{dx^2}(0) \neq 0 \tag{3.1.31}$$

が成り立てば，局所的には満たされる．

さて，1次元ベクトル場の一般的な 1-パラメータ族

$$\dot{x} = f(x, \mu), \qquad x \in \mathbb{R}^1, \quad \mu \in \mathbb{R}^1 \tag{3.1.32}$$

を考えよう．(3.1.32) は $(x, \mu) = (0, 0)$ に不動点を持つ，つまり

$$f(0, 0) = 0 \tag{3.1.33}$$

を満たすとしよう．さらに，不動点は双曲型ではない，つまり

$$\frac{\partial f}{\partial x}(0, 0) = 0 \tag{3.1.34}$$

を満たすとする．さて，もし

$$\frac{\partial f}{\partial \mu}(0, 0) \neq 0, \tag{3.1.35}$$

であるとすると，陰関数定理により，十分小さな x に対して定義されたただ1つの関数

$$\mu = \mu(x), \qquad \mu(0) = 0 \tag{3.1.36}$$

で，$f(x, \mu(x)) = 0$ を満たすものが存在する（注：例 3.1.1 では (3.1.35) が成り立つことを読者は確かめてほしい）．さて，

$$\frac{d\mu}{dx}(0) = 0, \tag{3.1.37}$$

$$\frac{d^2\mu}{dx^2}(0) \neq 0 \tag{3.1.38}$$

が成り立つ条件を f の $(\mu, x) = (0, 0)$ での導関数を用いて導きたい．式 (3.1.37) と (3.1.38) とは，(3.1.33),(3.1.34) および (3.1.35) とあわせると，$(\mu, x) = (0, 0)$ が鞍状点-結節点分岐が起こる分岐点であることを意味する．

不動点の曲線にそって f を陰関数的に微分することで，式 (3.1.37) と (3.1.38) を f の分岐点での導関数によって表すことができる．

(3.1.35) を用いると

$$f(x, \mu(x)) = 0 \tag{3.1.39}$$

が成り立つ．(3.1.39) を x について微分すると

$$\frac{df}{dx}(x, \mu(x)) = 0 = \frac{\partial f}{\partial x}(x, \mu(x)) + \frac{\partial f}{\partial \mu}(x, \mu(x))\frac{d\mu}{dx}(x) \tag{3.1.40}$$

264 3. 局所分岐

となる. (3.1.40) に $(\mu, x) = (0, 0)$ を代入すると

$$\frac{d\mu}{dx}(0) = \frac{-\dfrac{\partial f}{\partial x}(0,0)}{\dfrac{\partial f}{\partial \mu}(0,0)} \tag{3.1.41}$$

が得られ, したがって (3.1.34) と (3.1.35) とから

$$\frac{d\mu}{dx}(0) = 0 \tag{3.1.42}$$

が導かれ, 不動点の曲線は $x = 0$ で直線 $\mu = 0$ に接することがいえる.

次に, (3.1.40) を x についてもう 1 度微分すると

$$\frac{d^2 f}{dx^2}(x, \mu(x)) = 0 = \frac{\partial^2 f}{\partial x^2}(x, \mu(x)) + 2\frac{\partial^2 f}{\partial x \partial \mu}(x, \mu(x))\frac{d\mu}{dx}(x)$$

$$+ \frac{\partial^2 f}{\partial \mu^2}(x, \mu(x))\left(\frac{d\mu}{dx}(x)\right)^2$$

$$+ \frac{\partial f}{\partial \mu}(\mu, \mu(x))\frac{d^2 \mu}{dx^2}(x) \tag{3.1.43}$$

が得られる. (3.1.43) に $(\mu, x) = (0, 0)$ を代入し, (3.1.41) を用いると

$$\frac{\partial^2 f}{\partial x^2}(0,0) + \frac{\partial f}{\partial \mu}(0,0)\frac{d^2 \mu}{dx^2}(0) = 0$$

すなわち

$$\frac{d^2 \mu}{dx^2}(0) = \frac{-\dfrac{\partial^2 f}{\partial x^2}(0,0)}{\dfrac{\partial f}{\partial \mu}(0,0)} \tag{3.1.44}$$

となる. したがって

$$\frac{\partial^2 f}{\partial x^2}(0,0) \neq 0 \tag{3.1.45}$$

であれば (3.1.44) は 0 ではない. まとめると次のようになる. (3.1.32) が鞍状点-結節点分岐を起こすためには,

$$\left.\begin{array}{l} f(0,0) = 0 \\[4pt] \dfrac{\partial f}{\partial x}(0,0) = 0 \end{array}\right\} \quad \text{非双曲型不動点} \tag{3.1.46}$$

および

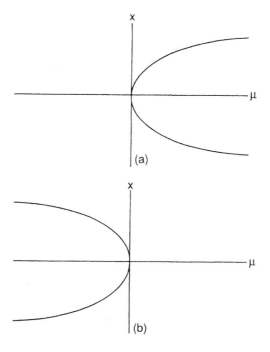

図 3.1.5　(a) $\left(-\frac{\partial^2 f}{\partial x^2}(0,0)/\frac{\partial f}{\partial \mu}(0,0)\right) > 0$;　(b) $\left(-\frac{\partial^2 f}{\partial x^2}(0,0)/\frac{\partial f}{\partial \mu}(0,0)\right) < 0$.

$$\frac{\partial f}{\partial \mu}(0,0) \neq 0 \tag{3.1.47}$$

$$\frac{\partial^2 f}{\partial x^2}(0,0) \neq 0 \tag{3.1.48}$$

でなければならない．式 (3.1.47) は $(\mu, x) = (0,0)$ を通る不動点の曲線がただ1つであることを示し，(3.1.48) はその曲線が局所的に $\mu = 0$ の一方の側にあることを示す．曲線が $\mu = 0$ のどちら側にあるかは (3.1.44) の符号で決るということは明らかだろう．図 3.1.5 に両方の場合を安定性を明記せずに示す．分岐点から分かれる不動点の2つの枝の安定性の型をしらべることは演習問題として読者に任せる（演習問題 3.2 参照）．

　鞍状点-結節点分岐についての議論を次の注意で終ろう．1次元ベクトル場の一般的な 1-パラメータ族で，$(\mu, x) = (0,0)$ に非双曲型不動点を持つものを考えよう．このベクトル場のテイラー展開は

$$f(x, \mu) = a_0 \mu + a_1 x^2 + a_2 \mu x + a_3 \mu^2 + \mathcal{O}(3) \tag{3.1.49}$$

で与えられる．(3.1.49) の力学が $(\mu, x) = (0,0)$ の近くでは次のベクトル場

$$\dot{x} = \mu \pm x^2 \tag{3.1.50}$$

で与えられる力学と質的に同じであることは，計算すればすぐわかる．したがって (3.1.50) は鞍状点-結節点分岐の**標準形**とみなすことができる．

このことから別の重要な点が出て来る．標準形の方法を適用するとき，標準形を何次の項まで計算するかという問題が常に起こる．つまり，$\mathcal{O}(k)$ の項だけを含む標準形の力学はさらに高次の項を含めたときどう変化するか？鞍状点-結節点分岐の研究で，$\mathcal{O}(3)$ の項全てとそれ以上の項を無視しても力学は質的に変化しないということがわかった．陰関数定理は，この事実を確かめることを可能にする道具であった．

安定性交替型分岐

前の節で与えた鞍状点-結節点分岐に対する一般的条件の議論および計算と同じ戦略を繰り返したい．つまり，陰関数定理を用いて分岐点を通る不動点の曲線の幾何を分岐点で計算したベクトル場の導関数の言葉で特徴づけよう．

例 3.1.2 で議論された安定性交替型分岐の例では，分岐点近くの軌道構造は次のように特徴づけられた．

1. $(x, \mu) = (0, 0)$ を通る不動点の曲線は 2 つあった．1 つは $x = \mu$ で与えられ，他は $x = 0$ で与えられた．
2. 不動点の曲線はどちらも $\mu = 0$ の両側にわたっていた．
3. どちらの不動点の曲線に沿っても，安定性は $\mu = 0$ を通るとき変化した．

この 3 点を参考にして，1 次元ベクトル場の一般的な 1-パラメータ族

$$\dot{x} = f(x, \mu), \qquad x \in \mathbb{R}^1, \quad \mu \in \mathbb{R}^1. \tag{3.1.51}$$

を考えよう．(3.1.51) が $(x, \mu) = (0, 0)$ に非双曲型不動点を持つ，つまり

$$f(0, 0) = 0 \tag{3.1.52}$$

および

$$\frac{\partial f}{\partial x}(0, 0) = 0 \tag{3.1.53}$$

を仮定する．さて，例 3.1.2 では $(x, \mu) = (0, 0)$ を通る不動点の曲線が 2 つあった．こうなるためには

$$\frac{\partial f}{\partial \mu}(0, 0) = 0 \tag{3.1.54}$$

が必要である．そうでなければ陰関数定理で原点を通る不動点の曲線はただ 1 つになるからである．

3.1 ベクトル場の不動点の分岐　**267**

　鞍状点-結節点分岐の場合と同じようにしようとすると (3.1.54) は問題を引き起こす．前の場合には条件 $\frac{\partial f}{\partial \mu}(0,0) \neq 0$ を用いてただ 1 つの不動点の曲線，$\mu(x)$，が分岐点を通ることを示した．次いで不動点の曲線上のベクトル場を求め，それを陰関数的に微分することにより，分岐点でのベクトル場の導関数の性質にもとづいた不動点の曲線の幾何の局所的特性を導いた．しかし，例 3.1.2 を参考にすれば，この困難から抜け出せる．

　例 3.1.2 では，$x = 0$ が分岐点を通る不動点の曲線であった．(3.1.51) の場合にもこのことを仮定しよう．つまり (3.1.51) が

$$\dot{x} = f(x,\mu) = xF(x,\mu), \qquad x \in \mathbb{R}^1, \quad \mu \in \mathbb{R}^1 \tag{3.1.55}$$

の形であると仮定する．このとき，定義から

$$F(x,\mu) \equiv \left\{ \begin{array}{ll} \frac{f(x,\mu)}{x}, & x \neq 0 \\ \frac{\partial f}{\partial x}(0,\mu), & x = 0 \end{array} \right\} \tag{3.1.56}$$

である．$x = 0$ は (3.1.55) の不動点の曲線だから，$(x,\mu) = (0,0)$ を通るもう 1 本の不動点の曲線を得るために F が $(x,\mu) = (0,0)$ を通る（$x = 0$ 以外の）零点の曲線を持つような F の条件を求める必要がある．この条件は F の導関数で与えられるが，(3.1.56) を用いれば f の導関数で表せる．

　(3.1.56) を用いれば

$$F(0,0) = 0, \tag{3.1.57}$$

$$\frac{\partial F}{\partial x}(0,0) = \frac{\partial^2 f}{\partial x^2}(0,0), \tag{3.1.58}$$

$$\frac{\partial^2 F}{\partial x^2}(0,0) = \frac{\partial^3 f}{\partial x^3}(0,0) \tag{3.1.59}$$

および（これが最も大切なのだが）

$$\frac{\partial F}{\partial \mu}(0,0) = \frac{\partial^2 f}{\partial x \partial \mu}(0,0) \tag{3.1.60}$$

が容易に示せる．

　さて，(3.1.60) が 0 でないとしよう．そうすると陰関数定理により，十分小さな x で定義された関数 $\mu(x)$ で

$$F(x,\mu(x)) = 0 \tag{3.1.61}$$

を満たすものが存在する．明らかに $\mu(x)$ は (3.1.55) の不動点の曲線である．$\mu(x)$ が $x = 0$ と異なり，$\mu = 0$ の両側にわたるために，

268   3. 局所分岐

$$0 < \left| \frac{d\mu}{dx}(0) \right| < \infty$$

を仮定しなければならない. 鞍状点-結節点分岐の場合と同様に, (3.1.61) を陰関数的に微分して

$$\frac{d\mu}{dx}(0) = \frac{-\frac{\partial F}{\partial x}(0,0)}{\frac{\partial F}{\partial \mu}(0,0)} \tag{3.1.62}$$

を得る. (3.1.57), (3,1,58), (3.1.59) および (3.1.60) を用いれば (3.1.61) は

$$\frac{d\mu}{dx}(0) = \frac{-\frac{\partial^2 f}{\partial x^2}(0,0)}{\frac{\partial^2 f}{\partial x \partial \mu}(0,0)} \tag{3.1.63}$$

となる.

以上の結果をまとめよう. ベクトル場

$$\dot{x} = f(x,\mu), \qquad x \in \mathbb{R}^1, \quad \mu \in \mathbb{R}^1 \tag{3.1.64}$$

が安定性交替型分岐を起こすためには

$$\left. \begin{array}{l} f(0,0) = 0 \\ \frac{\partial f}{\partial x}(0,0) = 0 \end{array} \right\} \qquad \text{非双曲型不動点} \tag{3.1.65}$$

および

$$\frac{\partial f}{\partial \mu}(0,0) = 0, \tag{3.1.66}$$

$$\frac{\partial^2 f}{\partial x \partial \mu}(0,0) \neq 0, \tag{3.1.67}$$

$$\frac{\partial^2 f}{\partial x^2}(0,0) \neq 0 \tag{3.1.68}$$

でなければならない. $x = 0$ と異なる不動点の曲線の傾きは (3.1.63) で与えられることを注意しておく. これら 2 つの場合を図 3.1.6 に示す. しかし, 不動点のそれぞれの枝の安定性は示していない. 分岐点から分かれるそれぞれの不動点の曲線の安定性の型をしらべることは演習問題として読者に任せる. (演習問題 3.3 参照)

このようにして, (3.1.65), (3.1.66), (3.1.67) および (3.1.68) から, $(x,\mu) = (0,0)$ 近くの軌道構造は

$$\dot{x} = \mu x \mp x^2 \tag{3.1.69}$$

の $(x,\mu) = (0,0)$ 近くの軌道構造と質的に同じであることがいえる. 式 (3.1.69) は安

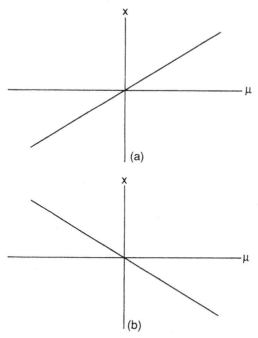

図 3.1.6 (a) $\left(-\frac{\partial^2 f}{\partial x^2}(0,0)/\frac{\partial^2 f}{\partial x \partial \mu}(0,0)\right) > 0$; (b) $\left(-\frac{\partial^2 f}{\partial x^2}(0,0)/\frac{\partial^2 f}{\partial x \partial \mu}(0,0)\right) < 0$.

定性交替型分岐の標準形とみなせる.

v) 熊手型分岐

1次元ベクトル場の一般的な 1-パラメータ族が例 3.1.3 に示された型の分岐を起こすための条件の議論および計算は安定性交替型分岐の場合とほとんど同様にできる.

例 3.1.3 での分岐に関連した不動点の曲線の幾何は次のような特徴を持っていた.

1. $(\mu, x) = (0, 0)$ を通る不動点の曲線は 2 本あった. 1 つは $x = 0$ で与えられ, もう 1 つは $\mu = x^2$ で与えられた.
2. 曲線 $x = 0$ は $\mu = 0$ の両側にわたっていたが, $\mu = x^2$ は $\mu = 0$ の一方の側にあった.
3. 曲線 $x = 0$ 上の不動点は $\mu = 0$ の両側で異なる型の安定性を持っていたが, $\mu = x^2$ 上の不動点は全て同じ型の安定性を持っていた.

さて, 1次元のベクトル場の一般的な 1-パラメータ族が $\mu - x$ 平面上において, 分岐点を通る 2 本の不動点の曲線で上記の性質を持ったものを持つための条件を考えた

270   3. 局所分岐

い. ベクトル場を

$$\dot{x} = f(x, \mu), \qquad x \in \mathbb{R}^1, \quad \mu \in \mathbb{R}^1 \tag{3.1.70}$$

とし,

$$f(0, 0) = 0, \tag{3.1.71}$$

$$\frac{\partial f}{\partial x}(0, 0) = 0 \tag{3.1.72}$$

を仮定する. 安定性交替型分岐の場合と同様に, $(\mu, x) = (0, 0)$ を通る不動点の曲線が2本あるためには

$$\frac{\partial f}{\partial \mu}(0, 0) = 0 \tag{3.1.73}$$

でなければならない. この線に沿ってさらに進んで, $x = 0$ が (3.1.70) の不動点の曲線であることを**要請**しよう. つまり, ベクトル場 (3.1.70) が

$$\dot{x} = xF(x, \mu), \qquad x \in \mathbb{R}^1, \quad \mu \in \mathbb{R}^1 \tag{3.1.74}$$

の形をしているとする. ここで

$$F(x, \mu) \equiv \left\{ \begin{array}{ll} \frac{f(x,\mu)}{x}, & x \neq 0 \\ \frac{\partial f}{\partial x}(0, \mu), & x = 0 \end{array} \right\} \tag{3.1.75}$$

である. $(\mu, x) = (0, 0)$ を通る不動点の曲線がもう1本あるためには

$$F(0, 0) = 0 \tag{3.1.76}$$

および

$$\frac{\partial F}{\partial \mu}(0, 0) \neq 0 \tag{3.1.77}$$

でなければならない. 式 (3.1.77) は, $(\mu, x) = (0, 0)$ を通る不動点の曲線がもう**1本**だけあることを示している. また, (3.1.77) を用いると陰関数定理から十分小さな x に対して

$$F(x, \mu(x)) = 0 \tag{3.1.78}$$

を満たすただ1つの関数 $\mu(x)$ が存在することがいえる. 不動点の曲線 $\mu(x)$ が, 上に述べた性質を持つためには

$$\frac{d\mu}{dx}(0) = 0 \tag{3.1.79}$$

および

$$\frac{d^2\mu}{dx^2}(0) \neq 0 \tag{3.1.80}$$

を満たすことが十分である．(3.1.79) および (3.1.80) が成り立つための条件を，鞍状点-結節点分岐の場合と全く同様に (3.1.78) を不動点の曲線にそって陰関数的に微分することで，F の分岐点での導関数を用いて得られる．それらは

$$\frac{d\mu}{dx}(0) = \frac{-\frac{\partial F}{\partial x}(0,0)}{\frac{\partial F}{\partial \mu}(0,0)} = 0 \tag{3.1.81}$$

および

$$\frac{d^2\mu}{dx^2}(0) = \frac{-\frac{\partial^2 F}{\partial x^2}(0,0)}{\frac{\partial F}{\partial \mu}(0,0)} \neq 0 \tag{3.1.82}$$

で与えられる．(3.1.75) を用いれば (3.1.81) と (3.1.82) は f の導関数で

$$\frac{d\mu}{dx}(0) = \frac{-\frac{\partial^2 f}{\partial x^2}(0,0)}{\frac{\partial^2 f}{\partial x \partial \mu}(0,0)} = 0 \tag{3.1.83}$$

および

$$\frac{d^2\mu}{dx^2}(0) = \frac{-\frac{\partial^3 f}{\partial x^3}(0,0)}{\frac{\partial^2 f}{\partial x \partial \mu}(0,0)} \neq 0 \tag{3.1.84}$$

と表せる．以上をまとめよう．ベクトル場

$$\dot{x} = f(x,\mu), \qquad x \in \mathbb{R}^1, \quad \mu \in \mathbb{R}^1 \tag{3.1.85}$$

が $(x,\mu) = (0,0)$ で熊手型分岐を起こすためには，

$$\left.\begin{array}{l} f(0,0) = 0 \\ \dfrac{\partial f}{\partial x}(0,0) = 0 \end{array}\right\} \quad \text{非双曲型不動点} \tag{3.1.86}$$

および

$$\frac{\partial f}{\partial \mu}(0,0) = 0, \tag{3.1.87}$$

$$\frac{\partial^2 f}{\partial x^2}(0,0) = 0, \tag{3.1.88}$$

$$\frac{\partial^2 f}{\partial x \partial \mu}(0,0) \neq 0, \tag{3.1.89}$$

$$\frac{\partial^3 f}{\partial x^3}(0,0) \neq 0 \tag{3.1.90}$$

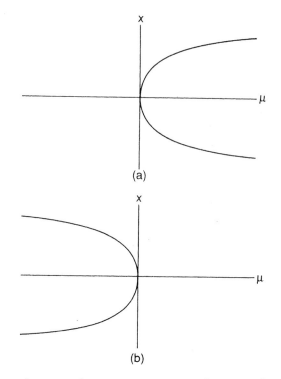

図 3.1.7 (a) $\left(-\frac{\partial^3 f}{\partial x^3}(0,0)/\frac{\partial^2 f}{\partial x \partial \mu}(0,0)\right) > 0$; (b) $\left(-\frac{\partial^3 f}{\partial x^3}(0,0)/\frac{\partial^2 f}{\partial x \partial \mu}(0,0)\right) < 0$.

が成り立てば十分である．

不動点の 2 つの枝の配置については，(3.1.84) の符号に応じて 2 つの可能性がある．この 2 つの可能性を図 3.1.7 に安定性を書かないで示す．分岐点から分かれるそれぞれの不動点の枝の安定性の型をしらべることは演習問題として読者に任せる（演習問題 3.4 参照）．

最後に，(3.1.86), (3.1.87), (3.1.88), (3.1.89) および (3.1.90) から，$(x,\mu) = (0,0)$ の近くの軌道構造はベクトル場

$$\dot{x} = \mu x \mp x^3 \tag{3.1.91}$$

の $(x,\mu) = (0,0)$ の近くの軌道構造と質的に同じであることがいえることを注意しておく．したがって，(3.1.91) は熊手型分岐の標準形とみなせる．

3.1B 純虚数固有値の対：ポアンカレ-アンドロノフ-ホップ分岐

さて，不動点が非双曲型になる2番目に簡単な場合，つまり不動点のまわりで線形化したベクトル場に付随した行列が純虚数の固有値の対を持ち，それ以外の固有値は実部が0でない場合に移る．もっと詳しく述べよう．

(3.1.1) を思い出してほしい．もう1度書くと，

$$\dot{y} = g(y, \lambda), \qquad y \in \mathbb{R}^n, \quad \lambda \in \mathbb{R}^p \tag{3.1.92}$$

で，g は問題にしている不動点を含むある十分に大きな開集合上で $\mathbf{C}^r$ $(r \geq 5)$ 級である．不動点を $(y, \lambda) = (y_0, \lambda_0)$ とする，つまり

$$0 = g(y_0, \lambda_0) \tag{3.1.93}$$

を満たす．y_0 の近くの軌道構造は λ を動かしたときどう変わるか，ということに興味がある．このために，最初にすることはベクトル場を不動点のまわりで線形化することであり，それは

$$\dot{\xi} = D_y g(y_0, \lambda_0)\xi, \qquad \xi \in \mathbb{R}^n \tag{3.1.94}$$

で与えられる．$D_y g(y_0, \lambda_0)$ が2つの純虚数の固有値を持ち，残りの $n-2$ 個の固有値は0でない実部を持つと仮定しよう．前に述べたように（節 1.1A，1.1B，1.1C および節 3.1 の最初の注意参照），不動点が双曲型ではないから，$(y, \lambda) = (y_0, \lambda_0)$ の近くで線形化したベクトル場の軌道構造は非線形ベクトル場 (3.1.92) の $(y, \lambda) = (y_0, \lambda_0)$ の近くの軌道構造の性質に関する情報を少ししか示していない（しかも多分それは間違ってさえいる）．

幸運なことに，我々はこの問題を解析する体系的な手法を持っている．中心多様体定理によれば，$(y, \lambda) = (y_0, \lambda_0)$ の近くの軌道構造は中心多様体上に制限されたベクトル場 (3.1.92) によって決定されるということがわかっている．この制限は2次元中心多様体上のベクトル場の p-パラメータ族を与える．ここでは，単一のスカラー・パラメータを扱うとしよう．つまり，$p=1$ とする．問題に2つ以上のパラメータがあるときは，1つ以外は固定して考えよう．

中心多様体上ではベクトル場 (3.1.92) は

$$\begin{pmatrix} \dot{x} \\ \dot{y} \end{pmatrix} = \begin{pmatrix} \mathrm{Re}\,\lambda(\mu) & -\mathrm{Im}\,\lambda(\mu) \\ \mathrm{Im}\,\lambda(\mu) & \mathrm{Re}\,\lambda(\mu) \end{pmatrix} \begin{pmatrix} x \\ y \end{pmatrix} + \begin{pmatrix} f^1(x, y, \mu) \\ f^2(x, y, \mu) \end{pmatrix},$$

$$(x, y, \mu) \in \mathbb{R}^1 \times \mathbb{R}^1 \times \mathbb{R}^1 \tag{3.1.95}$$

の形をしている．ここで f^1 と f^2 とは x と y について非線形であり，$\lambda(\mu)$，$\overline{\lambda(\mu)}$ は原点にある不動点のまわりで線形化されたベクトル場の固有値である．

274   3. 局所分岐

方程式 (3.1.95) は節 2.1D の例 2.2.3 で初めて論じられた. 読者は, 中心多様体に落して (3.1.95) を得るためにいくつかの準備的段階がふまれたことを思い出してほしい. つまり, まず不動点を原点に移し, 次いで, もし必要ならば, 座標を線形変換してベクトル場 (3.1.92) が (3.1.95) の形になるようにした. さらに, $\lambda(\mu)$ で表された固有値と $\lambda \in \mathbb{R}^p$ で表された (3.1.92) の一般のパラメータのベクトル (これはここではスカラーに制限され, μ と表された) を混同しないよう注意する. 以後

$$\lambda(\mu) = \alpha(\mu) + i\omega(\mu) \tag{3.1.96}$$

と表そう. 我々の仮定の下では

$$\alpha(0) = 0,$$
$$\omega(0) \neq 0 \tag{3.1.97}$$

となることを注意する. つぎの段階は (3.1.95) を標準形に変形することである. このことは節 2.1B の例 2.2.3 で行われた. 標準形は

$$\dot{x} = \alpha(\mu)x - \omega(\mu)y + (a(\mu)x - b(\mu)y)(x^2 + y^2) + \mathcal{O}(|x|^5, |y|^5),$$
$$\dot{y} = \omega(\mu)x + \alpha(\mu)y + (b(\mu)x + a(\mu)y)(x^2 + y^2) + \mathcal{O}(|x|^5, |y|^5) \tag{3.1.98}$$

となることがわかっていた. 極座標により (3.1.98) を扱うほうが好都合であることがわかる. 極座標では (3.1.98) は

$$\dot{r} = \alpha(\mu)r + a(\mu)r^3 + \mathcal{O}(r^5),$$
$$\dot{\theta} = \omega(\mu) + b(\mu)r^2 + \mathcal{O}(r^4) \tag{3.1.99}$$

で与えられる. $\mu = 0$ の近くの力学に興味があるのだから, (3.1.99) の係数を $\mu = 0$ のまわりでテイラー展開するのが自然である. 式 (3.1.99) は

$$\dot{r} = \alpha'(0)\mu r + a(0)r^3 + \mathcal{O}(\mu^2 r, \mu r^3, r^5),$$
$$\dot{\theta} = \omega(0) + \omega'(0)\mu + b(0)r^2 + \mathcal{O}(\mu^2, \mu r^2, r^4) \tag{3.1.100}$$

となる. ここで, "$\prime$" は μ についての微分を意味する. また, $\alpha(0) = 0$ という事実も用いた.

我々の目標は小さな r と μ に対して (3.1.100) の力学を理解することである. これはつぎの2つの段階でなされる.

段階 1. (3.1.100) の高次の項を無視し, "簡約" 標準形を調べよ.

段階 2. 簡約標準形によって表された力学は, 段階1で無視した高次の項の影響を考慮に入れた場合と質的に変わらないことを示せ.

3.1 ベクトル場の不動点の分岐　**275**

段階 1. (3.1.100) で高次の項を無視すると

$$\dot{r} = d\mu r + ar^3,$$
$$\dot{\theta} = \omega + c\mu + br^2 \tag{3.1.101}$$

となる. ここで, 記号を簡単にするために

$$\alpha'(0) \equiv d,$$
$$a(0) \equiv a,$$
$$\omega(0) \equiv \omega,$$
$$\omega'(0) \equiv c,$$
$$b(0) \equiv b \tag{3.1.102}$$

と定義した. ベクトル場の力学を解析する際に, いつも最も簡単なことから始めた. つまり, 不動点をさがし, それらの安定性の性質を調べた. しかしながら, (3.1.101) では, 座標系の性質のために少し違った方法を取ろう. 正確に言うと, $\dot{r} = 0$ および $\dot{\theta} \neq 0$ を満たす $r > 0$ と μ の値は (3.1.101) の周期軌道に対応する. このことに次の補題で光をあてよう.

補題 3.1.1　$-\infty < \frac{\mu d}{a} < 0$ および十分小さな μ に対して

$$(r(t), \theta(t)) = \left(\sqrt{\frac{-\mu d}{a}}, \left[\omega + \left(c - \frac{bd}{a} \right) \mu \right] t + \theta_0 \right) \tag{3.1.103}$$

は (3.1.101) の周期軌道である.

証明　(3.1.103) が周期軌道であることを言うには, $\dot{\theta}$ が 0 でないことを示せばよい. ω が μ に無関係な定数だから, このことは十分小さな μ を取ればいえる　□

安定性の問題については次の補題で述べよう.

補題 3.1.2　周期軌道は

i) $a < 0$ のとき漸近安定であり,
ii) $a > 0$ のとき不安定である.

証明　この補題を証明する方法は節 1.2 の場合 1 の線に沿って 1 次元ポアンカレ写像を作ることである. この問題に関しては例 1.2.1 で議論済みであり, これから補題の結論が従う.　□

276   3. 局所分岐

$r > 0$ でなければならないから，(3.1.103) は (3.1.101) の可能なただ1つの周期軌道であることを注意する．したがって，$\mu \neq 0$ のとき，(3.1.101) は振幅 $\mathcal{O}(\sqrt{\mu})$ のただ1つの周期軌道を持つ．周期軌道の安定性の詳細およびそれが $\mu > 0$ または $\mu < 0$ のときに存在するかについては，(3.1.103) から次の4つの可能性があることがすぐにわかる．

1. $d > 0, a > 0$;
2. $d > 0, a < 0$;
3. $d < 0, a > 0$;
4. $d < 0, a < 0$.

それぞれの場合を個別に調べよう．しかし，どの場合でも原点が不動点であり，

$$a < 0 \text{ のとき} \quad \mu = 0 \text{ で安定}$$

$$a > 0 \text{ のとき} \quad \mu = 0 \text{ で不安定}$$

であることを注意する．

場合 1：$d > 0, a > 0$. この場合，原点は $\mu > 0$ のとき不安定な不動点であり，$\mu < 0$ のとき漸近安定な不動点である．また $\mu < 0$ のとき不安定な周期軌道を持つ（注：読者は，もし原点が $\mu < 0$ のとき安定ならば周期軌道は不安定になるということを理解してほしい）．図 3.1.8 参照．

場合 2：$d > 0, a < 0$. この場合，原点は $\mu < 0$ のとき漸近安定な不動点であり，$\mu > 0$ のとき不安定な不動点である．また $\mu > 0$ のとき漸近安定な周期軌道を持つ．図 3.1.9 参照．

場合 3：$d < 0, a > 0$. この場合，原点は $\mu < 0$ のとき不安定な不動点であり，$\mu > 0$ のとき漸近安定な不動点である．また $\mu > 0$ のとき不安定な周期軌道を持つ．図 3.1.10 参照．

場合 4：$d < 0, a < 0$. この場合，原点は $\mu > 0$ のとき漸近安定な不動点であり，$\mu < 0$ のとき不安定な不動点である．また $\mu < 0$ のとき漸近安定な周期軌道を持つ．図 3.1.11 参照．

これら4つの場合から次の一般的な注意ができる．

注意 1　$a < 0$ の場合，周期軌道が存在するのは $\mu > 0$ のとき（場合 2）か $\mu < 0$ のとき（場合 4）である．しかしどちらの場合でも周期軌道は漸近安定である．同様に $a > 0$ の場合，周期軌道が存在するのは $\mu > 0$ のとき（場合 3）か $\mu < 0$ のとき（場

3.1 ベクトル場の不動点の分岐　277

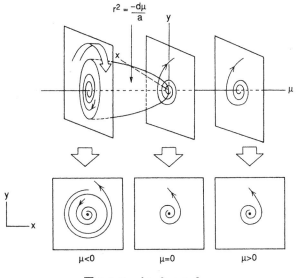

図 3.1.8　$d>0, a>0$.

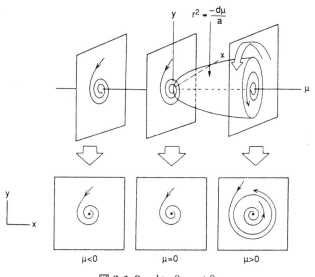

図 3.1.9　$d>0, a<0$.

合 1) である．しかしどちらの場合でも周期軌道は不安定である．このように，数 a は分岐する周期軌道が安定 ($a<0$) か不安定 ($a>0$) かを教えてくれる．$a<0$ の場合，**安定型** と呼ばれ，$a>0$ の場合，**不安定型** と呼ばれる．

278 3. 局所分岐

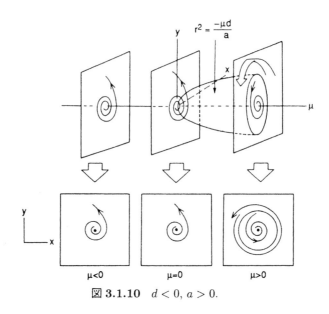

図 3.1.10 $d < 0, a > 0$.

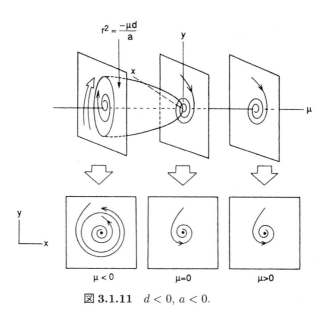

図 3.1.11 $d < 0, a < 0$.

注意 2

$$d = \frac{d}{d\mu}(\mathrm{Re}\lambda(\mu))\bigg|_{\mu=0}$$

であることを思い出そう．したがって，$d > 0$ の場合，μ が増加するとき固有値は左半平面から右半平面に動き，$d < 0$ の場合，μ が増加するとき固有値は右半平面から左半平面に動く．これから，$d > 0$ の場合，原点は $\mu < 0$ のとき漸近安定で，$\mu > 0$ のとき不安定であることがわかる．同様に，$d < 0$ の場合，原点は $\mu < 0$ のとき不安定で，$\mu > 0$ のとき漸近安定である．

段階 2. この時点で簡約標準形の $(r, \mu) = (0, 0)$ の近くでの軌道構造についてほとんど完全な解析を済ませた．次いで標準形 (3.1.100) の解析の段階 2 に移る．つまり，簡約標準形の力学は無視した高次の項の影響を考慮に入れたとき変わるか？幸運なことに，この問いに対する答は否であり，次の定理が得られる．

定理 3.1.3 ポアンカレ-アンドロノフ-ホップ分岐 完全な標準形 (3.1.100) を考える．この時，十分小さな μ に対して上記の場合1，場合2，場合3および場合4が成り立つ．

証明 2つの証明の概略を述べる．詳しい証明は読者にまかせる．

証明 1：ポアンカレ-ベンディクソンの定理を利用する． 簡約標準形 (3.1.101) で $a < 0$ および $d > 0$ の場合から考えよう．この場合，周期軌道は $\mu > 0$ のときに安定で存在し，r-座標は

$$r = \sqrt{\frac{-d\mu}{a}}$$

で与えられる．次に $\mu > 0$ を十分小さく選んで平面上の円環領域

$$A = \{(r, \theta) \mid r_1 \leq r \leq r_2\}$$

を考える．ここで r_1 と r_2 は

$$0 < r_1 < \sqrt{\frac{-d\mu}{a}} < r_2$$

を満たすように選ぶ．(3.1.101) からすぐわかるように，A の境界上では，簡約標準形 (3.1.101) によって与えられるベクトル場は A の内部に完全に向いている．したがって A は正不変領域である（定義 1.1.4 参照）．図 3.1.12 を見よ．A が不動点を含まないことはすぐわかる．よってポアンカレ-ベンディクソンの定理により A の中に安定な周期軌道がある．もちろんこのことはすでにわかっている．我々の目標は，このことが完全な標準形 (3.1.100) の場合にも成り立つことを示すことである．

さて，完全な標準形 (3.1.100) を考えよう．μ と r を十分小さくとった場合，$\mathcal{O}(\mu^2 r, \mu r^3, r^5)$ の項は標準形（つまり簡約標準形 (3.1.101)）の残りの項よりずっと小さくできる．したがって，r_1 と r_2 を十分小さくとれば A は不動点を含まない正不変領域で

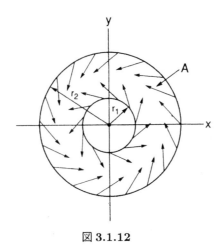

図 3.1.12

ある．よってポアンカレ-ベンディクソンの定理により A は安定な周期軌道を含む．残りの3つの場合も同様に扱える．ただし，$a > 0$ の場合は時間を逆転した（つまり $t \to -t$ とした）流れを考える必要がある．

証明 2：平均化法を利用する． (3.1.100) の次の尺度変換

$$\begin{aligned}
r &\to \varepsilon r, \\
\theta &\to \frac{\theta}{\varepsilon}, \\
t &\to \frac{t}{\varepsilon}, \\
\mu &\to \varepsilon^2 \mu
\end{aligned} \tag{3.1.104}$$

を考える．このとき，式 (3.1.100) は

$$\begin{aligned}
\dot{r} &= \varepsilon(d\mu r + ar^3) + \mathcal{O}(\varepsilon^2), \\
\dot{\theta} &= \omega + \mathcal{O}(\varepsilon^2)
\end{aligned} \tag{3.1.105}$$

となる．式 (3.1.105) は平均化法を適用できる標準的な形である（定理 1.2.11 と演習問題 1.2.14 を参照）．定理 3.1.3 の証明はこれからすぐいえる．詳しくは読者にまかせる． □

特定の系にこの定理を適用するためには d（これはすぐわかる）と a とを求めなければならない．原理的には a の計算はかなり一直線である．単に，もとのベクトル場に標準形の変換を行う際に係数を注意深くたどればよい．しかし，実際には代数的処理は

極めて大変である．具体的な計算は Hassard, Kazarinoff, and Wan [1980], Marsden and McCracken[1976]，および Guckenheimer and Holmes [1983] に載っている．ここでは結果だけを述べよう．

分岐のところ（つまり $\mu = 0$）では (3.1.95) は

$$\begin{pmatrix} \dot{x} \\ \dot{y} \end{pmatrix} = \begin{pmatrix} 0 & -\omega \\ \omega & 0 \end{pmatrix} \begin{pmatrix} x \\ y \end{pmatrix} + \begin{pmatrix} f^1(x,y,0) \\ f^2(x,y,0) \end{pmatrix} \tag{3.1.106}$$

となり，係数 $a(0) = a$ は

$$a = \frac{1}{16}\left[f^1_{xxx} + f^1_{xyy} + f^2_{xxy} + f^2_{yyy} \right]$$
$$+ \frac{1}{16\omega}\left[f^1_{xy}\left(f^1_{xx} + f^1_{yy} \right) - f^2_{xy}\left(f^2_{xx} + f^2_{yy} \right) \right.$$
$$\left. - f^1_{xx}f^2_{xx} + f^1_{yy}f^2_{yy} \right] \tag{3.1.107}$$

で与えられる．ここで，偏導関数は全て分岐点，つまり $(x,y,\mu) = (0,0,0)$ での値である．

いくつかの歴史的注意でこの節を終えよう．普通には定理 3.1.3 は "ホップ分岐" の名前で通っている．しかし，V. Arnold [1983] が繰り返し指摘しているように，これは正しくない．というのはこの型の分岐の例は Poincaré [1892] の仕事の中に見つけられるからである．この定理を最初に明確に研究し，定式化したのは Andronov [1929] である．しかしながら，E. ホップが重要な寄与をしていないというのではない．というのは，ポアンカレとアンドロノフの仕事は 2 次元のベクトル場に関するものだが，E. Hopf [1942] による定理は n-次元でも有効だからである（注：これは中心多様体理論の発見の前であった）．これらの理由により，定理 3.1.3 をポアンカレ-アンドロノフ- ホップの分岐定理と呼ぶ．

3.1C　摂動のもとでの分岐の安定性

この章の最初に提起した動機の中心的問いを思い出そう．つまり，ベクトル場の非双曲型不動点の近くでの軌道構造の性質は何か？という問いを．この問いで焦点をあてるべき鍵の言葉は "近く" である．非双曲型不動点は漸近安定にも不安定にもなりえる，ということを見てきた．しかし，もっと重要なことは，"近くのベクトル場" が全く異なった軌道構造を持ちうる，ということである．この "近くのベクトル場" という言葉はベクトル場のパラメータ付けられた族を考えることで厳密化された．あるパラメータ値の所で不動点は双曲型でなくなり，その近くのパラメータ値で質的に異なった軌道構造が存在した（つまり，パラメータが変化すると，新しい解が作り出さ

282   3. 局所分岐

れた）．このことから，研究されるべき重要で一般的な課題がある．これを以下に述べよう．

【純粋数学の課題】

　ベクトル場の非双曲型不動点の安定性の観点から，不動点の近くの軌道構造を調べるだけでなく，近くのベクトル場の局所的軌道構造をも調べるべきである．

【応用数学の課題】

　数学的なモデルの"頑健さ"の観点から，非双曲型不動点を持ったベクトル場があるとしよう．このときベクトル場は，パラメータが変化するとき，この特別にパラメータ付けられたベクトル場の族において全ての可能な局所的力学挙動が実現されるような十分な（独立な）パラメータを持つべきである．

　これらのいくらかあいまいな概念をもっと精密にする前に，これらがすでに学んだベクトル場の鞍状点-結節点，安定性交替型，熊手型およびポアンカレ-アンドロノフ-ホップの各分岐のなかにどのように現れているかを考えよう．

例 3.1.5　鞍状点-結節点分岐．　1 次元ベクトル場の 1-パラメータ族

$$\dot{x} = f(x, \mu), \qquad y \in \mathbb{R}^1, \quad \mu \in \mathbb{R}^1 \tag{3.1.108}$$

を考えよう．ここで

$$f(0, 0) = 0, \tag{3.1.109}$$

$$\frac{\partial f}{\partial x}(0, 0) = 0 \tag{3.1.110}$$

である．

　節 3.1A で，条件

$$\frac{\partial f}{\partial \mu}(0, 0) \neq 0, \tag{3.1.111}$$

$$\frac{\partial^2 f}{\partial x^2}(0, 0) \neq 0, \tag{3.1.112}$$

は，ベクトル場 (3.1.108) が $\mu = 0$ で鞍状点-結節点分岐を起こすための十分条件であることを確かめた．我々が尋ねる問いは次のものである．

　(3.1.109), (3.1.110), (3.1.111) および (3.1.112) を満たす 1 次元 1-パラメータ族を"摂動"したとき，その結果得られる 1 次元ベクトル場の族は質的に同じ力学を持つか？

"摂動"という言葉が何を意味するかをはっきりさせれば，この問いに本質的に答えることができる．

まず，パラメータを完全に除いて考えてみよう．1次元ベクトル場

$$\dot{x} = f(x) = a_0 x^2 + \mathcal{O}(x^3), \qquad x \in \mathbb{R}^1 \tag{3.1.113}$$

を考えよう．ここで，(3.1.113) は $x = 0$ に非双曲型不動点を持ってほしいから，$f(x)$ のテイラー展開で定数項と $\mathcal{O}(x)$ の項を除いてある．$x = 0$ は非双曲型不動点だから，(3.1.113) に近いベクトル場の $x = 0$ 近くの軌道構造は大きく異なるかもしれない．(3.1.113) に近いベクトル場として，(3.1.113) をベクトル場の 1-パラメータ族

$$\dot{x} = f(x, \mu) = \mu + a_0 x^2 + \mathcal{O}(x^3) \tag{3.1.114}$$

に埋め込んだものを考えよう．(3.1.114) で "μ" の項を付け加えたのは，非双曲型不動点のまわりでのベクトル場のテイラー展開に低次の項を付け加えることで (3.1.113) を摂動したものと見なせる（注：“低次の項” とは，テイラー展開で消えないで残っている最初の項より低い次数の項のことである）．明らかに (3.1.114) は (3.1.109)，(3.1.110)，(3.1.111) および (3.1.112) を満たしている．よって，$(x, \mu) = (0, 0)$ は鞍状点-結節点分岐点である．(3.1.114) をもっと摂動したらどうなるか？ $\mathcal{O}(x^3)$ の項およびもっと高次の項を付け加えても，分岐の性質に何の影響をも及ぼさない．というのは，鞍状点-結節点分岐は (3.1.109)，(3.1.110)，(3.1.111) および (3.1.112) で，つまり，$\mathcal{O}(x^2)$ の項およびそれより低次の項で完全に決定されるからである．(3.1.114) にもっと低い次数の項を付け加えて摂動することもできる．たとえば

$$\dot{x} = f(x, \mu, \varepsilon) = \mu + \varepsilon x + a_0 x^2 + \mathcal{O}(x^3). \tag{3.1.115}$$

この場合，1次元ベクトル場の 2-パラメータ族で $(x, \mu, \varepsilon) = (0, 0, 0)$ に非双曲型不動点を持つものが得られる．しかし，鞍状点-結節点分岐の性質は（つまり分岐点を通る不動点の曲線の幾何は）(3.1.109)，(3.1.110)，(3.1.111) および (3.1.112) で完全に決定される．したがって (3.1.115) に “εx” の項が付け加えられても，(3.1.114) には何らの新しい力学現象も引き起こされない（もし $\mu \neq 0$ ならば）．

例 3.1.6 安定性交替型分岐． 1次元ベクトル場の 1-パラメータ族

$$\dot{x} = f(x, \mu), \qquad x \in \mathbb{R}^1, \quad \mu \in \mathbb{R}^1 \tag{3.1.116}$$

で，

$$f(0, 0) = 0, \tag{3.1.117}$$

$$\frac{\partial f}{\partial x}(0, 0) = 0 \tag{3.1.118}$$

を満たすものを考えよう．

284 3. 局所分岐

節 3.1A で, (3.1.116) が, さらに

$$\frac{\partial f}{\partial \mu}(0,0) = 0, \tag{3.1.119}$$

$$\frac{\partial^2 f}{\partial \mu \partial x}(0,0) \neq 0, \tag{3.1.120}$$

$$\frac{\partial^2 f}{\partial x^2}(0,0) \neq 0 \tag{3.1.121}$$

を満たせば, $(x, \mu) = (0,0)$ で安定性交替型分岐が起こることは調べた. 条件 (3.1.119), (3.1.120) および (3.1.121) は, 分岐点の近くの軌道構造を研究するとき, 分岐点のまわりでのベクトル場のテイラー展開で $\mathcal{O}(x^3)$ の項ともっと高次の項は分岐の性質に何ら質的影響を及ぼさない (つまり, 分岐点を通る不動点の曲線の幾何に影響を及ぼさない) ということを示している. このことから, 安定性交替型分岐の標準形は

$$\dot{x} = \mu x \pm x^2 \tag{3.1.122}$$

で与えられると結論したのである.

さて, この標準形を摂動することで安定性交替型分岐の摂動を考えよう. 鞍状点-結節点分岐の摂動の議論により, また (3.1.199), (3.1.120) および (3.1.121) で与えられる安定性交替型分岐に対する決定条件を調べると, 質的に新しい力学が起こるように (3.1.39) を摂動するただ 1 つの方法は

$$\dot{x} = \varepsilon + \mu x \mp x^2 \tag{3.1.123}$$

であることがわかる. 図 3.1.13 に, 安定性交替型分岐が $\varepsilon < 0$, $\varepsilon = 0$, および $\varepsilon > 0$ のときにどうなるかを示してある. これから, $\varepsilon = 0$ のとき原点を通る 2 つの不動点の曲線がこわれて, $\mu = 0$ を通過するとき分岐が起こらない一対の不動点の曲線か, 一対の鞍状点-結節点分岐かのいずれかになる.

例 3.1.7 熊手型分岐. (3.1.91) から, 熊手型分岐の標準形は

$$\dot{x} = \mu x \mp x^3, \qquad x \in \mathbb{R}^1, \quad \mu \in \mathbb{R}^1 \tag{3.1.124}$$

であることがわかった. 例 3.1.5 および 3.1.6 で用いたのと全く同じ論法で, (3.1.124) の $\mu = 0$ の近くでの軌道構造に影響を与えうる摂動は

$$\dot{x} = \varepsilon + \mu x \mp x^3, \qquad \varepsilon \in \mathbb{R}^1 \tag{3.1.125}$$

であることがわかる. 図 3.1.14 に, $\varepsilon < 0$, $\varepsilon = 0$, および $\varepsilon > 0$ の時の分岐図式を示す. 安定性交替型分岐の場合と同様に, 摂動の際に $\varepsilon = 0$ のとき $(x, \mu) = (0,0)$ を通

3.1 ベクトル場の不動点の分岐   **285**

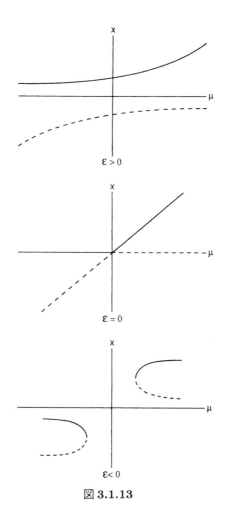

図 **3.1.13**

る 2 本の不動点の曲線がこわれて，$\varepsilon \neq 0$ に対しては μ が 0 を通過するとき分岐を起こさない不動点の曲線か，鞍状点-結節点分岐かのいずれかになる．

例 3.1.8 例 3.1.4 で調べた 1 次元のベクトル場の 1-パラメータ族

$$\dot{x} = \mu - x^3, \qquad x \in \mathbb{R}^1, \quad \mu \in \mathbb{R}^1 \tag{3.1.126}$$

を思い起こそう．この例のベクトル場は $(x, \mu) = (0, 0)$ に非双曲型不動点を持つが，軌道構造は全ての μ に対して質的に同じである，つまり，$(x, \mu) = (0, 0)$ で分岐が起こらない．

さて，(3.1.126) の次の摂動

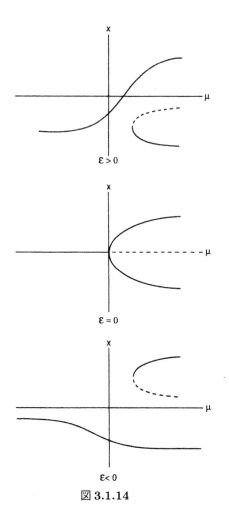

図 **3.1.14**

$$\dot{x} = \mu + \varepsilon x - x^3, \qquad \varepsilon \in \mathbb{R}^1 \tag{3.1.127}$$

を考えよう．図 3.1.14 から (ε と μ の役割を入れ換えて), (3.1.127) は明らかに $\varepsilon \neq 0$ で鞍状点-結節点分岐を起こす．

例 **3.1.9** ポアンカレ-アンドロノフ-ホップ分岐. 定理 3.1.3 から, ポアンカレ-アンドロノフ-ホップ分岐の標準形は

$$\dot{r} = \mu dr + ar^3, \qquad (r,\theta) \in \mathbb{R}^+ \times S^1, \quad \mu \in \mathbb{R}^1, \tag{3.1.128}$$
$$\dot{\theta} = \omega + c\mu + br^2 \tag{3.1.129}$$

で与えられた．節 3.1B で調べた $(x,\mu) = (0,0)$ の近くの分岐は, (3.1.128) を摂動し

たときどう変わるかを考えたい．次の3つの点を考察しなければならない．

1. 定理 3.1.3 から，$a \neq 0$, $d \neq 0$ のとき高次の項（つまり $\mathcal{O}(r^4)$）は (3.1.128) の $(r, \mu) = (0, 0)$ の近くの力学に何の影響も与えないことがわかる．

2. ω が一定だから，(r, μ) が小さいとき，原点から分岐する解の性質を決定するにはベクトル場 (3.1.128) の $\dot{r}$ の成分だけを調べればよい．

3. ベクトル場の線形部分の構造のため，μ が小さいとき，$r = 0$ は不動点であり，標準形の $\dot{r}$ の成分に r の偶数次の項が現れない．

　この3つの点を用いて，$a \neq 0$, $d \neq 0$ のとき，ベクトル場の構造にゆるされるどの摂動も（上記の第3点参照），$(r, \mu) = (0, 0)$ の近くの分岐の性質を質的に変えない．

　例 3.1.5 − 3.1.9 から，ベクトル場の 1-パラメータ族では最も"典型的な"分岐は鞍状点-結節点分岐とポアンカレ-アンドロノフ- ホップ分岐であると結論づけてもよいだろう．このことが正しいことを節 3.1D で示す．さらに，これらの例は，ある非双曲型不動点は，近傍での可能な挙動を全てつかまえるためにはより多くのパラメータが必要であるという意味で他のものより退化しているということを示している．節 3.1D で，これらの概念を解明してくれる分岐の余次元の概念を探求する．完全な理論は Golubitsky and Schaeffer [1985] および Golubitsky, Stewart and Schaeffer [1988] に与えられている．

3.1D　分岐の余次元の概念

　これまで見てきたように，ある種の分岐（たとえば安定性交替型，熊手型のような）はほかの（たとえば鞍状点-結節点のような）分岐よりずっと退化している．この節で分岐の余次元の概念を導入することにより，この点をもっと明確にすることを試みる．このため，まず分岐理論の"大きな図式"を発見的に議論することから始めよう．こうすれば，非線形力学系の数学的発展の現段階では，分岐理論が実に少ししかわかっていないということがわかるだろう．

　しかし，議論を始める前に，読者の道しるべとなるように，この節の概略を述べよう．

i) 分岐理論の"大きな図式"

ii) 局所分岐理論へのアプローチ

　iia) 特異点理論からの概念と結果

　iib) 局所分岐の余次元

　iic) 準普遍変形の構成

288　3. 局所分岐

iii) パラメータの位置についての実際的な注意

　付録 1. 行列の族の準普遍変形

i) 分岐理論の "大きな図式"

最初の段階は，問題から全てのパラメータを考えるのをやめることである．代りに，ベクトル場あるいは写像の，全ての力学系から成る無限次元の空間を考える．この空間の内に**構造安定**な全ての力学系から成る部分集合を考え，それを S で表そう．構造安定の定義により（節 1.2C 参照），構造安定な力学系を摂動しても質的に新しい力学的現象を生み出さない．したがって，分岐理論の観点からは，興味あるのは S 内の力学系ではなくて，S の補集合 S^c 内の力学系である．というのは，S^c 内の力学系を摂動すると系に根本的に異なった力学的挙動が引き起こされるからである．したがって，力学系のあるクラスに起こり得る分岐のタイプを理解するためには，S^c の構造を理解する必要がある．

　たぶん，力学系が S^c に入るためには，系はいくつかの余分な条件あるいは拘束を満たさなければならない．無限次元関数空間という設定で幾何学的に見れば，このことは S^c が力学系の空間に含まれた低次元の "曲面" であることを意味するということができる．ここで，"曲面" という言葉は雑な意味で用いた．もっと具体的にいうと，もし S^c が余次元 1 の部分多様体であることがいえればすばらしい．しかし，実際には S^c は特異領域を持ち得るし，したがって**代数多様体**として，より適切に記述される（Arnold [1983] を見よ）．どちらにしても，発見的な議論のためには，読者は S^c を曲面と見なしても悪くはない．この見方を続ける前に，ちょっと本題から離れて "部分多様体の余次元" の概念を定義しよう．

【部分多様体の余次元】

　M を m-次元多様体とし，N を M に含まれる n-次元部分多様体としよう．このとき，N の余次元は $m-n$ と定義される．同値な定義として，座標を設定したとき，N の余次元は N を定義するのに必要な独立な方程式の個数である．したがって，部分多様体の余次元は，周りの空間を動くときの部分多様体の回避可能性を測るものである．特に，部分多様体 N の余次元は N と横断的に交わるような部分多様体 $P \subset M$ の最小の次元に等しい．ある種の直観が得られるように有限次元の場合の余次元の定義をした．さて，無限次元の場合に移ろう．M を無限次元の多様体とし，N を M に含まれる部分多様体としよう．（注：無限次元多様体の定義については Hirsh [1976] を見よ．雑にいうと，無限次元多様体は無限次元バナッハ空間に局所的に微分同相な集合である．無限次元多様体はこの節だけで，しかも主に発見的にのみ論じられるので，正式

3.1. ベクトル場の不動点の分岐　　*289*

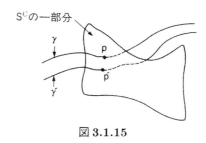

図 3.1.15

な定義については読者は文献を参照してほしい．）N の全ての点が M のある開集合で，$U \times \mathbb{R}^k$ と微分同相なものに含まれるとき，N の余次元は k であると定義する．ここで，U は N の開集合である．これは N と横断的に交わるような部分多様体 $P \subset M$ の最小の次元が k であることを意味する．このように，無限次元の余次元の定義は有限次元の場合と同じ幾何的意味を持つ．さて，本題に戻ろう．

S^c を余次元 1 の部分多様体，あるいは，もっと一般に代数多様体としよう．S^c は，図 3.1.15 に示すように力学系の無限次元空間を分割する曲面と考えてよい．分岐（つまり位相的に異なった軌道構造）は S^c を通るときに起こる．こうして，力学系の無限次元空間では，**分岐点**とは構造的に不安定な力学系と定義してよい．

この設定では，分岐はめったに起こらないから重要ではないと結論づけられるかも知れない．というのは，S^c の任意の点 p は（ほとんどの）任意に小さな摂動で S 内に摂動できるからである．また，実用的な観点からは，S^c に含まれる力学系は物理の系としてよいモデルではないと結論づけられるかも知れない．というのは，どのモデルも現実の近似であり，したがって構造安定となるべきだからである．しかしながら，S^c と横断的である力学系の曲線 γ，つまり，力学系の 1-パラメータ族があるとしよう．このとき，この曲線 γ の十分小さな摂動はどれも S^c に横断的である曲線 γ' となる．こうして，S^c 上のどの特定の点も，S^c から（ほとんどの）任意に小さな摂動で除き得るとしても，S^c と横断的である曲線は摂動してもやはり S^c と横断的に交わり続ける．したがって，分岐は力学系のパラメータ付けられた族では避け得ないものである．これが重要な点である．

さて，S^c が余次元 1 の部分多様体あるいは代数的多様体であることが示せたとしても，S^c 自身は，分岐のより退化したタイプに対応してもっと高い余次元のものに分割できるかも知れない．そして，S^c 内の余次元 k の分岐の特定のタイプは余次元 k の部分多様体に横断的である力学系の $k-$ パラメータ族においては持続的である．

これは本質的にポアンカレによって大筋が与えられた分岐理論のプログラムである．これを実際に役立たせるためには，次のような手続きが必要である．

1. 特定の力学系が与えられたとき，それが構造的に安定か否かを判定せよ．

2. もし構造的に安定でないならば，分岐の余次元を計算せよ．

3. その系を，分岐の余次元と同じ数のパラメータを持つ系のパラメータ付けられた族で，分岐曲面と横断的であるものの内に埋め込め．このパラメータ付けられた族は**開折**または**変形**と呼ばれ，もしそれが分岐の近くで起こり得る全ての質的な力学を含むとき，それは**普遍開折**または**準普遍変形**と呼ばれる．Arnold [1983] および以下の議論を参照せよ．

4. パラメータ付けられた系の力学を調べよ．

　こうして構造的に安定な系の**族**が得られる．さらに，力学系の空間での質的な力学をできるかぎり少しの作業で完全に理解する方法も得られる．つまり，それを中心としてまわりの力学を研究するための "組織化の中心" として退化した分岐点が用いられる．そこ以外では力学系は構造的に安定なのだから，まわりの力学の詳細について思い患う必要はない．質的には，分岐点の近傍においてはそれらは構造的に安定な力学系と位相的に共役である．

　このプログラムは完全なものとははるかへだたっているし，その完全化に関する多くの問題はまさに節 1.2C の構造安定の議論で出会ったものである．まず最初に，"力学系の無限次元空間" という言葉で何を意味するかを明確に述べなければならない（普通は，これは主要な困難とはならない）．次に，力学系の摂動とは何を意味するのかを定義するために，空間に位相を入れなければならない．すでに見てきたように（例 1.2.5 参照），もし相空間が非有界ならばこのことは問題になりうる．しかし，これらの困難は普通は制御可能である．本当に困難なのは次のことである．力学系が与えられたとき，それが S か S^c のどちらに入っているかを決定するには何を知ればよいのか？ コンパクトで境界を持たない 2 次元の多様体上のベクトル場の場合は，ペイショットの定理がこの問いに答えを与える（節 1.2C の定理 1.2.8 を参照）が，もっと高い次元の場合には，この定理を拡張できていない．さらに，S^c の構造の詳細は，今のところ明らかに手が届かない．望みのない状況だが，次の 2 つの前線ではいくらかの発展がなされている．

1. 局所分岐
2. 特定の軌道の大域的分岐

この節の主題は局所分岐であるから，この面だけを論じよう．4 章で大域的分岐の例を与える．もっと詳しくは Wiggins [1988] を参照してほしい．

　局所分岐理論はベクトル場または写像の不動点の分岐，あるいは問題がこの形に帰着されるような状況（たとえば周期点の分岐の研究のような）にかかわっている．ベ

クトル場に関しては，周期軌道の近くに局所ポアンカレ写像（節 1.2A 参照）が作れ，問題は写像の不動点の分岐を調べる問題に帰着される．また，k-周期軌道を持つ写像に対してはその写像の k 回反復を考えることができ，したがって，k 回反復した写像の不動点の分岐を調べる問題に帰着される（節 1.1A 参照）．中心多様体定理やリャプノフ-シュミット還元（Chow and Hale [1982] を参照）などの手続きを利用して，普通は問題を

$$f(x, \lambda) = 0 \qquad\qquad (3.1.130)$$

の形の方程式を調べる問題に帰着できる．ここで，$x \in \mathbb{R}^n$ で，$\lambda \in \mathbb{R}^p$ はパラメータの系，$f : \mathbb{R}^n \times \mathbb{R}^p \to \mathbb{R}^n$ は十分滑らかであると仮定する．目標は λ を変えたときの (3.1.130) の解の性質を調べることである．特に，パラメータのどの値のところで解が消えたり，つくり出されたりするかについて興味がある．この特定のパラメータ値は**分岐値**と呼ばれ，このような問題を扱う**特異点理論**と呼ばれる広い数学的理論がある（Golubitsky and Guillemin [1973] 参照）．特異点理論は滑らかな関数の零点近くの局所的性質を取り扱う．それは，この節のはじめに述べたのと同じ精神で，余次元に基づいた様々な場合の分類を与える．これが可能な理由は，零点を持つ滑らかな関数全体の空間内の余次元 k の部分多様体は代数的には関数の導関数に条件を付けることで表されうるからである．これは可能な様々な分岐を分類し，適切な開折または変形を計算する方法を与える．このことから，局所分岐理論がよく理解された題目であると信じられるかもしれない．しかしながら，そうではない．退化した局所分岐の研究，特に，ベクトル場の余次元 k $(k \geq 2)$ の分岐の場合に問題が起こる．Takens [1974]，Langford [1979]，および Guckenheimer [1981] の基礎的な仕事に，これらの退化した分岐点のいくらでも近くに，不変トーラスとかスメールの馬蹄型力学のような複雑な大域的力学現象が起こり得ることが示されている．これらの現象は特異点理論の技術では記述したり発見したりすることができない．しかしながら，力学系の不動点の分岐の文脈で "余次元 k の分岐" の言葉を読んだり聞いたりしたら，余次元の計算に使われるのは特異点理論の処方である．こういうわけで，特異点理論のアプローチを述べたい．

ii) 局所分岐理論へのアプローチ

iia) 特異点理論の概念と結果

ここで，局所分岐の余次元を決定するのに使われる特異点理論の技術と，関連する適切な開折または準普遍変形について手短かに説明しよう．以下の議論は Arnold [1983] のものとほとんど同じである．

対象とする力学系の無限次元空間を特定することから始めよう．この空間は $\mathbb{R}^n$ から

292 3. 局所分岐

$\mathbb{R}^m$ への $\mathbf{C}^\infty$ 写像の集合であり，$\mathbf{C}^\infty(\mathbb{R}^n, \mathbb{R}^m)$ と表される．現段階では $\mathbf{C}^\infty(\mathbb{R}^n, \mathbb{R}^m)$ の要素はベクトル場とも写像とも考えられる．文脈上必要なときにのみその区別を記す．$\mathbf{C}^\infty(\mathbb{R}^n, \mathbb{R}^m)$ についてのいくつかの技術的結果を以下に記す．

1. この本のほとんどの箇所で，力学系の微分可能性の必要な最低階数を明記してきた．たとえば，$\mathbf{C}^1$ は常微分方程式の解の局所的存在と唯一性に十分であったし，$\mathbf{C}^4$ はポアンカレ-アンドロノフ-ホップの標準形を導くのに十分であった．ここで，突然 $\mathbf{C}^\infty$ 関数を考えることへと飛躍した．この理由はトムの横断性定理を利用するのに必要だからである．この定理は $\mathbf{C}^\infty$ 内で証明されている（Golubitsky and Guillemin [1973] 参照）．

2. 局所的な挙動にのみ興味があるのだから，写像は $\mathbb{R}^n$ 全体で定義されている必要はなく，対象とする箇所（つまり不動点）を含む開集合上で定義されていればよい．これと同ようにして，もっと一般化して $\mathbf{C}^\infty$ 多様体上の写像を考えることもできる．しかし，局所的な問題を考えているのだから，そこまでしなくても良いだろう．読者は Arnold [1983] を調べてほしい．

3. 節 1.2C の構造安定の議論のときに述べたように，相空間が（$\mathbb{R}^n$ のように）非有界のとき 2 つの力学系がどんなときに"近い"かを決定するのは技術的に難しい．我々は不動点の近くの挙動にのみ興味があるのだから，この面白くない論点は避けることができる．

4. しばしば述べてきたように，我々は力学系の**不動点の十分小さな近傍**での軌道構造に興味がある．この言葉は少々あいまいである．だからここでそれをもっとはっきりさせるべく少々努力してみよう．

顕著な点のいくつかを示す例を調べることから始めよう．ベクトル場

$$\dot{x} = \mu - x^2 + \varepsilon x^3, \qquad x \in \mathbb{R}^1, \quad \mu \in \mathbb{R}^1 \tag{3.1.131}$$

を考えよう．ここで，(3.1.131) の εx^3 の項を摂動項と見なす．明らかに（節 3.1A の iii) を参照）(3.1.131) は $(x, \mu) = (0, 0)$ で鞍状点-結節点分岐を起こすから，$x - \mu$ 平面で原点の**十分小さな近傍**で (3.1.131) の不動点の曲線は図 3.1.16 のようになる．しかし，(3.1.131) は単純だから不動点の曲線全体が計算でき，それは

$$\mu = x^2 - \varepsilon x^3 \tag{3.1.132}$$

となる．これを図 3.1.16 に示す．こうして，$(x, \mu) = (0, 0)$ での鞍状点-結節点分岐のほかに (3.1.131) は $(x, \mu) = (2/3\varepsilon, 4/27\varepsilon^2)$ にもう 1 つの鞍状点-結節点分岐を持つ．明らかにこの 2 つの鞍状点-結節点分岐は小さな ε に対して遠く離れている．しかし，この例は"ある点の十分小さな近傍"の大きさが場合場合に応じて変わり得るというこ

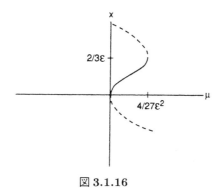

図 3.1.16

とを示している.この例では,$(x,\mu) = (0,0)$ の "十分小さな近傍" は $\varepsilon \to \infty$ のとき 1 点に縮まる.微分可能な関数の "芽" の概念はこのあいまいさを扱うために考え出された.この形式論に興味ある読者は Arnold [1983] を参照されたい.しかし,この本では芽の概念は用いないで,むしろ,我々がいつも**不動点の十分小さな近傍で作業している**ことを思い出させるような数学的に厳密でなくくどいアプローチを用いる.

さて,力学系の無限次元空間は設定した.次に,"退化した" 力学系の幾何を理解するなんらかの方法が必要である.これはジェットとジェット空間の概念でできる.まず 5 つの定義を述べ,あとで説明しよう.

定義 3.1.2 $f \in \mathbf{C}^\infty(\mathbb{R}^n, \mathbb{R}^m)$ を考える.f の x での k-ジェットは,$(k+2)$-組

$$(x, f(x), Df(x), \cdots, D^k f(x))$$

によって与えられる.

つまり,ある写像のある点での k-ジェットとは単に k 次までのテイラー展開の係数にそれを計算する点を付け加えたものにすぎない.f の x での k-ジェットを

$$J^k_x(f)$$

で表す.テイラー展開のような常識的なものを新しい形式に飾り立てるなんて少々ばかげて見えるかもしれないが,これには明確な利益があることがそのうちわかるだろう.次に,$\mathbb{R}^n$ から $\mathbb{R}^m$ への $\mathbf{C}^\infty$ 写像の $\mathbb{R}^n$ の全ての点での k-ジェット全体の空間を考えよう.

定義 3.1.3 $\mathbb{R}^n$ から $\mathbb{R}^m$ への $\mathbf{C}^\infty$ 写像の $\mathbb{R}^n$ の全ての点での k-ジェット全体の空間を k-ジェット空間と呼び,

$$J^k(\mathbb{R}^n, \mathbb{R}^m) = \{\mathbb{R}^n \text{ から } \mathbb{R}^m \text{ への } \mathbf{C}^\infty \text{ 写像の } k\text{-ジェット}\}$$

294　3. 局所分岐

で表す.

$J^k(\mathbb{R}^n, \mathbb{R}^m)$ はりっぱな線形空間の構造を持っている. 実際, p を適当に取れば $J^k(\mathbb{R}^n, \mathbb{R}^m)$ は $\mathbb{R}^p$ と同一視できる. このことを次の例で示そう.

例 3.1.10　　$J^0(\mathbb{R}^n, \mathbb{R}^m) = \mathbb{R}^n \times \mathbb{R}^m$.

例 3.1.11　　$J^1(\mathbb{R}^1, \mathbb{R}^1)$ は 3 次元である. というのは $J^1(\mathbb{R}^1, \mathbb{R}^1)$ の点は座標

$$\left(x, f(x), \frac{\partial f}{\partial x}(x) \right)$$

で表されるからである.

例 3.1.12　　$J^1(\mathbb{R}^2, \mathbb{R}^2)$ は 8 次元である. というのは $J^1(\mathbb{R}^2, \mathbb{R}^2)$ の点は座標

$$(x, f(x), Df(x))$$

で表され, $Df(x)$ は 2×2 行列だからである.

ある意味で, $J^k(\mathbb{R}^n, \mathbb{R}^m)$ は $\mathbf{C}^\infty(\mathbb{R}^n, \mathbb{R}^m)$ の有限次元近似と考えられる.

ここで, 準普遍変形の概念を論ずる際に重要な役割を演ずる 1 つの写像を導入しよう.

定義 3.1.4　　任意の写像 $f \in \mathbf{C}^\infty(\mathbb{R}^n, \mathbb{R}^m)$ に対し, **f の k-ジェット拡大**と呼ばれる写像を

$$\hat{f} : \mathbb{R}^n \to J^k(\mathbb{R}^n, \mathbb{R}^m),$$

$$x \mapsto J^k_x(f) \equiv \hat{f}(x)$$

で定義する.

つまり, f の k-ジェット拡大は単に力学系 (f) の相空間の各点にその点での f の k-ジェットを対応させるものにすぎない. また, f の k-ジェット拡大は力学系 (f) の相空間から $J^k(\mathbb{R}^n, \mathbb{R}^m)$ への写像と見なせる, ということも注意しておく. この注意はあとで重要になる. 次に, 横断性の新しい概念を導入する.

節 1.2C で述べた, 2 つの多様体が横断的であるという概念を思い出してほしい. ここで, 写像が多様体に横断的であるという類似の概念を導入する.

定義 3.1.5　　写像 $f \in \mathbf{C}^\infty(\mathbb{R}^n, \mathbb{R}^m)$ と部分多様体 $M \subset \mathbb{R}^m$ を考える. 写像が M に点 $x \in \mathbb{R}^n$ で**横断的**であるとは, $f(x) \notin M$ であるか, または M の $f(x)$ での接平面と $\mathbb{R}^n$ の x での接平面の $Df(x)$ による像とが横断的である, つまり,

$$Df(x) \cdot T_x\mathbb{R}^n + T_{f(x)}M = T_{f(x)}\mathbb{R}^m$$

であることと定義する.

定義 3.1.6 写像は，それが M とどの点 $x \in \mathbb{R}^n$ でも横断的であるとき，M に横断的であるという.

1つの例を考えよう.

例 3.1.13 写像
$$f : \mathbb{R}^1 \to \mathbb{R}^2,$$
$$x \mapsto (x, x^2)$$

を考える．幾何的に見ると，$\mathbb{R}^1$ の f による像は単なる放物線 $y = x^2$ である．図 3.1.17 を見よ．次の問いが起こる.

1. x 軸を $\mathbb{R}^2$ の1次元部分多様体と考えるとき，f は x 軸に横断的か？
2. y 軸についても同ように考えて，f は y 軸に横断的か？

$\mathbb{R}^1$ の f による像が x 軸または y 軸と交わるのは原点だけだから，その点でのみ横断性をチェックすれば良い．x 軸を X と，また y 軸を Y と表そう．$\mathbb{R}^2$ の標準座標を用いれば，

$$T_{(0,0)}X = (\mathbb{R}^1, 0), \tag{3.1.133}$$

$$T_{(0,0)}Y = (0, \mathbb{R}^1) \tag{3.1.134}$$

とおける．$Df(0) = (1, 0)$ であるから，定義 3.1.5 を思い起こして (3.1.133) と (3.1.134) を調べれば，f は Y とは横断的だが X とは横断的ではないということがわかる.

さて，退化した力学系の準普遍変形の候補を構成する助けとなるトムの定理を述べ

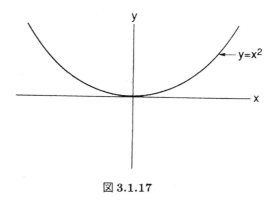

図 **3.1.17**

296 3. 局所分岐

よう.

定理 3.1.4 (トム) $\mathbf{C}$ を $J^k(\mathbb{R}^n, \mathbb{R}^m)$ の部分多様体とする. 写像 $f : \mathbb{R}^n \to \mathbb{R}^m$ で その k-ジェット拡大が $\mathbf{C}$ に横断的なものの集合は, 到るところ稠密な $\mathbf{C}^\infty(\mathbb{R}^n, \mathbb{R}^m)$ の開集合の加算個の交わりである.

証明 Arnold [1983] を参照. □

この定理は, 幾何的直観がより明らかな有限次元で作業することおよび力学系の無限次元空間 $\mathbf{C}^\infty(\mathbb{R}^n, \mathbb{R}^m)$ での幾何に関する結論を引き出すことを可能にしてくれる. これで, 局所分岐の余次元の概念を論ずるのに十分な道具を特異点理論から発展させた. この問題に移ろう.

iib) 局所分岐の余次元

分岐理論の "大きな図式" の議論のところで述べたように, 我々が直ちに直面する問題は, 力学系が構造的に安定かどうかを決定することである. 不動点の挙動の研究だけに限定するならば, 問題ははるかに簡単である. というのは, 構造的に不安定な不動点の特徴づけ —— それが単に非双曲型不動点であるということ —— を知っているからである. 3.1D で開発した特異点理論からの手法は, その節で与えた分岐理論の "大きな図式" の議論と同じ精神で不動点の "構造不安定性" の度合を特徴づけることを可能にする. しかしながら, これらの概念は不動点の挙動のみに関わるものであり, それゆえに近くの**力学的現象**を適切に考慮に入れられるかどうかを判定するにはさらに仕事が必要になるということを読者は理解してほしい. 以下に, このことのいくつかの例を見ていこう.

ここまでは, "力学系" という言葉をベクトル場と写像との双方に通ずるものとして用いてきた. ここで, 少しの違いを区別する必要がある. 力学系の不動点を研究しているとしよう. ベクトル場

$$\dot{x} = f(x), \qquad x \in \mathbb{R}^n \tag{3.1.135}$$

の場合, これは方程式

$$f(x) = 0 \tag{3.1.136}$$

を調べることを意味するし, 写像

$$x \mapsto g(x), \qquad x \in \mathbb{R}^n, \tag{3.1.137}$$

の場合, 方程式

$$g(x) - x = 0 \tag{3.1.138}$$

を調べることを意味する．明らかに，解析的観点からは (3.1.136) と (3.1.138) は本質的に同じである．しかし，この節の残りではベクトル場の場合だけを扱うこととし，写像の場合の自明な変更については演習とする．

ベクトル場の場合，力学系の空間は $\mathbf{C}^\infty(\mathbb{R}^n, \mathbb{R}^n)$ であり，対応するジェット空間は $J^k(\mathbb{R}^n, \mathbb{R}^n)$ である．特に，もっぱら有限次元空間 $J^k(\mathbb{R}^n, \mathbb{R}^n)$ で考えよう．$J^k(\mathbb{R}^n, \mathbb{R}^n)$ の中で不動点を持つベクトル場の k-ジェットから成る部分集合に興味がある．この集合を（fixed point の f をとり）F と表す．F の余次元は n である．F の中で非双曲型不動点を持つベクトル場の k-ジェットに興味がある．この部分集合を（bifurcation の b をとり）B と表す．B の余次元は $n+1$ である．F と B の余次元は k に無関係であるが，F と B の次元は k に依存することに注意しよう．いくつかの具体例を考えよう．

例 3.1.14　1 次元ベクトル場.　ベクトル場の空間として $\mathbf{C}^\infty(\mathbb{R}^1, \mathbb{R}^1)$ をとる．この場合，$J^k(\mathbb{R}^1, \mathbb{R}^1)$ は $(k+2)$-次元でその座標は $J^k(\mathbb{R}^1, \mathbb{R}^1)$ 内の $(k+2)$-組

$$\left(x, f(x), \frac{\partial f}{\partial x}(x), \frac{\partial^2 f}{\partial x^2}(x), \cdots, \frac{\partial^k f}{\partial x^k}(x) \right), \quad x \in \mathbb{R}^1,\ f \in \mathbf{C}^\infty(\mathbb{R}^1, \mathbb{R}^1)$$

で与えられる．F は $(k+1)$-次元〔余次元 1〕で，その座標は

$$\left(x, 0, \frac{\partial f}{\partial x}(x), \frac{\partial^2 f}{\partial x^2}(x), \cdots, \frac{\partial^k f}{\partial x^k}(x) \right), \quad x \in \mathbb{R}^1,\ f \in \mathbf{C}^\infty(\mathbb{R}^1, \mathbb{R}^1)$$

で与えられる．また，B は k-次元〔余次元 2〕で，その座標は

$$\left(x, 0, 0, \frac{\partial^2 f}{\partial x^2}(x), \cdots, \frac{\partial^k f}{\partial x^k}(x) \right), \quad x \in \mathbb{R}^1,\ f \in \mathbf{C}^\infty(\mathbb{R}^1, \mathbb{R}^1)$$

で与えられる．

例 3.1.15　n-次元ベクトル場.　ベクトル場の空間として $\mathbf{C}^\infty(\mathbb{R}^n, \mathbb{R}^n)$ をとる．この場合，$J^k(\mathbb{R}^n, \mathbb{R}^n)$ の座標は

$$\left(x, f(x), Df(x), \cdots, D^k f(x) \right), \quad x \in \mathbb{R}^n, \quad f \in \mathbf{C}^\infty(\mathbb{R}^n, \mathbb{R}^n)$$

で与えられる．F の余次元は n であり，その点の座標は

$$\left(x, 0, Df(x), \cdots, D^k f(x) \right), \quad x \in \mathbb{R}^n, \quad f \in \mathbf{C}^\infty(\mathbb{R}^n, \mathbb{R}^n)$$

で与えられ，また B の余次元は $n+1$ で，その点の座標は

$$\left(x, 0, \widetilde{Df(x)}, \cdots, D^k f(x) \right), \quad x \in \mathbb{R}^n, \quad f \in \mathbf{C}^\infty(\mathbb{R}^n, \mathbb{R}^n)$$

298　3. 局所分岐

で与えられる. ここで, $\widetilde{Df(x)}$ は, $n \times n$ 行列の n^2-次元空間内の余次元 1 の曲面上にある非双曲型行列を表す. このことは付録 1 で詳しく説明する.

さて, **不動点の余次元**を定義できるところまで来た. この数の選び方には 2 つの可能性があるが, ここでは Arnold [1972] の議論に従おう.

定義 3.1.7　不動点の余次元.　$J^k(\mathbb{R}^n, \mathbb{R}^n)$ と, $\mathbf{C}^\infty(\mathbb{R}^n, \mathbb{R}^n)$ の元の k-ジェットで不動点を持つものから成る $J^k(\mathbb{R}^n, \mathbb{R}^n)$ の部分集合とを考える. この部分集合を F と表す. F の余次元は $J^k(\mathbb{R}^n, \mathbb{R}^n)$ 内で n である. $\mathbf{C}^\infty(\mathbb{R}^n, \mathbb{R}^n)$ の元の k-ジェットで非双曲型不動点を持つものを考える. このとき, この k-ジェットは, 導関数についての条件で定義された F の部分集合の中にある. この F の部分集合が $J^k(\mathbb{R}^n, \mathbb{R}^n)$ 内で余次元 b を持つとしよう. このとき, 不動点の余次元を $b - n$ と定義する.

例を与える前に, この定義に関するいくつかの一般的な注意を与えたい.

注意 1　明らかに k は, 非双曲型不動点の退化の度合を特定できるように十分大きく取らねばならない.

注意 2　この定義は, 不動点の余次元は不動点の退化によって特定された F の部分集合の余次元から n を引いたものであることを示している. だから, 双曲型不動点はこの定義から余次元 0 を持つ. これはもっともらしい. というのは, 不動点の余次元の概念は不動点の "非一般性" の度合を特定するもののはずだからである.

注意 3　不動点の余次元の定義として上記のものを選んだ理由を説明するもう 1 つの方法がある. 力学系は相空間 $\mathbb{R}^n$ から $J^k(\mathbb{R}^n, \mathbb{R}^n)$ への写像を引き起こす. この写像はまさに k-ジェット拡大写像である (定義 3.1.4 参照). 双曲型不動点ではこの写像は $J^k(\mathbb{R}^n, \mathbb{R}^n)$ の部分集合 F に横断的である. だから, 双曲型不動点は小さな摂動で壊されない. したがって, 余次元の概念が非双曲型不動点の "退化" の程度を測るものならば, F の一般的な元は余次元 0 とみなされるべきである. 実際, このことはまた, 生成的には不動点は摂動されれば動くのだということを示している.

さて, いくつかの例で余次元を計算してみよう.

例 3.1.16　ベクトル場

$$\dot{x} = f(x) = ax^2 + \mathcal{O}(x^3), \qquad x \in \mathbb{R}^1 \tag{3.1.139}$$

を考えよう. (3.1.139) の, 非双曲型不動点 $x = 0$ の近くを調べたい. この点では (3.1.139) の k-ジェットは例 3.1.14 で述べた B の典型的な元である. したがって, 定義 3.1.7 により, $x = 0$ の余次元は 1 であると結論される.

3.1. ベクトル場の不動点の分岐 **299**

例 3.1.17 ベクトル場

$$\dot{x} = f(x) = ax^3 + \mathcal{O}(x^4), \qquad x \in \mathbb{R}^1 \tag{3.1.140}$$

を考えよう. (3.1.140) の, 非双曲型不動点 $x = 0$ の近くを調べたい. 例 3.1.16 のときと同ように, (3.1.140) の k-ジェットは例 3.1.14 で述べた集合 B に含まれる. しかしながら, (3.1.140) は B の典型的な元よりもさらに退化していて, 式

$$\frac{\partial^2 f}{\partial x^2}(0) = 0$$

をも満たしている. したがって, (3.1.140) の k-ジェットは B のより低い次元の部分集合, これを B' と表す, に入っている. B' の $J^k(\mathbb{R}^1, \mathbb{R}^1)$ での余次元は 3 であり, その点の座標は

$$\left(x, 0, 0, 0, \frac{\partial^3 f}{\partial x^2}(x), \cdots, \frac{\partial^k f}{\partial x^k}(x) \right), \qquad x \in \mathbb{R}^n, \quad f \in \mathbf{C}^\infty(\mathbb{R}^n, \mathbb{R}^n)$$

で与えられる. 定義 3.1.7 を用いれば, $x = 0$ の余次元は 2 であると結論される.

例 3.1.18 付録 1 で次のことを示す.

1. 2×2 行列の 4 次元空間内で, 行列

$$\begin{pmatrix} 0 & -\omega \\ \omega & 0 \end{pmatrix} \tag{3.1.141}$$

および

$$\begin{pmatrix} 0 & 1 \\ 0 & 0 \end{pmatrix} \tag{3.1.142}$$

はそれぞれ余次元 1 および 2 の曲面上にある.

2. 3×3 行列の 9 次元空間内で, 行列

$$\begin{pmatrix} 0 & -\omega & 0 \\ \omega & 0 & 0 \\ 0 & 0 & 0 \end{pmatrix} \tag{3.1.143}$$

は余次元 2 の曲面上にある.

したがって, 例 3.1.15 と定義 3.1.7 を用いれば, (実) ジョルダン標準形での 1-ジェットが (3.1.141), (3.1.142) あるいは (3.1.143) で与えられるベクトル場の不動点の余次元は, それぞれ 1, 2 および 2 であると結論される.

300　3. 局所分岐

2 つの注意を与えてこの節を終ろう.

注意 1　これらの例で計算された余次元は生成的なベクトル場に対するものである. 特に, 固有値と導関数に追加的な束縛を与える対称性の可能性を考慮に入れていない. それにより余次元の修正が必要になる. Golubitsky and Schaeffer [1985] および Golubitsky, Stewart, and Schaeffer [1988] を参照せよ.

注意 2　集合 F と B とを $J^k(\mathbb{R}^n, \mathbb{R}^n)$ の "部分集合" と見なした. トムの横断性定理を適用するとき, それらが実際に部分多様体であるのか否かという問題が起こる. もっと退化した不動点に対応する B のもっと高い余次元を持った部分集合に対しても同じ問いが起こる. 一般的にはこれらの部分集合は特異点を持ちうるから, 部分多様体の構造を持たないこともある. しかしながら, これらの特異点は少しの摂動でとり除きうるから, 我々の目的のためにはこれらを部分多様体として扱ってもよい. この技術的な点は Gibson [1979] に詳しく扱われている.

iic) 準普遍変形の構成

ここで, ベクトル場の**準普遍変形**を論ずるために必要な定義を展開していきたい. Arnold [1972], [1983] の論法にほとんど従う. "開折" の言葉が同様の手続きにしばしば用いられるということを注意する. たとえば Guckenheimer and Holmes [1983] (そこでは "普遍開折" という言葉が "準普遍変形" の実質的な同義語となっている) あるいは Golubitsky and Schaeffer [1985] (そこでは定義における様々な細かい区別が完璧に成されている) を参照せよ.

次の $\mathbf{C}^\infty$ 級のパラメータに依存したベクトル場

$$\dot{x} = f(x, \lambda), \qquad x \in \mathbb{R}^n, \quad \lambda \in \mathbb{R}^\ell, \tag{3.1.144}$$

$$\dot{y} = g(y, \mu), \qquad y \in \mathbb{R}^n, \quad \mu \in \mathbb{R}^m \tag{3.1.145}$$

を考えよう. これらのベクトル場の不動点の近くの局所挙動に関心がある. したがって, (3.1.144) および (3.1.145) がそれぞれ (x_0, λ_0) と (y_0, μ_0) に不動点を持つと仮定し, これらの点の**十分小さな近傍**での力学を調べよう. さて, 定義 2.2.1 で与えた $\mathbf{C}^0$-同値の概念のパラメータ付き版を与えよう.

定義 3.1.8　方程式 (3.1.144) と (3.1.145) は, 次の条件を満たす (x_0, λ_0) の近傍 U から y_0 の近傍 V への連続写像

$$h : U \to V$$

が存在するとき $\mathbf{C}^0$-同値 (または位相的に同値) といわれる. λ_0 に十分近い λ に対

して,

$$h(\cdot, \lambda)$$

は, $h(x_0, \lambda_0) = y_0$ を満たし, (3.1.144) から生成される流れの軌道を (3.1.145) から生成される流れの軌道の上に写す同相写像で, 時間の向きは保つが, 時間自身は必ずしも保たない. もし h が時間自身も保つとき, (3.1.144) と (3.1.145) は $\mathbf{C}^0$-共役 (または位相的に共役) という.

準普遍変形を構成するとき, 多すぎも少なすぎもしない最小数のパラメータをとりたい (その理由は後で述べる). 次の定義はこの概念を定式化する第1段階である.

次の $\mathbf{C}^\infty$ 級のベクトル場

$$\dot{x} = u(x, \mu), \qquad x \in \mathbb{R}^n, \quad \mu \in \mathbb{R}^m \tag{3.1.146}$$

を考えよう. ここで,

$$u(x_0, \mu_0) = 0$$

である. このとき, 次の定義が得られる.

定義 3.1.9 $\lambda = \phi(\mu)$ を, μ_0 に十分近い μ に対して定義された連続写像で $\lambda_0 = \phi(\mu_0)$ を満たすものとする.

$$u(x, \mu) = f(x, \phi(\mu))$$

が満たされるとき, (3.1.146) は (3.1.144) から導かれるという.

ここで主な定義ができる.

定義 3.1.10 方程式 (3.1.144) が,

$$\dot{x} = f(x, \lambda_0) \tag{3.1.147}$$

の x_0 における $\mathbf{C}^0$-同値な準普遍変形 (または単に準普遍変形) であるとは, 特別なパラメータ値に対しては, (3.1.147) に帰着する $\mathbf{C}^\infty$ 級のベクトル場の全てのパラメータ付けられた族が (3.1.144) から導かれるベクトル場の族に同値になるときと定義する.

ここで, (x_0, λ_0) の**十分小さな近傍**で考えているということを読者は再び思い出してほしい. 今や力学系の準普遍変形を構成することができるところに来た. ベクトル場の場合を扱い, 写像を扱うのに必要な修正は簡単に述べるだけとしよう.

非双曲型不動点を持ったベクトル場が与えられたとき, 準普遍変形を構成するには次の4段階が必要である.

段階 1. ベクトル場を標準系に変形し, 考えるべき場合の数を減らせ.

302   3. 局所分岐

段階 2. 標準系を簡約し，その結果得られる標準系の k-ジェットを分岐の余次元と同じ数のパラメータを持った族に埋め込み，k-ジェットのパラメータ付けられた族が退化した k-ジェットの適当な部分集合に横断的であるようにせよ．

段階 3. トムの横断性定理（定理 3.1.4 ）を適用して，横断性が力学系の完全な無限次元空間 $\mathbf{C}^\infty(\mathbb{R}^n, \mathbb{R}^n)$ で成り立つことを示せ．

段階 4. こうして作られたパラメータ族が実際に準普遍変形であることを証明せよ．

　段階 4 がかけはなれて最も難しいことは明らかである．段階 1 から 3 までは単に準普遍変形であってほしいパラメータ付けられた族を構成する手続きを与えるにすぎない．それがそうならないかもしれない理由は**力学**に関連がある．手続きは全て本来は静的である．それは不動点の性質だけを考慮している．1 次元ベクトル場の場合，この方法が準普遍変形を生み出すことがわかる．というのは，$\mathbf{C}^0$-同値で区別できる軌道は不動点だけだからである．しかし，もっと高い次元のベクトル場の場合，この方法では準普遍変形は生み出せないかもしれない．実際，そのような準普遍変形は存在しないかも知れない．ここで，いくつかの例を考えよう．以下の例では全て原点が退化した不動点である．

例 3.1.19　　1 次元ベクトル場

　a) ベクトル場

$$\dot{x} = ax^2 + \mathcal{O}(x^3) \tag{3.1.148}$$

を考えよう．上述の段階にしたがって (3.1.148) の準普遍変形を構成してみよう．

段階 1. 方程式 (3.1.148) がすでに十分な標準形になっている．

段階 2. (3.1.148) を簡約して

$$\dot{x} = ax^2 \tag{3.1.149}$$

が得られる．例 3.1.16 から，$x = 0$ が (3.1.149) の**余次元** 1 の退化した不動点であることがわかる．節 3.1D で述べた $J^2(\mathbb{R}^1, \mathbb{R}^1)$ の部分集合 F と B の定義を思い出そう．参考のために，これら $J^2(\mathbb{R}^1, \mathbb{R}^1)$ の部分多様体と，その右に部分多様体での標準座標を以下に記す．

$$J^2(\mathbb{R}^1, \mathbb{R}^1) - \left(x, f(x), \frac{\partial f}{\partial x}(x), \frac{\partial^2 f}{\partial x^2}(x) \right), \tag{3.1.150}$$

$$F - \left(x, 0, \frac{\partial f}{\partial x}(x), \frac{\partial^2 f}{\partial x^2}(x) \right), \tag{3.1.151}$$

$$B - \left(x, 0, 0, \frac{\partial^2 f}{\partial x^2}(x) \right). \tag{3.1.152}$$

さて，(3.1.148) の $x = 0$ での l-ジェットは B の典型的な点であるから，(3.1.149) を B に横断的な 1-パラメータ族に埋め込もう．(3.1.150)，(3.1.151) および (3.1.152) を調べると，2 つの可能性，つまり

$$\dot{x} = \mu x + ax^2 \tag{3.1.153}$$

または

$$\dot{x} = \mu + ax^2, \qquad \mu \in \mathbb{R}^1 \tag{3.1.154}$$

があることがわかる．しかし，余次元の定義（定義 3.1.7）のすぐ後の注意を思い出してほしい．双曲型不動点は構造安定（そして生成的）だから，F の典型的な点は余次元 0 と考えられることを指摘した．実際的には，このことは，パラメータを動かせば不動点も動く（消えることさえもある）ことを意味する．したがって，B と F とに横断的な 1-パラメータ族を選ぶ．こうして，(3.1.154) が (3.1.149) の準普遍変形の候補となる．最後に，2-パラメータのベクトル場

$$\dot{x} = \mu_1 + \mu_2 x + ax^2 \tag{3.1.155}$$

もまた横断的な族であることを注意する．しかし，我々の目標は最小数のパラメータを見つけることであった．

段階 3. トムの横断性定理（定理 3.1.4）から，(3.1.154) が生成的であることがわかる．読者は簡単な計算でこのことを確かめてほしい．

段階 4. 節 3.1A,iii) で，高次の項は (3.1.154) の $(x, \mu) = (0, 0)$ の近くの力学に何の影響も与えないということを示した．したがって，この変形は準普遍である．

このことから，鞍状点-結節点分岐はベクトル場の 1-パラメータ族において生成的であると結論できる．

b) ベクトル場

$$\dot{x} = ax^3 + \mathcal{O}(x^4) \tag{3.1.156}$$

を考えよう．

段階 1. 方程式 (3.1.156) がすでに十分な標準形になっている．

段階 2. (3.1.156) を簡約して

$$\dot{x} = ax^3 \tag{3.1.157}$$

が得られる．例 3.1.17 から，$x = 0$ は余次元 2 の不動点である．参考のために，例 3.1.17 で述べた $J^2(\mathbb{R}^1, \mathbb{R}^1)$ の部分集合 B'，B および F と，その右に標準座標を以下に記す．

304　3. 局所分岐

$$J^3(\mathbb{R}^1, \mathbb{R}^1) - \left(x, f(x), \frac{\partial f}{\partial x}(x), \frac{\partial^2 f}{\partial x^2}(x), \frac{\partial^3 f}{\partial x^3}(x) \right), \tag{3.1.158}$$

$$F - \left(x, 0, \frac{\partial f}{\partial x}(x), \frac{\partial^2 f}{\partial x^2}(x), \frac{\partial^3 f}{\partial x^3}(x) \right), \tag{3.1.159}$$

$$B - \left(x, 0, 0, \frac{\partial^2 f}{\partial x^2}(x), \frac{\partial^3 f}{\partial x^3}(x) \right), \tag{3.1.160}$$

$$B' - \left(x, 0, 0, 0, \frac{\partial^3 f}{\partial x^3}(x) \right). \tag{3.1.161}$$

(3.1.157) を B' に横断的な 2-パラメータ族に埋め込みたい．その族は B と F にも横断的でなければならない．(3.1.158), (3.1.159), (3.1.160) および (3.1.161) を調べれば，そのような族は

$$\dot{x} = \mu_1 + \mu_2 x + a x^3 \tag{3.1.162}$$

で与えられることがすぐわかる．

段階 3. トムの横断性定理（定理 3.1.4）から，(3.1.162) が生成的な族であることが直ちにわかる．読者はこのことを確かめてほしい．

段階 4. 節 3.1A, v) で，高次の項は (3.1.162) の局所的な力学に何の質的影響をも及ぼさないことを示した．したがって，(3.1.156) の準普遍変形が求まった．

例 3.1.20　2 次元ベクトル場.

a) ポアンカレ-アンドロノフ-ホップ分岐

　ベクトル場

$$\dot{x} = -\omega y + \mathcal{O}(2),$$
$$\dot{y} = \omega x + \mathcal{O}(2). \tag{3.1.163}$$

を考えよう．

段階 1. 例 2.2.3 から，このベクトル場の標準形は

$$\dot{x} = -\omega y + (ax - by)(x^2 + y^2) + \mathcal{O}(5),$$
$$\dot{y} = \omega x + (bx + ay)(x^2 + y^2) + \mathcal{O}(5) \tag{3.1.164}$$

である．このベクトル場の線形部分の構造のため，標準形 (3.1.164) は偶数次の項を含んでいないという重要な事実を指摘しておく．

段階 2. 簡約された標準形として

$$\dot{x} = -\omega y + (ax - by)(x^2 + y^2),$$
$$\dot{y} = \omega x + (bx + ay)(x^2 + y^2). \tag{3.1.165}$$

をとる. 例 3.1.18 から, $(x, y) = (0, 0)$ は余次元 1 の不動点である. また, 例 3.1.15 から, $J^2(\mathbb{R}^2, \mathbb{R}^2)$ の部分集合 B と F およびこれらの部分集合の標準座標は

$$J^2(\mathbb{R}^2, \mathbb{R}^2) - \left(x, f(x), Df(x), D^2 f(x)\right), \tag{3.1.166}$$

$$F - \left(x, 0, Df(x), D^2 f(x)\right), \tag{3.1.167}$$

$$B - \left(x, 0, \widetilde{Df}(x), D^2 f(x)\right) \tag{3.1.168}$$

であった. ここで, $\widetilde{Df}(x)$ は非双曲型行列である. さて, (3.1.165) を B に横断的な 1-パラメータ族に埋め込みたい. ただし, ベクトル場の線形部分の構造により, 原点を不動点のままにして. 付録 1 より, 行列

$$\begin{pmatrix} 0 & -\omega \\ \omega & 0 \end{pmatrix} \tag{3.1.169}$$

は 2×2 行列の 4 次元空間内の余次元 1 の曲面上にある. さらに, (3.1.169) の準普遍変形は

$$\begin{pmatrix} \mu & -\omega \\ \omega & \mu \end{pmatrix} \tag{3.1.170}$$

で与えられる. (3.1.170) を用いれば, 横断的な族として

$$\dot{x} = \mu x - \omega y + (ax - by)(x^2 + y^2),$$
$$\dot{y} = \omega x + \mu y + (bx + ay)(x^2 + y^2) \tag{3.1.171}$$

がとれる.

段階 3. トムの横断性定理 (定理 3.1.4) より, (3.1.171) は (1-パラメータ族で, 原点が不動点のままだということを考慮すれば) 生成的であることがわかる. 読者はこのことを確かめてほしい.

段階 4. 定理 3.1.3 は標準形の高次の項が (3.1.171) の力学を質的に変えないことを示している. よって, (3.1.163) の準普遍変形が構成された.

こうして, 鞍状点-結節点分岐と同ように, ポアンカレ-アンドロノフ-ホップ分岐もベクトル場の 1-パラメータ族で生成的であると結論できる.

ポアンカレ-アンドロノフ-ホップ分岐は重要だから, 議論を終える前に, 少し違った観点から見てみよう.

306 3. 局所分岐

極座標では，標準形は

$$\dot{r} = ar^3 + \mathcal{O}(r^5),$$
$$\dot{\theta} = \omega + \mathcal{O}(r^2) \tag{3.1.172}$$

で与えられる（(3.1.100) を参照）．目標は (3.1.172) の準普遍変形を構成することである．この中で，系を標準形に変形することによる威力と概念的明確さのもう 1 つの例をまた見ることができる．

(3.1.172) の力学の研究で，つぎのことがわかっている（節 3.1B, 補題 3.1.1 を参照）．十分小さな r に対して，

$$\dot{r} = ar^3 + \mathcal{O}(r^5) = 0 \tag{3.1.173}$$

だけを調べれば良い，というのは $\theta(t)$ が t に関して単調増加になるからである．

方程式 (3.1.173) は，例 3.1.19 で調べた退化した 1 次元ベクトル場（その準普遍変形は熊手型分岐を引き起こした）と非常によく似ている．しかし，重要な点で違っている，つまり，(3.1.163) のベクトル場の線形部分の構造のために，ベクトル場の $\dot{r}$ 成分は r の偶数次の項を持たないし，$r = 0$ で 0 とならなければならない．したがって，この退化した不動点は熊手型分岐におけるように，余次元 2 というよりは余次元 1 であり，準普遍変形の自然な候補は

$$\dot{r} = \mu r + ar^3,$$
$$\dot{\theta} = \omega \tag{3.1.174}$$

である．(3.1.174) が実際に準普遍変形であるというのが定理 3.1.3 の内容である．

b) 2 重 0 固有値

ベクトル場

$$\dot{x} = y + \mathcal{O}(2),$$
$$\dot{y} = \mathcal{O}(2) \tag{3.1.175}$$

を考えよう．

段階 1. 例 2.2.2 から，(3.1.175) の標準形は

$$\dot{x} = y + \mathcal{O}(3),$$
$$\dot{y} = axy + by^2 + \mathcal{O}(3) \tag{3.1.176}$$

で与えられる．

3.1. ベクトル場の不動点の分岐　**307**

段階 2. 簡約された標準形として,

$$\dot{x} = y,$$
$$\dot{y} = axy + by^2 \tag{3.1.177}$$

をとる.

　例 3.1.18 から, $(x, y) = (0, 0)$ は余次元 2 の不動点であることを思い起こそう. 例 3.1.15 から, $J^2(\mathbb{R}^2, \mathbb{R}^2)$ の部分集合 B と F, およびすぐ右にこれらの集合の点の標準座標とを以下に記す.

$$J^1(\mathbb{R}^2, \mathbb{R}^2) - (x, f(x), Df(x)), \tag{3.1.178}$$
$$F - (x, 0, Df(x)), \tag{3.1.179}$$
$$B - \left(x, 0, \widetilde{Df(x)}\right), \tag{3.1.180}$$

ここで, $\widetilde{Df(x)}$ は非双曲型行列を表す. 付録 1 で, これらの行列は 2×2 行列の 4 次元空間内の 3 次元曲面を成すことを示す. また, 同じ付録で

$$\begin{pmatrix} 0 & 1 \\ 0 & 0 \end{pmatrix} \tag{3.1.181}$$

で与えられるジョルダン標準形を持った行列が 2 次元曲面 B' を成し, $B' \subset B \subset F \subset J^1(\mathbb{R}^1, \mathbb{R}^1)$ となることを示す. さて, (3.1.177) を B' に横断的な 2-パラメータ族に埋め込もう. 付録 1 で, (3.1.181) の準普遍変形は

$$\begin{pmatrix} 0 & 1 \\ \mu_1 & \mu_2 \end{pmatrix} \tag{3.1.182}$$

で与えられることを示す. こうして, 横断的な族として

$$\dot{x} = y,$$
$$\dot{y} = \mu_1 x + \mu_2 y + ax^2 + bxy \tag{3.1.183}$$

がとれる. しかし, 余次元の定義 (定義 3.1.7) のすぐ後の注意を思い出してほしい. 生成的には, パラメータを動かせば不動点も動く. (3.1.183) ではそうではなくて, 原点は不動点のままである. この状況は容易に修正できる.

　(3.1.183) の形から, 不動点は全て $y = 0$ を満たさねばならないことに注意せよ. 座標変換

$$x \to x - x_0,$$
$$y \to y \tag{3.1.184}$$

308　3. 局所分岐

をして, 線形部分の準普遍変形として

$$\begin{pmatrix} 0 & 1 \\ \mu_1 & \mu_2 \end{pmatrix} \begin{pmatrix} x - x_0 \\ y \end{pmatrix} \tag{3.1.185}$$

を取れば, 簡単な尺度変換とパラメータの変更で, (3.1.183) を

$$\begin{aligned} \dot{x} &= y, \\ \dot{y} &= \mu_1 + \mu_2 y + axy + by^2 \end{aligned} \tag{3.1.186}$$

に変形できる (演習問題 3.20 を参照). ある場合には, パラメータを変えても原点が不動点のままでありつづけることが必要だということを注意する. たとえば, 標準形が変換 $(x, y) \rightarrow (-x, -y)$ で不変の場合. 演習問題 3.22 を参照.

段階 3. トムの横断性定理より, (3.1.186) は生成的な族であることがわかる. 読者はこのことを確かめてほしい.

段階 4. (3.1.186) は準普遍変形であることを Bogdanov [1975] が証明した. この問題は節 3.1E で詳しく述べよう.

iii) パラメータの位置についての実際的な注意

応用に現れる特定の力学系では, 方程式の中のパラメータの数と位置とはふつうは固定されている. この節で展開した定理から, 多すぎるパラメータ (つまり, 不動点の余次元より多い) はそれが横断的な族に起因するときのみ許されるということがいえる. 不動点の余次元より多いパラメータを持てば, 全ての場合を計算するのに余分な仕事をしなければならなくなるだけだ. しかし, パラメータは横断的な族を構成するために正しい位置にあることを確かめなければならない. パラメータの位置にはたくさんの自由度があることを見てきた. 1 次元の場合はかなり明らかであり, もっと高い次元のときは明らかではない. しかし, 横断性が典型的な状況であることを読者は心にとめてほしい.

付録 1：行列の族の準普遍変形

　この付録で, 力学系の不動点の準普遍変形を計算するのに用いる行列の準普遍変形の理論を展開しよう. この議論は Arnold [1983] によっている. M を複素成分の $n \times n$ 行列の空間とする. 行列の相似関係は全空間を同じ固有値と同じ次元のジョルダンブロックを持つ行列から成る多様体に分割する. この分割は固有値が連続的に変化するから連続である.

　ある同一の固有値を持った行列を考え, それをジョルダンの標準形に変形しよう. こ

の変形は安定ではない．というのは，わずかな摂動でもジョルダンの標準形が完全に壊れることもあるからである．だから，行列が近似的にのみ与えられた（あるいは変形がコンピュータで与えられた）のなら，この手続きは何の意味もないことがあり得る．

例を与える．行列

$$A(\lambda) = \begin{pmatrix} 0 & \lambda \\ 0 & 0 \end{pmatrix}$$

を考えよう．ジョルダンの標準形は

$$\begin{pmatrix} 0 & 1 \\ 0 & 0 \end{pmatrix}, \qquad \lambda \neq 0$$

で与えられる．そのときの共役を与える行列は

$$C(\lambda) = \begin{pmatrix} 1 & 0 \\ 0 & 1/\lambda \end{pmatrix}, \qquad \lambda \neq 0.$$

である．さて，$\lambda = 0$ のとき，$A(\lambda)$ のジョルダン標準形は

$$\begin{pmatrix} 0 & 0 \\ 0 & 0 \end{pmatrix}$$

であり，共役を与える行列は

$$C(0) = \begin{pmatrix} 1 & 0 \\ 0 & 1 \end{pmatrix}$$

である．したがって，$C(\lambda)$ は $\lambda = 0$ で不連続である．

しかし，重複固有値が個々の行列に対して不安定な状況にあるとしても，行列のパラメータ付けられた族に対しては安定である．つまり，族を摂動しても重複固有値の行列が族から除かれたりしない．こうして，族の全ての要素を（上の例のように）ジョルダンの標準形に変形できても，一般には変形はパラメータに不連続に依存する．考えるべき問題は次のものである．

パラメータに滑らかに（たとえば解析的に）依存する族で，パラメータに滑らかに（解析的に）依存するパラメータの変換で行列の族から変形できる最も簡単な形のものは何か？

以下に，そのような族を構成し，パラメータの最小数を決定しよう．しかし，まずいくつかの定義をし，必要な道具をいくつか開発することから始めよう．

複素数を成分とする $n \times n$ 行列を考える．A_0 をその行列としよう．

A_0 の**変形**とは，解析的写像

310 3. 局所分岐

$$A : \Lambda \to \mathbb{C}^{n^2},$$

$$\lambda \to A(\lambda)$$

である. ここで, $\Lambda \subset \mathbb{C}^{\ell}$ はあるパラメータ空間であり

$$A(\lambda_0) = A_0$$

を満たすとする. 変形はまた族とも呼び, 変数 λ_i, $i = 1, \cdots, \ell$ をパラメータ, Λ を族の基底と呼ぶ.

A_0 の2つの変形 $A(\lambda)$ と $B(\lambda)$ とが**同値**であるとは, 同じ基底を持つ単位行列の変形 $C(\lambda)$ $(C(\lambda_0) = \mathrm{id})$ で

$$B(\lambda) = C(\lambda)A(\lambda)C^{-1}(\lambda)$$

を満たすものが存在するときと定義する. $\Sigma \subset \mathbb{C}^m$, $\Lambda \subset \mathbb{C}^{\ell}$ を開集合とする. 解析的写像

$$\phi : \Sigma \to \Lambda,$$

$$\mu \to \phi(\mu)$$

で, $\phi(\mu_0) = \lambda_0$ を満たすものを考えよう.

写像 ϕ によって A から誘導された族 $(\phi^* A)(\mu)$ を

$$(\phi^* A)(\mu) \equiv A(\phi(\mu)), \qquad \mu \in \mathbb{C}^m$$

で定義する. これはパラメータの数を減らすために族のパラメータを付け直すときに役立つ.

行列 A_0 の変形 $A(\lambda)$ が**準普遍**であるとは, A_0 の任意の変形 $B(\lambda)$ があるパラメータの変換

$$\phi : \Sigma \to \Lambda$$

によって A から導かれる変形と同値である, つまり,

$$B(\mu) = C(\mu)A(\phi(\mu))C^{-1}(\mu)$$

で, $C(\mu_0) = \mathrm{id}$ と $\phi(\mu_0) = \lambda_0$ を満たすときと定義する.

準普遍変形は, 誘導写像 (つまりパラメータを変換する写像) が変形 B からただ1つに決るとき, **普遍**であるという.

準普遍変形は, 可能な準普遍変形の内でパラメータ空間の次元が最小のとき, **極小普遍**であるという.

ここで1つの例を考えるのが役立つ. 行列

$$A_0 = \begin{pmatrix} 0 & 1 \\ 0 & 0 \end{pmatrix}$$

を考えよう.明らかに A_0 の準普遍変形は

$$B(\mu) \equiv \begin{pmatrix} 0 & 1 \\ 0 & 0 \end{pmatrix} + \begin{pmatrix} \mu_1 & \mu_2 \\ \mu_3 & \mu_4 \end{pmatrix},$$

で与えられる.ここで,$\mu \equiv (\mu_1, \mu_2, \mu_3, \mu_4) \in \mathbb{C}^4$ である.しかし $B(\mu)$ は極小普遍ではない.極小普遍変形は

$$A(\lambda) = \begin{pmatrix} 0 & 1 \\ 0 & 0 \end{pmatrix} + \begin{pmatrix} 0 & 0 \\ \lambda_1 & \lambda_2 \end{pmatrix}$$

で与えられる.ここで $\lambda = (\lambda_1, \lambda_2) \in \mathbb{C}^2$ である.これは,$B(\mu)$ が $A(\lambda)$ から誘導された変形に同値であることを示せばわかる.もし

$$C(\mu) = \begin{pmatrix} 1+\mu_2 & 0 \\ -\mu_1 & 1 \end{pmatrix}, \qquad C^{-1}(\mu) = \frac{1}{1+\mu_2} \begin{pmatrix} 1 & 0 \\ \mu_1 & 1+\mu_2 \end{pmatrix}$$

とおくと,

$$\begin{aligned} A(\lambda) = A(\phi(\mu)) &= C^{-1}(\mu) B(\mu) C(\mu) \\ &= \begin{pmatrix} 0 & 1 \\ 0 & 0 \end{pmatrix} + \begin{pmatrix} 0 & 0 \\ \mu_3(1+\mu_2) - \mu_1\mu_4 & \mu_1 + \mu_4 \end{pmatrix}, \end{aligned}$$

がいえる.ここで,誘導写像として

$$\phi(\mu) = (\phi_1(\mu), \phi_2(\mu)) = (\mu_3(1+\mu_2) - \mu_1\mu_4, \mu_1 + \mu_4) \equiv (\lambda_1, \lambda_2) \equiv \lambda$$

をとった.

　必要な定義を片付けたので,重複固有値を持った行列の標準形(極小普遍変形)を構成するという目標に向かおう.必要なパラメータの個数を知ること,および標準形が準普遍になるための条件を知ることが重要である.この点に到達するためには,結果が "藪から棒に現れた" ようには見えないように道具を展開しなければならない.

　複素成分の $n \times n$ 行列全体の集合を M と表す.M は $\mathbb{C}^{n^2}$ と同相である.しかし,単に $M = \mathbb{C}^{n^2}$ と書こう.

　さて,複素成分を持った $n \times n$ 正則行列全体のリー群 $G = GL(n, \mathbb{C})$ を考えよう.$GL(n, \mathbb{C})$ は $\mathbb{C}^{n^2}$ の部分多様体である.

　群 G は,式

$$Ad_g m = gmg^{-1}, \qquad (m \in M, \quad g \in G) \tag{A.1.1}$$

によって M に作用する（Ad は随伴 adjoint を意味する）．

任意に固定された行列 $A_0 \in M$ の G の作用の下での軌道を考えよう．これは全ての $g \in G$ に対して $m = gA_0g^{-1}$ となるような点 $m \in M$ の集合である．G の下での A_0 の軌道は M の滑らかな部分多様体を作る．これを N と表す．だから，(A.1.1) から，A_0 の軌道 N は A_0 と相似な行列全体から成る．

次に，**写像の横断性**の概念をもう 1 度述べよう（定義 1.2.6 を参照）．

$N \subset M$ を多様体 M の滑らかな部分多様体とする．もう 1 つの多様体 Λ から M への滑らかな写像を考え，λ を，$A(\lambda) \in N$ を満たす Λ の点とする．このとき，写像 A が N に λ で**横断的**であるとは，$A(\lambda)$ での M の接空間が和

$$TM_{A(\lambda)} = TN_{A(\lambda)} + DA(\lambda) \cdot T\Lambda_\lambda \tag{A.1.2}$$

となることと定義する．ここで，$DA(\lambda)$ は A の λ での微分を意味する．図 A.1.1 を見よ．

これら 2 つの概念を用いて，ジョルダン行列の極小普遍変形を構成する鍵となる命題を述べ，証明することができる．

命題 A.1.1 写像 A が A_0 の軌道に $\lambda = \lambda_0$ で横断的ならば，$A(\lambda)$ は準普遍変形である．パラメータ空間の次元が A_0 の軌道の余次元に等しければ，この変形は極小普遍である．

証明 不幸なことに，ただちに証明に入ることは出来なくて，いくつかの段階と定義とをとって回り道をせねばならない．しかし，最初に，命題 A.1.1 の概念図が図 A.1.1 で与えられることを注意する．

図 A.1.2 では N は余次元 2 である．だから，λ の次元を 2 とする．$A(\lambda)$ が N に $\lambda = \lambda_0$ で横断的なのだから，それを A_0 を通る 2 次元の曲面で表す．この幾何的な図を満たす $A(\lambda)$ が実際に A_0 の極小普遍変形であることを示したい．これをするには，A_0 の近くの局所座標構造で，A_0 の軌道に沿っての点と A_0 の軌道から離れる点とを記述するものを作る必要がある．まず定義から始めよう．

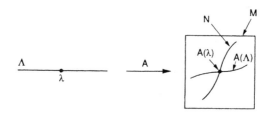

図 **A.1.1**

3.1. ベクトル場の不動点の分岐   *313*

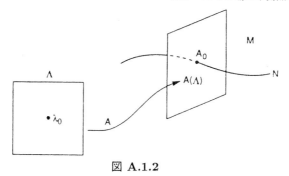

図 **A.1.2**

行列 u の中心化群とは，u と可換な行列全体の集合

$$Z_u = \{v : [u,v] = 0\}, \qquad [u,v] \equiv uv - vu \tag{A.1.3}$$

である．すぐわかるように，任意の n 次の行列の中心化群は $M = \mathbb{C}^{n^2}$ の線形部分空間である．これは演習問題として読者に残す．

さて，M の $A(\lambda) \equiv A_0$ の近くの幾何的構造を調べたい．行列 A_0 の中心化群を $\mathcal{Z}$ としよう．単位行列（これを "id" で表す）を含む正則行列の集合を考えよう．明らかに，この集合の次元は n^2 である．この集合の中で，滑らかな部分多様体 P で，部分空間 $\mathrm{id} + \mathcal{Z}$ と id で横断的に交わり，中心化群の余次元と同じ次元を持ったものを考えよう．図 A.1.3 を見よ．

図 A.1.3 に注意して，写像

$$\Phi : P \times \Lambda \to \mathbb{C}^{n^2},$$

$$\Phi : (p, \lambda) \to pA(\lambda)p^{-1} \equiv \Phi(p,\lambda) \tag{A.1.4}$$

を考えよう（次元についてはすぐ後で考える）．

次の補題は A_0 の近くの局所座標を与えてくれる．

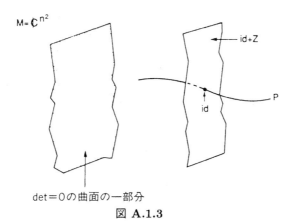

図 **A.1.3**

314 3. 局所分岐

補題 A.1.2 (id, λ_0) の近傍で Φ は局所微分同相である.

証明 この補題を証明する前に, いくつかの事実を述べる必要がある.

1) 写像

$$\psi : G \to \mathbb{C}^{n^2},$$
$$b \to b A_0 b^{-1} \equiv \psi(b).$$

を考えよう. ψ の単位行列での微分は $T_{\mathrm{id}} G$ から $T_{A_0} \mathbb{C}^{n^2}$ の上への線形写像である. 一般性を失うことなく, $T_{\mathrm{id}} G = \mathbb{C}^{n^2}$ および $T_{A_0} \mathbb{C}^{n^2} = \mathbb{C}^{n^2}$ とできる. id での ψ の微分を $D\psi(\mathrm{id})$ で表す. $u \in \mathbb{C}^{n^2}$ に対して, $D\psi(\mathrm{id})u$ は u と A_0 との交換子積で, つまり $D\psi(\mathrm{id})u = [u, A_0]$ と表せることを示したい.

これは簡単な計算で

$$\begin{aligned}
D\psi(\mathrm{id})u &= \lim_{\varepsilon \to 0} \frac{(\mathrm{id} + \varepsilon u) A_0 (\mathrm{id} + \varepsilon u)^{-1} - A_0}{\varepsilon} \\
&= \lim_{\varepsilon \to 0} \frac{(A_0 + \varepsilon u A_0)(\mathrm{id} - \varepsilon u) + \mathcal{O}(\varepsilon^2) - A_0}{\varepsilon} \\
&= \lim_{\varepsilon \to 0} \frac{A_0 - \varepsilon A_0 u + \varepsilon u A_0 + \mathcal{O}(\varepsilon^2) - A_0}{\varepsilon} \\
&= u A_0 - A_0 u \equiv [u, A_0]
\end{aligned}$$

と示される. したがって,

$$\begin{aligned}
D\psi(\mathrm{id}) : \mathbb{C}^{n^2} &\to \mathbb{C}^{n^2}, \\
u &\to [u, A_0].
\end{aligned} \tag{A.1.5}$$

である. つぎの観察をしよう. $\dim G = \dim M = n^2$ であるから, 中心化群の次元は A_0 の軌道の余次元に等しい. このことは, おおざっぱにいうと, (A.1.1) と (A.1.4) とから A_0 の中心化群は A_0 を変えない行列であると考えられるからである. こうして

$$\dim \mathcal{Z} = \dim \Lambda, \tag{A.1.6}$$

$$\dim P = \dim N, \tag{A.1.7}$$

および,

$$\dim \Lambda + \dim N = n^2.$$

が得られた. さて, Φ,

$$\Phi : P \times \Lambda \to \mathbb{C}^{n^2}.$$

に戻ろう. (A.1.6) と (A.1.7) とから, 次元は Φ が微分同相となることと両立する (つ

まり，$\dim(P \times \Lambda) = \dim \mathbb{C}^{n^2}$) ことがわかる．

いまや補題 A.1.2 を証明することができる．Φ の (id, λ_0) での微分 $D\Phi(\mathrm{id}, \lambda_0)$ を計算し，それが $T_{(\mathrm{id}, \lambda_0)}(P \times \Lambda)$ の典型的な元にどう作用するかを調べよう．$(u, \lambda) \in T_{(\mathrm{id}, \lambda_0)}(P \times \Lambda)$ とすると，

$$D\Phi(\mathrm{id}, \lambda_0)(u, \lambda) = (D_p\Phi(\mathrm{id}, \lambda_0), D_\lambda\Phi(\mathrm{id}, \lambda_0))(u, \lambda) \tag{A.1.8}$$

が得られる．(A.1.4) と (A.1.5) を用いると (A.1.8) は

$$D\Phi(\mathrm{id}, \lambda_0)(u, \lambda) = ([u, A_0], DA(\lambda_0)\lambda). \tag{A.1.9}$$

となる．部分多様体 P の構成により，$D_p\Phi(\mathrm{id}, \lambda_0)$ は $T_{\mathrm{id}}P$ を軌道 N に A_0 で接する空間に同相に写す（次元と $[u, A_0] \neq 0$ の事実とを確かめよ）．また，命題 A.1.1 の仮定から，$DA(\lambda_0)$ は $T_{\lambda_0}\Lambda$ を N に $A(\lambda_0) = A_0$ で横断的な空間に同相に写す．したがって，$D\Phi(\mathrm{id}, \lambda_0)$ は次元 n^2 の線形空間の間の同相写像である．よって，逆写像定理により，Φ は局所微分同相である．これで補題 A.1.2 は証明された． □

この補題から，M 内の A_0 の近くに局所直積構造（座標についての）があることがわかる（注：これは (id, λ_0) の十分小さな近傍において成り立つ．というのは，逆写像定理は局所的に成り立つだけだからである）．図 A.1.4 を見よ．

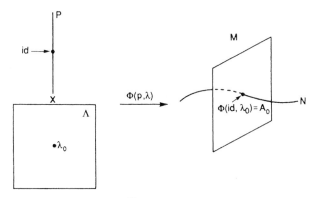

図 **A.1.4**

さて，命題 A.1.1 の証明を完成することができる．

ある固定された $\mu \in \Sigma \subset \mathbb{C}^m$ に対して $B(\mu)$ を A_0 の任意の変形とする（つまり，$\mu_0 \in \Sigma \subset \mathbb{C}^m$ に対して $B(\mu_0) = A_0$ である）．A_0 の近くの局所座標で，A_0 に十分近いどの行列も

$$\Phi(p, \lambda) = pA(\lambda)p^{-1}, \qquad p \in P, \quad \lambda \in \Lambda \subset \mathbb{C}^\ell$$

と表せることがわかっている．したがって，$\mu - \mu_0$ を十分小さくとれば，$B(\mu)$ はあ

316 3. 局所分岐

る $p \in P, \lambda \in \Lambda \subset \mathbb{C}^\ell$ によって

$$B(\mu) = \Phi(p, \lambda) = pA(\lambda)p^{-1}$$

と表せる.

さて, π_1 および π_2 を, それぞれ $\Lambda \times P$ から P および Λ の上への射影とする. このとき, Φ の定義から

$$\lambda = \pi_2 \Phi^{-1}(B(\mu)),$$
$$p = \pi_1 \Phi^{-1}(B(\mu))$$

がいえる. したがって,

$$\phi(\mu) = \pi_2 \Phi^{-1}(B(\mu)),$$

$$C(\mu) = \pi_1 \Phi^{-1}(B(\mu))$$

とすれば,

$$B(\mu) = C(\mu)A(\phi(\mu))C^{-1}(\mu).$$

がいえる.

よって, 命題 A.1.1 は証明された. □

この変形が極小普遍である, つまり, 最小数のパラメータを用いていることは議論から明らかであることを注意する.

したがって, この命題から, A_0 の極小普遍変形を構成するには, A_0 の軌道の直交補空間内の B をとって, 行列の族

$$A_0 + B$$

をとれば良いことがわかる. だから, B をどのように計算するか? が次の問題である.

補題 A.1.3 $\mathbb{C}^{n^2}$ の A_0 での接平面内のベクトル B が A_0 の軌道と直交するための必要十分条件は

$$[B^*, A_0] = 0$$

である. ここで, B^* は B の共役元である.

証明 軌道に接するベクトルは

$$[x, A_0], \qquad x \in M$$

の形に表される行列である．B が A_0 の軌道に直交するのは，任意の $x \in M$ に対して

$$\langle [x, A_0], B \rangle = 0 \tag{A.1.10}$$

を満たすときである．ここで，$\langle\ ,\ \rangle$ は行列空間での内積

$$\langle A, B \rangle = \mathrm{tr}(AB^*) \tag{A.1.11}$$

を意味する．(A.1.10) と (A.1.11) とから，

$$0 = \mathrm{tr}\left([x, A_0]B^*\right)$$
$$= \mathrm{tr}\left(xA_0B^* - A_0xB^*\right)$$

が成り立つ．ここで，

$$\mathrm{tr}(AB) = \mathrm{tr}(BA),$$

$$\mathrm{tr}(A + B) = \mathrm{tr}A + \mathrm{tr}B$$

という事実を用いれば，

$$\begin{aligned}
\mathrm{tr}(xA_0B^* - A_0xB^*) &= \mathrm{tr}(xA_0B^*) - \mathrm{tr}(A_0xB^*) \\
&= \mathrm{tr}(A_0B^*x) - \mathrm{tr}(xB^*A_0) \\
&= \mathrm{tr}(A_0B^*x) - \mathrm{tr}(B^*A_0x) \\
&= \mathrm{tr}((A_0B^* - B^*A_0)x) \\
&= \mathrm{tr}([A_0, B^*]x) \\
&= \langle [A_0, B^*], x^* \rangle = 0
\end{aligned}$$

が得られる．x は任意であったから，

$$[A_0, B^*] = 0$$

がいえた．□

　この補題から，A_0 がジョルダン標準形であれば，B の形を "読みとる" ことができる．

　A_0 がジョルダン標準形に変形され，異なる固有値

$$\alpha_i, \qquad i = 1, \cdots, s$$

を持ち，それぞれの固有値で有限個の n_j 次のジョルダン・ブロック

$$n_1(\alpha_i) \geq n_2(\alpha_i) \geq \cdots$$

を持つとしよう.

さしあたり，議論を簡単にするため，行列はただ1つの固有値 α と，3つのジョルダン・ブロック $n_1(\alpha) \geq n_2(\alpha) \geq n_3(\alpha)$ を持つとする．このとき，A_0 と交換可能な行列は図 A.1.5 に示した構造をしている．ここで，それぞれのジョルダン・ブロック内の各斜線は等しい成分の列を意味する．

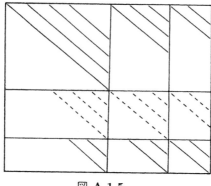

図 **A.1.5**

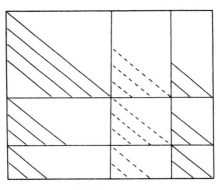

図 **A.1.6**

したがって，A_0 の直交補空間内の行列 B^* は図 A.1.6 に示した構造をしている．任意個数の固有値とジョルダン・ブロックの場合の一般的な証明は，Gantmacher [1977], [1989] にある．しかし，このような一般化は必要でない．というのは，我々が扱うのは 2×2, 3×3, および 4×4 の行列の場合だけだからであり，これらの場合には，図 A.1.5 と A.1.6 に示した構造を直接計算で確かめることは比較的やさしい．すぐ後でこれを行う．

こうして，図 A.1.6 で示された構造を持つ行列は A_0 に直交する．さて，一般的には，直交性ではなく横断性が必要なのであり，B^* ができるだけ簡単になるように，A_0

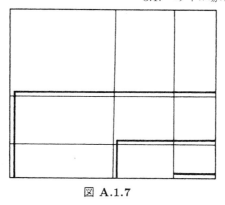

図 A.1.7

に直交するのではなく横断的な基底を選ぶことは問題を簡単にする (つまり, 行列要素を減らす). こうするには, 図 A.1.6 に示された形の行列と B^* を取り, 各々の斜線を1つの独立なパラメータに置き換え、斜線上の残りの成分を0に置き換えれば良い.

0でない成分（独立パラメータ）は斜線上のどこに置いても良い. こうして, A_0 に横断的な行列は図 A.1.7 に示した構造を持つ. ここで, 図の水平線と垂直線は必要なだけの数の独立なパラメータが位置する場所である. A_0 と交換可能な行列のこの形から, ただ1つの異なる固有値の場合, 極小普遍変形に必要なパラメータの個数は公式

$$n_1(\alpha) + 3n_2(\alpha) + 5n_3(\alpha) + \cdots \tag{A.1.12}$$

で与えられる. ここで, 任意個数の固有値 α_i, $i = 1, \cdots, s$ の一般的な場合を述べ, いくつかの具体的な例をあげよう.

定理 A.1.4 A_0 の準普遍変形のパラメータの最小個数は

$$d = \sum_{i=1}^{s} [n_1(\alpha_i) + 3n_2(\alpha_i) + 5n_3(\alpha_i) + \cdots] \tag{A.1.13}$$

で与えられる.

証明 Arnold [1983] および Gantmacher [1977], [1989] を参照. □

いままでの全てを次の主定理にまとめよう.

定理 A.1.5 全ての行列 A_0 は極小普遍変形を持つ. そのパラメータの個数は A_0 の軌道の余次元, または, 同じことだが, A_0 の中心化群の次元に等しい.

A_0 がジョルダン標準形ならば, 極小普遍変形として（定理 A.1.4 で与えた d で）d-パラメータの標準形 $A_0 + B$ を持つ. ここで, B のブロックは前に述べた形をとる.

320   3. 局所分岐

言い替えると，与えられた行列に近いどの複素行列も，上記の d-パラメータ標準形 $A_0 + B$ （ここで，A_0 は与えられた行列のジョルダン標準形である）に，変形写像と標準形のパラメータが最初の行列の成分に解析的に依存するように変形できる.

さて，いくつかの例を計算しよう.

例 A.1.1. 行列

$$A_0 = \begin{pmatrix} \alpha & 1 \\ 0 & \alpha \end{pmatrix}, \qquad \alpha^2 \tag{A.1.14}$$

を考えよう．この行列は α^2 と表される．ここで，α は固有値を示し，2 はジョルダン・ブロックの大きさを示す．ベクトル場の不動点の分岐の場合でいうと，$\alpha = 0$ とし，写像の不動点の場合は $\alpha = 1$ とする．(A.1.12) から，(A.1.14) の準普遍変形は少なくとも 2 つのパラメータを持つ．したがって，ジョルダン標準形 A_0 を持つ行列全体（つまり，(A.1.1) から，A_0 の軌道）は $\mathbb{C}^{n^2}$ の余次元 2 の部分多様体を成す.

さて，A_0 の準普遍変形を計算したい．まず，A_0 と交換可能な行列を計算しよう.

$$\begin{pmatrix} a & b \\ c & d \end{pmatrix} \begin{pmatrix} \alpha & 1 \\ 0 & \alpha \end{pmatrix} - \begin{pmatrix} \alpha & 1 \\ 0 & \alpha \end{pmatrix} \begin{pmatrix} a & b \\ c & d \end{pmatrix}$$

$$= \begin{pmatrix} a\alpha & a + b\alpha \\ c\alpha & c + d\alpha \end{pmatrix} - \begin{pmatrix} a\alpha + c & b\alpha + d \\ \alpha c & \alpha d \end{pmatrix}$$

$$= \begin{pmatrix} -c & a - d \\ 0 & c \end{pmatrix} = \begin{pmatrix} 0 & 0 \\ 0 & 0 \end{pmatrix}$$

であるから，

$$c = 0, \qquad a = d, \qquad \text{および} \quad b = \text{任意}$$

である．したがって，

$$B^* = \begin{pmatrix} a & b \\ 0 & a \end{pmatrix}$$

が得られる．補題 A.1.3 から，A_0 に**直交する**行列は

$$B = \begin{pmatrix} \bar{a} & 0 \\ \bar{b} & \bar{a} \end{pmatrix}$$

で与えられることがわかっている．ここで，$\bar{a}, \bar{b}$ は任意の複素数である.

A_0 に横断的で，準普遍変形の表現を簡単にする行列の族は

$$\tilde{B} = \begin{pmatrix} 0 & 0 \\ \bar{b} & \bar{a} \end{pmatrix}$$

である.

$\tilde{B}$ が A_0 に直交するかどうかは,

$$\langle \tilde{B}, B \rangle \equiv \mathrm{tr}(\tilde{B}B^*) \neq 0$$

を示せばわかる. この場合は,

$$\tilde{B}B^* = \begin{pmatrix} 0 & 0 \\ \bar{b} & \bar{a} \end{pmatrix} \begin{pmatrix} a & 0 \\ b & a \end{pmatrix} = \begin{pmatrix} 0 & 0 \\ \bar{b}a + \bar{a}b & |a|^2 \end{pmatrix}$$

であり, したがって,

$$\langle \tilde{B}, B \rangle \equiv \mathrm{tr}(\tilde{B}B^*) = |a|^2 \neq 0$$

となる.

$\bar{b} = \lambda_1$ かつ $\bar{a} = \lambda_2$ と置き換えれば, 次の準普遍変形

$$\begin{pmatrix} \alpha & 1 \\ 0 & \alpha \end{pmatrix} + \begin{pmatrix} 0 & 0 \\ \lambda_1 & \lambda_2 \end{pmatrix}$$

が得られる.

例 A.1.2 行列

$$A_0 = \begin{pmatrix} \alpha & 0 \\ 0 & \alpha \end{pmatrix}, \qquad \alpha\alpha \tag{A.1.15}$$

を考えよう. (A.1.12) から, (A.1.15) の準普遍変形は 4 つのパラメータを持ち, したがって, ジョルダン標準形 A_0 を持つ行列全体は $\mathbb{C}^4$ の余次元 4 の部分多様体を成すことがわかる.

次に, A_0 の軌道に直交する行列の族を計算すると,

$$\begin{pmatrix} a & b \\ c & d \end{pmatrix} \begin{pmatrix} \alpha & 0 \\ 0 & \alpha \end{pmatrix} - \begin{pmatrix} \alpha & 0 \\ 0 & \alpha \end{pmatrix} \begin{pmatrix} a & b \\ c & d \end{pmatrix} = \begin{pmatrix} 0 & 0 \\ 0 & 0 \end{pmatrix}.$$

つまり,

$$\begin{pmatrix} a\alpha & b\alpha \\ c\alpha & d\alpha \end{pmatrix} - \begin{pmatrix} \alpha a & \alpha b \\ \alpha c & \alpha d \end{pmatrix} = \begin{pmatrix} 0 & 0 \\ 0 & 0 \end{pmatrix}$$

となる. だから a, b, c, d は任意であり, したがって, 余次元 4 であり, 準普遍変形は

$$\begin{pmatrix} \alpha & 0 \\ 0 & \alpha \end{pmatrix} + \begin{pmatrix} \lambda_1 & \lambda_2 \\ \lambda_3 & \lambda_4 \end{pmatrix}$$

で与えられる. ここで, パラメータを例 A.1.1 のように置き換えた.

322 3. 局所分岐

例 A.1.3 行列

$$A_0 = \begin{pmatrix} \alpha & 1 & 0 \\ 0 & \alpha & 0 \\ 0 & 0 & \alpha \end{pmatrix}, \qquad \alpha^2 \alpha \tag{A.1.16}$$

を考えよう. (A.1.12) から, (A.1.16) の準普遍変形は少なくとも 5 つのパラメータを持ち, したがって, ジョルダン標準形 A_0 を持つ行列全体は $\mathbb{C}^9$ の余次元 5 の部分多様体を成す.

A_0 の軌道に直交する行列の族を計算すると,

$$\begin{pmatrix} a & b & c \\ d & e & f \\ g & h & i \end{pmatrix} \begin{pmatrix} \alpha & 1 & 0 \\ 0 & \alpha & 0 \\ 0 & 0 & \alpha \end{pmatrix} - \begin{pmatrix} \alpha & 1 & 0 \\ 0 & \alpha & 0 \\ 0 & 0 & \alpha \end{pmatrix} \begin{pmatrix} a & b & c \\ d & e & f \\ g & h & i \end{pmatrix}$$

$$= \begin{pmatrix} 0 & 0 & 0 \\ 0 & 0 & 0 \\ 0 & 0 & 0 \end{pmatrix}$$

$$\begin{pmatrix} a\alpha & a+b\alpha & c\alpha \\ d\alpha & d+e\alpha & f\alpha \\ g\alpha & g+h\alpha & i\alpha \end{pmatrix} - \begin{pmatrix} a\alpha+d & \alpha b+e & \alpha c+f \\ \alpha d & \alpha e & \alpha f \\ \alpha g & \alpha h & \alpha i \end{pmatrix}$$

$$= \begin{pmatrix} -d & a-e & -f \\ 0 & d & 0 \\ 0 & g & 0 \end{pmatrix} = \begin{pmatrix} 0 & 0 & 0 \\ 0 & 0 & 0 \\ 0 & 0 & 0 \end{pmatrix}$$

となり, したがって $d=0, g=0, f=0, a=e$, および $b,c,h,i=$ 任意, が得られる.
したがって,

$$B = \begin{pmatrix} \overline{a} & 0 & 0 \\ \overline{b} & \overline{a} & \overline{h} \\ \overline{c} & 0 & \overline{i} \end{pmatrix}$$

が得られる. または, A_0 に横断的な場合は簡単な形

$$\tilde{B} = \begin{pmatrix} 0 & 0 & 0 \\ \lambda_1 & \lambda_2 & \lambda_3 \\ \lambda_4 & 0 & \lambda_5 \end{pmatrix}$$

が与えられる. ここで, 例 A.1.1 のように, パラメータを置き換えた. よって, A_0 の準普遍変形は

$$\begin{pmatrix} \alpha & 1 & 0 \\ 0 & \alpha & 0 \\ 0 & 0 & \alpha \end{pmatrix} + \begin{pmatrix} 0 & 0 & 0 \\ \lambda_1 & \lambda_2 & \lambda_3 \\ \lambda_4 & 0 & \lambda_5 \end{pmatrix}$$

で与えられる.

$\tilde{B}$ が A_0 の軌道に横断的であることを確かめるのは,読者に任せよう.

まとめると,最初の低い余次元の行列のいくつかは

$$\boxed{\alpha^2} \qquad \begin{pmatrix} \alpha & 1 \\ 0 & \alpha \end{pmatrix} + \begin{pmatrix} 0 & 0 \\ \lambda_1 & \lambda_2 \end{pmatrix},$$

$$\boxed{\alpha\alpha} \qquad \begin{pmatrix} \alpha & 0 \\ 0 & \alpha \end{pmatrix} + \begin{pmatrix} \lambda_1 & \lambda_2 \\ \lambda_3 & \lambda_4 \end{pmatrix},$$

$$\boxed{\alpha^2\alpha} \qquad \begin{pmatrix} \alpha & 1 & 0 \\ 0 & \alpha & 0 \\ 0 & 0 & \alpha \end{pmatrix} + \begin{pmatrix} 0 & 0 & 0 \\ \lambda_1 & \lambda_2 & \lambda_3 \\ \lambda_4 & 0 & \lambda_5 \end{pmatrix}$$

で与えられる準普遍変形を持つ.これらは最も簡単な形であって,それらに重複固有値を含む行列のパラメータ付けられた族はパラメータに解析的に依存する変形で変形され得る.

この付録を終える前に,非常に重要な点,つまり,この付録の全ての作業は複素数を用いて行われたということを指摘したい.そのわけは簡単である.対角化の問題は複素数の行列で扱った方がずっと容易だからである.しかし,この本では,主に実数値のベクトル場に関心があった.だから,複素行列の準普遍変形に関する結果が直ちに実行列の準普遍変形の場合に移行できるのは幸運なことである.主なアイデアは次のとおりである(Arnold [1983]).

複素行列 $\bar{A}_0$ の最小個数のパラメータを持った準普遍変形の実数化を,実行列 A_0 の最小個数のパラメータを持った準普遍変形として選ぶことができる.ここで,A_0 は $\bar{A}_0$ の実数化である.

この命題は,いくつかの定義と用語を参照すればほとんど明らかであろう.ここでは我々の目的に必要なものだけを述べる.もっと詳しくは Arnold [1973] または Hirsch and Smale [1974] を参照してほしい.

明らかに,$\mathbb{C}^n$ の実数化は $\mathbb{R}^{2n}$ である.さらに,$e_1,\cdots,e_n$ が $\mathbb{C}^n$ の基底であれば,$e_1,\cdots,e_n,\ ie_1,\ldots,ie_n$ が $\mathbb{C}^n$ の実数化,$\mathbb{R}^{2n}$ の基底である.さて,$A = A_r + iA_i$ を $\mathbb{C}^n$ から自分自身への複素線形変換の行列表現としよう.このとき,この行列の実数化は $2n \times 2n$ 行列

$$\begin{pmatrix} A_r & -A_i \\ A_i & A_r \end{pmatrix} \tag{A.1.17}$$

で与えられる.

複素行列の次の準普遍変形

$$\begin{pmatrix} \alpha & 1 \\ 0 & \alpha \end{pmatrix} + \begin{pmatrix} 0 & 0 \\ \lambda_1 & \lambda_2 \end{pmatrix}, \tag{A.1.18a}$$

$$\begin{pmatrix} \alpha & 0 \\ 0 & \alpha \end{pmatrix} + \begin{pmatrix} \lambda_1 & \lambda_2 \\ \lambda_3 & \lambda_4 \end{pmatrix} \tag{A.1.18b}$$

を考えよう. $\rho, \tau, \mu_i,$ および γ_i を実数として,

$$\alpha = \rho + i\tau,$$
$$\lambda_i = \mu_i + i\gamma_i$$

とすると, (A.1.17) から, これらの行列の実数化は

$$\begin{pmatrix} \rho & 1 & 0 & -\tau \\ 0 & \rho & -\tau & 0 \\ 0 & \tau & \rho & 1 \\ \tau & 0 & 0 & \rho \end{pmatrix} + \begin{pmatrix} 0 & 0 & 0 & 0 \\ \mu_1 & \mu_2 & -\gamma_1 & -\gamma_2 \\ 0 & 0 & 0 & 0 \\ \gamma_1 & \gamma_2 & \mu_1 & \mu_2 \end{pmatrix}, \tag{A.1.19a}$$

$$\begin{pmatrix} \rho & 0 & 0 & -\tau \\ 0 & \rho & -\tau & 0 \\ 0 & \tau & \rho & 0 \\ \tau & 0 & 0 & \rho \end{pmatrix} + \begin{pmatrix} \mu_1 & \mu_2 & -\gamma_1 & -\gamma_2 \\ \mu_3 & \mu_4 & -\gamma_3 & -\gamma_4 \\ \gamma_1 & \gamma_2 & \mu_1 & \mu_2 \\ \gamma_3 & \gamma_4 & \mu_3 & \mu_4 \end{pmatrix} \tag{A.1.19b}$$

で与えられることがわかる. たとえば, ベクトル場の不動点の分岐の研究で興味があるのは固有値が 0 の場合であり, したがって, (A.1.19a) と (A.1.19b) から, 行列

$$\begin{pmatrix} 0 & 1 \\ 0 & 0 \end{pmatrix} \tag{A.1.20a}$$

および

$$\begin{pmatrix} 0 & 0 \\ 0 & 0 \end{pmatrix} \tag{A.1.20b}$$

の準普遍変形は, それぞれ,

$$\begin{pmatrix} 0 & 1 \\ 0 & 0 \end{pmatrix} + \begin{pmatrix} 0 & 0 \\ \mu_1 & \mu_2 \end{pmatrix} \tag{A.1.21a}$$

および

$$\begin{pmatrix} 0 & 0 \\ 0 & 0 \end{pmatrix} + \begin{pmatrix} \mu_1 & \mu_2 \\ \mu_3 & \mu_4 \end{pmatrix} \tag{A.1.21b}$$

で与えられると結論される.

最後に，ポアンカレ-アンドロノフ-ホップ分岐の研究に重要な自明な場合を考えよう．複素1×1行列

$$(\alpha), \qquad \alpha \in \mathbb{C}^1 \tag{A.1.22}$$

を考える．このとき，(A.1.22) の実数化は $\alpha = \rho + i\tau$ として

$$\begin{pmatrix} \rho & -\tau \\ \tau & \rho \end{pmatrix} \tag{A.1.23}$$

で与えられる.

だから，実行列

$$\begin{pmatrix} 0 & -\tau \\ \tau & 0 \end{pmatrix} \tag{A.1.24}$$

の準普遍変形は

$$\begin{pmatrix} 0 & -\tau \\ \tau & 0 \end{pmatrix} + \begin{pmatrix} \rho & 0 \\ 0 & \rho \end{pmatrix} \tag{A.1.25}$$

で与えられることがわかる．この他の重要な例は第3章の演習問題としよう.

最後に，ハミルトン系の分岐の研究では，シンプレクティック行列の準普遍変形を考える必要があることを注意する．この場合は Galin [1982] および Kocak [1984] によって研究された.

3.1E 2重0固有値

不動点を持つ $\mathbb{R}^n$ 上のベクトル場で，その不動点のまわりでのベクトル場の線形化に付随する行列が2つの0固有値と虚軸から離れた残りの固有値を持つものがあるとしよう．この場合，この非双曲型不動点の近くの力学の研究は付随する2次元中心多様体に制限されたベクトル場の力学の研究に帰着し得るということがわかっている（第2章参照）.

2次元中心多様体への帰着はなされているとし，ベクトル場の線形部分のジョルダン標準形が

$$\begin{pmatrix} 0 & 1 \\ 0 & 0 \end{pmatrix} \tag{3.1.187}$$

326   3. 局所分岐

で与えられるとしよう.

目標は, (3.1.187) で与えられた線形部分を持った非双曲型不動点の近くの力学を調べることである. 手続きは充分に体系的であり, 以下の段階でなされる.

1. 標準形を計算し, 簡約せよ.
2. 研究すべき場合の数を少なくするように標準形を尺度変換せよ.
3. 簡約された標準形を適当な 2-パラメータ族に埋め込め（例 3.1.20b を参照）.
4. ベクトル場の 2-パラメータ族の局所力学を調べよ.

   4a. 不動点をみつけ, その安定性を調べよ.

   4b. その不動点に関する分岐を調べよ.

   4c. 局所力学の考察に基づき, 大域的分岐があるかどうか判断せよ.

5. 大域的分岐を解析せよ.
6. 標準形の無視された高次の項の, 簡約された標準形の力学への影響を調べよ.

段階 4c は新しい現象であることを注意する. しかし, 大域的影響が局所的な余次元 k の力学 $(k \geq 2)$ に関連するということは珍しいことではないことがわかる. それどころか, その存在を完全に局所的な解析から "推量する" ことがしばしば可能であることもわかる. このことは後にもっと詳しく論じよう. さて, 段階 1 から解析を始めよう.

段階 1 標準形. 例 2.2.2 で, 線形部分 (3.1.187) を持ったベクトル場の不動点に関する標準形は

$$
\begin{aligned}
\dot{x} &= y + \mathcal{O}(|x|^3, |y|^3), \\
\dot{y} &= ax^2 + bxy + \mathcal{O}(|x|^3, |y|^3), \qquad (x, y) \in \mathbb{R}^2
\end{aligned}
\tag{3.1.188}
$$

で与えられることがわかっている. ここで, (3.1.188) の $\mathcal{O}(3)$ の項を無視して得られる簡約された標準形

$$
\begin{aligned}
\dot{x} &= y, \\
\dot{y} &= ax^2 + bxy
\end{aligned}
\tag{3.1.189}
$$

を調べる.

段階 2 尺度変換.

$$
\begin{aligned}
x &\to \alpha x, \\
y &\to \beta y, \\
t &\to \gamma t, \qquad \gamma > 0
\end{aligned}
$$

とすると，(3.1.189) は

$$\dot{x} = \left(\frac{\gamma\beta}{\alpha}\right) y,$$

$$\dot{y} = \left(\frac{\gamma a \alpha^2}{\beta}\right) x^2 + (\gamma b \alpha) xy \tag{3.1.190}$$

となる．ここで γ, β, α を，(3.1.190) の係数ができるだけ簡単になるように選びたい．理想的には全てを 1 にしたい．これは不可能だが，それに近いことはできることがわかる．

まず，

$$\frac{\gamma\beta}{\alpha} = 1 \tag{3.1.191}$$

すなわち，

$$\gamma = \frac{\alpha}{\beta}$$

と置こう．式 (3.1.191) は γ を固定する．尺度変換が安定性に影響しないように，α と β は同符号とする（γ は時間の尺度だから）．

次に，

$$\frac{\gamma a \alpha^2}{\beta} = 1 \tag{3.1.192}$$

と置く．(3.1.191), (3.1.192) を用いれば，

$$\frac{a \alpha^3}{\beta^2} = a \alpha \left(\frac{\alpha^2}{\beta^2}\right) = 1 \tag{3.1.193}$$

となる．式 (3.1.193) は α/β を固定する．

最後に，

$$\gamma b \alpha = 1 \tag{3.1.194}$$

としたいが，(3.1.191), (3.1.194) を用いると

$$\frac{b \alpha^2}{\beta} = b \beta \left(\frac{\alpha^2}{\beta^2}\right) = 1 \tag{3.1.195}$$

となる．

a と b はどちらの符号も取り得るが，α と β は同符号でなければならなかった．さらに (3.1.193) から，a と α は同符号でなければならないことがわかる．したがって，もし (3.1.195) が成り立つとすると，b と a が同符号になる．これでは制限が強すぎ

328　3. 局所分岐

る．一般性を保ちながらできる最良のことは，

$$b\beta\left(\frac{\alpha^2}{\beta^2}\right) = \pm 1 \tag{3.1.196}$$

とすることであり，よって，尺度変換した変数では，標準形は

$$\dot{x} = y,$$
$$\dot{y} = x^2 \pm xy \tag{3.1.197}$$

となる．

段階 3 準普遍変形を構成する． 例 (3.1.20b) から，準普遍変形のもっともらしい候補として，

$$\dot{x} = y,$$
$$\dot{y} = \mu_1 + \mu_2 y + x^2 + bxy, \qquad b = \pm 1 \tag{3.1.198}$$

がとれる．

段階 4 (3.1.198) の局所力学を調べる．$b = +1$ の場合を考えよう．

段階 4a 不動点とその安定性． (3.1.198) の不動点が

$$(x, y) = (\pm\sqrt{-\mu_1}, 0) \tag{3.1.199}$$

で与えられるのはすぐわかる．特に，$\mu_1 > 0$ のときには不動点は無い．

　次にこれらの不動点の安定性を調べよう．

　不動点で計算したこのベクトル場のヤコビ行列は

$$\begin{pmatrix} 0 & 1 \\ 2x & \mu_2 + x \end{pmatrix}\Bigg|_{(\pm\sqrt{-\mu_1}, 0)} = \begin{pmatrix} 0 & 1 \\ \pm 2\sqrt{-\mu_1} & \mu_2 \pm \sqrt{-\mu_1} \end{pmatrix} \tag{3.1.200}$$

で与えられる．その固有値は

$$\lambda_{1,2} = \frac{\mu_2 \pm \sqrt{-\mu_1}}{2} \pm \frac{1}{2}\sqrt{(\mu_2 \pm \sqrt{-\mu_1})^2 \pm 8\sqrt{-\mu_1}} \tag{3.1.201}$$

で与えられる．不動点の2つの枝を $(x^+, 0) \equiv (+\sqrt{-\mu_1}, 0)$ および $(x^-, 0) = (-\sqrt{-\mu_1}, 0)$ と表せば，(3.1.201) から，$(x^+, 0)$ は $\mu_1 < 0$ と全ての μ_2 に対して**鞍状点**であり，$\mu_1 = 0$ のときは $(x^+, 0)$ での固有値は

$$\lambda_{1,2} = \mu_2, 0$$

で与えられる．不動点 $(x^-, 0)$ は $\{\mu_2 > \sqrt{-\mu_1}, \mu_1 < 0\}$ のとき**湧点**であり，$\{\mu_2 <$

$\sqrt{-\mu_1}, \mu_1 < 0\}$ のとき**沈点**である. $\mu_1 = 0$ のときは, $(x^-, 0)$ 上の固有値は

$$\lambda_{1,2} = \mu_2, 0$$

で与えられ, $\mu_2 = \sqrt{-\mu_1}$, $\mu_1 < 0$ のときは, $(x^-, 0)$ 上の固有値は

$$\lambda_{1,2} = \pm i\sqrt{2\sqrt{-\mu_1}}$$

で与えられる. こうして, $\mu_1 = 0$ は, その上で $(x^\pm, 0)$ が鞍状点-結節点分岐により生じる分岐曲線であり, $\mu_2 = \sqrt{-\mu_1}$, $\mu_1 < 0$ は, その上で $(x^-, 0)$ がポアンカレ-アンドロノフ-ホップ分岐を起こす分岐曲線であると考えて良いだろう. ここで, このことを確かめ, これらの分岐に付随する軌道構造を調べることに移ろう.

段階 4b 不動点の分岐. $\mu_1 = 0$ で μ_2 は任意, の近くの軌道構造を調べることから始めよう. 中心多様体定理 (定理 2.1.1) を用いる.

まず系を中心多様体定理の "標準形" に変形しよう. この過程で, μ_2 を固定された定数として扱い, μ_1 をパラメータと考える. そして, $\mu_1 = 0$ からの分岐を調べる.

(3.1.198) を中心多様体が適用できる形に変形するために, 次の線形変換

$$\begin{pmatrix} x \\ y \end{pmatrix} = \begin{pmatrix} 1 & 1 \\ 0 & \mu_2 \end{pmatrix} \begin{pmatrix} u \\ v \end{pmatrix}, \qquad \begin{pmatrix} u \\ v \end{pmatrix} = \frac{1}{\mu_2} \begin{pmatrix} \mu_2 & -1 \\ 0 & 1 \end{pmatrix} \begin{pmatrix} x \\ y \end{pmatrix} \tag{3.1.202}$$

を用いる. この変換で (3.1.198) は

$$\begin{pmatrix} \dot{u} \\ \dot{v} \end{pmatrix} = \begin{pmatrix} 0 & 0 \\ 0 & \mu_2 \end{pmatrix} \begin{pmatrix} u \\ v \end{pmatrix} + \frac{1}{\mu_2} \begin{pmatrix} -\mu_1 \\ \mu_1 \end{pmatrix}$$

$$+ \frac{1}{\mu_2} \begin{pmatrix} -(u^2 + (2 + \mu_2)uv + (1 + \mu_2)v^2) \\ u^2 + (2 + \mu_2)uv + (1 + \mu_2)v^2 \end{pmatrix}$$

つまり

$$\dot{u} = -\frac{\mu_1}{\mu_2} - \frac{1}{\mu_2}\left[u^2 + (2 + \mu_2)uv + (1 + \mu_2)v^2 \right],$$

$$\dot{v} = \mu_2 v + \frac{\mu_1}{\mu_2} + \frac{1}{\mu_2}\left[u^2 + (2 + \mu_2)uv + (1 + \mu_2)v^2 \right]. \tag{3.1.203}$$

と変形される. 中心多様体を実際に計算しなくても次のように主張できる.

中心多様体は u と μ_1 上のグラフ $v(u, \mu_1)$ として与えられ, 少なくとも $\mathcal{O}(2)$ である. したがって, これから変形された系は

$$\dot{u} = -\frac{1}{\mu_2}(\mu_1 + u^2) + \mathcal{O}(3) \tag{3.1.204}$$

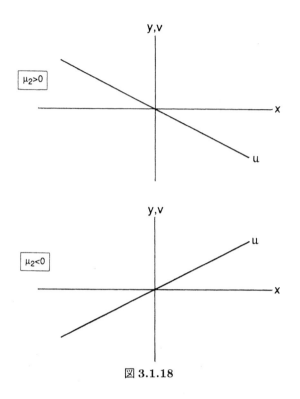

図 3.1.18

で与えられ，よってそれは $\mu_1 = 0$ で鞍状点-結節点分岐を起こす．

結節点の安定（不安定）多様体が鞍状点の不安定（安定）多様体に接続すると直ちに結論することができる．というのは，これは 1 次元の流れでいつも起こるからである．そのような結果は次元が 2 以上のときは自明ではないから，このことは中心多様体解析のもう 1 つの利点を示す．

次に，中心多様体上の流れの性質をもっと詳しく調べ，それが 2 次元の流れ全体に対して何を意味するかを調べたい．分岐曲線上の線形化された 2 次元ベクトル場の固有値は

$$\lambda_{1,2} = \mu_2, 0$$

で与えられることを思い出してほしい．(3.1.198) を (3.1.203) に変形するとき，(3.1.202) から，座標軸は図 3.1.18 のように変換されることがわかる．

さて，中心多様体上の流れは

$$\dot{u} = -\frac{1}{\mu_2}(\mu_1 + u^2) + \mathcal{O}(3) \qquad (3.1.205)$$

で与えられ，(u, μ_1) 座標では図 3.1.19 のようになる．

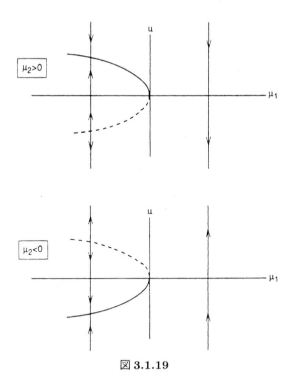

図 3.1.19

　図 3.1.18 と 3.1.19 の情報を利用し，$\mu_1 = 0$ のとき不動点のまわりで線形化されたベクトル場の固有値が $\lambda_{1,2} = \mu_2, 0$ であることを思い出せば，μ_2 軸を横切るとき 2 次元相空間での分岐を示す原点近くの相図が容易に得られる．図 3.1.20 を見よ．

　μ_1 が負で小さいとき，鞍状点の安定および不安定多様体は $\mu_2 > 0$ のときと $\mu_2 < 0$ のときとで逆になることに気づいてほしい．

　次に，$\mu_2 = \sqrt{-\mu_1}$, $\mu_1 < 0$ の上の不動点 $(x^-, 0)$ の安定性の変化を調べよう．(3.1.201) から，この不動点の曲線のまわりで線形化したものの固有値は

$$\lambda_{1,2} = \pm i \sqrt{2\sqrt{-\mu_1}}$$

である．μ_2 をパラメータとみなすと，(3.1.201) から，

$$\left. \frac{d}{d\mu_2} \operatorname{Re} \lambda_{1,2} \right|_{\mu_2 = \sqrt{-\mu_1}} = \frac{1}{2} \neq 0$$

が得られる．したがって，$\mu_2 = \sqrt{-\mu_1}$ ではポアンカレ-アンドロノフ-ホップ分岐が起こることがわかる．

　次に，分岐する周期軌道の安定性を調べよう．定理 3.1.3 を思い出すと，まず方程

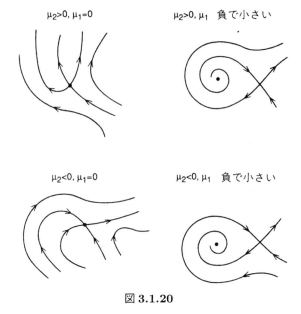

図 3.1.20

式をある "標準形" に変形し，この標準形に現れる関数の導関数により与えられる係数 a を計算するのであった．

まず変換

$$\bar{x} = x - x^-,$$
$$\bar{y} = y$$

で不動点を原点に移すと，(3.1.198) は

$$\begin{pmatrix} \dot{\bar{x}} \\ \dot{\bar{y}} \end{pmatrix} = \begin{pmatrix} 0 & 1 \\ -2\sqrt{-\mu_1} & 0 \end{pmatrix} \begin{pmatrix} \bar{x} \\ \bar{y} \end{pmatrix} + \begin{pmatrix} 0 \\ \bar{x}\bar{y} + \bar{x}^2 \end{pmatrix} \qquad (3.1.206)$$

となる．ついで線形変換

$$\begin{pmatrix} \bar{x} \\ \bar{y} \end{pmatrix} = \begin{pmatrix} 0 & 1 \\ \sqrt{-2\sqrt{-\mu_1}} & 0 \end{pmatrix} \begin{pmatrix} u \\ v \end{pmatrix} \qquad (3.1.207)$$

で (3.1.206) の線形部分を標準形に変形すると，(3.1.206) は

$$\begin{pmatrix} \dot{u} \\ \dot{v} \end{pmatrix} = \begin{pmatrix} 0 & -\sqrt{-2\sqrt{-\mu_1}} \\ \sqrt{-2\sqrt{-\mu_1}} & 0 \end{pmatrix} \begin{pmatrix} u \\ v \end{pmatrix} \qquad (3.1.208)$$
$$+ \begin{pmatrix} uv + \frac{1}{\sqrt{-2\sqrt{-\mu_1}}} v^2 \\ 0 \end{pmatrix}$$

3.1. ベクトル場の不動点の分岐   *333*

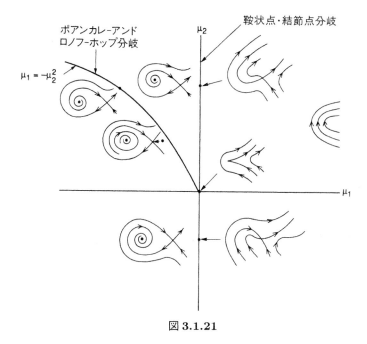

図 **3.1.21**

となる．(3.1.208) は (3.1.106) の形と全く同じである．よって係数 a は次の式

$$a = \frac{1}{16}[f_{uuu} + f_{uvv} + g_{uuv} + g_{vvv}]$$
$$+ \frac{1}{16\sqrt{-2\sqrt{-\mu_1}}}[f_{uv}(f_{uu} + f_{vv}) - g_{uv}(g_{uu} + g_{vv}) - f_{uu}g_{uu} + f_{vv}g_{vv}],$$

で与えられる．ここで，偏導関数は全て原点でとる．今の場合，

$$f = uv + \frac{1}{\sqrt{-2\sqrt{-\mu_1}}}v^2,$$
$$g = 0$$

であるから，簡単な計算で

$$a = \frac{1}{16\sqrt{-\mu_1}} > 0$$

となり，$\mu_2^2 = -\mu_1$ の下にある不安定周期軌道は**不安定型ポアンカレ-アンドロノフ-ホップ分岐**であることがわかった．

これで局所解析は完了する．この結果を図 3.1.21 の分岐図式にまとめておく．

段階 4c 大域的力学． これまで全ての可能な局所分岐を分析してきた．しかし，図

334   3. 局所分岐

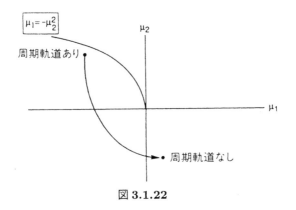

図 3.1.22

3.1.21 を注意深く調べれば，もっと他の分岐があるはずだということがわかる．この推論は以下の事実に基づいている．

1. 鞍状点の安定および不安定多様体について記す．$\mu_2 > \sqrt{-\mu_1}$, $\mu_1 < 0$ の場合，安定および不安定多様体は $\mu_2 < 0$, $\mu_1 < 0$ の場合と比べると反対の "向き" を持っている．μ_2 が減少するとき，多様体が "お互いに通り抜ける" かのようである．

2. 指数定理を用いると，(3.1.198) ($b = +1$) は $\mu_1 > 0$ のとき周期軌道を持たないことがすぐわかる（この領域には不動点が無いから）．したがって，μ_1-μ_2 平面で原点のまわりを弧状に $\mu_2 = -\mu_1^2$ から出発して $\mu_1 > 0$ まで動くと（図 3.1.22 を見よ），どこかで全ての周期軌道が消滅する結果になる分岐曲線（達）を横切るはずである．これは，全てが考慮されるはずだから局所分岐ではあり得ない．

段階 5 大域的分岐の解析． この場合の大域的分岐の解析は第 4 章にまわして，ここでは結果を述べるだけにする．

この場合の分岐図式を完成させる大域的分岐の候補としては，**鞍状点結合**あるいは**ホモクリニック分岐**である．これが曲線

$$\mu_1 = -\frac{49}{25}\mu_2^2 + \mathcal{O}(\mu_2^{5/2})$$

の上で起こることを第 4 章で示す．これを図 3.1.23 に表した．この図から鞍状点結合またはホモクリニック分岐は，μ_2 が減少するとき不安定型ポアンカレ-アンドロノフ-ホップ分岐で作られた周期軌道の振幅が大きくなり鞍状点に衝突しホモクリニック軌道を作り出すというように記述される．さらに μ_2 が減少すると，ホモクリニック軌道は壊れる．これが前に述べた鞍状点の安定および不安定多様体の向きが逆になることを説明している．また，不安定型ポアンカレ-アンドロノフ-ホップ分岐で作られた周期軌道がどのように壊されるかをも説明している．

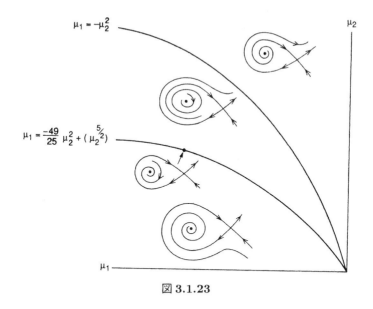

図 3.1.23

段階6 標準形の高次の項の影響． Bogdanov [1975] は，(3.1.198) の力学は標準形の高次の項によって質的に変化はしないことを証明した．したがって，(3.1.198) は準普偏変形である．このことの証明に含まれている論点については第4章でもっと完全に論ずる．

これで $b = +1$ の場合の解析は完成した．$b = -1$ の場合もほとんど同じだから，演習問題とする．2重0固有値を終る前に，最後にいくつかの注意をしたい．

注意1 読者は，この解析の一般性に気づいてほしい．標準形はベクトル場の線形部分の構造で完全に決定される．

注意2 局所分岐の解析から大域的力学が生じた．2次元ベクトル場ではこれらの力学は複雑にはなり得ないが，3次元ベクトル場の場合にはカオス的な力学が起こり得る．

注意3 ベクトル場に対する "2重0固有値" とは，普通は（ジョルダン標準形において）線形部分が

$$\begin{pmatrix} 0 & 1 \\ 0 & 0 \end{pmatrix}$$

で与えられるベクトル場を意味する．しかし，線形部分

$$\begin{pmatrix} 0 & 0 \\ 0 & 0 \end{pmatrix}$$

も 2 重 0 固有値である．この場合は余次元 4 であり，したがって解析するのはもっと困難である．

3.1F　1 つの 0 と 1 対の純虚数の固有値

ベクトル場の線形部分が中心多様体への変形をしたあと次の形

$$\begin{pmatrix} 0 & -\omega & 0 \\ \omega & 0 & 0 \\ 0 & 0 & 0 \end{pmatrix} \begin{pmatrix} x \\ y \\ z \end{pmatrix}. \tag{3.1.209}$$

をしているとしよう．これを用いて標準形を計算し，次いで円筒座標に変換すると次の標準形

$$\begin{aligned} \dot{r} &= a_1 rz + a_2 r^3 + a_3 rz^2 + \mathcal{O}(|r|^4, |z|^4), \\ \dot{z} &= b_1 r^2 + b_2 z^2 + b_3 r^2 z + \mathcal{O}(|r|^4, |z|^4), \\ \dot{\theta} &= \omega + c_1 z + \mathcal{O}(|r|^2, |z|^2) \end{aligned} \tag{3.1.210}$$

が得られる（演習問題 2.9 参照）．これがこれから研究するベクトル場である．このベクトル場の r と z の成分の θ への依存の仕方が任意に大きな k に対して k 次に移され得ることに注意してほしい（注：ポアンカレ-アンドロノフ-ホップ分岐の標準形を解析するときに全く同じことが起こった）．これは重要である．というのは，これがこの系の解析を容易にする主な道具だからである．特に，この解析は単に局所的（つまり，r, z が十分小さい）であることに注意しよう．したがって，r, z が十分小さいとき，$\dot{\theta} \neq 0$ である．だから，方程式をある次数で切り捨てて，ベクトル場の $\dot{\theta}$ の部分を無視して r, z の部分だけを相平面として解析する．r, z が十分小さいとき，ある（後ではっきりさせる）意味で $r - z$ 相平面は 3 次元空間全体に対するポアンカレ写像と考えられる．また，解析するとき，高次の項の影響も考えなければならない．というのは，実際のベクトル場では (r, z) 成分が θ に無関係であるというのは必ずしも真実ではないからである．標準形の手法で θ への依存性を高次の項に押し上げただけなのである．

この解析は節 3.1E の 2 重 0 固有値の解析と同じ段階で行われる．

段階 1　標準形を計算し簡約する．　標準形は (3.1.210) で与えられる．ここで，(3.1.210) の $\mathcal{O}(3)$ とそれ以上の項と，さらに，上に述べたように，$\dot{\theta}$ の成分を無視す

る．こうして，解析するベクトル場は

$$\dot{r} = a_1 rz,$$
$$\dot{z} = b_1 r^2 + b_2 z^2 \tag{3.1.211}$$

となる．

段階 2 場合の数を減らすための尺度変換． $\bar{r} = \alpha r$ および $\bar{z} = \beta z$ と尺度変換して，

$$\dot{\bar{r}} = \alpha \left[a_1 \frac{\bar{r}\bar{z}}{\alpha\beta} \right],$$

$$\dot{\bar{z}} = \beta \left[\frac{b_1}{\alpha^2} \bar{r}^2 + \frac{b_2}{\beta^2} \bar{z}^2 \right]$$

が得られる．$\beta = -b_2$, $\alpha = -\sqrt{|b_1 b_2|}$ と置き，$\bar{r}, \bar{z}$ から上のバーを取り除くと

$$\dot{r} = -\frac{a_1}{b_2} rz,$$

$$\dot{z} = \frac{-b_1 b_2}{|b_1 b_2|} r^2 - z^2,$$

つまり

$$\dot{r} = arz,$$
$$\dot{z} = br^2 - z^2 \tag{3.1.212}$$

が得られる．ここで，$a = \frac{-a_1}{b_2}$ は任意（ただし 0 ではなく有界）であり，$b = \pm 1$ である．

次に，a と b を変えたとき，どんな位相的に異なった相図が (3.1.212) に起こるかを決定したい．6 つの異なるタイプがあることがわかる．これに（Guckenheimer and Holmes [1983] にしたがって）I, IIa, IIb, III, IVa, IVb と番号づける．IIa と IIb および IVa と IVb の準普遍変形は本質的に同じだからである．

この分類を決定する鍵となる考えは，$z = kr$ （$r \geq 0$ に注意せよ）で与えられる直線で，流れについて不変なもの（セパラトリックス）を見つけることである．これを方程式に代入すると

$$\frac{dz}{dr} = k = \frac{br^2 - k^2 r^2}{akr^2} = \frac{b - k^2}{ak}$$

つまり

$$k = \pm\sqrt{\frac{b}{a+1}} \tag{3.1.213}$$

338　3. 局所分岐

が得られる．したがって，そのような不変な直線が存在するための条件は $\frac{b}{a+1} > 0$ である．

$r = 0$ は常に不変であることと，方程式が変換 $z \to -z$, $t \to -t$ で不変であることを注意する．

したがって，$b = 1$ のときは 2 つの異なる場合

$$a \leq -1, \qquad a > -1$$

があり，$b = -1$ のときは 2 つの異なる場合

$$a < -1, \qquad a \geq -1$$

がある．

この不変直線上の流れの向きは，このベクトル場と不変直線上で計算した動径ベクトル場との内積

$$\begin{aligned}
s &\equiv (arz, br^2 - z^2) \cdot (r, z)\big|_{z=kr} \\
&= r^3 k(a + b - k^2)
\end{aligned} \tag{3.1.214}$$

で計算される．

(3.1.213) を (3.1.214) に代入すると（また，(3.1.213) で第 1 象限で $z = kr$ 上の流れの向きを与える '+' の符号をとると）

$$s = \frac{ar^2 z}{1 + a}(a + b + 1) \tag{3.1.215}$$

となる．もしこの値 s が > 0 であれば（$z, k > 0$ と取る），$z > 0$ のとき流れは動径方向の外向きになる．もし $s < 0$ であれば，$z > 0$ のとき流れは内向きになる．$z, k < 0$ のときは，向きは逆になる．この情報を以下にまとめよう．

$\underline{b = +1,\ a \leq -1}$. $r = 0$ 以外の不変直線は無い．

$\underline{b = +1,\ a > -1}$. この場合, (3.1.213) から不変直線が 1 本あることがわかり, (3.1.215) からこの直線上の流れの向きは

$$\frac{a}{1 + a}$$

の符号で決定されることがわかる．したがって 2 つの場合

$$a > 0 \quad \text{のとき} \quad \frac{a}{1 + a} > 0,$$

$$-1 < a < 0 \quad \text{のとき} \quad \frac{a}{1 + a} < 0,$$

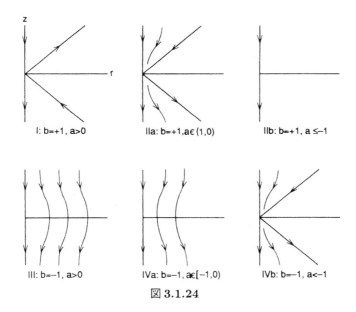

図 3.1.24

がある．退化した $a=0$ の場合は，標準形でもっと高次の項を考えなければならないので，省略する．

<u>$b=-1, a \geq -1$.</u> $r=0$ 以外の不変直線は無い．

<u>$b=-1, a<-1$.</u> (3.1.213) と (3.1.215) とから，この場合，$s<0$ で不変直線が 1 本あることがわかる．

(3.1.212) の軌道構造に関して得られた情報を図 3.1.24 にまとめる．こうして，位相的に異なる 6 つの場合がある．しかし，これらの相図はまだ完成してはいない．(3.1.212) は第 1 積分

$$I(r,z) = \frac{a}{2} r^{2/a} \left[\frac{br^2}{1+a} - z^2 \right] \tag{3.1.216}$$

を持つことに注意しよう．これは，(3.1.212) から得られる $\dot{r}$ と $\dot{z}$ とが

$$\frac{\partial I}{\partial r} \dot{r} + \frac{\partial I}{\partial z} \dot{z} = 0$$

を満たすことを確かめればわかる．

そしてこの第 1 積分から相図の中に閉軌道があるか否かに関する情報が得られる．そしてもちろんこの等位線から全ての軌道がわかる．そこで，6 つの場合のそれぞれで $I(r,z)$ の等位線を調べよう．また，(r,z) 平面の $r \geq 0, z \geq 0$ の象限だけを調べる．というのは，$z \to -z, t \to -t$ についての対称性から，この象限の流れだけがわかれ

340 3. 局所分岐

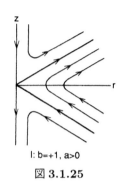

I: b=+1, a>0

図 3.1.25

ば十分だからである.

<u>場合 I</u>. $b = +1$ かつ $a > 0$ の場合 I から始めよう. このとき, $k = \sqrt{\frac{1}{1+a}} < 1$ である.
 この場合, ベクトル場は

$$\dot{r} = arz,$$
$$\dot{z} = r^2 - z^2$$

で与えられることを思い出そう. これから, $r \geq 0, z \geq 0$ のとき,

$$\dot{r} > 0 \Rightarrow r \text{ は軌道上で増加する},$$

$$\text{直線} \quad r = z \quad \text{の上で} \quad \dot{z} = 0$$

がわかる. $z > 0$ で z が直線 $r = z$ の下にあるとき, $\dot{z} > 0$ となり, z の初期値が直線 $r = z$ の下にある軌道上で z は増加する. $r = z$ の上から出発する軌道に対しては逆の結果が成り立つ. また, 直線 $z = kr$ が不変であり, したがって軌道は横切ることができないから, また $z = kr$ は $z = r$ の下にあるから, 直線 $z = kr$ の下の軌道では z と r の成分は単調増加すると結論できる. これらの観察から, 図 3.1.25 に示された相図を描くことができる.

<u>場合 IIa</u>. $b = +1, a \in (-1, 0)$ の場合であり, $k = \sqrt{\frac{1}{1+a}} > 1$ が成り立つ.

1. この場合, 直線 $z = r$ が不変直線 $z = kr$ の下にあるから, $\dot{z}$ が 0 になる相は (原点以外で) $z = kr$ の下だけである.
2. また, $a \in (-1, 0)$ であるから, $r > 0, z > 0$ の象限では常に $\dot{r} < 0$ である. したがって, r は軌道上で常に減少である.

 さて, 第 1 積分

$$I(r, z) = \frac{a}{2} r^{2/a} \left[\frac{r^2}{1+a} - z^2 \right]$$

3.1. ベクトル場の不動点の分岐   *341*

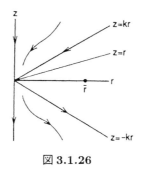

図 3.1.26

を考えよう．この関数の等位線は (3.1.212) の軌道である．次の補題が役に立つことがわかる．

補題 3.1.5 $I(r,z)$ の等位線は，直線 $z=r$ と $r>0, z>0$ でただ *1* 度だけ交わり得る．

証明 場合 IIa を解析して，図 3.1.26 に示された軌道構造が確かめられた．図 3.1.26 で示された点 $(\bar{r},0)$ では，

$$\dot{r}=0, \qquad \dot{z}=\bar{r}^2 \qquad \text{at} \quad (\bar{r},0)$$

であることに注意しよう．上の注意 1 と 2 により，$z>0, r>0$ ではどこでも $\dot{r}<0$ であり，$(\bar{r},0)$ では $\dot{z}>0$ であるから，$(\bar{r},0)$ から出発する軌道はいつかは直線 $z=r$ を横切ることになる．

ここで，$(\bar{r},0)$ から出発する軌道は

$$I(\bar{r},0) = \frac{a\bar{r}^{2+\frac{2}{a}}}{2(1+a)} \equiv \bar{c} \tag{3.1.217}$$

で与えられる等位線の上にある．これが直線 $z=r$ と交わるのだが，その交点の r 座標はつぎのように求められる．$z=r$ の上では

$$I(r,r) = \bar{c} = \frac{a}{2}r^{2/a}\left[\frac{r^2}{1+a} - \frac{r^2(1+a)}{1+a}\right]$$

$$= \frac{a}{2}r^{2/a}\left[-\frac{ar^2}{1+a}\right] = -\frac{a^2}{2(1+a)}r^{2+(2/a)} \tag{3.1.218}$$

である．出発点 $\bar{r}$ のときの交点の r 座標は，(3.1.217) と (3.1.218) とを等しいとして

$$-\frac{a^2}{2(1+a)}r^{2+(2/a)} = \frac{a\bar{r}^{2+(2/a)}}{2(1+a)}$$

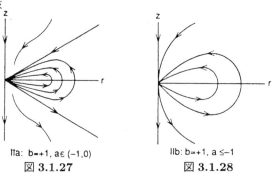

図 3.1.27　　　　図 3.1.28

を解いて

$$r = \left(-\frac{1}{a}\right)^{a/(2a+2)} \bar{r}$$

と計算できる．こうして，軌道の初期条件 $(\bar{r}, 0)$ が与えられたとき，この軌道は直線 $z = r$ と，上で与えたただ 1 つの r の値だけで（したがって z についてもただ 1 つの値で）交わると結論できる．よって補題は証明された．□

よってこの補題から次のことが言える．軌道が $z = r$ を横切った後は，2 直線 $z = r$, $z = kr$ の間にずっといることになり，しかも $\dot{r} < 0$ であるから軌道は $(0,0)$ に漸近的に近付いていく．これらの結果と $z \to -z, t \to -t$ について対称であることを併せると，図 3.1.27 に示した場合 IIa の相図を得る．

場合 IIb.　この場合，不変直線は無い．しかし，場合 IIa での議論を少し修正すると，図 3.1.28 で示した相図が得られる．

次に $b = -1$ の場合に移ろう．この場合，z はいつも減少である．

場合 III と IVa.　この 2 つの場合は不変直線が無いから簡単であり，図 3.1.24 に示した軌道構造に付け加えるものは何も無い（注：これらの図で相曲線が r-軸を横切るとき現れる異なった "くぼみ" を，読者は確かめてほしい）．

場合 IVb.　$b = -1$ かつ $a < -1$ で，$k = \sqrt{\frac{-1}{1+a}}$ の場合である．$\dot{z}$ が減少し，$\dot{r}$ も減少するのだから，図 3.1.29 に示した相図が得られる．これで可能な局所相図が完成した．比較できるように，これらを図 3.1.30 に一緒に示そう．

段階 3 準普遍変形の候補を構成する．　節 3.1D の付録 1 から，準普遍変形の候補は

$$\begin{aligned}\dot{r} &= \mu_1 r + arz, \\ \dot{z} &= \mu_2 + br^2 - z^2, \quad b = \pm 1\end{aligned} \quad (3.1.219)$$

3.1. ベクトル場の不動点の分岐   343

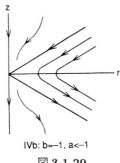

IVb: b=-1, a<-1
図 3.1.29

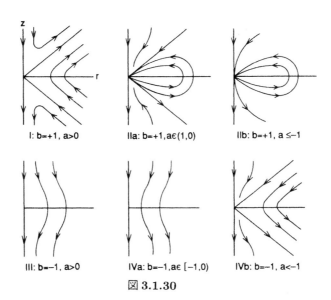

I: b=+1, a>0   IIa: b=+1, a∈(1,0)   IIb: b=+1, a ≤-1

III: b=-1, a>0   IVa: b=-1, a∈[-1,0)   IVb: b=-1, a<-1
図 3.1.30

で与えられる．

段階 4 (3.1.219) の局所力学を調べる．

段階 4a 不動点とその安定性 (3.1.219) には

$$(r,z) = (0, \pm\sqrt{\mu_2}),$$
$$(r,z) = \left(\sqrt{\frac{1}{b}\left(\frac{\mu_1^2}{a^2} - \mu_2\right)}, \frac{-\mu_1}{a}\right) \tag{3.1.220}$$

で与えられる不動点の3つの枝があることがすぐわかる（注：$r \geq 0$）．

次にこれらの不動点の安定性を調べる．線形化したベクトル場に対応する行列は

344   3. 局所分岐

$$J = \begin{pmatrix} \mu_1 + az & ar \\ 2br & -2z \end{pmatrix} \tag{3.1.221}$$

で与えられる．不動点のそれぞれの枝の安定性を調べる前に，時間節約のため，一般的な結果を示したい．

(3.1.221) の固有値は

$$\lambda_{1,2} = \frac{\mathrm{tr}\, J}{2} \pm \frac{1}{2}\sqrt{(\mathrm{tr}J)^2 - 4\det J} \tag{3.1.222}$$

で与えられる．(3.1.222) から，次の事実がわかる．

$$
\begin{aligned}
&\text{もし } \mathrm{tr}\, J > 0,\ \det J > 0 \quad \text{ならば,}\ \lambda_1 > 0, \lambda_2 > 0 \Rightarrow\ \text{涌点,} \\
&\text{もし } \mathrm{tr}\, J > 0,\ \det J < 0 \quad \text{ならば,}\ \lambda_1 > 0, \lambda_2 < 0 \Rightarrow\ \text{鞍状点,} \\
&\text{もし } \mathrm{tr}\, J < 0,\ \det J > 0 \quad \text{ならば,}\ \lambda_1 < 0, \lambda_2 < 0 \Rightarrow\ \text{沈点,} \\
&\text{もし } \mathrm{tr}\, J < 0,\ \det J < 0 \quad \text{ならば,}\ \lambda_1 > 0, \lambda_2 < 0 \Rightarrow\ \text{鞍状点,} \\
&\text{もし } \mathrm{tr}\, J = 0,\ \det J < 0 \quad \text{ならば,}\ \lambda_{1,2} = \pm\sqrt{|\det J|} \Rightarrow\ \text{鞍状点,} \\
&\text{もし } \mathrm{tr}\, J = 0,\ \det J > 0 \quad \text{ならば,}\ \lambda_{1,2} = \pm i\sqrt{|\det J|}, \Rightarrow\ \text{中心,} \\
&\text{もし } \mathrm{tr}\, J > 0,\ \det J = 0 \quad \text{ならば,}\ \lambda_1 = \mathrm{tr}\, J, \lambda_2 = 0, \\
&\text{もし } \mathrm{tr}\, J < 0,\ \det J = 0 \quad \text{ならば,}\ \lambda_1 = \mathrm{tr}\, J, \lambda_2 = 0
\end{aligned} \tag{3.1.223}
$$

さて，不動点のそれぞれの枝を個別に解析しよう．

$\underline{(0, \sqrt{\mu_2})}$. この不動点の枝上では

$$\mathrm{tr}\, J = (\mu_1 + a\sqrt{\mu_2}) - 2\sqrt{\mu_2},$$
$$\det J = -2\sqrt{\mu_2}(\mu_1 + a\sqrt{\mu_2})$$

であり，これから

$$
\begin{aligned}
\mathrm{tr}\, J > 0 &\Rightarrow\ \mu_1 + a\sqrt{\mu_2} > 2\sqrt{\mu_2}, \\
\mathrm{tr}\, J < 0 &\Rightarrow\ \mu_1 + a\sqrt{\mu_2} < 2\sqrt{\mu_2}, \\
\det J > 0 &\Rightarrow\ \mu_1 + a\sqrt{\mu_2} < 0, \\
\det J < 0 &\Rightarrow\ \mu_1 + a\sqrt{\mu_2} > 0
\end{aligned}
$$

が結論される．

(3.1.222) に注意し (3.1.223) を用いると，不動点 $(0, \sqrt{\mu_2})$ の枝の安定性について次のように結論できる．

3.1. ベクトル場の不動点の分岐　　*345*

$\operatorname{tr} J > 0,\ \det J > 0$ 　　　　　は起こり得ない，

もし $\operatorname{tr} J > 0,\ \det J < 0$ 　　ならば，$\mu_1 + a\sqrt{\mu_2} > 2\sqrt{\mu_2} \Rightarrow$ 鞍状点，

もし $\operatorname{tr} J < 0,\ \det J > 0$ 　　ならば，$\mu_1 + a\sqrt{\mu_2} < 0 \Rightarrow$ 沈点，

もし $\operatorname{tr} J < 0,\ \det J < 0$ 　　ならば，$0 < \mu_1 + a\sqrt{\mu_2} < 2\sqrt{\mu_2}$，

もし $\operatorname{tr} J = 0,\ \det J < 0$ 　　ならば，$\begin{aligned}\mu_1 + a\sqrt{\mu_2} &= 2\sqrt{\mu_2}\\ \mu_1 + a\sqrt{\mu_2} &> 0\end{aligned} \Rightarrow$ 鞍状点，

$\operatorname{tr} J = 0,\ \det J > 0$ 　　　　　は起こり得ない，

もし $\operatorname{tr} J > 0,\ \det J = 0$, 　　ならば，$\mu_2 = 0, \mu_1 > 0 \Rightarrow$ 分岐，

もし $\operatorname{tr} J < 0,\ \det J = 0$ 　　ならば，$\mu_1 + a\sqrt{\mu_2} = 0$ or $\mu_2 = 0$,

　　　　　　　　　　　　　　　　$\mu_1 < 0 \Rightarrow$ 分岐.

したがって，$(0, \sqrt{\mu_2})$ は

$$\mu_1 + a\sqrt{\mu_2} < 0 \quad \text{のとき} \qquad \text{沈点,}$$
$$\mu_1 + a\sqrt{\mu_2} > 0 \quad \text{のとき} \qquad \text{鞍状点}$$

である. 後で，$\mu_1 + a\sqrt{\mu_2} = 0$ かつ $\mu_2 = 0$ のとき起こる分岐の性質を調べる.

　次に，枝 $(0, -\sqrt{\mu_2})$ を調べる.

$\underline{(0, -\sqrt{\mu_2})}$. この枝の上では

$$\operatorname{tr} J = \mu_1 - a\sqrt{\mu_2} + 2\sqrt{\mu_2},$$
$$\det J = 2\sqrt{\mu_2}(\mu_1 - a\sqrt{\mu_2})$$

であり，これから，

$$\operatorname{tr} J > 0 \Rightarrow \mu_1 - a\sqrt{\mu_2} > -2\sqrt{\mu_2},$$
$$\operatorname{tr} J < 0 \Rightarrow \mu_1 - a\sqrt{\mu_2} < -2\sqrt{\mu_2},$$
$$\det J > 0 \Rightarrow \mu_1 - a\sqrt{\mu_2} > 0,$$
$$\det J < 0 \Rightarrow \mu_1 - a\sqrt{\mu_2} < 0$$

と結論できる.

　(3.1.222) に注意し (3.1.223) を用いると，不動点 $(0, -\sqrt{\mu_2})$ の枝の安定性について次のように結論できる.

346　3. 局所分岐

もし $\mathrm{tr}\,J > 0,\ \det J > 0$　　　ならば,$\mu_1 - a\sqrt{\mu_2} > 0 \Rightarrow$　　湧点,

もし $\mathrm{tr}\,J > 0,\ \det J < 0$　　　ならば,$0 > \mu_1 - a\sqrt{\mu_2} > -2\sqrt{\mu_2} \Rightarrow$　　鞍状点,

$\mathrm{tr}\,J < 0,\ \det J > 0$　　　は起こり得ない,

もし $\mathrm{tr}\,J < 0,\ \det J < 0$　　　ならば,$\mu_1 - a\sqrt{\mu_2} < -2\sqrt{\mu_2} \Rightarrow$　　鞍状点,

$\mathrm{tr}\,J = 0,\ \det J > 0$　　　は起こり得ない,

もし $\mathrm{tr}\,J = 0,\ \det J < 0$　　　ならば,$\mu_1 - a\sqrt{\mu_2} = -2\sqrt{\mu_2} \Rightarrow$　　鞍状点,

もし $\mathrm{tr}\,J > 0,\ \det J = 0$　　　ならば,$\mu_1 = a\sqrt{\mu_2} \Rightarrow$　　分岐,

$\mathrm{tr}\,J < 0,\ \det J = 0$　　　は起こり得ない.

したがって,$(0, -\sqrt{\mu_2})$ は次の安定性を持つと結論できる.

$$\mu_1 - a\sqrt{\mu_2} > 0 \quad \text{のとき} \qquad 湧点,$$
$$\mu_1 - a\sqrt{\mu_2} < 0 \quad \text{のとき} \qquad 鞍状点.$$

後で,$\mu_1 - a\sqrt{\mu_2} = 0$ のとき起こる分岐を調べる.

さて,不動点の残りの枝

$$(r, z) = \left(\sqrt{\frac{1}{b}\left(\frac{\mu_1^2}{a^2} - \mu_2 \right)},\ \frac{-\mu_1}{a} \right)$$

を調べることに戻ろう(これまでの解析は b に依存していないことに注意).$b = +1$ と $b = -1$ の場合を別々に調べる.

$b = +1,\ \left(\sqrt{\dfrac{\mu_1^2}{a^2} - \mu_2},\ \dfrac{-\mu_1}{a} \right).$ この枝は $\dfrac{\mu_1^2}{a^2} > \mu_2$ のときだけ存在する.そしてこの枝上では

$$\mathrm{tr}\,J = \frac{2\mu_1}{a}, \tag{3.1.224a}$$

$$\det J = -2a\left(\frac{\mu_1^2}{a^2} - \mu_2 \right) \tag{3.1.224b}$$

が成り立つ.

I と IIa, IIb の場合を個別に考える必要がある.

場合 I:$a > 0$. (3.1.224b) から,$a > 0$ の場合 $\det J \le 0$ である.(3.1.223) を用いれば,$\det J \le 0$ のとき不動点は常に鞍状点である.

場合 IIa,b:$a < 0$. (3.1.224b) から,$a < 0$ のとき $\det J \ge 0$ である.したがって,(3.1.223) を用いれば

$$\mu_1 > 0, \qquad \frac{\mu_1^2}{a^2} - \mu_2 > 0 \Rightarrow \text{涌点},$$

$$\mu_1 < 0, \qquad \frac{\mu_1^2}{a^2} - \mu_2 > 0 \Rightarrow \text{沈点}$$

であることがわかる. $\mu_1 = 0, \mu_2 < 0$ ではポアンカレ-アンドロノフ-ホップ分岐が起こると推測できる.

次に, $b = -1$ の場合を調べる.

$b = -1, \left(\sqrt{\mu_2 - \frac{\mu_1^2}{a^2}}, \dfrac{-\mu_1}{a} \right)$. この場合,

$$\text{tr}\, J = \frac{2\mu_1}{a}, \tag{3.1.225a}$$

$$\det J = 2a \left(\mu_2 - \frac{\mu_1^2}{a^2} \right) \tag{3.1.225b}$$

が成り立つ ($\mu_2 - \dfrac{\mu_1^2}{a^2} \geq 0$ に注意).

場合 III と IVa, IVb とを個別に調べよう.

<u>場合 III : $a > 0$.</u> (3.1.225b) を用いれば, $\det J \geq 0$ であり, これを (3.1.225a) および (3.1.223) と用いれば,

$$\mu_1 > 0 \Rightarrow \text{涌点},$$

$$\mu_1 < 0 \Rightarrow \text{沈点}$$

と結論することができる. したがって, $\mu_1 = 0, \mu_2 > 0$ のときポアンカレ-アンドロノフ-ホップ分岐が起こり得ると推論できる.

<u>場合 IVa,b : $a < 0$.</u> (3.1.225b) を用いると, $\det J \leq 0$ であり, これを (3.1.225a) および (3.1.223) と用いれば

$$\mu_1 < 0 \Rightarrow \text{鞍状点},$$

$$\mu_1 > 0 \Rightarrow \text{鞍状点}$$

と結論できる. したがって, ポアンカレ-アンドロノフ-ホップ分岐は起こらない.

これで不動点の安定性の解析は完成した. 次に, 可能な様々な分岐の性質を調べよう.

段階 4b 不動点の分岐. まず 2 つの枝

$$(0, \pm\sqrt{\mu_2})$$

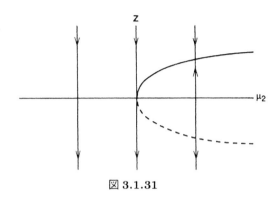

図 3.1.31

を調べよう．この 2 つの枝は $\mu_2 \geq 0$ のときだけ存在し，$\mu_2 = 0$ で合体する．だから，これらは $(0,0)$ から**鞍状点-結節点分岐**に分岐すると期待できる．これらの枝は $r = 0$ から出発し $r = 0$ の上に留まるから，中心多様体の解析は特に単純である．もとの方程式に単に $r = 0$ を代入するだけで

$$\dot{z} = \mu_2 - z^2$$

が得られる（図 3.1.31 に示す分岐図式では，方程式は b に依存しないことに注意）．

次に，枝 $(0, \pm\sqrt{\mu_2}), \mu_2 > 0$ の $\mu_1 \pm a\sqrt{\mu_2} = 0$ で起こる分岐を調べよう．

中心多様体の解析を行う．まず不動点を原点に移す．

$\xi = z \mp \sqrt{\mu_2}$ と置くと，(3.1.219) は

$$\begin{aligned}\dot{r} &= \mu_1 r + ar(\xi \pm \sqrt{\mu_2}), \\ \dot{\xi} &= \mu_2 + br^2 - (\xi \pm \sqrt{\mu_2})^2, \qquad \mu_2 > 0\end{aligned} \qquad (3.1.226)$$

となる．曲線 $\mu_1 \pm a\sqrt{\mu_2} = 0$ の近傍での流れに興味がある．図 3.1.32 にこの曲線を $(\mu_1 - \mu_2)$-パラメータ平面に描く．

そこで，$\mu_1 =$ 定数 かつ $\sqrt{\mu_2} = \mp\frac{\mu_1}{a} - \varepsilon$ としよう．これは μ_1 を固定して放物線を垂直に横切ることに対応する．ε を動かしたとき，曲線を横切る向きに十分注意しなければならない．このことは後でまたふれる．(3.1.226) に $\sqrt{\mu_2} = \mp\frac{\mu_1}{a} - \varepsilon$ を代入して

$$\begin{aligned}\dot{r} &= \mu_1 r + ar\left(\xi \pm \left(\mp\frac{\mu_1}{a} - \varepsilon\right)\right), \\ \dot{\xi} &= \left(\mp\frac{\mu_1}{a} - \varepsilon\right)^2 + br^2 - \left(\xi \pm \left(\mp\frac{\mu_1}{a} - \varepsilon\right)\right)^2,\end{aligned}$$

つまり

3.1. ベクトル場の不動点の分岐　*349*

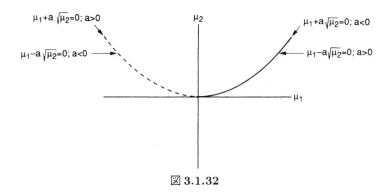

図 **3.1.32**

$$\dot{r} = ar\xi \mp ar\varepsilon,$$
$$\dot{\xi} = 2\left(\frac{\mu_1}{a} \pm \varepsilon\right)\xi + br^2 - \xi^2$$

が得られる．行列の形では（中心多様体理論を適用することを予想してパラメータを従属変数として含めて）

$$\begin{pmatrix}\dot{r}\\\dot{\xi}\end{pmatrix} = \begin{pmatrix}0 & 0\\0 & \frac{2\mu_1}{a}\end{pmatrix} + \begin{pmatrix}ar\xi \mp ar\varepsilon\\\pm 2\varepsilon\xi + br^2 - \xi^2\end{pmatrix},$$
$$\dot{\varepsilon} = 0 \tag{3.1.227}$$

となる．幸運なことに，(3.1.227) はすでに中心多様体理論を適用できる標準形になっている．定理 2.1.1 から，中心多様体は，十分小さな r と ε に対して

$$W^c = \{(r,\varepsilon,\xi)|\xi = h(r,\varepsilon), h(0,0) = 0; Dh(0,0) = 0\}$$

と表される．ここで，h は

$$Dh(x)[Bx + f(x,h(x))] - Ch(x) - g(x,h(x)) = 0 \tag{3.1.228}$$

を満たす．ただし

$$x \equiv (r,\varepsilon), \quad B = \begin{pmatrix}0 & 0\\0 & 0\end{pmatrix}, \quad C = \frac{2\mu_1}{a},$$
$$f = \begin{pmatrix}ar\xi \mp ar\varepsilon\\0\end{pmatrix}, \quad g = \pm 2\varepsilon\xi + br^2 - \xi^2$$

である．$h(r,\varepsilon) = \alpha r^2 + \beta r\varepsilon + \gamma \varepsilon^2 + \mathcal{O}(3)$ を (3.1.228) に代入すると

$$(2\alpha r + \beta\varepsilon + \mathcal{O}(3), \beta r + 2\gamma\varepsilon + \mathcal{O}(3))\begin{pmatrix}arh \mp ar\varepsilon\\0\end{pmatrix}$$

350　3. 局所分岐

$$-\frac{2\mu_1}{a}(\alpha r^2 + \beta r\varepsilon + \gamma\varepsilon^2 + \mathcal{O}(3)) - (\pm 2\varepsilon h + br^2 - h^2) = 0$$

$$(3.1.229)$$

が得られる. (3.1.229) で r と ε の巾ごとに係数を比較すると

$$r^2 : -\frac{2\mu_1}{a}\alpha - b = 0 \Rightarrow \alpha = -\frac{ab}{2\mu_1},$$

$$\varepsilon r : \frac{2\mu_1}{a}\beta = 0 \Rightarrow \beta = 0,$$

$$\varepsilon^2 : \frac{2\mu_1}{a}\gamma = 0 \Rightarrow \gamma = 0$$

となり, よって中心多様体は

$$h(r,\varepsilon) = -\frac{ab}{2\mu_1}r^2 + \mathcal{O}(3)$$

のグラフとなる. また, (3.1.227) を中心多様体に制限したベクトル場は

$$\dot{r} = ar\left(-\frac{ab}{2\mu_1}r^2 + \mathcal{O}(3)\right) \mp ar\varepsilon$$

つまり

$$\dot{r} = r\left(-\frac{a^2b}{2\mu_1}r^2 \mp a\varepsilon\right) + \cdots \qquad (3.1.230)$$

となる. この方程式から $\varepsilon = 0$ で熊手型分岐が起こることがわかる. しかし, 意味がある分岐解は $r > 0$ の解だけということに注意してほしい.

(3.1.230) を用いて, 不動点のそれぞれの枝に対する分岐図式を導こう.

$\underline{(0, +\sqrt{\mu_2})}$. 分岐曲線は

$$\sqrt{\mu_2} = -\frac{\mu_1}{a}$$

で与えられる. また, ε が負から正に増加することは μ_2 が減少して分岐曲線を横切ることに対応する.

中心多様体に制限したベクトル場は

$$\dot{r} = r\left(-\frac{a^2b}{2\mu_1}r^2 - a\varepsilon\right) + \cdots$$

であり, これから図 3.1.33 に示した分岐図式が容易に得られる.

$\underline{(0, -\sqrt{\mu_2})}$. 分岐曲線は

$$\sqrt{\mu_2} = +\frac{\mu_1}{a}$$

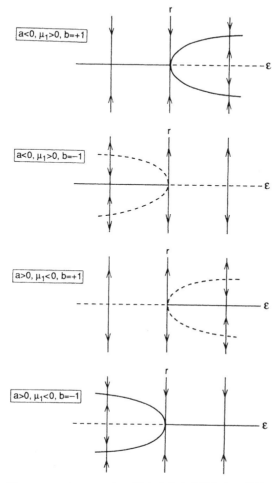

図 3.1.33 $(0, +\sqrt{\mu_2})$ に対する中心多様体上の分岐.

で与えられる. 中心多様体に制限したベクトル場は

$$\dot{r} = r\left(-\frac{a^2 b}{2\mu_1}r^2 + a\varepsilon\right) + \cdots$$

であり, これから, 図 3.1.34 に示した分岐図式が容易に得られる.

さて, これらの中心多様体の図から 2 次元の流れの相図を描きたい. 中心多様体に垂直な方向に対する固有値は $\frac{\pm 2\mu_1}{a}$ で与えられることを思い出そう. 図 3.1.35 と 3.1.36 にそれぞれの枝の図を描く.

ここで, これまでの結果をまとめよう.

$\mu_2 = 0$ で**鞍状点-結節点分岐**が起こり, 不動点の 2 本の枝 $(0, \pm\sqrt{\mu_2})$ が得られる.

352 3. 局所分岐

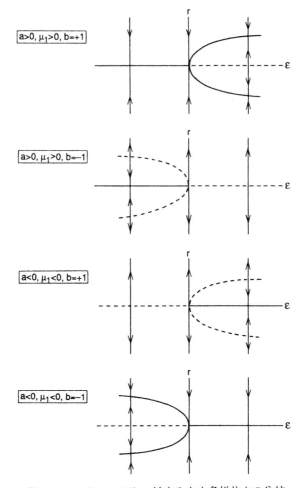

図 3.1.34 $(0, -\sqrt{\mu_2})$ に対する中心多様体上の分岐.

1. $(0, +\sqrt{\mu_2})$ は $\sqrt{\mu_2} + \frac{\mu_1}{a} = 0$ の上で熊手型分岐を起こし, 新しい不動点が, $b = -1$ のときは曲線の上に, $b = +1$ のときは曲線の下に生ずる.

2. $(0, -\sqrt{\mu_2})$ は $\sqrt{\mu_2} - \frac{\mu_1}{a} = 0$ の上で熊手型分岐を起こし, 新しい不動点が, $b = -1$ のときは曲線の上に, $b = +1$ のときは曲線の下に生ずる.

安定性の詳しい図式は前に与えた図式から得られる.

局所解析を完成するために, IIa,b と III の場合の可能なポアンカレ-アンドロノフ-ホップ分岐の性質を調べなければならない.

それぞれの場合を個別に調べよう.

3.1. ベクトル場の不動点の分岐 353

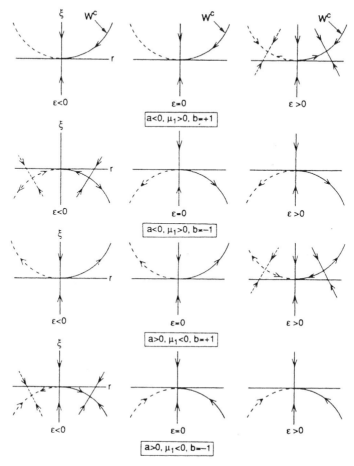

図 3.1.35 $r-\xi$ 平面上の $(0, +\sqrt{\mu_2})$ に対する分岐.

場合 IIa, b. 不動点の枝は

$$(r, z) = \left(+\sqrt{\frac{\mu_1^2}{a^2} - \mu_2}, \frac{-\mu_1}{a} \right) \tag{3.1.231}$$

で与えられる．ここで，$a < 0$ かつ $\frac{\mu_1^2}{a^2} \geq \mu_2$ である．

ポアンカレ-アンドロノフ-ホップ分岐曲線の候補は

$$\mu_1 = 0, \qquad \mu_2 < 0$$

で与えられる．この曲線上では，枝 (3.1.231) の上の不動点のまわりで線形化したベクトル場の固有値は

354   3. 局所分岐

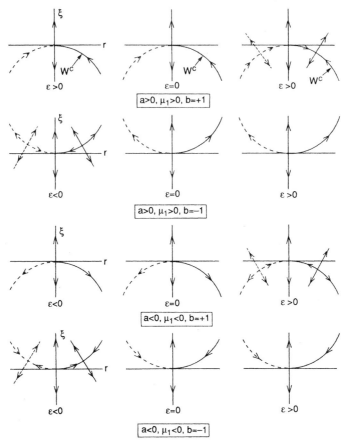

図 **3.1.36**　$r-\xi$ 平面上の $(0,-\sqrt{\mu_2})$ に対する分岐.

$$\lambda_{1,2} = \pm i\sqrt{|2a\mu_2|}$$

である. 定理 3.1.3 から 2 つの量を決めなければならなかったことを思い出してほしい.

1. 固有値は虚軸を横断的に横切る.
2. ポアンカレ-アンドロノフ-ホップ標準形での係数 a は 0 ではない. (注：読者はこれをこれから調べる標準形の係数 a, これも 0 でないと仮定したが, と混同しないでほしい.)

まず主張 1 を確かめることから始めよう.

固有値の一般的表現は

$$\lambda_{1,2} = \frac{\operatorname{tr} J}{2} \pm \frac{1}{2}\sqrt{(\operatorname{tr} J)^2 - 4\det J}$$

である．ここで，この場合，

$$\mathrm{tr}\, J = \frac{2\mu_1}{a},$$

$$\det J = -2a\left(\frac{\mu_1^2}{a^2} - \mu_2\right)$$

となる．μ_2 を固定し，μ_1 をパラメータと考えよう．$\mu_1 = 0$, $\mu_2 < 0$ の近くの固有値の挙動だけに興味があるのだから，$\lambda_{1,2}$ の実部を $\frac{\mathrm{tr}\, J}{2}$ とすることができ，

$$\frac{d}{d\mu_1}\mathrm{Re}\,\lambda = \frac{2}{a} \neq 0$$

を得る．次に主張 2 を確かめよう．

(3.1.219) に $b = +1$ を代入して，

$$\dot{r} = \mu_1 r + arz,$$

$$\dot{z} = \mu_2 + r^2 - z^2$$

を得る．次に，この系を標準形にすれば，ポアンカレ-アンドロノフ-ホップ標準形での係数 a が計算できる．まず，変換

$$\rho = r - \sqrt{\frac{\mu_1^2}{a} - \mu_2}, \qquad \xi = z + \frac{\mu_1}{a}$$

で不動点を原点に移して，

$$\dot{\rho} = \mu_1\left(\rho + \sqrt{\frac{\mu_1^2}{a^2} - \mu_2}\right) + a\left(\rho + \sqrt{\frac{\mu_1^2}{a^2} - \mu_2}\right)\left(\xi - \frac{\mu_1}{a}\right),$$

$$\dot{\xi} = \mu_2 + \left(\rho + \sqrt{\frac{\mu_1^2}{a^2} - \mu_2}\right)^2 - \left(\xi - \frac{\mu_1}{a}\right)^2,$$

つまり，

$$\dot{\rho} = a\xi\sqrt{\frac{\mu_1^2}{a^2} - \mu_2} + a\rho\xi,$$

$$\dot{\xi} = 2\rho\sqrt{\frac{\mu_1^2}{a^2} - \mu_2} + \frac{2\mu_1}{a}\xi + \rho^2 - \xi^2$$

を得る．

次に，この方程式を分岐曲線 $\mu_1 = 0$, $\mu_2 < 0$ の上で計算して

$$\dot{\rho} = a\sqrt{|\mu_2|}\xi + a\rho\xi,$$

$$\dot{\xi} = 2\sqrt{|\mu_2|}\rho + \rho^2 - \xi^2$$

356 3. 局所分岐

が得られる．この方程式の線形部分に対応する行列は

$$\begin{pmatrix} 0 & a\sqrt{|\mu_2|} \\ 2\sqrt{|\mu_2|} & 0 \end{pmatrix}$$

で与えられる．線形変換

$$\begin{pmatrix} \rho \\ \xi \end{pmatrix} = \begin{pmatrix} 0 & -\sqrt{\frac{|a|}{2}} \\ 1 & 0 \end{pmatrix} \begin{pmatrix} u \\ v \end{pmatrix};$$

$$\begin{pmatrix} u \\ v \end{pmatrix} = \frac{1}{\sqrt{\frac{|a|}{2}}} \begin{pmatrix} 0 & \sqrt{\frac{|a|}{2}} \\ -1 & 0 \end{pmatrix} \begin{pmatrix} \rho \\ \xi \end{pmatrix}$$

を導入すれば，方程式は

$$\begin{pmatrix} \dot{u} \\ \dot{v} \end{pmatrix} = \begin{pmatrix} 0 & -\sqrt{|2a\mu_2|} \\ \sqrt{|2a\mu_2|} & 0 \end{pmatrix} \begin{pmatrix} u \\ v \end{pmatrix} + \begin{pmatrix} \frac{|a|}{2}v^2 - u^2 \\ -|a|uv \end{pmatrix}$$

となる．これが (3.1.106) で与えられた標準形であり，これからポアンカレ-アンドロノフ-ホップ標準形での係数 a が計算できる．

(3.1.107) から，この係数は

$$\frac{1}{16}\left[f_{uuu} + f_{uvv} + g_{uuv} + g_{vvv}\right] + \frac{1}{16\sqrt{|2a\mu_2|}}\left[f_{uv}(f_{uu} + f_{vv})\right.$$

$$\left. - g_{uv}(g_{uu} + g_{vv}) - f_{uu}g_{uu} + f_{vv}g_{vv}\right]$$

で与えられる．ただし，偏導関数は全て $(0,0)$ で取る．

この場合，

$$f \equiv \frac{|a|}{2}v^2 - u^2,$$
$$g \equiv -|a|uv$$

である．

そこで偏導関数を計算すると（3 階の微分は 0 であることに注意）

$$\begin{aligned} f_{uu} &= -2, & g_{uu} &= 0, \\ f_{uv} &= 0, & g_{uv} &= -|a|, \\ f_{vv} &= |a|, & g_{vv} &= 0 \end{aligned}$$

となる．だから係数 a は恒等的に 0 である．このことから，ポアンカレ-アンドロノ

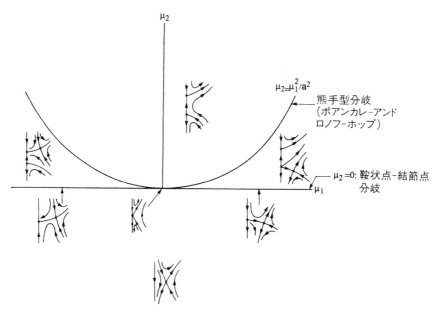

図 **3.1.37** 場合 I: $b = +1, a > 0$.

フ-ホップ分岐に関する安定性の情報を得るためには，標準形に（少なくとも）3 次の項を保持していなければならないことがわかる．(注：おそらくそうであると思ってもよいだろう．何故？）この解析は第 4 章で完成させよう．

さて，残りの場合のポアンカレ-アンドロノフ-ホップ分岐を調べなければならない．

場合 III, $a > 0$.

$$\left(\sqrt{\mu_2 - \frac{\mu_1^2}{a^2}}, \frac{-\mu_1}{a} \right)$$

で与えられる不動点の枝に対して $\mu_1 = 0, \mu_2 > 0$ の上でポアンカレ-アンドロノフ-ホップ分岐が起こること，そして不幸なことに，この場合もポアンカレ-アンドロノフ-ホップ標準形の係数は恒等的に 0 に等しいことを確かめることは簡単である．

ここで，これらの結果を次の分岐図式にまとめよう．

場合 I: $b = +1, a > 0$. 図 3.1.37 に $\mu_1 - \mu_2$ 平面のそれぞれの領域での相図を示す．指数定理から，場合 I では周期軌道はあり得ないことに注意しよう（それはある大域的分岐を通して表れる）．これは $r > 0$ でなければならないからであり，$r > 0$ での不動点は鞍状点だけである．したがって，図 3.1.37 は場合 I の様子を完全に表している．残っているのは $r - z$ 相空間の結果を 3 次元ベクトル場全体の言葉で表すこと，

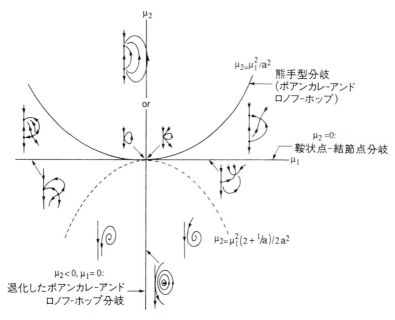

図 **3.1.38** 場合 IIa, b : $b = +1, a > 0$.

および，標準形の高次の項の影響を考えることだけである．この節のもっと後でこれを行おう．

場合 IIa,b : $b = +1, a > 0$. この場合の，$\mu_1 - \mu_2$ 平面のさまざまな領域での相図を図 3.1.38 に示す．$\left(\sqrt{\frac{\mu_1^2}{a^2} - \mu_2}, \frac{-\mu_1}{a}\right)$ のまわりで線形化したベクトル場に付随する行列の固有値は

$$\lambda_{1,2} = \frac{\mu_1}{a} \pm \sqrt{\frac{\mu_1^2}{a^2} + \frac{2}{a}(\mu_1^2 - a^2\mu_2)}$$

で与えられること，およびこれらの固有値は

$$\mu_2 < \mu_1^2 \left(2 + \frac{1}{a}\right)/2a^2, \quad \mu_2 < 0$$

のとき 0 でない虚部を持つことに注意しよう．これから，これらの不動点の近くでの軌道構造が良くわかる．この曲線を図 3.1.38 に点線で表す．しかし，これは分岐曲線ではないことを注意する．

$\mu_1 = 0$ のとき，簡約された標準形は第 1 積分

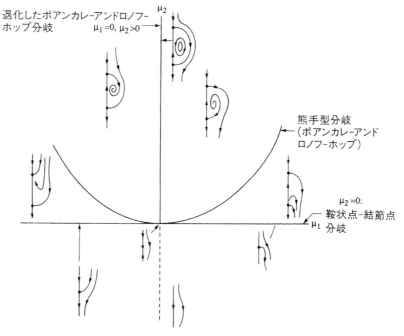

図 3.1.39　場合 III : $b = +1, a > 0$.

$$F(r,z) = \frac{a}{2}r^{2/a}\left[\mu_2 + \frac{r^2}{1+a} - z^2\right] \tag{3.1.232}$$

を持つことに注意しよう．このことは，"退化した"ポアンカレ-アンドロノフ-ホップ分岐にいくらかの洞察を与えてくれる．というのは，(3.1.232) から $\mu_1 = 0$ の上で簡約された標準形が周期軌道の 1-パラメータ族を持つからである．この退化した状況は，標準形に高次の項の影響を考慮に入れたとき劇的に変化すると期待できる．特に，これらの周期軌道の有限個が生き残ると期待される．正確に何個残るかは微妙な問題であり，第 4 章で扱う．

<u>場合 III : $b = -1, a > 0$.</u> μ_1-μ_2 平面のそれぞれの領域での相図を図 3.1.39 に示す．この場合は場合 IIa,b と同じ多くの難しい点がある．特に，簡約された標準形は第 1 積分

$$G(r,z) = \frac{a}{2}r^{2/a}\left(\mu_2 - \frac{1}{1+a}r^2 - z^2\right) \tag{3.1.233}$$

を $\mu_1 = 0$ 上に持つ．この第 1 積分を調べれば，図 3.1.39 に示すように，$\mu_2 > 0$ のとき簡約された標準形は周期軌道の 1-パラメータ族を持ち，それがヘテロクリニック・サイクルに収束することがわかる．第 4 章で，標準形の高次の項がこの退化した相図

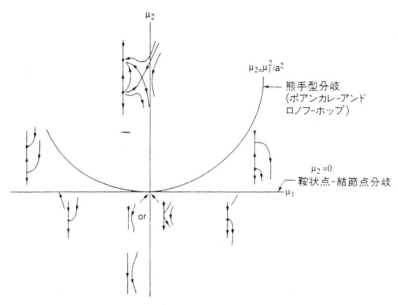

図 3.1.40　場合 IVa, b：$b = -1, a < 0$.

にどう影響するかを考える.

場合 IVa,b：$b = -1, a < 0$. $\mu_1 - \mu_2$ 平面のそれぞれの領域での相図を図 3.1.40 に示す. 指数定理を用いれば, これらの場合周期軌道はないことが容易にわかる. したがって, 図 3.1.40 は簡約された標準形の $r - z$ 相平面での解析を完全に表している.

【$r - z$ 相平面での力学の 3 次元ベクトル場全体への関係】

ここで,

$$\begin{aligned}\dot{r} &= \mu_1 r + arz, \\ \dot{z} &= \mu_2 + br^2 - z^2\end{aligned} \quad (3.1.234)$$

の力学が

$$\begin{aligned}\dot{r} &= \mu_1 r + arz, \\ \dot{z} &= \mu_2 + br^2 - z^2, \\ \dot{\theta} &= \omega + \cdots\end{aligned} \quad (3.1.235)$$

とどのように関係するのかを論じたい. 我々は (3.1.233) で調べた 3 つの型の不変集合に興味がある. それらは不動点と周期軌道とヘテロクリニック・サイクルである. これらの場合を別々に考えよう.

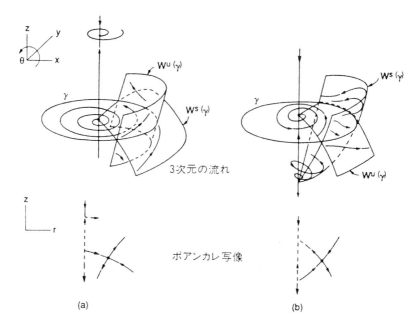

図 3.1.41 (a) 場合 I から,(b) 場合 IVa,b から.

【不動点】

$r=0$ のときの不動点と $r>0$ のときの不動点の 2 つの場合がある.$r=0$ のときの (3.1.234) の不動点が (3.1.235) の不動点に対応することは(元のデカルト座標による r と θ の定義に戻れば)すぐにわかる.$r>0$ のときの (3.1.234) の**双曲型不動点**は (3.1.235) の周期軌道に対応する.これは平均化法を適用すれば直ちにわかる.幾何的な記述は図 3.1.41 を見よ.

【周期軌道】

この場合を厳密に扱う理論的な道具はまだ開発していない.読者は節 4.9 を参照してほしい.しかし,ここでは何が生じるかについて発見的な記述を与えよう.(3.1.235) の r と z の成分は θ に無関係であることに注意する.このことは,$r-z$ 平面での周期軌道は $r-z-\theta$ 相空間では不変な 2-トーラスとして現れることを意味する.図 3.1.42 を見よ.これは標準形の高次の項に関わるとても微妙な状況である.というのは,高次の項がトーラス上の流れに,特に準周期運動または位相の固定(周期運動)を持つか否かに,劇的に影響し得るからである.

【ヘテロクリニック・サイクル】

上記の周期軌道の記述のように,場合 III ($\mu_2>0$) でのヘテロクリニック・サイク

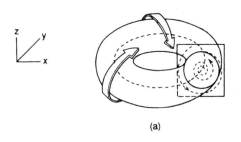

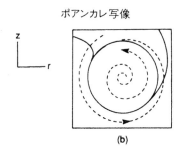

図 3.1.42 (a) 3次元の流れ，(b) ポアンカレ断面．

ルの z 軸上の部分は $r-z-\theta$ 空間内の不変直線に現われ，ヘテロクリニック・サイクルの $r>0$ である部分は $r-z-\theta$ 空間内の不変球面として現われる．図 3.1.43 を見よ．これは非常に退化した状況であり，標準形の高次の項に劇的に影響され得る．実際，カオス的な力学が起こり得るということを第4章で示す．

段階 5 大域的分岐の解析． すでに述べたように，節 4.9 で必要な理論的道具を開発した後にこれを完成させる．

段階 6 標準形での高次の項の影響． 場合ⅠとⅣa,b で，主に平均化法により高次の項は力学を質的に変えないと結論できた．こうして準普遍変形を見つけることができた．しかしこれを詳しく証明することは演習問題に残す．

残りの場合はもっと難しい．しかも結局は，ある事情の元で準普遍変形は存在し得ないことを示せる．

この節を終る前に，最後にいくつかの注意を与えたい．

注意 1 この解析は標準形の方法の威力を再評価させた．この本のこれから後でずっと示すように，3次元以上の相空間を持ったベクトル場は非常に複雑な力学を示しえ

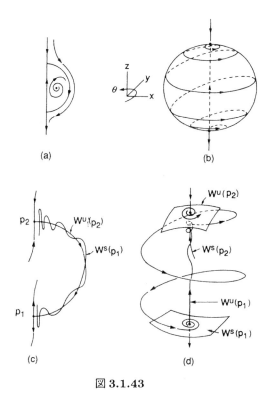

図 3.1.43

る.この場合,標準形の方法はベクトル場の構造で変数を自然に "分離する" ことに役だった.これで,強力な相平面の技巧を用いて,"入口にたどり着く" ことができた.

注意2 2重0固有値からこの場合までで学んだ教訓は,ポアンカレ-アンドロノフ-ホップ分岐は,それが大域的分岐とどう関係するか,および／または,それが標準形の高次の項を考慮することでどう影響されるか,という意味でいつも問題を引き起こすということである.

3.2 写像の不動点の分岐

写像の不動点の分岐についての理論はベクトル場の場合におけるの理論によく似ている.したがって,詳細に立ち入らずにこれらの間に差異が起こるときのみ焦点をあてることにする.

$\mathbb{R}^n$ から $\mathbb{R}^n$ への写像の p-パラメータ族

$$y \mapsto g(y, \lambda), \qquad y \in \mathbb{R}^n, \quad \lambda \in \mathbb{R}^p \tag{3.2.1}$$

364 3. 局所分岐

を考える．ここで g は $\mathbb{R}^n \times \mathbb{R}^p$ 内の十分大きい開集合上で $\mathbf{C}^r$ （r は後ほど特徴づけられるが，通常 $r \geq 5$ で十分）である．(3.2.1) が $(y, \lambda) = (y_0, \lambda_0)$ で不動点を持つ，つまり

$$g(y_0, \lambda_0) = y_0 \tag{3.2.2}$$

としよう．このとき，ベクトル場の場合と同じように 2 つの問題が自然に生じる．

1. その不動点は安定かあるいは不安定か？

2. λ が変化したとき，その安定性または不安定性はどのように影響を受けるか？

ベクトル場の場合と同じように，付随する線形写像についての検討はこうした問題に答えるための最初の出発点である．付随する線形写像は

$$\xi \mapsto D_y g(y_0, \lambda_0)\xi, \qquad \xi \in \mathbb{R}^n, \tag{3.2.3}$$

で与えられる．節 1.1A と 1.1C から，もし不動点が双曲型（つまり，$D_y g(y_0, \lambda_0)$ の固有値のどれもが絶対値 1 を持たない）であれば，線形近似での安定性（不安定性）は非線形写像の不動点の安定性（不安定性）を意味する．さらに，節 3.1 の始めに与えた陰関数定理の議論を正確に用いると，(y_0, λ_0) の十分小さい近傍では，λ に対して (y_0, λ_0) と同じ型の安定性をもつ唯一つの不動点があることが示される．よって，双曲型不動点は局所的には力学的に面白味がない！

面白さは上の問題 1 と 2 を不動点が **双曲型でない** という状況で考えたときに現れる．ベクトル場の場合と同じように，安定性を決定するために線形近似を使うことができず，λ の変動は新しい軌道の生成（すなわち分岐）をもたらす．写像の不動点が非双曲型であり得る最も簡単なありようは次のようである．

1. $D_y g(y_0, \lambda_0)$ が 1 に等しい単独の固有値を持ち，残りの $n-1$ 個の固有値は 1 に等しくない絶対値を持つ．

2. $D_y g(y_0, \lambda_0)$ が -1 に等しい単独の固有値を持ち，残りの $n-1$ 個の固有値は 1 に等しくない絶対値を持つ．

3. $D_y g(y_0, \lambda_0)$ が絶対値 1（1 の 3 乗根や 4 乗根でないもの）を持つ 2 つの複素共役な固有値を持ち，残りの $n-2$ 個の固有値は絶対値が 1 に等しくない．

中心多様体定理を使えば，上の情況の分析はそれぞれ 1 次元，1 次元，2 次元の写像の p-パラメータ族の分析に帰着される．まず最初の場合から始めよう．

3.2A 固有値 1

0 この場合には，不動点の近傍の軌道構造の研究は 1 次元中心多様体上のパラメータ付けられた写像の族の研究に帰着することができる．中心多様体上の写像が

$$x \mapsto f(x, \mu), \qquad x \in \mathbb{R}^1, \quad \mu \in \mathbb{R}^1, \tag{3.2.4}$$

で与えられるとしよう．ここで，しばらくの間，1-パラメータの場合だけを考える（問題に 1 つ以上のパラメータがあるときには，他のものを固定し定数にして 1 つの場合を考えることにする）．中心多様体に帰着させるときには，不動点 $(y_0, \lambda_0) \in \mathbb{R}^n \times \mathbb{R}^p$ は $\mathbb{R}^1 \times \mathbb{R}^1$ の原点に変換され（節 2.1A 参照）

$$f(0, 0) = 0, \tag{3.2.5}$$

$$\frac{\partial f}{\partial x}(0, 0) = 1 \tag{3.2.6}$$

のようになる．

i) 鞍状点-結節点分岐

写像

$$x \mapsto f(x, \mu) = x + \mu \mp x^2, \qquad x \in \mathbb{R}^1, \quad \mu \in \mathbb{R}^1 \tag{3.2.7}$$

を考えよう．$(x, \mu) = (0, 0)$ が固有値 1 を持つ (3.2.7) の非双曲型不動点であるのは容易に確かめられる．つまり

$$f(0, 0) = 0, \tag{3.2.8}$$

$$\frac{\partial f}{\partial x}(0, 0) = 1 \tag{3.2.9}$$

である．

$(x, \mu) = (0, 0)$ に近い (3.2.7) の不動点の性質に興味がある．(3.2.7) は簡単であるため，次のようにして不動点を直接求めることができる．

$$f(x, \mu) - x = \mu \mp x^2 = 0. \tag{3.2.10}$$

図 3.2.1 に 2 つの不動点曲線を示した．この図で示された異なる不動点の分枝の安定性の型を確かめるのは読者の演習に残しておく．$(x, \mu) = (0, 0)$ で生ずる分岐を**鞍状点-結節点分岐**という．

ベクトル場の情況と同様に（節 3.1A 参照），写像が鞍状点-結節点分岐，つまり

写像が，分岐点を通り，局所的に $\mu = 0$ の一方の側にある $x - \mu$ 平面の唯一の不動点曲線を持つ．

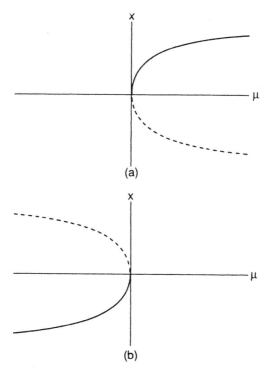

図 3.2.1 (a) $f(x,\mu) = x + \mu - x^2$; (b) $f(x,\mu) = x + \mu + x^2$.

を引き起こすような（分岐点で評価された導関数を使った）一般的条件を見いだしたい．ベクトル場の場合と全く同じように陰関数定理を使って議論を進めよう．

一般の1次元写像の1-パラメータ族

$$x \mapsto f(x,\mu), \qquad x \in \mathbb{R}^1, \quad \mu \in \mathbb{R}^1 \tag{3.2.11}$$

を考える．ここで

$$f(0,0) = 0, \tag{3.2.12}$$

$$\frac{\partial f}{\partial x}(0,0) = 1 \tag{3.2.13}$$

である．(3.2.11) の不動点は

$$f(x,\mu) - x \equiv h(x,\mu) = 0 \tag{3.2.14}$$

で与えられる．(3.2.14) が上で述べたような性質を持つような $x-\mu$ 平面内の曲線を定義する条件を探そう．陰関数定理から，

$$\frac{\partial h}{\partial \mu}(0,0) = \frac{\partial f}{\partial \mu}(0,0) \neq 0 \tag{3.2.15}$$

は，1本の不動点曲線が $(x,\mu) = (0,0)$ を通ることを意味する．さらに，十分小さい x に対しては，この不動点曲線は x 変数上のグラフとして表すことができる，つまり

$$h(x, \mu(x)) \equiv f(x, \mu(x)) - x = 0 \tag{3.2.16}$$

である唯一の $\mathbf{C}^r$ 関数，$\mu(x)$，x は十分小さい，が存在することを意味する．いま単に

$$\frac{d\mu}{dx}(0) = 0, \tag{3.2.17}$$

$$\frac{d^2\mu}{dx^2}(0) \neq 0 \tag{3.2.18}$$

を要求しよう．ベクトル場の場合（節 3.1A）のように，(3.2.16) を陰に微分することによって分岐点での写像の微分を使って (3.2.17) および (3.2.18) を得る．(3.1.40) および (3.1.43) から，

$$\frac{d\mu}{dx}(0) = \frac{-\frac{\partial h}{\partial x}(0,0)}{\frac{\partial h}{\partial \mu}(0,0)} = -\frac{\left(\frac{\partial f}{\partial x}(0,0) - 1\right)}{\frac{\partial f}{\partial \mu}(0,0)} = 0, \tag{3.2.19}$$

$$\frac{d^2\mu}{dx^2}(0) = \frac{-\frac{\partial^2 h}{\partial x^2}(0,0)}{\frac{\partial h}{\partial \mu}(0,0)} = \frac{-\frac{\partial^2 f}{\partial x^2}(0,0)}{\frac{\partial f}{\partial \mu}(0,0)} \tag{3.2.20}$$

を得る．

まとめると，一般の $\mathbf{C}^r$ $(r \geq 2)$ 1 次元写像の 1-パラメータ族

$$x \mapsto f(x, \mu), \qquad x \in \mathbb{R}^1, \quad \mu \in \mathbb{R}^1$$

は次のようなときに $(x,\mu) = (0,0)$ で**鞍状点-結節点分岐**を起こす．

$$\left.\begin{array}{l} f(0,0) = 0 \\ \frac{\partial f}{\partial \mu}(0,0) = 1 \end{array}\right\} \qquad \text{非双曲型不動点} \tag{3.2.21}$$

ここで

$$\frac{\partial f}{\partial \mu}(0,0) \neq 0, \tag{3.2.22}$$

$$\frac{\partial^2 f}{\partial x^2}(0,0) \neq 0 \tag{3.2.23}$$

である．さらに，(3.2.20) の符号は $\mu = 0$ のどちら側に不動点の曲線が位置している

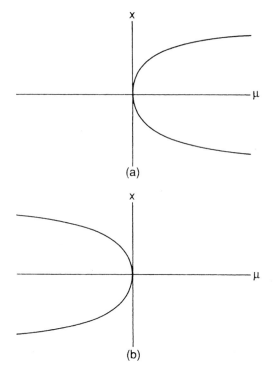

図 3.2.2 (a) $\left(-\frac{\partial^2 f}{\partial x^2}(0,0)/\frac{\partial f}{\partial \mu}(0,0)\right) > 0.$ (b) $\left(-\frac{\partial^2 f}{\partial x^2}(0,0)/\frac{\partial f}{\partial \mu}(0,0)\right) < 0.$

かを教えている．図 3.2.2 に 2 つの場合を示す．図に示されている不動点曲線の分枝の可能な安定性の型を計算することは読者の演習に残しておこう（演習問題 3.5 を見よ）．よって，(3.2.7) は写像の鞍状点-結節点分岐に対する標準形と見ることができる．条件 $\frac{\partial f}{\partial x}(0,0) = 1$ という例外を除いて，1 次元写像の 1-パラメータ族が鞍状点-結節点分岐を起こすための分岐点での写像の微分による条件は，ベクトル場に対するものと全く同じである（(3.1.46)，(3.1.47) および (3.1.48) 参照）ことに注意する．読者はこの意味を考えるべきである．

鞍状点-結節点分岐の議論を終える前に，あとで有用になるように分岐を幾何学的に視覚化する方法を述べておこう．$x-y$ 平面で，$f(x,\mu)$ のグラフ（μ は固定して考える）は

$$\text{graph } f(x,\mu) = \{(x,y) \in \mathbb{R}^2 \,|\, y = f(x,\mu)\}$$

で与えられる．関数 $g(x) = x$ のグラフは

$$\text{graph } g(x) = \{(x,y) \in \mathbb{R}^2 \,|\, y = x\}$$

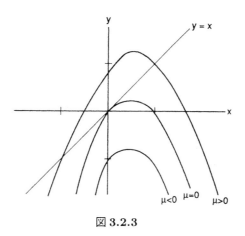

図 3.2.3

で与えられる．これら2つのグラフの交差は

$$\{(x,y) \in \mathbb{R}^2 \mid y = x = f(x,\mu)\}$$

で与えられる，すなわち，これは単に写像 $x \mapsto f(x,\mu)$ に対する不動点の集合である．後者は，$x-y$ 平面で曲線 $y = f(x,\mu)$ （μ を固定）および直線 $y = x$ を描き，それらの交点を探すということを言うための数学的に完全な方法に過ぎない．このことを図 3.2.3 で写像

$$x \mapsto x + \mu - x^2$$

に対し μ の異なる値について説明しており，それは鞍状点-結節点分岐を幾何学的に示している．

ii) 安定性交替型分岐

写像

$$x \mapsto f(x,\mu) = x + \mu x \mp x^2, \qquad x \in \mathbb{R}^1, \quad \mu \in \mathbb{R}^1 \tag{3.2.24}$$

を考えよう．$(x,\mu) = (0,0)$ は固有値 1 を持つ (3.2.24) の非双曲型不動点であることは容易に確かめられる．つまり，

$$f(0,0) = 0, \tag{3.2.25}$$

$$\frac{\partial f}{\partial x}(0,0) = 1 \tag{3.2.26}$$

である．(3.2.24) は単純なので全ての不動点を比較的簡単に計算することができる．これらは

370　3. 局所分岐

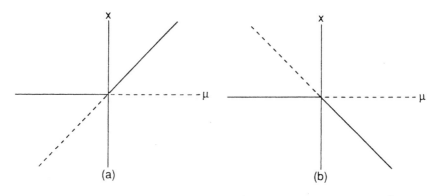

図 3.2.4 (a) $f(x,\mu) = x + \mu x - x^2$; (b) $f(x,\mu) = x + \mu x + x^2$.

$$f(x,\mu) - x = \mu x \mp x^2 = 0 \tag{3.2.27}$$

で与えられる. よって, 分岐点を通る 2 つの不動点曲線

$$x = 0 \tag{3.2.28}$$

および

$$\mu = \pm x \tag{3.2.29}$$

がある.

その 2 つの場合は図 3.2.4 で説明されている. この図で示されている異なる不動点曲線の安定性の型を計算することは読者の演習として残しておく. この型の分岐を**安定性交替型分岐**という.

一般の $\mathbf{C}^r$ ($r \geq 2$) 1 次元写像の 1-パラメータ族が 安定性交替型分岐を起こす, つまり,

$x - \mu$ 平面で写像が原点を通り $\mu = 0$ の両側で存在するような 2 つの不動点曲線を持つ

条件を見いだしたい.

$\mathbf{C}^r$ ($r \geq 2$) 写像

$$x \mapsto f(x,\mu), \qquad x \in \mathbb{R}^1, \quad \mu \in \mathbb{R}^1 \tag{3.2.30}$$

を考える. ここで

$$\left.\begin{array}{r}f(0,0) = 0 \\ \frac{\partial f}{\partial x}(0,0) = 1\end{array}\right\} \quad \text{非双曲型不動点} \tag{3.2.31}$$

である. (3.2.30) の不動点は

$$f(x,\mu) - x \equiv h(x,\mu) = 0 \tag{3.2.32}$$

で与えられる. 今後の議論は 1 次元ベクトル場の 1-パラメータ族の安定性交替型分岐に対するものとよく似ている. 節 3.1A を見よ. 分岐点 $(x,\mu) = (0,0)$ を通るような 2 つの不動点曲線が欲しい. したがって

$$\frac{\partial h}{\partial \mu}(0,0) = \frac{\partial f}{\partial \mu}(0,0) = 0 \tag{3.2.33}$$

を要請しよう. 次に, これらの不動点曲線の 1 つが

$$x = 0 \tag{3.2.34}$$

で与えられるようにしたい. したがって (3.2.32) の形を

$$h(x,\mu) = xH(x,\mu) = x(F(x,\mu) - 1), \tag{3.2.35}$$

に取る. ここで,

$$F(x,\mu) = \left\{ \begin{array}{ll} \frac{f(x,\mu)}{x}, & x \neq 0 \\ \frac{\partial f}{\partial x}(0,\mu), & x = 0 \end{array} \right\} \tag{3.2.36}$$

であり, よって

$$H(x,\mu) = \left\{ \begin{array}{ll} \frac{h(x,\mu)}{x}, & x \neq 0 \\ \frac{\partial h}{\partial x}(0,\mu), & x = 0 \end{array} \right\} \tag{3.2.37}$$

である. いま $H(x,\mu)$ が 0 点の唯一の曲線を持ち, それが $(x,\mu) = (0,0)$ を通り, $\mu = 0$ の両側で存在することを要請しよう. このためには

$$\frac{\partial H}{\partial \mu}(0,0) = \frac{\partial F}{\partial \mu}(0,0) \neq 0 \tag{3.2.38}$$

であれば十分である. (3.2.36) を使うと (3.2.38) は

$$\frac{\partial^2 f}{\partial x \partial \mu}(0,0) \neq 0 \tag{3.2.39}$$

と同じである. 陰関数定理から, (3.2.39) は, 唯一の $\mathbf{C}^r$ 関数 $\mu(x)$ (x は十分小さい) が存在して,

$$H(x,\mu(x)) = F(x,\mu(x)) - 1 = 0 \tag{3.2.40}$$

であることを意味している. このことから

$$\frac{d\mu}{dx}(0) \neq 0 \tag{3.2.41}$$

372   3. 局所分岐

を要請しよう. (3.2.40) を陰に微分すると

$$\frac{d\mu}{dx}(0) = \frac{-\frac{\partial H}{\partial x}(0,0)}{\frac{\partial H}{\partial \mu}(0,0)} = \frac{-\frac{\partial F}{\partial x}(0,0)}{\frac{\partial F}{\partial \mu}(0,0)} \tag{3.2.42}$$

となる. (3.2.36) を使うと (3.2.42) は

$$\frac{d\mu}{dx}(0) = \frac{-\frac{\partial^2 f}{\partial x^2}(0,0)}{\frac{\partial^2 f}{\partial x \partial \mu}(0,0)} \tag{3.2.43}$$

となる. さてこの結果をまとめよう. 非双曲型不動点を持つ $\mathbf{C}^r$ ($r \geq 2$) 1 次元写像

$$x \mapsto f(x,\mu), \qquad x \in \mathbb{R}^1, \quad \mu \in \mathbb{R}^1 \tag{3.2.44}$$

つまり,

$$f(0,0) = 0, \tag{3.2.45}$$

$$\frac{\partial f}{\partial x}(0,0) = 1, \tag{3.2.46}$$

は,

$$\frac{\partial f}{\partial \mu}(0,0) = 0, \tag{3.2.47}$$

$$\frac{\partial^2 f}{\partial x \partial \mu}(0,0) \neq 0, \tag{3.2.48}$$

および

$$\frac{\partial^2 f}{\partial x^2}(0,0) \neq 0 \tag{3.2.49}$$

のとき, $(x,\mu) = (0,0)$ で 安定性交替型 分岐を起こす. (3.2.43) の符号は $x = 0$ でない不動点曲線の傾きを与えていることに注意する. 図 3.2.5 に 2 つの場合を示した. 図で示された異なった不動点曲線に対する可能な安定性の型を計算することは読者の演習に残しておく. 演習問題 3.6 を見よ. したがって (3.2.24) は安定性交替型分岐の標準形と見なすことができる.

図 3.2.6 に写像

$$x \mapsto x + \mu x - x^2$$

の安定性交替型分岐を幾何学的に示すことによって安定性交替型分岐の議論を終えよう. 節 3.2A,i) の最後の議論を参照のこと.

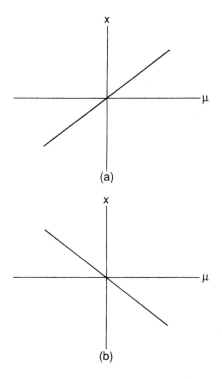

図 3.2.5 (a) $\left(-\frac{\partial^2 f}{\partial x^2}(0,0)/\frac{\partial^2 f}{\partial x \partial \mu}(0,0)\right) > 0$; (b) $\left(-\frac{\partial^2 f}{\partial x^2}(0,0)/\frac{\partial^2 f}{\partial x \partial \mu}(0,0)\right) < 0$.

iii) 熊手型分岐

写像
$$x \mapsto f(x,\mu) = x + \mu x \mp x^3, \qquad x \in \mathbb{R}^1, \quad \mu \in \mathbb{R}^1 \tag{3.2.50}$$
を考えよう．$(x,\mu) = (0,0)$ が固有値 1 を持つ (3.2.50) の非双曲型不動点であることは容易に確かめられる．つまり，
$$f(0,0) = 0, \tag{3.2.51}$$
$$\frac{\partial f}{\partial x}(0,0) = 1 \tag{3.2.52}$$
である．(3.2.50) の不動点は
$$f(x,\mu) - x = \mu x \mp x^3 = 0 \tag{3.2.53}$$
で与えられる．よって，分岐点を通る 2 つの不動点曲線
$$x = 0 \tag{3.2.54}$$

374   3. 局所分岐

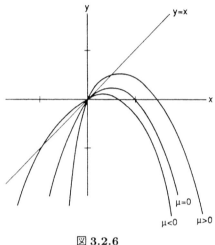

図 3.2.6

および
$$\mu = \pm x^2 \tag{3.2.55}$$

がある．図 3.2.7 には 2 つの場合を図示する．この図で示された異なった不動点の枝の安定性の型を確かめることは読者の演習に残しておく．この型の分岐を**熊手型分岐**という．

さて C^r $(r \geq 3)$ 1 次元写像の 1-パラメータ族が熊手型分岐を起こす，つまり，

 $x - \mu$ 平面で写像が分岐点を通る 2 つの不動点曲線を持ち，1 つの曲線は $\mu = 0$ の両側に存在し，もう 1 つは局所的に $\mu = 0$ の片方にある

ための一般的条件を探そう．
C^r $(r \geq 3)$ 写像
$$x \mapsto f(x, \mu), \qquad x \in \mathbb{R}^1, \quad \mu \in \mathbb{R}^1 \tag{3.2.56}$$
を考える．ここで
$$\left. \begin{array}{l} f(0,0) = 0 \\ \frac{\partial f}{\partial x}(0,0) = 1 \end{array} \right\} \quad \text{非双曲型不動点} \tag{3.2.57}$$
である．(3.2.56) の不動点は
$$f(x, \mu) - x \equiv h(x, \mu) = 0 \tag{3.2.58}$$
で与えられる．これからの議論はベクトル場に対する熊手型分岐の議論にたいへんよ

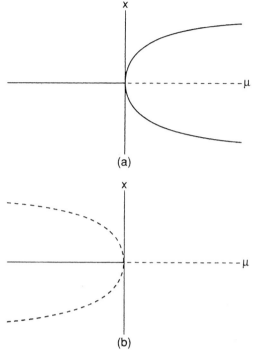

図 3.2.7 (a) $f(x,\mu) = x + \mu x - x^3$, (b) $f(x,\mu) = x + \mu x + x^3$.

く似ている (節 3.1A を見よ). $(x,\mu) = (0,0)$ を通る 1 つ以上の不動点曲線を持つためには

$$\frac{\partial h}{\partial \mu}(0,0) = \frac{\partial f}{\partial \mu}(0,0) = 0 \tag{3.2.59}$$

でなければならない.

1 つの不動点曲線を $x = 0$ としたいので, (3.2.58) を

$$h(x,\mu) = xH(x,\mu) = x(F(x,\mu) - 1) \tag{3.2.60}$$

の形に取る. ここで

$$H(x,\mu) = \left\{ \begin{array}{ll} \frac{h(x,\mu)}{x}, & x \neq 0 \\ \frac{\partial h}{\partial x}(0,\mu), & x = 0 \end{array} \right\} \tag{3.2.61}$$

したがって

$$F(x,\mu) = \left\{ \begin{array}{ll} \frac{f(x,\mu)}{x}, & x \neq 0 \\ \frac{\partial f}{\partial x}(0,\mu), & x = 0 \end{array} \right\} \tag{3.2.62}$$

376 3. 局所分岐

である. $(x, \mu) = (0, 0)$ を通る不動点曲線はもう 1 つだけなので,

$$\frac{\partial H}{\partial \mu}(0, 0) = \frac{\partial F}{\partial \mu}(0, 0) \neq 0 \tag{3.2.63}$$

を要請しよう. (3.2.62) を使うと (3.2.63) は

$$\frac{\partial^2 f}{\partial x \partial \mu}(0, 0) \neq 0. \tag{3.2.64}$$

となる. 陰関数定理と (3.2.64) は, 唯一の $\mathbf{C}^r$ 関数 $\mu(x)$ (x は十分小さい) があって,

$$H(x, \mu(x)) \equiv F(x, \mu(x)) - 1 = 0 \tag{3.2.65}$$

となることを意味する.

$$\frac{d\mu}{dx}(0) = 0 \tag{3.2.66}$$

および

$$\frac{d^2\mu}{dx^2}(0) \neq 0 \tag{3.2.67}$$

を要請しよう. (3.2.65) を陰に微分すると

$$\frac{d\mu}{dx}(0) = \frac{-\frac{\partial H}{\partial x}(0, 0)}{\frac{\partial H}{\partial \mu}(0, 0)} = \frac{-\frac{\partial F}{\partial x}(0, 0)}{\frac{\partial F}{\partial \mu}(0, 0)}, \tag{3.2.68}$$

$$\frac{d^2\mu}{dx^2}(0) = \frac{-\frac{\partial^2 H}{\partial x^2}(0, 0)}{\frac{\partial H}{\partial \mu}(0, 0)} = \frac{-\frac{\partial^2 F}{\partial x^2}(0, 0)}{\frac{\partial F}{\partial \mu}(0, 0)} \tag{3.2.69}$$

となる. (3.2.62) を使うと, (3.2.68) および (3.2.69) は

$$\frac{d\mu}{dx}(0) = \frac{-\frac{\partial^2 f}{\partial x^2}(0, 0)}{\frac{\partial^2 f}{\partial x \partial \mu}(0, 0)}, \tag{3.2.70}$$

$$\frac{d^2\mu}{dx^2}(0) = \frac{-\frac{\partial^3 f}{\partial x^3}(0, 0)}{\frac{\partial^2 f}{\partial x \partial \mu}(0, 0)} \tag{3.2.71}$$

となる. まとめると, 非双曲型不動点を持つ $\mathbf{C}^r$ ($r \geq 3$) 1 次元写像の 1-パラメータ族

$$x \mapsto f(x, \mu), \qquad x \in \mathbb{R}^1, \quad \mu \in \mathbb{R}^1 \tag{3.2.72}$$

つまり,

$$f(0, 0) = 0, \tag{3.2.73}$$

$$\frac{\partial f}{\partial x}(0,0) = 1 \tag{3.2.74}$$

は

$$\frac{\partial f}{\partial \mu}(0,0) = 0, \tag{3.2.75}$$

$$\frac{\partial^2 f}{\partial x^2}(0,0) = 0, \tag{3.2.76}$$

$$\frac{\partial^2 f}{\partial x \partial \mu}(0,0) \neq 0, \tag{3.2.77}$$

$$\frac{\partial^3 f}{\partial x^3}(0,0) \neq 0 \tag{3.2.78}$$

であるとき，$(x, \mu) = (0, 0)$ において熊手型分岐を起こす．さらに，(3.2.71) の符号は $\mu = 0$ のどちら側に不動点曲線の 1 つがあるかを教えている．図 3.2.8 に両方の場合を図示する．図 3.2.8 で示された異なる分岐の可能な安定性の型の計算は読者の演習に残しておく（演習問題 3.7 を見よ）．よって (3.2.50) を熊手型分岐の標準形と見る

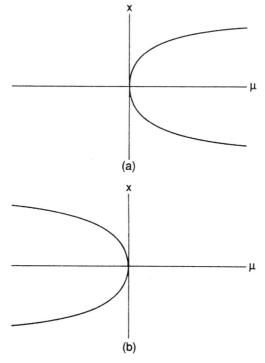

図 **3.2.8** (a) $\left(-\frac{\partial^3 f}{\partial x^3}(0,0)/\frac{\partial^2 f}{\partial x \partial \mu}(0,0)\right) > 0$; (b) $\left(-\frac{\partial^3 f}{\partial x^3}(0,0)/\frac{\partial^2 f}{\partial x \partial \mu}(0,0)\right) < 0$.

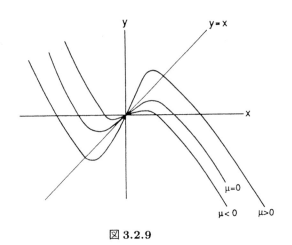

図 3.2.9

ことができる．

節 3.2A の i) の最後に議論した方法を使って

$$x \mapsto x + \mu x - x^3$$

に対する分岐を図 3.2.9 に幾何学的に示して熊手型分岐の議論を終えよう．

3.2B 固有値 -1

C^r $(r \geq 3)$ 1次元写像の 1-パラメータ族が非双曲型不動点を持ち，不動点のまわりでの写像の線形化に付随した固有値が 1 でなく -1 だとしよう．今までは，1 次元写像の 1-パラメータ族の分岐はベクトル場に対する類似の場合と全く同様であった．しかしながら，固有値が -1 に等しい場合は基本的に異なり，**1 次元ベクトル場の力学**には類似物はない．特別な例から研究を始めよう．

i) 例

次の 1 次元写像の 1-パラメータ族

$$x \mapsto f(x,\mu) = -x - \mu x + x^3, \qquad x \in \mathbb{R}^1, \quad \mu \in \mathbb{R}^1 \tag{3.2.79}$$

を考えよう．(3.2.79) が $(x,\mu) = (0,0)$ で固有値 -1 の非双曲型不動点を持つことは容易に確かめられる．つまり，

$$f(0,0) = 0, \tag{3.2.80}$$

$$\frac{\partial f}{\partial x}(0,0) = -1 \tag{3.2.81}$$

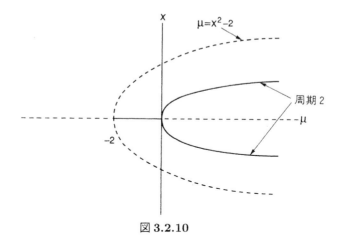

図 3.2.10

である．(3.2.79) の不動点は直接に計算でき，

$$f(x,\mu) - x = x(x^2 - (2+\mu)) = 0 \tag{3.2.82}$$

で与えられる．よって，(3.2.79) は 2 つの不動点曲線

$$x = 0 \tag{3.2.83}$$

および

$$x^2 = 2 + \mu, \tag{3.2.84}$$

を持つが，(3.2.83) だけが分岐点 $(x,\mu) = (0,0)$ を通る．図 3.2.10 に 2 つの不動点曲線を示した．図で示された異なる不動点曲線の安定性の型を確かめるのは読者の演習に残しておく．特に，

$$x = 0 \text{ は} \quad \begin{cases} \mu \leq -2 & \text{に対しては不安定，} \\ -2 < \mu < 0 & \text{に対しては安定，} \\ \mu > 0 & \text{に対しては不安定，} \end{cases} \tag{3.2.85}$$

および

$$x^2 = 2 + \mu \text{ は} \quad \begin{cases} \mu \geq -2 \text{ に対しては不安定，} \\ \mu < -2 \text{ に対しては存在しない} \end{cases} \tag{3.2.86}$$

を得る．(3.2.85) と (3.2.86) から直ちに問題が生じることがわかる．つまり，$\mu > 0$ に

380　3. 局所分岐

対して写像はちょうど3つの不動点を持ち，それらは全て不安定となってしまう.（注：この情況は1次元ベクトル場では起こり得ない.）この困難を抜けだす1つの方法は安定な周期軌道が $(x, \mu) = (0, 0)$ から分岐するときに用意される．実際にそうであることを見てみよう.

(3.2.79) の2回の反復，つまり

$$x \mapsto f^2(x, \mu) = x + \mu(2 + \mu)x - 2x^3 + \mathcal{O}(4) \tag{3.2.87}$$

を考える．(3.2.87) が $(x, \mu) = (0, 0)$ で固有値1の非双曲型不動点を持つことは容易に確かめられる．つまり，

$$f^2(0, 0) = 0, \tag{3.2.88}$$

$$\frac{\partial f^2}{\partial x}(0, 0) = 1 \tag{3.2.89}$$

である．さらに，

$$\frac{\partial f^2}{\partial \mu}(0, 0) = 0, \tag{3.2.90}$$

$$\frac{\partial^2 f^2}{\partial x \partial \mu}(0, 0) = 2, \tag{3.2.91}$$

$$\frac{\partial^2 f^2}{\partial x^2}(0, 0) = 0, \tag{3.2.92}$$

$$\frac{\partial^3 f^2}{\partial x^3}(0, 0) = -12 \tag{3.2.93}$$

である．したがって (3.2.75), (3.2.76), (3.2.77) および (3.2.78) から，(3.2.90), (3.2.91), (3.2.92) と (3.2.93) は，(3.2.79) の2回の反復が $(x, \mu) = (0, 0)$ で熊手型分岐を起こすことを意味している．$f^2(x, \mu)$ の新しい不動点は $f(x, \mu)$ の不動点ではないので，これらは $f(x, \mu)$ の周期2の点でなければならない．このことから，$f(x, \mu)$ は $(x, \mu) = (0, 0)$ で周期倍化分岐を起こしたという.

ii) 周期倍化分岐

$\mathbf{C}^r$ $(r \geq 3)$ 1次元写像の1-パラメータ族

$$x \mapsto f(x, \mu), \qquad x \in \mathbb{R}^1, \quad \mu \in \mathbb{R}^1 \tag{3.2.94}$$

を考えよう．(3.2.94) が周期倍化分岐を起こすための条件を探そう．前の例が案内になりうる．例から明らかなことは，(3.2.94) が周期倍化分岐を起こすための十分条件は写像が固有値 -1 の非双曲型不動点を持ち，写像の2回反復が同じ非双曲型不動点で

熊手型分岐を起こすことである．まとめると，(3.2.73)，(3.2.74)，(3.2.75)，(3.2.76)，(3.2.77) および (3.2.78) を使うと，(3.2.94) が

$$f(0,0) = 0, \tag{3.2.95}$$

$$\frac{\partial f}{\partial x}(0,0) = -1, \tag{3.2.96}$$

$$\frac{\partial f^2}{\partial \mu}(0,0) = 0, \tag{3.2.97}$$

$$\frac{\partial^2 f^2}{\partial x^2}(0,0) = 0, \tag{3.2.98}$$

$$\frac{\partial^2 f^2}{\partial x \partial \mu}(0,0) \neq 0, \tag{3.2.99}$$

$$\frac{\partial^3 f^2}{\partial x^3}(0,0) \neq 0 \tag{3.2.100}$$

を満たせば十分である．さらに，$\left(-\frac{\partial^3 f^2(0,0)}{\partial x^3} \Big/ \frac{\partial^2 f^2(0,0)}{\partial x \partial \mu} \right)$ の符号は，$\mu = 0$ のどちらの側に周期 2 の点があるのかを教えている．この 2 つの場合を図 3.2.11 に示す．図で示された異なる 2 つの不動点曲線に対する可能な安定性の型を計算することは読者の演習に残しておく．演習問題 3.8 を見よ．

最後に，

$$x \mapsto -x - \mu x + x^3 \equiv f(x, \mu)$$

に対する周期倍化分岐と $f^2(x, \mu)$ に対する付随した熊手型分岐を節 3.2A,i) の最後に述べた幾何学的な方法を使って図 3.2.12 に示しておく．

3.2C　絶対値 1 の 1 対の固有値：ナイマルク-サッカー分岐

この節では，ベクトル場に対するポアンカレ-アンドロノフ-ホップ分岐の写像に類似しているが，かなり異なるねじれを持つものを述べよう．この分岐はしばしば "写像に対するホップ分岐" と言われているがこれは誤っている．なぜなら，この分岐は Naimark [1959] と Sacker[1965] が独立に始めて証明したからである．それゆえ，"ナイマルク-サッカー分岐" という言葉を用いることにする．

この情況では不動点 $(y_0, \lambda_0) \in \mathbb{R}^n \times \mathbb{R}^p$ の近くでの (3.2.1) の力学の研究は 2 次元中心多様体の p-パラメータ族に制限された (3.2.1) の研究に帰着できることがわかっている．帰着された写像が計算されて，それが

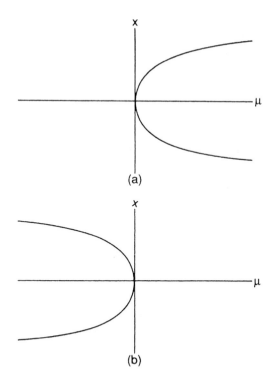

図 3.2.11 (a) $(-\frac{\partial^3 f^2}{\partial x^3}(0,0)/\frac{\partial^2 f^2}{\partial x \partial \mu}(0,0)) > 0.$ (b) $(-\frac{\partial^3 f^2}{\partial x^3}(0,0)/\frac{\partial^2 f^2}{\partial x \partial \mu}(0,0)) < 0.$

$$x \mapsto f(x,\mu) \qquad x \in \mathbb{R}^2, \quad \mu \in \mathbb{R}^1 \qquad (3.2.101)$$

で与えられているとしよう.ここで,$p=1$ とする.もしパラメータが1個以上であればほかのものを固定し1つを考え,それを μ と表す.写像を中心多様体に制限する際,幾つかの準備的な変換を行い (3.2.101) の不動点が $(x,\mu) = (0,0)$ で与えられるようにする.つまり,

$$f(0,0) = 0, \qquad (3.2.102)$$

であって,行列

$$D_x f(0,0) \qquad (3.2.103)$$

は

$$|\lambda(0)| = 1 \qquad (3.2.104)$$

なる2つの複素共役の固有値 $\lambda(0), \bar{\lambda}(0)$ を持つとしよう.また

$$\lambda^n(0) \neq 1, \qquad n = 1,2,3,4 \qquad (3.2.105)$$

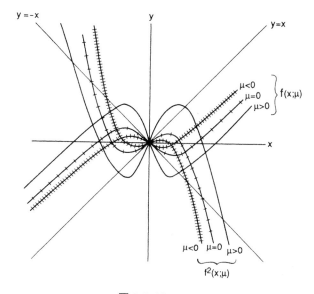

図 3.2.12

を要請しよう（注：$\lambda(0)$ が (3.2.105) を満たせば，$\bar{\lambda}(0)$ も満たし，逆もなりたつ）．

例 2.2.4 では，これらの条件のもとでは (3.2.101) の標準形は

$$z \mapsto \lambda(\mu)z + c(\mu)z^2\bar{z} + \mathcal{O}(4), \qquad z \in \mathbb{C}, \quad \mu \in \mathbb{R}^1 \tag{3.2.106}$$

で与えられることを示した．(3.2.106) を極座標に

$$z = re^{2\pi i\theta}$$

として変換すると

$$r \mapsto |\lambda(\mu)| \left(r + \left(\operatorname{Re}\left(\frac{c(\mu)}{\lambda(\mu)} \right) \right) r^3 + \mathcal{O}(r^4) \right),$$

$$\theta \mapsto \theta + \phi(\mu) + \frac{1}{2\pi} \left(\operatorname{Im}\left(\frac{c(\mu)}{\lambda(\mu)} \right) \right) r^2 + \mathcal{O}(r^3) \tag{3.2.107}$$

を得る．ここで，

$$\phi(\mu) \equiv \frac{1}{2\pi} \tan^{-1} \frac{\omega(\mu)}{\alpha(\mu)} \tag{3.2.108}$$

および

$$c(\mu) = \alpha(\mu) + i\omega(\mu) \tag{3.2.109}$$

である．このとき (3.2.107) の係数を $\mu = 0$ のまわりでテイラー展開して

384　3. 局所分岐

$$r \mapsto \left(1 + \frac{d}{d\mu}|\lambda(\mu)|\Big|_{\mu=0}\mu\right)r + \left(\mathrm{Re}\left(\frac{c(0)}{\lambda(0)}\right)\right)r^3 + \mathcal{O}(\mu^2 r, \mu r^3, r^4),$$

$$\theta \mapsto \theta + \phi(0) + \frac{d}{d\mu}(\phi(\mu))\Big|_{\mu=0}\mu + \frac{1}{2\pi}\left(\mathrm{Im}\frac{c(0)}{\lambda(0)}\right)r^2$$

$$+\mathcal{O}(\mu^2, \mu r^2, r^3) \tag{3.2.110}$$

を得る. ここで $|\lambda(0)| = 1$ なる条件を用いた. $n = 1, 2, 3, 4$ のとき $\lambda^n(0) \neq 1$ であるので, (3.2.108) から $\phi(0) \neq 0$ であると分かることに注意する. (3.2.110) に付随した記法を

$$d \equiv \frac{d}{d\mu}|\lambda(\mu)|\Big|_{\mu=0},$$

$$a \equiv \mathrm{Re}\left(\frac{c(0)}{\lambda(0)}\right),$$

$$\phi_0 \equiv \phi(0),$$

$$\phi_1 \equiv \frac{d}{d\mu}(\phi(\mu))\Big|_{\mu=0},$$

$$b \equiv \frac{1}{2\pi}\mathrm{Im}\frac{c(0)}{\lambda(0)}$$

とおいて簡略化する. これより (3.2.110) は

$$r \mapsto r + (d\mu + ar^2)r + \mathcal{O}(\mu^2 r, \mu r^3, r^4),$$

$$\theta \mapsto \theta + \phi_0 + \phi_1\mu + br^2 + \mathcal{O}(\mu^2, \mu r^2, r^3) \tag{3.2.111}$$

となる. 小さな r, 小さな μ に対する (3.2.111) の力学に関心がある. これを理解するための戦略はベクトル場に対するポアンカレ-アンドロノフ-ホップ分岐の研究と同じものである (節 3.1B 参照). つまり高次の項を無視した (すなわち簡約標準形) (3.2.111) を調べ, それから簡約標準形の力学が高次の項によってどのように影響を受けるかを調べようとするのである.

簡約標準形は

$$r \mapsto r + (d\mu + ar^2)r,$$

$$\theta \mapsto \theta + \phi_0 + \phi_1\mu + br^2 \tag{3.2.112}$$

で与えられる. $r = 0$ は (3.2.112) の不動点であり,

$$d\mu < 0 \qquad \text{に対して漸近安定,}$$
$$d\mu > 0 \qquad \text{に対して不安定,}$$
$$\mu = 0, a > 0 \quad \text{に対して不安定,}$$

および

$$\mu = 0, a < 0 \quad \text{に対して漸近安定}$$

に注意する．ベクトル場のポアンカレ-アンドロノフ-ホップ分岐に対する簡約標準形の研究を思い起こそう（節 3.1B 参照）．その場合，$r > 0$ なる簡約標準形の $\dot{r}$ 成分の不動点は周期軌道に対応していた．幾何学的に似たこと（しかし力学的にでない）は写像にも生じる．

補題 3.2.1 $\left\{ (r, \theta) \in \mathbb{R}^+ \times S^1 \,\middle|\, r = \sqrt{\frac{-\mu d}{a}} \right\}$ は (3.2.112) により生成された力学のもとでは不変な円である．

証明 この点集合が円であることは明らかである．(3.2.112) により生成された力学のもとで不変である事実は，円上から出発した点の r-座標が (3.2.112) による反復のもとで変化しないということからわかる． □

不変円は d および a の符号に依存して $\mu > 0$ または $\mu < 0$ のどちらかに対して存在でき，原点から距離 $\mathcal{O}(\sqrt{\mu})$ にある唯一の不変円であることは明らかである．不変円の安定性は a の符号により決定される．これは安定性の新しい概念であり，この本では以前に議論していなかったもので，すなわち，不変集合の安定性である．その意味は幸い直観的には明らかである．不変円が安定とは，円に"十分に近い"初期条件が (3.2.112) の正の反復のもとで円の近くに留まるときである．それが漸近安定とは，点が実際に円に近づくときである．これを次の補題にまとめよう．

補題 3.2.2 不変円は $a < 0$ に対して漸近安定であり，$a > 0$ に対して不安定である．

証明 (3.2.112) の r 成分は θ に独立であるために，この問題は 1 次元写像（つまり，θ 力学は無関係である）の不動点の安定性の研究に帰着される．その詳細は読者に演習として残しておく． □

さて不動点から不変円へ分岐する 4 つの可能な場合を述べてみよう．

<u>場合 1 : $d > 0, a > 0$.</u> この場合には，原点は $\mu > 0$ に対して不安定不動点であり，$\mu < 0$ に対して漸近安定不動点で，$\mu < 0$ に対して不安定な不変円を持つ．図 3.2.13

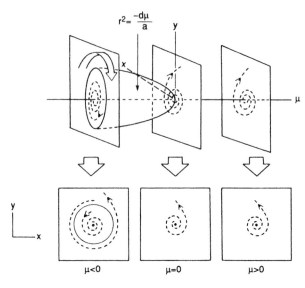

図 3.2.13 $d > 0, a > 0$.

を見よ．

場合 2 : $d > 0, a < 0$. この場合には，原点は $\mu > 0$ に対して不安定不動点であり，$\mu < 0$ に対して漸近安定な不動点で，$\mu > 0$ に対して漸近安定な不変円を持つ．図 3.2.14 を見よ．

場合 3 : $d < 0, a > 0$. この場合には，原点は $\mu > 0$ に対して漸近安定不動点であり，$\mu < 0$ に対して不安定不動点で，$\mu > 0$ に対して不安定な不変円を持つ．図 3.2.15 を見よ．

場合 4 : $d < 0, a < 0$. この場合には，原点は $\mu > 0$ に対して漸近安定不動点であり，$\mu < 0$ に対して不安定不動点で，$\mu < 0$ に対しては漸近安定な不変円を持つ．図 3.2.16 を見よ．

次の一般的な注意をしておこう．

注意1 $a > 0$ に対しては，不変円は $\mu < 0$（場合 2）あるいは $\mu > 0$（場合 3）に対して存在することができ，それぞれの場合について不変円は不安定である．同様に，$a < 0$ に対しては，$\mu < 0$（場合 4）あるいは $\mu > 0$（場合 2）に対して存在することができ，それぞれの場合について不変円は漸近安定である．したがって，量 a は不変円の安定性を決定するが，$\mu = 0$ のどちら側で不変円が存在するかについては教えない．

3.2. 写像の不動点の分岐   *387*

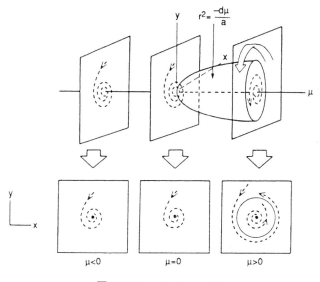

図 **3.2.14** $d > 0, a < 0$.

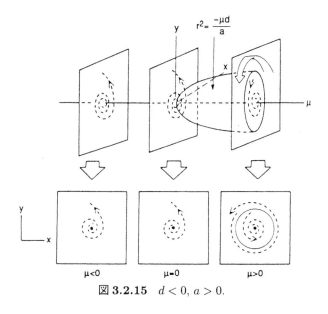

図 **3.2.15** $d < 0, a > 0$.

注意 2

$$d = \frac{d}{d\mu} |\lambda(\mu)|_{\mu=0}$$

を思い起こそう．よって，$d > 0$ に対しては，μ が 0 を通って増加するとき固有値は単

388　3. 局所分岐

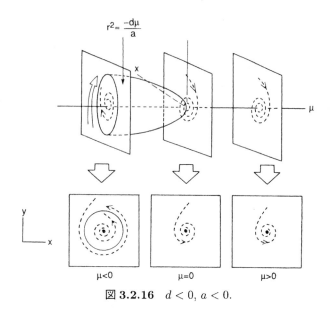

図 3.2.16 $d < 0, a < 0$.

位円を内側から外側へと横切り，$d<0$ に対しては，μ が 0 を通って増加するとき固有値は単位円を外側から内側に横切る．したがって，$d>0$ については，原点は $\mu<0$ に対し漸近安定で，$\mu>0$ に対し不安定である．同様に，$d<0$ については，原点は $\mu<0$ に対して不安定で，$\mu>0$ に対して漸近安定である．

　この時点で読者は，簡約標準形 (3.2.112) の解析とポアンカレ-アンドロノフ-ホップ分岐に付随した標準形（節 3.1B を見よ）の解析の間の類似に打たれるだろう．しかしながら，写像に関する状況は，これや，またこれまで調べてきたほかの全ての分岐とは基本的に異なることを強調しておく．他の全ての分岐（ベクトル場や写像でも）では，生成された不変集合は**単一**の軌道からなっており，一方この場合には，分岐は多くの異なる軌道を含む不変曲面（つまり，円）からなっている．不変円上の力学を，(3.2.112) の力学を不変円に制限して調べることによって（つまり，不変円から出発する初期条件だけを考えて）研究することができる．不変円上の点は

$$r = \sqrt{\frac{-\mu d}{a}}$$

で与えられる初期 r-座標を持ち，付随する**円周写像**は

$$\theta \mapsto \theta + \phi_0 + \left(\phi_1 - \frac{d}{a}\right)\mu \tag{3.2.113}$$

で与えられる. (3.2.113) の力学は簡単に理解でき, 量 $\phi_0 + (\phi_1 - \frac{d}{a})\mu$ に完全に依存している. $\phi_0 + (\phi_1 - \frac{d}{a})\mu$ が有理数のとき, 不変円上の全ての軌道は周期的である. $\phi_0 + (\phi_1 - \frac{d}{a})\mu$ が無理数のとき, 不変円上の全ての軌道はその円を稠密に満たしてしまう. これらの主張は例 1.2.3 で証明した. したがって, μ が変化するとき, 不変円上の軌道構造は周期的および概周期的の間を連続的に交代する.

この解析の全ては簡約標準形 (3.2.112) について行ったものあるが, 本当の興味は完全な標準形 (3.2.111) にある. これに対しては次の定理を得る.

定理 3.2.3 (ナイマルク-サッカー分岐) 完全標準形 (3.2.111) を考える. このとき, 十分小さい μ に対して, 上で述べた場合 1, 2, 3, 4 が成立する.

証明 この証明はベクトル場のポアンカレ-アンドロノフ-ホップ分岐の証明よりもさらに技術的なからくりを要求する. ポアンカレ-ベンディクソンの定理や平均化の方法 (節 1.2D の i) で展開された) が写像に直ちに適用できないので, このことは驚くべきことでない. この理由で証明をここで述べることはしない. このすばらしい証明は, 例えば, Iooss [1979] に見いだせる. □

この定理の正確な説明には注意を要する. 大まかに言えば, これは, 標準形の "末尾" が簡約標準形で提示される**不変円**の分岐には定性的な影響を与えないということをいっている. しかしながら, これは**不変円上**の力学については何もいっていない. 実際, 標準形の高次の項は完全な標準形 (3.2.111) の不変円に付随する円周写像に重大な影響を与えるものと予想される. これは簡約標準形の不変円に付随する円周写像が構造不安定なためである. 演習問題 3.47 を見よ.

3.2D 写像の局所分岐の余次元

写像の不動点の退化の程度は節 3.1D で述べたように余次元の概念により特徴づけられる. その場合の余次元は全く同じ手続き (例えば, 定義 3.1.7) により計算される. 実際, $\mathbf{C}^\infty$ ベクトル場

$$\dot{x} = f(x), \qquad x \in \mathbb{R}^n, \qquad (3.2.114)$$

に対しては

$$f(x) = 0 \qquad (3.2.115)$$

の局所構造に興味があり, また, $\mathbf{C}^\infty$ 写像

$$x \mapsto g(x), \qquad x \in \mathbb{R}^n \qquad (3.2.116)$$

390   3. 局所分岐

に対しては

$$g(x) - x = 0 \tag{3.2.117}$$

の局所構造に興味があるのである. こうして, 数学的には (3.2.114) と (3.2.116) は同じであることは明らかである. それゆえ写像の結果だけについて述べ, 読者にその確認をまかせよう.

【1 次元写像】

写像

$$x \mapsto x + ax^2 + \mathcal{O}(x^3), \tag{3.2.118}$$

$$x \mapsto -x + ax^3 + \mathcal{O}(x^4), \tag{3.2.119}$$

は, $x = 0$ に非双曲型不動点を持つ. 節 3.1D の技巧を使うと,

$$x \mapsto x + \mu \mp x^2, \tag{3.2.120}$$

$$x \mapsto -x + \mu x \mp x^3 \tag{3.2.121}$$

で与えられる準普遍変形を持つ**余次元 1** の不動点があることが簡単にわかる. したがって, 1 次元写像の 1-パラメータ族の不動点の生成的分岐は鞍状点-結節点および周期倍化である.

同様に, 写像

$$x \mapsto x + ax^3 + \mathcal{O}(x^4) \tag{3.2.122}$$

は, $x = 0$ に非双曲型不動点を持つ. $x = 0$ は**余次元 2** の不動点であり, 準普遍変形は

$$x \mapsto x + \mu_1 + \mu_2 x \mp x^3 \tag{3.2.123}$$

によって与えられることを示すのは簡単である.

【2 次元写像】

付随する線形写像の 2 つの固有値が絶対値 1 の複素共役であるような原点を不動点とする 2 次元写像があるとしよう. その 2 つの固有値を λ と $\bar{\lambda}$ で表す. この非双曲型不動点に節 3.1D の方法を使って余次元を割り当てることができる. 得られる数は λ と $\bar{\lambda}$ に依存するのである (これをすぐ後で行おう). このとき, 同じ方法を使って準普遍変形の候補を構成することができる. しかしながら, これらは準普遍変形を与えない. これに対する障害の 1 つは不変円上の力学に関係している. 前に見たように (節 3.2C を見よ), 標準形の高次の項の全ては不変円上の力学に影響を与える可能性がある. それにもかかわらず, 種々の場合に節 3.1D の技巧を使って, 余次元および付随するパラメータ付けられた族を与えよう.

$$\lambda^n \neq 1, \qquad n = 1, 2, 3, 4, \tag{3.2.124}$$

なる場合は**余次元 1** である．この分岐に付随する標準形の 1-パラメータ族は

$$z \mapsto (1 + \mu)z + cz^2\bar{z}, \qquad z \in \mathbb{C} \tag{3.2.125}$$

である（例 2.2.4 を見よ）．不変円上の力学を無視すれば，(3.2.125) は局所力学を全て捉えている．

(3.2.124) によって除外される場合は**強共鳴**と言われる．$n = 3$ と $n = 4$ の場合には**余次元 1** であり，付随する標準形の 1-パラメータ族は

$$z \mapsto (1 + \mu)z + c_1\bar{z}^2 + c_2 z^2\bar{z}, \qquad n = 3, \qquad z \in \mathbb{C}, \quad \mu \in \mathbb{R}^1, \tag{3.2.126}$$

$$z \mapsto (1 + \mu)z + c_1\bar{z}^3 + c_2 z^2\bar{z}, \qquad n = 4, \qquad z \in \mathbb{C}, \quad \mu \in \mathbb{R}^1 \tag{3.2.127}$$

で与えられる．$n = 1$ と $n = 2$ の場合には，それぞれ 2 重の 1 と 2 重の -1 の固有値に対応している．線形部分に付随する（ジョルダン標準形での）行列が

$$\begin{pmatrix} 1 & 1 \\ 0 & 1 \end{pmatrix}, \qquad n = 1, \tag{3.2.128}$$

および

$$\begin{pmatrix} -1 & 1 \\ 0 & -1 \end{pmatrix}, \qquad n = 2, \tag{3.2.129}$$

で与えられるときには，これらの場合は**余次元 2** であり，

$$\begin{aligned} x &\mapsto x + y, \\ y &\mapsto \mu_1 + \mu_2 x + y + ax^2 + bxy, \end{aligned} \qquad n = 1, \tag{3.2.130}$$

$$\begin{aligned} x &\mapsto x + y, \\ y &\mapsto \mu_1 x + \mu_2 y + y + ax^3 + bx^2 y \end{aligned} \qquad n = 2 \tag{3.2.131}$$

で与えられる付随する標準形の 2-パラメータ族を持つ．Arnold [1983] は，離散写像を流れで補間するという重要な局所技巧を使って，(3.2.126), (3.2.127), (3.2.130) と (3.2.131) を詳しく研究した．その詳細の幾つかは演習問題で計算することにしよう．強共鳴の場合は実際には，たとえば，自由振子の系に与えられた振動数で周期的な外力を加えるときに起こる．強共鳴は，強制振動数と自然振動数が比 1/1, 1/2, 1/3 と 1/4 の通約なときに起こる．驚くべきことは，$n = 1$ と $n = 2$ の場合，スメールの馬蹄型力学のカオス的運動（Gambaudo [1985] を見よ）が生じることである．

392 3. 局所分岐

3.3 分岐図式の説明と応用：警告

この時点で，いままで十分な例を見てきており，分岐という言葉は-パラメータが変化するときに定性的に新しい力学的挙動を示す系の現象に関わることは明らかである．しかし，"パラメータが変化するとき" という言葉は注意深く考えねばならない．高度に理想化された例を考えてみよう．

考えている状況というのは，開け放たれた窓にかかった板すだれを通って風が吹いているというものである．この系の "パラメータ" は風の速度である．経験から，風の速度が十分に遅いときにはなにも起こらないが，風の速度が十分早いときにはすだれは振動すなわち "はためき" 始めることを観察するはずである．よって，ある臨界的なパラメータ値で，ポアンカレ-アンドロノフ-ホップ分岐が起こったのである．しかしながら，ここで注意が必要である．今までの分析ではパラメータは**定数**であった．したがって，ポアンカレ-アンドロノフ-ホップ分岐定理をこの問題に適用するためには，風の速度は定数でなければならない．遅い一定の速度ではすだれは平らなままである．ある臨界値を超えた一定速度では，すだれは振動するのである．要点はパラメータを時間と共に変化するもの，たとえば，実際に起こっていることだが風の速度が時間と共に増す，とは考えていない点である．時間と共に（いかに遅くとも）変化し，分岐値を通過するパラメータを持つ力学系は，パラメータが定数であるような似た状況とはかなり異なる挙動を示すことがある．Schecter [1985] によるもっと数学的な例を考えてみよう．

ベクトル場

$$\dot{x} = f(x, \mu), \qquad x \in \mathbb{R}^1, \quad \mu \in \mathbb{R}^1 \tag{3.3.1}$$

を考えよう．

$$f(0, \mu) = 0 \tag{3.3.2}$$

であり，$x = 0$ が常に不動点で，

$$f(x, \mu) = 0 \tag{3.3.3}$$

が $\mu = b$ で $x = 0$ を交差し，図 3.3.1 のようであると仮定しよう．さらに

$$\frac{\partial f}{\partial x}(0, \mu) \quad \text{は} \quad \begin{cases} x < b & \text{に対して} \quad < 0, \\ x > b & \text{に対して} \quad > 0, \end{cases} \tag{3.3.4}$$

であり，不動点の安定性は図 3.3.1 に示されているものと仮定する．よって (3.3.1) は $\mu = b$ で安定性交替型分岐を起こす．いま，(3.3.1) が物理系をモデル化していると考えると，その系が安定な平衡状態にあると観測することを期待する．$\mu < b$ に対しては，これは $x = 0$ であり，μ が b よりもわずかに大きく，x が十分小さいと，これは

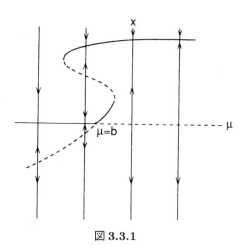

図 3.3.1

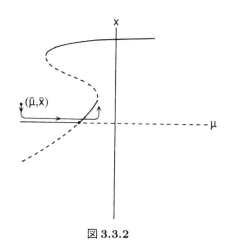

図 3.3.2

安定性交替型分岐点から分岐した不動点の上側の枝となる．

パラメータが次のように時間と共にゆっくりと漂動するような情況を考えよう．

$$\dot{x} = f(x,\mu), \tag{3.3.5}$$

$$\dot{\mu} = \varepsilon. \tag{3.3.6}$$

ここで，ε は小さく正であるとみなしている（よって軌跡は常に右側に動く）．
（注：Schecter [1985] は $\dot{\mu}$ が x および μ に依存するもっと一般の情況を考えている．）さて $\bar{\mu} < b$ で $\bar{x} > 0$ が十分小さいような初期条件 $(\bar{\mu}, \bar{x})$ の行き先を考えてみよう．図 3.3.2 を見よ．この点は $x = 0$ に強く引きつけられ（しかし決して $x = 0$ を横切ることはない．なぜか？），右側にゆっくり漂流する．シェクターは，$\mu = b$ を通過

394   3. 局所分岐

するとき，$\varepsilon = 0$ の場合のように $x = 0$ から跳ね返されるのではなく，軌跡は，最終的に遠くに跳ね返されるまえに，しばらくの間 $x = 0$（これは $\mu > b$ については不安定不変多様体である）に近づくことを証明した．図 3.3.2 を見よ．よって，$\varepsilon = 0$ で観測するものは $\varepsilon \neq 0$ のものとは異なるのである．$\varepsilon \neq 0$ に対しては，ある軌跡は $\varepsilon = 0$ に対する不安定不動点の近傍に（しばらくの間）留まる傾向にある．

この型の問題の詳しい分析はこの本の範囲を超えている（そのような問題は特異摂動理論の内容にほかならない）．はっきりさせたい点は，与えられた系では，分岐値のどちらかの側の系の挙動は，パラメータが定数のときとは違い，（どんなに遅くとも）時間と共に変化しパラメータが分岐値を通過するときには大きく異なる．読者はこのような例の詳しい分析を Mitropol'skii [1965], Lebovitz and Schaar [1975, 1977], Haberman [1979], Neishtadt [1987], [1988], Baer et al[1989], Erneux and Mandel [1986] と Mandel and Erneux [1987] に見いだせる．

演習問題

3.1 ちょうど 2 つの双曲型不動点を持つ $\mathbb{R}^1$ 上の $\mathbf{C}^r$ $(r \geq 1)$ 自励ベクトル場を考える．2 つの不動点の安定性の性質を推論できるか？ 不動点の 1 つが双曲型でないとき情況はどのように変わるか？ 両方の不動点が非双曲型になり得るか？ それぞれの情況を説明する具体的な例を構成せよ．

3.2 ベクトル場の鞍状点-結節点分岐と図 3.1.5 を考える．$\left(-\frac{\partial^2 f}{\partial x^2}(0,0)/\frac{\partial f}{\partial \mu}(0,0)\right) > 0$ の場合に対し，不動点曲線の上側の部分が安定で，下側の部分が不安定である条件を与えよ．また反対に，不動点曲線の上側の部分が不安定で，下側の部分が安定である条件を与えよ．$\left(-\frac{\partial^2 f}{\partial x^2}(0,0)/\frac{\partial f}{\partial \mu}(0,0)\right) < 0$ の場合について演習を繰り返してみよ．

3.3 ベクトル場の安定性交替型分岐と図 3.1.6 を考える．$\left(-\frac{\partial^2 f}{\partial x^2}(0,0)/\frac{\partial^2 f}{\partial x \partial \mu}(0,0)\right) > 0$ の場合について，$x = 0$ が $\mu > 0$ に対して安定で，$\mu < 0$ に対して不安定である条件を与えよ．また反対に，$x = 0$ が $\mu > 0$ に対して不安定で，$\mu < 0$ に対して安定である条件を与えよ．$\left(-\frac{\partial^2 f}{\partial x^2}(0,0)/\frac{\partial^2 f}{\partial x \partial \mu}(0,0)\right) < 0$ の場合について，演習を繰り返してみよ．

3.4 ベクトル場の熊手型分岐と図 3.1.7 を考える．$\left(-\frac{\partial^3 f}{\partial x^3}(0,0)/\frac{\partial^2 f}{\partial x \partial \mu}(0,0)\right) > 0$ の場合について，$x = 0$ が $\mu > 0$ に対して安定で，$\mu < 0$ に対して不安定である条件を与えよ．また反対に，$x = 0$ が $\mu > 0$ に対して不安定で，$\mu < 0$ に対して安定である条件を与えよ．$\left(-\frac{\partial^3 f}{\partial x^3}(0,0)/\frac{\partial^2 f}{\partial x \partial \mu}(0,0)\right) < 0$ の場合について，演習を繰り返してみよ．

3.5 写像の鞍状点-結節点分岐と図 3.2.2 を考える．$\left(-\frac{\partial^2 f}{\partial x^2}(0,0)/\frac{\partial f}{\partial \mu}(0,0)\right) > 0$ の場合に対し，不動点曲線の上側の部分が安定で，下側の部分が不安定である条件を与えよ．また反対に，不動点曲線の上側の部分が不安定で，下側の部分が安定な条件を与えよ．$\left(-\frac{\partial^2 f}{\partial x^2}(0,0)/\frac{\partial f}{\partial \mu}(0,0)\right) < 0$ の場合について演習を繰り返してみよ．

3.6 写像の安定性交替型分岐と図 3.2.5 を考える. $\left(-\frac{\partial^2 f}{\partial x^2}(0,0)/\frac{\partial^2 f}{\partial x\partial\mu}(0,0)\right) > 0$ の場合について, $x = 0$ が $\mu > 0$ に対して安定で, $\mu < 0$ に対して不安定である条件を与えよ. また反対に, $x = 0$ が $\mu > 0$ に対して不安定で, $\mu < 0$ に対して安定である条件を与えよ. $\left(-\frac{\partial^2 f}{\partial x^2}(0,0)/\frac{\partial^2 f}{\partial x\partial\mu}(0,0)\right) < 0$ の場合について, 演習を繰り返してみよ.

3.7 写像の熊手型分岐と図 3.2.8 を考える. $\left(-\frac{\partial^3 f}{\partial x^3}(0,0)/\frac{\partial^2 f}{\partial x\partial\mu}(0,0)\right) > 0$ の場合について, $x = 0$ が $\mu > 0$ に対して安定で, $\mu < 0$ に対して不安定である条件を与えよ. また反対に, $x = 0$ が $\mu > 0$ に対して不安定で, $\mu < 0$ に対して安定である条件を与えよ. $\left(-\frac{\partial^3 f}{\partial x^3}(0,0)/\frac{\partial^2 f}{\partial x\partial\mu}(0,0)\right) < 0$ の場合について, 演習を繰り返してみよ.

3.8 写像の周期倍化分岐と図 3.2.11 を考える. $\left(-\frac{\partial^3 f^2}{\partial x^3}(0,0)/\frac{\partial^2 f^2}{\partial x\partial\mu}(0,0)\right) > 0$ の場合について, $x = 0$ が $\mu > 0$ に対して安定で, $\mu < 0$ に対して不安定である条件を与えよ. また反対に, $x = 0$ が $\mu > 0$ に対して不安定で, $\mu < 0$ に対して安定である条件を与えよ. $\left(-\frac{\partial^3 f^2}{\partial x^3}(0,0)/\frac{\partial^2 f^2}{\partial x\partial\mu}(0,0)\right) < 0$ の場合について, 演習を繰り返してみよ.

3.9 演習問題 2.2 では以下のベクトル場の 1-パラメータ族に対する原点近くの中心多様体を計算した. 原点の分岐を述べよ. 例えば, a) と a') では, パラメータ ε はそれぞれ線形および非線形項を増加させる. 分岐の見地から, 2 つの場合で定性的な差異があるか? どんな種類の一般的な主張ができるか?

a) $\begin{aligned} \dot\theta &= -\theta + \varepsilon v + v^2, \\ \dot v &= -\sin\theta, \end{aligned}$ $\qquad (\theta, v) \in S^1 \times \mathbb{R}^1.$

a') $\begin{aligned} \dot\theta &= -\theta + v^2 + \varepsilon v^2, \\ \dot v &= -\sin\theta. \end{aligned}$

b) $\begin{aligned} \dot x &= \frac{1}{2}x + y + x^2 y, \\ \dot y &= x + 2y + \varepsilon y + y^2, \end{aligned}$ $\qquad (x, y) \in \mathbb{R}^2.$

b') $\begin{aligned} \dot x &= \frac{1}{2}x + y + x^2 y, \\ \dot y &= x + 2y + y^2 + \varepsilon y^2. \end{aligned}$

c) $\begin{aligned} \dot x &= x - 2y + \varepsilon x, \\ \dot y &= 3x - y - x^2, \end{aligned}$ $\qquad (x, y) \in \mathbb{R}^2.$

c') $\begin{aligned} \dot x &= x - 2y + \varepsilon x^2, \\ \dot y &= 3x - y - x^2. \end{aligned}$

d) $\begin{aligned} \dot x &= 2x + 2y + \varepsilon y, \\ \dot y &= x + y + x^4, \end{aligned}$ $\qquad (x, y) \in \mathbb{R}^2.$

d') $\begin{aligned} \dot x &= 2x + 2y, \\ \dot y &= x + y + x^4 + \varepsilon y^2. \end{aligned}$

e) $\begin{aligned} \dot x &= -y - \varepsilon x - y^3, \\ \dot y &= 2x, \end{aligned}$ $\qquad (x, y) \in \mathbb{R}^2.$

396   3. 局所分岐

e')　$\begin{aligned}\dot{x} &= -y - y^3, \\ \dot{y} &= 2x + \varepsilon x^2.\end{aligned}$

f)　$\begin{aligned}\dot{x} &= -2x + 3y + \varepsilon x + y^3, \\ \dot{y} &= 2x - 3y + x^3,\end{aligned}$　　$(x, y) \in \mathbb{R}^2.$

f')　$\begin{aligned}\dot{x} &= -2x + 3y + y^3 + \varepsilon x^2, \\ \dot{y} &= 2x - 3y + x^3.\end{aligned}$

g)　$\begin{aligned}\dot{x} &= -x - y + \varepsilon x - xy, \\ \dot{y} &= 2x + y + 2xy,\end{aligned}$　　$(x, y) \in \mathbb{R}^2.$

g')　$\begin{aligned}\dot{x} &= -x - y - xy + \varepsilon x^2, \\ \dot{y} &= 2x + y + 2xy.\end{aligned}$

h)　$\begin{aligned}\dot{x} &= -x + y, \\ \dot{y} &= -e^x + e^{-x} + 2x + \varepsilon y,\end{aligned}$　　$(x, y) \in \mathbb{R}^2.$

h')　$\begin{aligned}\dot{x} &= -x + y + \varepsilon x^2, \\ \dot{y} &= -e^x + e^{-x} + 2x.\end{aligned}$

i)　$\begin{aligned}\dot{x} &= -2x + y + z + \varepsilon x + y^2 z, \\ \dot{y} &= x - 2y + z + \varepsilon x + xz^2, \\ \dot{z} &= x + y - 2z + \varepsilon x + x^2 y,\end{aligned}$　　$(x, y, z) \in \mathbb{R}^3.$

i')　$\begin{aligned}\dot{x} &= -2x + y + z + \varepsilon x^2 + y^2 z, \\ \dot{y} &= x - 2y + z + \varepsilon xy + xz^2, \\ \dot{z} &= x + y - 2z + x^2 y.\end{aligned}$

j)　$\begin{aligned}\dot{x} &= -x - y + z^2, \\ \dot{y} &= 2x + y + \varepsilon y - z^2, \\ \dot{z} &= x + 2y - z,\end{aligned}$　　$(x, y, z) \in \mathbb{R}^3.$

j')　$\begin{aligned}\dot{x} &= -x - y + \varepsilon x^2 + z^2, \\ \dot{y} &= 2x + y - z^2 + \varepsilon y^2, \\ \dot{z} &= x + 2y - z.\end{aligned}$

k)　$\begin{aligned}\dot{x} &= -x - y - z + \varepsilon x - yz, \\ \dot{y} &= -x - y - z - xz, \\ \dot{z} &= -x - y - z - yz,\end{aligned}$　　$(x, y, z) \in \mathbb{R}^3.$

k')　$\begin{aligned}\dot{x} &= -x - y - z - yz + \varepsilon x^2, \\ \dot{y} &= -x - y - z - xz, \\ \dot{z} &= -x - y - z - xy.\end{aligned}$

l)　$\begin{aligned}\dot{x} &= y + x^2 + \varepsilon y, \\ \dot{y} &= -y - x^2,\end{aligned}$　　$(x, y) \in \mathbb{R}^2.$

l')　$\begin{aligned}\dot{x} &= y + x^2 + \varepsilon y^2, \\ \dot{y} &= -y - x^2.\end{aligned}$

m) $\begin{aligned}\dot{x} &= x^2 + \varepsilon y,\\ \dot{y} &= -y - x^2,\end{aligned}$ $(x, y) \in \mathbb{R}^2.$

m′) $\begin{aligned}\dot{x} &= x^2 + \varepsilon y^2,\\ \dot{y} &= -y - x^2.\end{aligned}$

3.10 演習問題 2.4 では以下の写像の 1-パラメータ族に対する原点近くの中心多様体を計算した．原点の分岐を述べよ．例えば，a) と a′) では，パラメータ ε はそれぞれ線形および非線形項を増加させる．分岐の見地から，2 つの場合で定性的な差異があるか？ どんな種類の一般的な主張ができるか？

a) $\begin{aligned}x &\mapsto -\frac{1}{2}x - y - xy^2,\\ y &\mapsto -\frac{1}{2}x + \varepsilon y + x^2,\end{aligned}$ $(x, y) \in \mathbb{R}^2.$

a′) $\begin{aligned}x &\mapsto -\frac{1}{2}x - y - xy^2,\\ y &\mapsto -\frac{1}{2}y + \varepsilon y^2 + x^2.\end{aligned}$

b) $\begin{aligned}x &\mapsto x + 2y + x^3,\\ y &\mapsto 2x + y + \varepsilon y,\end{aligned}$ $(x, y) \in \mathbb{R}^2.$

b′) $\begin{aligned}x &\mapsto x + 2y + x^3,\\ y &\mapsto 2x + y + \varepsilon y^2.\end{aligned}$

c) $\begin{aligned}x &\mapsto -x + y - xy^2,\\ y &\mapsto y + \varepsilon y + x^2 y,\end{aligned}$ $(x, y) \in \mathbb{R}^2.$

c′) $\begin{aligned}x &\mapsto -x + y - xy^2,\\ y &\mapsto y + \varepsilon y^2 + x^2 y.\end{aligned}$

d) $\begin{aligned}x &\mapsto 2x + y,\\ y &\mapsto 2x + 3y + \varepsilon x + x^4,\end{aligned}$ $(x, y) \in \mathbb{R}^2.$

d′) $\begin{aligned}x &\mapsto 2x + y + \varepsilon x^2,\\ y &\mapsto 2x + 3y + x^4.\end{aligned}$

e) $\begin{aligned}x &\mapsto x + \varepsilon y,\\ y &\mapsto x + 2y + y^2,\end{aligned}$ $(x, y) \in \mathbb{R}^2.$

e′) $\begin{aligned}x &\mapsto x + \varepsilon y^2,\\ y &\mapsto x + 2y + y^2.\end{aligned}$

f) $\begin{aligned}x &\mapsto 2x + 3y,\\ y &\mapsto x + \varepsilon y + x^2 + xy^2,\end{aligned}$ $(x, y) \in \mathbb{R}^2.$

f′) $\begin{aligned}x &\mapsto 2x + 3y,\\ y &\mapsto x + x^2 + \varepsilon y^2 + xy^2.\end{aligned}$

398   3. 局所分岐

g)
$$\begin{aligned} x &\mapsto x - z^3, \\ y &\mapsto 2x - y + \varepsilon y, \\ z &\mapsto x + \frac{1}{2}z + x^3, \end{aligned} \qquad (x, y, z) \in \mathbb{R}^3.$$

g')
$$\begin{aligned} x &\mapsto x - z^3, \\ y &\mapsto 2x - y + \varepsilon y^2, \\ z &\mapsto x + \frac{1}{2}z + x^3. \end{aligned}$$

h)
$$\begin{aligned} x &\mapsto x + \varepsilon z^4, \\ y &\mapsto -x - 2y - x^3, \\ z &\mapsto y - \frac{1}{2}z + y^2, \end{aligned} \qquad (x, y, z) \in \mathbb{R}^3.$$

h')
$$\begin{aligned} x &\mapsto x + \varepsilon x + z^4, \\ y &\mapsto -x - 2y - x^3, \\ z &\mapsto y - \frac{1}{2}z + y^2. \end{aligned}$$

i)
$$\begin{aligned} x &\mapsto y + \varepsilon x + x^2, \\ y &\mapsto y + xy, \end{aligned} \qquad (x, y) \in \mathbb{R}^2.$$

i')
$$\begin{aligned} x &\mapsto y + x^2, \\ y &\mapsto y + xy + \varepsilon x^2. \end{aligned}$$

j)
$$\begin{aligned} x &\mapsto \varepsilon x + x^2, \\ y &\mapsto y + xy, \end{aligned} \qquad (x, y) \in \mathbb{R}^2.$$

j')
$$\begin{aligned} x &\mapsto x^2 + \varepsilon y, \\ y &\mapsto y + xy. \end{aligned}$$

3.11 ベクトル場に対する鞍状点-結節点分岐における中心多様体.

ベクトル場のパラメータづけられた族に対する中心多様体の理論を発展させるとき,次の形の方程式を扱った.

$$\begin{aligned} \dot{x} &= Ax + f(x, y, \varepsilon), \\ \dot{y} &= By + g(x, y, \varepsilon), \end{aligned} \qquad (x, y, \varepsilon) \in \mathbb{R}^c \times \mathbb{R}^s \times \mathbb{R}^p \tag{E3.1}$$

ここで A は固有値が全て 0 の実部を持つ $c \times c$ 行列, B は固有値が全て負の実部を持つ $s \times s$ 行列で,

$$\begin{aligned} f(0,0,0) &= 0, & Df(0,0,0) &= 0, \\ g(0,0,0) &= 0, & Dg(0,0,0) &= 0 \end{aligned} \tag{E3.2}$$

である. 条件 $Df(0,0,0) = 0$, $Dg(0,0,0) = 0$ は, $(x, y) = (0, 0)$ が 0 を含む開集合の全ての ε について (E3.1) の不動点であることを意味する. 明らかに,これは鞍状点-結節点分岐点の場合ではありえず,この論点をこの演習問題で考えてみたい. これは第 2 章でおこなうこともできたのであるが,その章では中心多様体を導入しただけで実際に分岐

には関心を持っていなかった．この場合には (E3.1) および (E3.2) で与えられる方程式の
形は，中心多様体のパラメータづけられた族の概念を導入するための "最もきれいで簡単
な" やり方であった．

ごく基本的な水準から出発しよう．$\mathbf{C}^r$ （r は必要なだけ大きい）ベクトル場

$$\dot{z} = F(z, \varepsilon), \qquad (z, \varepsilon) \in \mathbb{R}^{c+s} \times \mathbb{R}^p. \tag{E3.3}$$

を考えよう．$(z, \varepsilon) = (0, 0)$ は (E3.3) の不動点で，そこでの行列

$$D_z F(0, 0) \tag{E3.4}$$

は c 個の 0 の実部をもつ固有値と s 個の負の実部をもつ固有値を持つとする．目標は
$(z, \varepsilon) = (0, 0)$ の近傍で (E3.3) の力学を調べるために中心多様体理論を適用することで
ある．

方程式 (E3.3) を次のように書き直す．

$$\dot{z} = D_z F(0, 0) z + D_\varepsilon F(0, 0) \varepsilon + G(z, \varepsilon), \tag{E3.5}$$

ここで z と ε について

$$G(z, \varepsilon) = \big[F(z, \varepsilon) - D_z F(0, 0) z - D_\varepsilon F(0, 0) \varepsilon \big] = \mathcal{O}(2) \tag{E3.6}$$

である．(E3.5) の項 "$D_\varepsilon F(0, 0) \varepsilon$" は新しいもので，先の仮定では 0 である．表記上のた
めに

$$\begin{aligned} D_z F(0, 0) &\equiv M & &-(c+s) \times (c+s) \text{ 行列}, \\ D_\varepsilon F(0, 0) &\equiv \Lambda & &-(c+s) \times p \text{ 行列} \end{aligned}$$

とし，(E3.5) が

$$\dot{z} = Mz + \Lambda \varepsilon + G(z, \varepsilon) \tag{E3.7}$$

となるようにする．いま T は M を次のようなブロック対角形にする $(s+c) \times (s+c)$ 行
列とする．

$$T^{-1} M T = \begin{pmatrix} A & 0 \\ 0 & B \end{pmatrix} \tag{E3.8}$$

ここで A は全ての固有値が 0 の実部を持つ $(c \times c)$ 行列，B は全ての固有値が負の実部
を持つ $(s \times s)$ 行列である．$w = (x, y)$ として

$$z = Tw, \qquad (x, y) \in \mathbb{R}^c \times \mathbb{R}^s, \tag{E3.9}$$

とし，この線形変換を (E3.7) に適用すると

$$\begin{pmatrix} \dot{x} \\ \dot{y} \end{pmatrix} = \begin{pmatrix} A & 0 \\ 0 & B \end{pmatrix} \begin{pmatrix} x \\ y \end{pmatrix} + \overline{\Lambda} \varepsilon + \begin{pmatrix} f(x, y, \varepsilon) \\ g(x, y, \varepsilon) \end{pmatrix} \tag{E3.10}$$

を得る．ここで

$$\overline{\Lambda} \equiv T^{-1} \Lambda,$$

$$\begin{pmatrix} f(x, y, \varepsilon) \\ g(x, y, \varepsilon) \end{pmatrix} \equiv T^{-1} G(T(x, y), \varepsilon)$$

である．$f(0,0,0) = 0$, $g(0,0,0) = 0$, $Df(0,0,0) = 0$, また $Dg(0,0,0) = 0$ に注意する．次に，

$$\overline{\Lambda} = \begin{pmatrix} \overline{\Lambda_c} \\ \hline \overline{\Lambda_s} \end{pmatrix}$$

とする．ここで Λ_c は Λ の最初の c 行に，Λ_s は Λ の最後の s 行に対応する．このとき (E3.10) は

$$\begin{pmatrix} \dot{x} \\ \dot{\varepsilon} \\ \dot{y} \end{pmatrix} = \begin{pmatrix} A & \overline{\Lambda_c} & 0 \\ 0 & 0 & 0 \\ 0 & \overline{\Lambda_s} & B \end{pmatrix} \begin{pmatrix} x \\ \varepsilon \\ y \end{pmatrix} + \begin{pmatrix} f(x,y,\varepsilon) \\ 0 \\ g(x,y,\varepsilon) \end{pmatrix} \tag{E.3.11}$$

のように書き直すことができる．読者は (E3.11) が中心多様体の理論を適用するための標準的な標準形に "ほぼ" 近いことを認識すべきである．最後の段階は (E3.11) の線形部分を 0 の実部を持つ $(c+p) \times (c+p)$ 行列（p は恒等的に 0）と負の実部を持つ $(s \times s)$ 行列にブロック対角化する線形変換を導入することである（演習問題 3.13 を見よ）．

a) この最後の段階を実行し，そうして得られる系に中心多様体定理を適用して議論をせよ．実際，第 2 章からの関連した定理はうまくいくか？

いくつかの特定の問題を解く前に，最初に例に答えておこう．
ベクトル場

$$\begin{aligned} \dot{x} &= \varepsilon + x^2 + y^2, \\ \dot{y} &= -y + x^2, \end{aligned} \qquad (x,y,\varepsilon) \in \mathbb{R}^3 \tag{E3.12}$$

を考える．$(x,y,\varepsilon) = (0,0,0)$ が (E3.12) の不動点であることは明らかである．小さい ε に対してこの不動点近傍の軌道構造を調べたい．(E3.12) を (E3.11) の形に書き換えると

$$\begin{pmatrix} \dot{x} \\ \dot{\varepsilon} \\ \dot{y} \end{pmatrix} = \begin{pmatrix} 0 & 1 & 0 \\ 0 & 0 & 0 \\ 0 & 0 & -1 \end{pmatrix} \begin{pmatrix} x \\ \varepsilon \\ y \end{pmatrix} + \begin{pmatrix} x^2 + y^2 \\ 0 \\ x^2 \end{pmatrix} \tag{E3.13}$$

を得る．

$$h(x,\varepsilon) = ax^2 + bx\varepsilon + c\varepsilon^2 + \mathcal{O}(3)$$

の形の中心多様体を探そう．中心多様体を計算する通常の手続きを使って

$$h(x,\varepsilon) = x^2 - 2x\varepsilon + 2\varepsilon^2 + \mathcal{O}(3)$$

を得る．中心多様体に制限されたベクトル場は

$$\begin{aligned} \dot{x} &= \varepsilon + x^2 + \mathcal{O}(4), \\ \dot{\varepsilon} &= 0 \end{aligned}$$

で与えられる．従って，鞍状点-結節点分岐が $\varepsilon = 0$ で起こる．
さて次のベクトル場を考えよう．

b) $\begin{aligned} \dot{x} &= \varepsilon + x^4 + y^2, \\ \dot{y} &= -y + x^3, \end{aligned} \qquad (x,y,\varepsilon) \in \mathbb{R}^3.$

c) $\dot{x} = \varepsilon + x^2 - y^3,$
$\dot{y} = \varepsilon - y + x^2.$

d) $\dot{x} = \varepsilon + \varepsilon x + x^2,$
$\dot{y} = -y + x^2.$

e) $\dot{x} = \varepsilon + \varepsilon x + x^2,$
$\dot{y} = \varepsilon - y + x^2.$

f) $\dot{x} = \varepsilon + \dfrac{1}{2}x + y + x^3,$
$\dot{y} = x + 2y - xy.$

g) $\dot{x} = 2\varepsilon + 2x + 2y,$
$\dot{y} = \varepsilon + x + y + y^2.$

h) $\dot{x} = \varepsilon - 2x + 2y - x^4,$
$\dot{y} = 2x - 2y.$

i) $\dot{x} = \varepsilon - 2x + y + z + yz,$
$\dot{y} = x - 2y + z + zx, \qquad (x, y, z, \varepsilon) \in \mathbb{R}^4.$
$\dot{z} = x + y - 2z + xy,$

それぞれのベクトル場について，中心多様体を構成し，小さな ε に対する原点近傍の力学を議論せよ．どんな型の分岐が起こるか？

3.12 写像に対する鞍状点-結節点分岐における中心多様体.

演習問題 3.11 の議論を追いながら，写像に対して中心多様体の理論を発展させ，それを鞍状点-結節点分岐点に適用せよ．
得られた理論を以下の写像に適用せよ．各場合で，中心多様体を計算し小さな ε に対する原点近傍の力学を議論せよ．(もしあるなら) $\varepsilon = 0$ で起こる分岐を議論せよ．

a) $x \mapsto \varepsilon + x + x^2 - y^2, \qquad (x, y, \varepsilon) \in \mathbb{R}^3.$
$y \mapsto x^2 + y^2,$

b) $x \mapsto \varepsilon + \varepsilon x + x^2 - y^2,$
$y \mapsto x^3 + y^2.$

c) $x \mapsto \varepsilon + x + x^2 - y^2,$
$y \mapsto \varepsilon + x^2 + y^2.$

d) $x \mapsto \varepsilon + \dfrac{1}{2}x - y - x^2,$
$y \mapsto \dfrac{1}{2}x + y^2.$

e) $x \mapsto \varepsilon - x + y + x^3,$
$y \mapsto y + \varepsilon x - x^2.$

f) $x \mapsto \varepsilon + x + \varepsilon x + y^3,$
$y \mapsto x + 2y - x^2.$

402   3. 局所分岐

g) $\begin{aligned} x &\mapsto \varepsilon - x + xy + y^2, \\ y &\mapsto 2x - xy - y^2. \end{aligned}$

h) $\begin{aligned} x &\mapsto \varepsilon + 2x + y + x^2 y, \\ y &\mapsto 12x + 3y - xy^2. \end{aligned}$

3.13 (E3.1) のブロック対角化の "標準形" を考えよう. 中心多様体理論を適用するためにまずベクトル場をその形に変換した. なぜこの準備的な変換が必要（または不必要）だったのかを議論せよ. 中心多様体の理論を適用するためにこの準備的変換が (E3.11) の形の方程式に必要か？ その見方を支持し適切な特徴を示すいくつかの例をあげよ（ヒント：中心多様体の座標化，およびこれらの座標で不変条件がどのように明らかにされるかを考えよ）.

3.14 この演習問題は Marsden and McCracken [1976] からのものである. 次のベクトル場を考えよう.

a) $\begin{aligned} \dot{r} &= -r(r-\mu)^2, \\ \dot{\theta} &= 1, \end{aligned}$ $(r,\theta) \in \mathbb{R}^+ \times S^1.$

b) $\begin{aligned} \dot{r} &= r(\mu - r^2)(2\mu - r^2)^2, \\ \dot{\theta} &= 1. \end{aligned}$

c) $\begin{aligned} \dot{r} &= r(r+\mu)(r-\mu), \\ \dot{\theta} &= 1. \end{aligned}$

d) $\begin{aligned} \dot{r} &= \mu r(r+\mu)^2, \\ \dot{\theta} &= 1. \end{aligned}$

e) $\begin{aligned} \dot{r} &= -\mu^2 r(r+\mu)^2(r-\mu)^2, \\ \dot{\theta} &= 1. \end{aligned}$

これらのベクトル場の各々を図 E3.1 の適当な相図に対応させ，（あるなら）ポアンカレ-アンドロノフ-ホップの分岐定理のどの条件が破られているかを説明せよ.

3.15 ポアンカレ-アンドロノフ-ホップの分岐定理（定理 3.1.3）を考える.

a) ポアンカレ-ベンディクソンの定理を利用する，証明 1 の詳細の全てを完成せよ.
b) 平均化の方法を利用する，証明 2 の詳細の全てを完成せよ.

3.16 ポアンカレ-アンドロノフ-ホップの分岐について，(3.1.107) で与えられた係数 a の表式を計算せよ.

3.17 ナイマルク-サッカー分岐について，ベクトル場に対する (3.1.107) に類似な係数 a の表式を計算せよ.（ヒント：解答は Guckenheimer and Holmes [1983] に見いだせる.）

3.18 次の 2 次元 C^r （r は必要なだけ大きい）ベクトル場の 1-パラメータ族を考える.

$$\dot{x} = f(x,\mu), \qquad (x,\mu) \in \mathbb{R}^2 \times \mathbb{R}^1.$$

ここで $f(0,0) = 0$ および $D_x f(0,0)$ は 0 固有値と負の固有値を持つ. ベクトル場は次の対称性を持つと仮定する.

$$f(x,\mu) = -f(-x,\mu).$$

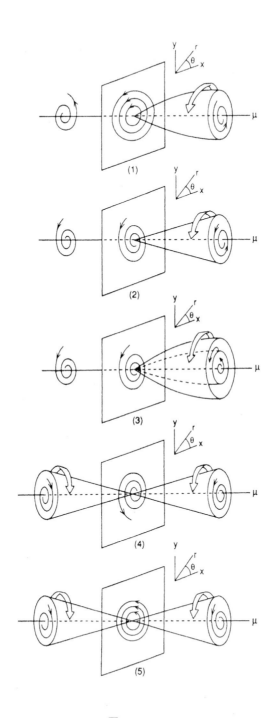

図 E3.1

404　3. 局所分岐

このとき，x および μ が小さいとき中心多様体に制限されたベクトル場の対称性に関して何が結論できるか？ ベクトル場は $(x, \mu) = (0, 0)$ で鞍状点-結節点分岐を起こすことができるか？ ベクトル場はほかの点 $(x, \mu) \in \mathbb{R}^2 \times \mathbb{R}^1$ で鞍状点-結節点分岐を起こすことができるか？

3.19 a) 次の 1 次元ベクトル場の 3-パラメータ族を考える．

$$\dot{x} = x^3 + \mu_3 x^2 + \mu_2 x + \mu_1, \qquad x \in \mathbb{R}^1. \tag{E3.14}$$

x のパラメータに依存するずらしによって (E3.14) は 2-パラメータ族

$$\dot{\overline{x}} = \overline{x}^3 + \overline{\mu}_2 \overline{x} + \overline{\mu}_1$$

のように書くことができることを示せ．x, μ_1, μ_2 および μ_3 を使うと $\overline{x}$, $\overline{\mu}_2$ および $\overline{\mu}_1$ はどうなるか？

　b)　次の 1 次元ベクトル場の 2-パラメータ族を考える．

$$\dot{x} = x^2 + \mu_2 x + \mu_1, \qquad x \in \mathbb{R}^1. \tag{E3.15}$$

x のパラメータに依存したずらしによって (E3.15) は 1-パラメータ族

$$\dot{\overline{x}} = \overline{x}^2 + \overline{\mu}_1$$

のように書くことができることを示せ．x, μ_1 そして μ_2 を使うと $\overline{x}$ と $\overline{\mu}_1$ はどうなるか？

a) と b) の結果を分岐の余次元とパラメータの数の見地から議論せよ．
　特に，b) の部分を考え，これらの問題を鞍状点-結節点分岐

$$\dot{x} = x^2 + \mu$$

および安定性交替型分岐

$$\dot{x} = x^2 + \mu x$$

の比較に関連して述べよ．

3.20 次の平面ベクトル場の 2-パラメータ族を考える．

$$\begin{aligned} \dot{x} &= y, \\ \dot{y} &= \mu_1 x + \mu_2 y + a x^2 + b x y. \end{aligned} \tag{E3.16}$$

座標のずらし

$$\begin{aligned} x &\to x + x_0, \\ y &\to y \end{aligned}$$

のもとで，(E3.16) は

$$\begin{aligned} \dot{x} &= y, \\ \dot{y} &= -\mu_1 x_0 + (\mu_1 + a y) x_0 + (\mu_2 - a x_0) y + b y^2 \end{aligned} \tag{E3.17}$$

となる．y の（x でない）パラメータに依存したずらしにより，(E3.17) は

$$\begin{aligned} \dot{x} &= \overline{y}, \\ \dot{\overline{y}} &= \overline{\mu}_1 + \overline{\mu}_2 \overline{y} + x \overline{y} + \overline{b} y^2 \end{aligned} \tag{E3.18}$$

演習問題 **405**

の形に変換されうることを示せ. y, x_0, μ_1, μ_2, a と b を使うと $\overline{y}$, $\overline{\mu}_1$, $\overline{\mu}_2$ と $\overline{b}$ は
どうなるか?

3.21 M を複素要素を持つ全ての $n \times n$ 行列の集合とする. M は $\mathbb{C}^{n^2}$ と同一視できることを
示せ(注意:曲面としての行列群のすばらしい議論については Dubrovin, Fomenko, and
Novikov [1984] を見よ).

3.22 $GL(n, \mathbb{C})$ は $\mathbb{C}^{n^2}$ の部分多様体であることを示せ.

3.23

$$gA_0g^{-1}, \qquad g \in GL(n, \mathbb{C})$$

で定義される $GL(n, \mathbb{C})$ の作用のもとで行列 $A_0 \in M$ の軌道は M の部分多様体であるこ
とを示せ.

3.24 (複素要素を持つ)次数 n の任意の行列の中心化群は $\mathbb{C}^{n^2}$ の線形部分空間であること
を示せ.

3.25 中心化群の次元は A_0 の軌道の余次元に等しいことを証明せよ.

3.26 補題 A1.2 で構成された A_0 近傍の局所座標で,A_0 に十分近い任意の行列は

$$pA(\lambda)p^{-1}, \qquad p \in P, \quad \lambda \in \Lambda \subset \mathbb{C}^{\ell}$$

の形に表される理由を説明せよ. これを線形代数の基本的な概念に基づいてもっと直観的
な説明を与えることができるか?

3.27 命題 A1.1 で構成された変形がなぜ極小普遍であるかを説明せよ.

3.28 次の主張を証明せよ.

複素行列 $\tilde{A}_0$ の最小のパラメータ数を持つ準普遍変形の実数化は,実行列 A_0 の
最小のパラメータ数を持つ準普遍変形となるように選ぶことができる. ここで
A_0 は $\tilde{A}_0$ の実数化である.

3.29 $\mathbb{C}^n$ の実数化は $\mathbb{R}^{2n}$ であり,$e_1, \cdots, e_n$ が $\mathbb{C}^n$ の基底であれば,$e_1, \cdots e_n, ie_1, \cdots, ie_n$
は $\mathbb{C}^n$ の実数化,$\mathbb{R}^{2n}$ の基底であることを証明せよ.

3.30 $A = A_r + iA_i$ が $\mathbb{C}^n$ から $\mathbb{C}^n$ への線形写像の行列表示とする. このとき

$$\begin{pmatrix} A_r & -A_i \\ A_i & A_r \end{pmatrix}$$

がこの行列の実数化であることを示せ.

3.31 次の実行列の極小普遍変形を計算せよ.

a) $\begin{pmatrix} 0 & -\omega & 0 \\ \omega & 0 & 0 \\ 0 & 0 & 0 \end{pmatrix}$

406   3. 局所分岐

b) $\begin{pmatrix} 0 & -\omega_1 & 0 & 0 \\ \omega_1 & 0 & 0 & 0 \\ 0 & 0 & 0 & -\omega_2 \\ 0 & 0 & \omega_2 & 0 \end{pmatrix}$

c) $\begin{pmatrix} 1 & 0 \\ 0 & 1 \end{pmatrix}$

d) $\begin{pmatrix} 1 & 0 \\ 0 & -1 \end{pmatrix}$

e) $\begin{pmatrix} 0 & 1 & 0 \\ 0 & 0 & 0 \\ 0 & 0 & 0 \end{pmatrix}$

f) $\begin{pmatrix} 0 & 1 & 0 \\ 0 & 0 & 1 \\ 0 & 0 & 0 \end{pmatrix}$

g) $\begin{pmatrix} 0 & 0 & 0 \\ 0 & 0 & 1 \\ 0 & 0 & 0 \end{pmatrix}$

h) $\begin{pmatrix} 0 & -\omega & 0 \\ \omega & 0 & 0 \\ 0 & 0 & 1 \end{pmatrix}$

i) $\begin{pmatrix} 0 & 0 \\ 1 & 0 \end{pmatrix}$

j) $\begin{pmatrix} 0 & -\omega \\ \omega & 1 \end{pmatrix}$

3.32 対称性を持つ2重0固有値. $\mathbb{R}^2$ 上の $\mathbf{C}^r$ （r は必要なだけ大きい）ベクトル場で不動点をもち，その不動点での線形化に付随する行列が次のジョルダン標準形を持つものを考える．

$$\begin{pmatrix} 0 & 1 \\ 0 & 0 \end{pmatrix}.$$

(x, y) を $\mathbb{R}^2$ 上の座標とし，さらにベクトル場は座標変換

$$(x, y) \mapsto (-x, -y)$$

のもとで不変と仮定する．この演習問題はこのような退化した不動点近傍の分岐に関連したものである．

a) この非双曲型不動点近傍のこのベクトル場に対する標準形は

$$\dot{x} = y + \mathcal{O}(5),$$
$$\dot{y} = ax^3 + bx^2 y + \mathcal{O}(5)$$

で与えられることを示せ．

b) 節 3.1D で概説した手続きに従って，準普遍変形の候補は

$$\dot{x} = y + \mathcal{O}(5),$$
$$\dot{y} = \mu_1 x + \mu_2 y + ax^3 + bx^2 y + \mathcal{O}(5)$$

で与えられることを示せ．

以下に簡約標準形

$$\dot{x} = y,$$
$$\dot{y} = \mu_1 x + \mu_2 y + ax^3 + bx^2 y$$

の力学に関連したものを考えよう．

c) 尺度変換によって，考えるべき多くの場合は次に帰着される．

$$\dot{x} = y,$$
$$\dot{y} = \mu_1 x + \mu_2 y + cx^3 - x^2 y \qquad \text{(E3.19)}$$

ここで $c = \pm 1$ である．

d) $\mu_1 = \mu_2 = 0$ に対して原点近傍の流れは，$c = +1$ については図 E3.2 のように，$c = -1$ については図 E3.3 のように表されることを示せ．

e) (E3.19) は次の不動点を持つことを示せ．

$$
\begin{aligned}
\underline{c = +1}: && (0,0), && (\pm\sqrt{-\mu_1}, 0), \\
\underline{c = -1}: && (0,0), && (\pm\sqrt{\mu_1}, 0).
\end{aligned}
$$

f) $c = +1$ および $c = -1$ の両方について不動点に対する線形化された安定性を計算し，次の分岐が起こることを示せ．

$$
\begin{aligned}
\underline{c = +1}: && &\mu_1 = 0 \text{ で 熊手型,} \\
&& &\mu_1 < 0, \ \mu_2 = 0 \text{ で} \\
&& &\text{安定型ポアンカレ-アンドロノフ-ホップ.}
\end{aligned}
$$

$$
\begin{aligned}
\underline{c = -1}: && &\mu_1 = 0 \text{ で 熊手型,} \\
&& &\mu_1 = \mu_2, \ \mu_1 > 0 \text{ で} \\
&& &\text{不安定型ポアンカレ-アンドロノフ-ホップ.}
\end{aligned}
$$

g) (E3.19) は

$$
\begin{aligned}
\underline{c = +1}: && &\mu_1 > 0; \\
&& &\mu_1 < 0, \ \mu_2 < 0; \\
&& &\mu_2 > -\mu_1/5, \ \mu_1 < 0.
\end{aligned}
$$

$$
\underline{c = -1}: \qquad \mu_2 < 0
$$

に対し周期軌道を持たないことを示せ．

（ヒント：ベンディクソンの判定基準と指数理論を使う.）

408   3. 局所分岐

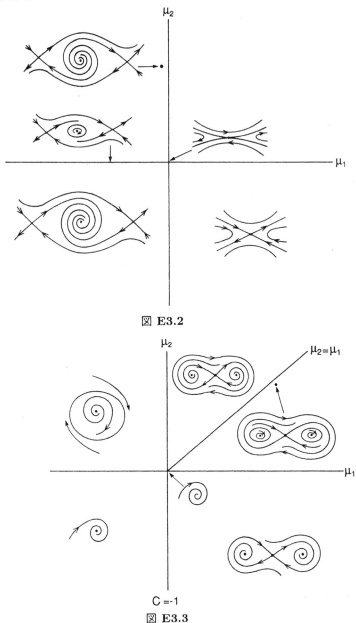

図 E3.2

図 E3.3

h) d) → e) で得られた結果を使い, $c = +1$ に対して図 E3.2 で示され, また $c = -1$ に対しては図 E3.3 で示された局所分岐図式を**完全に正当化せよ**.

i) 図 E3.2 と E3.3 の検討に基づき, 大域的分岐の存在の必然性を推論できるか? どんなシナリオが最もありそうか?

演習問題 *409*

可能な大域的分岐をさらに詳しく研究するために第4章でこの演習問題に戻る.

3.33 不動点を持つ3次元自励 $\mathbf{C}^r$ (r は必要なだけ大きい) ベクトル場で,その線形部分がデカルト座標で,次の形を取るものを考える.

$$\begin{pmatrix} 0 & -\omega & 0 \\ \omega & 0 & 0 \\ 0 & 0 & 0 \end{pmatrix} \begin{pmatrix} x \\ y \\ z \end{pmatrix}$$

この非双曲型不動点の準普遍変形は節 3.1F で詳しく研究した.いまベクトル場は座標変換

$$(x, y, z) \mapsto (x, y, -z)$$

のもとで不変であると仮定する.

a) 円柱座標では標準形は

$$\dot{r} = r(a_1 r^2 + a_2 z^2) + \cdots,$$
$$\dot{z} = z(b_1 r^2 + b_2 z^2) + \cdots,$$
$$\dot{\theta} = \omega + \cdots,$$

で与えられることを示せ.

b) 準普遍変形の候補は

$$\dot{r} = r(\mu_1 + a_1 r^2 + a_2 z^2),$$
$$\dot{z} = z(\mu_2 + b_1 r^2 + b_2 z^2),$$
$$\dot{\theta} = \omega + \cdots,$$

で与えられることを示せ.

c) 節 3.1F の非対称な場合の分解の段階に従って,節 3.1F で議論された要点を述べながら,この準普遍変形を完全に解析せよ.

様々な対称性を持つこの非双曲型不動点についてのすばらしい要約と文献については,Langford[1985] を見よ.

3.34 非双曲型不動点を持つ4次元自励 $\mathbf{C}^r$ (r は必要なだけ大きい) ベクトル場で,その線形部分が次の形を取るものを考える.

$$\begin{pmatrix} 0 & -\omega_1 & 0 & 0 \\ \omega_1 & 0 & 0 & 0 \\ 0 & 0 & 0 & -\omega_2 \\ 0 & 0 & \omega_2 & 0 \end{pmatrix} \begin{pmatrix} w \\ x \\ y \\ z \end{pmatrix}.$$

a) $m\omega_1 + n\omega_2 \neq 0, |m| + |n| \leq 4$ と仮定する.このとき極座標では標準形は

$$\dot{r}_1 = a_1 r_1^3 + a_2 r_1 r_2^2 + \cdots,$$
$$\dot{r}_2 = b_1 r_1^2 r_2 + b_2 r_2^3 + \cdots,$$
$$\dot{\theta}_1 = \omega_1 + \cdots,$$
$$\dot{\theta}_2 = \omega_2 + \cdots$$

で与えられることを示せ (演習問題 2.10 を見よ).

410 3. 局所分岐

b) 準普遍変形の候補は

$$\dot{r}_1 = \mu_1 r_1 + a_1 r_1^3 + a_2 r_1 r_2^2,$$
$$\dot{r}_2 = \mu_2 r_2 + b_1 r_1^2 r_2 + b_2 r_1^3,$$
$$\dot{\theta}_1 = \omega_1 + \cdots,$$
$$\dot{\theta}_2 = \omega_2 + \cdots$$

によって与えられることを示せ.

c) 節 3.1E と 3.1F で概説された段階に従って, この準普遍変形を完全に解析し, この節で挙がった全ての要点を述べよ. 特に, どんな条件のもとで "3次元トーラス" が生じるか?

d) 共鳴する場合

$$m\omega_1 + n\omega_2 = 0, \qquad |m| + |n| \leq 4,$$

のそれぞれについて, 分岐の余次元と準普遍変形の候補を議論せよ.

3.35 非双曲型不動点を持つ2次元自励 $\mathbf{C}^r$ (r は必要なだけ大きい) ハミルトン・ベクトル場 (つまり, $\mathbf{C}^{r+1}$ スカラー関数 $H(x, y)$ に対して $\dot{x} = \frac{\partial H}{\partial y}(x, y), \dot{y} = -\frac{\partial H}{\partial x}(x, y)$) でその線形部分が次の形を取るものを考える.

a) $\begin{pmatrix} 0 & -\omega \\ \omega & 0 \end{pmatrix}$

b) $\begin{pmatrix} 0 & 1 \\ 0 & 0 \end{pmatrix}$

c) $\begin{pmatrix} 0 & 0 \\ 0 & 0 \end{pmatrix}$

分岐の余次元を議論し, 準普遍変形の候補を導け. 各準普遍変形を完全に解析せよ. 生起する大域的現象とハミルトン構造が大域的現象の解析にどのように利用されうるのかを議論せよ. どの型の対称性が起こるか, またそれらはどのように情況に影響するか? (手がかりとして, Golubitsky and Stewart [1987], Galin [1982] and Kocak[1984] を見よ.)

3.36 ベクトル場

$$\dot{x} = \varepsilon + x^2 + y^2, \qquad (x, y, \varepsilon) \in \mathbb{R}^3$$
$$\dot{y} = x^2 - y^2,$$

を考える. このベクトル場に対して, 原点の中心多様体を近似するには接空間による近似で十分である. この主張を確かめ接空間の近似が一般にうまくいく条件を議論せよ. そのアイデアを以下の例で考えよ.

a) $\dot{x} = \varepsilon x + x^2 + y^2,$
   $\dot{y} = x^2 - y^2.$

b) $\dot{x} = \varepsilon + x^2 + xy,$
   $\dot{y} = x^2 - y^2.$

c) $\dot{x} = \varepsilon + y^2,$
   $\dot{y} = x^2 - y^2.$

d) $\dot{x} = \varepsilon + xy + y^2,$
   $\dot{y} = x^2 - y^2.$

3.37 次の $\mathbf{C}^r$ $(r \geq 1)$ 2次元，時間周期的ベクトル場

$$\dot{x} = y,$$
$$\dot{y} = f(x,t), \qquad (x,y) \in \mathbb{R}^2,$$

を考える．ここで $f(x,t)$ は t について周期 T を持つ．

a) ベクトル場は（時間依存の）第1積分を持ち，その第1積分は実はその系に対する ハミルトニアンであることを示せ．

b) ベクトル場が次のように一定に線形的に減衰されているとする．

$$\dot{x} = y,$$
$$\dot{y} = -\delta y + f(x,t), \qquad \delta > 0.$$

関連するポアンカレ写像がナイマルク-サッカー分岐を起こすことはありえないことを示せ．

3.38 次の常微分方程式を考える．

$$\dot{x} = \frac{\omega}{\sqrt{3}}(y - z) + [\varepsilon - \mu(x^2 - yz)]x,$$

$$\dot{y} = \frac{\omega}{\sqrt{3}}(z - x) + [\varepsilon - \mu(y^2 - xz)]y, \qquad (x,y,z) \in \mathbb{R}^3 \qquad \text{(E.3.20)}$$

$$\dot{z} = \frac{\omega}{\sqrt{3}}(x - y) + [\varepsilon - \mu(z^2 - xy)]z,$$

ここで $\varepsilon > 0$，$\mu > 0$ そして ω はパラメータである．この系は動力系の力学の研究において同期機械系をモデル化し同時にシミュレートするために有用なものである．Kaplan and Yardeni [1989] や Kaplan and Kottick [1983], [1985], [1987] を見よ．

$$(x,y,z) = (0,0,0)$$

は全てのパラメータ値に対し (E3.20) の不動点であることは明らかである．この不動点に付随する分岐を研究することは興味深い．

a) $\varepsilon = 0$ に対して線形化されたベクトル場に付随する行列の固有値は

$$\varepsilon, \; \varepsilon \pm i\omega$$

で与えられることを示せ．

b) $\varepsilon = 0$，$\omega \neq 0$ および $\varepsilon = 0$，$\omega = 0$ に対する不動点に付随する分岐を調べよ．

3.39 Holmes [1985] によって調べられた次のフィードバック制御系を考えよう．

$$\ddot{x} + \delta\dot{x} + g(x) = -z,$$
$$\dot{z} + \alpha z = \alpha\gamma(x - r) \qquad \text{(E3.21)}$$

412   3. 局所分岐

ここで x および $\dot{x}$ は，非線形剛性 $g(x)$ と負のフィードバック制御 z に支配された線形減衰 $\delta\dot{x}$ を持つ振動系の，それぞれ変位と速度である．制御器は時間定数 $\frac{1}{\alpha}$ と利得 γ を持つ1次力学を持っている．一定または時間変動のバイアス r がかけられうる．この系は，位置が無視できる慣性を持つサーボ機構に制御される非線形弾性系の可能なかぎり簡単なモデルとなっている．詳しくは Holmes and Moon [1983] を見よ．
この演習問題のために

$$g(x) = x(x^2 - 1)$$

および

$$r = 0$$

を仮定する．(E3.21) を系として書き換えると

$$\begin{aligned}
\dot{x} &= y, \\
\dot{y} &= x - x^3 - \delta y - z, \qquad (x,y,z) \in \mathbb{R}^3 \\
\dot{z} &= \alpha\gamma x - \alpha z,
\end{aligned} \qquad (E3.22)$$

となる．ここでスカラー・パラメータは $\delta, \alpha, \gamma > 0$ である．この演習問題は (E3.22) の局所分岐の研究に関連している．

a) (E3.22) が

$$(x,y,z) = (0,0,0) \equiv \underline{0}$$

および

$$(x,y,z) = \left(\pm\sqrt{1-\gamma}, 0, \pm\gamma\sqrt{1-\gamma}\right) \equiv \underline{p}_{\pm}, \qquad (\gamma < 1)$$

に不動点を持つことを示せ．

b) これらの不動点のまわりで線形化し，(E3.22) が次の (α, δ, γ) 空間の**分岐曲面**を持つことを示せ．

$\gamma = 1$	$\underline{0}$ に対して1つの固有値は0
$\gamma = \frac{\delta}{\alpha}(\alpha^2 + \alpha\delta - 1),$ $\gamma > 1$	$\underline{0}$ に対して1対の固有値は 純虚数
$\gamma = \frac{\delta}{\alpha+3\delta}(\alpha^2 + \alpha\delta + 2),$ $0 < \gamma < 1$	$\underline{p}_{\pm}$ に対して1対の固有値は 純虚数

c) これらの3つの曲面は曲線

$$\gamma = 1, \quad \delta = \frac{1}{\alpha}$$

で交差することを示せ．そこでは2重0固有値と $-(1+\alpha^2)/\alpha$ である第3の固有値を持つ．

d) $\alpha > 0$ を固定して，(δ, γ) 空間の2重0固有値からの分岐を調べよ．(**ヒント**：標準形と中心多様体理論を使え．演習問題 3.32 も有用である．)

e) 全てのアトラクターを δ と γ の関数で表せ．この制御問題への意味について議論せよ．

演習問題　*413*

この演習問題は局所非線形解析に関したものであるが，(E3.21) の形の問題の研究についての大域的技巧は Wiggins and Holmes [1987a], [1987b] と Wiggins [1988] によって発展させられてきた．

3.40 線形化写像に付随する固有値が複素共役で絶対値が 1 であるような，原点に不動点を持つ $\mathbb{R}^2$ の写像を考える．2 つの固有値を λ および $\overline{\lambda}$ と表す．この演習問題の目的は

$$\lambda^q = 1, \qquad q = 1, 2, 3, 4$$

の場合について原点近傍の力学を調べることである．最初に非常に強力な局所的技巧，つまり写像を流れで補間する技巧を開発しよう．

a) 次の補題を証明せよ（Arnold [1983]）．

原点に固有値を持つ $\mathbf{C}^r$（r は必要なだけ大きい）写像 $f: \mathbb{R}^2 \to \mathbb{R}^2$ で，原点での線形化の固有値が $e^{\pm 2\pi i p/q}$ で与えられ，$q = 1$ または 2 のとき次数 2 のジョルダン・ブロックを持つものを考える．原点の十分小さい近傍で，反復 f^q は次のように表すことができる．

$$f^q(z) = \varphi_1(z) + \mathcal{O}(|z|^N), \qquad z \in \mathbb{R}^2,$$

ここで $\varphi_1(z)$ はベクトル場 $v(z)$ によって生成された流れから得られた時間 1 写像である．さらに，ベクトル場は原点のまわりの角度 $2\pi/q$ の回転のもとで不変である．

（ヒント：まず f^q を標準形

$$f^q = \Lambda z + F_2^r(z) + F_3^r(z) + \cdots + F_{N-1}^r(z) + \mathcal{O}(|z|^N)$$

とし，次にベクトル場

$$\dot{z} = (\Lambda - \mathrm{id})z + F_2^r(z) + F_3^r(z) + \cdots + F_{N-1}^r(z)$$

を考えよ．）

このベクトル場の時間 1 写像をピカールの逐次法によって近似し（この方法の使用を正当化せよ），それが望む結果を与えることを示せ．これは写像を標準形にすることがまず必要である理由を示している．Moser [1968] は写像を流れで補間するうまい議論と共にこの補題の別の証明を与えている．

次にこれらの写像の準普遍変形を扱わねばならない．

b) 次の補題を証明せよ（Arnold [1983]）．

a) の補題の仮定を満たす写像 $f_0 = f$ の変形 f_λ，$\lambda \in \mathbb{R}^p$ を考える．原点の十分小さい近傍では，反復 f_λ^q は

$$f_\lambda^q(z) = \varphi_{1,\lambda}(z) + \mathcal{O}(|z|^N), \qquad z \in \mathbb{R}^2,$$

と表すことができる．ここで $\varphi_{1,\lambda}(z)$ は，原点のまわりの角度 $2\pi/q$ の回転のもとで不変なベクトル場 v_λ によって生成された流れから得られる時間 1 写像である．さらに $\varphi_{1,0}(z) = \varphi_1(z)$ および $v_0(z) = v(z)$ である．

（ヒント：この補題は，次数 N までの標準化変換がパラメータに微分可能な依存をしていることの結果である．）

414   3. 局所分岐

c) 平面上のベクトル場が次の 4 つを持っている.

1. 不動点 (双曲型および非双曲型)
2. 周期軌道
3. ホモクリニック軌道
4. ヘテロクリニック軌道

これらの全ての軌道を持つベクトル場の時間 1 写像は, a) と b) の補題の意味で写像 f^q を近似すると仮定する. これらの各軌道は高次の項 (つまり $\mathcal{O}(|z|^N)$ の項) によってどの程度影響を受けるか?

さて主な問題に戻ろう.

d) $\lambda^q = 1$, $q = 1, 2, 3, 4$ の場合の標準形は

$$q = 1: \quad \begin{aligned} x &\mapsto x + y + \cdots, \\ y &\mapsto y + ax^2 + bxy + \cdots, \end{aligned} \qquad (x, y) \in \mathbb{R}^2$$

$$q = 2: \quad \begin{aligned} x &\mapsto x + y + \cdots, \\ y &\mapsto y + ax^3 + bx^2y + \cdots, \end{aligned} \qquad (x, y) \in \mathbb{R}^2$$

$$q = 3: \quad z \mapsto z + c_1 \bar{z}^2 + c_2 z^2 \bar{z} + \cdots, \qquad z \in \mathbb{C}$$

$$q = 4: \quad z \mapsto z + c_1 \bar{z}^3 + c_2 z^2 \bar{z} + \cdots, \qquad z \in \mathbb{C}$$

で与えられることを示せ.

e) 各場合の余次元を計算せよ. 準普遍変形の候補は

$$q = 1: \quad \begin{aligned} x &\mapsto x + y, \\ y &\mapsto \mu_1 + \mu_2 y + y + ax^2 + bxy, \end{aligned} \qquad (x, y) \in \mathbb{R}^2$$

$$q = 2: \quad \begin{aligned} x &\mapsto x + y, \\ y &\mapsto \mu_1 x + (1 + \mu_2)y + ax^3 + bx^2y, \end{aligned} \qquad (x, y) \in \mathbb{R}^2$$

$$q = 3: \quad z \mapsto (1 + \mu)z + c_1 \bar{z}^2 + c_2 z^2 \bar{z}, \qquad z \in \mathbb{C}$$

$$q = 4: \quad z \mapsto (1 + \mu)z + c_1 \bar{z}^3 + c_2 z^2 \bar{z}, \qquad z \in \mathbb{C}$$

で与えられることを (節 3.1D の考えを使って) 議論せよ.

f) e) で与えられた順序で f^q を補間するベクトル場は

$$q = 1: \quad \begin{aligned} \dot{x} &= y, \\ \dot{y} &= \mu_1 + \mu_2 y + ax^2 + bxy, \end{aligned} \qquad (x, y) \in \mathbb{R}^2$$

$$q = 2: \quad \begin{aligned} \dot{x} &= y, \\ \dot{y} &= \mu_1 x + \mu_2 y + ax^3 + bx^2y, \end{aligned} \qquad (x, y) \in \mathbb{R}^2$$

$$q = 3: \quad \dot{z} = \mu z + c_1 \bar{z}^2 + c_2 z^2 \bar{z}, \qquad z \in \mathbb{C}$$

$$q = 4: \quad \dot{z} = \mu z + c_1 \bar{z}^3 + c_2 z^2 \bar{z}, \qquad z \in \mathbb{C}$$

であることを示せ.

g) f) の各ベクトル場の完全な力学を述べよ.

h) g) と c) の結果を使って，$q = 1, 2, 3$ と 4 に対する原点近傍の f^q の力学を述べよ.

この問題の結果は最初に Arnold [1977], [1983] によって得られた．ポアンカレ-アンドロノフ-ホップ分岐を起こすような外部からの時間周期的摂動を受けたベクトル場への非常に興味深い応用は Gambaudo [1985] に見いだせる．

演習問題 3.41 と 3.42 は分岐と低周波メルニコフ理論を扱う．設定は次のようである．(1.2.158) は単一のパラメータ μ に依存し

$$\dot{x} = \frac{\partial H}{\partial y}(x, y) + \varepsilon g_1(x, y, t; \mu, \varepsilon),$$

$$\dot{y} = -\frac{\partial H}{\partial x}(x, y) + \varepsilon g_2(x, y, t; \mu, \varepsilon), \qquad \mu \in \mathbb{R}^1$$

とする．このとき節 1.2D, ii) で (1.2.158) から導いたポアンカレ写像の m 回の反復は，次のような低周波メルニコフ・ベクトルを通して，μ にも依存する．

$$P_\varepsilon^m(I, \theta; \mu) = (I, \theta + mT\Omega(I))$$
$$+ \varepsilon\big(M_1^{m/n}(I, \theta, \varphi_0; \mu), M_2^{m/n}(I, \theta, \varphi_0; \mu)\big) + \mathcal{O}(\varepsilon^2).$$

3.41 次の鞍状点-結節点分岐定理を証明せよ.

上のパラメータづけられたポアンカレ写像に対し，点 $(\overline{I}, \overline{\theta}, \overline{\mu})$ が存在して，$nT(\overline{I}) = mT$ であり次の条件の 1 つが成立していると仮定する.

FP1)

i) $\left.\dfrac{\partial \Omega}{\partial I}\right|_{\overline{I}} \neq 0,$

ii) $M_1^{m/n}(\overline{I}, \overline{\theta}, \varphi_0, \overline{\mu}) = 0$

iii) $\dfrac{\partial M_1^{m/n}}{\partial \theta}(\overline{I}, \overline{\theta}, \varphi_0, \overline{\mu}) = 0,$

iv) $\dfrac{\partial M_1^{m/n}}{\partial \mu}(\overline{I}, \overline{\theta}, \varphi_0, \overline{\mu}) \neq 0,$

v) $\dfrac{\partial^2 M_1^m}{\partial \theta^2}(\overline{I}, \overline{\theta}, I_0, \overline{\mu}) \neq 0,$

または FP2)

i) $\left.\dfrac{\partial \Omega}{\partial I}\right|_{\overline{I}} = 0,$

ii) $M^{m/n}(\overline{I}, \overline{\theta}, \varphi_0, \overline{\mu}) = 0,$

iii) $\left(\dfrac{\partial M_1^{m/n}}{\partial I}\dfrac{\partial M_2^{m/n}}{\partial \theta} - \dfrac{\partial M_1^{m/n}}{\partial \theta}\dfrac{\partial M_2^{m/n}}{\partial I}\right)\Bigg|_{(\overline{I}, \overline{\theta}, \overline{\mu})}$

$\equiv \dfrac{\partial(M_1^{m/n}, M_2^{m/n})}{\partial(I, \theta)}\Bigg|_{(\overline{I}, \overline{\theta}, \overline{\mu})} = 0,$

416   3. 局所分岐

そして次のうちの1つが成立しているとする.

i) $\dfrac{\partial(M_1^{m/n}, M_2^{m/n})}{\partial(I, \mu)}\bigg|_{(\bar{I}, \bar{\theta}, \bar{\mu})} \neq 0,$　$\dfrac{d}{d\theta}\left(\dfrac{\partial(M_1^{m/n}, M_2^{m/n})}{\partial(I, \theta)}\right)\bigg|_{(\bar{I}, \bar{\theta}, \bar{\mu})} \neq 0,$

ii) $\dfrac{\partial(M_1^{m/n}, M_2^{m/n})}{\partial(\theta, \mu)}\bigg|_{(\bar{I}, \bar{\theta}, \bar{\mu})} \neq 0,$　$\dfrac{d}{dI}\left(\dfrac{\partial(M_1^{m/n}, M_2^{m/n})}{\partial(I, \theta)}\right)\bigg|_{(\bar{I}, \bar{\theta}, \bar{\mu})} \neq 0.$

このとき $(\bar{I}, \bar{\theta}, \bar{\mu}) + \mathcal{O}(\varepsilon)$ は P_ε^m に対する鞍状点-結節点分岐点である.

ヒント：FP1 の場合では，ε を固定して考える．このとき方程式

$$M_1^{m/n}(I, \theta, \varphi_0, \mu) + \mathcal{O}(\varepsilon) = 0,$$

$$mT\Omega(I) - 2\pi n + \varepsilon M_2^{m/n}(I, \theta, \varphi_0, \mu) + \mathcal{O}(\varepsilon^2) = 0,$$

は (I, θ, μ) 空間の不動点曲線を定義する．その曲線が $(\bar{I}, \bar{\theta}, \bar{\mu}) + \mathcal{O}(\varepsilon)$ で局所的に放物的であり，それが鞍状点-結節点分岐を表すような条件を捜す．FP2 の場合も同様に証明される.

FP1 の場合は Guckenheimer and Holmes [1983] の定理 4.6.3 に同値であることに注意する.

演習問題の次の部分は明らかで，単なる表記上の演習である.

FP1 については，この鞍状点-結節点分岐定理を次のように別の表し方に書き換えることができる.

$$mT = nT^{\bar{\alpha}}$$

であるような $\bar{\alpha} \in [-1, 0)$ および

a) $\overline{M}_1^{m/n}(\bar{t}_0, \varphi_0, \bar{\mu}) = 0,$

b) $\dfrac{\partial \overline{M}_1^{m/n}}{\partial t_0}(\bar{t}_0, \varphi_0, \bar{\mu}) = 0,$

c) $\dfrac{\partial \overline{M}_1^{m/n}}{\partial \mu}(\bar{t}_0, \varphi_0, \bar{\mu}) \neq 0,$

d) $\dfrac{\partial^2 \overline{M}_1^{m/n}}{\partial t_0^2}(\bar{t}_0, \varphi_0, \bar{\mu}) \neq 0$

であるような点 $(\bar{t}_0, \bar{\mu})$ があると仮定する．このとき $(\bar{\alpha}, \bar{t}_0, \bar{\mu})$ は P_ε^m が鞍状点-結節点を起こす分岐点である.

表記間の翻訳を詳しく述べよ.

3.42 次の **ナイマルク-サッカー**分岐定理を証明せよ.

$(I(\mu), \theta(\mu), \mu)$ をパラメータ付けられたポアンカレ写像 P_ε^m に対する滑らかな不動点曲線とする．ここで $\mu \in J$ で J は $\mathbb{R}$ の開区間である．ある $\bar{\mu} \in J$ が存在して

FP1)

i) $\dfrac{\partial\Omega}{\partial I}\dfrac{\partial M_1^{m/n}}{\partial\theta}\bigg|_{(I(\overline{\mu}),\theta(\overline{\mu}),\overline{\mu})} < 0,$

ii) $\left(\dfrac{\partial M_1^{m/n}}{\partial I} + \dfrac{\partial M_2^{m/n}}{\partial\theta} - mT\dfrac{\partial\Omega}{\partial I}\dfrac{\partial M_1^{m/n}}{\partial\theta}\right)\bigg|_{(I(\overline{\mu}),\theta(\overline{\mu}),\overline{\mu})} = 0$

iii) $\dfrac{d}{d\mu}\left[\dfrac{\partial M_1^{m/n}}{\partial I} + \dfrac{\partial M_2^{m/n}}{\partial\theta} - mT\dfrac{\partial\Omega}{\partial I}\dfrac{\partial M_1^{m/n}}{\partial\theta}\right]\bigg|_{I(\overline{\mu}),\theta(\overline{\mu}),\overline{\mu}} \neq 0,$

または FP2)

i) $\dfrac{\partial\Omega}{\partial I}\bigg|_{I(\overline{\mu})} = 0,$

ii) $\left(\dfrac{\partial M_1^{m/n}}{\partial I}\dfrac{\partial M_2^{m/n}}{\partial\theta} - \dfrac{\partial M_1^{m/n}}{\partial\theta}\dfrac{\partial M_2^{m/n}}{\partial I}\right)\bigg|_{(I(\overline{\mu}),\theta(\overline{\mu}),\overline{\mu})} > 0,$

iii) $\left(\dfrac{\partial M_1^{m/n}}{\partial I} + \dfrac{\partial M_2^{m/n}}{\partial\theta}\right)\bigg|_{(I(\overline{\mu}),\theta(\overline{\mu}),\overline{\mu})} = 0,$

iv) $\dfrac{d}{d\mu}\left(\dfrac{\partial M_1^{m/n}}{\partial I} + \dfrac{\partial M_2^{m/n}}{\partial\theta}\right)\bigg|_{I(\overline{\mu}),\theta(\overline{\mu}),\overline{\mu}} \neq 0$

であると仮定する.

このとき $\overline{\mu} + \mathcal{O}(\varepsilon)$ は P_ε^m に対する不変円が生じる分岐値である.

ヒント: FP1 の場合に対する 3 つの条件と FP2 に対する 4 つの条件は, ナイマルク-サッカーの定理 (定理 3.2.3) の仮定が P_ε^m によって満たされることを意味している. 以下にこれら 2 つの定理に関する注意をしておく. FP1 の場合は $\frac{\partial\Omega}{\partial I} \neq 0$ によって定義される. P_ε^m に対する鞍状点-結節点分岐については, $\frac{\partial\Omega}{\partial I} \neq 0$ のときには, $M_1^{m/n}(I,\theta,\varphi_0;\mu)$ に関する情報だけを必要とする. しかしながら, ナイマルク-サッカー分岐については $\frac{\partial\Omega}{\partial I} \neq 0$ のときでさえ, $M_1^{m/n}(I,\theta,\varphi_0;\mu)$ と $M_2^{m/n}(I,\theta,\varphi_0;\mu)$ の両方に関する情報が必要である.

3.43 周期的強制減衰ダッフィング振動子に戻り, γ と δ が変化するとき共鳴帯上で生じる分岐の型について議論せよ. ω の役割は何か? この系はナイマルク-サッカー分岐を起こすか?

3.44 次の $\mathbf{C}^r$ (r は必要なだけ大きい) ベクトル場

$$\dot{x} = \varepsilon f(x,t;\mu) + \varepsilon^2 g(x,t;\mu), \quad x \in \mathbb{R}^n, \quad f,g \text{ は } t \text{ について } T\text{-周期的} \qquad (\text{E3.23})$$

および, 付随する平均化方程式

$$\dot{y} = \varepsilon\overline{f}(y,\mu), \qquad \overline{f} = \frac{1}{T}\int_0^T f(y,t;\mu)dt \qquad (\text{E3.24})$$

を考える. ここで $\mu \in \mathbb{R}^1$ はパラメータである. Guckenheimer and Holmes [1983] による次の定理を証明せよ.

418   3. 局所分岐

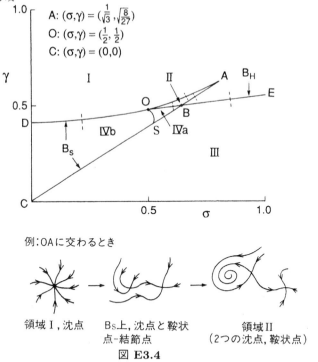

図 E3.4

定理：$\mu = \mu_0$ で (E3.24) が鞍状点-結節点またはポアンカレ-アンドロノフ-ホップ分岐を起こすならば，μ_0 に近い μ と十分小さい ε に対して (E3.23) のポアンカレ写像は鞍状点-結節点またはナイマルク-サッカー分岐を起こす．

（ヒント：陰関数定理を使え．）

ナイマルク-サッカー分岐で生成される不変円上の力学について何かいえるか？

3.45 演習問題 1.2.17 で導いた強制ファン・デア・ポル方程式

$$\dot{u} = u - \sigma v - u(u^2 + v^2),$$
$$\dot{v} = \sigma u + v - v(u^2 + v^2) - \gamma$$

(E3.25)

を思い起こそう．図 E3.4 の分岐図式を考える．

この演習問題の目的はこの分岐図式を導くことである．

a) (E3.25) は領域 I と III で単一の不動点（I では沈点，III では涌点）を持つことを示せ．領域 II では 2 つの沈点と 1 つの鞍状点，領域 IVa ∪ IVb では 1 つの沈点，鞍状点，涌点があることを示せ．

b) (E3.25) は

$$\frac{\gamma^4}{4} - \frac{\gamma^2}{27}(1 + 9\sigma^2) + \frac{\sigma^2}{27}(1 + \sigma^2)^2 = 0$$

で鞍状点-結節点分岐を起こすことを示せ．これは図 E3.4 の B_S と印をつけた曲線 DAC である．

c) (E3.25) は

$$8\gamma^2 = 4\sigma^2 + 1, \qquad |\sigma| > \frac{1}{2}$$

でポアンカレ-アンドロノフ-ホップ分岐を起こすことを示せ. これは図 E3.4 で B_H と印をつけた曲線 OE である.

d) 図 E3.4 で, 曲線 OA, OD, AB, BE および OB に交わる破線 $---$ を考える. 示された曲線上およびそれぞれの側に対する流れを表す相図を描け. 図 E3.4 の例を見よ.

e) OS はホモクリニック軌道が生じている曲線（ときには鞍状点結合と呼ばれる）である. そのような曲線が存在する理由の直観的論拠を与えよ（それが滑らかな曲線であることは明らかなことか？）.

f) A, O, と C 近くの (E3.25) の性質を論ぜよ.

g) (E3.25) は自励方程式であり, その流れは平均化定理によって正確にされる意味で, その流れはもとの強制ファン・デア・ポール方程式のポアンカレ写像の近似を与えている. 先に得られた結果を使って, i) → vi) をもとの強制ファン・デア・ポール方程式の力学によって説明せよ. 特に, 構造安定な運動と構造不安定分岐に沿った分岐を列挙せよ.

必要ならこれらの結果を最初に完成した Holmes and Rand [1978] を参照せよ.

3.46 演習問題 1.2.18 に戻り（演習問題 1.2.36 と 1.2.37 も見よ）, 周期的強制減衰ダッフィング振動子の $1:1$ と $1:3$ 共鳴の通過に伴う分岐を論ぜよ. 平均化または低周波メルニコフ理論のどちらかを使うことができる. たとえば, 参考に Holmes and Holmes [1981] または Morozov and Silnikov [1984] を見よ.

3.47 この演習問題の目的は標準形で無視された高次の項がナイマルク-サッカー分岐で生じる不変円上の力学にどのように影響を与えることができるかについて幾つかの考えを与えることである.

$$x \mapsto x + \mu + \varepsilon \cos 2\pi x \equiv f(x, \mu, \varepsilon), \qquad x \in \mathbb{R}^1, \quad \varepsilon \geq 0, \tag{E3.26}$$

なる写像の 2-パラメータ族を考える. ここで整数だけ異なる $\mathbb{R}^1$ の点を同一視し, (E3.26) を $S^1 = \mathbb{R}^1/\mathbb{Z}$ 上で定義された写像と見なす.

a) $\varepsilon = 0$ に対する (E3.26) の軌道構造を論ぜよ. 特に, (E3.26) が周期軌道を持つパラメータ値の集合のルベーグ測度はいくらか？

b) $\mu - \varepsilon$ 平面の次の領域を考える（図 E3.5 を見よ）.

$$\mu = 1 \pm \varepsilon,$$
$$\mu = \frac{1}{2} \pm \varepsilon^2 \frac{\pi}{2} + \mathcal{O}(\varepsilon^3),$$
$$\mu = \frac{1}{3} + \varepsilon^2 \frac{\sqrt{3}}{6}\pi \pm \varepsilon^3 \frac{\sqrt{7}\pi}{6} + \mathcal{O}(\varepsilon^4)$$

これらの領域内のパラメータ値に対して, (E3.26) はそれぞれ周期 1, 周期 2 および周期 3 を持つことを示せ.

3. 局所分岐

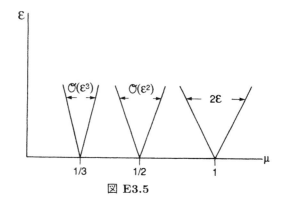

図 E3.5

ヒント：周期 2 の点についての手続きを概説しておく．

1. x が (E3.26) の周期 2 の点のとき，
$$f^2(x,\mu,\varepsilon) - x - 1 = G(x,\mu,\varepsilon) = 0$$
である．

2. $\frac{\partial G}{\partial \mu} \neq 0$ であれば，
$$G(x,\mu(x,\varepsilon),\varepsilon) = 0 \tag{E3.27}$$
なる関数 $\mu = \mu(x,\varepsilon)$ がある．

3. 関数 $\mu(x,\varepsilon)$ を次のように展開する．
$$\mu(x,\varepsilon) = \mu(x,0) + \varepsilon \frac{\partial \mu}{\partial \varepsilon}(x,0) + \frac{\varepsilon^2}{2}\frac{\partial^2 \mu}{\partial \varepsilon^2}(x,0) + \mathcal{O}(\varepsilon^3).$$

4. (E3.27) を陰に微分して，
$$\mu(x,0) = \frac{1}{2},$$
$$\frac{\partial \mu}{\partial \varepsilon}(x,0) = 0,$$
$$\frac{\partial^2 \mu}{\partial \varepsilon^2}(x,0) = 2\pi \sin 4\pi x$$
を示す．

5. 段階 4 の下限と上限を取って，
$$\mu = \mu(x,\varepsilon) = \frac{1}{2} \pm \varepsilon^2 \frac{\pi}{2} + \mathcal{O}(\varepsilon^3)$$
を得る．

全ての段階を完全に正当化せよ．

$\mu - \varepsilon$ 平面のこれらの領域はアーノルドの舌と呼ばれる．実際に，任意に与えられた有理数 p/q に対して，$\mu = \frac{p}{q} + \cdots$ で与えられるアーノルドの舌の存在を示すことができる．

演習問題 **421**

これらの結果は円周写像の一般論から得られる．すばらしい紹介として Devaney [1986] を見よ．

さてナイマルク-サッカー分岐の設定に戻ろう．$\varepsilon = 0$ に対して (E3.26) は不変円に制限された簡約ナイマルク-サッカー標準形の形を持つ．$\varepsilon \cos 2\pi x$ の項はその標準形の高次の項の可能な影響を例示しているものとみなせる．(E3.26) について，$\varepsilon = 0$ で写像は全ての有理数 μ（つまりルベーグ測度 0 の集合）に対して周期軌道を持つ．ε を小さくして固定すると，この結果は (E3.26) が周期軌道を持つような μ 値の集合の測度は正であることを意味している．従ってこの例に基づいて，ナイマルク-サッカーの標準形の高次の項は分岐した不変円に制限した力学に劇的な影響を与えると期待してよい．詳しくは Iooss [1979] を見よ．

3.48 **複素ギンツブルグ-ランダウ方程式**（CGL）として知られる次の偏微分方程式を考える．

$$iA_t + \hat{\alpha} A_{xx} = \hat{\beta} A - \hat{\gamma} |A|^2 A, \qquad (E3.28)$$

ここで $(x, t) \in \mathbb{R}^1 \times \mathbb{R}^1$ で $A(x, t)$ は複素数値関数で $\hat{\alpha} = \alpha_R + i\alpha_I$，$\hat{\beta} = \beta_R + i\beta_I$ および $\hat{\gamma} = \gamma_R + i\gamma_I$ は複素数である．
$\alpha_I = 0$，$\gamma_I = 0$ および $\hat{\beta} = 0$ としたとき，(E3.28) は，**非線形シュレディンガー方程式**（NLS）方程式として知られる有名な**完全可積分偏微分方程式**

$$iA_t + \alpha_R A_{xx} = -\gamma_R |A|^2 A. \qquad (E3.29)$$

に帰着される．(E3.28) と (E3.29) が現れる物理的情況についての背景的材料と議論については読者に Newell [1985] をあげておく．これに関してこの演習問題の最後にさらに詳しくコメントする．

a) (E3.28) は空間と時間についての変換，つまり，変換

$$(x, t) \mapsto (x + x_0, t + t_0)$$

のもとで不変であることを示せ．(E3.28) は絶対値 1 の複素数を掛ける，つまり，変換

$$A \mapsto A e^{i\psi_0}$$

についても不変であることを示せ．
この演習問題の目的は

$$A(x, t) = a(x) e^{i\omega t} \qquad (E3.30)$$

の形を持つ (E3.28) の解を調べることにある．

b) (E3.30) を (E3.28) に代入して，$a(x)$ が次の**複素ダッフィング方程式**

$$a'' - (\alpha + i\beta)a + (\gamma + i\delta)|a|^2 a = 0, \qquad (E3.31)$$

を満たすことを示せ．ここで

$$\alpha = [\alpha_R(\omega + \beta_R + \alpha_I \beta_I)]/\Delta,$$
$$\beta = [\alpha_R \beta_I - \alpha_I(\omega + \beta_R)]/\Delta,$$
$$\gamma = [\alpha_R \gamma_R + \alpha_I \gamma_I]/\Delta,$$
$$\delta = [\alpha_R \gamma_I - \alpha_I \gamma_R]/\Delta,$$

422   3. 局所分岐

および

$$\Delta = \alpha_R^2 + \alpha_I^2$$

である.

c) $a = b + ic$ とおくと, (E3.31) は

$$
\begin{aligned}
b' &= d, \\
d' &= \alpha b - \beta c - (\gamma b - \delta c)(b^2 + c^2), \\
c' &= e, \\
e' &= \beta b + \alpha c - (\delta b + \gamma c)(b^2 + c^2)
\end{aligned}
\tag{E3.32}
$$

と書くことができることを示せ.

d) $\beta = \delta = 0$ に対して, (E3.32) は積分

$$
\begin{aligned}
H &= \frac{d^2 + e^2}{2} - \frac{\alpha}{2}(a^2 + b^2) + \frac{\gamma}{4}(a^2 + b^2)^2, \\
m &= be - cd
\end{aligned}
$$

を持つ完全可積分ハミルトン系であることを示せ.

e) 変換

$$a = \rho e^{i\varphi}$$

を使い, (E3.31) は

$$
\begin{aligned}
\rho'' - \rho(\varphi')^2 &= \alpha\rho - \gamma\rho^3, \\
(\rho^2 \varphi')' &= (\beta - \delta\rho^2)\rho^2
\end{aligned}
\tag{E3.33}
$$

の形に書くことができることを示せ.

f)

$$
\begin{aligned}
r &= \rho^2, \\
v &= \rho'/\rho,
\end{aligned}
$$

および

$$m = \rho^2 \varphi',$$

として, (E3.33) が

$$
\begin{aligned}
r' &= 2rv, \\
v' &= \frac{m^2}{r^2} - v^2 + \alpha - \gamma r, \\
m' &= (\beta - \delta r)r
\end{aligned}
\tag{E3.34}
$$

の形に書くことができることを示せ.

g) $\beta = \delta = 0$ に対して, (E3.34) はハミルトン関数

$$H(r, v; m) = rv^2 + \frac{m^2}{r} - \alpha r + \frac{\gamma}{2}r^2 \tag{E3.35}$$

を持つ2次元ハミルトン系の (m がパラメータの役を果たす) 1-パラメータ族の形になることを示せ.

演習問題　　*423*

h) (E3.35) を使い，$\beta = \delta = 0$ に対する (E3.34) の軌道構造の完全な記述を与えよ．

i) a) で表された CGL 方程式の対称性を考えよ．これらの対称性が (E3.31)，(E3.32)，(E3.33) および (E3.34) でどのように現れるかを論ぜよ．

j) $\beta\gamma = \alpha\delta$ に対して，点

$$(r, v, m) = \left(\frac{\alpha}{\gamma} = \frac{\beta}{\delta}, 0, 0 \right)$$

は (E3.34) の不動点であり，線形化に付随する行列の固有値は

$$0, \pm i\sqrt{2\alpha}$$

で与えられる．この不動点に付随する分岐を調べよ（$\alpha > 0$ とせよ）．

k) 小さい β と δ について，演習問題 1.2.32 で議論した簡約法の方法と低周波メルニコフ理論を適用して，大きな振幅（つまり不動点から遠く離れた）の周期軌道の分岐を調べよ．

l) CGL 方程式の空間的および時間的構造に対する常微分方程式の力学に関して得られた結果の意味について議論せよ．

m) CGL および NLS 方程式の元の議論では，初期あるいは境界条件については言及しなかった．この点を見い出した解に即して論じよ．

CGL 方程式は様々な物理的な情況で登場する基本方程式である．それが非線形波動において導かれている Newell [1985] や，ポアズイユ流において乱流への移行を理解するために使われている Landman[1987] を見よ．この演習問題の多くは Holmes [1986b] に基づいている．Holmes and Wood [1985] および Newton and Sirovich [1986a, b] も見よ．

3.49 次の $\mathbf{C}^r$（r は必要なだけ大きい）ベクトル場の 1-パラメータ族を考える．

$$\dot{x} = f(x, \mu), \qquad (x, \mu) \in \mathbb{R}^n \times \mathbb{R}^1.$$

このベクトル場が $(x, \mu) = (0, 0)$ で不動点を持つと仮定する．

a) $n = 1$ とする．$(x, \mu) = (0, 0)$ は周期倍化分岐を起こすことができるか？

b) $n = 2$ とする．$(x, \mu) = (0, 0)$ は周期倍化分岐を起こすことができるか？

c) $n = 3$ とする．$(x, \mu) = (0, 0)$ は周期倍化分岐を起こすことができるか？

（ヒント：線形ベクトル場

$$\dot{x} = Ax, \qquad x \in \mathbb{R}^n$$

を考える．ここで流れは

$$x = e^{At}x_0$$

で与えられ，有限の t に対し $\det e^{At} > 0$ である．これらの事実を利用せよ．）

3.50 安定性交替型および熊手型分岐の展開において，$x = 0$ を自明な解と仮定した．これは必要なことであったか？特に，もしそうでなければ安定性交替型および熊手型分岐に対する条件は変化するか？

第4章　大域的分岐とカオスのいくつか の様相

　この章では決定論的力学系に適用される"カオス"という言葉によって意味されるものを記述するためのいくつかの手法を開発しよう．カオス的力学を引き起こす諸機構を研究し，同時に個々の力学系においてこれらの諸機構が（システムパラメータに関して）いつ生じるかを予測するための解析的手法を開発しよう．

4.1　スメールの馬蹄型力学系

　非常に複雑な構造を持っている不変集合を持つような2次元写像の記述や解析から"カオス的力学"の研究を始めよう．ここでの議論は，実質的には Wiggins [1988] におけるものと同じである．ここで扱う写像は Smale [1963], [1980] によって最初に研究された写像を単純化したものであり，写像の領域の像の形からスメールの馬蹄型力学系と呼ばれている．

　スメールの馬蹄型力学系はカオス的不変集合を持つ原型的な写像であることがわかるだろう（注："カオス的不変集合"という言葉は，議論の中で後で正確に定義する）．したがって，スメールの馬蹄型力学系の完全な理解は，個々の物理系の力学に適用されるときに，"カオス"という語の意味するものを理解するために非常に大切である．この理由から，できる限り単純で，複雑でカオス的な力学構造を残した2次元写像を定義しようと努めよう．そうすることで，読者は最小限の注意により，その写像において何が起きているかに関する感覚を得るだろう．結果として，我々の構成方法は，かなり人為的に見える恐れがあるので，応用に興味をもつ人々には訴えないかもしれない．しかしながら，単純化されたスメールの馬蹄型写像の議論に続いて，一般的な性質を持つ2次元写像におけるスメールの馬蹄型写像的な力学の存在に対する十分条件を与えるであろう．写像の定義から始めて，その写像の不変集合の幾何学的構成へと進んで行く．不変な集合上の写像の力学を記号力学系によって記述するために幾何学的構

成の性質を利用するであろう．それによって，カオス的力学の概念を明らかにする．

4.1A スメールの馬蹄型写像の定義

写像の幾何学的定義と解析的定義を結合しよう．一辺の長さが1であるような正方形から，$\mathbb{R}^2$ への写像 f を考えよう．

$$f : D \to \mathbb{R}^2, \qquad D = \{(x,y) \in \mathbb{R}^2 \mid 0 \leq x \leq 1, 0 \leq y \leq 1\}. \tag{4.1.1}$$

これは，x-方向に縮めて，y-方向に拡大し，図 4.1.1 に示すように D をその上に折りたたむ．

f は "水平" 長方形

$$H_0 = \{(x,y) \in \mathbb{R}^2 \mid 0 \leq x \leq 1, 0 \leq y \leq 1/\mu\} \tag{4.1.2a}$$

と

$$H_1 = \{(x,y) \in \mathbb{R}^2 \mid 0 \leq x \leq 1, 1 - 1/\mu \leq y \leq 1\} \tag{4.1.2b}$$

上にアファインに作用し，それらを "垂直" 長方形

$$f(H_0) \equiv V_0 = \{(x,y) \in \mathbb{R}^2 \mid 0 \leq x \leq \lambda, 0 \leq y \leq 1\} \tag{4.1.3a}$$

と

$$f(H_1) \equiv V_1 = \{(x,y) \in \mathbb{R}^2 \mid 1 - \lambda \leq x \leq 1, 0 \leq y \leq 1\} \tag{4.1.3b}$$

に写す．H_0 と H_1 における f は次のように表せる．

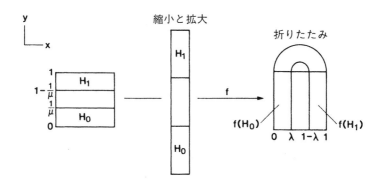

図 4.1.1

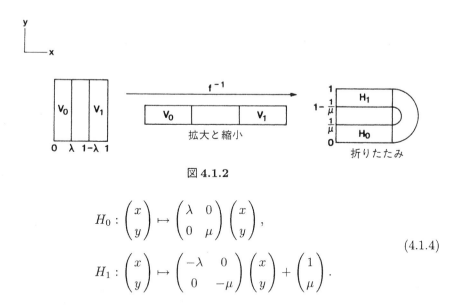

図 4.1.2

$$H_0 : \begin{pmatrix} x \\ y \end{pmatrix} \mapsto \begin{pmatrix} \lambda & 0 \\ 0 & \mu \end{pmatrix} \begin{pmatrix} x \\ y \end{pmatrix},$$

$$H_1 : \begin{pmatrix} x \\ y \end{pmatrix} \mapsto \begin{pmatrix} -\lambda & 0 \\ 0 & -\mu \end{pmatrix} \begin{pmatrix} x \\ y \end{pmatrix} + \begin{pmatrix} 1 \\ \mu \end{pmatrix}. \quad (4.1.4)$$

ここで，$0 < \lambda < 1/2, \mu > 2$ である（注：H_1 上で，行列の要素が負であるということは，x-方向に λ 倍に縮小し，y-方向に μ 倍に引き延ばすことに加えて，H_1 は $180°$ 回転されることを意味している．また，f^{-1} は D において図 4.1.2 で示すように，"垂直"長方形 V_0 と V_1 を "水平"長方形 H_0 と H_1 にそれぞれ写す（注："垂直長方形"とは，D 内の y 軸に平行な辺の長さが 1 の長方形を指し，"水平長方形"とは D 内の x 軸に平行な辺の長さが 1 の長方形を指す）．これが f の定義である．しかし，D 上の f の力学の研究にとりかかる前に後で非常に重要になるので，f の定義からの 1 つの帰結を指摘しておこう．

補題 4.1.1 a) V を垂直方向の長方形とする．すると，$f(V) \cap D$ は丁度 2 つの垂直長方形から成り，1 つは V_0 内にもう 1 つは V_1 内にあり，それらの幅は V の幅を λ 倍したものに等しい．b) H を水平長方形とする．すると，$f^{-1}(H) \cap D$ は丁度 2 つの水平長方形から成り，1 つは H_0 内にもう 1 つは H_1 内にあり，それらの幅は H の幅を $1/\mu$ 倍したものに等しい．

証明 まず，場合 a) を示そう．f の定義より，H_0 と H_1 の水平境界と垂直境界は V_0 と V_1 の水平境界と垂直境界にそれぞれ写される．V を垂直長方形とする．すると，V は H_0 と H_1 の水平境界と交わる．したがって，$f(V) \cap D$ は 2 つの垂直長方形からなり，1 つは H_0 内にもう 1 つは H_1 内にある．H_0 と H_1 上での f の形から，すなわち，H_0 と H_1 では x 方向は一様に λ 倍されることから，巾の収縮が出る．場合 b) の証明も同様である．図 4.1.3 参照． □

428   4. 大域的分岐とカオスのいくつかの様相

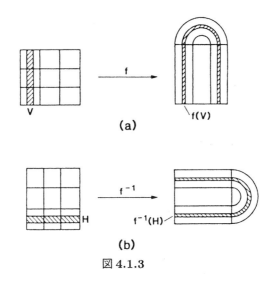

図 4.1.3

この補題に関して次の注意をしておく.

注意 1   補題 4.1.1 の定性的特徴は，(4.1.4) で与えられた f に対する特別な解析的形に依存していない．むしろ，それらはより幾何学的である．このことは，この節の結果を任意の写像に一般化する上で重要である．

注意 2   補題 4.1.1 では f と f^{-1} の振る舞いのみを考えた．しかしながら，不変集合の構成において，補題 4.1.1 で記述された振る舞いによって，全ての n に対して f^n の振舞いを理解することができるであろう．

f に対する不変集合の構成に戻ろう.

4.1B   不変集合の構成

f の全ての反復によって D 内に留まるような点集合 Λ を幾何学的に構成しよう．Λ は次のように定義される．

$$\cdots \cap f^{-n}(D) \cap \cdots \cap f^{-1}(D) \cap D \cap f(D) \cap \cdots \cap f^n(D) \cap \cdots$$

または

$$\bigcap_{n=-\infty}^{\infty} f^n(D).$$

この集合を帰納的に構成する．また，正の反復と負の反復に対応する Λ の"半分"を別々に構成し，それらの共通部分を取って Λ を得る方が便利であろう．構成に入る前に，帰納法の各段階で f の反復を追跡して行くために，いくつかの記法が必要である．$S = \{0,1\}$ を添え字集合とし，s_i は S の 2 つの要素のどちらかを表す．したがって，$s_i \in S, i = 0, \pm 1, \pm 2, \cdots$ である（注：このような記法を用いる理由は後で明らかになろう）．

$\bigcap_{n=0}^{n=k} f^n(D)$ を構成し，$k \to \infty$ として極限を取ることによって，$\bigcap_{n=0}^{\infty} f^n(D)$ を構成しよう．

<u>$D \cap f(D)$</u>．f の定義より，$D \cap f(D)$ は 2 つの垂直長方形 V_0，V_1 から成り，それらは次のように書ける．

$$D \cap f(D) = \bigcup_{s_{-1} \in S} V_{s_{-1}} = \{p \in D \mid p \in V_{s_{-1}},\ s_{-1} \in S\}. \tag{4.1.5}$$

ここで，$V_{s_{-1}}$ は幅 λ の垂直長方形である．図 4.1.4 参照．

<u>$D \cap f(D) \cap f^2(D)$</u>．この集合が $D \cap f(D)$ に f を作用させ，D と共通部分を取ることにより得られることは，$D \cap f(D \cap f(D)) = D \cap f(D) \cap f^2(D)$ からすぐわかる．このようにして，補題 4.1.1 から，$D \cap f(D)$ は垂直長方形 V_0，V_1 から成り，H_0，H_1 とそれらの水平境界の交わりはそれぞれ 2 つの成分を持っている．したがって，$D \cap f(D) \cap f^2(D)$ は 4 つの垂直長方形に対応し，2 つずつが V_0 と V_1 に含まれ，その幅は λ^2 である．これをもう少し明確に書こう．(4.1.5) を用いて

$$D \cap f(D) \cap f^2(D) = D \cap f(D \cap f(D)) = D \cap f\left(\bigcup_{s_{-2} \in S} V_{s_{-2}}\right) \tag{4.1.6}$$

が得られる．ここで，(4.1.5) を (4.1.6) に代入するときに，$V_{s_{-1}}$ の添字 s_{-1} を s_{-2} に取り替えた．これは便利さのための記法で，回数を数える助けになる．s_{-i} は単に仮の変数であるので，これによって問題が生じないのは明らかであろう．集合論の手法

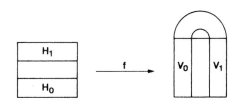

図 4.1.4

を用いると (4.1.6) は

$$D \cap f\Big(\bigcup_{s_{-2} \in S} V_{s_{-2}} \Big) = \bigcup_{s_{-2} \in S} D \cap f(V_{s_{-2}}) \tag{4.1.7}$$

となる．ここで，補題 4.1.1 より，$f(V_{s_{-2}})$ は $V_0 \cup V_1$ 以外とは交わらないから (4.1.7) は

$$\bigcup_{s_{-2} \in S} D \cap f(V_{s_{-2}}) = \bigcup_{\substack{s_{-i} \in S \\ i=1,2}} V_{s_{-1}} \cap f(V_{s_{-2}}) \tag{4.1.8}$$

となる．これをまとめると

$$\begin{aligned} D \cap f(D) & \cap f^2(D) \\ &= \bigcup_{\substack{s_{-i} \in S \\ i=1,2}} (f(V_{s_{-2}}) \cap V_{s_{-1}}) \equiv \bigcup_{\substack{s_{-i} \in S \\ i=1,2}} V_{s_{-1}s_{-2}} \\ &= \{p \in D \,|\, p \in V_{s_{-1}}, f^{-1}(p) \in V_{s_{-2}}, s_{-i} \in S, i=1,2\} \end{aligned} \tag{4.1.9}$$

が得られる．この集合を図 4.1.5 に図示した．

<u>$D \cap f(D) \cap f^2(D) \cap f^3(D)$</u>．前の段階におけるのと同様な理由により，この集合は幅 λ^3 の 8 つの垂直長方形から成り，これらは次のように書ける．

$$\begin{aligned} D \cap f(D) & \cap f^2(D) \cap f^3(D) \\ &= \bigcup_{\substack{s_{-i} \in S \\ i=1,2,3}} (f(V_{s_{-2}s_{-3}}) \cap V_{s_{-1}}) \equiv \bigcup_{\substack{s_{-i} \in S \\ i=1,2,3}} V_{s_{-1}s_{-2}s_{-3}} \\ &= \big\{p \in D \,|\, p \in V_{s_{-1}}, f^{-1}(p) \in V_{s_{-2}}, \\ &\qquad f^{-2}(p) \in V_{s_{-3}}, s_{-i} \in S, i=1,2,3\big\} \end{aligned} \tag{4.1.10}$$

そして，図 4.1.6 のように表せる．

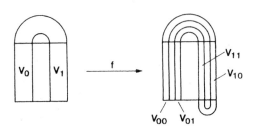

図 4.1.5

4.1 スメールの馬蹄型力学系 *431*

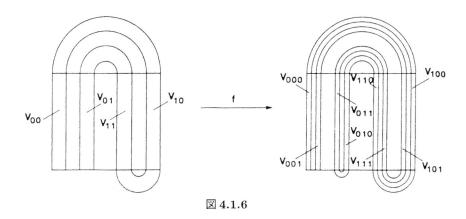

図 **4.1.6**

図 4.1.4 から図 4.1.6 に示すように，この操作を繰り返して行くと，この操作を図示しようとするのはすぐ困難になるだろう．しかし，補題 4.1.1 を用い，上に示したようなラベル付けを行えば，k 番目の段階で

$$D \cap f(D) \cap \cdots \cap f^k(D)$$
$$= \bigcup_{\substack{s_{-i} \in S \\ i=1,2,\ldots,k}} (f(V_{s_{-2}\cdots s_{-k}}) \cap V_{s_{-1}}) \equiv \bigcup_{\substack{s_{-i} \in S \\ i=1,2,\ldots,k}} V_{s_{-1}\cdots s_{-k}}$$
$$= \{p \in D \,|\, f^{-i+1}(p) \in V_{s_{-i}}, s_{-i} \in S, i=1,\cdots k\} \quad (4.1.11)$$

を得ることは容易にわかる．これは 2^k 個の垂直長方形から成り，各幅は λ^k である．

$k \to \infty$ としたときの極限を議論する前に，この構成の過程の性質に関して，次のような重要な観察をしておきたい．k 番目の段階では 2^k 個の垂直長方形が得られ，各垂直長方形は長さ k の 0 と 1 から成る列によって番号を振ることができる．重要な点は長さ k の 0 と 1 から成る異なる 2^k 個の列が存在し，上記の構成の過程でそれらの各々が実現されるということである．このようにして，各垂直長方形のラベル付けは各段階で一意的である．このことは f の幾何学的定義と V_0 と V_1 が互いに交わらないという事実からいえる．

$k \to \infty$ としたとき，コンパクト集合の減少列の共通部分は空集合ではないから，無限個の垂直長方形が得られ，$0 < \lambda < 1/2$ に対して，$\lim_{k \to \infty} \lambda^k = 0$ であるから，それらの長方形の各々の幅は零になることがわかる．このようにして，

$$\bigcap_{n=0}^{\infty} f^n(D) = \bigcup_{\substack{s_{-i} \in S \\ i=1,2,\ldots}} (f(V_{s_{-2}\cdots s_{-k}\cdots}) \cap V_{s_{-1}})$$

$$\equiv \bigcup_{\substack{s_{-i}\in S \\ i=1,2,\cdots}} V_{s_{-1}\cdots s_{-k}\cdots}$$
$$= \{p \in D \,|\, f^{-i+1}(p) \in V_{s_{-i}}, s_{-i} \in S, i=1,2,\cdots\}$$
(4.1.12)

は，無限個の垂直線から成り，各直線は 0 と 1 の一意的な無限列によって番号付けられることがわかる（注：後で $\bigcap_{n=0}^{\infty} f^n(D)$ のより詳しい集合論的記述を与えるだろう）．次に $\bigcap_{-\infty}^{n=0} f^n(D)$ を帰納的に構成しよう．

$\underline{D \cap f^{-1}(D)}$. f の定義より，この集合は 2 つの水平長方形 H_0, H_1 から成り，次のように書ける．

$$D \cap f^{-1}(D) = \bigcup_{s_0 \in S} H_{s_0} = \{p \in D \,|\, p \in H_{s_0}, s_0 \in S\} \tag{4.1.13}$$

図 4.1.7 を参照のこと．

$\underline{D \cap f^{-1}(D) \cap f^{-2}(D)}$. 前に構成した集合 $D \cap f^{-1}(D)$ から $D \cap f^{-1}(D \cap f^{-1}(D)) = D \cap f^{-1}(D) \cap f^{-2}(D)$ であるから，$D \cap f^{-1}(D)$ に f^{-1} を作用して，D との共通部分を取ることによりこの集合は得られる．また，補題 4.1.1 より，H_0 は V_0, V_1 の両方の垂直境界と交わる．H_1 についても同様である．よって，$D \cap f^{-1}(D) \cap f^{-2}(D)$ は 4 つの水平長方形から成り，各幅は $1/\mu^2$ である．もう少し，明確に書くことにしよう．(4.1.13) を用いると，

$$D \cap f^{-1}(D \cap f^{-1}(D)) = D \cap f^{-1}\left(\bigcup_{s_1 \in S} H_{s_1}\right)$$
$$= \bigcup_{s_1 \in S} D \cap f^{-1}(H_{s_1}) \tag{4.1.14}$$

が得られるが，ここで (4.1.13) を (4.1.14) に代入する際 H_{s_0} の添字 s_0 を s_1 に取り替えた．これは s_i は単に仮の変数であるから実際の影響はない．しかし，こうすること

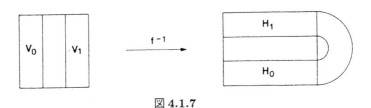

図 4.1.7

4.1 スメールの馬蹄型力学系　*433*

によって，数えあげる上で助けになる．

補題 4.1.1 より，$f^{-1}(H_{s_1})$ は $H_0 \cup H_1$ 以外とは D と交わらないことがわかるので，(4.1.14) は次のようになる．

$$\bigcup_{s_1 \in S} D \cap f^{-1}(H_{s_1}) = \bigcup_{\substack{s_i \in S \\ i=0,1}} H_{s_0} \cap f^{-1}(H_{s_1}) \tag{4.1.15}$$

まとめると

$$D \cap f^{-1}(D) \cap f^{-2}(D)$$
$$= \bigcup_{\substack{s_i \in S \\ i=0,1}} (f^{-1}(H_{s_1}) \cap H_{s_0}) \equiv \bigcup_{\substack{s_i \in S \\ i=0,1}} H_{s_0 s_1}$$
$$= \{p \in D \mid p \in H_{s_0}, f(p) \in H_{s_1}, s_i \in S, i = 0,1\} \tag{4.1.16}$$

となる．図 4.1.8 を参照のこと．

$\underline{D \cap f^{-1}(D) \cap f^{-2}(D) \cap f^{-3}(D)}$．前の段階におけるのと同様の議論をすることにより，この集合は幅 $1/\mu^3$ の 8 つの水平長方形から成ることが容易にわかり，次のように書ける．

$$D \cap f^{-1}(D) \cap f^{-2}(D) \cap f^{-3}(D)$$
$$= \bigcup_{\substack{s_i \in S \\ i=0,1,2}} (f^{-1}(H_{s_1 s_2}) \cap H_{s_0}) \equiv \bigcup_{\substack{s_i \in S \\ i=0,1,2}} H_{s_0 s_1 s_2}$$
$$= \{p \in D \mid p \in H_{s_0}, f(p) \in H_{s_1},$$
$$\quad f^2(p) \in H_{s_2}, s_i \in S, i = 0,1,2\} \tag{4.1.17}$$

図 4.1.9 を参照のこと．

この操作を続けると，k 番目の段階で，幅が $1/\mu^k$ であるような 2^k 個の水平長方形

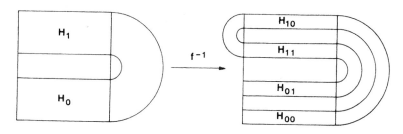

図 4.1.8

434   4. 大域的分岐とカオスのいくつかの様相

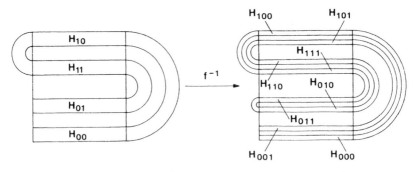

図 4.1.9

から成る $D \cap f^{-1}(D) \cap \cdots \cap f^{-k}(D)$ が得られる．この集合は

$$D \cap f^{-1}(D) \cap \cdots \cap f^{-k}(D)$$
$$= \bigcup_{\substack{s_i \in S \\ i=0,\cdots,k-1}} \left(f^{-1}(H_{s_1\cdots s_{k-1}}) \cap H_{s_0}\right) \equiv \bigcup_{\substack{s_i \in S \\ i=0,\cdots,k-1}} H_{s_0\cdots s_{k-1}}$$
$$= \{p \in D \mid f^i(p) \in H_{s_i}, s_i \in S, i=0,\cdots,k-1\} \tag{4.1.18}$$

と表せる．垂直長方形のときと同様に帰納法の過程の k 番目の段階において，2^k 個の水平長方形の各々は長さ k の 0 と 1 から成る列によって一意的に番号付けられるということを注意しておく．$k \to \infty$ として極限をとると，$\bigcap_{-\infty}^{n=0} f^n(D)$ となり，コンパクト集合の減少列の共通部分が空でないことと共通部分の各成分の幅は $\mu > 2$ のとき $\lim_{k\to\infty}(1/\mu^k) = 0$ となることから，これは無限個の水平な直線の集合である．各直線は 0 と 1 によって次のように一意的な無限列で番号付けられる．

$$\bigcap_{-\infty}^{n=0} f^n(D) = \bigcup_{\substack{s_i \in S \\ i=0,1,\cdots}} \left(f(H_{s_1\cdots s_k\cdots}) \cap H_{s_0}\right) \equiv \bigcup_{\substack{s_i \in S \\ i=0,1,\cdots}} H_{s_0\cdots s_k\cdots}$$
$$= \{p \in D \mid f^i(p) \in H_{s_i}, s_i \in S, i=0,1,\cdots\}. \tag{4.1.19}$$

このようにして，

$$\Lambda = \bigcap_{n=-\infty}^{\infty} f^n(D) = \left[\bigcap_{n=-\infty}^{0} f^n(D)\right] \cap \left[\bigcap_{n=0}^{\infty} f^n(D)\right] \tag{4.1.20}$$

が得られる．$\bigcap_{n=0}^{\infty} f^n(D)$ 内の各垂直直線は，$\bigcap_{n=-\infty}^{n=0} f^n(D)$ 内の各水平直線とただ一点で交わるので，この集合は無限個の点からなる．さらに，各点 $p \in \Lambda$ は p を定義するのに用いた垂直直線と水平直線にそれぞれ対応した列をつないで得られる 0 と 1 の両側無

限列によって一意的に番号付けることができる. より明確に述べると, $s_{-1} \cdots s_{-k} \cdots$ は 0 と 1 のある無限列とする. すると, $V_{s_{-1} \cdots s_{-k} \cdots}$ は垂直直線に一意的に対応している. $s_0 \cdots s_k \cdots$ を同様に 0 と 1 の無限列とする. すると, $H_{s_0 \cdots s_k \cdots}$ は水平直線に一意的に対応している. 水平直線と垂直直線はただ 1 つの点 p で交わる. こうして, $p \in \Lambda$ から 0 と 1 の両側無限列への写像 ϕ が定義できる.

$$p \overset{\phi}{\longmapsto} \cdots s_{-k} \cdots s_{-1} s_0 \cdots s_k \cdots.$$

ここで, $f(H_{s_i}) = V_{s_i}$ より

$$\begin{aligned} V_{s_{-1} \cdots s_{-k} \cdots} &= \big\{ p \in D \mid f^{-i+1}(p) \in V_{s_{-i}}, i = 1, \cdots \big\} \\ &= \big\{ p \in D \mid f^{-i}(p) \in H_{s_{-i}}, i = 1, \cdots \big\} \end{aligned} \tag{4.1.21}$$

であり

$$H_{s_0 \cdots s_k \cdots} = \big\{ p \in D \mid f^i(p) \in H_{s_i}, i = 0, \cdots \big\} \tag{4.1.22}$$

であることから

$$\begin{aligned} p &= V_{s_{-1} \cdots s_{-k} \cdots} \cap H_{s_0 \cdots s_k \cdots} \\ &= \big\{ p \in D \mid f^i(p) \in H_{s_i}, i = 0, \pm 1, \pm 2, \cdots \big\} \end{aligned} \tag{4.1.23}$$

が得られることに注意する. したがって, p に対応して得られる 0 と 1 の一意的な列は f による反復のもとでの p の振る舞いに関する情報を含んでいることがわかる. 特に, p に対応する列内の要素 s_k は $f^k(p) \in H_{s_k}$ であることを示している. ここで, p に対応する 0 と 1 から成る両側無限列に対して, 小数点は過去の反復と未来の反復を分けていることに注意する. このように $f^k(p)$ に対応する 0 と 1 から成る列は, p に対応する列から k が正なら右へ, k が負なら左へ, s_k が小数点のすぐ右に来るまで, p に対応する列の小数点を k だけ移動することによって得られる. ある列に対し, 小数点を 1 つ右へずらすような, 0 と 1 から成る両側無限列に対する写像 σ を定義することができ, これをずらし写像という. したがって, もし, 点 $p \in \Lambda$ とそれに対応する 0 と 1 から成る両側無限列 $\phi(p)$ を考えるならば, p の任意の反復 $f^k(p)$ が得られ, ただちに $\sigma^k(\phi(p))$ によってそれに対応する 0 と 1 から成る両側無限列を得ることができる. よって, 任意の点 $p \in \Lambda$ の f による反復と p に対応する 0 と 1 から成る列のずらし写像 σ による反復との間に直接的な関係がある.

さて, いまのところ, 与えられた点 $p \in \Lambda$ に対応する列は, 与えられた反復に対して H_0 と H_1 のどちらに入るかということに関して, 未来と過去全体の情報を含んでいるとはいえ, どちらも任意に与えられた反復の後で同じ水平長方形に含まれ, かつ, その軌道が全く異なるような異なる点を推測するのは難しくないので, ここでは, Λ

436   4. 大域的分岐とカオスのいくつかの様相

内の点と 0 と 1 から成る両側無限列の間のこの類似をどのように扱うかは明白ではない. このことが今考えている写像に対しては起こり得ず, また, Λ 上の f の力学が 0 と 1 から成る列に作用するずらし写像の力学によって完全に表現できるという事実は, 記号力学に本題からそれることを正当化するような驚くべき事実である.

4.1C　記号力学

$S = \{0, 1\}$ を 0 と 1 から成る非負の整数の集合とする. Σ を S の要素の両側無限列の集合とする. すなわち, $s \in \Sigma$ は

$$s = \left\{\cdots s_{-n} \cdots s_{-1}.s_0 \cdots s_n \cdots\right\}, \quad 全ての\ i\ に対して \quad s_i \in S$$

を意味する. Σ を 2 つの記号の両側無限列の空間という. Σ 上に次のような距離 $d(\cdot, \cdot)$ の形で, ある構造を導入する.

$$s = \{\cdots s_{-n} \cdots s_{-1}.s_0 \cdots s_n \cdots\},$$
$$\overline{s} = \{\cdots \overline{s}_{-n} \cdots \overline{s}_{-1}.\overline{s}_0 \cdots \overline{s}_n \cdots\} \in \Sigma$$

を考え, s と $\overline{s}$ の間の距離 $d(s, \overline{s})$ を次のように定義する.

$$d(s, \overline{s}) = \sum_{i=-\infty}^{\infty} \frac{\delta_i}{2^{|i|}} \qquad ここで\ \delta_i = \begin{cases} 0 & \text{if } s_i = \overline{s}_i, \\ 1 & \text{if } s_i \neq \overline{s}_i. \end{cases} \tag{4.1.24}$$

このようにして, 2 つの列は, 長い中心付近の部分で一致していると, "近い" といわれる (注：読者は $d(\cdot, \cdot)$ が距離の性質を満たすことを確認せよ. 証明は, Devaney [1986] を参照).

　Σ からそれ自身への写像 σ を考える. これはずらし写像と呼ばれ, 次のように定義される. $s = \{\cdots s_{-n} \cdots s_{-1}.s_0 s_1 \cdots s_n \cdots\} \in \Sigma$ に対して,

$$\sigma(s) = \{\cdots s_{-n} \cdots s_{-1} s_0 . s_1 \cdots s_n \cdots\}.$$

または, $\sigma(s)_i = s_{i+1}$ と定義する. σ は連続である. これは後で節 4.2 で証明する. 次に, Σ 上の σ の力学を考えたい (注："Σ 上の σ の力学" という言葉は σ による反復のもとでの Σ 内の点の軌道を意味する). σ は 2 つの不動点, すなわち, 全ての要素が 0 である列と全ての要素が 1 であるような列を持つことは明らかであろう (記法：ある固定された長さで周期的に繰り返されているような両側無限列を有限列の上に線を引いて表すことにする. 例えば, $\{\cdots 101010.101010 \cdots\}$ は $\{\overline{10}.\overline{10}\}$ と表される).

　特に, 周期的に繰り返されている列の軌道は σ による反復のもとで周期的であることは簡単にわかる. 例えば, $\{\overline{10}.\overline{10}\}$ を考えると,

$$\sigma\{\overline{10.10}\} = \{\overline{01.01}\}$$

であり，また，

$$\sigma\{\overline{01.10}\} = \{\overline{10.10}\}$$

である．よって，

$$\sigma^2\{\overline{10.10}\} = \{\overline{10.10}\}.$$

したがって，$\{\overline{10.10}\}$ の軌道は σ に対して周期 2 の軌道である．よって，この特殊な例から，任意に固定した k に対して，周期 k の σ の軌道は，長さ k の 0 と 1 から成るブロックが繰り返されているような列の軌道に対応していることがわかる．このように，ある k に対して，長さ k の周期的に繰り返されるようなブロックを持つ列の数は有限であるから，σ は全ての可能な周期の周期軌道を可算無限個持つ．最初のいくつかをあげておこう．

周期 1 :　　$\{\overline{0.0}\}, \{\overline{1.1}\}$

周期 2 :　　$\{\overline{01.01}\} \overset{\sigma}{\longrightarrow} \{\overline{10.10}\} \overset{\sigma}{\longrightarrow} \{\overline{01.01}\}$

周期 3 :　　$\{\overline{001.001}\} \overset{\sigma}{\longrightarrow} \{\overline{010.010}\} \overset{\sigma}{\longrightarrow} \{\overline{100.100}\} \overset{\sigma}{\longrightarrow} \{\overline{001.001}\}$

　　:　　$\{\overline{110.110}\} \overset{\sigma}{\longrightarrow} \{\overline{101.101}\} \overset{\sigma}{\longrightarrow} \{\overline{011.011}\} \overset{\sigma}{\longrightarrow} \{\overline{110.110}\}$

　:

また，σ は非可算無限個の周期的でない軌道を持つ．これを示すには，非周期的な列を構成し，そのような列が非可算個存在することを示せばよい．この事実の証明は次のようにする：次のような規則で与えられた両側無限列を 0 と 1 から成る無限列に対応させる．

$$\cdots s_{-n} \cdots s_{-1}.s_0 \cdots s_n \cdots \;\; \to \;\; .s_0 s_1 s_{-1} s_2 s_{-2} \cdots .$$

閉単位区間 $[0, 1]$ 内の無理数は非可算集合をなし，この区間の全ての数は 2 を底として二進数展開することができ，無理数は周期を持たない列に対応しているというよく知られた事実をここで用いる．このように，点の非可算集合と 1 と 0 の周期を持たない列の 1 対 1 対応がある．結果として，このような列の軌道は σ の周期的でない軌道であり，そのような軌道は非可算個存在する．

　Σ 上の σ の力学に関する他の興味深い事実は，軌道が Σ 内で稠密になるような要素 $s \in \Sigma$ が存在することである．すなわち，任意の $s' \in \Sigma$ と $\varepsilon > 0$ に対して，$d(\sigma^n(s), s') < \varepsilon$ となる整数 n が存在する．これは s を直接構成することによって簡単に示せる．まず，長さ $1, 2, 3, \ldots$ の 0 と 1 から成る全ての可能な列を構成する．この操作は，各段階で可能性は有限個しかないので集合論的意味で定義することができ

438   4. 大域的分岐とカオスのいくつかの様相

る（より明確には，長さ k の 0 と 1 から成る異なる列は 2^k 個である）．これらの列の最初のいくつかを書くと次のようになる．

長さ 1 :　　$\{0\},\{1\}$

長さ 2 :　　$\{00\},\{01\},\{10\},\{11\}$

長さ 3 :　　$\{000\},\{001\},\{010\},\{011\},\{100\},\{101\},\{110\},\{111\}$

　　　　　　$\vdots$　　　　　$\vdots$

次のような方法で異なる列を見逃さないために，0 と 1 から成る列の集合に順序を導入する．0 と 1 から成る 2 つの有限列

$$s = \{s_1 \cdots s_k\}, \qquad \overline{s} = \{\overline{s}_1 \cdots \overline{s}_{k'}\}.$$

を考える．もし，$k < k'$ ならば

$$s < \overline{s}$$

とする．$k = k'$ のときは $s_i < \overline{s}_i$ ならば

$$s < \overline{s}$$

とする．ここで，i は $s_i \neq \overline{s}_i$ となる**最初の整数**とした．例えば，この順序を用いると，

$$\{0\} < \{1\},$$
$$\{0\} < \{00\},$$
$$\{00\} < \{01\},\ldots$$

となる．この順序は同じ長さを持つ相異なる列を区別する系統的な方法を与えている．このようにして，次のように長さ k の 0 と 1 から成る列を表す．

$$s_1^k < \cdots < s_{2^k}^k.$$

ここで，上付きの添え字は列の長さを表し，下付きの添え字は上の順序によって一意的に定められる長さ k の特定の列を表している．これは，稠密軌道に対する候補者を書き下す系統的な方法を与えるだろう．

　ここで次のような列を考えよう．

$$s = \{\cdots s_8^3 s_6^3 s_4^3 s_2^3 s_4^2 s_2^2 s_2^1 . s_1^1 s_1^2 s_3^3 s_1^3 s_3^3 s_5^3 s_7^3 \cdots\}.$$

このように s は任意の長さの 0 と 1 から成る可能な列を全て含んでいる．s の軌道が Σ 内で稠密になることを示すために，次のように議論する：s' を Σ 内の任意の点とし，$\varepsilon > 0$ を与える．s' の ε-近傍は $d(s', s'') < \varepsilon$ となる点 $s'' \in \Sigma$ から成っている．ここで d

は (4.1.24) で与えた距離である．したがって，Σ における距離の定義によって，$|i| \leq N$ に対して $s'_i = s''_i$ となるような整数 $N = N(\varepsilon)$ が存在する（注：この証明は Devaney [1986] または節 4.2 に見られる）．構成方法より有限列 $\{s'_{-N} \cdots s'_{-1}.s'_0 \cdots s'_N\}$ は s 内のどこかに含まれる．したがって，$d\big(\sigma^{\tilde{N}}(s), s'\big) < \varepsilon$ となるような整数 $\tilde{N}$ がなければならない．これは，s の軌道が Σ 内で稠密であることを示している．

Σ における σ の力学に関するこれらの事実を次の定理にまとめておく．

定理 4.1.2 0 と 1 から成る両側無限列の空間 Σ 上に作用しているずらし写像 σ は次のものを持つ．

i) 可算無限個の任意の長さの周期を持つ周期軌道
ii) 非可算無限個の非周期軌道
iii) 稠密軌道

4.1D 不変集合上の力学

ここで，多くのことがわかっている Σ 上の σ の力学と，複雑な幾何構造を除けばあまり分かっていない不変集合 Λ 上のスメールの馬蹄型力学系を関連付けたい．各点 $p \in \Lambda$ に 0 と 1 から成る両側無限列 $\phi(p)$ を対応させる写像 ϕ の存在を思いだそう．さらに，p の反復 $f^k(p)$ に対応する列は k が正なら右へ，負なら左へ p に対応する列の小数点を k だけ移動することによって得られたことを注意しておく．特に，$\sigma \circ \phi(p) = \phi \circ f(p)$ という関係が全ての $p \in \Lambda$ に対して成り立つ．もし，ϕ が逆写像を持ち連続であれば（f が連続であるので連続性は必要である），次の関係式が成り立つだろう．

$$\phi^{-1} \circ \sigma \circ \phi(p) = f(p) \qquad \forall p \in \Lambda. \tag{4.1.25}$$

このように，もし，f による $p \in \Lambda$ の軌道を

$$\{\cdots f^{-n}(p), \cdots, f^{-1}(p), p, f(p), \cdots, f^n(p), \cdots\} \tag{4.1.26}$$

と表せば，$\phi^{-1} \circ \sigma \circ \phi(p) = f(p)$ であるので，

$$\begin{aligned}
f^n(p) &= \big(\phi^{-1} \circ \sigma \circ \phi\big) \circ \big(\phi^{-1} \circ \sigma \circ \phi\big) \circ \cdots \circ \big(\phi^{-1} \circ \sigma \circ \phi(p)\big) \\
&= \phi^{-1} \circ \sigma^n \circ \phi(p), \quad n \geq 0
\end{aligned} \tag{4.1.27}$$

であることがわかる．また，(4.1.25) より

$$f^{-1}(p) = \phi^{-1} \circ \sigma^{-1} \circ \phi(p) \qquad \forall p \in \Lambda$$

であるから，これより

440   4. 大域的分岐とカオスのいくつかの様相

$$f^{-n}(p) = (\phi^{-1} \circ \sigma^{-1} \circ \phi) \circ (\phi^{-1} \circ \sigma^{-1} \circ \phi)) \circ \cdots \circ (\phi^{-1} \circ \sigma^{-1} \circ \phi(p))$$

$$= \phi^{-1} \circ \sigma^{-n} \circ \phi(p), \quad n \geq 0 \tag{4.1.28}$$

となる. したがって, (4.1.26), (4.1.27), (4.1.28) を用いると, f による $p \in \Lambda$ の軌道は Σ における σ による $\phi(p)$ の軌道に直接対応するだろう. 特に, Σ における σ の全体の軌道構造は Λ 上の f の構造と同一であるだろう. したがって, このような状況を確かめるためには, ϕ が Λ から Σ への同相写像であることを示す必要がある.

定理 4.1.3　写像 $\phi : \Lambda \to \Sigma$ は同相写像である.

証明　コンパクト集合からハウスドルフ空間への全単射連続写像は同相写像である（Dugundji [1966] 参照）という事実から逆写像の連続性は示せるので, ϕ が 1 対 1, 上への写像で連続であることを示せばよい. 各条件を別々に証明する.

ϕ が 1 対 1 であること：これは, $p, p' \in \Lambda$ に対して, もし, $p \neq p'$ ならば $\phi(p) \neq \phi(p')$ であることを意味する.

　背理法で証明する. $p \neq p'$ であり,

$$\phi(p) = \phi(p') = \{ \cdots s_{-n} \cdots s_{-1}.s_0 \cdots s_n \cdots \}$$

と仮定する. Λ の構成方法より, p と p' は垂直直線 $V_{s_{-1} \cdots s_{-n} \cdots}$ と水平直線 $H_{s_0 \cdots s_n \cdots}$ の共通部分に含まれる. しかしながら, 垂直直線と水平直線の共通部分は 1 点のみから成っている. したがって, $p = p'$ となり仮定に反する. この矛盾は $\phi(p) = \phi(p')$ と仮定したことによるものである. このようにして, $p \neq p'$ に対して, $\phi(p) \neq \phi(p')$ となる.

ϕ が上への写像であること：これは, Σ 内の 0 と 1 から成る両側無限列 $\{ \cdots s_{-n} \cdots s_{-1}.s_0 \cdots s_n \cdots \}$ が与えられたとき, $\phi(p) = \{ \cdots s_{-n} \cdots s_{-1}.s_0 \cdots s_n \cdots \}$ となる点 $p \in \Lambda$ が存在することを意味する.

　証明は次のようにする. $\bigcap_{n=0}^{\infty} f^n(D)$ と $\bigcap_{-\infty}^{n=0} f^n(D)$ の構成方法を思い出そう. 0 と 1 から成る任意の無限列 $\{ \cdots s_{-n} \cdots s_{-1}. \}$ に対して, $\bigcap_{n=0}^{\infty} f^n(D)$ 内のこの列に対応する垂直直線がただ 1 つ存在する. 同様に, 0 と 1 から成る無限列 $\{ .s_0 \cdots s_n \cdots \}$ に対して $\bigcap_{-\infty}^{n=0} f^n(D)$ 内にこれに対応する水平直線がただ 1 つ存在する. したがって, 与えられた水平直線と垂直直線に対して, 0 と 1 から成る両側無限列 $\{ \cdots s_{-n} \cdots s_{-1}.s_0 \cdots s_n \cdots \}$ を対応させることができ, 水平直線と垂直直線は 1 点 p のみで交わることから, 0 と 1 から成る両側無限列に対し, Λ 内の 1 点が対応していることがわかる.

ϕ が連続であること：これは, 点 $p \in \Lambda$ と $\varepsilon > 0$ が与えられたとき,

$$|p - p'| < \delta \quad は \quad d(\phi(p), \phi(p')) < \varepsilon \quad を満たす$$

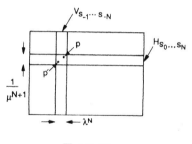

図 4.1.10

となるような $\delta = \delta(\varepsilon, p)$ を見つけられることを意味する．ここで，$|\cdot|$ は $\mathbb{R}^2$ における通常の距離を表し，$d(\cdot, \cdot)$ は前に導入した Σ における計量を表している．

$\varepsilon > 0$ が与えられたとする．$d(\phi(p), \phi(p')) < \varepsilon$ となるとすれば，

$$\phi(p) = \{\cdots s_{-n} \cdots s_{-1}.s_0 \cdots s_n \cdots\},$$
$$\phi(p') = \{\cdots s'_{-n} \cdots s'_{-1}.s'_0 \cdots s'_n \cdots\}.$$

のとき，$s_i = s'_i$, $i = 0, \pm 1, \ldots, \pm N$ となるような整数 $N = N(\varepsilon)$ が存在しなければならない．したがって，Λ の構成方法より，p と p' は $H_{s_0 \cdots s_N} \cap V_{s_{-1} \cdots s_{-N}}$ によって定義される長方形内にある．図 4.1.10 参照．この長方形の幅と高さは，それぞれ λ^N, $1/\mu^{N+1}$ であることを思い出すと，$|p - p'| \leq (\lambda^N + 1/\mu^{N+1})$ が得られる．したがって，$\delta = \lambda^N + 1/\mu^{N+1}$ とすれば，連続性が証明できたことになる．□

次のような注意をしておく．

注意 1 Λ 上に作用する力学系 f と Σ 上に作用する σ は，もし，$\phi \circ f(p) = \sigma \circ \phi(p)$ となっていれば，**位相共役**であると言われることを節 1.2B から思い出そう (注：$\phi \circ f(p) = \sigma \circ \phi(p)$ は次のような"可換"図式と言われるものによって表される)．

$$\begin{array}{ccc} \Lambda & \xrightarrow{f} & \Lambda \\ \phi \downarrow & & \downarrow \phi \\ \Sigma & \xrightarrow{\sigma} & \Sigma \end{array}$$

注意 2 Λ と Σ が同相であるということは，Λ の集合論的性質に関連したいくつかの結果を導く．すでに Σ は非可算であることを示し，証明はしなかったが Σ は閉かつ (全ての点は極限点であるという意味で) 完全であり，全不連結集合であること，また，

442   4. 大域的分岐とカオスのいくつかの様相

これらの性質は同相写像 ϕ を通して Λ にももたらされることを述べておく.このような性質を持つ集合を**カントール集合**と呼ぶ.節 4.2 において記号力学やカントール集合に関するより詳しい情報を与えるであろう.

Σ 上の σ の力学を記述した定理 4.1.2 とほとんど同様である Λ 上の f の力学に関する定理を述べておこう.

定理 4.1.4   スメールの馬蹄型力学系 f は次のような性質を持つ.

  i) 可算無限個の任意の周期の周期軌道を持つ.これらの周期軌道は全て鞍状型である.
 ii) 非可算無限個の非周期軌道を持つ.
iii) 稠密軌道を持つ.

証明   これは,Λ 上の f と Σ 上の σ の位相共役性から,安定性についての結果を除けば,すぐにいえる.安定性については (4.1.4) で与えられた H_0 と H_1 上の f の形からわかる.   □

4.1E　カオス

ここで Λ 上の f の力学がカオス的であるという意味を正確にすることができる.
$p \in \Lambda$ を記号列

$$\phi(p) = \left\{ \cdots s_{-n} \cdots s_{-1}.s_0 \cdots s_n \cdots \right\}$$

に対応する点とする.p に近い点を考え,それらが f による反復によって p と比較してどのように振る舞うかを考えよう.$\varepsilon > 0$ が与えられたとし,p の ε-近傍を平面上での通常の距離で考える.したがって,ある $N = N(\varepsilon)$ が存在して対応する $\phi(p)$ の近傍が $s_i = s'_i$, $|i| \leq N$ となるような列 $s' = \left\{ \cdots s'_{-n} \cdots s'_{-1}.s'_0 \cdots s'_n \cdots \right\} \in \Sigma$ の集合を含んでいる.いま,$\phi(p)$ に対応する列内の $N+1$ 番目の要素は 0 であるとし,ある s' に対応する列内の $N+1$ 番目の要素は 1 であったとする.N 回の反復のあと,どんなに小さな ε に対しても,点 p は H_0 内にある.ϕ^{-1} によって s' に対応する点 p' は H_1 内にある.そして,これらの点は少なくとも $1 - 2\lambda$ 離れている.したがって,任意の点 $p \in \Lambda$ に対して,どんなに p の小さな近傍を考えても,有限回の反復の後,p との距離がある固定した距離だけ離れているような点が,その近傍に少なくとも 1 点は存在する.このような振る舞いをする系を**初期条件に鋭敏に依存する**という.(1 つより多くの軌道からなる)閉不変集合上の初期条件に鋭敏に依存する力学系はカオス的であると呼ばれる.節 4.11 において,カオス的力学系の性質をより完全に調べるだ

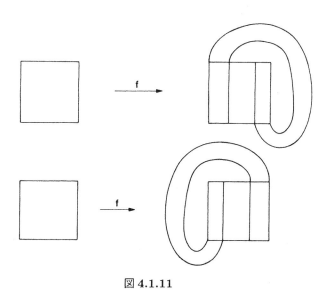

図 4.1.11

ろう.

ここでは最後にいくつかの観察を述べて，単純化されたスメールの馬蹄型力学系についての議論を終わりにする.

1. もし，定理 4.1.4 を導く f の要因を注意深く考察するならば，2 つの鍵となる要素があることがわかるだろう.
   (a) それ自身に写される交わらない領域を見い出すことができるようなやり方で正方形は縮小，拡大，折曲げられる.
   (b) 補空間方向への "強い" 拡大と収縮が存在する.
2. 観察 1) より，正方形の像が馬蹄型の形に現われるということは重要ではない. 図 4.1.11 に示すように，他にも可能な写像がある.

f の不変集合の研究において，正方形から離れていく点の幾何の問題を考えなかったことに注意する. これは，このより大域的問題が，馬蹄型がアトラクターになる条件の決定を可能にするかもしれないので，興味ある研究課題でありうるということを注意しておく.

4.2 記号力学

前の節で不変なカントール集合を持つ 2 次元の写像の例を見た. 不変集合に制限すれば，この写像は，全ての周期の可算無限個の周期軌道，非可算無限個の非周期軌道,

稠密軌道を持つことが分かった．一般には，ある写像の軌道構造に関してこのように詳細な情報を得ることは不可能である．しかし，ここでの例においては，不変集合に制限すれば，写像は，0と1から成る両側無限列の空間に作用するずらし写像と同じ振る舞いをすることを示すことができた（より明確にいえば，この2つの力学系は位相共役であることが示された．こうして，これらの軌道構造は同一である）．ずらし写像は，もとの写像と同じくらい複雑であるが，その構造により，その力学に関する多くの特色（例えば，周期軌道の性質や数）は多少明らかであった．"記号"（ここでは0と1）の無限列によって力学系の軌道構造を特徴付けるという手法は，記号力学として知られている．この手法は新しいものではなく，本質的には Hadamard [1898] によって負の曲率を持つ曲面の測地線の研究に応用されているし，Birkhoff [1927], [1935] では力学系の研究に用いられている．独立なテーマとして最初に記号力学を扱ったのは，Morse and Hedlund [1938] である．この考え方の微分方程式への応用は，レビンソンの強制ファン・デア・ポール方程式に関する仕事に見られる (Levinson [1949])．馬蹄型写像の構成に対するスメールのひらめきはそれからきている (Smale [1963], [1980])．また，Alekseev [1968], [1969] の仕事にもみられる．彼は，手法の組織的評価を行ない，天体力学から現れた問題に対してそれを応用した．これらの引用は記号力学やその応用の歴史を完全に列挙しているわけではない．読者は上記の文献の参考文献や，このテーマやその応用に関するより詳しい参考文献が載っている Moser [1973] を参照されたい．最近（1965年以降）では，この手法の応用が溢れている．

記号力学はこの章で出合うであろう力学的現象を説明する鍵となる．このような理由から，独立なテーマとしてとらえた記号力学のいくつかの局面を述べておきたい．ここでの議論は Wiggins [1988] によるものである．

$S = \{1, 2, 3, \cdots, N\}$, $N \geq 2$ を記号の集まりとする．列は S の元から構成する．列の構成という目的には，S の元は何でも良い（例えば，アルファベットや漢字など）ことを注意しておく．しかし，正の整数は馴染み深いし，書き易いし，十分にたくさんあるので，正の整数を用いることにする．

4.2A 記号列の空間の構造

S の元から成る全ての記号列の空間 Σ^N を構成し，Σ^N のいくつかの性質を導きたい．S の無限個のコピーの直積として Σ^N を構成するのが便利である．この構成方法は S や S に与えられた構造の知識のみに基づく Σ^N の性質に関するいくつかの結果をもたらすだろう．

S に構造を与えよう．特に，S を距離空間にしたい．S は正の整数の最初の N 個か

ら成る点の有限集合であるから，S の 2 点間の距離を 2 つの元の差の絶対値で定義するのは自然であろう．これを次のように表す．

$$d(a,b) \equiv |a - b| \qquad \forall a, b \in S. \tag{4.2.1}$$

このようにして，S は離散空間になり（すなわち，S 内の距離によって定義された開集合は S を構成する個々の点から成る．そこで S の全ての部分集合は開集合である），また，したがって，全不連結である．S の性質をまとめると次のような命題になる．

命題 4.2.1 (4.2.1) による距離を持つ集合 S はコンパクトであり，全不連結な距離空間である．

コンパクト距離空間は自動的に完備な距離空間になる（Dugundji [1966] を参照）ことに注意する．

S のコピーの両側無限な直積として Σ^N を構成しよう．

$$\Sigma^N \equiv \cdots \times S \times S \times S \times S \times \cdots \equiv \prod_{i=-\infty}^{\infty} S^i \quad \text{ここで} \quad S^i = S \quad \forall i. \tag{4.2.2}$$

このように，Σ^N の点は S の元の "両側無限な組"

$$s \in \Sigma^N \Rightarrow s = \big\{ \cdots, s_{-n}, \cdots, s_{-1}, s_0, s_1, \cdots, s_n, \cdots \big\} \qquad \text{ここで} \quad s_i \in S \quad \forall i$$

として表せる．より簡潔に，s を

$$s = \big\{ \cdots s_{-n} \cdots s_{-1}.s_0 s_1 \cdots s_n \cdots \big\} \qquad \text{ここで} \quad s_i \in S \quad \forall i$$

と書くことにする．

各記号列に現れ，記号列を無限個の 2 つの部分に分ける（これが "両側無限な列" という言葉の理由である）という効果を持つ "小数点" について一言いっておこう．この時点では，議論の中で主要な役割を果たしていないし，それがなくても Σ^N の構造を記述する全ての結果はそのまま通用する．ある意味で，それは列の各元に添え字を付ける自然な方法を与えることによって列を構成するための出発点として役に立つ．この記法は Σ^N 上の距離を定義するとき，すぐに便利であることが立証されるだろう．しかし，小数点の真の重要性は，Σ^N 上に作用するずらし写像や軌道構造を定義し，それについて議論するときに，明らかになるであろう．

Σ^N における極限操作について議論するために，Σ^N 上の距離を定義しておくことは有用であろう．S は距離空間であるので，Σ^N 上にも距離を定義することができる．Σ^N 上の距離の定義はいろいろな可能性があるが，次のものを使うことにする．

$$s = \big\{ \cdots s_{-n} \cdots s_{-1}.s_0 s_1 \cdots s_n \cdots \big\},$$
$$\overline{s} = \big\{ \cdots \overline{s}_{-n} \cdots \overline{s}_{-1}.\overline{s}_0 \overline{s}_1 \cdots \overline{s}_n \cdots \big\} \in \Sigma^N$$

に対して，s と $\overline{s}$ の距離を

$$d(s, \overline{s}) = \sum_{i=-\infty}^{\infty} \frac{1}{2^{|i|}} \frac{|s_i - \overline{s}_i|}{1 + |s_i - \overline{s}_i|}$$

によって定義する（注：読者は，$d(\cdot, \cdot)$ が距離が満たさなければならない 4 つの性質を満たすことを確認せよ）．直観的には，距離のこの選択は，中心の長い部分で一致すれば "近い" とすることを意味する．次の補題はこのことを正確に述べている．

補題 4.2.2 $s, \overline{s} \in \Sigma^N$ に対して，

i) $d(s, \overline{s}) < 1/(2^{M+1})$ と仮定する．すると全ての $|i| \leq M$ に対して $s_i = \overline{s}_i$ となる．

ii) $|i| \leq M$ に対して，$s_i = \overline{s}_i$ と仮定する．すると $d(s, \overline{s}) \leq 1/(2^{M-1})$ となる．

証明 i) の証明は背理法で行う．i) の仮定を満たし，$s_j \neq \overline{s}_j$ となるような j $(|j| \leq M)$ が存在すると仮定する．すると，$d(s, \overline{s})$ の定義式のなかに

$$\frac{1}{2^{|j|}} \frac{|s_j - \overline{s}_j|}{1 + |s_j - \overline{s}_j|}$$

の形の項が存在する．しかし，

$$\frac{|s_j - \overline{s}_j|}{1 + |s_j - \overline{s}_j|} \geq \frac{1}{2}$$

であり，$d(s, \overline{s})$ の定義式の各項は正であるから，

$$d(s, \overline{s}) \geq \frac{1}{2^{|j|}} \frac{|s_j - \overline{s}_j|}{1 + |s_j - \overline{s}_j|} \geq \frac{1}{2^{|j|+1}} \geq \frac{1}{2^{M+1}}$$

となる．これは i) の仮定に反する．

次に ii) を証明しよう．もし，$|i| \leq M$ に対して，$s_i = \overline{s}_i$ とすると，

$$d(s, \overline{s}) = \sum_{-\infty}^{i=-(M+1)} \frac{1}{2^{|i|}} \frac{|s_i - \overline{s}_i|}{1 + |s_i - \overline{s}_i|} + \sum_{i=M+1}^{\infty} \frac{1}{2^{|i|}} \frac{|s_i - \overline{s}_i|}{1 + |s_i - \overline{s}_i|}$$

となる．しかし，$\left(|s_i - \overline{s}_i|/(1 + |s_i - \overline{s}_i|)\right) \leq 1$ であるから，

$$d(s, \overline{s}) \leq 2 \sum_{i=M+1}^{\infty} \frac{1}{2^i} = \frac{1}{2^{M-1}}$$

となる． $\square$

距離を定めたので，Σ^N に点の近傍を定義し，極限操作について述べることができる．1点

$$\bar{s} = \left\{ \cdots \bar{s}_{-n} \cdots \bar{s}_{-1} . \bar{s}_0 \bar{s}_1 \cdots \bar{s}_n \cdots \right\} \in \Sigma^N, \qquad \bar{s}_i \in S \quad \forall i$$

と正の実数 $\varepsilon > 0$ が与えられたとする．そして，"$\bar{s}$ の ε-近傍"，すなわち，$d(s, \bar{s}) < \varepsilon$ を満たす $s \in \Sigma^N$ の集合，について述べよう．補題 4.2.2 によって，$\varepsilon > 0$ を与えたとき，$d(s, \bar{s}) < \varepsilon$ ならば任意の $|i| \le M$ に対して，$s_i = \bar{s}_i$ となるような正の整数 $M = M(\varepsilon)$ が存在する．このようにして，任意の $\bar{s} \in \Sigma^N$ の ε-近傍を次のように表せる．

$$\mathcal{N}^{M(\varepsilon)}(\bar{s}) = \left\{ s \in \Sigma^N \, | \, s_i = \bar{s}_i \, \forall \, |i| \le M, \, s_i, \bar{s}_i \in S \, \forall i \right\}.$$

Σ^N の構造に関する定理を述べる前に，次のような定義が必要である．

定義 4.2.1　集合が**完全**であるとは閉集合であり，集合内の全ての点はその集合の集積点であることをいう．

カントールの次の定理は完全集合の濃度に関する情報を与える．

定理 4.2.3　完備な空間内の完全集合は少なくとも連続濃度を持つ．

証明　Hausdorff [1957] を見よ．　□

Σ^N の構造に関する主定理を述べる用意ができた．

命題 4.2.4　距離 (4.2.1) を持つ空間 Σ^N は

i) コンパクトであり，

ii) 全不連結であり，また，

iii) 完全である．

証明　i) S はコンパクトであるから，Σ^N もティコノフの定理よりコンパクトになる（Dugundji [1966]）．ii) 命題 4.2.1 より，S は全不連結であり，全不連結空間の直積はまた全不連結である（Dugundji [1966]）から，Σ^N も全不連結である．iii) Σ^N はコンパクトな距離空間であるから，閉集合である．$\bar{s} \in \Sigma^N$ を Σ^N の任意の点とする．このとき，$\bar{s}$ が Σ^N の集積点であることを示すためには，$\bar{s}$ の全ての近傍が $s \in \Sigma^N$ を満たす $s \ne \bar{s}$ を含むことをせばよい．$\mathcal{N}^{M(\varepsilon)}(\bar{s})$ を $\bar{s}$ の近傍とし，$\bar{s}_{M(\varepsilon)+1} \ne N$ ならば，$\hat{s} = \bar{s}_{M(\varepsilon)+1} + 1$，また，$\bar{s}_{M(\varepsilon)+1} = N$ ならば，$\hat{s} = \bar{s}_{M(\varepsilon)+1} - 1$ とする．このとき，列

448　　4. 大域的分岐とカオスのいくつかの様相

$$\left\{\cdots \overline{s}_{-M(\varepsilon)-2}\hat{s}\overline{s}_{-M(\varepsilon)}\cdots \overline{s}_{-1}.\overline{s}_0\overline{s}_1\cdots \overline{s}_{M(\varepsilon)}\hat{s}\overline{s}_{M(\varepsilon)+2}\cdots\right\}$$

は $\mathcal{N}^{M(\varepsilon)}(\overline{s})$ に含まれ, $\overline{s}$ とは一致しない. よって, Σ^N は完全である.　□

　命題 4.2.4 における Σ^N の 3 つの性質は**カントール集合**を定義する性質としてよく採用されることを注意しておく. 古典的なカントールの "3 等分の中央" の集合はこのようなカントール集合の最初の例である.

　次に, Σ^N よりもより "通常の" 領域（すなわち, "通常の" 領域とは個々の物理系の相空間として現われるような領域の型を表す）において定義された写像の力学に対して, のちに Σ^N を "モデル空間" として用いるときに興味のあることについて注意をしておこう. 2 つの位相空間 X, Y の間の写像 $h: X \to Y$ が連続で, 1 対 1, 全射かつ h^{-1} も連続であるとき, h を**同相写像**であると言うことを思いだそう. 同相写像のもとで不変な位相空間の性質が存在する. そのような性質を**位相不変量**と呼ぶ. コンパクト性, 連結性, 完全性は位相不変量の例である（証明は Dugundji [1966] を参照のこと）. このことを次の命題でまとめておく.

命題 4.2.5　Y を位相空間とし, Σ^N と Y が同相である. すなわち, Σ^N から Y への同相写像 h が存在するとする. このとき, Y はコンパクト, 全不連結, 完全である.

4.2B　ずらし写像

　Σ^N の構造を確立したので, 次のような Σ からそれ自身への写像 σ を定義したい. $s = \left\{\cdots s_{-n}\cdots s_{-1}.s_0 s_1 \cdots s_n \cdots\right\} \in \Sigma^N$ に対して,

$$\sigma(s) \equiv \left\{\cdots s_{-n}\cdots s_{-1}s_0.s_1\cdots s_n \cdots\right\}$$

または, $[\sigma(s)]_i \equiv s_{i+1}$ と定義する.

　写像 σ は**ずらし写像**といわれ, σ の定義が Σ^N 全体を取るとき N 記号上の**全ずらし**と言われる. σ のある性質に関して次のような命題がある.

命題 4.2.6　i) $\sigma(\Sigma^N) = \Sigma^N$. ii) σ は連続である.

証明　i) の証明は明らかである. ii) を証明するために, $\varepsilon > 0$ が与えられたとき, $s, \overline{s} \in \Sigma^N$ に対して, $d(s, \overline{s}) < \delta$ ならば $d(\sigma(s), \sigma(\overline{s})) < \varepsilon$ となるような $\delta(\varepsilon)$ が存在することを示さなければならない. $\varepsilon > 0$ が与えられたとする. M を $1/(2^{M-2}) < \varepsilon$ となるように取る. もし, $\delta = 1/2^{M+1}$ とすれば, 補題 4.2.2 で述べたように $d(s, \overline{s}) < \delta$ ならば全ての $|i| \le M$ に対して $s_i = \overline{s}_i$ となる. したがって, $[\sigma(s)]_i = [\sigma(\overline{s})]_i$, $|i| \le M-1$ である. 再び, 補題 4.2.2 により, $d(\sigma(s), \sigma(\overline{s})) < 1/2^{M-2} < \varepsilon$ が得ら

4.3 コンリー–モーザー条件と "いかにして力学系がカオス的であることを示すか" **449**

れる． □

Σ^N 上に作用する σ の軌道構造を考えよう．次のような命題を得る．

命題 4.2.7 ずらし写像 σ は

i) 全ての周期の軌道から成る可算無限の周期軌道，

ii) 非可算無限個の非周期軌道，

iii) 稠密軌道，

を持つ．

証明 i) これは，節 4.1C においてスメールの馬蹄型写像に対する記号力学の議論をした際に得た類似の結果と全く同様にして証明できる．特に，周期的記号列の軌道は周期的であり，また可算無限個のそのような列が存在する．ii) 定理 4.2.3 より，Σ^N は非可算である．したがって，可算無限個の周期記号列を取り除くと，非可算無限個の非周期的記号列が残る．非周期列の軌道は繰り返すことはないから，これは ii) を示している．iii) これは節 4.1 におけるスメールの馬蹄型写像の議論の際得られた類似の結果と全く同様にして証明できる．すなわち，任意の有限長の記号列を全てつなげて記号列を構成する．この列の反復は，構成方法より，Σ^N の与えられた記号列にいくらでも近くできるから，この列の軌道は Σ^N で稠密である． □

4.3 コンリー–モーザー条件と "いかにして力学系がカオス的であることを示すか"

この節では，2 次元可逆写像に対して，力学がその上で N 個の記号（$N \geq 2$）上の全ずらしに位相共役であるような不変カントール集合を得るための十分条件を与えよう．これらの条件はコンリーとモーザーによって最初に与えられた（Moser [1973] を参照）．ここでは，彼らの評価を少し改善する．Alekseev [1968], [1969] は同様な基準を開発した．n-次元への一般化は Wiggins [1988] に見られる．

4.3A 主定理

いくつかの定義から始めよう．

定義 4.3.1 μ_v-垂直曲線とは

$$0 \leq v(y) \leq 1, \quad 0 \leq y_1, y_2 \leq 1 \quad \text{に対して} \quad |v(y_1) - v(y_2)| \leq \mu_v |y_1 - y_2|$$

4. 大域的分岐とカオスのいくつかの様相

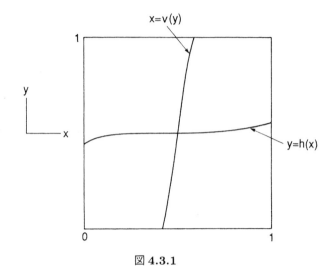

図 4.3.1

を満たすような関数 $x = v(y)$ のグラフのことである. 同様に, μ_h-水平曲線とは,

$$0 \leq h(x) \leq 1, \quad 0 \leq x_1, x_2 \leq 1 \quad \text{に対して} \quad |h(x_1) - h(x_2)| \leq \mu_h |x_1 - x_2|$$

を満たすような関数 $y = h(x)$ のグラフのことである. 図 4.3.1 を参照.

定義 4.3.1 に関して次の注意をしておく.

注意 1 定義 4.3.1 を満たす関数 $x = v(y)$, $y = h(x)$ はそれぞれ, リプシッツ定数 μ_v, μ_h を持つリプシッツ関数と呼ばれる.

注意 2 定数 μ_h は $y = h(x)$ のグラフによって定義される曲線の傾きの上下界を表している. 同様な解釈が μ_v と $x = v(y)$ のグラフに対しても行える.

注意 3 $\mu_v = 0$ に対して, $x = v(y)$ のグラフは垂直線であり, $\mu_h = 0$ に対しては $y = h(x)$ のグラフは水平線である.

注意 4 この時点では, μ_v, μ_h の関係や大きさについて制限を加えてはいない.

次に, これらの μ_v-垂直曲線, μ_h-水平曲線をそれぞれ, μ_v-垂直帯, μ_h-水平帯に "ふくらませる" ことを考える.

定義 4.3.2 2つの交わらない μ_v-垂直曲線 $v_1(y) < v_2(y)$, $y \in [0, 1]$ が与えられたとき, μ_v-垂直帯を

4.3 コンリー―モーザー条件と"いかにして力学系がカオス的であることを示すか" *451*

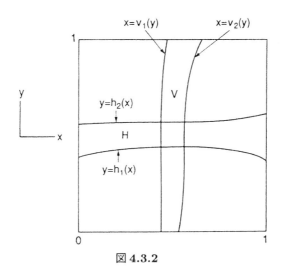

図 **4.3.2**

$$V = \{(x,y) \in \mathbb{R}^2 \mid x \in [v_1(y), v_2(y)]; \ y \in [0,1]\}$$

として定義する．同様に，2つの交わらない μ_h-水平曲線 $h_1(x) < h_2(x), x \in [0,1]$ が与えられたとき，μ_h-水平帯を

$$H = \{(x,y) \in \mathbb{R}^2 \mid y \in [h_1(x), h_2(x)]; \ x \in [0,1]\}$$

として定義する．図 4.3.2 を参照．水平帯，垂直帯の幅は，

$$d(H) = \max_{x \in [0,1]} |h_2(x) - h_1(x)|, \tag{4.3.1a}$$

$$d(V) = \max_{y \in [0,1]} |v_2(y) - v_1(y)| \tag{4.3.1b}$$

で定義される．

次の2つの補題は写像 f に対する不変集合を構成する帰納的過程において重要な役割を果たすであろう．

補題 4.3.1 i) もし，$V^1 \supset V^2 \supset \cdots \supset V^k \supset \cdots$ が $d(V^k) \xrightarrow[k \to \infty]{} 0$ となるような μ_v-垂直帯の入れ子列であるとすると，$\bigcap_{k=1}^{\infty} V^k \equiv V^\infty$ は，μ_v-垂直曲線である．

ii) もし，$H^1 \supset H^2 \supset \cdots \supset H^k \supset \cdots$ が $d(H^k) \xrightarrow[k \to \infty]{} 0$, となるような μ_h-水平帯の入れ子列であるとすると，$\bigcap_{k=1}^{\infty} H^k \equiv H^\infty$ は，μ_h-水平曲線である．

証明 i) の証明をすれば，ii) は自明な一部の修正をすれば証明ができる．よって，i)

452   4. 大域的分岐とカオスのいくつかの様相

の証明のみを行う.

$C_{\mu_v}[0,1]$ を区間 $[0,1]$ 上で定義されたリプシッツ定数 μ_v を持つリプシッツ関数の集合とする. すると, 最大値ノルムによって定義された距離で, $C_{\mu_v}[0,1]$ は完備な距離空間になる (証明は Arnold [1973] を参照). $x = v_1^k(y)$, $x = v_2^k(y)$ を μ_v-垂直帯の垂直境界 V^k とする. 列

$$\{v_1^1(y), v_2^1(y), v_1^2(y), v_2^2(y), \cdots, v_1^k(y), v_2^k(y), \cdots\} \tag{4.3.2}$$

を考える. V^k の定義によって, (4.3.2) は $C_{\mu_v}[0,1]$ の元の列であり, $d(V^k) \underset{k\to\infty}{\longrightarrow} 0$ であるから, これはコーシー列である. したがって, $C_{\mu_v}[0,1]$ が完備な距離空間であるから, コーシー列は, 一意的に μ_v-垂直曲線に収束する. これは i) を示している.   □

補題 4.3.2 $0 \leq \mu_v\mu_h < 1$ と仮定する. μ_v-垂直曲線と μ_h-水平曲線は *1* 点で交わる.

証明 μ_h-水平曲線が

$$y = h(x)$$

のグラフで与えられ, μ_v-垂直曲線が

$$x = v(y)$$

のグラフで与えられているとする. 交わるための条件は各々の条件を満たす単位正方形内に点 (x, y) が存在すること, すなわち,

$$y = h(x) \tag{4.3.3}$$

となることである. ここで (4.3.3) の x は

$$x = v(y)$$

を満たす. いい替えれば, 方程式

$$y = h(v(y)) \tag{4.3.4}$$

が解を持つことである. この解が一意的であることを示そう. 縮小写像定理 (Arnold [1973]) を用いる.

いくつか用意をしよう. 写像

$$g: M \longrightarrow M$$

を考える. ここで, M は完備距離空間である. すると, g は, もし, ある定数 $0 \leq k < 1$ に対して,

$$|g(m_1) - g(m_2)| \leq k|m_1 - m_2|, \qquad m_1, m_2 \in M$$

4.3 コンリー–モーザー条件と "いかにして力学系がカオス的であることを示すか" *453*

であるなら, **縮小写像**といわれる. ここで $|\cdot|$ は M 上の距離を表している. 縮小写像定理は, g が一意的な不動点を持つこと, すなわち,

$$g(\overline{m}) = \overline{m}$$

となる 1 点 $\overline{m} \in M$ が存在すること示している. これを今の状況に適用しよう.

I を閉単位区間, したがって,

$$I = \{ y \in \mathbb{R}^1 \,|\, 0 \le y \le 1 \}$$

とする. 明らかに, I は完備な距離空間である. また,

$$h \circ v : I \longrightarrow I \tag{4.3.5}$$

であることも明らかである. よってもし, $h \circ v$ が縮小写像であるならば, 縮小写像定理 (4.3.5) より**一意的な解**を持つことがわかり, 証明が終わる. これは単純な計算である. $y_1, y_2 \in I$ に対して,

$$|h(v(y_1)) - h(v(y_2))| \le \mu_h |v(y_1) - v(y_2)|$$
$$\le \mu_h \mu_v |y_1 - y_2|$$

である. $0 \le \mu_v \mu_h < 1$ を仮定したから, $h \circ v$ は縮小写像である. □

写像

$$f : D \longrightarrow \mathbb{R}^2$$

を考えよう. ここで, D は $\mathbb{R}^2$ 内の単位正方形とする. すなわち,

$$D = \left\{ (x, y) \in \mathbb{R}^2 \,|\, 0 \le x \le 1,\, 0 \le y \le 1 \right\}$$

とする.

$$S = \{ 1, 2, \cdots, N \}, \qquad (N \ge 2)$$

を添え字集合とし,

$$H_i, \qquad i = 1, \cdots, N$$

を交わらない μ_h-水平帯とする. また,

$$V_i, \qquad i = 1, \cdots, N$$

を交わらない μ_v-垂直帯とする. f は次の 2 つの条件を満たすと仮定する.

仮定 1 $0 \le \mu_v \mu_h < 1$ であり, $i = 1, \cdots, N$ に対して, f は H_i を同相に V_i の上に写

454   4. 大域的分岐とカオスのいくつかの様相

す $(f(H_i) = V_i)$. さらに, H_i の水平境界は V_i の水平境界に, H_i の垂直境界は V_i の垂直境界に写る.

仮定 2 H は, $\bigcup_{i \in S} H_i$ 内に含まれる μ_h-水平帯とする. このとき,

$$f^{-1}(H) \cap H_i \equiv \tilde{H}_i$$

は全ての $i \in S$ に対して μ_h-水平帯である. さらに,

$$\text{ある} \quad 0 < \nu_h < 1 \quad \text{に対して} \qquad d(\tilde{H}_i) \leq \nu_h d(H)$$

である. 同様に, V を $\bigcup_{i \in S} V_i$ 内の μ_v-垂直帯とする. このとき

$$f(V) \cap V_i \equiv \tilde{V}_i$$

は全ての $i \in S$ に対して, μ_v-垂直帯である. さらに,

$$\text{ある} \quad 0 < \nu_v < 1 \quad \text{に対して} \qquad d(\tilde{V}_i) \leq \nu_v d(V)$$

である.

主定理を述べよう.

定理 4.3.3 f は仮定 1 と 2 を満たすとする. すると, f はその上で N 記号上の全ずらしに位相共役であるような不変カントール集合 Λ を持つ. すなわち, 次の図を可換にする.

$$
\begin{array}{ccc}
\Lambda & \xrightarrow{\ f\ } & \Lambda \\[2mm]
\phi \downarrow & & \downarrow \phi \\[2mm]
\Sigma^N & \xrightarrow{\ \sigma\ } & \Sigma^N
\end{array}
$$

ここで ϕ は Λ から Σ^N の上への同相写像である.

証明は 4 つの段階から成る.

段階 1 Λ の構成.

段階 2 写像 $\phi: \Lambda \longrightarrow \Sigma^N$ の定義.

段階 3 ϕ が同相写像であることを示す.

段階 4 $\phi \circ f = \sigma \circ \phi$ を示す.

証明

段階 1 不変集合の構成. 写像の不変集合の構成は節 4.1 におけるスメールの馬蹄

4.3 コンリー—モーザー条件と "いかにして力学系がカオス的であることを示すか" *455*

型に対する不変集合の構成によく似ている. まず, $\bigcup_{i \in S} V_i$ に全ての逆向き反復で留まっている点の集合を構成する. これは非可算無限個の μ_v-垂直曲線となるだろう. 次に, $\bigcup_{i \in S} H_i$ に全ての前向き反復で残っている点の集合を構成する. これは非可算無限個の μ_v-水平曲線となるだろう. これらの 2 つの集合の共通部分は明らかに $(\bigcup_{i \in S} H_i) \cap (\bigcup_{i \in S} V_i) \subset D$ に含まれる不変集合となる.

読者は, どうしてスメールの馬蹄型に対する不変集合の構成の議論において用いてきた用語とここでの用語が異なるのかと思うかもしれない. スメールの馬蹄型においては, 不変集合 Λ は,

$$\Lambda = \bigcap_{n=-\infty}^{\infty} f^n(D)$$

で与えられた. しかしながら, スメールの馬蹄型に対しては, 写像が D の全てにどのように作用するかが分かっていた. すなわち, $H_0 \cup H_1$ に含まれない D の部分は f の作用のもとで D の外に "捨て去られた". 現在考察中の状況のもとではそのような振る舞いを仮定してはいない. ここでは, 写像 f が $\bigcup_{i \in S} H_i$ 上でどのように作用するかと, f^{-1} が $\bigcup_{i \in S} V_i$ 上でどのように作用するかだけしか分かっていない. 定理の証明の後でこのことについてさらに論じるであろう.

帰納法によって, f の全ての逆向き反復によって $\bigcup_{i \in S} V_i$ 内に留まっている $\bigcup_{i \in S} V_i$ の点集合を構成することから始めよう. この集合を $\Lambda_{-\infty}$ で表し, $\Lambda_{-n}, n = 1, 2, \cdots$ は, f による $n-1$ 回の逆向き反復によって $\bigcup_{i \in S} V_i$ に留まっているような $\bigcup_{i \in S} V_i$ 内の集合を表すとする.

$\underline{\Lambda_{-1}}$. Λ_{-1} は明らかである.

$$\Lambda_{-1} = \bigcup_{s_{-1} \in S} V_{s_{-1}}. \tag{4.3.6}$$

$\underline{\Lambda_{-2}}$.

$$\Lambda_{-2} = f(\Lambda_{-1}) \cap \left(\bigcup_{s_{-1} \in S} V_{s_{-1}} \right) \tag{4.3.7}$$

が f^{-1} によって Λ_{-1} に写されるような $\bigcup_{s_{-1} \in S} V_{s_{-1}}$ 内の点集合であることは明らかである. よって, (4.3.6) を用いると (4.3.7) は

$$\Lambda_{-2} = \left(\bigcup_{s_{-2} \in S} f(V_{s_{-2}}) \right) \cap \left(\bigcup_{s_{-1} \in S} V_{s_{-1}} \right)$$

456　4. 大域的分岐とカオスのいくつかの様相

$$= \bigcup_{\substack{s_{-i} \in S \\ i=1,2}} f(V_{s_{-2}}) \cap V_{s_{-1}} \equiv \bigcup_{\substack{s_{-i} \in S \\ i=1,2}} V_{s_{-1}s_{-2}} \tag{4.3.8}$$

となる. 次のことに注意する.

i) $V_{s_{-1}s_{-2}} = \{p \in D \mid p \in V_{s_{-1}}, f^{-1}(p) \in V_{s_{-2}}\}$ であり, $V_{s_{-1}s_{-2}} \subset V_{s_{-1}}$ となっている.

ii) 仮定1と2より, $V_{s_{-1}s_{-2}}, s_{-i} \in S, i=1,2,$ は N^2 個の μ_v-垂直帯であり, それらの N 個がそれぞれ $V_i, i \in S$ に含まれることがわかる. S の元からなる長さ2の N^2 個の列が存在し, $V_{s_{-1}s_{-2}}$ がそれらの列と1対1対応がついていることに注意する.

iii) 仮定2より次の式が成り立つ.

$$d(V_{s_{-1}s_{-2}}) \leq \nu_v d(V_{s_{-1}}) \leq \nu_v \tag{4.3.9}$$

$\underline{\Lambda_{-3}}$. Λ_{-2} から次のように Λ_{-3} を構成する.

$$\Lambda_{-3} = f(\Lambda_{-2}) \cap \left(\bigcup_{s_{-1} \in S} V_{s_{-1}} \right) \tag{4.3.10}$$

したがって, (4.3.10) は f^{-1} によって Λ_{-2} に写るような $\bigcup_{s_{-1} \in S} V_{s_{-1}}$ 内の点集合である. (4.3.8) を用いると, (4.3.10) は

$$\Lambda_{-3} = f \left(\bigcup_{\substack{s_{-i} \in S \\ i=2,3}} f(V_{s_{-3}}) \cap V_{s_{-2}} \right) \cap \left(\bigcup_{s_{-1} \in S} V_{s_{-1}} \right)$$

$$= \bigcup_{\substack{s_{-i} \in S \\ i=1,2,3}} f^2(V_{s_{-3}}) \cap f(V_{s_{-2}}) \cap V_{s_{-1}}$$

$$\equiv \bigcup_{\substack{s_{-i} \in S \\ i=1,2,3}} V_{s_{-1}s_{-2}s_{-3}} \tag{4.3.11}$$

となり, 次のことが得られる.

i) $V_{s_{-1}s_{-2}s_{-3}} = \{p \in D \mid p \in V_{s_{-1}}, f^{-1}(p) \in V_{s_{-2}}, f^{-2}(p) \in V_{s_{-3}}\}$ であり, $V_{s_{-1}s_{-2}s_{-3}} \subset V_{s_{-1}s_{-2}} \subset V_{s_{-1}}$ となっている.

ii) 仮定1と2より, $V_{s_{-1}s_{-2}s_{-3}}, s_{-i} \in S, i=1,2,3,$ は, N^3 個の μ_v-垂直帯であり, N^2 は $V_i, i \in S$ にそれぞれ含まれていることがわかる. S の元から成る長さ3の

4.3 コンリー–モーザー条件と "いかにして力学系がカオス的であることを示すか" **457**

N^3 個の列があり，$V_{s_{-1}s_{-2}s_{-3}}$ はそれらの列と 1 対 1 対応がついていることに注意する．

iii) 仮定 2 より，

$$d(V_{s_{-1}s_{-2}s_{-3}}) \le \nu_v d(V_{s_{-1}s_{-2}}) \le \nu_v^2 d(V_{s_{-1}}) \le \nu_v^2 \tag{4.3.12}$$

が得られる．

この操作は際限なく続けて行くことができる．$(k+1)$ 番目の段階で，

$$\Lambda_{-k-1} = f(\Lambda_{-k}) \cap \left(\bigcup_{s_{-1} \in S} V_{s_{-1}} \right)$$

$$= f \left(\bigcup_{\substack{s_{-i} \in S \\ i=2,\ldots,-k-1}} f^{k-1}(V_{s_{-k-1}}) \cap \cdots \cap f(V_{s_{-3}}) \cap V_{s_{-2}} \right)$$

$$\cap \left(\bigcup_{s_{-1} \in S} V_{s_{-1}} \right)$$

$$= \bigcup_{\substack{s_{-i} \in S \\ i=1,\ldots,-k-1}} f^{k}(V_{s_{-k-1}}) \cap \cdots \cap f^2(V_{s_{-3}}) \cap f(V_{s_{-2}}) \cap V_{s_{-1}}$$

$$\equiv \bigcup_{\substack{s_{-i} \in S \\ i=1,\ldots,-k-1}} V_{s_{-1} \cdots s_{-k-1}} \tag{4.3.13}$$

が得られ，次のことがわかる．

i) $V_{s_{-1} \cdots s_{-k-1}} = \{p \in D \mid f^{-i+1}(p) \in V_{s_{-i}}, i=1,2,\ldots,k+1\}$ であり，$V_{s_{-1} \cdots s_{-k-1}} \subset V_{s_{-1} \cdots s_{-k}} \subset \cdots \subset V_{s_{-1}s_{-2}} \subset V_{s_{-1}}$ となっている．

ii) 仮定 1 と 2 より，$V_{s_{-1} \cdots s_{-k-1}}, s_{-i} \in S, i=1,\cdots,k+1$ は，N^{k+1} 個の μ_v-垂直帯から成り，それらの N^k 個は，$V_i, i \in S$ にそれぞれ含まれることがわかる．S の元から成る長さ $k+1$ の N^{k+1} 個の列があり，それらの列は，$V_{s_{-1} \cdots s_{-k-1}}$ と 1 対 1 対応がついていることに注意する．

iii) 仮定 2 より

$$\begin{aligned} d(V_{s_{-1} \cdots s_{-k-1}}) &\le \nu_v d(V_{s_{-1} \cdots s_{-k}}) \le \nu_v^2 d(V_{s_{-1} \cdots s_{-k+1}}) \\ &\le \nu_v^3 d(V_{s_{-1} \cdots s_{-k+2}}) \le \cdots \le \nu_v^k d(V_{s_{-1}}) \\ &\le \nu_v^k \end{aligned} \tag{4.3.14}$$

458　4. 大域的分岐とカオスのいくつかの様相

となる.

仮定 1 と 2 より, $k \to \infty$ として極限をとると,

$$
\Lambda_{-\infty} \equiv \bigcup_{\substack{s_{-i} \in S \\ i=1,2,\cdots}} \cdots \cap f^k(V_{s_{-k-1}}) \cap \cdots \cap f(V_{s_{-2}}) \cap V_{s_{-1}}
$$

$$
\equiv \bigcup_{\substack{s_{-i} \in S \\ i=1,2,\cdots}} V_{s_{-1}\cdots s_{-k}\cdots} \tag{4.3.15}
$$

が得られる. 補題 4.3.1 より, これは無限個の μ_v-垂直曲線から成ることがわかる. こ
れは, 任意の S の元から成っている無限列, つまり,

$$
s_{-1}s_{-2}\cdots s_{-k}\cdots
$$

が与えられたとき,

$$
V_{s_{-1}s_{-2}\cdots s_{-k}\cdots}
$$

によって表される $\Lambda_{-\infty}$ の元が（構成の過程で）得られることによる. ここで, 構成
方法より, $V_{s_{-1}\cdots s_{-k}\cdots}$ は次のような集合の入れ子列

$$
V_{s_{-1}} \supset V_{s_{-1}s_{-2}} \supset \cdots \supset V_{s_{-1}s_{-2}\cdots s_{-k}} \supset \cdots
$$

の共通部分であり, ここで (4.3.14) より,

$$
d(V_{s_{-1}\cdots s_{-k}}) \underset{k\to\infty}{\longrightarrow} 0
$$

となる. このように, 補題 4.3.1 によって,

$$
V_{s_{-1}s_{-2}\cdots s_{-k}\cdots} = \bigcap_{k=1}^{\infty} V_{s_{-1}\cdots s_{-k}}
$$

は μ_v-垂直曲線から成ることがいえる. また, 構成方法より,

$$
V_{s_{-1}\cdots s_{-k}\cdots} = \left\{ p \in D \mid f^{-i+1}(p) \in V_{s_{-i}}, i=1,2,\cdots \right\} \tag{4.3.16}
$$

となる.

Λ_{∞}, つまり, f による全ての前向き反復で $\bigcup_{i \in S} H_i$ 内に留まるような $\bigcup_{i \in S} H_i$ の
点集合を構成する. f の n 回の反復で $\bigcup_{i \in S} H_i$ に留まっている点集合を Λ_n で表す.
Λ_{∞} の構成方法は $\Lambda_{-\infty}$ の構成方法にかなり類似しているので, $\Lambda_{-\infty}$ の構成の際に詳
しく述べた詳細の部分は省く.

$$
\Lambda_0 = \bigcup_{s_0 \in S} H_{s_0} \tag{4.3.17}
$$

4.3 コンリー–モーザー条件と "いかにして力学系がカオス的であることを示すか"   **459**

が得られる.

$\underline{\Lambda_1}.$

$$\Lambda_1 = f^{-1}(\Lambda_0) \cap \left(\bigcup_{s_0 \in S} H_{s_0} \right) \tag{4.3.18}$$

は, f によって Λ_0 に写る $\bigcup_{s_0 \in S} H_{s_0}$ 内の点集合である. したがって, (4.3.17) を用いると, (4.3.18) は

$$\Lambda_1 = f^{-1}\left(\bigcup_{s_1 \in S} H_{s_1} \right) \cap \left(\bigcup_{s_0 \in S} H_{s_0} \right)$$

$$= \bigcup_{\substack{s_i \in S \\ i=0,1}} f^{-1}(H_{s_1}) \cap H_{s_0} \equiv \bigcup_{\substack{s_i \in S \\ i=0,1}} H_{s_0 s_1} \tag{4.3.19}$$

となる. そして, 次のことがわかる.

i) $H_{s_0 s_1} = \left\{ p \in D \,|\, p \in H_{s_0}, f(p) \in H_{s_1} \right\}.$

ii) 仮定 1 と 2 より, Λ_1 は, N^2 個の μ_h-水平帯から成り, それらの N 個は $H_i, i \in S$ にそれぞれ含まれる. さらに, 長さ 2 の S の元から成る N^2 個の列が存在し, それらは $H_{s_0 s_1}$ と 1 対 1 対応がつく.

iii) 仮定 2 より,

$$d(H_{s_0 s_1}) \le \nu_h d(H_{s_0}) \le \nu_h \tag{4.3.20}$$

が得られる.

この方法で構成を続け, 仮定 1 と 2 を繰り返し用いると

$$\Lambda_k = f^{-1}(\Lambda_{k-1}) \cap \left(\bigcup_{s_0 \in S} H_{s_0} \right)$$

$$= \bigcup_{\substack{s_i \in S \\ i=0,\cdots,k}} f^{-k}(H_{s_k}) \cap \cdots \cap f^{-1}(H_{s_1}) \cap H_{s_0}$$

$$\equiv \bigcup_{\substack{s_i \in S \\ i=0,\cdots,k}} H_{s_0 \cdots s_k} \tag{4.3.21}$$

は N^{k+1} 個の μ_h-水平帯から成り, それらの N^k 個は $H_i, i \in S$ にそれぞれ含まれることがわかる. さらに,

$$d(H_{s_0 \cdots s_k}) \le \nu_h^k$$

460 4. 大域的分岐とカオスのいくつかの様相

である．

$$H_{s_0 \cdots s_k} = \left\{ p \in D \mid f^i(p) \in H_{s_i}, i = 0, 1, \cdots, k \right\}$$

と，S の元からなり，$H_{s_0 \cdots s_k}$ と 1 対 1 対応がつくような長さ $k+1$ の N^{k+1} 個の列が存在することは明らかであろう．

このようにして，$k \to \infty$ として極限をとると，

$$\Lambda_\infty = \bigcup_{\substack{s_i \in S \\ i=0,1,\cdots}} \cdots \cap f^{-k}(H_{s_k}) \cap \cdots \cap f^{-1}(H_{s_1}) \cap H_{s_0}$$

$$= \bigcup_{\substack{s_i \in S \\ i=0,1,\cdots}} H_{s_0 s_1 \cdots s_k \cdots} \tag{4.3.22}$$

と

$$H_{s_0 s_1 \cdots s_k \cdots} = \left\{ p \in D \mid f^i(p) \in H_{s_i}, i = 0, 1, \cdots \right\} \tag{4.3.23}$$

が得られる．補題 4.3.1 より，Λ_∞ は無限個の μ_h-水平曲線から成る．これは，S の元から成っている与えられた**任意**の無限列，つまり，

$$s_0 s_1 \cdots s_k \cdots$$

が与えられたとき，構成の過程は，

$$H_{s_0 s_1 \cdots s_k \cdots}$$

によって表される Λ_∞ の元が存在することを意味している．ここで，構成方法より，$H_{s_0 s_1 \cdots s_k \cdots}$ は次のような集合の入れ子列

$$H_{s_0} \supset H_{s_0 s_1} \supset \cdots \supset H_{s_0 s_1 \cdots s_k} \supset \cdots$$

の共通部分であり，(4.3.22) から，

$$d(H_{s_0 s_1 \cdots s_k}) \xrightarrow[k \to \infty]{} 0$$

であることがわかる．したがって，補題 4.3.1 より，$H_{s_0 s_1 \cdots s_k \cdots}$ は μ_h-水平曲線である．

不変集合，すなわち，f の全ての反復で D 内に留まっている点の集合は

$$\Lambda = \{\Lambda_{-\infty} \cap \Lambda_\infty\} \subset \left\{ \left(\bigcup_{i \in S} H_i \right) \cap \left(\bigcup_{i \in S} V_i \right) \right\} \subset D$$

で与えられることが分かった．さらに，補題 4.3.2 より，$0 \le \mu_v \mu_h < 1$ であるから，Λ は離散点の集合である．Λ が非可算であることは明らかで，すぐ，それがカントー

4.3 コンリー−モーザー条件と "いかにして力学系がカオス的であることを示すか" **461**

ル集合であることを示す.

段階 2 $\phi\colon \Lambda \to \Sigma^N$ **の定義.** 任意の点 $p \in \Lambda$ を選ぶ. すると, 構成方法より 2 つ (ちょうど 2 つ) の無限列

$$s_0 s_1 \cdots s_k \cdots, \qquad s_i \in S, \quad |i| = 0, \pm 1, \pm 2, \cdots$$
$$s_{-1} s_{-2} \cdots s_{-k} \cdots,$$

で

$$p = V_{s_{-1} s_{-2} \cdots s_{-k} \cdots} \cap H_{s_0 s_1 \cdots s_k \cdots} \tag{4.3.24}$$

となるものが存在する. このように, 全ての $p \in \Lambda$ と S の元から成る両側無限列を次のようにして対応させる. すなわち,

$$\begin{aligned} \phi\colon \Lambda &\longrightarrow \Sigma^N, \\ p &\longmapsto (\cdots s_{-k} \cdots s_{-1}.s_0 s_1 \cdots s_k \cdots). \end{aligned} \tag{4.3.25}$$

ここで, p に対応する両側無限列 $\phi(p)$ は, 与えられた p で交わる, (4.3.24) に示された, μ_v-垂直曲線に対応する無限列と μ_h-水平曲線に対応する無限列をつなぐことによって得られる. μ_h-水平曲線と μ_v-垂直曲線は 1 点でしか交われない (補題 4.3.2 より, $0 \le \mu_v \mu_h < 1$ に対して) から, 写像 ϕ が定義できる.

(4.3.16) より

$$V_{s_{-1} s_{-2} \cdots s_{-k} \cdots} = \left\{ p \in D \,\middle|\, f^{-i+1}(p) \in V_{s_{-i}}, i = 1, 2, \cdots \right\} \tag{4.3.26}$$

であることを思い出すと, 仮定より,

$$f(H_{s_i}) = V_{s_i}$$

が得られるから, (4.3.26) は

$$V_{s_{-1} s_{-2} \cdots s_{-k} \cdots} = \left\{ p \in D \,\middle|\, f^{-i}(p) \in H_{s_{-i}}, i = 1, 2, \cdots \right\} \tag{4.3.27}$$

と同じである. また, (4.3.23) により,

$$H_{s_0 s_1 \cdots s_k \cdots} = \left\{ p \in D \,\middle|\, f^{i}(p) \in H_{s_i}, i = 0, 1, 2, \cdots \right\} \tag{4.3.28}$$

が得られる. したがって, (4.3.25), (4.3.27), (4.3.28) より, 任意の点 $p \in \Lambda$ に対応する両側無限列は p の軌道の振る舞いに関する情報を含んでいることがわかる. 特に, $\phi(p)$ から, どの $H_i, i \in S$ が $f^k(p)$ を含むのか, すなわち, $f^k(p) \in H_{s_k}$ であるかを決定することができる.

あるいはまた, すこし異なる方法で ϕ の定義を得ることができる. 構成方法より,

462   4. 大域的分岐とカオスのいくつかの様相

任意の$p \in \Lambda$の軌道は$\bigcup_{i \in S} H_i$に留まっていなければならない.したがって,任意の$p \in \Lambda$とSの元から成る両側無限列,すなわち,Σ^Nの元とを次のようにして対応させることができる.

$$p \longrightarrow \phi(p) = \left\{ \cdots s_{-k} \cdots s_{-1}.s_0 s_1 \cdots s_k \cdots \right\}$$

ここで,列$\phi(p)$のk番目の元は,$f^k(p)$を含む$H_i, i \in S$の添え字となるように選ばれる.これは,すなわち$f^k(p) \in H_{s_k}$となる.H_iは互いに交わっていないから,これはΛからΣ^Nへの写像を定義する.

段階3 ϕ **は同相写像である.** ϕが1対1,全射,連続であることを示さなければならない.ϕ^{-1}の連続性は,コンパクト集合からハウスドルフ空間への1対1,全射,連続写像が同相写像であるという事実(Dugundji [1966] 参照)から導ける.証明は定理 4.1.3 における類似の状況に対するものと同様である.しかしながら,連続性はわずかにねじれているので,完全のために詳細の全てを与えよう.

$\underline{\phi \text{ は1対1であること.}}$ これは$p, p' \in \Lambda$が与えられたとき,もし,$p \neq p'$ならば$\phi(p) \neq \phi(p')$であることを意味する.

背理法によって証明する.$p \neq p'$と仮定し,

$$\phi(p) = \phi(p') = \left\{ \cdots s_{-n} \cdots s_{-1}.s_0 \cdots s_n \cdots \right\}$$

とする.Λの構成の仕方より,pとp'はμ_v-垂直曲線$V_{s_{-1} \cdots s_{-n} \cdots}$と$\mu_h$-水平曲線$H_{s_0 \cdots s_n \cdots}$の共通部分にある.しかし,補題 4.3.2 より,μ_h-水平曲線とμ_v-垂直曲線の交点は1点のみから成る.したがって,$p = p'$であり,もとの仮定に反している.この矛盾は,$\phi(p) = \phi(p')$と仮定したことによるものである.このようにして,$p \neq p'$に対し,$\phi(p) \neq \phi(p')$であることが示された.

$\underline{\phi \text{ は全射であること.}}$ これは,任意に与えられたΣ^Nの両側無限列$\{ \cdots s_{-n} \cdots s_{-1}.s_0 \cdots s_n \cdots \}$に対し,$\phi(p) = \{ \cdots s_{-n} \cdots s_{-1}.s_0 \cdots s_n \cdots \}$となるような点$p \in \Lambda$が存在することを意味している.

証明は次のように行う.$\{ \cdots s_{-k} \cdots s_{-1}.s_0 s_1 \cdots s_k \cdots \} \in \Sigma^N$を取る.すると,$\Lambda = \Lambda_{-\infty} \cap \Lambda_\infty$の構成の仕方より,$\Lambda_\infty$内に$H_{s_0 s_1 \cdots s_k \cdots}$と表せる$\mu_h$-水平曲線と,$\Lambda_{-\infty}$内に$V_{s_{-1} s_{-2} \cdots s_{-k} \cdots}$と表せる$\mu_v$-垂直曲線を見つけることができる.ここで,補題 4.3.2 より,$H_{s_0 s_1 \cdots s_k \cdots}$と$V_{s_{-1} \cdots s_{-k} \cdots}$は1点$p \in \Lambda$で交わり,$\phi$の定義より,$p$に対応する列$\phi(p)$は$\{ \cdots s_{-k} \cdots s_{-1}.s_0 s_1 \cdots s_k \cdots \}$によって与えられる.

$\underline{\phi \text{ は連続であること.}}$ これは任意に与えた点$p \in \Lambda$と$\varepsilon > 0$に対して,

$$|p - p'| < \delta \quad \text{ならば} \quad d(\phi(p), \phi(p')) < \varepsilon$$

4.3 コンリー—モーザー条件と "いかにして力学系がカオス的であることを示すか"

となるような $\delta = \delta(\varepsilon, p)$ を見つけられることを意味している.ここで,$|\cdot|$ は通常の R^2 における距離を,$d(\cdot,\cdot)$ は節 4.2A で与えた Σ^N における距離を表している.

$\varepsilon > 0$ が与えられたとする.補題 4.2.2 より,もし,$|\phi(p) - \phi(p')| < \varepsilon$ となるのであれば,

$$\phi(p) = \{\cdots s_{-n} \cdots s_{-1}.s_0 \cdots s_n \cdots\},$$
$$\phi(p') = \{\cdots s'_{-n} \cdots s'_{-1}.s'_0 \cdots s'_n \cdots\}$$

のとき,$s_i = s'_i$, $i = 0, \pm 1, \cdots, \pm N$ であるような正の整数 $N = N(\varepsilon)$ が存在するはずである.Λ の構成方法より,p, p' は $H_{s_0 \cdots s_N} \cap V_{s_{-1} \cdots s_{-N}}$ によって定義される集合に含まれる.$V_{s_{-1} \cdots s_{-N}}$ の境界を定義する μ_v-垂直曲線を $x = v_1(y)$ と $x = v_2(y)$ のグラフとする.同様に,$H_{s_0 \cdots s_N}$ の境界を定義する μ_h-水平曲線を $y = h_1(x)$ と $y = h_2(x)$ のグラフとする.図 4.3.3 参照.(4.3.22) と (4.3.14) より,

$$d(H_{s_0 \cdots s_N}) \leq \nu_h^N, \tag{4.3.29a}$$
$$d(V_{s_{-1} \cdots s_{-N}}) \leq \nu_v^{N-1} \tag{4.3.29b}$$

が得られることに注意する.したがって,定義 4.3.2 より,

$$\max_{y \in [0,1]} |v_1(y) - v_2(y)| \equiv \|v_1 - v_2\| \leq \nu_v^{N-1}, \tag{4.3.30a}$$
$$\max_{x \in [0,1]} |h_1(x) - h_2(x)| \equiv \|h_1 - h_2\| \leq \nu_h^N \tag{4.3.30b}$$

となる.

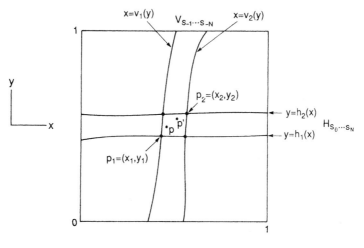

図 **4.3.3**

464   4. 大域的分岐とカオスのいくつかの様相

次の補題は ϕ の連続性を証明する際に役立つことをがわかるだろう.

補題 4.3.4

$$|x_1 - x_2| \leq \frac{1}{1 - \mu_v \mu_h} \big[\|v_1 - v_2\| + \mu_v \|h_1 - h_2\| \big], \tag{4.3.31a}$$

$$|y_1 - y_2| \leq \frac{1}{1 - \mu_v \mu_h} \big[\|h_1 - h_2\| + \mu_h \|v_1 - v_2\| \big]. \tag{4.3.31b}$$

証明 これは, 次のような単純な計算による.

$$\begin{aligned}
|x_1 - x_2| &= |v_1(y_1) - v_2(y_2)| \\
&\leq |v_1(y_1) - v_1(y_2)| + |v_1(y_2) - v_2(y_2)| \\
&\leq \mu_v |y_1 - y_2| + \|v_1 - v_2\|, \tag{4.3.32a} \\
|y_1 - y_2| &= |h_1(x_1) - h_2(x_2)| \\
&\leq |h_1(x_1) - h_1(x_2)| + |h_1(x_2) - h_2(x_2)| \\
&\leq \mu_h |x_1 - x_2| + \|h_1 - h_2\|. \tag{4.3.32b}
\end{aligned}$$

(4.3.32b) を (4.3.32a) に代入することにより, (4.3.31a) が得られ, また, (4.3.32a) を (4.3.32b) に代入することにより, (4.3.31b) が得られる. これらの代数的操作は $1 - \mu_v \mu_h > 0$ のときに行えることに注意する. これで補題 4.3.4 が証明できた.   □

さて, ϕ が連続であることの証明を完成させよう. p_1 で $h_1(x)$ と $v_1(y)$ のグラフの交点を, p_2 で $h_2(x)$ と $v_2(y)$ のグラフの交点を表す. 今, 次のことが成り立つ.

$$|p - p'| \leq |p_1 - p_2|. \tag{4.3.33}$$

p_1 と p_2 の座標をそれぞれ (x_1, y_1), (x_2, y_2) で表すとする. (4.3.33) を用いることにより,

$$|p - p'| \leq |x_1 - x_2| + |y_1 - y_2| \tag{4.3.34}$$

が得られ, また, 補題 4.3.4 を用いると

$$\begin{aligned}
|x_1 - x_2| + |y_1 - y_2| \leq \frac{1}{1 - \mu_v \mu_h} \big[&(1 + \mu_h) \|v_1 - v_2\| \\
&+ (1 + \mu_v) \|h_1 - h_2\| \big] \tag{4.3.35}
\end{aligned}$$

が得られる. (4.3.34), (4.3.35), (4.3.30) により,

$$|p - p'| \leq \frac{1}{1 - \mu_v \mu_h} \big[(1 + \mu_h) \nu_v^{N-1} + (1 + \mu_v) \nu_h^N \big]$$

4.3 コンリー–モーザー条件と"いかにして力学系がカオス的であることを示すか" *465*

を得る．したがって，

$$\delta = \frac{1}{1 - \mu_v \mu_h} \left[(1 + \mu_h) \nu_v^{N-1} + (1 + \mu_v) \nu_h^N \right]$$

とすれば，連続性は証明される．

段階 4 $\phi \circ f = \sigma \circ \phi$. 任意の $p \in \Lambda$ を取り，

$$\phi(p) = \left\{ \cdots s_{-k} \cdots s_{-1} . s_0 s_1 \cdots s_k \cdots \right\}$$

とすると，

$$\sigma \circ \phi(p) = \left\{ \cdots s_{-k} \cdots s_{-1} s_0 . s_1 \cdots s_k \cdots \right\} \tag{4.3.36}$$

となる．ここで，ϕ の定義より

$$\phi \circ f(p) = \left\{ \cdots s_{-k} \cdots s_{-1} s_0 . s_1 \cdots s_k \cdots \right\} \tag{4.3.37}$$

が成り立つ．よって，(4.3.36) と (4.3.37) より，任意の p に対して

$$\phi \circ f(p) = \sigma \circ \phi(p)$$

となる．これで，定理 4.3.3 の証明は全て終わった．　□

4.3B　セクター・バンドル

節 4.4 と節 4.8 では，ホモクリニック軌道と呼ばれる軌道が，仮定 1 を 2 次元写像において成り立たせる幾何学的条件を生じさせるということがわかるであろう．しかしながら，仮定 2 の直接的な確認は易しくはない．写像の拡大・縮小率を考えるとき，異なる点における写像の導関数の性質を考えることは自然である．ここでは，単に f の導関数にのみ基づく仮定 2 に同値な条件を導きたい（したがって，f は少なくとも $\mathbf{C}^1$ 級と仮定しなければならない）．いくつか記法を確立しておくことから始めよう．

$i, j \in S$ に対して，

$$f(H_i) \cap H_j \equiv V_{ji} \tag{4.3.38}$$

と，また，

$$H_i \cap f^{-1}(H_j) \equiv H_{ij} = f^{-1}(V_{ji}) \tag{4.3.39}$$

と定義する．ここで，$S = \{1, \ldots, N\}$ $(N \geq 2)$ は添え字集合である．図 4.3.4 参照．さらに，

$$\mathcal{H} = \bigcup_{i,j \in S} H_{ij},$$

466   4. 大域的分岐とカオスのいくつかの様相

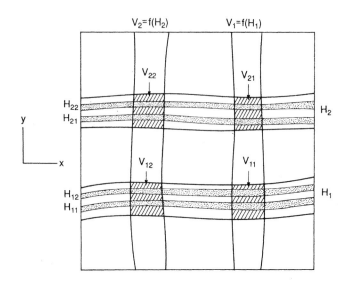

図 4.3.4 $N=2$ の場合の例

$$\mathcal{V} = \bigcup_{i,j \in S} V_{ji}$$

とする.

$$f(\mathcal{H}) = \mathcal{V}$$

であることは明らかであろう. f は $\mathcal{H}$ から $\mathcal{V}$ の上への $\mathbf{C}^1$ 級微分同相写像であると仮定することによって, f に対する条件を強めておく.

任意の点 $z_0 = (x_0, y_0) \in \mathcal{H} \bigcup \mathcal{V}$ に対して, この点から出ているベクトルを $(\xi_{z_0}, \eta_{z_0}) \in \mathbb{R}^2$ によって表す. 図 4.3.5 参照. z_0 における**安定セクター**を

$$\mathcal{S}^s_{z_0} = \left\{ (\xi_{z_0}, \eta_{z_0}) \in \mathbb{R}^2 \,\middle|\, |\eta_{z_0}| \leq \mu_h |\xi_{z_0}| \right\} \tag{4.3.40}$$

によって定義する. 幾何学的には, $\mathcal{S}^s_{z_0}$ は z_0 から出ているベクトルの錐を定義する. ここで μ_h はその錐の任意のベクトルの傾きの絶対値の最大値であり, 傾きは x 軸に関して測っている. 図 4.3.6 参照. 同様に, z_0 における**不安定セクター**は

$$\mathcal{S}^u_{z_0} = \left\{ (\xi_{z_0}, \eta_{z_0}) \in \mathbb{R}^2 \,\middle|\, |\xi_{z_0}| \leq \mu_v |\eta_{z_0}| \right\} \tag{4.3.41}$$

として定義される. 幾何学的には, $\mathcal{S}^u_{z_0}$ は z_0 から出ているベクトルの錐を定義する. ここで, μ_v はその錐の任意のベクトルの傾きの絶対値の最大値であり, 傾きは y 軸に関して測っている. 図 4.3.6 参照. 後で, μ_v と μ_h に制限を付けるであろう.

次のように $\mathcal{H}$ と $\mathcal{V}$ 上の点を動かして安定, 不安定セクターの合併を取り, **セクター・**

4.3 コンリー–モーザー条件と"いかにして力学系がカオス的であることを示すか"

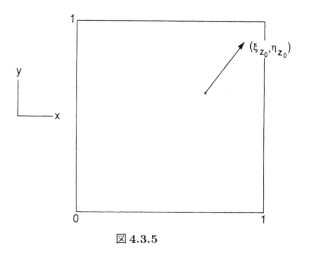

図 4.3.5

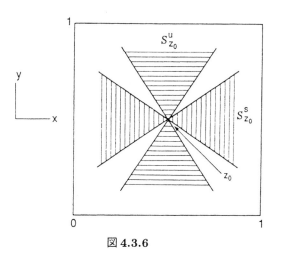

図 4.3.6

バンドルを作る．

$$\mathcal{S}^s_{\mathcal{H}} = \bigcup_{z_0 \in \mathcal{H}} \mathcal{S}^s_{z_0},$$

$$\mathcal{S}^s_{\mathcal{V}} = \bigcup_{z_0 \in \mathcal{V}} \mathcal{S}^s_{z_0},$$

$$\mathcal{S}^u_{\mathcal{H}} = \bigcup_{z_0 \in \mathcal{H}} \mathcal{S}^u_{z_0},$$

$$\mathcal{S}_{\mathcal{V}}^u = \bigcup_{z_0 \in \mathcal{H}} \mathcal{S}_{z_0}^u.$$

$\mathcal{S}_{\mathcal{H}}^s$ を $\mathcal{H}$ 上の安定セクター・バンドル，$\mathcal{S}_{\mathcal{V}}^s$ を $\mathcal{V}$ 上の安定セクター・バンドル，$\mathcal{S}_{\mathcal{H}}^u$ を $\mathcal{H}$ 上の不安定セクター・バンドル，$\mathcal{S}_{\mathcal{V}}^u$ を $\mathcal{V}$ 上の不安定セクター・バンドルという．

仮定 2 に代わるものを述べよう．

仮定 3 $Df(\mathcal{S}_{\mathcal{H}}^u) \subset \mathcal{S}_{\mathcal{V}}^u$ と $Df^{-1}(\mathcal{S}_{\mathcal{V}}^s) \subset \mathcal{S}_{\mathcal{H}}^s$.

さらに，もし，$(\xi_{z_0}, \eta_{z_0}) \in \mathcal{S}_{z_0}^u$，$Df(z_0)(\xi_{z_0}, \eta_{z_0}) \equiv (\xi_{f(z_0)}, \eta_{f(z_0)}) \in \mathcal{S}_{f(z_0)}^u$ とすると，

$$|\eta_{f(z_0)}| \geq \left(\frac{1}{\mu}\right) |\eta_{z_0}|$$

となる．同様に，$(\xi_{z_0}, \eta_{z_0}) \in \mathcal{S}_{z_0}^s$，$Df^{-1}(z_0)(\xi_{z_0}, \eta_{z_0}) \equiv (\xi_{f^{-1}(z_0)}, \eta_{f^{-1}(z_0)}) \in \mathcal{S}_{f^{-1}(z_0)}^s$ とすると，

$$|\xi_{f^{-1}(z_0)}| \geq \left(\frac{1}{\mu}\right) |\xi_{z_0}|$$

となる．ここで，$0 < \mu < 1 - \mu_v \mu_h$ である．図 4.3.7 参照．記法 $Df(\mathcal{S}_{\mathcal{H}}^u) \subset \mathcal{S}_{\mathcal{V}}^u$ は多少省略していることに注意する．より完全には，全ての $z_0 \in \mathcal{H}$，$(\xi_{z_0}, \eta_{z_0}) \in \mathcal{S}_{z_0}^u$ に対して，$Df(z_0)(\xi_{z_0}, \eta_{z_0}) \equiv (\xi_{f(z_0)}, \eta_{f(z_0)}) \in \mathcal{S}_{f(z_0)}^u$ となる．$Df^{-1}(\mathcal{S}_{\mathcal{V}}^s) \subset \mathcal{S}_{\mathcal{H}}^s$ に対しても同様である．主定理を述べよう．

定理 4.3.5 仮定 1 と 3 が $0 < \mu < 1 - \mu_v \mu_h$ と共に成り立つならば，仮定 2 は $\nu_h = \nu_v = \mu/(1 - \mu_v \mu_h)$ に対して成り立つ．

証明 水平帯に関する部分のみ証明しよう．垂直帯に関する部分は同様にして証明できる．証明はいくつかの段階から成っている．

段階 1 $\overline{H}$ を $\bigcup_{j \in S} H_j$ 内に含まれる μ_h-水平曲線とする．このとき，全ての $i \in S$ に対して，$f^{-1}(\overline{H}) \cap H_i \equiv \overline{H}_i$ は，H_i に含まれる μ_h-水平曲線であることを示す．

段階 2 H を $\bigcup_{j \in S} H_j$ に含まれる μ_h-水平帯とする．このとき，段階 1 を用いて，各 $i \in S$ に対して，$f^{-1}(H) \cap H_i \equiv \tilde{H}_i$ は μ_h-水平帯になることを示す．

段階 3 $d(\tilde{H}_i) \leq (\mu/(1 - \mu_v \mu_h)) \, d(H)$ を示す．

まず，段階 1 から始める．

段階 1 $\overline{H} \subset \bigcup_{j \in S} H_j$ を μ_h-水平曲線とする．$\overline{H}$ は，全ての $i \in S$ に対して，各 V_i の 2 つの垂直境界と交わる．したがって，仮定 1 より各 $i \in S$ に対して，$f^{-1}(\overline{H}) \cap H_i$ は曲線である．

4.3 コンリー–モーザー条件と"いかにして力学系がカオス的であることを示すか"   *469*

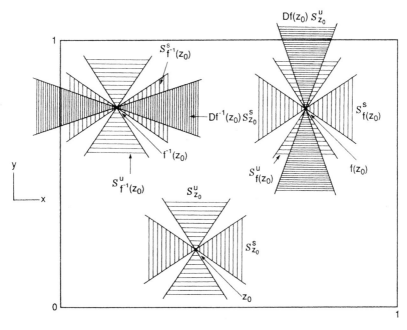

図 **4.3.7**

次に,全ての $i \in S$ に対して,$f^{-1}(\overline{H}) \cap H_i$ が,μ_h-水平曲線であることを示す.

これは,仮定3より,Df^{-1} が $\mathcal{S}_\mathcal{V}^s$ を $\mathcal{S}_\mathcal{H}^s$ に写すことから示せる.(x_1, y_1), (x_2, y_2) を固定された i に対する $f^{-1}(\overline{H}) \cap H_i$ の任意の2点とする.このとき,平均値の定理より

$$|y_1 - y_2| \leq \mu_h |x_1 - x_2|$$

となる.こうして,$f^{-1}(\overline{H}) \cap H_i$ は μ_h-水平曲線 $y = h(x)$ のグラフである.

段階 2 $H \subset \bigcup_{j \in S} H_j$ を μ_h-水平帯とする.段階1を H の水平境界に適用して,全ての $i \in S$ に対して $f^{-1}(H) \cap H_i$ が μ_h-水平帯であることがわかる.

段階 3 i を固定し,点 p_0 と p_1 を $\tilde{H}_i$ の水平境界上に同じ **x**-座標を持ち

$$d(\tilde{H}_i) = |p_0 - p_1| \tag{4.3.42}$$

となるように選ぶ.次のように定義された p_0 と p_1 を結ぶ垂直線を考える.

$$p(t) = tp_1 + (1-t)p_0, \quad 0 \leq t \leq 1.$$

図 4.3.8 参照.すると,明らかに

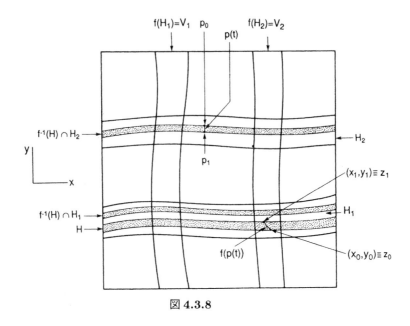

図 4.3.8

$$\dot{p}(t) = p_1 - p_0 \in \mathcal{S}_{\mathcal{H}}^u \qquad \forall 0 \leq t \leq 1$$

が成り立つ．

次に，f による $p(t)$ の像を考える．これを，

$$f(p(t)) \equiv z(t) = (x(t), y(t)), \qquad 0 \leq t \leq 1$$

と表そう．図 4.3.8 に示したように，$z(t)$ が H の 2 つの水平境界を結ぶ曲線であることは明らかである．その曲線の端点を

$$f(p(0)) \equiv z_0 = (x_0, y_0),$$
$$f(p(1)) \equiv z_1 = (x_1, y_1)$$

とする．さらに，H は μ_h-水平であるから，z_0 は $y = h_0(x)$ と表せる μ_h-水平曲線上にあり，z_1 は $y = h_1(x)$ と表せる μ_h-水平曲線上にある．$z(t)$ の接ベクトルは

$$\dot{z}(t) = Df(p(t))\dot{p}(t) \tag{4.3.43}$$

によって与えられる．(4.3.43) と仮定 3 から $Df(\mathcal{S}_{\mathcal{H}}^u) \subset \mathcal{S}_{\mathcal{V}}^u$ であるという事実を用いると，$z(t)$ は μ_v-垂直曲線であることがいえる．したがって，補題 4.3.4 を $z(t)$，$y = h_0(x)$, $y = h_1(x)$ に適用し，

$$|y_0 - y_1| \leq \frac{1}{1 - \mu_v \mu_h} \|h_0 - h_1\| = \frac{1}{1 - \mu_v \mu_h} d(H) \tag{4.3.44}$$

が得られる. また, 仮定3により,

$$|\dot{y}(t)| \geq \frac{1}{\mu}|\dot{p}(t)| = \frac{1}{\mu}|p_1 - p_0| \tag{4.3.45}$$

となる. (4.3.45) を積分すると,

$$|p_1 - p_0| \leq \mu \int_0^1 |\dot{y}(t)|dt \leq \mu|y_1 - y_0| \tag{4.3.46}$$

となる. 最後に, (4.3.44), (4.3.46), (4.3.42) から,

$$d(\tilde{H}_i) \leq \frac{\mu}{1 - \mu_v\mu_h}d(H)$$

となる. □

4.3C 双曲型不変集合

ここでは不変カントール集合 Λ が大変特殊な構造を持つことを示そう. 特に, この集合は双曲型不変集合の例となっている. 次の定義をする.

定義 4.3.3 $f: \mathbb{R}^2 \to \mathbb{R}^2$ を $\mathbf{C}^r(r \geq 1)$ 微分同相とし, $\Lambda \subset \mathbb{R}^2$ を f によって不変なコンパクト集合とする. このとき, Λ が**双曲型不変集合**とは, 次の条件が満たされるときをいう.

1. 各点 $z_0 \in \Lambda$ で, 直線の組 $E_{z_0}^s$, $E_{z_0}^u$ が存在し, $Df(z_0)$ によって

$$Df(z_0)E_{z_0}^s = E_{f(z_0)}^s,$$
$$Df(z_0)E_{z_0}^u = E_{f(z_0)}^u$$

という意味でこれらの直線は不変である.

2. 次の条件を満たす定数 $0 < \lambda < 1$ が存在する.

$$\zeta_{z_0} = (\xi_{z_0}, \eta_{z_0}) \in E_{z_0}^s \quad \text{ならば} \quad |Df(z_0)\zeta_{z_0}| < \lambda|\zeta_{z_0}|$$

であり, また

$$\zeta_{z_0} = (\xi_{z_0}, \eta_{z_0}) \in E_{z_0}^u \quad \text{ならば} \quad |Df^{-1}(z_0)\zeta_{z_0}| < \lambda|\zeta_{z_0}|$$

となる. ここで, $|\zeta_{z_0}| = \sqrt{(\xi_{z_0})^2 + (\eta_{z_0})^2}$ とした.

3. $E_{z_0}^s$, $E_{z_0}^u$ は $z_0 \in \Lambda$ で連続的に変化する.

この定義に関して次のような注意をしておく.

472   4. 大域的分岐とカオスのいくつかの様相

注意 1   双曲型不動点や双曲型周期軌道が双曲型不変集合の例であることは明らかである.

注意 2 $E^s \equiv \bigcup_{z_0 \in \Lambda} E^s_{z_0}$, $E^u \equiv \bigcup_{z_0 \in \Lambda} E^u_{z_0}$ は，それぞれ，Λ 上の不変安定線バンドル，不変不安定線バンドルと呼ばれる.

　Λ が双曲型不変集合であることをいう定理を述べよう.

定理 4.3.6   (Moser [1973]) $\mathbf{C}^r$ $(r \geq 1)$ 微分同相 f と定理 4.3.5 で記述したその不変集合 Λ を考える. $\Delta = \sup_\Lambda (\det Df)$ とする. このとき

$$\Delta, \Delta^{-1} \leq \mu^{-2}$$

ならば，Λ は双曲型不変集合である. ここで，$0 < \mu < 1 - \mu_v \mu_h$ とした.

証明   まず，Λ 上の安定不変線バンドル $E^u \equiv \bigcup_{z_0 \in \Lambda} E^u_{z_0}$ を構成することから始めよう. 最初に，定理 4.3.5 の仮定からいくつかの重要な点を思い出そう.

i)
$$\mathcal{S}^u_{z_0} = \left\{ (\xi_{z_0}, \eta_{z_0}) \in R^2 \,\middle|\, |\xi_{z_0}| \leq \mu_v |\eta_{z_0}| \right\}. \tag{4.3.47}$$

ii)
$$Df(\mathcal{S}^u_{\mathcal{H}}) \subset \mathcal{S}^u_{\mathcal{V}}. \tag{4.3.48}$$

iii) $(\xi_{z_0}, \eta_{z_0}) \in \mathcal{S}^u_{z_0}$, $Df(z_0)(\xi_{z_0}, \eta_{z_0}) \equiv (\xi_{f(z_0)}, \eta_{f(z_0)}) \in \mathcal{S}^u_{f(z_0)}$ に対して，

$$|\eta_{f(z_0)}| \geq \frac{1}{\mu} |\eta_{z_0}| \tag{4.3.49}$$

となる. ここで，$0 < \mu < 1 - \mu_v \mu_h$ である.

　E^u の構成は縮小写像原理による.

$$\mathcal{L}^u_\Lambda = \{ \mathcal{S}^u_\Lambda \text{に含まれる } \Lambda \text{ 上の連続線バンドル} \}$$

と定義する. $\mathcal{L}^u_\Lambda$ の "点" は

$$\mathcal{L}^u_\Lambda(\alpha(z_0)) \equiv \bigcup_{z_0 \in \Lambda} L^u_{\alpha(z_0)},$$

$$\mathcal{L}^u_\Lambda(\beta(z_0)) \equiv \bigcup_{z_0 \in \Lambda} L^u_{\beta(z_0)} \tag{4.3.50}$$

と表される. ここで，

4.3 コンリー―モーザー条件と "いかにして力学系がカオス的であることを示すか"   473

$$L_{\alpha(z_0)}^u = \left\{ (\xi_{z_0}, \eta_{z_0}) \in \mathbb{R}^2 \,\middle|\, \xi_{z_0} = \alpha(z_0)\eta_{z_0} \right\},$$

$$L_{\beta(z_0)}^u = \left\{ (\xi_{z_0}, \eta_{z_0}) \in \mathbb{R}^2 \,\middle|\, \xi_{z_0} = \beta(z_0)\eta_{z_0} \right\} \tag{4.3.51}$$

であり，$\alpha(z_0)$, $\beta(z_0)$ は Λ 上の連続関数で，

$$\sup_{z_0 \in \Lambda} |\alpha(z_0)| \leq \mu_v,$$

$$\sup_{z_0 \in \Lambda} |\beta(z_0)| \leq \mu_v$$

である．線バンドル $\mathcal{L}_\Lambda^u(\alpha(z_0))$ 内の $z_0 \in \Lambda$ における直線を

$$\left(\mathcal{L}_\Lambda^u(\alpha(z_0)) \right)_{z_0} \equiv L_{\alpha(z_0)}^u$$

と表すことにする．$\mathcal{L}_\Lambda^u$ は

$$\| \mathcal{L}_\Lambda^u(\alpha(z_0)) - \mathcal{L}_\Lambda^u(\beta(z_0)) \| \equiv \sup_{z_0 \in \Lambda} |\alpha(z_0) - \beta(z_0)| \tag{4.3.52}$$

で定義された距離を持つ完備な距離空間である．(4.3.52) より，線バンドルの連続性の幾何学的意味は明らかであろう．

$\mathcal{L}_\Lambda^u$ 上の写像を次のように定義する．任意の $\mathcal{L}_\Lambda^u(\alpha(z_0)) \in \mathcal{L}_\Lambda^u$ に対して，

$$\left(F(\mathcal{L}_\Lambda^u(\alpha(z_0))) \right)_{z_0} \equiv Df(f^{-1}(z_0)) L_{\alpha(f^{-1}(z_0))}^u \tag{4.3.53}$$

とする．$Df(\mathcal{S}_\mathcal{H}^u) \subset \mathcal{S}_\mathcal{V}^u$ であることから，

$$F(\mathcal{L}_\Lambda^u) \subset \mathcal{L}_\Lambda^u \tag{4.3.54}$$

となる．ここで，F は縮小写像であることを示そう．$\mathcal{L}_\Lambda^u(\alpha(z_0))$, $\mathcal{L}_\Lambda^u(\beta(z_0)) \in \mathcal{L}_\Lambda^u$ を取る．そして

$$\| F(\mathcal{L}_\Lambda^u(\alpha(z_0))) - F(\mathcal{L}_\Lambda^u(\beta(z_0))) \| \leq k \| \mathcal{L}_\Lambda^u(\alpha(z_0)) - \mathcal{L}_\Lambda^u(\beta(z_0)) \| \tag{4.3.55}$$

を示さなければならない．ここで，$0 < k < 1$ である．

(4.3.54) より，

$$F(\mathcal{L}_\Lambda^u(\alpha(z_0))) = \mathcal{L}_\Lambda^u(\alpha^*(z_0)) \in \mathcal{L}_\Lambda^u,$$

$$F(\mathcal{L}_\Lambda^u(\beta(z_0))) = \mathcal{L}_\Lambda^u(\beta^*(z_0)) \in \mathcal{L}_\Lambda^u$$

であり，(4.3.55) を示すために，$\alpha^*(z_0)$ と $\beta^*(z_0)$ を計算しなければならない．

記法の簡略化のために，

$$Df \equiv \begin{pmatrix} a & b \\ c & d \end{pmatrix} \tag{4.3.56}$$

474   4. 大域的分岐とカオスのいくつかの様相

と書くことにする. ここで, もちろん, a, b, c, d は $f \equiv (f_1, f_2)$ の適当な偏導関数
であり, したがって, z_0 の関数である. しかし, このように記述することは, 煩わし
い表現を生むことになる. したがって, 読者に偏導関数 a, b, c, d は, 明記しないが,
$Df(\cdot)$ と同じ点で評価されているということを確認しておく.

(4.3.56) を用いると,

$$
\begin{aligned}
a\xi_{z_0} + b\eta_{z_0} &= \xi_{f(z_0)}, \\
c\xi_{z_0} + d\eta_{z_0} &= \eta_{f(z_0)}
\end{aligned}
\tag{4.3.57}
$$

が得られる. 任意の直線

$$
L^u_{\alpha(z_0)} = \left\{ (\xi_{z_0}, \eta_{z_0}) \in \mathbb{R}^2 \,\middle|\, \xi_{z_0} = \alpha(z_0)\eta_{z_0} \right\} \in \mathcal{L}^u_\Lambda(\alpha(z_0))
\tag{4.3.58}
$$

を考える. すると

$$
Df(f^{-1}(z_0))L^u_{\alpha(f^{-1}(z_0))} \equiv L^u_{\alpha^*(z_0)}
\tag{4.3.59}
$$

であり, (4.3.57) と (4.3.58) を用いて

$$
\xi_{z_0} = \left(\frac{a\alpha(f^{-1}(z_0)) + b}{c\alpha(f^{-1}(z_0)) + d} \right) \eta_{z_0} \equiv \alpha^*(z_0)\eta_{z_0}
\tag{4.3.60}
$$

となる. このように,

$$
\alpha^*(z_0) \equiv \frac{a\alpha(f^{-1}(z_0)) + b}{c\alpha(f^{-1}(z_0)) + d}
\tag{4.3.61}
$$

も Λ 上で連続である. よって,

$$
F\bigl(\mathcal{L}^u_\Lambda(\alpha(z_0))\bigr) = \mathcal{L}^u_\Lambda(\alpha^*(z_0))
$$

が示された. ここで,

$$
\alpha^*(z_0) = \frac{a\alpha(f^{-1}(z_0)) + b}{c\alpha(f^{-1}(z_0)) + d}
$$

である. 同様に,

$$
F\bigl(\mathcal{L}^u_\Lambda(\beta(z_0))\bigr) = \mathcal{L}^u_\Lambda(\beta^*(z_0))
$$

となり, ここで,

$$
\beta^*(z_0) = \frac{a\beta(f^{-1}(z_0)) + b}{c\beta(f^{-1}(z_0)) + d}
\tag{4.3.62}
$$

である. ここで, (4.3.52) を用いると

$$
\bigl\| F\bigl(\mathcal{L}^u_\Lambda(\alpha(z_0))\bigr) - F\bigl(\mathcal{L}^u_\Lambda(\beta(z_0))\bigr) \bigr\| = \sup_{z_0 \in \Lambda} |\alpha^*(z_0) - \beta^*(z_0)|
\tag{4.3.63}
$$

4.3 コンリ一—モーザー条件と "いかにして力学系がカオス的であることを示すか" **475**

となる. (4.3.61) と (4.3.62) により,

$$|\alpha^*(z_0) - \beta^*(z_0)| \leq \Delta \frac{|\alpha(f^{-1}(z_0)) - \beta(f^{-1}(z_0))|}{|c\alpha(f^{-1}(z_0)) + d| \, |c\beta(f^{-1}(z_0)) + d|} \tag{4.3.64}$$

が得られる. (4.3.49) と (4.3.57) より

$$\frac{|\eta_{z_0}|}{|\eta_{f^{-1}(z_0)}|} = \left| c \frac{\xi_{f^{-1}(z_0)}}{\eta_{f^{-1}(z_0)}} + d \right| \geq \frac{1}{\mu} \tag{4.3.65}$$

であり, したがって, $\xi_{f^{-1}(z_0)} = \alpha(f^{-1}(z_0))\eta_{f^{-1}(z_0)}$ であるから,

$$|c\alpha(f^{-1}(z_0)) + d|, \quad |c\beta(f^{-1}(z_0)) + d| \geq \frac{1}{\mu} \tag{4.3.66}$$

となる. ここで, $0 < \mu < 1 - \mu_v\mu_h$ である.

(4.3.64) と (4.3.66) を組み合わせることにより,

$$|\alpha^*(z_0) - \beta^*(z_0)| \leq \mu^2\Delta|\alpha(f^{-1}(z_0)) - \beta(f^{-1}(z_0))| \tag{4.3.67}$$

が得られる. Λ は f で不変であるから,

$$\sup_{z_0 \in \Lambda} |\alpha(f^{-1}(z_0)) - \beta(f^{-1}(z_0))| = \sup_{z_0 \in \Lambda} |\alpha(z_0) - \beta(z_0)| \tag{4.3.68}$$

となることに注意する. (4.3.67) の $z_0 \in \Lambda$ 上での上限を取り, (4.3.68), (4.3.52), (4.3.63) を用いると,

$$\begin{aligned}
\|F\big(\mathcal{L}_\Lambda^u(\alpha(z_0))\big) &- F\big(\mathcal{L}_\Lambda^u(\beta(z_0))\big)\| \\
&\leq \mu^2\Delta\|\mathcal{L}_\Lambda^u(\alpha(z_0)) - \mathcal{L}_\Lambda^u(\beta(z_0))\|
\end{aligned} \tag{4.3.69}$$

が得られる. このように F は

$$\mu^2\Delta < 1 \tag{4.3.70}$$

のとき縮小写像である. したがって, 縮小写像原理より, F は唯1つの連続不動点を持つ. この不動点を

$$E^u = \bigcup_{z_0 \in \Lambda} E_{z_0}^u \tag{4.3.71}$$

と書くことにする. このようにして,

$$F(E^u) = E^u$$

または, (4.3.59) より,

$$(F(E^u))_{z_0} = Df(f^{-1}(z_0))E_{f^{-1}(z_0)}^u = E_{z_0}^u$$

を得る．これが，求めていた構成である．Λ 上の安定線バンドルの構成は事実上同一であり，後は読者の練習問題として残しておく．

これは Λ が定義 4.3.3 の条件 1 を満たしていることを示している．条件 3 は（縮小写像原理より）F の不動点の連続性よりいえる．連続性は距離 (4.3.52) に関して測られるので，幾何学的意味は明らかであろう．定義 4.3.3 の条件 2，拡大と縮小率は，読者に演習問題として残した仮定 3 の自明な結果である（演習問題 4.1）．　□

定理 4.3.6 は Λ の各点において f の線形化に関する情報を与えている．しかし，f 自身の情報も得ることができる．定理 4.3.3 の証明より，

$$\Lambda = \Lambda_{-\infty} \cap \Lambda_{\infty},$$

を思い出そう．ここで，

$$\Lambda_{-\infty} = \bigcup_{\substack{s_i \in S \\ i=1,2,\cdots}} V_{s_{-1}\cdots s_{-k}\cdots},$$

$$\Lambda_{\infty} = \bigcup_{\substack{s_i \in S \\ i=0,1,\cdots}} H_{s_0 \cdots s_k \cdots}$$

である．また，S の元の各無限列に対して，$V_{s_{-1}\cdots s_{-k}\cdots}$，$H_{s_0 \cdots s_k \cdots}$ は，それぞれ，μ_v-垂直曲線，μ_h-水平曲線で，$0 \le \mu_v \mu_h < 1$ であった．このように，任意の $z_0 \in \Lambda$ に対し，

$$z_0 = V_{s_{-1}\cdots s_{-k}\cdots} \cap H_{s_0 \cdots s_k \cdots}.$$

を満たすような，$\Lambda_{-\infty}$ 内の μ_v-垂直曲線 $V_{s_{-1}\cdots s_{-k}\cdots}$ と Λ_{∞} 内の μ_h-水平曲線 $H_{s_0 \cdots s_k \cdots}$ がただ一つ存在する．さらに，次の定理を示すことができる．

定理 4.3.7　(Moser [1973])　$\mathbf{C}^r$ $(r \ge 1)$ 微分同相 f と定理 4.3.5 において記述したその不変集合 Λ を考える．$\Delta = \sup_{\Lambda} (\det Df)$ とする．このとき

$$0 < \mu \le \min\left(\sqrt{|\Delta|}, \frac{1}{\sqrt{|\Delta|}}\right)$$

ならば，$\Lambda_{-\infty}$ と Λ_{∞} 内の曲線は，$\mathbf{C}^1$ 級であり，Λ の点における接線は，それぞれ E^u，E^s に一致する．

証明　証明は定理 4.3.7 と同じ考え方で行う．演習問題 4.2 で，定理の証明を完結するための各段階の概略を述べてある．　□

4.3 コンリー–モーザー条件と "いかにして力学系がカオス的であることを示すか"　　**477**

　ある意味で，これらの曲線は Λ の点の安定および不安定多様体を定義していると考えることができる．まず，いくつか定義をしなければならない．

　任意の点 $p \in \Lambda$, $\varepsilon > 0$ に対し，大きさ ε の p の安定および不安定集合は次のように定義される．

$$W_\varepsilon^s(p) = \left\{ p' \in \Lambda \,\middle|\, |f^n(p) - f^n(p')| \leq \varepsilon \,,\, n \geq 0 \right\},$$
$$W_\varepsilon^u(p) = \left\{ p' \in \Lambda \,\middle|\, |f^{-n}(p) - f^{-n}(p')| \leq \varepsilon \,,\, n \geq 0 \right\}.$$

節 1.1C より，p が双曲型不動点であれば，次のことが成り立つことがわかった．

1. 十分小さな ε に対し，$W_\varepsilon^s(p)$ は p で E_p^s に接するような $\mathbf{C}^r$ 多様体であり，E_p^s と同じ次元を持つ．$W_\varepsilon^s(p)$ は p の局所安定多様体と呼ばれる．
2. p の安定多様体は次のように定義される．

$$W^s(p) = \bigcup_{n=0}^{\infty} f^{-n}(W_\varepsilon^s(p))$$

同様なことが $W_\varepsilon^u(p)$ についても成り立つ．

　双曲型不変集合に対する不変多様体定理（Hirsch, Pugh, and Shub [1977] 参照）は同様の構造が Λ の各点にあることを示している．

定理 4.3.8　Λ を $\mathbf{C}^r (r \geq 1)$ 微分同相写像 f の双曲型不変集合とする．十分小さな $\varepsilon > 0$ と各点 $p \in \Lambda$ に対し，次のことが成り立つ．

i) $W_\varepsilon^s(p)$, $W_\varepsilon^u(p)$ は，それぞれ，E_p^s, E_p^u に接するような $\mathbf{C}^r$ 多様体であり，それぞれ，E_p^s, E_p^u と同じ次元を持つ．
ii) $p' \in W_\varepsilon^s(p)$ ならば，$n \geq 0$ に対して，$|f^n(p) - f^n(p')| \leq C\lambda^n |p - p'|$ であり，$p' \in W_\varepsilon^u(p)$ ならば，$n \geq 0$ に対して，$|f^{-n}(p) - f^{-n}(p')| \leq C\lambda^n |p - p'|$ となるような定数 $C > 0, 0 < \lambda < 1$ が存在する．
iii)

$$f(W_\varepsilon^s(p)) \subset W_\varepsilon^s(f(p)),$$
$$f^{-1}(W_\varepsilon^u(p)) \subset W_\varepsilon^u(f^{-1}(p))$$

iv) $W_\varepsilon^s(p)$, $W_\varepsilon^u(p)$ は p とともに連続的に変化する．

証明　Hirsch, Pugh, and Shub [1977] を参照．　□

　$\Lambda_{-\infty}$, Λ_∞ における曲線が，定理 4.3.6 で構成された双曲型集合において，点の近

478   4. 大域的分岐とカオスのいくつかの様相

くではそれぞれ $W_\varepsilon^u(p)$, $W_\varepsilon^s(p)$ の役割を果たすことを示すのは読者の演習問題に残しておく. 定理 4.3.8 を得て, 任意の点 $p \in \Lambda$ の大域的な安定, 不安定多様体を次のように定義できる.

$$W^s(p) = \bigcup_{n=0}^{\infty} f^{-n}(W_\varepsilon^s(f^n(p))),$$

$$W^u(p) = \bigcup_{n=0}^{\infty} f^n(W_\varepsilon^u(f^{-n}(p))).$$

定理 4.3.6 において構成した双曲型不変集合に関して生じる問題に対する詳細な研究は演習問題として読者に委ね, いくつかの最後の注意をしてこの節を終わりにする.

注意1   双曲型不変集合の双曲型構造や安定および不安定多様体の概念は, 任意の次元に通用する. Hirsch, Pugh, and Shub [1977] や Shub [1987] を参照.

注意2   (双曲型不動点や周期軌道のような) 双曲型不変集合は, 構造的に安定である. Hirsch, Pugh, and Shub [1977] 参照.

注意3   双曲型不変集合の概念を議論する理由は, 近代の力学系理論の発展において, それらが中心的役割を果たしてきたからである. 例えば, マルコフ分割, 擬軌道追跡性, など, 全てが双曲型不変集合の記法を決定的に利用している. 実際, しばしば双曲型不変集合の存在が前もって仮定される. これが, 応用分野の科学者が, 多くの力学系理論の手法や定理を利用することを困難にしている原因である. かれらが研究している系が双曲型不変集合を持つということをまず示さなければならないのである. ここで開発した手法は, 特にセクター・バンドルの保存は, 双曲型不変集合を具体的に構成することを可能にする. このような手法は高次元にも一般化される. Newhouse and Palis [1973] や Wiggins [1988] 参照. 双曲型不変集合の結果や利用についての詳細は Smale [1967], Nitecki [1971], Bowen [1970], [1978], Conley [1978], Shub [1987], Franks [1982] を参照.

4.4   2 次元写像のホモクリニック点の近傍における力学

節 4.3 では, 2-次元写像が, その上で N 記号上の全ずらしに位相共役となるような不変カントール集合を持つための十分条件を与えた. この節では, 2-次元写像のある軌道, 特に, 双曲型不動点の横断的ホモクリニック軌道の存在はホモクリニック軌道上の点の十分小さな近傍において節 4.3 で与えた条件が満されていることを意味することを示したい. この状況を扱う 2 つの非常によく似た定理がある. モーザーの定理

4.4 2次元写像のホモクリニック点の近傍における力学 **479**

（Moser [1973] 参照）とスメール・バーコフのホモクリニック定理（Smale [1963] 参照）である．モーザーの定理を証明し，スメール・バーコフの定理とどのように異なるのかを述べよう．

考察して行く状況は次のようである．

$$f : \mathbb{R}^2 \longrightarrow \mathbb{R}^2$$

を次の仮定を満たす $\mathbf{C}^r$ $(r \geq 1)$ 微分同相写像とする.

仮定 1 f は双曲型周期点 p を持つ.

仮定 2 $W^s(p)$ と $W^u(p)$ は横断的に交わる.

一般性を失うことなく，双曲型周期点 p は不動点であるとしてよい．というのは，p が周期 k を持つとすると，$f^k(p) = p$ であり，以下の議論は f^k に適用できるからである．$W^s(p) \cap W^u(p)$ 内の点を p に対し**ホモクリニック**であるという．もし，$W^s(p)$ がある点で $W^u(p)$ に横断的に交わるとすると，その点を**横断的ホモクリニック点**と呼ぶ．目標は横断的ホモクリニック点の近傍で，その上で力学が N 記号上の全ずらしに位相共役であるような不変カントール集合の存在を示すことである．定理としてこれを定式化する前に，いくつか準備段階が必要である．

段階 1 f **に対する局所座標**．一般性を失うことなく，双曲型不動点 p は原点にあると仮定してよい（節 1.1C を参照）．U を原点の近傍とする．U において，f は次のように書ける．

$$\begin{aligned} \xi &\longmapsto \lambda \xi + g_1(\xi, \eta), \\ \eta &\longmapsto \mu \eta + g_2(\xi, \eta), \end{aligned} \qquad (\xi, \eta) \in U \subset \mathbb{R}^2. \qquad (4.4.1)$$

ここで，$0 < |\lambda| < 1, |\mu| > 1$ であり，g_1, g_2 は ξ, η について $\mathcal{O}(2)$ である．したがって，$\eta = 0$ と $\xi = 0$ は，それぞれ，**線形化写像の安定および不安定多様体**である．しかしながら，定理の証明においては，座標として原点の局所安定および不安定多様体を用いるのがより便利であることが分かるであろう．これは座標の単純な（非線形）変換を利用することによって行うことができる．

定理 1.1.3 より，双曲型不動点の局所安定および不安定多様体は C^r 級関数のグラフ，すなわち，

$$\begin{aligned} W_{\mathrm{loc}}^s(0) &= \mathrm{graph}\ h^s(\xi), \\ W_{\mathrm{loc}}^u(0) &= \mathrm{graph}\ h^u(\eta) \end{aligned} \qquad (4.4.2)$$

によって，表すことができる．ここで，$h^s(0) = h^u(0) = Dh^s(0) = Dh^u(0) = 0$ である．もし，座標変換を

480   4. 大域的分岐とカオスのいくつかの様相

$$(x,y) = (\xi - h^u(\eta), \eta - h^s(\xi)), \tag{4.4.3}$$

と定義すると，(4.4.1) は

$$\begin{aligned}
x &\longmapsto \lambda x + f_1(x,y), \\
y &\longmapsto \mu y + f_2(x,y)
\end{aligned} \tag{4.4.4}$$

となり，

$$\begin{aligned}
f_1(0,y) &= 0, \\
f_2(x,0) &= 0.
\end{aligned} \tag{4.4.5}$$

である．方程式 (4.4.5) は $y = 0$ と $x = 0$ が，それぞれ，原点の安定および不安定多様体であることを示している．変換 (4.4.3) は局所的にしか有効でないということを強調しておく．したがって，(4.4.4) は，原点の "十分小さな" 近傍でのみ意味を持つ．記法が良くないが，上記のように U によってこの近傍を表すことにする．

段階 2 ホモクリニック軌道の大域的結果. 仮定より，$W^s(0)$ と $W^u(0)$ はある点で交わり，その点を q とする．すると，$q \in W^s(0) \cap W^u(0)$ だから，

$$\begin{aligned}
\lim_{n \to \infty} f^n(q) &= 0, \\
\lim_{n \to -\infty} f^n(q) &= 0
\end{aligned} \tag{4.4.6}$$

となる．したがって，

$$\begin{aligned}
f^{k_0}(q) &\equiv q_0 \in U, \\
f^{-k_1}(q) &\equiv q_1 \in U
\end{aligned} \tag{4.4.7}$$

を満たす正の整数 k_0, k_1 が見つかる．U における座標で

$$\begin{aligned}
q_0 &= (x_0, 0), \\
q_1 &= (0, y_1)
\end{aligned}$$

とする．(4.4.7) より

$$f^k(q_1) = q_0$$

となる．ここで，$k = k_0 + k_1$ である．図 4.4.1 参照.

　次に，図 4.4.1 で図示したように領域 V を，一辺が q から $W^s(0)$ に沿っていて，もう一辺が q から $W^u(0)$ に沿っていて，残りの二辺が q における $W^s(0)$ と $W^u(0)$ の接ベクトルに平行であるように取る．ここで，V を $W^s(0)$ と $W^u(0)$ の適当な側にあるように取ることができ，十分小さく取れば，

$$f^{-k_1}(V) \equiv V_1 \subset U,$$

4.4 2次元写像のホモクリニック点の近傍における力学

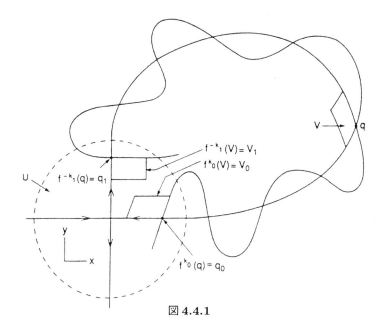

図 4.4.1

$$f^{k_0}(V) \equiv V_0 \subset U \tag{4.4.8}$$

が図 4.4.1 に図示したようになる．(4.4.8) より，

$$f^k(V_1) = V_0 \tag{4.4.9}$$

となる．

図 4.4.1 に関する重要な解説をしておこう．重要な状況は，V と（大きな）正の整数 k_0, k_1 を $f^{k_0}(V)$ と $f^{-k_1}(V)$ がどちらも**第1象限**にあるように選べるということである．常にこれは可能である．この事実がどのように証明されるかを演習問題 4.7 で示すだろう（注：U は $k \to \infty$ のとき1点に縮小されるように，確かに k は U の大きさに依存する）．図 4.4.1 において，$W^s(0)$ と $W^u(0)$ が絡み合うように描かれていることに注意する．この幾何学的状況は後で十分に議論されるだろう．この定理の証明に対して，"ホモクリニック錯綜"の幾何の詳しい知識は重要ではない．しかし，重要になる q における $W^s(0)$ と $W^u(0)$ の交わりの状況は，交わりが q で**横断的**であるという仮定である．f は微分同相であるから，これは $W^s(0)$ と $W^u(0)$ とが $f^{k_0}(q) = q_0$ や $f^{-k_1}(q) = q_1$ でも（または，一般に，任意の k に対し $f^k(q)$ で）横断的に交わることを意味している．

次の段階は，双曲型不動点の近くでの力学の理解を得ることを含んでいる．

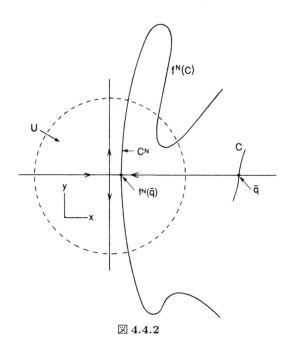

図 4.4.2

段階 3 原点のまわりでの力学. まず,ある曲線が f による反復によって双曲型不動点の近くを通るとき,その曲線の力学のいくつかの幾何学的状況を記述するよく知られた補題を示す.

$\bar{q} \in W^s(0) - \{0\}$ とし,C を $\bar{q}$ で横断的に $W^s(0)$ に交わる曲線とする.C^N を $f^N(\bar{q})$ が乗っている $f^N(C) \cap U$ の連結成分とする.図 4.4.2 参照.このとき,次の補題を得る.

補題 4.4.1 (ラムダ補題) 与えられた十分小さな $\varepsilon > 0$ と U に対して,$N \geq N_0$ のとき C^N が $W^u(0) \cap U$ に対して $\mathbf{C}^1$ 位相で ε の近さであるような正の整数 N_0 が存在する.

証明 Palis and de Melo [1982] や Newhouse [1980] を参照. □

ラムダ補題に関していくつかの注意をしておく.

注意 1 ラムダ補題は,n-次元でも成り立ち (Palis and de Melo [1982], Newhouse [1980]),∞-次元でさえも成り立つ (Hale and Lin [1986], Lerman and Silnikov [1989]).しかし,補題を述べるには技術的な修正が必要である.

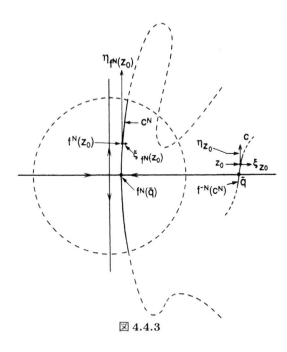

図 4.4.3

注意 2 C^1 位相で ε の近さという用語は C^N 上の接ベクトルが $W^s(0) \cap U$ 上の接ベクトルに ε の近さであることを意味する．U 内の座標の取り方により，$W^s(0) \cap U$ に接する全てのベクトルは，$(0,1)$ に平行になる．

注意 3 ラムダ補題の証明に含まれる評価は接ベクトルの引き延ばしに関する情報を与えている．特に，$z_0 \in f^{-N}(C^N)$ とし，(ξ_{z_0}, η_{z_0}) を z_0 における $f^{-N}(C^N)$ に対する接ベクトルとする．$Df^N(z_0)(\xi_{z_0}, \eta_{z_0}) \equiv (\xi_{f^N(z_0)}, \eta_{f^N(z_0)})$ は $f^N(z_0)$ における C^N に対する接ベクトルとなる．

$$|\xi_{f^N(z_0)}|$$

は N を十分大きく取ることによって任意に小さくできる．そして，

$$|\eta_{f^N(z_0)}|$$

は N を十分大きく取ることによって任意に**大きく**できる．図 4.4.3 参照．

V_0 から V_1 への**横断写像** f^T を次のように定義しよう．$D(f^T)$ を f^T の定義域とし，$p \in V_0$ を選ぶ．つまり，

$$f^n(p) \in V_1$$

484　4. 大域的分岐とカオスのいくつかの様相

かつ

$$f(p), f^2(p), \cdots, f^{n-1}(p) \in U \tag{4.4.10}$$

となるような整数 $n > 0$ が存在するとき，$p \in D(f^T)$ とする．次に

$$f^T(p) = f^n(p) \in V_1 \tag{4.4.11}$$

と定義する．ここで n は (4.4.11) を満たすような最小の整数である．

段階 4 U の外部での力学　(4.4.9) より

$$f^k(V_1) = V_0$$

が得られることを思いだそう．したがって，$V_1 \subset U$ であるから，f^k は $x\overline{y}$ 座標において次のように表せる．

$$f^k(x, \overline{y}) = \begin{pmatrix} x_0 \\ 0 \end{pmatrix} + \begin{pmatrix} a & b \\ c & d \end{pmatrix} \begin{pmatrix} x \\ \overline{y} \end{pmatrix} + \begin{pmatrix} \phi_1(x, \overline{y}) \\ \phi_2(x, \overline{y}) \end{pmatrix}, \quad (x, \overline{y}) \in V_1. \tag{4.4.12}$$

ここで，$\overline{y} = y - y_1$ であり，$\phi_1(x, \overline{y})$ と $\phi_2(x, \overline{y})$ は x と $\overline{y}$ に関し $\mathcal{O}(2)$ であり，a, b, c, d は定数である．また，(4.4.7) より，$q_0 \equiv (x_0, 0)$，$q_1 \equiv (0, y_1)$ である．

段階 5 V_0 から V_0 への横断写像　段階 3 と 4 を用いて

$$f^k \circ f^T : D(f^T) \subset V_0 \to V_0 \tag{4.4.13}$$

が $D(f^T) \subset V_0$ から V_0 への横断写像であることが分かる．

　今やモーザーの定理を述べることができる．

定理 4.4.2 (Moser [1973]) 写像 $f^k \circ f^T$ は，その上で，N 記号上の全ずらしに位相共役となるような不変カントール集合を持つ．

証明　方針は，境界が節 4.3 の仮定 1 と 3 を満たす適当な振る舞いをし，V_0 内の μ_v-垂直帯上へ同相に写されるような V_0 内の μ_h-水平帯を見つけることである．そのとき，定理 4.4.2 は定理 4.3.5 から導かれる．V_0 の水平境界としては $W^s(0)$ に "平行な" V_0 の境界の 2 つの線分を，V_0 の垂直境界としては V_0 の境界の残りの 2 つの線分を取るということに注意する．同様に，V_1 の水平境界として $W^s(0)$ に平行な V_1 の境界の 2 つの線分を取り，V_1 の垂直境界として V_1 の残りの 2 つの境界を取る．図 4.4.4 参照．　□

4.4 2次元写像のホモクリニック点の近傍における力学 *485*

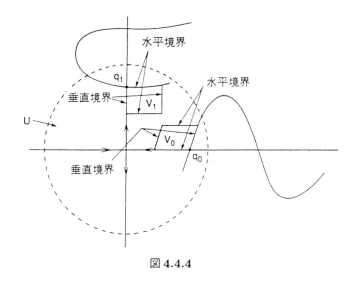

図 4.4.4

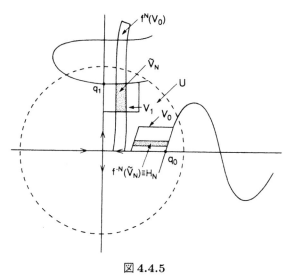

図 4.4.5

まず，節 4.3A の仮定 1 を満たすように V_0 内の μ_h-水平帯の集合を選ぶことから始めよう．最初に，ラムダ補題より，図 4.4.5 に図示したように，$N \geq N_0$ に対して，$f^N(q_0)$ を含む $f^N(V_0) \cap U$ の成分の垂直境界がともに V_1 の水平境界の両方に交わるような正の整数 N_0 が存在することが分かる．$\tilde{V}_N \equiv f^N(V_0) \cap V_1$ をこの集合とする．このとき，十分大きな N_0 に対して，f^{-1} にラムダ補題を適用すると，$f^{-N}(\tilde{V}_N) \equiv H_N$ は，図 4.4.5 に示したように，V_0 を横断して引き延ばされているような μ_h-水平帯で

あり，H_N の垂直境界は V_0 の垂直境界に含まれていることが分かる．

（注：H_N の水平境界上の各点での接ベクトルは，$W^s(0) \cap U$ の接ベクトルにいくらでも近づけることができるので，H_N の水平境界は x 上のグラフである．）f^T の定義から，$H_N \subset D(f^T)$ であることは明らかである．

上で述べたように，整数の列 $N_0 + 1, N_0 + 2, \cdots$ を

$$\tilde{V}_i \equiv f^{N_0+i}(V_0) \cap V_1 \tag{4.4.14}$$

となるように選ぶ．すると，

$$f^{-N_0-i}(\tilde{V}_i) \equiv H_i, \qquad i = 1, 2, \cdots \tag{4.4.15}$$

は V_0 内に含まれる μ_h-水平帯の集合である．f^{-1} にラムダ補題を適用することにより，十分大きな N_0 に対して，μ_h は 0 にいくらでも近づけることができることが分かる．有限個の H_i

$$\{H_1, \cdots, H_N\}.$$

を取る．すると，$f^k \circ f^T(H_i) \equiv V_i, i = 1, \cdots, N$ は図 4.4.6 のように現れる．V_1 の境界が f^k によって V_0 の境界に写る様子の考察により，H_i の水平（垂直）境界が $f^k \circ f^T$ により V_i の水平（垂直）境界に写るということがわかる．V_i が $0 \leq \mu_v \mu_h < 1$ となる μ_v-垂直帯であることを示す必要がある．これは次のようにして行う．ラムダ補題によって，十分大きな N_0 に対して，V_i の垂直境界は $W^u(0) \cap U$ にいくらでも近

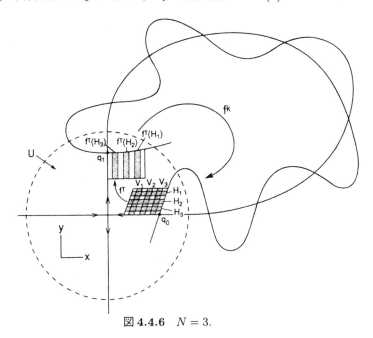

図 **4.4.6** $N = 3$.

4.4 2次元写像のホモクリニック点の近傍における力学 **487**

づけることができる．したがって，段階4において与えた f^k の形から，$f^k(\tilde{V}_i) \equiv V_i$ の垂直境界は q_0 における $W^u(0)$ への接ベクトルにいくらでも近づけることができる．よって，V_i の垂直境界は，y 変数上のグラフとして表すことができる．さらに，上の注意によって，μ_h は好きなだけ小さく取ることができる（N_0 を大きく取ることによって）．これから，$0 \le \mu_h \mu_v < 1$ を満たすことが分かる．ここで，μ_v は q_0 における $W^u(0)$ の接ベクトルの傾きの絶対値の **2倍** に取った（注：μ_v をこのように取る理由は，安定セクターの定義をし，仮定3を確かめるときに明らかになるだろう）．このようにして，仮定1が成り立つ．

次に，仮定3が成り立つことを示さなければならない．不安定セクターに対してこれを示し，安定セクターに関する仮定3の部分を確かめることは読者の演習問題として残しておく．まず，不安定セクター・バンドルを定義しなければならない．

節4.3B から，

$$f^k \circ f^T(H_i) \cap H_j \equiv V_{ji},$$

$$H_i \cap (f^k \circ f^T)^{-1}(H_j) \equiv H_{ij} = (f^k \circ f^T)^{-1}(V_{ji}) \tag{4.4.16}$$

であったことを思いだそう．ここで，

$$\mathcal{H} = \bigcup_{i,j \in S} H_{ij}, \qquad \mathcal{V} = \bigcup_{i,j \in S} v_{ji} \tag{4.4.17}$$

であり，$S = \{1, \cdots, N\}$ $(N \ge 2)$ は添え字集合とした．$z_0 \equiv (x_0, y_0) \in \mathcal{H} \cup \mathcal{V}$ を取る．このとき，z_0 における不安定セクターは

$$\mathcal{S}_{z_0}^u = \left\{ (\xi_{z_0}, \eta_{z_0}) \in R^2 \,\middle|\, |\xi_{z_0}| \le \mu_v |\eta_{z_0}| \right\} \tag{4.4.18}$$

によって表され，セクター・バンドル

$$\mathcal{S}_{\mathcal{H}}^u = \bigcup_{z_0 \in \mathcal{H}} \mathcal{S}_{z_0}^u, \qquad \mathcal{S}_{\mathcal{V}}^u = \bigcup_{z_0 \in \mathcal{V}} \mathcal{S}_{z_0}^u \tag{4.4.19}$$

を得る．μ_v の選び方によって，q_0 における $W^u(0)$ の接ベクトルに平行なベクトルは $\mathcal{S}_{z_0}^u$ の内部に含まれるという重要な事実に注意する．図 4.4.7 参照．

$$1) \qquad D(f^k \circ f^T)(\mathcal{S}_{\mathcal{H}}^u) \subset \mathcal{S}_{\mathcal{V}}^u \tag{4.4.20}$$

と

$$2) \qquad |\eta_{f^k \circ f^T(z_0)}| \ge \left(\frac{1}{\mu}\right) |\eta_{z_0}| \tag{4.4.21}$$

を示さなければならない．ここで，$0 < \mu < 1 - \mu_v \mu_h$ である．

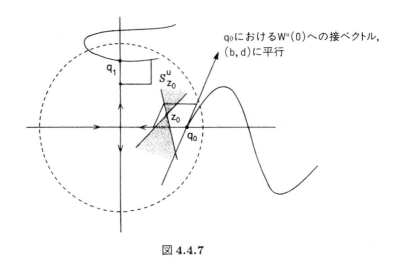

図 4.4.7

1) と 2) を示す前に，次の観察をしておこう．

観察 1
$$D(f^k \circ f^T) = Df^k Df^T \tag{4.4.22}$$

であり，(4.4.12) より，

$$Df^k = \begin{pmatrix} a & b \\ c & d \end{pmatrix} + \begin{pmatrix} \phi_{1x} & \phi_{1\overline{y}} \\ \phi_{2x} & \phi_{2\overline{y}} \end{pmatrix} \tag{4.4.23}$$

である．また，$\phi_1(x,\overline{y}), \phi_2(x,\overline{y})$ は x と $\overline{y}$ に関して $\mathcal{O}(2)$ であるから，U を十分小さく取ることによって，$\phi_{1x}, \phi_{1\overline{y}}, \phi_{2x}, \phi_{2\overline{y}}$ は a, b, c, d に比べて任意に小さくできる．

観察 2 横断性の結果．段階 2 より，$W^s(0)$ と $W^u(0)$ は q_0 と q_1 において，横断的に交わる．

$$f^k(q_1) = q_0,$$

$$Df^k(q_1) = \begin{pmatrix} a & b \\ c & d \end{pmatrix}, \tag{4.4.24}$$

$$Df^{-k}(q_0) = (Df^k(q_1))^{-1} = \frac{1}{ad-bc}\begin{pmatrix} d & -b \\ -c & a \end{pmatrix} \tag{4.4.25}$$

が得られる．座標の取り方によって，q_1 において $W^u(0)$ に接するベクトルは $(0,1)$

4.4 2次元写像のホモクリニック点の近傍における力学　**489**

に平行となり，q_0 において $W^s(0)$ に接するベクトルは $(1, 0)$ に平行である．したがって，もし，$W^s(0)$ と $W^u(0)$ が q_0 と q_1 において横断的に交わるならば，

$$Df^k(q_1)\begin{pmatrix} 0 \\ 1 \end{pmatrix} = \begin{pmatrix} a & b \\ c & d \end{pmatrix}\begin{pmatrix} 0 \\ 1 \end{pmatrix} = \begin{pmatrix} b \\ d \end{pmatrix}$$

は $\begin{pmatrix} 1 \\ 0 \end{pmatrix}$ に平行ではなく，

$$Df^{-k}(q_0)\begin{pmatrix} 1 \\ 0 \end{pmatrix} = \frac{1}{ad - bc}\begin{pmatrix} d & -b \\ -c & a \end{pmatrix}\begin{pmatrix} 1 \\ 0 \end{pmatrix}$$

$$= \frac{1}{ad - bc}\begin{pmatrix} d \\ -c \end{pmatrix}$$

も

$$\begin{pmatrix} 0 \\ 1 \end{pmatrix}$$

に平行ではない．これらの条件が

$$d \neq 0$$

とすれば満たされることはすぐわかる．(b, d) は q_0 における $W^u(0)$ への接ベクトルに平行なベクトルであることに注意する．これをあとで使うだろう．

ここで，仮定 3 が不安定セクター・バンドルに対して成り立つことを示すことに戻ろう．次のことを証明しなければならない．

1. $D(f^k \circ f^T)(\mathcal{S}_{\mathcal{H}}^u) \subset \mathcal{S}_{\mathcal{V}}^u$,
2. $|\eta_{f^k \circ f^T(z_0)}| > \frac{1}{\mu}|\eta_{z_0}|; \ 0 < \mu < 1 - \mu_v \mu_h$.

$\underline{D(f^k \circ f^T)(\mathcal{S}_{\mathcal{H}}^u) \subset \mathcal{S}_{\mathcal{V}}^u.}$ $z_0 \in \mathcal{H}$ を選び，$(\xi_{z_0}, \eta_{z_0}) \in \mathcal{S}_{z_0}^u$

$$Df^T(z_0)(\xi_{z_0}, \eta_{z_0}) = \left(\xi_{f^T(z_0)}, \eta_{f^T(z_0)}\right) \tag{4.4.26}$$

とする．このとき，(4.4.22) と (4.4.23) を用いると，

$$Df^k(f^T(z_0))Df^T(z_0)(\xi_{z_0}, \eta_{z_0}) = \begin{pmatrix} (a + \phi_{1x})\xi_{f^T(z_0)} + (b + \phi_{1\bar{y}})\eta_{f^T(z_0)} \\ (c + \phi_{2x})\xi_{f^T(z_0)} + (d + \phi_{2\bar{y}})\eta_{f^T(z_0)} \end{pmatrix}$$

$$\equiv \begin{pmatrix} \xi_{f^k \circ f^T(z_0)} \\ \eta_{f^k \circ f^T(z_0)} \end{pmatrix} \tag{4.4.27}$$

が得られる. ここですべての偏導関数は, $z_0 = (x_0, y_0)$ において計算される.

$$\frac{|\xi_{f^k \circ f^T(z_0)}|}{|\eta_{f^k \circ f^T(z_0)}|} = \frac{|(a + \phi_{1x})(\xi_{f^T(z_0)})/(\eta_{f^T(z_0)}) + (b + \phi_{1\overline{y}})|}{|(c + \phi_{2x})(\xi_{f^T(z_0)})/(\eta_{f^T(z_0)}) + (d + \phi_{2\overline{y}})|}$$

$$\in \mathcal{S}^u_{f^k \circ f^T(z_0)} \qquad (4.4.28)$$

を示さなければならない.

ラムダ補題の後の注意 3 より, 十分大きな N_0 に対して,

$$\frac{|\xi_{f^T(z_0)}|}{|\eta_{f^T(z_0)}|}$$

は任意に小さくできる. また, 上記の観察 1 より十分小さな V に対して,

$$\phi_{1x}, \phi_{1\overline{y}}, \phi_{2x}, \phi_{2\overline{y}}$$

は任意に小さくできる. したがって, これらの 2 つの結果を用いて,

$$\frac{|\xi_{f^k \circ f^T(z_0)}|}{|\eta_{f^k \circ f^T(z_0)}|}$$

は

$$\frac{|b|}{|d|},$$

にいくらでも近づけられる. ここで, 上記の観察 2 で示されたように, (b, d) は q_0 にける $W^u(0)$ の接ベクトルに平行なベクトルである. 図 4.4.8 参照. これは任意の $z_0 \in \mathcal{H}$ に対して成り立つから, $D(f^k \circ f^T)(\mathcal{S}^u_{\mathcal{H}}) \subset \mathcal{S}^u_V$ が得られる.

$\underline{|\eta_{f^k \circ f^T(z_0)}| \geq \frac{1}{\mu}|\eta_{z_0}|; 0 < \mu < 1 - \mu_v \mu_h.}$ (4.4.27) を用いると,

$$\frac{|\eta_{f^k \circ f^T(z_0)}|}{|\eta_{z_0}|} = \frac{|(c + \phi_{2x})\xi_{f^T(z_0)} + (d + \phi_{2\overline{y}})\eta_{f^T(z_0)}|}{|\eta_{z_0}|} \qquad (4.4.29)$$

が得られる. 再び, ラムダ補題の結果として, 十分大きな N_0 に対して, $|\eta_{f^T(z_0)}|$ は任意に大きくでき, $|\xi_{f^T(z_0)}|$ は任意に小さくできるし, q における $W^u(0)$ と $W^s(0)$ の交わりの横断性より, $d \neq 0$ である ($\phi_{1\overline{y}}$ は d に比べて小さい). このように, (4.4.29) は, N_0 を十分大きく取ることによって, いくらでも大きくできる.

【スメール・バーコフのホモクリニック定理】

スメール・バーコフのホモクリニック定理はモーザーの定理に非常によく似ている. 定理を述べて, どこが異なるのかを少し見ておこう. 仮定と設定はモーザーの定理に対するのと同じである.

4.4 2次元写像のホモクリニック点の近傍における力学　*491*

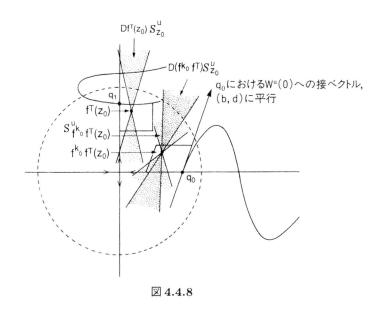

図 4.4.8

定理 4.4.3 (Smale [1963])　f^n が，その上で N 記号上の全ずらしに位相的に共役である不変カントール集合を持つような整数 $n \geq 1$ が存在する．

証明　スメール・バーコフのホモクリニック定理とモーザーの定理の違いを示すために，ここではおおまかな概略だけを与え，詳細は演習問題として読者に残しておく（演習問題 4.8）．

図 4.4.9 に図示したように，ホモクリニック点と双曲型不動点を含むような "長方形" V_0 を選ぶ．すると，十分大きな n に対して，$f^n(V_0)$ は図 4.4.9 に見られるように，V_0 と有限回交わる．ここで，節 4.3 の仮定 1 と 3 を満たすように μ_v-垂直帯内でそれ自身へ写るような V_0 内の μ_h-水平帯を見つけることができる．図 4.4.10 を参照．これらの主張を証明するのに必要な詳細はモーザーの定理の証明に対して必要であったものと非常によく似ている．これも，厳密な証明をすることは，読者に有益な演習問題であろう．　□

スメール・バーコフのホモクリニック定理の証明の概略から，モーザーの定理との違いがわかる．どちらの場合も，不変カントール集合は双曲型不動点に十分に近いホモクリニック点のまわりで構成される．しかしながら，スメール・バーコフのホモクリニック定理においては，すべての点はカントール集合から出て，同時に（すなわち，f の n 回の反復のあとで）戻って来る．モーザーの定理の構成では，点はカントール

4. 大域的分岐とカオスのいくつかの様相

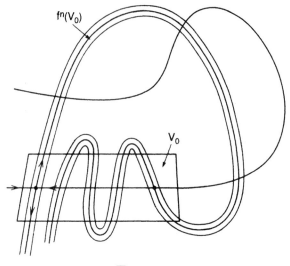

図 4.4.9

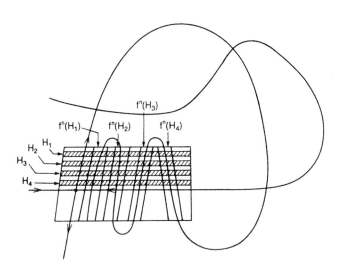

図 4.4.10　水平帯 $H_1, \cdots, H_4$ とそれらの f^n による像

集合を出て，異なるときに（f^T の定義より）戻って来る．2つの異なる構成の力学的結果は何であろうか（演習問題 4.9 参照）？

4.5 2次元の時間周期ベクトル場におけるホモクリニック軌道に対するメルニコフの方法

2次元写像の双曲型周期点の横断的ホモクリニック軌道が定理 4.4.2 と 4.4.3 の意味でカオス的力学を生むということを見てきた．Melnikov [1963] によって始められた，2次元の時間周期ベクトル場のクラスにおける双曲型周期軌道に対する横断的ホモクリニック軌道の存在を証明するための摂動法を発展させよう．ポアンカレ写像を考えることによって，定理 4.4.2 と 4.4.3 が系に適用でき，カオス的力学を持つと結論できる．

4.5A 一般論

節 1.2D の ii) における低調波メルニコフ理論の開発におけるのと同じ系のクラスを研究する．

$$\dot{x} = \frac{\partial H}{\partial y}(x, y) + \varepsilon g_1(x, y, t, \varepsilon),$$
$$\dot{y} = -\frac{\partial H}{\partial x}(x, y) + \varepsilon g_2(x, y, t, \varepsilon), \qquad (x, y) \in \mathbb{R}^2; \qquad (4.5.1)$$

また，ベクトル形式で，

$$\dot{q} = JDH(q) + \varepsilon g(q, t, \varepsilon) \qquad (4.5.2)$$

と書ける．ここで，$q = (x, y)$, $DH = (\frac{\partial H}{\partial x}, \frac{\partial H}{\partial y})$, $g = (g_1, g_2)$,

$$J = \begin{pmatrix} 0 & 1 \\ -1 & 0 \end{pmatrix}$$

である．(4.5.1) はいま考えている領域で十分に微分可能であるとする（$\mathbf{C}^r, r \geq 2$ でよい）．これをより詳しく記述した節 1.2D の ii) を参照．最も重要なことは，g が t に関して周期的で，その周期は $T = 2\pi/\omega$ であると仮定することである．

$\varepsilon = 0$ とした (4.5.1)

$$\dot{x} = \frac{\partial H}{\partial y}(x, y),$$
$$\dot{y} = -\frac{\partial H}{\partial x}(x, y) \qquad (4.5.3)$$

を，非摂動系という．ベクトル形式では，

$$\dot{q} = JDH(q) \qquad (4.5.4)$$

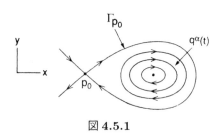

図 4.5.1

と書ける．非摂動系の相空間の構造に次のような仮定を置いた（図 4.5.1 参照）．

仮定 1 非摂動系は，ホモクリニック軌道 $q_0(t) \equiv (x_0(t), y_0(t))$ によってそれ自身と結び付けられる双曲型不動点を持つ．

仮定 2 $\Gamma_{p_0} = \{q \in \mathbb{R}^2 \mid q = q_0(t), t \in \mathbb{R}\} \cup \{p_0\} = W^s(p_0) \cap W^u(p_0) \cup \{p_0\}$ とする．Γ_{p_0} の内部は周期 T^α, $\alpha \in (-1, 0)$ を持つ周期軌道 $q^\alpha(t)$ の連続的族によって埋められている．$\lim_{\alpha \to 0} q^\alpha(t) = q_0(t)$ と $\lim_{\alpha \to 0} T^\alpha = \infty$ を仮定する．

低調波メルニコフ理論は周期軌道 $q^\alpha(t)$ が摂動によってどのような影響を受けるかを理解することを可能にした．ここでは，ホモクリニック軌道 Γ_{p_0} が受ける影響を知るための方法を開発しよう．幾何学的には，ホモクリニック・メルニコフ法は，低調波メルニコフ法とは少し異なる．しかしながら，$\alpha \to 0$ としたとき（すなわち，周期軌道をホモクリニック軌道に近づけたとき），それらの2つの間には，重要な関係がある．この節では，この関係を後で指摘したい．(4.5.1) よりもより一般的な2次元時間周期系のクラスに対して，ホモクリニック・メルニコフ法を開発することは可能であるということを注意しておく．特に，非摂動系がハミルトニアンであると仮定する必要はない．これらの一般化については演習問題で扱う．

ホモクリニック・メルニコフ法の開発は，いくつかの段階からなる．それを手短に述べる．

段階 1 非摂動系のホモクリニック "多様体" のパラメータづけを開発する．

段階 2 非摂動 "ホモクリニック座標" を用いて，摂動系に対する多様体の "分離" の尺度を開発する．

段階 3 メルニコフ関数を導き，それが多様体の間の距離にどのように関係するかを示す．

段階1を始める前に，(4.5.1) を次のような自励3次元系（節1.1G 参照）に書き換えたい．

4.5 2次元の時間周期ベクトル場におけるホモクリニック軌道に対するメルニコフの方法　*495*

$$\dot{x} = \frac{\partial H}{\partial y}(x, y) + \varepsilon g_1(x, y, \phi, \varepsilon),$$

$$\dot{y} = -\frac{\partial H}{\partial x}(x, y) + \varepsilon g_2(x, y, \phi, \varepsilon), \qquad (x, y, \phi) \in \mathbb{R}^1 \times \mathbb{R}^1 \times S^1. \tag{4.5.5}$$

$$\dot{\phi} = \omega,$$

また，ベクトル形式では

$$\dot{q} = JDH(q) + \varepsilon g(q, \phi; \varepsilon),$$
$$\dot{\phi} = \omega \tag{4.5.6}$$

となる．非摂動系は，$\varepsilon = 0$ と置くことによって (4.5.6) から得られる．すなわち，

$$\dot{q} = JDH(q),$$
$$\dot{\phi} = \omega \tag{4.5.7}$$

である．この明らかに自明なトリックはいくつかの幾何学的な利点を与えることがわかるだろう．特に，摂動系は非摂動系とは非常に異なった特徴を持ち，このトリックはそれらをより平等な立場で扱うようにさせる．また，"時間における"多様体の分離と，あるポアンカレ断面上の多様体の分離との関係や，これがメルニコフ関数によってどのように表現されるかということが，よりはっきりするだろう．

段階 1　非摂動ベクトル場の相空間幾何：ホモクリニック多様体のパラメータづけ　3次元相空間 $\mathbb{R}^2 \times S^1$ でみると，非摂動系 (4.5.7) の q 成分の双曲型不動点 p_0 は周期軌道

$$\gamma(t) = (p_0, \phi(t) = \omega t + \phi_0) \tag{4.5.8}$$

となる．$\gamma(t)$ の2次元安定および不安定多様体を，それぞれ，$W^s(\gamma(t))$, $W^u(\gamma(t))$ によって表す．上記の仮定1より，$W^s(\gamma(t))$ と $W^u(\gamma(t))$ は2次元**ホモクリニック多様体**に沿って一致する．このホモクリニック多様体を Γ_γ と書くことにする．図 4.5.2 参照．この図の構造は驚くべきものではないということを注意しておく．これは非摂動相空間が時間 (ϕ) に依存しないという事実を表している．

　目標は Γ_γ が摂動の影響でどのように"分解する"かを決定することである．この記述が何を意味するかを述べよう．それは次の議論の動機を与える．

　ホモクリニック多様体 Γ_γ は2つの2次元曲面，$W^s(\gamma(t))$ の枝と $W^u(\gamma(t))$ の枝，の一致によって形成されている．3次元内で，このような2つの2次元曲面の一致は期待できないであろう．むしろ，図 4.5.3 に図示したように1次元曲線でそれらが交わることが期待される．(注：節 1.2C において述べたように，**ベクトル場の2つの不変多様体が交わるならば，解が一意的であれば，それらはベクトル場の（少なくとも）ある1次元軌跡に沿って交わらなければならない．後でより詳しくこれを調べる．)** 図

496   4. 大域的分岐とカオスのいくつかの様相

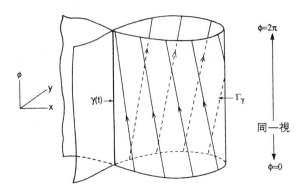

図 **4.5.2** ホモクリニック多様体 Γ_γ. Γ_γ 上の直線は典型的軌跡を表す.

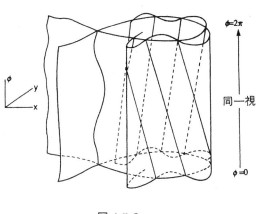

図 **4.5.3**

4.5.3 は Γ_γ の "分解" という言葉が意味するものを図示している. 図 4.5.3 を解析的に測りたい. これを行うために, Γ_γ からの $\gamma(t)$ の摂動安定および不安定多様体のずれの測り方を開発しよう. これは Γ_γ に対する法線方向に沿った摂動安定および不安定多様体の間の距離を測ることから成る. 明らかに, この距離は Γ_γ 上で逐次変化するだろうから, まず Γ_γ のパラメータづけを述べなければならない.

$\boldsymbol{\Gamma_\gamma}$ **のパラメータづけ：ホモクリニック座標** Γ_γ 上の各点は, $t_0 \in \mathbb{R}^1$, $\phi_0 \in (0, 2\pi]$ に対して,

4.5 2次元の時間周期ベクトル場におけるホモクリニック軌道に対するメルニコフの方法 **497**

$$(q_0(-t_0), \phi_0) \in \Gamma_\gamma \tag{4.5.9}$$

によって表すことができる．t_0 は，非摂動ホモクリニック軌跡 $q_0(t)$ に沿った点 $q_0(-t_0)$ から点 $q_0(0)$ への移動時間と解釈される．$q_0(-t_0)$ から $q_0(0)$ への移動時間は一意的であるから，写像

$$(t_0, \phi_0) \longmapsto (q_0(-t_0), \phi_0) \tag{4.5.10}$$

は1対1であり，与えられた $(t_0, \phi_0) \in \mathbb{R}^1 \times S^1$ に対して，$(q_0(-t_0), \phi_0)$ は Γ_γ 上の点に一意的に対応する（演習問題 4.12 参照）．つまり，

$$\Gamma_\gamma = \left\{ (q, \phi) \in \mathbb{R}^2 \times S^1 \,|\, q = q_0(-t_0), t_0 \in \mathbb{R}^1; \phi = \phi_0 \in (0, 2\pi] \right\} \tag{4.5.11}$$

が得られる．パラメータ t_0, ϕ_0 の幾何学的意味は図 4.5.2 から明らかであろう．

各点 $p \equiv (q_0(-t_0), \phi_0) \in \Gamma_\gamma$ において，Γ_γ の法線方向の次のように定義されたベクトル π_p を構成する．

$$\pi_p = \left(\frac{\partial H}{\partial x}(x_0(-t_0), y_0(-t_0)), \frac{\partial H}{\partial y}(x_0(-t_0), y_0(-t_0)), 0 \right). \tag{4.5.12}$$

ベクトル形式では

$$\pi_p \equiv (DH(q_0(-t_0)), 0) \tag{4.5.13}$$

となる．このように，t_0 と ϕ_0 が変わると π_p は Γ_γ 上の全ての点を動く．図 4.5.4 参照．各点 $p \in \Gamma_\gamma$ において，$W^s(\gamma(t))$ と $W^u(\gamma(t))$ は，p で π_p に横断的に交わるという重要な注意をしておく．最後に，摂動のもとでの p のまわりでの Γ_γ の振る舞いを考えるとき，p に $\mathcal{O}(\varepsilon)$ で近い π_p の点にのみ興味がある．これは段階2においてさらに明確にされるだろう．

段階 2　摂動ベクトル場の相空間幾何："多様体の分離"　摂動によって Γ_γ がどのように影響されるかを記述することに注意を向けよう．しかし，まず，安定および不安定多様体に加えて，$\gamma(t)$ の持続性に関して，いくつかの予備知識が必要である．

命題 4.5.1　十分小さな ε に対して，非摂動ベクトル場 (4.5.7) の周期軌道 $\gamma(t)$ は，$\mathbf{C}^r$ 級の意味で，ε に依存し，$\gamma(t)$ と同じ安定型である，摂動ベクトル場 (4.5.6) の周期軌道 $\gamma_\varepsilon(t) = \gamma(t) + \mathcal{O}(\varepsilon)$ として，持続する．さらに，$W^s_{\mathrm{loc}}(\gamma_\varepsilon(t))$, $W^u_{\mathrm{loc}}(\gamma_\varepsilon(t))$ は，それぞれ，$W^s_{\mathrm{loc}}(\gamma(t))$, $W^u_{\mathrm{loc}}(\gamma(t))$ に $\mathbf{C}^r$ の意味で ε の近さにある．

証明　ポアンカレ写像の考え方と，写像に対する安定および不安定多様体の定理に訴えることによって，この定理の証明は簡単な演習問題になる．それを読者に残してお

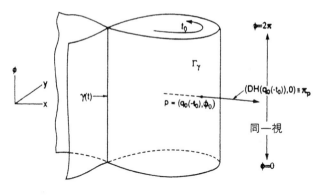

図 **4.5.4** ホモクリニック座標.

く（演習問題 4.13 参照）．□

$\gamma_\varepsilon(t)$ の大域的安定および不安定多様体は，次のように時間発展によって，$\gamma_\varepsilon(t)$ の局所安定および不安定多様体から得ることができる．$\phi_t(\cdot)$ を (4.5.6) から生成される流れとする（注：角 ϕ と流れに対する記法 $\phi_t(\cdot)$ を混同しないこと）．このとき，次のように $\gamma_\varepsilon(t)$ の大域的安定および不安定多様体を定義する．

$$W^s(\gamma_\varepsilon(t)) = \bigcup_{t \le 0} \phi_t(W^s_{\text{loc}}(\gamma_\varepsilon(t)),$$

$$W^u(\gamma_\varepsilon(t)) = \bigcup_{t \ge 0} \phi_t(W^u_{\text{loc}}(\gamma_\varepsilon(t)). \qquad (4.5.14)$$

$W^s(\gamma_\varepsilon(t)), W^u(\gamma_\varepsilon(t))$ を含む $\mathbb{R}^2 \times S^1$ 内のコンパクト集合に制限するならば，$W^s(\gamma_\varepsilon(t))$ と $W^u(\gamma_\varepsilon(t))$ は，これらのコンパクト集合上の $\mathbf{C}^r$ 級関数である．これは，$\phi_t(\cdot)$ が ε に関しても $\mathbf{C}^r$ 級であるような $\mathbf{C}^r$ 微分同相であることからわかる（定理 1.1.10 参照）．多様体の分離の解析は，Γ_γ の $\mathcal{O}(\varepsilon)$ 近傍に制限される．

命題 4.5.1 をより幾何学的に記述しよう．命題の内容は，ある小さな ε_0 に対して，$\gamma(t)$ から $\mathcal{N}(\varepsilon_0)$ の境界までの距離が $\mathcal{O}(\varepsilon_0)$ であるような，$\gamma(t)$ を含む $\mathbb{R}^2 \times S^1$ 内の近傍 $\mathcal{N}(\varepsilon_0)$ を見つけられるということである．さらに，$0 < \varepsilon < \varepsilon_0$ に対して，$\gamma_\varepsilon(t)$ は，$\mathcal{N}(\varepsilon_0)$ に含まれ，$W^s(\gamma(t)) \cap \mathcal{N}(\varepsilon_0) \equiv W^s_{\text{loc}}(\gamma(t))$ と $W^u(\gamma(t)) \cap \mathcal{N}(\varepsilon_0) \equiv W^u_{\text{loc}}(\gamma(t))$ は，それぞれ，$W^s(\gamma_\varepsilon(t)) \cap \mathcal{N}(\varepsilon_0) \equiv W^s_{\text{loc}}(\gamma_\varepsilon(t))$ と $W^u(\gamma_\varepsilon(t)) \cap \mathcal{N}(\varepsilon_0) \equiv W^u_{\text{loc}}(\gamma_\varepsilon(t))$ に $\mathbf{C}^r$ の意味で ε の近さである．次のように，$\mathcal{N}(\varepsilon_0)$ をソリッドトーラスとなるように選ぶことができる．

4.5 2次元の時間周期ベクトル場におけるホモクリニック軌道に対するメルニコフの方法　　*499*

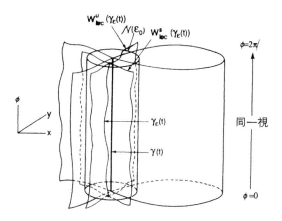

図 4.5.5

$$\mathcal{N}(\varepsilon_0) = \{(q,\phi) \in \mathbb{R}^2 \,|\, |q - p_0| \leq C\varepsilon_0, \phi \in (0, 2\pi]\}. \tag{4.5.15}$$

ここで，C はある正の定数である．図 4.5.5 参照．

　幾何的議論のいくつかにおいて，非摂動ベクトル場の個々の軌跡と摂動ベクトル場の軌跡を比較していく．このために，たびたび，これらの軌跡の q-平面や q-平面に平行な平面への射影を考える方が簡単になるだろう．これがどのように行われるのかを見よう．次のような相空間の断面を考える（まだポアンカレ写像は考えない）．

$$\Sigma^{\phi_0} = \{(q,\phi) \in \mathbb{R}^2 \,|\, \phi = \phi_0\}. \tag{4.5.16}$$

Σ^{ϕ_0} は q-平面に平行で，$\phi_0 = 0$ のときは q-平面に一致することは明らかである．図 4.5.6 参照．

$$\gamma(t) \cap \Sigma^{\phi_0} = p_0 \tag{4.5.17}$$

と

$$\Gamma_\gamma \cap \Sigma^{\phi_0} = \{q \in \mathbb{R}^2 \,|\, q = q_0(t), t \in \mathbb{R}\} = \Gamma_{p_0} \tag{4.5.18}$$

に注意する．特に，(4.5.17) と (4.5.18) は ϕ_0 に無関係である．これは，単に非摂動ベクトル場が自励的であるという事実による．ここで，$(q(t),\phi(t))$，$(q_\varepsilon(t),\phi(t))$ を，それぞれ，非摂動，摂動ベクトル場の軌跡とする．このとき，これらの軌跡の Σ^{ϕ_0} への射影は

$$(q_0(t), \phi_0) \tag{4.5.19}$$

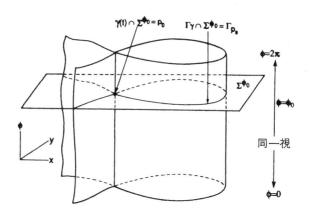

図 4.5.6

と
$$(q_\varepsilon(t), \phi_0) \tag{4.5.20}$$

によって与えられる．$q_\varepsilon(t)$ は，摂動ベクトル場 (4.5.6) の q-成分が ϕ に依存し，したがって，摂動ベクトル場は非自励的であるから，実際，ϕ_0 に（$q(t)$ とは異なり）依存することに注意する．したがって，(4.5.20) は Σ^{ϕ_0} 内の非常に複雑な曲線であり，自分自身と何回も交わることもありうる．これは，軌跡の力学的内容の多くを不明瞭にしがちである．あとで，摂動ベクトル場によって生成された流れから構成したポアンカレ写像を考えるとき，この状況は改善されるだろう．射影 (4.5.19) と (4.5.20) の背後にある幾何の例として図 4.5.7 と 4.5.8 を参考にせよ．

$W^s(\gamma_\varepsilon(t))$ と $W^u(\gamma_\varepsilon(t))$ の分解を定義できる所まで来た．任意の点 $p \in \Gamma_\gamma$ を選ぶ．このとき，$W^s(\gamma(t))$ と $W^u(\gamma(t))$ は p で横断的に π_p と交わる．したがって，横断的交差の持続性と $W^s(\gamma_\varepsilon(t))$, $W^u(\gamma_\varepsilon(t))$ が ε に関して $\mathbf{C}^r$ 級であるという事実から，十分小さな ε に対して，$W^s(\gamma_\varepsilon(t))$ と $W^u(\gamma_\varepsilon(t))$ は，それぞれ，点 p_ε^s と p_ε^u で π_p に横断的に交わる．したがって，p における $W^s(\gamma_\varepsilon(t))$ と $W^u(\gamma_\varepsilon(t))$ の間の距離 $d(p, \varepsilon)$ を

$$d(p, \varepsilon) \equiv |p_\varepsilon^u - p_\varepsilon^s| \tag{4.5.21}$$

で定義するのは自然である．図 4.5.9 参照．次の段階で，(4.5.21) を少し不自然かもしれないが次のように定義し直す方が便利であることがわかるだろう．

$$d(p, \varepsilon) = \frac{(p_\varepsilon^u - p_\varepsilon^s) \cdot (DH(q_0(-t_0)), 0)}{\|DH(q_0(-t_0))\|}. \tag{4.5.22}$$

4.5 2次元の時間周期ベクトル場におけるホモクリニック軌道に対するメルニコフの方法　　*501*

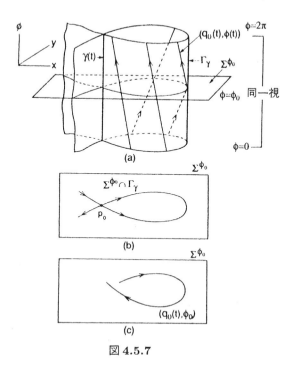

図 **4.5.7**

ここで，"·" はベクトルの内積を表し，

$$\|DH(q_0(-t_0))\| = \sqrt{\left(\frac{\partial H}{\partial x}(q_0(-t_0))\right)^2 + \left(\frac{\partial H}{\partial y}(q_0(-t_0))\right)^2}$$

とした．p_ε^u, p_ε^s は，ベクトル $(DH(q_0(-t_0)), 0)$ 上にあるように取られているので，(4.5.22) の大きさは (4.5.21) の大きさに等しいことは明らかであろう．しかし，(4.5.22) は符号が付いた距離であり，p の近くでの $W^s(\gamma_\varepsilon(t))$ と $W^u(\gamma_\varepsilon(t))$ の相対的向きを反映する．図 4.5.10 参照．p_ε^u と p_ε^s は π_p 上にあるので，

$$p_\varepsilon^u = (q_\varepsilon^u, \phi_0), \tag{4.5.23}$$

$$p_\varepsilon^s = (q_\varepsilon^s, \phi_0) \tag{4.5.24}$$

と書けることに注意する．すなわち，p_ε^u, p_ε^s は同じ ϕ_0 座標を持つ．このように，(4.5.22) は

$$d(t_0, \phi_0, \varepsilon) = \frac{DH(q_0(-t_0)) \cdot (q_\varepsilon^u - q_\varepsilon^s)}{\|DH(q_0(-t_0))\|} \tag{4.5.25}$$

502   4. 大域的分岐とカオスのいくつかの様相

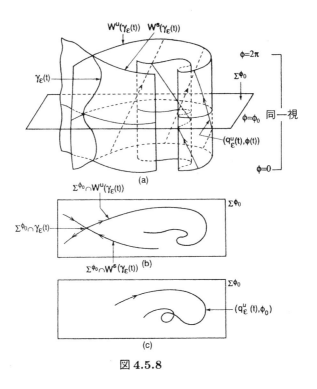

図 4.5.8

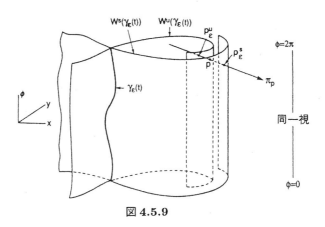

図 4.5.9

と同じである.ここで,全ての点 $p \in \Gamma_\gamma$ は,段階 1 で与えたパラメータづけ $p = (q_0(-t_0), \phi_0)$ に従えば,パラメータ (t_0, ϕ_0), $t_0 \in \mathbb{R}$, $\phi_0 \in (0, 2\pi]$ によって一意的に表せるので,$d(t_0, \phi_0, \varepsilon)$ によって $d(p, \varepsilon)$ を表している.

段階 3 において (4.5.25) の計算可能な近似を導く前に,p_ε^u と p_ε^s の選び方に含まれ

4.5 ２次元の時間周期ベクトル場におけるホモクリニック軌道に対するメルニコフの方法　　**503**

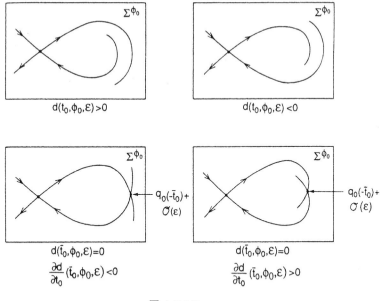

図 4.5.10

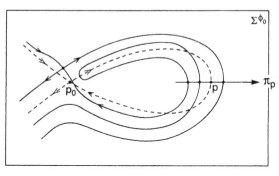

図 4.5.11

る技術的な問題をあげておこう．確かに，横断性や十分小さな ε に対する ε への $\mathbf{C}^r$ 級依存によって，$W^s(\gamma_\varepsilon(t))$ と $W^u(\gamma_\varepsilon(t))$ は π_p と交わる．しかし，これらの多様体は，図 4.5.11 に示したように，π_p と 1 点以上で交わるかもしれない（実際，無限個の点が可能である）．すると，(4.5.25) を定義するために，どの点 p_ε^u と p_ε^s を選ぶのかという問題が起きてくる．まず，定義を与える．

定義 4.5.1　　$p_{\varepsilon,i}^s \in W^s(\gamma_\varepsilon(t)) \cap \pi_p$, $p_{\varepsilon,i}^u \in W^u(\gamma_\varepsilon(t)) \cap \pi_p$, $i \in \mathcal{I}$ とする．ここで，$\mathcal{I}$ はある添え字集合である．$(q_{\varepsilon,i}^s(t), \phi(t)) \in W^s(\gamma_\varepsilon(t))$, $(q_{\varepsilon,i}^u(t), \phi(t)) \in W^u(\gamma_\varepsilon(t))$

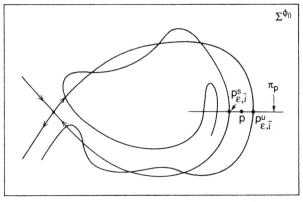

図 4.5.12

は,それぞれ,$(q^s_{\varepsilon,i}(0),\phi(0))=p^s_{\varepsilon,i}$,$(q^u_{\varepsilon,i}(0),\phi(0))=p^u_{\varepsilon,i}$ を満たすような摂動ベクトル場 (4.5.6) の軌道を表すとする.このとき,次のことを得る(図 4.5.12).

1. ある $i=\bar{i}\in\mathcal{I}$ に対して,$p^s_{\varepsilon,\bar{i}}$ は,もし,全ての $t>0$ に対し,$(q^s_{\varepsilon,\bar{i}}(t),\phi_0)\cap\pi_p=\emptyset$ ならば,$W^s(\gamma_\varepsilon(t))$ に沿っての正の時間移動に関して $\gamma_\varepsilon(t)$ に最も近い $W^s(\gamma_\varepsilon(t))\cap\pi_p$ 内の点であるという.

2. ある $i=\bar{i}\in\mathcal{I}$ に対して,$p^u_{\varepsilon,\bar{i}}$ は,もし,全ての $t<0$ に対し,$(q^u_{\varepsilon,\bar{i}}(t),\phi_0)\cap\pi_p=\emptyset$ ならば,$W^u(\gamma_\varepsilon(t))$ に沿っての負の時間移動に関して $\gamma_\varepsilon(t)$ に最も近い $W^u(\gamma_\varepsilon(t))\cap\pi_p$ 内の点であるという.

この定義に関して次のような注意をしておく.

注意1 固定した p に対して,p に $\mathcal{O}(\varepsilon)$ で近づくような $W^s(\gamma_\varepsilon(t))\cap\pi_p$ と $W^u(\gamma_\varepsilon(t))\cap\pi_p$ 内の点にのみ興味がある.これは,方法が摂動的であることによる.

注意2 非摂動系に対して,p を通る軌道は,正または負の時間で π_p を離れ,π_p に2度と戻ることなく双曲型軌道の近傍に入る.定義 4.5.1 で記述された π_p を通る軌道はこれと最も近く振る舞う摂動軌道である.

注意3 点 $p^s_{\varepsilon,\bar{i}}$ と $p^u_{\varepsilon,\bar{i}}$ は,一意的である.これは補題 4.5.2 の証明よりわかるだろう.

(4.5.25) を定義するときに用いた点 p^s_ε と p^u_ε は,定義 4.5.1 に述べたように,$W^s(\gamma_\varepsilon(t))$ に沿って正の時間移動,$W^u(\gamma_\varepsilon(t))$ に沿った負の時間移動という意味で,それぞれ,$\gamma_\varepsilon(t)$ に最も近くに選ばれる.まだ,なぜこのような選び方をするかという問題が残っ

4.5 2次元の時間周期ベクトル場におけるホモクリニック軌道に対するメルニコフの方法   505

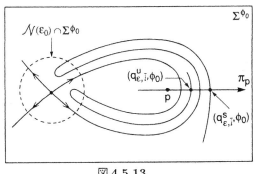

図 4.5.13

ている．次の補題の結果は，この問いに答えるだろう．

補題 4.5.2 $p^s_{\varepsilon,\bar{i}}$ $(p^u_{\varepsilon,\bar{i}})$ を，定義 4.5.1 の意味で $\gamma_\varepsilon(t)$ に最も近くはないような $W^s(\gamma_\varepsilon(t)) \cap \pi_p$ $(W^u(\gamma_\varepsilon(t)) \cap \pi_p)$ の点とし，$\mathcal{N}(\varepsilon_0)$ を命題 4.5.1 のあとに記述された $\gamma(t)$ と $\gamma_\varepsilon(t)$ の近傍を表すとする．$(q^s_{\varepsilon,\bar{i}}(t), \phi(t))$ $((q^u_{\varepsilon,\bar{i}}(t), \phi(t)))$ を，$(q^s_{\varepsilon,\bar{i}}(0), \phi(0)) = p^s_{\varepsilon,\bar{i}}$ $((q^u_{\varepsilon,\bar{i}}(0), \phi(0)) = p^u_{\varepsilon,\bar{i}})$ を満たすような $W^s(\gamma_\varepsilon(t))$ $(W^u(\gamma_\varepsilon(t)))$ 内の軌跡とする．このとき，十分小さな ε に対して，$(q^s_{\varepsilon,\bar{i}}(t), \phi_0)$, $t > 0$ $((q^u_{\varepsilon,\bar{i}}(t), \phi_0)$, $t < 0)$ が π_p に交わる前に（定義 4.5.1 によって交わるはずだ），$\mathcal{N}(\varepsilon_0)$ を通り抜けなければならない（図 4.5.13 参照）．

証明 $W^s(\gamma_\varepsilon(t))$ 内の軌跡に対する議論をしよう．$W^u(\gamma_\varepsilon(t))$ 内の軌跡に対する議論は，時間を逆転させたベクトル場を考えることによって直ちに出る．

まず，非摂動ベクトル場を考える．$W^s(\gamma(t)) \cap \mathcal{N}(\varepsilon_0)$ 上の任意の点 (q^s_0, ϕ_0) を考える．図 4.5.14 参照．$(q^s_0(t), \phi(t)) \in W^s(\gamma(t))$ は $(q^s_0(0), \phi(0)) = (q^s_0, \phi_0)$ を満たすとする．すると，$(q^s_0(T^s), \phi(T^s)) \in W^s(\gamma(t)) \cap \mathcal{N}(\varepsilon_0)$ を満たすような有限時間 $-\infty < T^s < 0$ が存在する．言い替えると，T^s は，軌跡が $W^s(\gamma(t))$ 内の $\mathcal{N}(\varepsilon_0)$ を離れ，再び $\mathcal{N}(\varepsilon_0)$ に入るまでにかかる時間である．図 4.5.14 参照．

$W^s(\gamma(t))$ 内の軌跡と $W^s(\gamma_\varepsilon(t))$ 内の軌跡を比較したい．点

$$(q^s_0, \phi_0) \in W^s_{\text{loc}}(\gamma(t)) \cap \mathcal{N}(\varepsilon_0)$$

と

$$(q^s_\varepsilon, \phi_0) \in W^s_{\text{loc}}(\gamma_\varepsilon(t)) \cap \mathcal{N}(\varepsilon_0)$$

を選び，軌跡

$$(q^s_0(t), \phi(t)) \in W^s(\gamma(t))$$

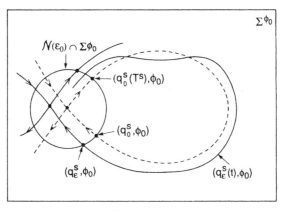

図 4.5.14

と
$$(q_\varepsilon^s(t), \phi(t)) \in W^s(\gamma_\varepsilon(t))$$
を
$$(q_0^s(0), \phi(0)) = (q_0^s, \phi_0)$$
と
$$(q_\varepsilon^s(0), \phi(0)) = (q_\varepsilon^s, \phi_0)$$

を満たすように取る．図 4.5.14 参照．すると，$0 \leq t \leq \infty$ に対して，

$$|(q_\varepsilon^s(t), \phi(t)) - (q_0^s(t), \phi(t))| = \mathcal{O}(\varepsilon_0) \tag{4.5.26}$$

であり，グロンウォールの不等式（補題 1.2.9 参照）より，$T^s \leq t \leq 0$ に対して，

$$|(q_\varepsilon^s(t), \phi(t)) - (q_0^s(t), \phi(t))| = \mathcal{O}(\varepsilon) \tag{4.5.27}$$

となる．したがって，$W^s(\gamma_\varepsilon(t))$ 内の負の時間で $\mathcal{N}(\varepsilon_0)$ を離れる軌跡は，$\mathcal{N}(\varepsilon_0)$ に再び戻るまでの間，$W^s(\gamma(t))$ 内の軌跡に $\mathcal{O}(\varepsilon)$ の近さでなければならない（$\mathcal{N}(\varepsilon_0)$ の外で有限時間の評価を得ているのみであるので）．

したがって，この議論は $(q_0^s(t), \phi(t))$ と $(q_\varepsilon^s(t), \phi(t))$ は，$T^s \leq t < \infty$ に対して，(すなわち，$(q_\varepsilon^s(t), \phi(t))$ が，負の時間の流れで $\mathcal{N}(\varepsilon_0)$ に再び入るまで) ε の近さで留まっていることを示している．しかし，この議論は，図 4.5.15 に示したように，$(q_\varepsilon^s(t), \phi(t))$ が "ねじれ" を作り出し，したがって，π_p と再び交わりうる（$(q_0^s(t), \phi(t))$ に ε の近さであることは保っている）という事実を妨げるものではない．これは，$(q_\varepsilon^s(t), \phi(t))$, $(q_0^s(t), \phi(t))$ の接ベクトルが $T^s \leq t < \infty$ に対し，$\mathcal{O}(\varepsilon)$ で近いから，起こらない．こ

4.5 2次元の時間周期ベクトル場におけるホモクリニック軌道に対するメルニコフの方法   507

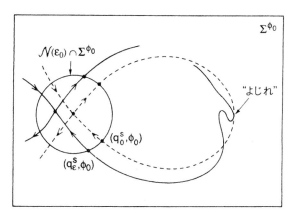

図 4.5.15

れは次のようにしてわかる．$T^s \leq t < \infty$ 上で

$$(q_\varepsilon^s(t), \phi(t)) = (q_0^s(t) + \mathcal{O}(\varepsilon), \phi(t)), \tag{4.5.28}$$

であり，$(q_\varepsilon^s(t), \phi(t))$ に接するベクトルが

$$\dot{q}_\varepsilon^s = JDH(q_\varepsilon^s) + \varepsilon g(q_\varepsilon^s, \phi(t)),$$
$$\dot{\phi} = \omega \tag{4.5.29}$$

で与えられることを示した．(4.5.28) を (4.5.29) の右辺に代入し，$\varepsilon = 0$ のまわりにテイラー展開すると，

$$\dot{q}_\varepsilon^s = JDH(q_0^s) + \mathcal{O}(\varepsilon),$$
$$\dot{\phi} = \omega \tag{4.5.30}$$

が得られる．$(q_0^s(t), \phi(t))$ に接するベクトルは

$$\dot{q}_0^s = JDH(q_0^s),$$
$$\dot{\phi} = \omega \tag{4.5.31}$$

で与えられる．明らかに，(4.5.30) と (4.5.31) は $T^s \leq t < \infty$ で $\mathcal{O}(\varepsilon)$ の近さであるから，図 4.5.15 で示したような状況は十分小さな ε に対しては，この時間区間上では起こりえない．

$p_{\varepsilon,\bar{i}}^s \in W^s(\gamma_\varepsilon(t)) \cap \pi_p$ を定義 4.5.1 で定義したような正の時間移動に関して $\gamma_\varepsilon(t)$ に最も近い点ではないとする．$(q_{\varepsilon,\bar{i}}^s(t), \phi(t)) \in W^s(\gamma_\varepsilon(t))$ は $(q_{\varepsilon,\bar{i}}^s(0), \phi(0)) = p_{\varepsilon,\bar{i}}^s$ を満たすとする．すると，定義 4.5.1 より，ある $\bar{t} > 0$ に対して，$(q_{\varepsilon,\bar{i}}^s(\bar{t}), \phi_0) \in W^s(\gamma_\varepsilon(t)) \cap \pi_p$

508   4. 大域的分岐とカオスのいくつかの様相

となる．したがって，上の議論より，十分小さな ε に対して，$0 < t < \bar{t}$ 内のどこか
で，$(q^s_{\varepsilon,\bar{i}}(t), \phi(t))$ は $\mathcal{N}(\varepsilon_0)$ に入らなければならない．　□

　補題 4.5.2 に関して次の注意をしておく．

注意 1　読者は，$T^s = T^s(\varepsilon_0)$ であることに注意しなければならない．これが，$\gamma(t)$
と $\gamma_\varepsilon(t)$ を含む固定した近傍を考えることが必要であった理由である．

注意 2　補題 4.5.2 の証明より，定義 4.5.1 に記述した意味で $\gamma_\varepsilon(t)$ に最も近い点は
一意的であることがわかる．詳細は演習問題 4.15 に残してある．

注意 3　$p^s_\varepsilon = (q^s_\varepsilon, \phi_0) \in W^s(\gamma_\varepsilon(t)) \cap \pi_p$ とし，$(q^s_\varepsilon(t), \phi(t)) \in W^s(\gamma_\varepsilon(t))$ は
$(q^s_\varepsilon(0), \phi(0)) = (q^s_\varepsilon, \phi_0)$ を満たすとする．すると，p^s_ε が定義 4.5.1 の意味で $\gamma_\varepsilon(t)$
に最も近い点ならば，補題 4.5.2 の証明より，

$$|q^s_\varepsilon(t) - q_0(t - t_0)| = \mathcal{O}(\varepsilon), \qquad t \in [0, \infty), \tag{4.5.32}$$

$$|\dot{q}^s_\varepsilon(t) - \dot{q}_0(t - t_0)| = \mathcal{O}(\varepsilon), \qquad t \in [0, \infty) \tag{4.5.33}$$

が得られる．

　同様の陳述が $W^u(\gamma_\varepsilon(t)) \cap \pi_p$ 内の点と $W^u(\gamma_\varepsilon(t))$ 内の解に対して得られる．次の段
階でメルニコフ関数を導くとき，半無限時間区間に対して，$\mathcal{O}(\varepsilon)$ の精度で，$W^s(\gamma(t))$,
$W^u(\gamma(t))$ 内の非摂動解によって $W^s(\gamma_\varepsilon(t))$, $W^u(\gamma_\varepsilon(t))$ 内の摂動解を近似しなければ
ならない．メルニコフ関数が定義 4.5.1 の意味で $\gamma_\varepsilon(t)$ に最も近いような $W^s(\gamma_\varepsilon(t)) \cap$
$\pi_p \cap W^u(\gamma_\varepsilon(t))$ 上の点だけを見つける理由がこれである．

段階 3　メルニコフ関数の導出．　$\varepsilon = 0$ のまわりのテイラー展開 (4.5.25) は，

$$d(t_0, \phi_0, \varepsilon) = d(t_0, \phi_0, 0) + \varepsilon \frac{\partial d}{\partial \varepsilon}(t_0, \phi_0, 0) + \mathcal{O}(\varepsilon^2) \tag{4.5.34}$$

を与える．ここで，

$$d(t_0, \phi_0, 0) = 0, \tag{4.5.35}$$

$$\frac{\partial d}{\partial \varepsilon}(t_0, \phi_0, 0) = \frac{DH(q_0(-t_0)) \cdot \left(\frac{\partial q^u_\varepsilon}{\partial \varepsilon}\big|_{\varepsilon=0} - \frac{\partial q^s_\varepsilon}{\partial \varepsilon}\big|_{\varepsilon=0} \right)}{\| DH(q_0(-t_0)) \|} \tag{4.5.36}$$

である．

　メルニコフ関数は

$$M(t_0, \phi_0) \equiv DH(q_0(-t_0)) \cdot \left(\frac{\partial q^u_\varepsilon}{\partial \varepsilon}\bigg|_{\varepsilon=0} - \frac{\partial q^s_\varepsilon}{\partial \varepsilon}\bigg|_{\varepsilon=0} \right) \tag{4.5.37}$$

4.5 2次元の時間周期ベクトル場におけるホモクリニック軌道に対するメルニコフの方法 **509**

によって定義される.

$$DH(q_0(-t_0)) = \left(\frac{\partial H}{\partial x}(q_0(-t_0)), \frac{\partial H}{\partial y}(q_0(-t_0)) \right)$$

は有限の t_0 に対し, $q_0(-t_0)$ 上で 0 ではないから,

$$M(t_0, \phi_0) = 0 \Rightarrow \frac{\partial d}{\partial \varepsilon}(t_0, \phi_0) = 0 \tag{4.5.38}$$

であることがわかる. したがって, 0 でない正規化因子 $(\|DH(q_0(-t_0))\|)$ を除けば, メルニコフ関数は, 点 p での $W^s(\gamma_\varepsilon(t))$ と $W^u(\gamma_\varepsilon(t))$ の間の距離に対する, テイラー展開における 0 でない最も低次の項である.

摂動ベクトル場の解を知ることなく計算できる $M(t_0, \phi_0)$ に対する表現を導きたい. メルニコフによる始めの技巧を用いてこれを行う. 非摂動ベクトル場と摂動ベクトル場の両方によって生成される流れを用いて, 時間依存メルニコフ関数を定義する. 摂動ベクトル場によって生成される任意の軌道に対して, 前もっての知識はないので, ここでは, 注意しなければならない. しかし, 定義 4.5.1 と補題 4.5.2 で $W^s(\gamma_\varepsilon(t))$ と $W^u(\gamma_\varepsilon(t))$ の分離を決定することに対して, 興味のある軌道の特徴づけを行ったので, 命題 4.5.1 で述べたように $\gamma(t), W^s(\gamma(t)), W^u(\gamma(t))$ の持続性と微分可能性が, 必要としている全てである. 時間依存メルニコフ関数が満たさなければならない常微分方程式を導く. 常微分方程式は, 1階で, 線形である. したがって, 簡単に解くことができる. 適当な時間において計算された解はメルニコフ関数を与えるだろう.

時間依存メルニコフ関数の次のような定義から始めよう.

$$M(t; t_0, \phi_0) \equiv DH(q_0(t - t_0)) \cdot \left(\frac{\partial q_\varepsilon^u(t)}{\partial \varepsilon} \bigg|_{\varepsilon=0} - \frac{\partial q_\varepsilon^s(t)}{\partial \varepsilon} \bigg|_{\varepsilon=0} \right). \tag{4.5.39}$$

(4.5.39) の意味を正確に記述するにあたって, いくつか注意をしたい. $W^s(\gamma_\varepsilon(t))$, $W^u(\gamma_\varepsilon(t))$ 内の軌道を, それぞれ, $q_\varepsilon^s(t), q_\varepsilon^u(t)$ によって表す. すると, (4.5.39) において,

$$\frac{\partial q_\varepsilon^u(t)}{\partial \varepsilon} \bigg|_{\varepsilon=0} \tag{4.5.40}$$

と

$$\frac{\partial q_\varepsilon^s(t)}{\partial \varepsilon} \bigg|_{\varepsilon=0} \tag{4.5.41}$$

は, それぞれ, $q_\varepsilon^u(t), q_\varepsilon^s(t)$ の ε に関する導関数 ($\varepsilon = 0$ で計算された) である. ここで, $q_\varepsilon^u(t)$ と $q_\varepsilon^s(t)$ は

$$q_\varepsilon^u(0) = q_\varepsilon^u, \tag{4.5.42}$$

510   4. 大域的分岐とカオスのいくつかの様相

$$q_\varepsilon^s(0) = q_\varepsilon^s \tag{4.5.43}$$

を満たす. $q_0(t - t_0)$ は非摂動ホモクリニック軌道を表す. このように, (4.5.39) は少し特殊であることがわかる. その一部の $(DH(q_0(t - t_0)))$ は非摂動ベクトル場の力学のもとで時間発展し, 残りの部分

$$\left(\left. \frac{\partial q_\varepsilon^u(t)}{\partial \varepsilon} \right|_{\varepsilon=0} - \left. \frac{\partial q_\varepsilon^s(t)}{\partial \varepsilon} \right|_{\varepsilon=0} \right)$$

は摂動ベクトル場の力学のもとで時間発展していく. 時間依存メルニコフ関数とメルニコフ関数の間の関係は

$$M(0; t_0, \phi_0) = M(t_0, \phi_0) \tag{4.5.44}$$

によって与えられることは明らかであろう.

次に $M(t; t_0, \phi_0)$ が満たさなければならない常微分方程式を導くことにする. ここで導く表現は少し煩わしいかもしれないので, より簡潔な記法にするために

$$\left. \frac{\partial q_\varepsilon^u(t)}{\partial \varepsilon} \right|_{\varepsilon=0} \equiv q_1^u(t),$$

$$\left. \frac{\partial q_\varepsilon^s(t)}{\partial \varepsilon} \right|_{\varepsilon=0} \equiv q_1^s(t)$$

と定義する. すると, (4.5.39) は

$$M(t; t_0, \phi_0) = DH(q_0(t - t_0)) \cdot (q_1^u(t) - q_1^s(t)) \tag{4.5.45}$$

と書き直せる. さらに, 記法を簡潔にするための定義を次のように導入しよう.

$$M(t; t_0, \phi_0) \equiv \Delta^u(t) - \Delta^s(t). \tag{4.5.46}$$

ここで,

$$\Delta^{u,s}(t) \equiv DH(q_0(t - t_0)) \cdot q_1^{u,s}(t) \tag{4.5.47}$$

である. t に関して (4.5.47) を微分すると

$$\frac{d}{dt}(\Delta^{u,s}(t)) = \left(\frac{d}{dt}(DH(q_0(t - t_0))) \right) \cdot q_1^{u,s}(t)$$
$$+ DH(q_0(t - t_0)) \cdot \frac{d}{dt} q_1^{u,s}(t) \tag{4.5.48}$$

が得られる. (4.5.48) において, $\frac{d}{dt}(q_1^{u,s}(t))$ の項は説明が必要である. 上で

$$q_1^{u,s}(t) \equiv \left. \frac{\partial q_\varepsilon^{u,s}(t)}{\partial \varepsilon} \right|_{\varepsilon=0}$$

4.5 2次元の時間周期ベクトル場におけるホモクリニック軌道に対するメルニコフの方法 **511**

と定義し，$q_\varepsilon^{u,s}(t)$ は

$$\frac{d}{dt}(q_\varepsilon^{u,s}(t)) = JDH(q_\varepsilon^{u,s}(t)) + \varepsilon g(q_\varepsilon^{u,s}(t), \phi(t), \varepsilon) \qquad (4.5.49)$$

の解であることを思い出そう．ここで，$\phi(t) = \omega t + \phi_0$ である．$q_\varepsilon^{u,s}(t)$ は，ε, t に関して $\mathbf{C}^r$ 級である（定理 1.1.10 参照）から，(4.5.49) を ε に関して微分して ε と t の微分の順番を入れ換えることができ，

$$\frac{d}{dt}\left(\left.\frac{\partial q_\varepsilon^{u,s}(t)}{\partial \varepsilon}\right|_{\varepsilon=0}\right) = JD^2H(q_0(t-t_0))\left.\frac{\partial q_\varepsilon^{u,s}(t)}{\partial \varepsilon}\right|_{\varepsilon=0(t)}$$
$$+ g(q_0(t-t_0), \phi(t), 0), \qquad (4.5.50)$$

つまり，

$$\frac{d}{dt}q_1^{u,s}(t) = JD^2H(q_0(t-t_0))q_1^{u,s}(t) + g(q_0(t-t_0), \phi(t), 0) \qquad (4.5.51)$$

を得る．方程式 (4.5.51) は**第 1 変分方程式**と呼ばれる（節 1.2D, ii）と演習問題 1.2.11 参照）．$q_1^u(t)$ は $t \in (-\infty, 0]$ に対して，(4.5.51) の解であり，$q_1^s(t)$ は $t \in (0, \infty]$ に対して，(4.5.51) の解であることに注意する．補題 4.5.2 の後の注意を参照．(4.5.51) を (4.5.48) に代入すると

$$\frac{d}{dt}(\Delta^{u,s}(t)) = \left(\frac{d}{dt}(DH(q_0(t-t_0)))\right) \cdot q_1^{u,s}(t)$$
$$+ DH(q_0(t-t_0)) \cdot JD^2H(q_0(t-t_0))q_1^{u,s}(t)$$
$$+ DH(q_0(t-t_0)) \cdot g(q_0(t-t_0), \phi(t), 0) \qquad (4.5.52)$$

となる．ここですばらしいことが起きる．

補題 4.5.3

$$\left(\frac{d}{dt}(DH(q_0(t-t_0)))\right) \cdot q_1^{u,s}(t)$$
$$+ DH(q_0(t-t_0)) \cdot JD^2H(q_0(t-t_0))q_1^{u,s}(t) = 0.$$

証明 まず，

$$\frac{d}{dt}\big(DH(q_0(t-t_0))\big) = D^2H(q_0(t-t_0))\dot{q}_0(t-t_0)$$
$$= \big(D^2H(q_0(t-t_0))\big)\big(JDH(q_0(t-t_0))\big)$$
$$(4.5.53)$$

512   4. 大域的分岐とカオスのいくつかの様相

に注意する. $q_1^{u,s}(t) = (x_1^{u,s}(t), y_1^{u,s}(t))$ とする. このとき,

$$
(D^2H)(JDH) \cdot q_1^{u,s} = \begin{pmatrix} \dfrac{\partial^2 H}{\partial x^2} & \dfrac{\partial^2 H}{\partial x \partial y} \\[3mm] \dfrac{\partial^2 H}{\partial x \partial y} & \dfrac{\partial^2 H}{\partial y^2} \end{pmatrix} \begin{pmatrix} \dfrac{\partial H}{\partial y} \\[3mm] -\dfrac{\partial H}{\partial x} \end{pmatrix} \cdot \begin{pmatrix} x_1^{u,s} \\[3mm] y_1^{u,s} \end{pmatrix}
$$

$$
= x_1^{u,s} \left[\frac{\partial^2 H}{\partial x^2} \frac{\partial H}{\partial y} - \frac{\partial^2 H}{\partial x \partial y} \frac{\partial H}{\partial x} \right]
$$

$$
+ y_1^{u,s} \left[\frac{\partial^2 H}{\partial x \partial y} \frac{\partial H}{\partial y} - \frac{\partial^2 H}{\partial y^2} \frac{\partial H}{\partial x} \right] \tag{4.5.54}
$$

と

$$
DH \cdot (JD^2H) q_1^{u,s} = \begin{pmatrix} \dfrac{\partial H}{\partial x} \\[3mm] \dfrac{\partial H}{\partial y} \end{pmatrix} \cdot \begin{pmatrix} \dfrac{\partial^2 H}{\partial x \partial y} & \dfrac{\partial^2 H}{\partial y^2} \\[3mm] -\dfrac{\partial^2 H}{\partial x^2} & -\dfrac{\partial^2 H}{\partial x \partial y} \end{pmatrix} \begin{pmatrix} x_1^{u,s} \\[3mm] y_1^{u,s} \end{pmatrix}
$$

$$
= x_1^{u,s} \left[\frac{\partial^2 H}{\partial x \partial y} \frac{\partial H}{\partial x} - \frac{\partial^2 H}{\partial x^2} \frac{\partial H}{\partial y} \right]
$$

$$
+ y_1^{u,s} \left[\frac{\partial^2 H}{\partial y^2} \frac{\partial H}{\partial x} - \frac{\partial^2 H}{\partial x \partial y} \frac{\partial H}{\partial y} \right] \tag{4.5.55}
$$

が成り立つ. ここで, 記法の簡潔さのために変数 $q_0(t - t_0) = (x_0(t - t_0), y_0(t - t_0))$ を省略した. (4.5.54) と (4.5.55) を加えて, 求める式を得る. □

したがって, 補題 4.5.3 を用いると, (4.5.48) は

$$
\frac{d}{dt}(\Delta^{u,s}(t)) = DH(q_0(t - t_0)) \cdot g(q_0(t - t_0), \phi(t), 0) \tag{4.5.56}
$$

となる. $\Delta^u(t)$ と $\Delta^s(t)$ を個々に $-\tau$ から 0 まで, 0 から τ まで $(\tau > 0)$ 積分すると, それぞれ,

$$
\Delta^u(0) - \Delta^u(-\tau) = \int_{-\tau}^{0} DH(q_0(t - t_0)) \cdot g(q_0(t - t_0), \omega t + \phi_0, 0) dt \tag{4.5.57}
$$

$$
\Delta^s(\tau) - \Delta^s(0) = \int_{0}^{\tau} DH(q_0(t - t_0)) \cdot g(q_0(t - t_0), \omega t + \phi_0, 0) dt \tag{4.5.58}
$$

となる. ここで, $\phi(t) = \omega t + \phi_0$ を被積分関数に代入した. (4.5.57) と (4.5.58) を加

4.5 2次元の時間周期ベクトル場におけるホモクリニック軌道に対するメルニコフの方法 *513*

え，(4.5.44) と (4.5.46) に当てはめると

$$M(t_0, \phi_0) = M(0, t_0, \phi_0) = \Delta^u(0) - \Delta^s(0)$$

$$= \int_{-\tau}^{\tau} DH(q_0(t - t_0)) \cdot g(q_0(t - t_0), \omega t + \phi_0, 0) dt$$

$$+ \Delta^s(\tau) - \Delta^u(-\tau) \tag{4.5.59}$$

が得られる.

$\tau \to \infty$ としたときの (4.5.59) の極限を考えたい.

補題 4.5.4

$$\lim_{\tau \to \infty} \Delta^s(\tau) = \lim_{\tau \to \infty} \Delta^u(-\tau) = 0.$$

証明 (4.5.47) より

$$\Delta^{u,s}(t) = DH(q_0(t - t_0)) \cdot q_1^{u,s}(t)$$

を思い出そう. $t \to \infty$ （または $-\infty$）とすると，$q_0(t - t_0)$ は**双曲型不動点**に近づくので，$DH(q_0(t - t_0))$ は**指数関数的**に 0 に行く. また，$t \to \infty$ （または $-\infty$）としたとき，$q_1^s(t)$ $(q_1^u(t))$ は有界である（演習問題 1.2.12 と 4.17 参照）. したがって，$\Delta^s(\tau)$ $(\Delta^u(-\tau))$ は，$\tau \to \infty$ のとき 0 に行く. □

補題 4.5.5 広義積分

$$\int_{-\infty}^{\infty} DH(q_0(t - t_0)) \cdot g(q_0(t - t_0), \omega t + \phi_0, 0) dt$$

は絶対収束する.

証明 これは $g(q_0(t - t_0), \omega t + \phi_0, 0)$ が，全ての t に対して有界であることと $t \to \pm\infty$ のとき，$DH(q_0(t - t_0))$ が指数関数的に 0 に行くという事実からいえる. □

したがって，補題 4.5.4 と補題 4.5.5 を組み合わせると，(4.5.59) は

$$M(t_0, \phi_0) = \int_{-\infty}^{\infty} DH(q_0(t - t_0)) \cdot g(q_0(t - t_0), \omega t + \phi_0, 0) dt \tag{4.5.60}$$

となる.

主定理を与える前に，メルニコフ関数の興味ある性質を指摘しておきたい.

$$t \longrightarrow t + t_0$$

514 4. 大域的分岐とカオスのいくつかの様相

と変換すると，(4.5.60) は

$$M(t_0, \phi_0) = \int_{-\infty}^{\infty} DH(q_0(t)) \cdot g(q_0(t), \omega t + \omega t_0 + \phi_0, 0) dt \tag{4.5.61}$$

となる．$g(q, \cdot, 0)$ は周期的であった．これは，$M(t_0, \phi_0)$ が t_0 に関して周期 $2\pi/\omega$ であり，また，ϕ_0 に関して 周期 2π であることを意味する．この幾何はすぐに説明されるだろう．しかし，(4.5.61) から，t_0 を動かすことと ϕ_0 を動かすことは同じ効果があるということが明らかである．さらに，(4.5.61) と $g(q, \cdot, 0)$ の周期性より，

$$\frac{\partial M}{\partial \phi_0}(t_0, \phi_0) = \omega \frac{\partial M}{\partial t_0}(t_0, \phi_0) \tag{4.5.62}$$

がわかる．したがって，$\frac{\partial M}{\partial t_0} = 0$ と $\frac{\partial M}{\partial \phi_0} = 0$ は同値である．定理 4.5.6 で，$\frac{\partial M}{\partial t_0} \neq 0$，または，$\frac{\partial M}{\partial \phi_0} \neq 0$ を示さなければならない．しかし，(4.5.62) より，もし，片方が 0 でなければ，もう一方も 0 ではない．よって，$\frac{\partial M}{\partial t_0} \neq 0$ に関して，定理を述べよう．

定理 4.5.6 次の条件を満たす点 $(t_0, \phi_0) = (\bar{t}_0, \bar{\phi}_0)$ が与えられたとする．

i) $M(\bar{t}_0, \bar{\phi}_0) = 0$

ii) $\left. \dfrac{\partial M}{\partial t_0} \right|_{(\bar{t}_0, \bar{\phi}_0)} \neq 0$

このとき，$W^s(\gamma_\varepsilon(t))$ と $W^u(\gamma_\varepsilon(t))$ は，$(q_0(-\bar{t}_0) + \mathcal{O}(\varepsilon), \bar{\phi}_0)$ で横断的に交わる．さらに，全ての $(t_0, \phi_0) \in \mathbb{R}^1 \times S^1$ に対して，$M(t_0, \phi_0) \neq 0$ ならば，$W^s(\gamma_\varepsilon(t)) \cap W^u(\gamma_\varepsilon(t)) = \emptyset$ である．

証明 (4.5.34)，(4.5.36)，(4.5.37) より，

$$d(t_0, \phi_0, \varepsilon) = \varepsilon \frac{M(t_0, \phi_0)}{\|DH(q_0(-t_0))\|} + \mathcal{O}(\varepsilon^2) \tag{4.5.63}$$

が成り立つことを思い起こそう．

$$d(t_0, \phi_0, \varepsilon) = \varepsilon \tilde{d}(t_0, \phi_0, \varepsilon) \tag{4.5.64}$$

と定義する．ここで

$$\tilde{d}(t_0, \phi_0, \varepsilon) = \frac{M(t_0, \phi_0)}{\|DH(q_0(-t_0))\|} + \mathcal{O}(\varepsilon) \tag{4.5.65}$$

である．このとき，

$$\tilde{d}(t_0, \phi_0, \varepsilon) = 0 \Rightarrow d(t_0, \phi_0, \varepsilon) = 0 \tag{4.5.66}$$

4.5 2次元の時間周期ベクトル場におけるホモクリニック軌道に対するメルニコフの方法 **515**

となる．したがって，$\tilde{d}(t_0, \phi_0, \varepsilon)$ で証明を続けよう．

$(t_0, \phi_0, \varepsilon) = (\bar{t}_0, \bar{\phi}_0, 0)$ において，

$$\tilde{d}(\bar{t}_0, \bar{\phi}_0, 0) = \frac{M(\bar{t}_0, \bar{\phi}_0)}{\|DH(q_0(-\bar{t}_0))\|} = 0 \tag{4.5.67}$$

となり，

$$\left.\frac{\partial \tilde{d}}{\partial t_0}\right|_{(\bar{t}_0, \bar{\phi}_0, 0)} = \frac{1}{\|DH(q_0(-\bar{t}_0))\|} \left.\frac{\partial M}{\partial t_0}\right|_{(\bar{t}_0, \bar{\phi}_0)} \neq 0 \tag{4.5.68}$$

である．陰関数定理より，十分小さな $|\phi - \phi_0|$ と ε に対して，関数

$$t_0 = t_0(\phi_0, \varepsilon) \tag{4.5.69}$$

が存在して，

$$\tilde{d}(t_0(\phi_0, \varepsilon), \phi_0, \varepsilon) = 0 \tag{4.5.70}$$

を満たす．これは，$W^s(\gamma_\varepsilon(t))$ と $W^u(\gamma_\varepsilon(t))$ が $(q_0(-t_0), \phi_0)$ に $\mathcal{O}(\varepsilon)$ の近くで交わることを示している．次に横断性について考える必要がある．

$W^s(\gamma_\varepsilon(t))$ と $W^u(\gamma_\varepsilon(t))$ が点 p で交わるとする．節 1.2C より，

$$T_p W^s(\gamma_\varepsilon(t)) + T_p W^u(\gamma_\varepsilon(t)) = \mathbb{R}^3 \tag{4.5.71}$$

であれば，交わりは横断的であるといった．いま十分小さな ε に対して，$W^s(\gamma_\varepsilon(t))$ と $W^u(\gamma_\varepsilon(t))$ 上の定義 4.5.1 の意味で $\gamma_\varepsilon(t)$ に近いような点は，t_0 と ϕ_0 によってパラメータづけることができる．したがって，

$$\left(\frac{\partial q_\varepsilon^u}{\partial t_0}, \frac{\partial q_\varepsilon^u}{\partial \phi_0}\right) \tag{4.5.72}$$

と

$$\left(\frac{\partial q_\varepsilon^s}{\partial t_0}, \frac{\partial q_\varepsilon^s}{\partial \phi_0}\right) \tag{4.5.73}$$

は，それぞれ，$T_p W^u(\gamma_\varepsilon(t))$ と $T_p W^s(\gamma_\varepsilon(t))$ に対する基底である．

（注：(4.5.72) や (4.5.73) がどのように計算されるかを理解することは，読者にとって重要である．定義より，$p = (q_\varepsilon^s, \phi_0) = (q_\varepsilon^u, \phi_0)$ であり，q_ε^s と q_ε^u は，$q_\varepsilon^s(0) = q_\varepsilon^s$，$q_\varepsilon^u(0) = q_\varepsilon^u$ を満たす点であり，ここで，$q_\varepsilon^s(t)$ と $q_\varepsilon^u(t)$ は，それぞれ，$W^s(\gamma_\varepsilon(t))$，$W^u(\gamma_\varepsilon(t))$ のなかの軌跡である．このような軌跡は t_0 と ϕ_0 でパラメータづけられているので，(4.5.72) と (4.5.73) は，$t = 0$ で計算された t_0 と ϕ_0 に関するそれぞれの軌跡の導関数である．)

516   4. 大域的分岐とカオスのいくつかの様相

$T_p W^s(\gamma_\varepsilon(t))$ と $T_p W^u(\gamma_\varepsilon(t))$ は,

$$\frac{\partial q_\varepsilon^u}{\partial t_0} - \frac{\partial q_\varepsilon^s}{\partial t_0} \neq 0 \tag{4.5.74}$$

または,

$$\frac{\partial q_\varepsilon^u}{\partial \phi_0} - \frac{\partial q_\varepsilon^u}{\partial \phi_0} \neq 0 \tag{4.5.75}$$

とすれば, p で接していない. t_0 と ϕ_0 に関して $d(t_0,\phi_0,\varepsilon)$ を微分し, $(\bar{t}_0 + \mathcal{O}(\varepsilon), \overline{\phi}_0)$ (ここで $M(\bar{t}_0,\overline{\phi}_0)=0)$) で与えられる交点で計算すると

$$\begin{aligned}
\frac{\partial d}{\partial t_0}(\bar{t}_0,\overline{\phi}_0,\varepsilon) &= \frac{DH(q_0(-\bar{t}_0)) \cdot ((\partial q_\varepsilon^u)/(\partial t_0) - (\partial q_\varepsilon^s)/(\partial t_0))}{\|DH(q_0(-\bar{t}_0))\|} \\
&= \varepsilon \frac{(\partial M/\partial t_0)(\bar{t}_0,\overline{\phi}_0)}{\|DH(q_0(-t_0))\|} + \mathcal{O}(\varepsilon^2),
\end{aligned} \tag{4.5.76}$$

$$\begin{aligned}
\frac{\partial d}{\partial \phi_0}(\bar{t}_0,\overline{\phi}_0,\varepsilon) &= \frac{DH(q_0(-\bar{t}_0)) \cdot ((\partial q_\varepsilon^u)/(\partial \phi_0) - (\partial q_\varepsilon^s)/(\partial \phi_0))}{\|DH(q_0(-\bar{t}_0))\|} \\
&= \varepsilon \frac{(\partial M/\partial \phi_0)(\bar{t}_0,\overline{\phi}_0)}{\|DH(q_0(-\bar{t}_0))\|} + \mathcal{O}(\varepsilon^2)
\end{aligned} \tag{4.5.77}$$

となる. したがって, (4.5.76) と (4.5.77) より, 十分小さな ε に対して, 横断性の十分条件は

$$\frac{\partial M}{\partial \phi_0}(\bar{t}_0,\overline{\phi}_0) = \omega \frac{\partial M}{\partial t_0}(\bar{t}_0,\overline{\phi}_0) \neq 0 \tag{4.5.78}$$

であることが明らかになる. 最後に, $M(t_0,\phi_0) \neq 0$ は, $W^s(\gamma_\varepsilon(t)) \cap W^u(\gamma_\varepsilon(t)) = \emptyset$ を意味するということは読者の演習問題に残しておく(演習問題 4.18 参照).   □

4.5B ポアンカレ写像とメルニコフ関数の幾何学

メルニコフ関数の独立変数 t_0 と ϕ_0 に付随する幾何学を記述したい.
相空間 $\mathbb{R}^2 \times S^1$ に対する次のような断面を考える.

$$\Sigma^{\phi_0} = \{(q,\phi) \in \mathbb{R}^2 \times S^1 \,|\, \phi = \phi_0\}. \tag{4.5.79}$$

$\dot{\phi} = \omega > 0$ だから, ベクトル場は Σ^{ϕ_0} に横断的である. よって, 摂動ベクトル場 (4.5.6) によって生成される流れによって定義される Σ^{ϕ_0} からそれ自身のポアンカレ写像は

$$\begin{aligned}
P_\varepsilon : \Sigma^{\phi_0} &\longrightarrow \Sigma^{\phi_0}, \\
q_\varepsilon(0) &\longmapsto q_\varepsilon(2\pi/\omega)
\end{aligned} \tag{4.5.80}$$

4.5 2次元の時間周期ベクトル場におけるホモクリニック軌道に対するメルニコフの方法   **517**

によって与えられる．ここで，$(q_\varepsilon(t), \phi(t) = \omega t + \phi_0)$ は摂動ベクトル場 (4.5.6) によって生成される流れを表す．周期軌道 $\gamma_\varepsilon(t)$ は Σ^{ϕ_0} と次のように表せる点で交わる．

$$p_{\varepsilon,\phi_0} = \gamma_\varepsilon(t) \cap \Sigma^{\phi_0}. \tag{4.5.81}$$

p_{ε,ϕ_0} は，1 次元安定多様体 $W^s(p_{\varepsilon,\phi_0})$ と 1 次元不安定多様体 $W^u(p_{\varepsilon,\phi_0})$ が，それぞれ，

$$W^s(p_{\varepsilon,\phi_0}) \equiv W^s(\gamma_\varepsilon(t)) \cap \Sigma^{\phi_0}$$

と

$$W^u(p_{\varepsilon,\phi_0}) \equiv W^u(\gamma_\varepsilon(t)) \cap \Sigma^{\phi_0} \tag{4.5.82}$$

で与えられるようなポアンカレ写像の双曲型不動点であることは明らかであろう．図 4.5.16 参照．

メルニコフ関数に戻ろう．ホモクリニック多様体 Γ_γ のパラメータづけから，ϕ_0 を固定し，t_0 を動かすことは，固定した断面 Σ^{ϕ_0} に距離測定を制限することに該当する．この場合，ϕ_0 を固定した $M(t_0, \phi_0)$ は，$W^s(p_{\varepsilon,\phi_0})$ と $W^u(p_{\varepsilon,\phi_0})$ の間の距離である．この場合はまた，メルニコフ関数の零点は 2 次元写像のホモクリニック点に対応し，またモーザーの定理やスメール・バーコフのホモクリニック定理が適用でき，(ホモクリニック点が横断的であるとすれば) 力学がカオス的であると結論される．

メルニコフ関数において，t_0 を固定し，ϕ_0 を動かすこともできる．これは，Γ_γ 上のある特定の点 $(q_0(-t_0), \phi_0)$ で π_p を固定し，断面 Σ^{ϕ_0} を変化させることに対応する．メルニコフ関数は，q の固定した位置での，異なる断面 Σ^{ϕ_0} 上の $W^s(\gamma_\varepsilon(t))$ と $W^u(\gamma_\varepsilon(t))$ の距離を測っている．ベクトル場は $W^s(\gamma_\varepsilon(t)) \cup W^u(\gamma_\varepsilon(t))$ 上では不動点を持たないので，断面が変化するとき，$q_0(-t_0)$ を固定したとき，$W^s(\gamma_\varepsilon(t)) \cup W^u(\gamma_\varepsilon(t))$ 内の全ての軌道は π_p を通らなければならない．したがって，いかなるホモクリニック軌道もメルニコフ関数によって，"見のがされる" ことはないであろう．

しかし，(4.5.61) で与えられたメルニコフ関数は次のような式であった．

$$M(t_0, \phi_0) = \int_{-\infty}^{\infty} DH(q_0(t)) \cdot g(q_0(t), \omega t + \omega t_0 + \phi_0, 0) dt. \tag{4.5.83}$$

(4.5.83) より，解析的に，ϕ_0 を固定したときの t_0 の変化は，t_0 を固定したときの ϕ_0 の変化に同値であることは明らかである．これの基礎となっている理由は，$W^s(\gamma_\varepsilon(t))$ と $W^u(\gamma_\varepsilon(t))$ が交わるとき，それらは解の一意性より孤立点では交われないが，正負のどちらの時間においても $\gamma_\varepsilon(t)$ に漸近するような軌跡 ((4.5.6) の解) に沿って交わらねばならないということにある．

518   4. 大域的分岐とカオスのいくつかの様相

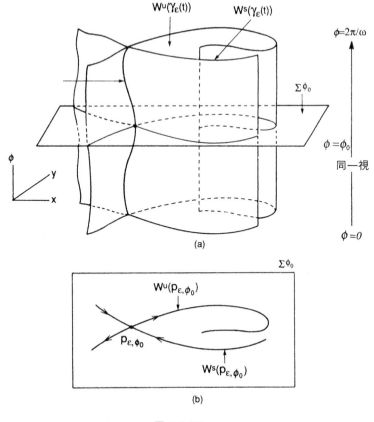

図 4.5.16

4.5C　メルニコフ関数のいくつかの性質

ここでは，メルニコフ関数のいくつかの基本的性質と特徴を集める．

1. 前に述べたように，$M(t_0, \phi_0)$ は距離の符号付測度である．これをもう少し詳しく調べよう．断面 Σ^{ϕ_0} 上で定義されたポアンカレ写像に制限し，ϕ_0 を固定する．すると，$d(t_0, \phi_0, \varepsilon)$ は，$W^s(p_{\varepsilon,\phi_0})$ と $W^u(p_{\varepsilon,\phi_0})$ の間の距離を表す（節 4.5b 参照）．$p = (q_0(-t_0), \phi_0)$ における $W^s(p_{\varepsilon,\phi_0})$ と $W^u(p_{\varepsilon,\phi_0})$ の距離は，次のように与えられた．

$$d(t_0, \phi_0, \varepsilon) = \frac{DH(q_0(-t_0)) \cdot (q_\varepsilon^u - q_\varepsilon^s)}{\|DH(q_0(-t_0))\|}$$

4.5 2次元の時間周期ベクトル場におけるホモクリニック軌道に対するメルニコフの方法 **519**

$$= \varepsilon \frac{M(t_0, \phi_0)}{\|DH(q_0(-t_0))\|} + \mathcal{O}(\varepsilon^2). \tag{4.5.84}$$

ここで，q_ε^u と q_ε^s は定義 4.5.1 で定義された．したがって，十分小さな ε に対して，

$$M(t_0, \phi_0) \begin{matrix} > \\ < \end{matrix} 0 \Rightarrow d(t_0, \phi_0, \varepsilon) \begin{matrix} > \\ < \end{matrix} 0 \tag{4.5.85}$$

となる．このように，(4.5.84) と (4.5.85) を用いると，$d(t_0, \phi_0, \varepsilon)$ を $M(t_0, \phi_0)$ で置き換えるならば，図 4.5.10 が成り立つ.

2. $M(t_0, \phi_0)$ は t_0 で周期的で，周期は $2\pi/\omega$ であり，ϕ_0 でも周期的で，周期 2π である．これは，摂動 $\varepsilon g(q, t, \varepsilon)$ が t で周期的で，周期は $2\pi/\omega$ であることと，(4.5.61) で与えられた $M(t_0, \phi_0)$ の形からわかる.

3. (4.5.84) より，$W^s(\gamma_\varepsilon(t))$ と $W^u(\gamma_\varepsilon(t))$ の距離は

$$d(t_0, \phi_0, \varepsilon) = \varepsilon \frac{M(t_0, \phi_0)}{\|DH(q_0(-t_0))\|} + \mathcal{O}(\varepsilon^2) \tag{4.5.86}$$

で与えられた．(4.5.86) の $\mathcal{O}(\varepsilon)$ の項の分母 $\|DH(q_0(-t_0))\|$ に注目したい．

ϕ_0 を固定した状況を考えよう．$d(t_0, \phi_0, \varepsilon)$ はポアンカレ写像の双曲型不動点の安定多様体と不安定多様体の間の距離である（節 4.5B 参照）．すると，$t_0 \to \pm\infty$ のとき，距離の測定は双曲型不動点の近くでなされる（$t_0 \to \pm\infty$ のとき，$q_0(-t_0)$ は非摂動双曲型不動点に近づくから）．また，$t_0 \to \pm\infty$ のとき，$\|DH(q_0(-t_0))\| \to 0$ であり，$d(t_0, \phi_0, \varepsilon) \to \infty$ を示している．幾何学的には，これは，双曲型不動点のまわりでは多様体間の距離がどんどん大きく振動していることを意味する．図 4.6.18 参照．読者は，この解析的結果とラムダ補題（補題 4.4.1）によって与えられる幾何的描像を比較されたい.

4. 摂動は自励的で，したがって，$\varepsilon g(q)$ は時間にはよらないと仮定する．このとき，メルニコフ関数は

$$M = \int_{-\infty}^{\infty} DH(q_0(t)) \cdot g(q_0(t)) dt \tag{4.5.87}$$

で与えられる．この場合，M は単なる数，すなわち，t_0 と ϕ_0 の関数ではない．これは，自励的 2 次元ベクトル場に対して，双曲型不動点の安定および不安定多様体は一致するか全く交わらないかのどちらかであることを意味する．演習問題 4.22 で自励的問題に対するメルニコフ関数の幾何について，十分により詳しく扱う.

5. ベクトル場はハミルトニアンであるとする．すなわち

$$H_\varepsilon(x, y, t) = H(x, y) + \varepsilon H_1(x, y, t, \varepsilon) \tag{4.5.88}$$

で与えられ，摂動ベクトル場 (4.5.1) が

$$
\begin{aligned}
\dot{x} &= \frac{\partial H}{\partial y}(x,y) + \varepsilon \frac{\partial H_1}{\partial y}(x,y,t,\varepsilon), \\
\dot{y} &= -\frac{\partial H}{\partial x}(x,y) - \varepsilon \frac{\partial H_1}{\partial x}(x,y,t,\varepsilon)
\end{aligned}
\tag{4.5.89}
$$

で与えられるような t で周期 $T = 2\pi/\omega$ を持つ $\mathbf{C}^{r+1}$ $(r \geq 2)$ 級関数があるとする．この場合，(4.5.61) と (4.5.89) を用いると，メルニコフ関数は

$$
M(t_0,\phi_0) = \int_{-\infty}^{\infty} \{H,H_1\}(q_0(t),\omega t + \omega t_0 + \phi_0, 0)dt
\tag{4.5.90}
$$

で与えられることが簡単にわかる．ここで，

$$
\{H,H_1\} \equiv \frac{\partial H}{\partial x}\frac{\partial H_1}{\partial y} - \frac{\partial H}{\partial y}\frac{\partial H_1}{\partial x}
\tag{4.5.91}
$$

は H と H_1 のポアッソン括弧である．

4.5D　低調波メルニコフ関数の関係

節 1.2D ii) で，低調波メルニコフ理論を開発した．この理論は，ホモクリニック軌道の内部の周期 T^α の周期軌道 $q^\alpha(t)$, $\alpha \in [-1,0)$ の 1-パラメータ族に関係するものであった．作用-角変数（節 1.2D ii) 参照）を用いると，摂動ベクトル場 (4.5.1) は

$$
\begin{aligned}
\dot{I} &= \varepsilon F(I,\theta,\phi,\varepsilon), \\
\dot{\theta} &= \Omega(I) + \varepsilon G(I,\theta,\phi,\varepsilon), \qquad (I,\theta,\phi) \in \mathbb{R}^+ \times S^1 \times S^1 \\
\dot{\phi} &= \omega
\end{aligned}
\tag{4.5.92}
$$

と変換される．ここで，

$$
\begin{aligned}
F &= \frac{\partial I}{\partial x}g_1 + \frac{\partial I}{\partial y}g_2, \\
G &= \frac{\partial \theta}{\partial x}g_1 + \frac{\partial \theta}{\partial y}g_2
\end{aligned}
\tag{4.5.93}
$$

である．相空間 $\mathbb{R}^+ \times S^1 \times S^1$ に対する断面を

$$
\Sigma^{\phi_0} = \left\{ (I,\theta,\phi) \in \mathbb{R}^+ \times S^1 \times S^1 \,|\, \phi = \phi_0 \right\}
\tag{4.5.94}
$$

で定義し，(4.5.92) によって生成されたポアンカレ写像の m 回反復に対する近似を導いた．それは，以下のように与えられる．

4.5 2次元の時間周期ベクトル場におけるホモクリニック軌道に対するメルニコフの方法　*521*

$$P_\varepsilon^m : \Sigma^{\phi_0} \longrightarrow \Sigma^{\phi_0} \tag{4.5.95}$$

$$(I,\theta) \mapsto (I, \theta + mT\Omega(I)) + \varepsilon(M_1^{m/n}(I,\theta,\phi_0), M_2^{m/n}(I,\theta,\phi_0)) + \mathcal{O}(\varepsilon^2).$$

ベクトル

$$M^{m/n}(I,\theta,\phi_0) \equiv \left(M_1^{m/n}(I,\theta,\phi_0), M_2^{m/n}(I,\theta,\phi_0) \right) \tag{4.5.96}$$

は低調波メルニコフ・ベクトルと定義された.

$$\frac{\partial\Omega}{\partial I} \neq 0, \tag{4.5.97}$$

の（生成的）状況では，共鳴条件

$$mT = nT(I) \tag{4.5.98}$$

（m, n は互いに素な整数）を満たすような I の値において，低調波メルニコフ・ベクトルの第一成分の θ に関する 0 点がポアンカレ写像の m 回反復の不動点に対応する（定理 1.2.13）ということが分かった. さらに，いくつかの変換（定理 1.2.13 の後の注意を参照）を用いることにより，$M_1^{m/n}(I,\theta,\phi_0)$ が，最初にベクトル場を作用-角座標に変換することなく計算できることを示した. 特に，

$$\begin{aligned}
&M_1^{m/n}(t_0,\phi_0) \\
&= \frac{1}{\Omega(I)} \int_0^{mT} DH(q^\alpha(t)) \cdot g(q^\alpha(t), \omega t + \omega t_0 + \phi_0, 0) dt
\end{aligned} \tag{4.5.99}$$

であった. ここで，α は非摂動周期軌道をラベルづけする変数として I （共鳴条件 (4.5.98) によって m/n に関係づけられている）に置き換えた. また，$\theta = \omega t_0$ である.

$$\begin{aligned}
&\bar{M}_1^{m/n}(t_0,\phi_0) \\
&= \int_0^{mT} DH(q^\alpha(t)) \cdot g(q^\alpha(t), \omega t + \omega t_0 + \phi_0, 0) dt
\end{aligned} \tag{4.5.100}$$

は低調波メルニコフ関数として定義された.

ここで，読者はホモクリニック・メルニコフ理論と低調波メルニコフ理論の類似に気がつき始めなければならないだろう. 節 4.5A より，断面 Σ^{ϕ_0} 上で定義されたポアンカレ写像の双曲型不動点の安定および不安定多様体の距離は，

$$d(t_0,\phi_0,\varepsilon) = \varepsilon \frac{M(t_0,\phi_0)}{\|DH(q_0(-t_0))\|} + \mathcal{O}(\varepsilon^2) \tag{4.5.101}$$

によって与えらる. ここで，

$$M(t_0,\phi_0) = \int_{-\infty}^{\infty} DH(q_0(t)) \cdot (q_0(t), \omega t + \omega t_0 + \phi_0, 0) dt$$

522   4. 大域的分岐とカオスのいくつかの様相

である. 読者は (4.5.99) と (4.5.101) の比較に関して次のことに注意しなければならない.

1. $M(t_0, \phi_0)$ と $\bar{M}_1^{m/n}(t_0, \phi_0)$ は非常によく似ている. $M(t_0, \phi_0)$ は, 非摂動ホモクリニック軌道 $q_0(t)$ のまわりで積分された関数 $DH(\cdot) \cdot g(\cdot, \omega t + \omega t_0 + \phi_0, 0)$ であり, $\bar{M}_1^{m/n}(t_0, \phi_0)$ は, 共鳴関係 $nT^\alpha = mT$ を満たす非摂動周期軌道 $q^\alpha(t)$ のまわりで積分された関数 $DH(\cdot) \cdot g(\cdot, \omega t + \omega t_0 + \phi_0, 0)$ である.

2. (4.5.99) における因子 $\frac{1}{\Omega(I)} > 0$ は, (4.5.101) において作用-角座標で書かれた $\frac{1}{\|DH(q_0(-t_0))\|}$ と同じである.

   $n = 1$ の場合を考えよう. 共鳴条件は

$$mT = T^\alpha \qquad (4.5.102)$$

で与えられる. したがって, $m \to \infty$ のとき, (4.5.102) が満たされるためには, $\alpha \to 0$ となる (逆も同様). $q^\alpha(t)$ は周期的であり, 周期は (4.5.102) を満たす T^α であるから, 変換 $t \to t - \frac{mT}{2}$ を行うと, (4.5.100) は

$$\bar{M}_1^{m/1}(t_0, \phi_0) = \int_{-mT/2}^{mT/2} DH(q^\alpha(t)) \cdot g(q^\alpha(t), \omega t + \omega t_0 + \phi_0, 0)dt \qquad (4.5.103)$$

となる.

定理 4.5.7

$$\lim_{m \to \infty} \bar{M}_1^{m/1}(t_0, \phi_0) = M(t_0, \phi_0).$$

証明　(4.5.103) と (4.5.101) を用いると, この証明は解析の簡単な問題であり, 読者に演習問題として残しておこう (演習問題 4.19 参照).　□

4.5E　ホモクリニック分岐と低調波分岐

ベクトル場 (4.5.6) はスカラー・パラメータ μ に依存すると仮定する. すなわち,

$$\begin{aligned} \dot{q} &= JDH(q) + \varepsilon g(q, \phi, \mu, \varepsilon), \\ \dot{\phi} &= \omega, \end{aligned} \qquad (q, \phi, \mu) \in \mathbb{R}^2 \times S^1 \times \mathbb{R}^1. \qquad (4.5.104)$$

もし, 特定の問題において, パラメータが 2 つ以上あったら, 1 つを除いてあとは固定して考える. この場合, 低調波メルニコフ関数とホモクリニック・メルニコフ関数は, パラメータ μ に依存する. 特に,

$$\bar{M}_1^{m/n}(t_0, \phi_0, \mu), \qquad (4.5.105)$$

4.5 2次元の時間周期ベクトル場におけるホモクリニック軌道に対するメルニコフの方法 **523**

$$M(t_0, \phi_0, \mu) \tag{4.5.106}$$

と書く. ϕ_0 を固定して考える. すなわち, (4.5.102) に付随するポアンカレ写像が断面 Σ^{ϕ_0} 上で定義される. ホモクリニック・メルニコフ関数に対する次の分岐定理を得る.

定理 4.5.8 $(\bar{t}_0, \bar{\mu})$ が次の条件を満たすとする.

i) $M(\bar{t}_0, \phi_0, \bar{\mu}) = 0$,

ii) $\dfrac{\partial M}{\partial t_0}(\bar{t}_0, \phi_0, \bar{\mu}) = 0$,

iii) $\dfrac{\partial M}{\partial \mu}(\bar{t}_0, \phi_0, \bar{\mu}) \neq 0$,

iv) $\dfrac{\partial^2 M}{\partial t_0^2}(\bar{t}_0, \phi_0, \bar{\mu}) \neq 0$.

このとき, 断面 Σ^{ϕ_0} 上の双曲型不動点の安定および不安定多様体は, $(q_0(-\bar{t}_0)) + \mathcal{O}(\varepsilon)$ で $\mu = \bar{\mu} + \mathcal{O}(\varepsilon)$ に対し, 2次接触する.

証明 多様体の接触は

$$\begin{aligned} d(t_0, \phi_0, \mu, \varepsilon) &= 0, \\ \frac{\partial d}{\partial t_0}(t_0, \phi_0, \mu, \varepsilon) &= 0 \end{aligned} \tag{4.5.107}$$

を意味する. 定理 4.5.6 におけるのと同様に $d(t_0, \phi_0, \mu, \varepsilon) = \varepsilon \tilde{d}(t_0, \phi_0, \mu, \varepsilon)$ とし,

$$\tilde{d}(t_0, \phi_0, \mu, \varepsilon) = \frac{M(t_0, \phi_0, \mu)}{\|DH(q_0(-t_0))\|} + \mathcal{O}(\varepsilon) \tag{4.5.108}$$

とする. すると,

$$\begin{aligned} \tilde{d}(t_0, \phi_0, \mu, \varepsilon) &= 0, \\ \frac{\partial \tilde{d}}{\partial t_0}(t_0, \phi_0, \mu, \varepsilon) &= 0 \end{aligned} \tag{4.5.109}$$

の解は (4.5.107) の解である. 今, 定理の仮定 i) と ii) より, (4.5.109) は $(\bar{t}_0, \phi_0, \bar{\mu}, 0)$ で解を持つ. 仮定 iii) と iv) より, 十分小さな ε に対して, 解が持続することを示すために, 陰関数定理を適用することができる. 詳細は, 正確には定理 4.5.6 の証明と同様に行い, 読者に演習問題として残しておく. □

条件 $\frac{\partial^2 M}{\partial t_0^2}(\bar{t}_0, \phi_0, \bar{\mu}) \neq 0$ は接触が2次であることを意味している.

524   4. 大域的分岐とカオスのいくつかの様相

演習問題 3.41 において，低調波メルニコフ・ベクトルを使って低調波鞍状点-結節点分岐に対する定理を与えた．ここで，少し異なる記法（すなわち，α を I に代入する）によって場合FP1（すなわち，$\frac{\partial \Omega}{\partial I} \neq 0$）に対する定理を構成し直そう．

定理 4.5.9

$$mT = nT^{\overline{\alpha}},$$

となるような $\overline{\alpha} \in [-1, 0)$ と

i) $\bar{M}_1^{m/n}(\bar{t}_0, \phi_0, \overline{\mu}) = 0,$

ii) $\dfrac{\partial \bar{M}_1^{m/n}}{\partial t_0}(\bar{t}_0, \phi_0, \overline{\mu}) = 0,$

iii) $\dfrac{\partial \bar{M}_1^{m/n}}{\partial \mu}(\bar{t}_0, \phi_0, \overline{\mu}) \neq 0,$

iv) $\dfrac{\partial^2 \bar{M}_1^{m/n}}{\partial t_0^2}(\bar{t}_0, \phi_0, \overline{\mu}) \neq 0$

となるような点 $(\bar{t}_0, \overline{\mu})$ が存在したとすると，$(\overline{\alpha}, \bar{t}_0, \overline{\mu}) + \mathcal{O}(\varepsilon)$ は，そこで P_ε の周期 m 点の鞍状点-結節点が生じる分岐点である．

証明 演習問題 3.41 参照． □

読者は，定理 4.5.8 と 4.5.9 の仮定 i), ii), iii), iv) が適当なメルニコフ関数（ホモクリニック，低調波それぞれ）に対するものと同じであることに注意すべきである．定理 4.5.7 をこの状況に適用すると，2 次ホモクリニック接触は $m \to \infty$ のとき，周期 m 点の鞍状点-結節点分岐の極限であると結論できるということがわかるだろう．しかし，（正しいとしても）これを証明はしなかった．というのは，もし，収束する関数列，すなわち，$\lim_{n \to \infty} f_n(x) = f(x)$ となる $\{f_n(x)\}$，があっても，ただちに，$\lim_{n \to \infty} f_n'(x) = f'(x)$ となるわけではないからである（Rudin [1964], 定理 7.17 参照）．節 4.7 でより一般的な状況（すなわち，非摂動的枠組みにおいて）でこの結果を示すであろうから，これは読者に演習問題として残しておく（演習問題 4.20）．しかし，最初に，減衰，強制ダッフィング振動子に応用されるこれらの結果を考えることにする．

4.5F 減衰，強制ダッフィング振動子への応用

節 1.2E から，減衰，強制ダッフィング振動子は

4.5 2次元の時間周期ベクトル場におけるホモクリニック軌道に対するメルニコフの方法　　*525*

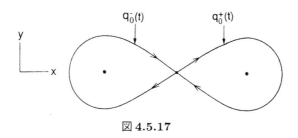

図 **4.5.17**

$$\begin{aligned}\dot{x} &= y, \\ \dot{y} &= x - x^3 + \varepsilon(\gamma\cos\phi - \delta y), \\ \dot{\phi} &= \omega\end{aligned} \tag{4.5.110}$$

で与えられることを思い起こそう．$\varepsilon = 0$ に対して，(4.5.110) は

$$q_0^\pm(t) = (x_0^\pm(t), y_0^\pm(t)) = (\pm\sqrt{2}\,\text{sech}\,t, \mp\sqrt{2}\,\text{sech}\,t\,\tanh t) \tag{4.5.111}$$

で与えられるホモクリニック軌道の対を持つ（演習問題 1.2.29 参照）．図 4.5.17 参照．

ホモクリニック・メルニコフ関数は

$$\begin{aligned}&M^\pm(t_0, \phi_0) \\ &= \int_{-\infty}^\infty [-\delta(y^\pm(t))^2 \pm \gamma y^\pm(t)\cos(\omega t + \omega t_0 + \phi_0)]dt.\end{aligned} \tag{4.5.112}$$

で与えられる．(4.5.111) を (4.5.112) に代入すると

$$M^\pm(t_0, \phi_0) = -\frac{4\delta}{3} \pm \sqrt{2}\gamma\pi\omega\,\text{sech}\frac{\pi\omega}{2}\sin(\omega t_0 + \phi_0) \tag{4.5.113}$$

となる．ϕ_0 を固定して，断面を

$$\Sigma^{\phi_0} = \{(x, y, \phi) \in \mathbb{R} \times \mathbb{R} \times S^1 \,|\, \phi = \phi_0\} \tag{4.5.114}$$

で定義する．ここで，メルニコフ関数は，断面上で定義された双曲型不動点の安定および不安定多様体の分離を記述する．$P_\varepsilon^{\phi_0}$ を (4.5.110) によって生成された流れによって定義された断面 Σ^{ϕ_0} のポアンカレ写像を表すとし，$\delta = 0$ の場合を考える．すると，メルニコフ関数 (4.5.113) と節 4.5C の注意 1 を用いると，双曲型不動点 P_{ϕ_0} の安定および不安定多様体は，$\phi_0 = 0, \pi/2, \pi, 3\pi/2$ に対して図 4.5.18 に図示したように交わるということを示すことは簡単である．図 4.5.18 は重要な点を図示している．すなわち，ポアンカレ写像が定義されている断面を変えることによって，ポアンカレ写像の対称性を変えることができる．これは，たびたび，ポアンカレ写像の数値計算における計算時間の実質的な節約をもたらす．これらの問題を演習問題 4.21 で調べ，図 4.5.18 が $\delta \neq 0$ に対してどのように変わるかを考える．

526   4. 大域的分岐とカオスのいくつかの様相

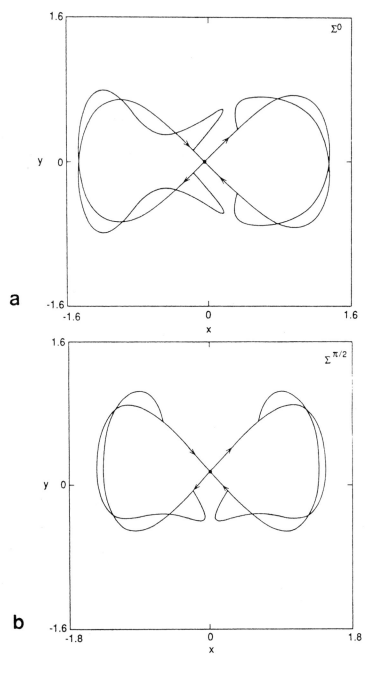

図 4.5.18

4.5 2次元の時間周期ベクトル場におけるホモクリニック軌道に対するメルニコフの方法　　527

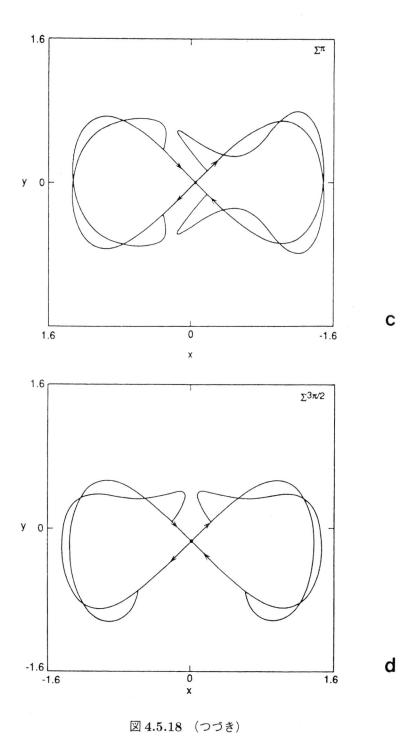

図 4.5.18 （つづき）

528   4. 大域的分岐とカオスのいくつかの様相

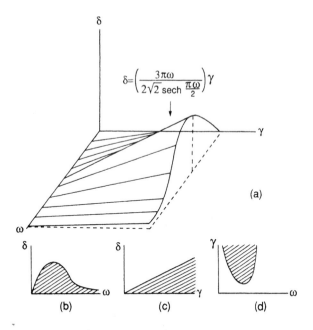

図 4.5.19 (a) 臨界曲面 $\delta = \left(\frac{3\pi\omega}{2\sqrt{2}\operatorname{sech}(\pi\omega/2)}\right)\gamma$ のグラフ. (b) $\gamma=$ 定数 の臨界曲面の断面. (c) $\omega=$ 定数 の臨界曲面の断面. (d) $\delta=$ 定数 の臨界曲面の断面.

(4.5.113) より，多様体が交わる条件をパラメータ (δ, ω, γ) の言葉でいうと

$$\delta < \left(\frac{3\pi\omega}{2\sqrt{2}\operatorname{sech}\frac{\pi\omega}{2}}\right)\gamma \tag{4.5.115}$$

で与えられることは簡単にわかる．図 4.5.19 に臨界曲面 $\delta = \left(\frac{3\pi\omega}{2\sqrt{2}\operatorname{sech}(\pi\omega/2)}\right)\gamma$ を描いた．次のことに注意する．

1. 多様体の交差に対する条件 (4.5.115) は，特別な断面 Σ^{ϕ_0} に依存していない（当然そうであるように）．
2. もし，安定および不安定多様体の "右側" の分枝が交わるなら，"左側" の分枝も交わり，逆も成り立つ．しかしながら，図 4.5.18 で見られるように，右側分枝と左側分枝の幾何は異なるかもしれない．

このように，(4.5.115) は，パラメータ (δ, ω, γ) の関数として，減衰，強制ダッフィング振動子におけるカオスに対する判定基準である．

ここで，Γ_{p_0} の内外の周期軌道に戻ろう．Σ^0 上の Γ_{p_0} の内部の周期軌道に対する低調波メルニコフ関数は，

4.5 2次元の時間周期ベクトル場におけるホモクリニック軌道に対するメルニコフの方法 **529**

$$\bar{M}_{1,i}^{m/1}(t_0,0) = -\delta J_1(m,1) + \gamma J_2(m,1,\omega)\sin\omega t_0 \tag{4.5.116}$$

で与えられた（節 1.2E 参照）．ここで

$$J_1(m,1) = \frac{2}{3}\big[2(2-k^2)E(k) - 4(1-k^2)K(k)\big]/(2-k^2)^{3/2},$$

$$J_2(m,1) = \sqrt{2}\pi\omega\ \mathrm{sech}\ \frac{\pi m K(\sqrt{1-k^2})}{K(k)}$$

である．$k \in (0,1)$ は楕円モジュラスであり，$K(k)$ と $E(k)$ は，それぞれ，第一，第二完全楕円積分であった．内部の周期軌道に対する共鳴関係は

$$\frac{2\pi m}{\omega} = 2\sqrt{2-k^2}K(k) \tag{4.5.117}$$

で与えられていた．同様に，外部の周期軌道に対する低調波メルニコフ関数は，

$$\bar{M}_{1,0}^{m/1} = -\delta\hat{J}_1(m,1) + \gamma\hat{J}_2(m,1,\omega)\sin\omega t_0 \tag{4.5.118}$$

で与えられ（演習問題 1.2.30 参照），$\hat{J}_1(m,1)$ と $\hat{J}_2(m,1,\omega)$ を演習問題 1.2.30 で計算した．外部の周期軌道に対する共鳴関係は

$$\frac{2\pi m}{\omega} = 4\sqrt{2k^2-1}K(k) \tag{4.5.119}$$

で与えられた．(4.5.116) と (4.5.118) より，

$$\text{内部低調波}\qquad \gamma = R^m(\omega)\delta \tag{4.5.120a}$$

$$\text{外部低調波}\qquad \gamma = \hat{R}^m(\omega)\delta \tag{4.5.120b}$$

で与えられる周期 mT 低調波の発生に対する鞍状点-結節点分岐曲線が得られた．ここで，

$$R^m(\omega) \equiv \frac{J_1(m,1)}{J_2(m,1,\omega)}$$

$$\hat{R}^m(\omega) = \frac{\hat{J}_1(m,1)}{\hat{J}_2(m,1,\omega)}$$

である．図 1.2.43 で，(4.5.120a)，(4.5.120b) によって定義される直線を m の関数として $\gamma-\delta$ 平面内に（固定した $\omega=1$ に対して）示した．ここでもう一度図 4.5.20 としてあげておく．例えば，

$$\frac{\gamma}{\delta} > R^m(\omega)$$

に対して，ポアンカレ写像の m 回の反復の $2m$ 個の不動点は m 次共鳴レベルの近く（すなわち，共鳴関係 $\frac{2\pi m}{\omega} = 2\sqrt{2-k^2}K(k)$ を満たすような k の値によってラベル

530   4. 大域的分岐とカオスのいくつかの様相

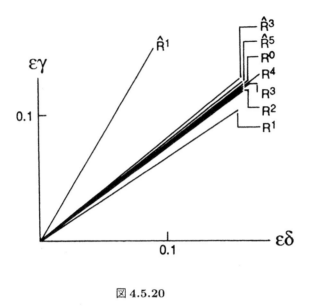

図 4.5.20

づけされた非摂動周期軌道の近く）に存在し，$\delta > 0$ に対して，鞍状点である m 個の不動点と m 個の沈点を持っていた．したがって，定理 4.5.9 より，直線 (4.5.120a) と (4.5.120b) は，分岐する周期軌道が任意の高い周期を持ちうる鞍状点-結節点分岐を定義する．

$m \to \infty$ のときの (4.5.120) の極限を考えたい．それぞれの共鳴関係を (4.5.116) と (4.5.118) に代入すると，(例えば，Byrd and Friedman [1971] に見られるような楕円関数の恒等式を用いて) $m \to \infty$ のとき，(共鳴関係より) $k \to 1$ であり，(4.5.120a) と (4.5.120b) は共に

$$\delta = \left(\frac{2\sqrt{2}}{3\pi\omega\mathrm{sech}(\pi\omega/2)} \right) \gamma \qquad (4.5.121)$$

に，すなわち，ホモクリニック分岐曲線に収束することが簡単に示せる．よって，減衰，強制ダッフィング振動子において，ホモクリニック分岐曲線は，ますます高くなる周期の周期軌道に対する鞍状点-結節点分岐曲線の（両側からの）可算極限であることが示された．これは，あとで節 4.7 で調べるように，多くの興味深い点を持っている．

最後に，メルニコフ型の方法が，多自由度系やもっと一般的な時間依存性を持つ系に対して開発されたことを注意しておく．これらの技法は，また，周期軌道以外の不変集合に対するホモクリニック軌道をも扱う．この理論の完全な解説は，Wiggins [1988]

に見られる．

4.6 錯綜における幾何および力学

2次元写像の横断的なホモクリニック点の近傍における力学は非常に複雑になり得るということを見てきた．同時に双曲点の安定および不安定多様体に伴う幾何学的な構造もまた非常に複雑になりうる．この節でホモクリニック（またはヘテロクリニック）錯綜における力学と幾何学の間の関係のある側面を探求したい．

$\mathbb{R}^2$ 上の p_0 に双曲型周期点をもつ $\mathbf{C}^r(r \geq 1)$ 級微分同相写像

$$f: \mathbb{R}^2 \longrightarrow \mathbb{R}^2 \tag{4.6.1}$$

を考える，すなわち $f^k(p_0) = p_0$ を満たす整数 $k \geq 1$ が存在するとする．節4.4で述べたように f のかわりに f^k を考えることによって一般性を失うことなく $k = 1$ と仮定できる．演習において，このことの力学的な結果のいくつかについて探求する．その上に技術的な仮定として f が向きを保つ，すなわち $\det Df > 0$ とする．f が向きを保たないときには，f^2 は向きを保つので，我々の議論を f^2 に適用する．この仮定が必要なことは後で明らかになるであろうが，演習 1.2.35 によってベクトル場から生じるポアンカレ写像は向きを保つことを思い出して欲しい．

それぞれ $W^s(p_0)$ および $W^u(p_0)$ で表される p_0 における安定および不安定多様体が図 4.6.1 に示されるように点 q で交わると仮定しよう．点 q はその点が正および負の時間について漸近する不変集合がよく知られているとき p_0 にホモクリニックであるとかまたは単にホモクリニック点であると呼ばれる．$W^s(p_0)$ と $W^u(p_0)$ が q で横断的で

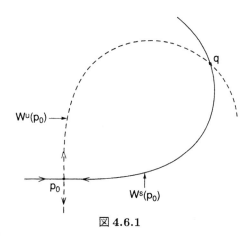

図 4.6.1

あるとき q は**横断的ホモクリニック点**と呼ばれる．この時点では $W^s(p_0)$ と $W^u(p_0)$ が q で横断的であるとは仮定していない．

f による q の軌道

$$\{\ldots, f^{-2}(q), f^{-1}(q), q, f(q), f^2(q), \ldots\} \tag{4.6.2}$$

を考える．q は $W^s(p_0)$ および $W^u(p_0)$ 上にあり，これらの多様体は不変であることから (4.6.2) の無限個の点は $W^s(p_0)$ および $W^u(p_0)$ の**双方上**になければならない．$W^s(p_0)$ および $W^u(p_0)$ は $\mathbf{C}^r$ 多様体であることから，これらの $\mathbf{C}^r$ 微分同相写像（f または f^{-1}）による像もまた $\mathbf{C}^r$ でなければならない．このことは

$$\bigcup_{n=0}^{k} f^{-n}(W^s_{\mathrm{loc}}(p_0)) \tag{4.6.3a}$$

および

$$\bigcup_{n=0}^{k} f^n(W^u_{\mathrm{loc}}(p_0)) \tag{4.6.3b}$$

が任意に大きな k について $\mathbf{C}^r$ 曲線であることを意味する．それゆえ図 4.6.2 に示すように，$W^s(p_0)$ および $W^u(p_0)$ は互いに (4.6.2) に与えられる点のうち（少なくとも）無限個で交わりながらまきつかねばならない．この幾何的な構造は**ホモクリニック錯綜**と呼ばれる．そしてこのことをより正確に記述するのに必要な概念を構築しよう．

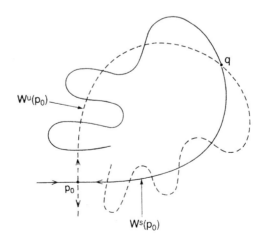

図 **4.6.2**

4.6A 主交叉点と耳状領域

$U[f^{-1}(q), q]$ で $f^{-1}(q)$ と q を端点にもつ $W^u(p_0)$ の切片とする．図 4.6.3 参照．$W^s(p_0)$ は $U[f^{-1}(q), q]$ と q および $f^{-1}(q)$ で交わり，また q と $f^{-1}(q)$ の間で k 回交わる（注：向きを保つ写像については $k \geq 1$, 演習 4.29 参照）．このことを $k = 3$ の場合について図 4.6.3 に図示した．図 4.6.4 に示したように一般性を失うことなく $k = 1$ と仮定できる，のちに $k > 1$ の場合にどのように一般化するかを見る．$f^{-1}(q)$ と q を端点にもつ $W^s(p_0)$ の切片を $S[f^{-1}(q), q]$ で表す．

図 4.6.4 に示したホモクリニック点 q は特別のタイプのホモクリニック点で主交叉

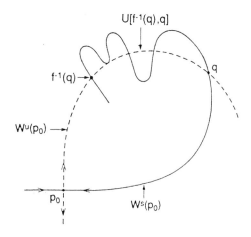

図 4.6.3

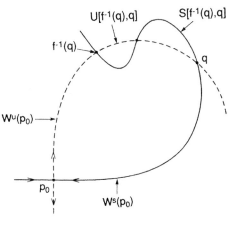

図 4.6.4

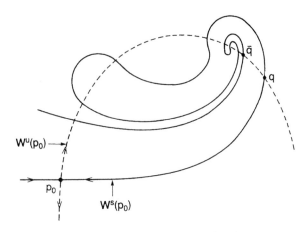

図 4.6.5 q は 主交叉点で，$\bar{q}$ は 主交叉点ではない．

点または pip（この表現は Easton [1986] による）と呼ばれる．

定義 4.6.1　$q \in W^s(p_0) \cap W^u(p_0)$ とする．$S[p_0, q]$ で p_0 から q までの $W^s(p_0)$ の切片を，$U[p_0, q]$ で p_0 から q までの $W^u(p_0)$ の切片を表す．このとき，p_0 のほかには q でのみ $S[p_0, q]$ と $U[p_0, q]$ が交わるとき q は**主交叉点**とよばれる．

主交叉点はホモクリニック錯綜の構造を作るのに重要な役割を演じる．図 4.6.5 にホモクリニック点で主交叉点であるものと主交叉点でないものを図示した．

$W^s(p_0)$ に沿って（または $W^u(p_0)$ に沿って）点の順序を以下のように定めることができる．$q_0, q_1 \in W^s(p_0)$（または $W^u(p_0)$）について $q_0 \underset{s}{<} q_1$（または $q_0 \underset{u}{<} q_1$）とは $W^s(p_0)$（または $W^u(p_0)$）に沿っての弧の長さで p_0 に q_0 の方が q_1 より近いことである．

次の補題は非常に有用である．

補題 4.6.1　$q_0 \underset{s}{<} q_1$（または $q_0 \underset{u}{<} q_1$）ならば $f(q_0) \underset{s}{<} f(q_1)$（または $f(q_0) \underset{u}{<} f(q_1)$）を満たす．

証明　このことは f が向きを保つことからしたがう．詳細については演習として読者に残す（演習 4.34 参照）．　□

補題 4.6.2　q が主交叉点ならば任意の k について $f^k(q)$ も主交叉点である．

証明　$k = 1$ および $k = -1$ について補題が成立するなら帰納法により任意の k に

4.6 錯綜における幾何および力学　　**535**

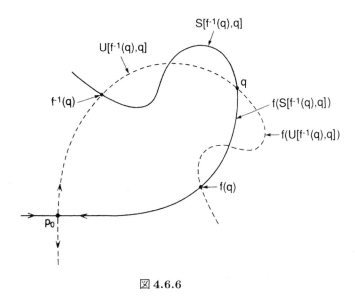

図 4.6.6

ついて成立する．もっとも容易な証明は背理法である．q が主交叉点で $f(q)$（または $f^{-1}(q)$）が主交叉点でないとする．このことが成立するなら補題 4.6.1 が成立せず，したがって矛盾する．詳細は演習として読者に残す（演習 4.35 参照）．　□

したがって補題 4.6.1 および補題 4.6.2 から $f(U[f^{-1}(q),q])$ と $f(S[f^{-1}(q),q])$ は図 4.6.6 のように表される．$U[f^{-1}(q),q]$ と $S[f^{-1}(q),q]$ をさらに f と f^{-1} によって繰り返すと図 4.6.7 にあるように複雑な幾何学的構造が与えられる．図 4.6.7 では $W^u(p_0)$ の一部と $W^s(p_0)$ の一部との交わりは p_0 で集積するので描くのを注意深く避けた．この重要な点についてはほどなく述べようと思うが，まず重要な定義を与えることにする．

定義 4.6.2　　q と q_1 を隣接する主交叉点とする（すなわち q と q_1 の間 $U[q,q_1]$ 上（または $S[q,q_1]$ 上）には主交叉点がない），ここで $U[q,q_1]$, $S[q,q_1]$ はそれぞれ q と q_1 を端点とする $W^u(p_0)$ または $W^s(p_0)$ の切片とする．このとき $U[q,q_1]$ と $S[q,q_1]$ で囲まれる領域を**耳状領域**とよぶ．図 4.6.8 参照．それぞれの耳状領域 L について $\mu(L)$ で L の面積を表す．

補題 4.6.2 および $W^s(p_0)$ と $W^u(p_0)$ の不変性から任意の耳状領域 L に対して，全ての k について $f^k(L)$ もまた耳状領域である．耳状領域は相空間における移送の解析に重要な役割を果たす．しかし主交叉点の他に副交叉点 sip が存在して，事態をさ

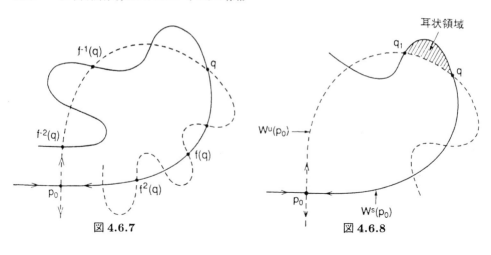

図 4.6.7　　　　　　　　　図 4.6.8

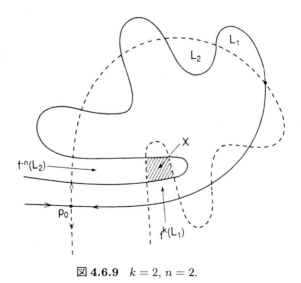

図 4.6.9　$k=2, n=2$.

らに複雑にする．

　図 4.6.9 に図示した L_1 および L_2 と名づけられた耳状領域を考える．このとき正の整数 k と n を十分に大きく取ると，図 4.6.9 にあるように $f^k(L_1)$ が $f^{-n}(L_2)$ を切りとらなければならなくなる（このことはラムダ補題を用いて厳密に証明できる）．$X = f^k(L_1) \cap f^{-n}(L_2)$ とおくと $f^n(X) = f^{n+k}(L_1) \cap L_2$ は図 4.6.10 にあるように L_2 に含まれなければならない．それゆえ耳状領域の反復は他の耳状領域達と交叉する．後にはるかに強い結果を証明する．しかし，いまは図 4.6.11 に図示してあるように主交叉点と副交叉点との主な相違点を注意しておくにとどめる．すなわち主交叉点

4.6 錯綜における幾何および力学　　*537*

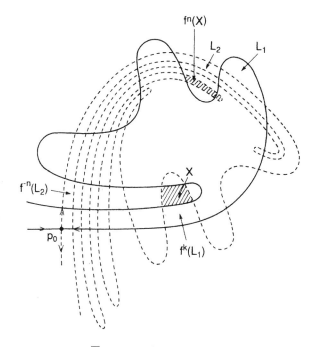

図 4.6.10　$k = 2, n = 2$.

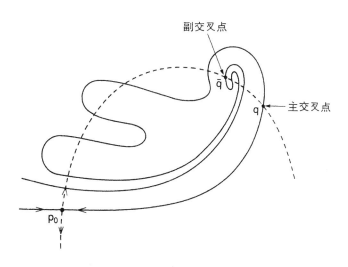

図 4.6.11

538 4. 大域的分岐とカオスのいくつかの様相

が f の反復によって双曲型不動点の近傍に入ったとすると，それは近傍に留まる．他方副交差点は最後に f の正の（または負の）反復によって双曲型不動点の近傍に最終的に留まるまでに何度も双曲型不動点の近くを出入りする．

4.6B 相空間における移送

さて，これらの種々の定義がどのように用いられるかを示そう．しかしまず動機づけを与える例を考える．

次の平面上の自励ベクトル場を考える．

$$\begin{aligned}
\dot{x} &= y, \\
\dot{y} &= x - x^2.
\end{aligned} \tag{4.6.4}$$

これは次の単井戸型ポテンシャル・エネルギーのなかで運動する粒子の運動方程式である．

$$V(x) = -\frac{x^2}{2} + \frac{x^3}{3}. \tag{4.6.5}$$

図 4.6.12a に (4.6.4) の相空間を，図 4.6.12b にポテンシャル・エネルギー (4.6.5) のグラフを示した．図 4.6.12 から (4.6.4) は 2 種の質的に異なるタイプの運動，ポテンシャルの井戸のなかを運動する粒子に対応する有界な振動する運動とポテンシャルの井戸の外の粒子に対応する非有界な運動をもつことは明らかである．これらの 2 種のタイプの運動は原点にある鞍状点とそれ自身を結ぶホモクリニック軌道，あるいはセパラトリックスによって，相空間のなかで分けられている．この系では井戸の内部にある初期条件では井戸のなかに永遠に留まり，井戸の外部にある初期条件では非有界になる．

さて平面上の非自励ベクトル場

$$\begin{aligned}
\dot{x} &= y, \\
\dot{y} &= x - x^2 - \delta y + \gamma \cos \omega t
\end{aligned} \tag{4.6.6}$$

を考える．大まかにいって，この系は単井戸型ポテンシャルのなかにあって周期外力 ($\gamma \cos \omega t$) を受けて減衰する ($-\delta y$) 粒子と考えることができ，適当にパラメータ（すなわち γ-δ-ω）を選ぶことによって (4.6.6) にともなうポアンカレ写像は横断的なホモクリニック軌道を，図 4.6.13 に示したように，持つことが証明できる．したがって積分可能なベクトル場 (4.6.4) とベクトル場 (4.6.6) の力学との間には大きな違いがある．特に (4.6.6) はカオス的力学をもち，しかも (4.6.4) におけるセパラトリックスは (4.6.6) でははなはだしく壊されている．このことは (4.6.6) においては，ポテンシャルの井戸の内部の初期条件を満たす粒子は井戸を抜け出すこともありうるし，同様に

4.6 錯綜における幾何および力学　*539*

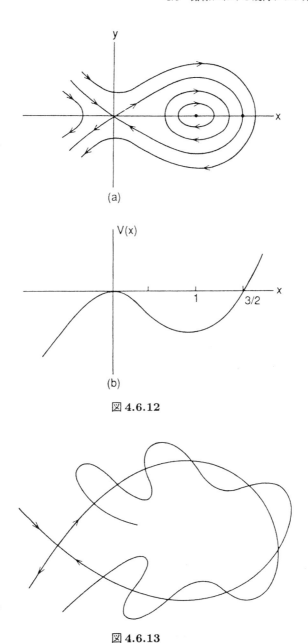

図 4.6.12

図 4.6.13

ポテンシャルの井戸の外部の初期条件を満たす粒子は井戸のなかに入ることもありうることを意味する．このことを記述する機構は耳状領域の力学を通してである．つまり相空間の位相における問題は質的に異なる運動を示す領域間の問題である．我々は

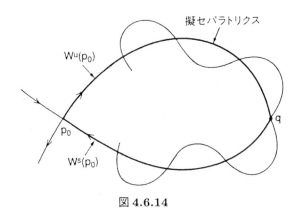

図 4.6.14

この問題を取り扱ういくつかの技法を発展させよう.

まず取り扱わなければならない最初の問題は図 4.6.13 に示されたような写像について "セパラトリックス" という言葉で何を意味するかを特定することを含んでいる. この節の最初に述べた一般的な状況に戻ろう.

定義 4.6.3 任意の主交叉点 $q \in W^s(p_0) \cap W^u(p_0)$ を選ぶ. このとき $U[p_0, q] \cup S[p_0, q]$ によって囲まれる領域を**擬セパラトリックス**とよぶ. 図 4.6.14 参照.

もし $W^s(p_0) \cap W^u(p_0)$ が 1 つ主交叉点を持てば, それは無限個の主交叉点を持ち, それゆえ擬セパラトリックスの選び方には無限に多くの選択があり, どれを選ぶべきかという問題が明らかに生じる. このことは考察中の**特定**の問題の文脈によっている. たとえば単井戸型ポテンシャルの問題では付随する積分可能系のセパラトリックスにできるだけ近く取るのが最も自然である.

一度, 擬セパラトリックスが選ばれれば, 相空間は 2 つの交わりをもたない成分, これらは図 4.6.15 に R_1, R_2 と記述されている, に分割される. これから研究する相空間の移送の問題はどのように R_1 (または R_2) に初期条件を持つものが R_2 (または R_1) に入るであろうかということにかかわっている. これが耳状領域の幾何学および力学で完全に決定されることを見よう.

i) 移送の機構：変転タイルと耳状領域の力学

図 4.6.16 に示したように, $S[f^{-1}(q), q]$ と $U[f^{-1}(q), q]$ が ($f^{-1}(q)$ と q を除いて) ちょうど 1 つの主交叉点で交わるものとする (1 つ以上の主交叉点で交わる場合への一般化については後に述べる). このときちょうど 2 つの耳状領域が, 1 つは R_1 のなかに, 他方は R_2 の中につくられる. これらを $L_{1,2}(1)$ および $L_{2,1}(1)$ と呼ぶことにする

4.6 錯綜における幾何および力学　*541*

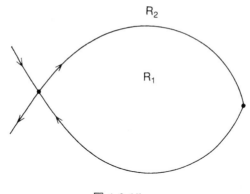

図 4.6.15

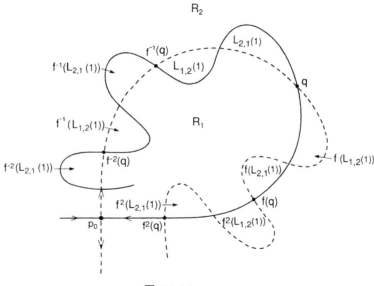

図 4.6.16

(このいささかやっかいな記号を用いた理由はすぐに明確になる). さて $f(L_{1,2}(1))$ と $f(L_{2,1}(1))$ は図 4.6.16 のようになる. $L_{1,2}(1)$ は f によって R_2 に入りまた $L_{2,1}(1)$ は f によって R_1 に入ることに注意しておく. これが擬セパラトリックスを通っての移送の機構であり, Channon and Lebowitz[1980] によってそして Bartlett[1982] によって初めて明確な議論がなされた. $U[f^{-1}(q),q] \cap S[f^{-1}(q),q]$ によって形成される耳状領域達は Mackey, Meiss and Percival [1984] によって変転タイルと呼ばれた. 図 4.6.16 に変転タイルの前向きおよび後向きの反復を示した. そして次の主要な観察を得る.

初期条件が R_i に属しているとき f の n 回目の反復で R_j に入るには $n-1$ 回目に $L_{i,j}(1)$ に入らなければならない $(i, j = 1, 2)$.

さて擬セパラトリックスを通しての相空間の移送についていくつか問いに答えよう.

【擬セパラトリックスを通しての流出】

R_1 から R_2 へ f の 1 回の反復により擬セパラトリックスを横切る相空間の領域の面積は $\mu(f(L_{1,2}(1)))$ で与えられる. 同様に R_2 から R_1 へ f の 1 回の反復により擬セパラトリックスを横切る相空間の領域の面積は $\mu(f(L_{2,1}(1)))$ で与えられる. したがって擬セパラトリックスを横切って R_1 から R_2 (または R_2 から R_1) へ f の n 回反復によって擬セパラトリックスを横切る相空間の全面積は $n\mu(f(L_{1,2}(1)))$ (または $n\mu(f(L_{1,2}(1)))$) で与えられる.

二種の少し異なる問いを考えよう.

1. 始め (すなわち $t = 0$) に R_1 にある点で, f の n 回反復で R_2 に入るものによって占められている領域の面積は何か?

2. $t = 0$ に R_1 にあって, $t = n$ で R_2 の中にある点によって占められている領域の面積は何か?

問 1 の答えは $\mu(f(L_{1,2}(1)))$ ではなく, また問 2 の答えは $n\mu(f(L_{1,2}(1)))$ ではない. このことは我々が擬セパラトリックスを横断する任意の点達にのみ興味があるのではなくて, むしろ, 最初に特定された位置にいる点達の方に興味があるからである. したがって平面上のそれぞれの点について最初に R_1 か R_2 のどちらにいたかを覚えておくことが重要である. このことを時刻 $t = 0$ に R_i $(i = 1, 2)$ いる点達を種 S_i と呼ぶことによって行う. この用語で, 問 1 および 2 は次のようにいいかえることができる.

1. n 回反復で R_2 に入る種 S_1 の流量はどれだけか?
2. n 回反復の後で R_2 にいる種 S_1 の総計はどれだけか?

大ざっぱにいえば, 種 S_1 を黒い液体, 種 S_2 を白い液体とみなして, f のつくる力学のもとでどのように液体が交じりあうかということに興味があるわけである.

まずいくつかの用語と定義を定めなければならない.

$$L_{i,j}(n)$$

で n 回反復で R_i を出て R_j に入る耳状領域を表し

$$L_{i,j}^k(n) \equiv L_{i,j}(n) \cap R_k$$

とおく. したがって

$$f^{n-1}(L_{i,j}(n)) \equiv L_{i,j}(1)$$

が成立する. 我々のもっとも計算したい量は n 回反復によって R_j に入る種 S_i の流量

$$a_{i,j}(n)$$

と n 回反復の後で直接に R_j に入る種 S_i の面積

$$T_{i,j}(n)$$

である.

上の定義から

$$a_{1,2}(n) = \mu(f^n(L^1_{1,2}(n)))$$

と

$$T_{1,2}(n) = \sum_{k=1}^{n} \mu(f^n(L^1_{1,2}(k)))$$

が従う.

続いて $L^1_{1,2}(k)$ を計算したい. 上に述べた"主要な観察"を用いて, $t = 0$ で R_1 にいる点は $(k-1)$ 回反復で $L_{1,2}(1)$ にいないかぎり k 回反復で R_2 に入ることはできない. したがって, $f^{-k+1}(L_{1,2}(1))$ の点は k 回反復で R_2 に入る. しかし, $f^{-k+1}(L_{1,2}(1))$ は $f^{-\ell+1}(L_{2,1}(1))$ $(\ell = 1, \cdots, k)$ と交叉するかもしれず, したがって R_2 にいるかもしれないから, $f^{-k+1}(L_{1,2}(1))$ は S_1 のみを含んでいるわけではない. 図 4.6.17 参照.

したがって

$$L^1_{1,2}(k) = f^{-k+1}(L_{1,2}(1)) - \bigcup_{\ell=0}^{k-1} \left(f^{-k+1}(L_{1,2}(1)) \cap f^{-\ell}(L_{2,1}(1)) \right)$$

を得る. ところで, 集合 $f^{-k+1}(L_{1,2}(1)) \cap f^{-\ell+1}(L_{2,1}(1))$ 達は互いに交わらないことから

$$\mu(f^n(L^1_{1,2}(k))) = \mu(f^{n-k+1}(L_{1,2}(1)))$$

$$- \sum_{\ell=0}^{k-1} \mu\left(f^{n-k+1}(L_{1,2}(1)) \cap f^{n-\ell}(L_{2,1}(1)) \right)$$

を得る. この式を $a_{1,2}(n)$ および $T_{1,2}(n)$ の式に代入して,

544   4. 大域的分岐とカオスのいくつかの様相

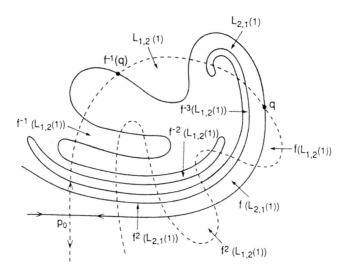

図 **4.6.17** $f^{-3}(L_{1,2}(1))$ が R_1 と R_2 の双方に入る.

$$a_{1,2}(n) = \mu\big(f(L_{1,2}(1))\big)$$
$$- \sum_{k=0}^{n-1} \mu\big(f(L_{1,2}(1)) \cap f^{n-k}(L_{2,1}(1))\big) \qquad (4.6.7)$$

および

$$T_{1,2}(n) = \sum_{k=1}^{n} \mu\big(f^{n-k+1}(L_{1,2}(1))\big)$$
$$- \sum_{k=1}^{n}\sum_{\ell=0}^{k-1} \mu\big(f^{n-k+1}(L_{1,2}(1)) \cap f^{n-\ell}(L_{2,1}(1))\big) \qquad (4.6.8)$$

を得る(注:$f^{-n+1}(L_{1,2}(1))$ が $f^{-k+1}(L_{2,1}(1))$ $(k=n,n+1,\cdots)$ と交わりえないことを証明するのは読者の演習として残す).(4.6.7) と (4.6.8) が R_1 の全ての点と関係があるが,変転タイルを反復しただけで得られていることに注意しておく.したがって,$i=1, j=2$ の場合を考えれば,問 1 の解は (4.6.7) によって与えられていて,問 2 の解は (4.6.8) で与えられている.最初の動機づけの問題,すなわち単井戸型のポテンシャルのなかを周期的外力および減衰をもって運動する粒子の問題に戻れば

$$\frac{T_{1,2}(n)}{\mu(R_1)} \qquad (4.6.9)$$

で表される量は井戸の中から出発してポアンカレ写像の n 回反復で井戸を出る粒子の

確率と解釈することができる．このようにカオス的な力学を生じる決定論的な構造（すなわち，p_0 の安定および不安定多様体）を用いて運動の統計的な記述が可能になる．

これらの結果についていくつかの注意をしよう．

注意 1　一般に

$$a_{1,2}(n) = \mu\big(f^n(L^1_{1,2}(n))\big) - \mu\big(f^n(L^1_{2,1}(n))\big)$$

および

$$T_{1,2}(n) = \sum_{k=1}^{n} \big[\mu(f^n(L^1_{1,2}(k))) - \mu(f^n(L^1_{2,1}(k)))\big]$$

を得るが，この特殊なホモクリニック錯綜の幾何学については

$$L^1_{2,1}(k) = \phi \quad \forall k$$

を得る．

注意 2　保測写像，すなわち任意の集合 $A \subset \mathbb{R}^2$ について $\mu(f(A)) = \mu(A)$ が成立するとき

$$a_{i,j}(n) = T_{i,j}(n) - T_{i,j}(n-1)$$

を得る．このことは明らかであるが，読者は定義を直接代入することでこの事実を確かめられたい．

注意 3　双曲型周期点の安定および不安定多様体の切片部分によって分離された可算個の領域を通じての移送の一般論は Rom-Kedar and Wiggins [1989] に見ることができる．この節では，2 つの領域間の移送についてのみ取り扱ってきた．2 つより多くの領域を含むときは幾何学および力学（さらには記号までも）は非常に複雑になる．演習 4.39 および 4.40 参照．

式 (4.6.7) および (4.6.8) により幾何学的な視点を与えたい．このためには f が保測，すなわち

$$\det(Df) = 1 \tag{4.6.10}$$

の場合が説明をするのにより単純であろう．このとき，

$$\mu\big(f(L_{1,2}(1))\big) = \mu(L_{1,2}(1)),$$
$$\mu\big(f(L_{1,2}(1)) \cap f^{n-k}(L_{2,1}(1))\big) = \mu(L_{1,2}(1) \cap f^{n-k-1}(L_{2,1}(1))),$$

$$\tag{4.6.11}$$

および

546   4. 大域的分岐とカオスのいくつかの様相

$$\mu\big(f^{n-k+1}(L_{1,2}(1))\big) = \mu(L_{1,2}(1)),$$

$$\mu\big(f^{n-k+1}(L_{1,2}(1)) \cap f^{n-\ell}(L_{2,1}(1))\big) = \mu\big(L_{1,2}(1) \cap f^{k-1-\ell}(L_{2,1}(1))\big)$$

$$(4.6.12)$$

を得る. (4.6.11) と (4.6.12) を (4.6.7) および (4.6.8) にそれぞれ代入して添え字を付け替えれば,

$$a_{1,2}(n) = \mu(L_{1,2}(1)) - \sum_{k=1}^{n-1} \mu(L_{1,2}(1) \cap f^k(L_{2,1}(1))) \tag{4.6.13}$$

および

$$T_{1,2}(n) = n\mu(L_{1,2}(1)) - \sum_{k=1}^{n-1} (n-k)\mu(L_{1,2}(1) \cap f^k(L_{2,1}(1))) \tag{4.6.14}$$

を得る, ここで構成から $L_{1,2}(1) \cap L_{2,1}(1) = \emptyset$ であることを用いた. いい換えれば, 集合 $L_{1,2}(1) \cap f^k(L_{2,1}(1))$ は R_2 から R_1 へ f の $-k$ 回反復で入っていて f で R_1 を出て R_2 に入る点の集合である. 図 4.6.18 にそれらの集合のいくつかを図示した.

移送の式 (4.6.14) の漸近解析によって次の興味深い結果を証明できる.

命題 4.6.3

$$\mu(L_{1,2}(1)) = \sum_{k=1}^{\infty} \mu(L_{1,2}(1) \cap f^k(L_{2,1}(1))).$$

証明

$$T_{1,2}(n) \le \mu(R_1) \tag{4.6.15}$$

が得られることに注意しよう. (4.6.14) を整理し直して

$$n\left[\mu(L_{1,2}(1)) - \sum_{k=1}^{n-1} \mu\big(L_{1,2}(1) \cap f^k(L_{2,1}(1))\big)\right]$$

$$+ \sum_{k=1}^{n-1} k\mu(L_{1,2}(1) \cap f^k(L_{2,1}(1))) \le \mu(R_1) \tag{4.6.16}$$

を得る. そこで

$$\mu(L_{1,2}(1)) - \sum_{k=1}^{n-1} \mu\big(L_{1,2}(1) \cap f^k(L_{2,1}(1))\big) > 0 \tag{4.6.17}$$

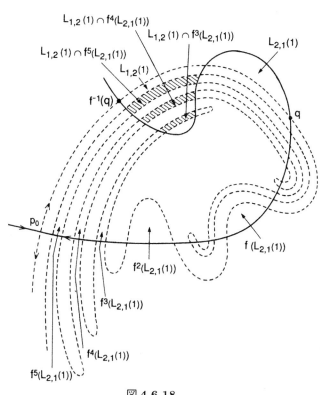

図 4.6.18

と

$$\sum_{k=1}^{n-1} k\mu\bigl(L_{1,2}(1) \cap f^k(L_{2,1}(1))\bigr) > 0 \qquad (4.6.18)$$

に注意する．さて $n \to \infty$ での (4.6.16) の極限を考える．(4.6.15) および (4.6.18) を用いると，

$$\mu(L_{1,2}(1)) < \sum_{k=1}^{\infty} \mu\bigl(L_{1,2}(1) \cap f^k(L_{2,1}(1))\bigr) \qquad (4.6.19)$$

が成立するならば，(4.6.16) の左辺は発散する．一方 $\mu(R_1)$ は有界である，したがって

$$\mu(L_{1,2}(1)) = \sum_{k=1}^{\infty} \mu\bigl(L_{1,2}(1) \cap f^k(L_{2,1}(1))\bigr) \qquad (4.6.20)$$

が成立しなければならない． □

548   4. 大域的分岐とカオスのいくつかの様相

命題 4.6.3 は $L_{1,2}(1)$ は $L_{2,1}(1)$ の像達によって完全に埋めつくされていることを示している．したがって，R_1 を出て R_2 に入る全ての点は R_2 から R_1 へ前もって入っていなければならない，しかし時間はいくらでも大きくなるかもしれない．

この例を終えて，始めの議論で触れなかった技術的な細かい点について考えよう．

4.6C　技術的な詳細

【自己交叉する変転タイル】
q を擬セパラトリックスを定義するために選んだ主交叉点としよう．このとき変転タイルは図 4.6.16 に示したように $U[f^{-1}(q), q]$ と $S[f^{-1}(q), q]$ の共通部分として定義され，結果として 2 つの耳状領域 $L_{1,2}(1)$ と $L_{2,1}(1)$ を得る．図 4.6.16 に $L_{1,2}(1)$ と $L_{2,1}(1)$ はそれぞれが擬セパラトリックスの一方の側に完全に入っているように，すなわち q と $f^{-1}(q)$ の間にある主交叉点を除いて交わらないように示した．しかし，$L_{1,2}(1)$ と $L_{2,1}(1)$ は図 4.6.19 に示したようにどこか他のところで交わることもありうる．この場合には変転タイルを構成する 2 つの耳状領域を定義し直さなければならない．

$$I = \text{int}(L_{1,2}(1) \cap L_{2,1}(1)) \qquad (4.6.21)$$

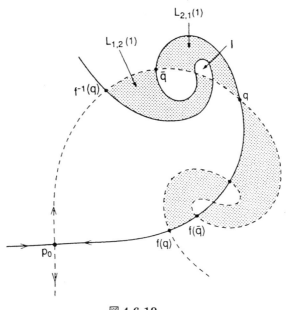

図 4.6.19

とする，ここで "int" は集合の内部を表す．

　そこで変転タイルを定義する2つの耳状領域を

$$\widetilde{L}_{1,2}(1) = L_{1,2}(1) - I, \tag{4.6.22}$$

$$\widetilde{L}_{2,1}(1) = L_{2,1}(1) - I \tag{4.6.23}$$

と定義し直す．f の1回の反復で R_1（または R_2）から R_2（または R_1）へ擬セパラトリックスを横切る面積は $\mu(f(\widetilde{L}_{1,2}(1)))$（または $\mu(f(\widetilde{L}_{2,1}(1)))$）で与えられることは明らかである．さらに R_1（または R_2）を出て R_2（または R_1）へ f の n 回反復で入る点は $n-1$ 回反復で $\widetilde{L}_{1,2}(1)$（または $\widetilde{L}_{2,1}(1)$）にいなければならない．したがって，(4.6.7) および (4.6.8) 式はそれぞれ $L_{1,2}(1)$ および $L_{2,1}(1)$ を $\widetilde{L}_{1,2}(1)$ および $\widetilde{L}_{2,1}(1)$ に置き換えて成立する．

【多重耳状領域変転タイル】

　ちょうど2つの耳状領域が $U[f^{-1}(q), q] \cap S[f^{-1}(q), q]$ によって構成されていると仮定した．しかし $q, f^{-1}(q)$ のほかに $U[f^{-1}(q), q]$ と $S[f^{-1}(q), q]$ は k 個の主交叉点 $(k > 1)$ と交わることがありうる．図 4.6.20 に $k = 2$ の場合を例示した．k 個の主交叉点は $k+1$ 個の耳状領域を構成する（それらを $L_0, L_1, \cdots, L_k$ で表す），そのうち n 個の耳状領域は R_1 のなかに存在し，$(k+1)-n$ 個の耳状領域は R_2 のなかに存在するものとする（注：もしいくつかの耳状領域が R_1 および R_2 の双方と交わるならば，上述の技術的な詳細1を適用する）．耳状領域は以下のように番号づけされているものとする．

$$L_0, L_1, \cdots, L_{n-1} \subset R_1$$

および

$$L_n, L_{n+1}, \cdots, L_k \subset R_2$$

このとき

$$L_{1,2}(1) \equiv L_0 \cup L_1 \cup \cdots \cup L_{n-1} \tag{4.6.24}$$

および

$$L_{2,1}(1) \equiv L_n \cup L_{n+1} \cup \cdots \cup L_k \tag{4.6.25}$$

と定義する．$k = 2, n = 2$ の場合については図 4.6.20 参照．

　f によって R_1（または R_2）から R_2（または R_1）へ擬セパラトリックスを横切る面積は $\mu(f(L_{1,2}(1)))$（または $\mu(f(L_{2,1}(1)))$）で与えられることは明らかである．さらに R_1（または R_2）を出て R_2（または R_1）へ f の n 回反復で入る点は $n-1$ 回

550   4. 大域的分岐とカオスのいくつかの様相

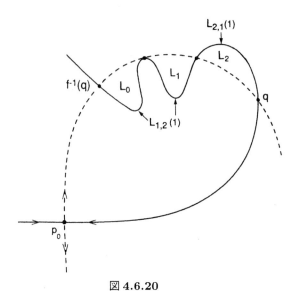

図 4.6.20

反復で $L_{1,2}(1)$（または $L_{2,1}(1)$）にいなければならない．したがって，(4.6.7) および (4.6.8) 式はそれぞれ (4.6.24) および (4.6.25) で定義された $L_{1,2}(1)$ および $L_{2,1}(1)$ について成立する．

【病的な交叉】

$W^s(p_0)$ および $W^u(p_0)$ は離散的な点で交わると仮定してきた．クプカ-スメールの定理（Palis and de Melo [1982] 参照）によって，この条件は生成的である．しかし $W^s(p_0)$ および $W^u(p_0)$ が図 4.6.21 にあるように 1 つの分枝に沿って一致したとしよう．この場合セパラトリックスを横断する移送は行われない．これはまさに平面上のベクトル場の場合に似ている．もっと風変りな例を考えよう，図 4.6.22 にあるように $W^s(p_0)$ および $W^u(p_0)$ が離散的な弧の上で一致するとしよう．この生成的でない状況（我々はこのようなことが起きる例を知らない）においては，この理論は修正が必要である．このようなことは解析的な写像では起こり得ないことに注意せよ（なぜか？）．

4.6D メルニコフ理論の移送理論への応用

上で展開した相空間のホモクリニックおよびヘテロクリニック錯綜を横切る移送に関する理論は摂動理論ではない．しかし，メルニコフ理論はホモクリニック軌道を持つ時間的に周期摂動された平面上のベクトル場（すなわち (4.5.1) で定義されたベクトル

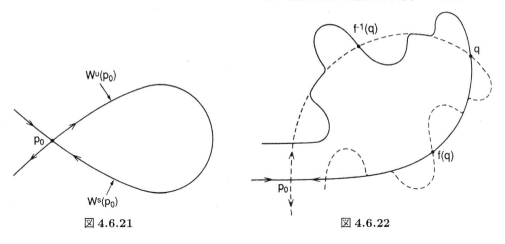

図 4.6.21　　　　　　　図 4.6.22

場）のポアンカレ写像から生じる写像について考える際に移送理論において生じるある量を計算するときに用いることができる．3つの主要な結果を述べる．

命題 4.6.4　$M(t_0, \phi_0)$ の零点は断面 Σ^{ϕ_0} で定義されたポアンカレ写像の主交叉点に対応する．

証明　これは定義 4.5.1 に述べたメルニコフ関数によって見つけた安定および不安定多様体にある点の定義から従う．　□

命題 4.6.5　断面 Σ^{ϕ_0} 上に定義されたポアンカレ写像を考えよう．

i) $M(\bar{t}_0, \phi_0) = 0$,
ii) $\frac{\partial M}{\partial t_0}(\bar{t}_0, \phi_0) \neq 0$,
iii) $t_0 \in [\bar{t}_0, \bar{t}_0 + T)$ について $M(t_0, \phi_0)$ はちょうど n 個の零点を持つ

が成立すると仮定する．このとき，ポアンカレ写像の任意の主交叉点 q について

$$U[f^{-1}(q), q] \cap S[f^{-1}(q), q]$$

はちょうど n 個の耳状領域をつくる．もし n が偶数ならば $n/2$ 個の耳状領域が擬セパラトリックスの一方の側に存在し残りの $n/2$ 個の耳状領域は擬セパラトリックスの反対側に存在する．もし n が奇数ならば $(n-1)/2$ 個の耳状領域が擬セパラトリックスの一方の側に存在し残りの $(n+1)/2$ 個の耳状領域は擬セパラトリックスの反対側に存在する．

証明　このことは命題 4.6.4 および適当な定義を用いることで従う．詳細については演習として読者に残す（演習 4.32 参照）．　□

552 4. 大域的分岐とカオスのいくつかの様相

命題 4.6.6 L を断面 Σ^{ϕ_0} 上の主交叉点 $q_1 \equiv q_0(-t_{01}) + \mathcal{O}(\varepsilon)$ および $q_2 \equiv q_0(-t_{02}) + \mathcal{O}(\varepsilon)$ で定義される耳状領域とする。このとき

$$\mu(L) = \varepsilon \int_{t_{01}}^{t_{02}} |M(t_0, \phi_0)| dt_0 + \mathcal{O}(\varepsilon^2)$$

が成立する。

証明

$$\mu(L) = \int_{q_1}^{q_2} \ell(s) ds \tag{4.6.26}$$

が十分小さな ε について成立する，ここで ds は $W^s(\gamma_\varepsilon(t)) \cap \Sigma^{\phi_0}$ に沿っての弧長要素を表し，$\ell(s)$ は $W^s(\gamma_\varepsilon(t)) \cap \Sigma^{\phi_0}$ と $W^u(\gamma_\varepsilon(t)) \cap \Sigma^{\phi_0}$ の間の垂直距離を表す。ここで ε は $S[q_1, q_2]$ に沿って $\ell(s)$ の間に $U[q_1, q_2]$ とちょうど 1 つの点で交わるように十分小さくとらなければならない。このことは安定および不安定多様体が ε に関して $\mathbf{C}^r$ 級であることから従う。式 (4.6.26) のパラメータを s から t_0 に以下のように取り替える。

$$ds = \frac{ds}{dt_0} dt_0 = \big[\|DH(q_0(-t_0))\| + \mathcal{O}(\varepsilon) \big] dt_0. \tag{4.6.27}$$

安定および不安定多様体が ε に関して $\mathbf{C}^r$ 級であることから（図 4.6.23 参照）

$$
\begin{aligned}
\ell(s) &= |d(t_0, \phi_0; \varepsilon)| + \mathcal{O}(\varepsilon^2) \\
&= \varepsilon \frac{|M(t_0, \phi_0)|}{\|DH(q_0(-t_0))\|} + \mathcal{O}(\varepsilon^2)
\end{aligned}
\tag{4.6.28}
$$

を得る。(4.6.27) と (4.6.28) を (4.6.26) へ代入することで

$$\mu(L) = \varepsilon \int_{t_{01}}^{t_{02}} |M(t_0, \phi_0)| dt_0 + \mathcal{O}(\varepsilon^2) \tag{4.6.29}$$

を得る。　□

　ハミルトン系の場合の命題 4.6.6 の別証明は Kaper et al. [1989] にある。

　この節で与えた相空間の擬セパラトリックスを横断する移送の理論は Rom-Kedar and Wiggins [1989] によって開発されたより完全な一般論の特殊な場合であることを注意して終わろう。彼らは 2 次元の向きを保つ微分同相写像の N 個の互いに交わらない擬セパラトリックスで分離された領域 R_i, $i = 1, \cdots, N$ に分割された相空間を考察している。$t = 0$ において各領域は一様に種 S_i で満たされている。擬セパラトリックス

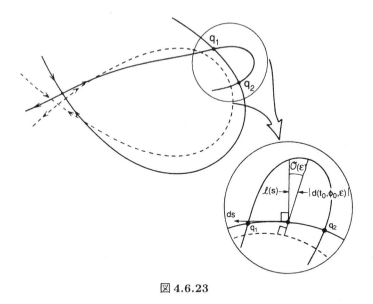

図 4.6.23

に伴う変転タイルの力学を用いるだけで，彼らは $t = n \geq 0$ で任意の $i, j = 1, \cdots, N$ に対して領域 R_j に含まれる種 S_i の面積に関する式を与えた．この節において与えた例の線に沿って，ある程度の一般化を演習 4.39 および 4.40 で開発する．

4.7 ホモクリニック分岐：周期倍加と鞍状点-結節点分岐のカスケード

節 4.4 で双曲型不動点に向かう横断的なホモクリニック軌道に伴う複雑な力学について述べた．特に写像は任意の周期を持つ可算個の不安定な周期軌道を持っている．そこで横断的なホモクリニック軌道への分岐の状況について考察しよう．特に，双曲型周期軌道（一般性を失うことなく不動点であると仮定してよい）を持つ平面上の微分同相写像の 1-パラメータ族を考える．パラメータを μ として，$\mu > \mu_0$ では不動点の安定および不安定多様体は交わらず，$\mu < \mu_0$ では横断的に交わるとする（図 4.7.2 をまず参照することを勧める）．このことから次のような自然な問いが浮かぶ．$\mu > \mu_0$ （すなわち馬蹄型の無い状態）から $\mu < \mu_0$ （すなわち数多くの馬蹄型が存在する状態）へ移るとき，どのように全ての不安定軌道は生成されるのであろうか？ ある種の条件のもとで，周期倍加および鞍状点結節点分岐の無限の列（すなわちカスケード）によって双曲型周期軌道の横断的なホモクリニック軌道に伴う複雑な力学が生成されることを見よう．この解析の機構はモーザーの定理を証明するために節 4.4 で与えたものと非常に良く似ている．特にホモクリニック点の（相空間およびパラメータ空間の双方

554 4. 大域的分岐のある側面

における）近傍で定義された写像の十分に多数回の反復を解析する．まず仮定を述べることから始める．

2次元の $\mathbf{C}^r (r \geq 3)$ 微分同相写像の 1-パラメータ族

$$z \mapsto f(z; \mu), \qquad z \in \mathbb{R}^2, \quad \mu \in I \subset \mathbb{R}^1 \tag{4.7.1}$$

を考える，ここで I は $\mathbb{R}^1$ のある区間とする．写像について以下の仮定をおく．

仮定1：双曲型不動点の存在． 任意の $\mu \in I$ について

$$f(0, \mu) = 0. \tag{4.7.2}$$

さらに，$z = 0$ は，$Df(0, \mu)$ の固有値を $\rho(\mu)$ および $\lambda(\mu)$ で与えるとき，

$$0 < \rho(\mu) < 1 < \lambda(\mu) < \frac{1}{\rho(\mu)} \tag{4.7.3}$$

を満たすものとする．(4.7.3) が全ての $\mu \in I$ で満たされることから特に明記する必要のある場合を除いてしばしば固有値 ρ および λ について μ を省略する．双曲型不動点の安定および不安定多様体をそれぞれ $W_\mu^s(0)$ および $W_\mu^u(0)$ で表す．

仮定2：ホモクリニック点の存在． $\mu = 0$ で $W_\mu^s(0)$ と $W_\mu^u(0)$ は交わる．

仮定3：不動点の近傍における挙動． 原点のある近傍 $\mathcal{N}$ が存在して，写像は

$$f(x, y; \mu) = (\rho x, \lambda y) \tag{4.7.4}$$

の形をしているとする，ここで x および y は $\mathcal{N}$ の局所座標系である．

仮定3が $W_\mu^s(0) \cap \mathcal{N}$ と $W_\mu^u(0) \cap \mathcal{N}$ は局所座標軸によって与えられていることを示していることに注意しよう．

最後の仮定は $\mu = 0$ における $W_\mu^s(0)$ の $W_\mu^u(0)$ との交叉の幾何学に関するより特殊な条件である．これから導くホモクリニック点の近傍における局所再帰写像の言葉で述べるのがもっとも適切である．

我々はホモクリニック点の近傍における力学に興味がある．したがって節4.4でモーザーの定理の証明の中で与えたのと同じ構成を用いて，ホモクリニック点の近傍からそれ自身への，ある大きな N について f^N で与えられる写像を導く．構成法は次のようなものである．仮定3からある点 $(0, y_0) \in W_0^u(0) \cap \mathcal{N}$ および $(x_0, 0) \in W_0^s(0) \cap \mathcal{N}$ が存在して，ある $k \geq 1$ について $f^k(0, y_0; 0) = (x_0, 0)$ を満たす．節4.4の構成法に従えば，ある $(0, y_0)$ の近傍 $U_{y_0} \subset \mathcal{N}$ および $(x_0, 0)$ の近傍 $U_{x_0} \subset \mathcal{N}$ が存在して $f^k(U_{y_0}; 0) = U_{x_0}$ を満たす，図 4.7.1 参照（構成の詳細については節4.4参照）．連続性から，$f^k(\cdot; 0)$ は十分小さな μ について U_{y_0} で定義されている．さて最後の仮定を

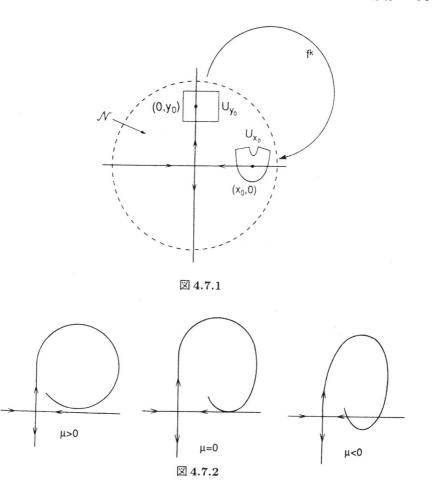

図 4.7.1

図 4.7.2

述べよう.

仮定 4：$\mu = 0$ における 2 次ホモクリニック接触. U_{y_0} において $f^k(\cdot\,;\mu)$ はある $\beta, \gamma, \delta > 0$ について次の形をしているものとする,

$$\begin{aligned} f^k : U_{y_0} &\longrightarrow U_{x_0} \\ (x,y) &\longmapsto (x_0 - \beta(y-y_0), \mu + \gamma x + \delta(y-y_0)^2) \end{aligned} \quad (4.7.5)$$

したがって, μ が 0 に近いとき, $W_\mu^s(0)$ および $W_\mu^u(0)$ は図 4.7.2 のような挙動をする.

補題 4.4.1 と節 4.4 における議論から, ある整数 N_0 が存在して任意の $n \geq N_0$ について $f^n(x,y;\mu) = (\rho^n x, \lambda^n x)$ が $U_{x_0}^n$ から U_{y_0} の中への写像となる部分集合 $U_{x_0}^n \subset U_{x_0}$ を見つけることができる, すなわち十分小さな μ について

556 4. 大域的分岐のある側面

$$f^n(U^n_{x_0}; \mu) \subset U_{y_0} \tag{4.7.6}$$

を満たす（注：このことは $\mathcal{N}$ で f が線形であると仮定したことから容易に確かめることができる）．それゆえ

$$f^n \circ f^k \equiv f^{n+k} \colon f^{-k}(U^n_{x_0}; \mu) \longrightarrow U_{y_0},$$

$$(x, y) \longmapsto (\rho^n(x_0 - \beta(y - y_0)), \lambda^n(\mu + \gamma x + \delta(y - y_0)^2)) \tag{4.7.7}$$

が十分小さな μ について定義される（注：一般に $n = n(\mu)$ である）．

最初の結果を与えよう．

定理 4.7.1 (Gavrilov and Silnikov [1973])　$\mu = 0$ においてある整数 N_0 が存在して任意の $n \geq N_0$ について f^{n+k} について不変な集合 $\Lambda_{n+k} \subset \mathcal{N}$ が存在して，$f^{n+k}|_{\Lambda_{n+k}}$ は 2-ずらし，すなわち 2 つの記号を持つ集合の無限直積空間上のずらしと位相同型になる．

証明　Gavrilov and Silnikov [1973] または Guckenheimer and Holmes [1983] に証明がある．基本的な考え方は $f^{n+k}(\cdot; \mu)$ によって自分自身に写され，かつ節 4.3 の仮定 1 と 3 を満たすような近傍を選ぶことである（図 4.7.3 参照）．演習 4.43 にこの定理を証明するのに必要な段階の概要を述べた．　□

次の定理は集合 Λ_{n+k} $(n \geq N_0)$ の中の周期軌道が μ が 0 に近づく時どのように生成されるかを述べている．

定理 4.7.2 (Gavrilov and Silnikov[1973])　ある整数 N_0 と無限個のパラメータ値

$$\{\mu^{n+k}_{SN}\}, \qquad n \geq N_0,$$

$$\{\mu^{n+k}_{PD}\}, \qquad n \geq N_0$$

で，μ^{n+k}_{SN} が f^{n+k} の鞍状点-結節点分岐値に対応し，μ^{n+k}_{PD} が f^{n+k} の周期倍加分岐値に対応するような $\mu^{n+k}_{SN} > 0, \mu^{n+k}_{PD} > 0$ かつ $\mu^{n+k}_{SN} \underset{n \to \infty}{\longrightarrow} 0, \mu^{n+k}_{PD} \underset{n \to \infty}{\longrightarrow} 0$ を満たすものが存在する．さらに

$$\mu^{N_0+k}_{SN} > \mu^{N_0+k}_{PD} > \mu^{N_0+1+k}_{SN} > \mu^{N_0+1+k}_{PD} > \cdots > \mu^{N_0+m+k}_{SN} > \mu^{N_0+m+k}_{PD} > \cdots \tag{4.7.8}$$

ここで

$$\mu^{n+k}_{SN} \sim \lambda^{-n} \qquad n \to \infty \tag{4.7.9a}$$

および

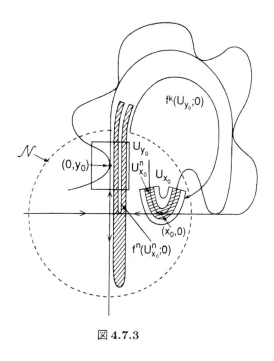

図 4.7.3

$$\mu_{PD}^{n+k} \sim \lambda^{-n} \qquad n \to \infty \tag{4.7.9b}$$

を満たす.

定理 4.7.2 を証明する前にいくつか注意を述べておこう.

注意1 $\mu = \mu_{SN}^{n+k}$ における鞍状点-結節点分岐では結節点は全て沈点である. 生成された2つの軌道は f の $n+k$ 周期軌道である. 鞍状点-結節点分岐で生成された沈点は続いて $\mu = \mu_{PD}^{n+k}$ における周期倍加分岐によって安定性を失い f の $2(n+k)$ 周期の沈点を生成する（したがって $\mu_{PD}^{n+k} < \mu_{SN}^{n+k}$ でなければならない）. この分岐の筋書きは定理 4.7.2 の証明の中で確認されるであろう.

注意2 定理 4.7.2 は $\mu \leq 0$ に対して馬蹄型力学系のなかでどのように可算無限個の周期軌道が生成されるかを述べている, すなわち周期軌道は鞍状点結節点分岐で生成され, 周期は周期倍加分岐で増える.

注意3 (4.7.9) は $\mu = 0$ への周期倍加および鞍状点結節点分岐の集積の比率を与えている. この比率は普遍的ではなく, 双曲型不動点の不安定固有値の大きさによっている.

558   4. 大域的分岐のある側面

注意 4　定理 4.7.1 および 4.7.2 は散逸的または非保存的写像，すなわち $\lambda\rho < 1$ の場合について正確に述べている．しかし同様の結果は保測写像の場合，すなわち $\lambda\rho = 1$ の場合についても成立する，Newhouse [1983] および演習 4.83 参照．

　定理 4.7.2 の証明を始めよう．

証明　証明法は構成的である．f^{n+k} の不動点の条件は

$$x = \rho^n x_0 - \beta\rho^n(y - y_0), \tag{4.7.10a}$$

$$y = \mu\lambda^n + \gamma\lambda^n x + \delta\lambda^n(y - y_0)^2 \tag{4.7.10b}$$

で与えられる，ここで $x_0, y_0, \gamma, \beta, \delta, \rho$ が正の値であることに注意することは大切である．(4.7.10a) を (4.7.10b) に代入して

$$\delta\lambda^n y^2 - (\beta\gamma\lambda^n\rho^n + 2\delta\lambda^n y_0 + 1)y + \delta\lambda^n y_0^2$$
$$+ \beta\gamma\lambda^n\rho^n y_0 + \gamma\rho^n\lambda^n x_0 + \mu\lambda^n = 0 \tag{4.7.11}$$

を得る．(4.7.11) を解いて

$$y = \frac{\beta\gamma\lambda^n\rho^n + 2\delta\lambda^n y_0 + 1}{2\delta\lambda^n}$$
$$\pm \frac{1}{2\delta\lambda^n}\left[\left((\beta\gamma\lambda^n\rho^n + 2\delta\lambda^n y_0 + 1)^2 \right.\right. \tag{4.7.12}$$
$$\left.\left. - 4\delta\lambda^n(\delta\lambda^n y_0^2 + \beta\gamma\lambda^n\rho^n y_0 + \gamma\lambda^n\rho^n x_0 + \mu\lambda^n)\right]^{1/2}\right.$$

を得る．いくらか計算をすると (4.7.12) の根号内の表現は簡単になって (4.7.12) は

$$y = \frac{\beta\gamma\lambda^n\rho^n + 2\delta\lambda^n y_0 + 1}{2\delta\lambda^n} \pm \frac{1}{2\delta\lambda^n}$$
$$\cdot\sqrt{4\delta\lambda^{2n}\left[\frac{(\beta\gamma\rho^n + \lambda^{-n})^2}{4\delta} + (y_0\lambda^{-n} - \gamma\rho^n x_0) - \mu\right]} \tag{4.7.13}$$

となる．(4.7.13) は n と μ の関数であることに注意する．これより (4.7.13) は不動点の y-座標を与え，これを (4.7.10a) に代入して x-座標を得る．(4.7.10a) は x について線形であることから，y-座標を止めると不動点についてただ 1 つの x-座標を与えることに注意する．このことから不動点およびその分岐の数について研究する際には (4.7.13) を研究することで十分である．

　(4.7.13) から

$$\mu > \frac{(\beta\gamma\rho^n + \lambda^{-n})^2}{4\delta} + (y_0\lambda^{-n} - \gamma\rho^n x_0) \tag{4.7.14}$$

では不動点は存在しないことが容易にわかり，

$$\mu < \frac{(\beta\gamma\rho^n + \lambda^{-n})^2}{4\delta} + (y_0\lambda^{-n} - \gamma\rho^n x_0) \tag{4.7.15}$$

では2つの不動点を持つことがわかる．それゆえ，

$$\mu = \frac{(\beta\gamma\rho^n + \lambda^{-n})^2}{4\delta} + (y_0\lambda^{-n} - \gamma\rho^n x_0) \tag{4.7.16}$$

が f^{n+k} の分岐値である．

次に，これが鞍状点結節点分岐であることを確かめよう．このことは直接に示せる．(4.7.7) から線形化された写像の行列は

$$Df^{n+k} = \begin{pmatrix} 0 & -\beta\rho^n \\ \gamma\lambda^n & 2\delta\lambda^n(y - y_0) \end{pmatrix} \tag{4.7.17}$$

で与えられ，したがって

$$\det Df^{n+k} = \gamma\beta\rho^n\lambda^n, \tag{4.7.18a}$$

$$\operatorname{tr} Df^{n+k} = 2\delta\lambda^n(y - y_0) \tag{4.7.18b}$$

を得て，(4.7.17) の固有値 χ_1, χ_2 は

$$\chi_{1,2} = \frac{\operatorname{tr} Df^{n+k}}{2} \pm \frac{1}{2}\sqrt{(\operatorname{tr} Df^{n+k})^2 - 4\det Df^{n+k}} \tag{4.7.19}$$

で与えられる．(4.7.16) の分岐値ではただ1つの不動点があり，(4.7.17) の固有値は，(4.7.18a)，(4.7.18b) および (4.7.19) を用いて，

$$\chi_1 = 1, \qquad \chi_2 = \gamma\beta\rho^n\lambda^n \tag{4.7.20}$$

で与えられる．$\rho\lambda < 1$ であることから n を十分に大に取ることで，χ_2 はいくらでも小さく取れる．

ここで分岐不動点の安定性を確かめよう．(4.7.18) および $\rho\lambda < 1$ であることを用いて，十分大な n について (4.7.17) の固有値は漸近的に

$$\chi_1 \approx \operatorname{tr} Df^{n+k}, \tag{4.7.21a}$$

$$\chi_2 \approx 0 \tag{4.7.21b}$$

で与えられ，(4.7.13) を (4.7.18b) に代入することで（$\mathcal{O}(\rho^n\lambda^n)$ の項を無視して）

$$\chi_1 \approx 1$$

$$\pm \sqrt{4\delta\lambda^{2n}\left(\frac{(\gamma\beta\rho^n + \lambda^{-n})^2}{4\delta} + (y_0\lambda^{-n} - \gamma x_0\rho^n) - \mu\right)} \tag{4.7.22}$$

560 4. 大域的分岐のある側面

を得る. このように

$$y = \frac{\beta\gamma\lambda^n\rho^n + 2\delta\lambda^n y_0 + 1}{2\delta\lambda^n} + \frac{1}{2\delta\lambda^n}$$
$$\cdot \sqrt{4\delta\lambda^{2n}\left(\frac{(\beta\gamma\rho^n + \lambda^{-n})^2}{4\delta} + (y_0\lambda^{-n} - \gamma\rho^n x_0) - \mu\right)} \qquad (4.7.23)$$

で与えられる y-座標をもつ不動点の枝に対して, 線形化された写像の固有値は, 十分大な n について近似的に

$$\chi_1 \approx 1 + \sqrt{4\delta\lambda^{2n}\left(\frac{(\gamma\beta\rho^n + \lambda^{-n})^2}{4\delta} + (y_0\lambda^{-n} - \gamma x_0\rho^n) - \mu\right)},$$
$$\chi_2 \approx 0 \qquad (4.7.24)$$

で与えられる. したがって

$$\mu < \frac{(\gamma\beta\rho^n + \lambda^{-n})^2}{4\delta} + (y_0\lambda^{-n} - \gamma x_0\rho^n) \qquad (4.7.25)$$

に対して ((4.7.16) からこれは鞍状点結節点分岐値である), 不動点は常に**鞍状点**であることが容易にわかる. 同様に

$$y = \frac{\beta\gamma\lambda^n\rho^n + 2\delta\lambda^n y_0 + 1}{2\delta\lambda^n}$$
$$- \frac{1}{2\delta\lambda^n}\sqrt{4\delta\lambda^n\left(\frac{(\beta\gamma\rho^n + \lambda^{-n})^2}{4\delta} + (y_0\lambda^{-n} - \gamma\rho^n x_0) - \mu\right)}$$
$$\qquad (4.7.26)$$

で与えられる不動点の枝において, 線形化された写像の固有値は十分大な n について近似的に

$$\chi_1 \approx 1 - \sqrt{4\delta\lambda^{2n}\left(\frac{(\beta\gamma\rho^n + \lambda^{-n})^2}{4\delta} + (y_0\lambda^{-n} - \gamma\rho^n x_0) - \mu\right)}$$
$$\chi_2 \approx 0 \qquad (4.7.27)$$

で与えられる. それゆえ μ が $\frac{(\beta\gamma\rho^n + \lambda^{-n})^2}{4\delta} + (y_0\lambda^{-n} - \gamma\rho^n x_0)$ よりわずかに小さいときには, 不動点は**沈点**であることが容易にわかる. しかし μ がより小さくなるときには χ_1 が -1 より小さくなることが可能である, そのことから, この不動点の枝は周期倍加分岐をすることが可能になる. この可能性について研究してみよう.

y-座標が

$$y = \frac{\beta\gamma\lambda^n\rho^n + 2\delta\lambda^n y_0 + 1}{2\delta\lambda^n} - \frac{1}{2\delta\lambda^n}$$

$$\cdot\sqrt{4\delta\lambda^{2n}\left(\frac{(\beta\gamma\rho^n + \lambda^{-n})^2}{4\delta} + (y_0\lambda^{-n} - \gamma\rho^n x_0) - \mu\right)} \qquad (4.7.28)$$

で与えられる不動点の枝について考える. (4.7.19) から Df^{n+k} の固有値が -1 になる条件は

$$1 + \det Df^{n+k} = -\mathrm{tr}\, Df^{n+k} \qquad (4.7.29)$$

である. (4.7.18a) と (4.7.18b) を (4.7.29) に代入すると

$$1 + \gamma\beta\rho^n\lambda^n = 2\delta\lambda^n y_0 - 2\delta\lambda^n y \qquad (4.7.30)$$

となり, (4.7.28) を (4.7.30) に代入すると

$$1 + \gamma\beta\rho^n\lambda^n = \sqrt{\delta\lambda^{2n}\left(\frac{(\beta\gamma\rho^n + \lambda^{-n})^2}{4\delta} + (y_0\lambda^{-n} - \gamma\rho^n x_0) - \mu\right)} \qquad (4.7.31)$$

となる. (4.7.31) を μ について解くと

$$\mu = -\frac{3}{4\delta}(\gamma\beta\rho^n + \lambda^{-n})^2 + (y_0\lambda^{-n} - \gamma\rho^n x_0) \qquad (4.7.32)$$

を得る. したがって (4.7.32) は鞍状点結節点分岐によって生成された沈点の周期倍加分岐の分岐値である. 周期倍加分岐が生成的であることを確かめるのは読者への演習として残す(演習 4.44 参照).

ここまでに示したことをまとめておく. 写像 f^{n+k} は十分大な n について

$$\mu_{SN}^{n+k} = \frac{(\beta\gamma\rho^n + \lambda^{-n})^2}{4\delta} + (y_0\lambda^{-n} - \gamma\rho^n x_0) \qquad (4.7.33)$$

で**鞍状点結節点分岐**をする. この分岐で f^{n+k} の2つの不動点, 1つは鞍状点, 他方は沈点, が生成される. μ が μ_{SN}^{n+k} より減っていくとき, 鞍状点は鞍状点のままだが, 沈点は周期倍加分岐を

$$\mu_{PD}^{n+k} = -\frac{3(\beta\gamma\rho^n + \lambda^{-n})^2}{4\delta} + (y_0\lambda^{-n} - \gamma\rho^n x_0) \qquad (4.7.34)$$

で起こす. (4.7.33) と (4.7.34) から

$$\mu_{PD}^{n+k} < \mu_{SN}^{n+k}$$

であることは容易にわかる. また十分大な n について

$$y_0\lambda^{-n} - \gamma\rho^n x_0 >> (\beta\gamma\rho^n + \lambda^{-n})^2 \qquad (4.7.35)$$

562   4. 大域的分岐のある側面

を得る. (4.7.35) を

$$(y_0 \lambda^{-n} - \gamma \rho^n x_0) = \lambda^{-n}(y_0 - \gamma \rho^n \lambda^n x_0) \tag{4.7.36}$$

と $\rho\lambda < 1$ と共に用いると

$$\mu_{SN}^{n+k} > 0$$

と

$$\mu_{PD}^{n+k} > 0$$

が十分大な n について成立する. 続いて

$$\mu_{SN}^{n+1+k} < \mu_{PD}^{n+k}$$

を示す必要がある. (4.7.33) と (4.7.34) から

$$\mu_{SN}^{n+1+k} = \frac{(\beta\gamma\rho^{n+1} - \lambda^{-n-1})^2}{4\delta} + \lambda^{-n-1}(y_0 - \gamma\rho^{n+1}\lambda^{-n-1}x_0) \tag{4.7.37}$$

と

$$\mu_{PD}^{n+k} = -\frac{3(\beta\gamma\rho^n - \lambda^{-n})^2}{4\delta} + \lambda^{-n}(y_0 - \gamma\rho^n\lambda^n x_0) \tag{4.7.38}$$

を得る. (4.7.35) と (4.7.36) を $\lambda > 1$ であることと共に用いると, (4.7.37) と (4.7.38) から十分大な n について

$$\mu_{SN}^{n+1+k} < \mu_{PD}^{n+k} \tag{4.7.39}$$

を得る. (4.7.8) は (4.7.39) から帰納法を用いることで従う. 最後に (4.7.35), (4.7.33) と (4.7.34) から

$$\mu_{SN}^{n+k} \sim \lambda^{-n} \quad (n \to \infty)$$

と

$$\mu_{PD}^{n+k} \sim \lambda^{-n} \quad (n \to \infty)$$

を得る.   □

次の系は定理 4.7.2 の証明の結果から明らかである.

系 4.7.3　p_0 を $W_0^s(0)$ と $W_0^u(0)$ の 2 次接触点とする. このとき任意の十分大な n についてパラメータ値 μ^{n+k} で $n \to \infty$ のとき $\mu^{n+k} \to 0$ を満たすものが存在して, f は $n \to \infty$ のとき $p_n \to p_0$ を満たす周期 $n+k$ の周期的沈点 p_n を持つ.

定理 4.7.2 からこの系を導き出した理由は, 2 次ホモクリニック接触の持続性に関す

るニューハウスの深い結果とあわせると，刺激的な結果を得るからである（注：ニューハウスの結果は仮定 3 および 4 というどちらかというと限定的な仮定を必要としない，そればかりか，その安定および不安定多様体が 2 次接触するような散逸的な双曲型周期点を持っている任意の 2 次元微分同相写像に適用できる）．この節の文脈でニューハウスの結果が意味することについて簡潔に述べたい．

$W_0^s(0)$ と $W_0^u(0)$ の特定の接触の点はほんの僅かな摂動によっても容易に壊されることは明らかである．しかし Newhouse [1974] は次の結果を得た．

定理 4.7.4 $\varepsilon > 0$ について $I_\varepsilon = \{\mu \in I \mid |\mu| < \varepsilon\}$ とおく．このとき任意の $\varepsilon > 0$ について自明でない区間 $\hat{I}_\varepsilon \subset I_\varepsilon$ が存在して，$\hat{I}_\varepsilon$ は $W_\mu^s(0)$ と $W_\mu^u(0)$ が 2 次ホモクリニック接触を持つような点を稠密な部分集合として持つ．

証明 ニューハウスの定理のパラメータ化された拡張は Robinson [1983] による． □

大まかにいって，定理 4.7.4 は $\mu = 0$ における 2 次ホモクリニック接触を μ をわずかに動かして壊すと，$\mu = 0$ を含むようなパラメータの稠密な集合では，どこかホモクリニック錯綜の中に 2 次ホモクリニック接触を持っているということを述べている．このように系 4.7.3 はこれらの接触のそれぞれに適用できて，系 4.7.3 および定理 4.7.4 を一緒にすると，写像がスメールの馬蹄型力学と共存する無限個の周期的アトラクターを持つようなパラメータ値が存在することを示している．この現象は 2 次元写像がストレンジ・アトラクターを持つことを証明する際の困難の中心部分にある．このことについて節 4.11 でより詳細に議論する．

我々の結果の一般性について注釈しよう．特に仮定 2 において写像が原点の近傍 $\mathcal{N}$ において線形であると仮定し，仮定 3 で原点の近傍の外側で定義された写像の形は (4.7.5) のように与えられると仮定した．Gavrilov and Silnikov [1972], [1973] の仕事から，もし $\mathcal{N}$ における f と f^k についてもっとも一般的な形を仮定しても定理 4.7.1 および 4.7.2 は変わらないという意味で，我々の結果はこれらの仮定によって制限されないことがわかる．このことは双曲型周期点にホモクリニックである軌道の近傍での軌道構造の研究において一般に成立することに注意する．ホモクリニック点の近傍で，原点の近くで**線形化された写像**の反復と原点の近傍の外側の写像の反復のテーラー展開の低次の項の合成として構成された再帰写像はホモクリニック点の十分小さな近傍での力学の性質をとらえるのには十分である．ガブリロフとシルニコフによって考えられた構成について簡潔に述べよう．

局所座標 $\mathcal{N}$ において，ガブリロフとシルニコフは一般の $\mathbf{C}^r (r \geq 3)$ 微分同相写像は次の形に表されることを示した．

564   4. 大域的分岐のある側面

$$\begin{pmatrix} x \\ y \end{pmatrix} \longmapsto \begin{pmatrix} \lambda(\mu)x + f(x,y;\mu)x \\ \rho(\mu)y + g(x,y;\mu)y \end{pmatrix}. \qquad (4.7.40)$$

$\mathcal{N}$ の外側に作用する（しかし $\mathcal{N}$ の局所不安定多様体上のホモクリニック点の近傍を $\mathcal{N}$ の局所安定多様体の近傍に写像する）f^k の形については，彼らはまったく一般的な形

$$f^k: \begin{pmatrix} x \\ y \end{pmatrix} \longmapsto \begin{pmatrix} x_0 + F(x, y - y_0; \mu) \\ G(x, y - y_0; \mu) \end{pmatrix} \qquad (4.7.41)$$

を仮定した．$\mu = 0$ での2次ホモクリニック接触の仮定は

$$G_y(0,0,0) = 0, \qquad (4.7.42)$$

$$G_{yy}(0,0,0) \neq 0 \qquad (4.7.43)$$

である（注：f は微分同相写像であるから，(4.7.42) は $G_x(0,0,0) \neq 0$ および $F_y(0,0,0) \neq 0$ であることを示している）．ガブリロフとシルニコフは (4.7.41) を次のように簡単にした．

$$y - y_0 = \phi(x, \mu) \qquad (4.7.44)$$

を

$$G_y(x, y - y_0, \mu) = 0 \qquad (4.7.45)$$

の（ただ1つの）解とおいて（これは (4.7.43) によって陰関数定理を用いて解くことができる），(4.7.41) は

$$\begin{pmatrix} x \\ y \end{pmatrix} \longmapsto \begin{pmatrix} x_0 + F(x, y - y_0; \mu) \\ E(\mu) + C(x,\mu)x + D(x,\mu)(y - y_0 - \phi(x,\mu))^2 \end{pmatrix} \qquad (4.7.46)$$

と書き直せる，ここで

$$E(\mu) \equiv G(0, \phi(0,\mu), \mu), \quad E(0) = 0,$$

$$C(0,0) \equiv c,$$

$$2D(0, y_0, 0) \equiv d$$

である．読者は (4.7.46) と (4.7.5) の類似性に着目されたい．(4.7.46) における数 c と d は安定および不安定多様体の接触の幾何学を記述する．ガブリロフとシルニコフは λ, ρ, c, d の符号によって10個の考察すべき場合があることを示した（注：もちろんこれらのパラメータの符号の組み合せとしては16種ある，ガブリロフとシルニコフはどのようにして可能性の数を減らせるかを示した）．

5つの場合は向きを保つ写像に対応し，残りの5種は向きを逆にする写像に対応する．我々が考えた例は $\lambda, \rho, c, d > 0$ である向きを保つ写像の5種のうちの1つに対応する．周期倍加および鞍状点結節点 カスケードの構造はほかの場合については異なりうる，詳細については Gavrilov and Silnikov [1972], [1973] を参照のこと．最後にいくつか注意をして終わろう．

注意1 **ホモクリニック分岐の余次元.** "ホモクリニック分岐"という言葉で2次元の微分同相写像の双曲型周期点への横断的なホモクリニック軌道がパラメータの変化にともなって生成されることを意味する．双曲型周期点の安定および不安定多様体が余次元が1であることから，それらの横断的な交叉は写像の1-パラメータ族で安定に起きる（定理4.5.8参照）．さて節 3.1D であたえた "分岐の余次元"の定義を思い出そう．雑にいえば，余次元とは対応するパラメータづけされた族が摂動に対して安定であるパラメータの数である．この節で2次ホモクリニック接触パラメータ値に集積する鞍状点結節点および周期倍加分岐の値が無限個あることをみた．したがって分岐のタイプは標準的な定義によって余次元無限大である．特に第3章で与えた標準的定義を満足する準普遍変形をこのタイプの分岐では見つけることができない．

注意2 メリーランドのグループによるこの数年の間に馬蹄型力学系の生成に光を与えた数多くの論文がある．特に Yorke and Alligood [1985] と Alligood et al. [1987] を読者に勧める．Tedeschini-Lalli and Yorke [1986] に，無限個の周期的沈点が共存するような写像のパラメータ値集合の測度に関する問題を述べている．生成的な写像については，その集合の測度は0であることが示されている．

4.8　3次元自励ベクトル場の双曲型不動点にホモクリニックな軌道

この節で3次元自励ベクトル場の双曲型不動点にホモクリニックな軌道の近傍での軌道構造を研究する．"近い"という言葉は相空間とパラメータ空間の双方に関係する．いくつかの場合にスメールの馬蹄型力学タイプの振る舞いが生じることを見よう．パラメータづけられた系では馬蹄型力学の生成は定理4.7.2に述べたように周期倍加と鞍状点-結節点分岐のカスケードをともなうか，もしくは馬蹄型力学が臨界パラメータ値で "爆発的"に生成されるかもしれない．ホモクリニック軌道の近傍での軌道構造の性質は主にベクトル場の2つの性質によっていることを見る．

1. 不動点で線形化されたベクトル場の固有値の性質,
2. ベクトル場の**対称性**の結果として生じ得る同じ双曲型不動点への複数のホモクリニック軌道の存在.

性質1については，線形化されたベクトル場にともなう3つの固有値にはたった2つの可能性しかないことは明らかである．

1. 鞍状点 $\lambda_1, \lambda_2, \lambda_3$ が実数で $\lambda_1, \lambda_2 < 0$ かつ $\lambda_3 > 0$,
2. 鞍状焦点 $\rho \pm i\omega, \lambda$ で $\rho < 0$ かつ $\lambda > 0$

双曲型不動点のほかの可能なものはこれらの2つについて時間を反転することで得られる．それぞれの状況を別々に解析するが，しかしまず双方に適用できる一般的な技法を述べる．

【解析の技法】
3次元の自励 $C^r (r \geq 2)$ ベクトル場で，2次元の安定多様体と1次元の不安定多様体をもつ双曲型不動点が原点にあってホモクリニック軌道が原点とそれ自身を結んでいるとする（すなわち，$W^u(0) \cap W^s(0) \neq \emptyset$）（原点の近傍で線形化された流れの性質に関しての2つの可能性については図4.8.1を参照のこと）．方法としてはホモクリニック軌道の近傍でベクトル場への2次元の断面を定義して，ベクトル場によって生成される流れから断面からそれ自身への写像を構成することである．この考えは節1.2Aで

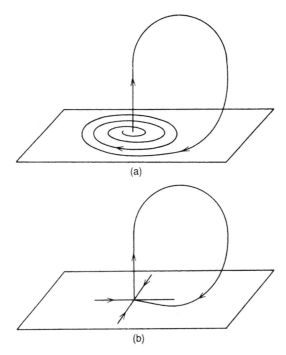

図 4.8.1 (a) 鞍状焦点. (b) 純実固有値を持つ鞍状点.

4.8 3次元自励ベクトル場の双曲型不動点にホモクリニックな軌道　　*567*

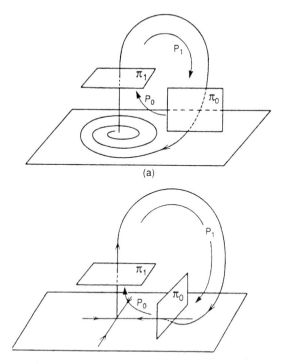

図 4.8.2　ホモクリニック軌道の近傍におけるポアンカレ写像. **(a)** 鞍状焦点. **(b)** 実固有値を持つ鞍状点.

用い，また節 4.4 でモーザーの定理を証明するのに用いたものと全く同じである．

ホモクリニック軌道に横断的で図 4.8.2 に示したように"原点の十分小さな近傍"に位置する断面 Π_0 と Π_1 を考える．Π_0 からそれ自身へのポアンカレ写像

$$P: \Pi_0 \longrightarrow \Pi_0$$

で次の 2 つの写像の合成であるものを構成する．1 つは原点の近傍の流れからつくられる

$$P_0: \Pi_0 \longrightarrow \Pi_1$$

他方は原点の近傍の外側で定義される流れからつくられる

$$P_1: \Pi_1 \longrightarrow \Pi_0$$

である．このとき

$$P \equiv P_1 \circ P_0: \Pi_0 \longrightarrow \Pi_0;$$

である，図 4.8.2 参照のこと．このように全体の構成には 4 段階が必要である．

568   4. 大域的分岐のある側面

段階1 Π_0 と Π_1 の定義. それぞれの場合について別々に行う．いつものように，ポアンカレ写像を定義する断面の選択には相空間の幾何学についてある程度の知識を必要とする．賢明な選択をすれば計算が飛躍的に簡単になる．

段階2 P_0 の構成. 原点の十分近くに位置する Π_0 と Π_1 について，Π_0 から Π_1 への写像は"本質的に"線形化されたベクトル場によって生成される流れで与えられる．本質的にというのに引用符を付けたのは，P_0 を構成するのに線形化されたベクトル場を用いることで誤差が生じるからである．しかし誤差は Π_0 と Π_1 を十分に小さく，かつ原点に近くとればいくらでも小さく取れる．このことは Wiggins [1988] に証明されている．さらにこの誤差は結果に何の影響も及ぼさないという意味で実際無視できる．それゆえ技術的な混乱を避けるために，線形化されたベクトル場によって生成された流れから P_0 を構成する．

段階3 P_1 の構成. $p_0 \equiv W^u(0) \cap \Pi_0$, $p_1 \equiv W^u(0) \cap \Pi_1$ とおく．このとき不動点の近傍の外側にいるから，p_0 から p_1 への時間は有限である．原点を除いて，ホモクリニック軌道はベクトル場の他の不動点から離れていると仮定する．そのとき初期条件についての連続性から，十分小さな Π_0 について，ベクトル場によって生成される流れは Π_0 を Π_1 上に写像する．このことから写像 P_1 は十分小さな Π_0 に対して定義される．

　したがって P_0 が定義されたが，それはどのようにして計算されるか？ p_0 のまわりで P_1 をテーラー展開をすると

$$P_1(h) = p_0 + DP_1(p_1)h + \mathcal{O}(|h|^2),$$

ここで h は p_1 を中心とする Π_1 上の座標である．十分小さな Π_1 に対して上の表現における $\mathcal{O}(|h|^2)$ の項はいくらでも小さくとれる．それゆえ $P_1 : \Pi_1 \to \Pi_0$ に対して

$$P_1(h) = p_0 + DP_1(p_1)h$$

ととれる．もちろん，この P_1 の近似は誤差を生じる．しかし Wiggins [1988] に，誤差は結果に何の影響を及ぼさないという意味で実際無視できることが示してある．

段階4 $P \equiv P_1 \circ P_0$ の構成. P_0 と P_1 により P の構成は明らかである．

　いくつか発見的な注意をしておく．我々の解析はホモクリニック軌道の十分小さな近傍での軌道構造についての情報を与える．写像 P_0 は線形化されたベクトル場によって厳密に構成される（線形定数係数常微分方程式が解けることによって）．したがっ

て，どのように Π_0 が伸縮するか，あるいは不動点のそばを通るとき折りたたまれたりするか計算可能である．非線形ベクトル場によって生成される流れを解くことなしには $DP_1(p_1)$ を計算することさえできないから，P_1 には問題が残っている．好運にも，そしておそらく驚くことに，$DP_1(p_1)$ を厳密に知る必要はなく，ホモクリニック軌道の幾何学と両立してさえいればよいと言うことがわかる．このことは我々が今戻る例で明らかにされる．

4.8A 純実数固有値を持つ鞍状点のホモクリニック軌道

次の式を考える．

$$
\begin{aligned}
\dot{x} &= \lambda_1 x + f_1(x, y, z; \mu), \\
\dot{y} &= \lambda_2 y + f_2(x, y, z; \mu), \qquad (x, y, z, \mu) \in \mathbb{R}^1 \times \mathbb{R}^1 \times \mathbb{R}^1 \times \mathbb{R}^1 \qquad (4.8.1) \\
\dot{z} &= \lambda_3 z + f_3(x, y, z; \mu),
\end{aligned}
$$

ここで f_i は $\mathbf{C}^2$ かつ $(x, y, z, \mu) = (0,0,0,0)$ で 0 になり，x, y, z について非線形である．それゆえ (4.8.1) は原点で固有値が $\lambda_1, \lambda_2, \lambda_3$ である不動点を持つ．次の仮定をする．

仮定 1. $\lambda_1, \lambda_2 < 0$ かつ $\lambda_3 > 0$．

仮定 2. $\mu = 0$ で (4.8.1) は $(x, y, z) = (0,0,0)$ と自分自身を結ぶホモクリニック軌道 Γ を持つ．さらに $\mu > 0$ および $\mu < 0$ で図 4.8.3 に示したようにホモクリニック軌道は壊れることを仮定する．

次の注意を与える．

注意 1 パラメータ依存性は f_i にのみ存在し，$\lambda_1, \lambda_2, \lambda_3$ には存在しないと仮定する．これは主に便宜上の理由であるが，結果の一般性には影響しない．演習 4.45 参照．

注意 2 図 4.8.3 で，y 軸に原点で接する曲線に沿って原点の近傍に入るホモクリニック軌道を描いた．これは $\lambda_2 > \lambda_1$ でこの系は**生成的**であることを仮定している．この点については演習 4.46 で扱う．我々の結果は $\lambda_1 \geq \lambda_2$ であるとしても生成的な系について変わらない．演習 4.48 と 4.49 参照．

適切に選ばれた断面上のポアンカレ写像を計算する標準的方法で Γ の近傍での軌道構造を解析する．流れに横断的な 2 つの長方形を，ある $\varepsilon > 0$ について次のように選ぶ．図 4.8.4 参照．

4. 大域的分岐のある側面

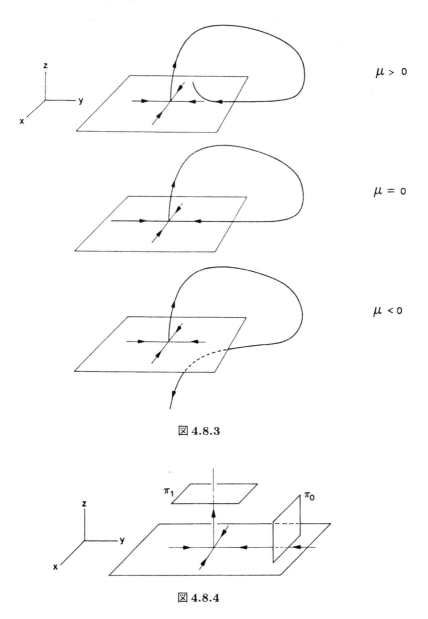

図 4.8.3

図 4.8.4

$$\begin{aligned}\Pi_0 &= \left\{(x,y,z) \in \mathbb{R}^3 \,\middle|\, |x| \leq \varepsilon, y = \varepsilon, 0 < z \leq \varepsilon\right\}, \\ \Pi_1 &= \left\{(x,y,z) \in \mathbb{R}^3 \,\middle|\, |x| \leq \varepsilon, |y| \leq \varepsilon, z = \varepsilon\right\}\end{aligned} \tag{4.8.2}$$

【P_0 の計算】

原点で線形化された流れは

4.8 3次元自励ベクトル場の双曲型不動点にホモクリニックな軌道 **571**

$$x(t) = x_0 e^{\lambda_1 t},$$
$$y(t) = y_0 e^{\lambda_2 t}, \tag{4.8.3}$$
$$z(t) = z_0 e^{\lambda_3 t}$$

で与えられ，Π_0 から Π_1 への時間は

$$t = \frac{1}{\lambda_3} \log \frac{\varepsilon}{z_0} \tag{4.8.4}$$

で与えられる．したがって写像

$$P_0 \colon \Pi_0 \to \Pi_1$$

は（添え字 0 を略して）

$$\begin{pmatrix} x \\ \varepsilon \\ z \end{pmatrix} \mapsto \begin{pmatrix} x\left(\frac{\varepsilon}{z}\right)^{\lambda_1/\lambda_3} \\ \varepsilon\left(\frac{\varepsilon}{z}\right)^{\lambda_2/\lambda_3} \\ \varepsilon \end{pmatrix} \tag{4.8.5}$$

で与えられる．

【P_1 の計算】

上述の一般的解析における段階 3 の議論に従えば，P_1 は次のアファイン写像に取れる．

$$P_1 \colon \Pi_1 \longrightarrow \Pi_0$$

$$\begin{pmatrix} x \\ y \\ \varepsilon \end{pmatrix} \mapsto \begin{pmatrix} 0 \\ \varepsilon \\ 0 \end{pmatrix} + \begin{pmatrix} a & b & 0 \\ 0 & 0 & 0 \\ c & d & 0 \end{pmatrix} \begin{pmatrix} x \\ y \\ 0 \end{pmatrix} + \begin{pmatrix} e\mu \\ 0 \\ f\mu \end{pmatrix}, \tag{4.8.6}$$

ここで a, b, c, d, e, f は定数である．図 4.8.3 から $f > 0$ で，パラメータ μ を取り替えて $f = 1$ とできることに注意しておく．そして以降このように仮定する．(4.8.6) の形について簡単に説明しておく．Π_0 上で y-座標は $y = \varepsilon$ に固定されている．この事実は (4.8.6) の線形部分の真中の行が 0 だけしかないことを説明している．また Π_1 の z-座標も $z = \varepsilon$ に固定されている．この事実は (4.8.6) の行列の第 3 列が 0 だけしかないことを説明している．

【ポアンカレ写像 $P \equiv P_1 \circ P_0$】

P_0 と P_1 を構成することで，ホモクリニック軌道の近傍で定義された次の形のポアンカレ写像を得る．

$$P \equiv P_1 \circ P_0 \colon \Pi_0 \to \Pi_0,$$

$$
\begin{pmatrix} x \\ z \end{pmatrix} \mapsto \begin{pmatrix} ax\left(\frac{\varepsilon}{z}\right)^{\lambda_1/\lambda_3} + b\varepsilon\left(\frac{\varepsilon}{z}\right)^{\lambda_2/\lambda_3} + e\mu \\ cx\left(\frac{\varepsilon}{z}\right)^{\lambda_1/\lambda_3} + d\varepsilon\left(\frac{\varepsilon}{z}\right)^{\lambda_2/\lambda_3} + \mu \end{pmatrix}, \tag{4.8.7}
$$

ここで P_0 と P_1 が定義されるように Π_0 は十分に小さくとる.

近似ポアンカレ写像 (4.8.7) が十分小さな ε と十分小さな x,z に対して意味を持つように再反復する. 十分小さな ε について線形化された流れによる P_0 の近似は有効で, 十分小さな x,z に対してアファイン写像 P_1 による P_1 の近似は有効である. ε, x, z は独立であることに注意しておく.

【P の不動点の計算】

さてポアンカレ写像の不動点 (これは (4.8.1) の周期軌道に対応する) を探そう. まず記号を

$$
A = a\varepsilon^{\lambda_1/\lambda_3}, \quad B = b\varepsilon^{1+(\lambda_2/\lambda_3)}, \quad C = c\varepsilon^{\lambda_1/\lambda_3}, \quad D = d\varepsilon^{1+(\lambda_2/\lambda_3)}
$$

で定める. このとき (4.8.7) の不動点に関する条件は

$$
x = Axz^{|\lambda_1|/\lambda_3} + Bz^{|\lambda_2|/\lambda_3} + e\mu, \tag{4.8.8a}
$$

$$
z = Cxz^{|\lambda_1|/\lambda_3} + Dz^{|\lambda_2|/\lambda_3} + \mu \tag{4.8.8b}
$$

で与えられる. (4.8.8a) を z の関数として x について解くと

$$
x = \frac{Bz^{|\lambda_2|/\lambda_3} + e\mu}{1 - Az^{|\lambda_1|/\lambda_3}}. \tag{4.8.9}
$$

ホモクリニック軌道の十分小さな近傍に制限することで, (4.8.9) の分母が 1 とみなせる程に z を小さく取る. (演習 4.47 参照). x についてのこの表現を (4.8.8b) に代入すると, z と μ のみの (4.8.7) の不動点に関する次の条件がを与えられる.

$$
z - \mu = CBz^{|\lambda_1+\lambda_2|/\lambda_3} + Ce\mu z^{|\lambda_1|/\lambda_3} + Dz^{|\lambda_2|/\lambda_3}. \tag{4.8.10}
$$

(4.8.10) の左辺と (4.8.10) の右辺を図で表現し曲線の交点を探すことにより, 十分小さな μ について (4.8.10) の解を 0 の近傍で図示しよう.

まず $z = 0$ での (4.8.10) の右辺の傾きを調べたい. これは次の式で与えられる.

$$
\frac{d}{dz}\left(CBz^{|\lambda_1+\lambda_2|/\lambda_3} + Ce\mu z^{|\lambda_1|/\lambda_3} + Dz^{|\lambda_2|/\lambda_3} \right)
$$

$$
= \frac{|\lambda_1+\lambda_2|}{\lambda_3} CBz^{\frac{|\lambda_1+\lambda_2|}{\lambda_3}-1} + \frac{|\lambda_1|}{\lambda_3} Ce\mu z^{\frac{|\lambda_1|}{\lambda_3}-1}
$$

$$
+ \frac{|\lambda_2|}{\lambda_3} Dz^{\frac{|\lambda_2|}{\lambda_3}-1}. \tag{4.8.11}
$$

4.8 3次元自励ベクトル場の双曲型不動点にホモクリニックな軌道　*573*

P_1 は可逆である，すなわち $ad - bc \neq 0$ であることを思い出そう．このことは $AD - BC \neq 0$ であり C と D が同時に 0 にはならないことを意味する．それゆえ $z = 0$ で，(4.8.11) は値として

$$|\lambda_1| < \lambda_3 \quad \text{または} \quad |\lambda_2| < \lambda_3 \text{ ならば } \infty$$
$$|\lambda_1| > \lambda_3 \quad \text{かつ} \quad |\lambda_2| > \lambda_3 \text{ ならば } 0$$

をもつ．傾き ∞ の場合および傾き 0 の場合がそれぞれ 2 通りづつの，4 通りの場合が可能である．これらの状況の違いは主として大域的な影響による，すなわち A, B, C, D, e, μ の相対的な符号による．すぐあとでこのことをより注意深く考える．図 4.8.5 は傾き 0 のときの (4.8.10) の図式的な解を示している．図 4.8.5 に図示した 2 つの傾きの場合は同じ結果を示している．すなわち $\mu > 0$ について周期軌道がホモクリニック軌道から分岐する．

傾き ∞ の場合には，図 4.8.6 に 2 つの可能な場合が図示してある．興味深いことに傾き ∞ の場合には 2 つの異なる結果が生じる，すなわち 1 つの場合には $\mu < 0$ で周期軌道があり，他の場合には $\mu > 0$ で周期軌道がある．それでどのようなことが生じるだろうか？ すぐ後で見るように，この場合，局所的な解析では発見できない大域的な効果が存在する．この大域的な効果について説明したい．

τ を Π_0 に始まり Π_1 に終わる Γ を含む筒とする．このとき $\tau \cap W^s(0)$ は 2 次元の帯であって，それを $\mathcal{R}$ で表す．$\mathcal{R}$ をねじることなしに $\mathcal{R}$ の両端を結んだとする．2 つの可能性がある．1) $W^s(0)$ は τ の中で偶数回の半回転をする，この場合 $\mathcal{R}$ の端が結ばれたとき，それらは筒と位相同型である．または 2) $W^s(0)$ は τ の中で奇数回の半回転をする，この場合 $\mathcal{R}$ の端が結ばれたとき，それらはメビウス帯と位相同型である．図 4.8.7 参照．このことを紙のリボンで実際に試みることを勧める．

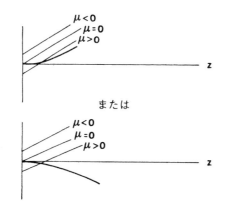

図 **4.8.5** 傾き 0 の場合の (4.8.10) の解の図．

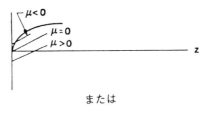

または

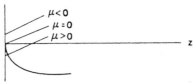

図 4.8.6 傾き ∞ の場合の (4.8.10) の解の図.

これら 2 つの状況の力学的な結果について論じる. まず図 4.8.8 に示したように下側の水平境界が $W^s(0)$ にあるような長方形 $\mathcal{D} \subset \Pi_0$ を考える. P_0 による $\mathcal{D}$ の像の形を考えよう. (4.8.5) から P_0 は

$$\begin{pmatrix} x \\ \varepsilon \\ z \end{pmatrix} \mapsto \begin{pmatrix} x \left(\frac{\varepsilon}{z}\right)^{\lambda_1/\lambda_3} \\ \varepsilon \left(\frac{\varepsilon}{z}\right)^{\lambda_2/\lambda_3} \\ \varepsilon \end{pmatrix} \equiv \begin{pmatrix} x' \\ y' \\ \varepsilon \end{pmatrix} \qquad (4.8.12)$$

で与えられる, ここで混乱を避けるために Π_1 の座標を x' および y' で表した. $\mathcal{D}$ の水平線, すなわち $z =$ 定数で与えられる線を考える. (4.8.12) からこの線は Π_1 の線

$$y' = \varepsilon \left(\frac{\varepsilon}{z}\right)^{\lambda_2/\lambda_3} = 定数 \qquad (4.8.13)$$

に写像される. しかし $\lambda_1 < 0 < \lambda_3$ であることから

$$\frac{x'}{x} = \left(\frac{\varepsilon}{z}\right)^{\lambda_1/\lambda_3} \xrightarrow[z \to 0]{} 0 \qquad (4.8.14)$$

が成立するので, この線の長さは保存されない. さて $\mathcal{D}$ の垂直線, すなわち $x =$ 定数を考えよう. (4.8.12) から

$$\frac{y'}{z} = \varepsilon^{1+\frac{\lambda_2}{\lambda_3}} z^{-\frac{\lambda_2}{\lambda_3}-1} \qquad (4.8.15)$$

を得る. したがって $-\lambda_2 > \lambda_3$ の場合については垂直線の長さは $z \to 0$ で P_0 のもとで縮小し, $-\lambda_2 < \lambda_3$ の場合には垂直線の長さは $z \to 0$ で P_0 のもとで拡大する. (4.8.14) から原点の安定多様体上にある $\mathcal{D}$ の水平線はある点に縮小する (すなわち,

4.8 3次元自励ベクトル場の双曲型不動点にホモクリニックな軌道 575

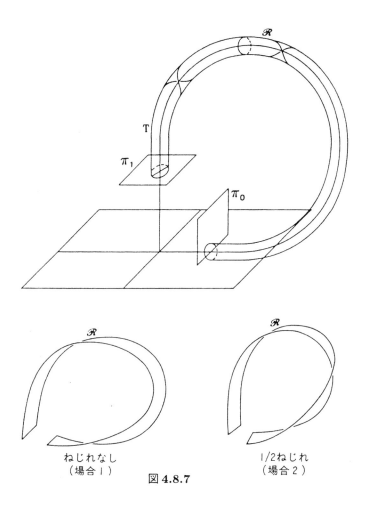

図 4.8.7

ここでは P_0 は定義されない). これらの注意から, 図 4.8.8 に示したように $\mathcal{D}$ が半蝶ネクタイの形をしている. $\lambda_2 > \lambda_1$ の場合には半蝶ネクタイの垂直境界は原点で y-軸に接している. $\lambda_2 < \lambda_1$ の場合にはそれは原点で x-軸に接しているであろう (演習 4.48 参照). 写像の構成および幾何学を説明するために $\lambda_2 > \lambda_1$ を仮定しているので, 我々は最初の場合についてのみ考える.

写像 P_1 のもとで半蝶ネクタイ $P_0(\mathcal{D})$ は Γ のまわりに沿って $P_0(\mathcal{D})$ の尖った先端が $\Gamma \cap \Pi_0$ のそばに戻ってくるように写される. $\mathcal{R}$ が筒と位相同型の場合には, $P_0(\mathcal{D})$ は Γ のまわりを偶数回回転しながら移動して, Π_0 に $W^s(0)$ の上方に来るように戻る. $\mathcal{R}$ がメビウス帯と位相同型の場合には, $P_0(\mathcal{D})$ は Γ のまわりを奇数回回転しながら移動して, Π_0 に $W^s(0)$ の下方に来るように戻る, 図 4.8.9 参照のこと.

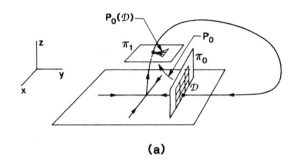

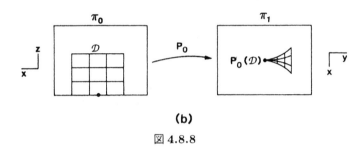

図 4.8.8

この時点で，我々は分岐した周期軌道の位置によって生じる 4 種の場合に戻り，どのような特別の大域的な効果が起きるかを見よう．

(4.8.10) から不動点の z-座標は

$$z = CBz^{\frac{|\lambda_1+\lambda_2|}{\lambda_3}} + Ce\mu z^{\frac{|\lambda_1|}{\lambda_3}} + Dz^{\frac{|\lambda_2|}{\lambda_3}} + \mu \qquad (4.8.16)$$

を解くことで得られることを思い出そう．この方程式の右辺は点の Π_0 への最初の再帰の z-座標をあたえている．それで，$\mu = 0$ で最初の再帰は筒 (C) の場合には正で，メビウス帯 (M) の場合には負である．この注意を用いると 4 種の場合に戻って，それらを図 4.8.10 のように分類することができる．分岐した周期軌道の安定性に関する問いを提出する．

【周期軌道の安定性】

(4.8.7) の導関数は

4.8 3次元自励ベクトル場の双曲型不動点にホモクリニックな軌道

メビウス帯

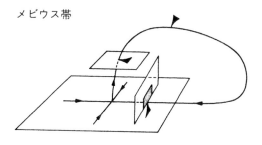

筒

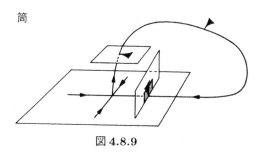

図 **4.8.9**

$$DP = \begin{pmatrix} Az^{\frac{|\lambda_1|}{\lambda_3}} & \frac{|\lambda_1|}{\lambda_3}Axz^{\frac{|\lambda_1|}{\lambda_3}-1} + \frac{|\lambda_2|}{\lambda_3}Bz^{\frac{|\lambda_2|}{\lambda_3}-1} \\ Cz^{\frac{|\lambda_1|}{\lambda_3}} & \frac{|\lambda_1|}{\lambda_3}Cxz^{\frac{|\lambda_1|}{\lambda_3}-1} + \frac{|\lambda_2|}{\lambda_3}Dz^{\frac{|\lambda_2|}{\lambda_3}-1} \end{pmatrix}. \tag{4.8.17}$$

で与えられる．安定性は (4.8.17) の固有値の性質を調べることで決定される．DP の固有値は

$$\gamma_{1,2} = \frac{\operatorname{tr} DP}{2} \pm \frac{1}{2}\sqrt{(\operatorname{tr} DP)^2 - 4\det(DP)} \tag{4.8.18}$$

で与えられる．ここで

$$\det DP = \frac{|\lambda_2|}{\lambda_3}(AD - BC)z^{\frac{|\lambda_1|+|\lambda_2|-\lambda_3}{\lambda_3}},$$

$$\operatorname{tr} DP = Az^{\frac{|\lambda_1|}{\lambda_3}} + \frac{|\lambda_1|}{\lambda_3}Cxz^{\frac{|\lambda_1|}{\lambda_3}-1} + \frac{|\lambda_2|}{\lambda_3}Dz^{\frac{|\lambda_2|}{\lambda_3}-1} \tag{4.8.19}$$

不動点での x についての (4.8.9) を $\operatorname{tr} DP$ の表現に代入すると

$$\operatorname{tr} DP = Az^{\frac{|\lambda_1|}{\lambda_3}} + \frac{|\lambda_1|}{\lambda_3}CBz^{\frac{|\lambda_1|+|\lambda_2|}{\lambda_3}-1} + \frac{|\lambda_2|}{\lambda_3}Dz^{\frac{|\lambda_2|}{\lambda_3}-1} + \frac{|\lambda_1|}{\lambda_3}Ce\mu z^{\frac{|\lambda_1|}{\lambda_3}-1} \tag{4.8.20}$$

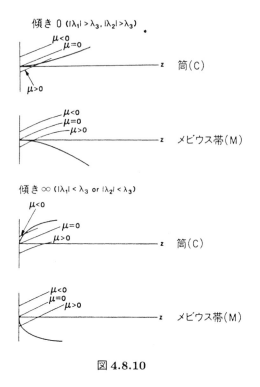

図 4.8.10

を得る.

次の重要な事実について注意する.

十分小さな z について

$\det DP$ は $\begin{cases} \text{a)} & |\lambda_1 + \lambda_2| < \lambda_3 \text{ の場合には任意に大きく,} \\ \text{b)} & |\lambda_1 + \lambda_2| > \lambda_3 \text{ の場合には任意に小さく,} \end{cases}$

$\operatorname{tr} DP$ は $\begin{cases} \text{a)} & |\lambda_1| < \lambda_3 \text{ または } |\lambda_2| < \lambda_3 \text{ の場合には任意に大きく,} \\ \text{b)} & |\lambda_1| > \lambda_3 \text{ かつ } |\lambda_2| > \lambda_3 \text{ の場合には任意に小さく} \end{cases}$

取れる. この事実を (4.8.18) および (4.8.19) とあわせて用いると次の結論を得る.

1. $|\lambda_1| > \lambda_3$ かつ $|\lambda_2| > \lambda_3$ ならば, DP の固有値は両方とも z を十分小さく取ることで, 任意に小さく取れる.

2. $|\lambda_1 + \lambda_2| > \lambda_3$, $|\lambda_1| < \lambda_3$ かつ (または) $|\lambda_2| < \lambda_3$ ならば, DP の固有値は z を十分小さく取ることで, 1 つは任意に小さく, 他方は任意に大きく取れる.

3. $|\lambda_1 + \lambda_2| < \lambda_3$ ならば DP の固有値は両方とも z を十分小さく取ることで, 任意に大きく取れる.

4.8 3次元自励ベクトル場の双曲型不動点にホモクリニックな軌道　　*579*

結果をまとめると次の定理を得る.

定理 4.8.1　$\mu \neq 0$ で十分小さいとき, (4.8.1) において Γ から周期軌道が分岐する. 周期軌道は

i) $|\lambda_1| > \lambda_3$ かつ $|\lambda_2| > \lambda_3$ ならば沈点型,

ii) $|\lambda_1 + \lambda_2| > \lambda_3$, $|\lambda_1| < \lambda_3$ かつ（または）$|\lambda_2| < \lambda_3$ ならば鞍状点型,

iii) $|\lambda_1 + \lambda_2| < \lambda_3$ ならば湧点型

である.

定理 4.8.1 の証明に用いたポアンカレ写像の構成は $\lambda_2 > \lambda_1$ の場合（図 4.8.3 参照）であるが, $\lambda_2 < \lambda_1$ または $\lambda_1 = \lambda_2$ の場合においても同じ結論を得る. 詳細は読者の演習として, 演習 4.48 および演習 4.49 に残す.

次に鞍状不動点とそれ自身を結ぶ 2 つのホモクリニック軌道を考え, どのようにある条件のもとでカオス的な力学が生じるかを見る.

i) 実固有値を持つ不動点にホモクリニックな 2 つの軌道

前と同じ系を考える. しかし仮定 2 を次の仮定 2′ に変える.

仮定 2′.　(4.8.1) は $\mu = 0$ で $(0,0,0)$ にホモクリニックな 2 つの軌道 Γ_r と Γ_ℓ を持ち, Γ_r と Γ_ℓ は $(0,0,0)$ の不安定多様体の別の分枝にある. 図 4.8.11 に示したように 2 つの生成的な図が可能である.

図 4.8.11 の座標軸は図 4.8.3 のそれとは異なり回転されていることに注意されたい. このことは単に美的な便宜上の理由による. 我々は図 4.8.11 の場合 a の配置のみを考える, しかし場合 b についても同じ解析（かつ結果として生じた力学についてもほとんど同様の）が行える. 我々の目標はホモクリニック軌道の近傍で構成されたポアンカレ写像がスメールの馬蹄型力学のカオス的な力学を含んでいること, またはより明確に言えば, 2-ずらしと位相同型な不変カントール集合を含んでいることを確かめることである（節 4.2 参照）.

原点の近傍でベクトル場の局所的断面を構成することから始める. 小さな $\varepsilon > 0$ に対して

$$\begin{aligned}
\Pi_0^r &= \big\{ (x,y,z) \in \mathbb{R}^3 \,\big|\, y = \varepsilon, \ |x| \leq \varepsilon, \ 0 < z \leq \varepsilon \big\}, \\
\Pi_0^\ell &= \big\{ (x,y,z) \in \mathbb{R}^3 \,\big|\, y = \varepsilon, \ |x| \leq \varepsilon, \ -\varepsilon \leq z < 0 \big\}, \\
\Pi_1^r &= \big\{ (x,y,z) \in \mathbb{R}^3 \,\big|\, z = \varepsilon, \ |x| \leq \varepsilon, \ 0 < y \leq \varepsilon \big\}, \\
\Pi_1^\ell &= \big\{ (x,y,z) \in \mathbb{R}^3 \,\big|\, z = -\varepsilon, \ |x| \leq \varepsilon, \ 0 < y \leq \varepsilon \big\}
\end{aligned}$$
(4.8.21)

580   4. 大域的分岐のある側面

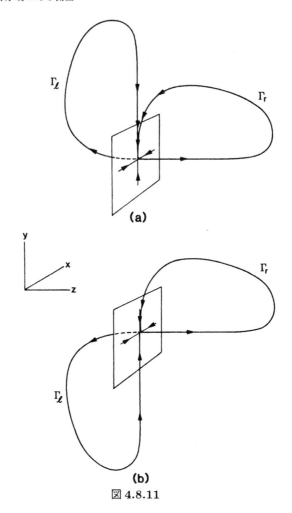

図 4.8.11

と定義する.原点の近傍での幾何学の図示については図 4.8.12 を参照のこと.

　原点の安定多様体の大域的ねじれについて思い出そう.ポアンカレ写像の構成の中でこの効果を考えたい.τ_r (τ_ℓ) をそれぞれ Γ_r (Γ_ℓ) を含んで Π_1^r (Π_1^ℓ) に始まり Π_0^r (Π_0^ℓ) に終わる筒とする(図 4.8.7 参照).このとき $\tau_r \cap W^s(0)$ ($\tau_\ell \cap W^s(0)$) は 2 次元の帯で,それらを $\mathcal{R}_r$ ($\mathcal{R}_\ell$) で表す.$\mathcal{R}_r$ ($\mathcal{R}_\ell$) の両端をねじることなくつなぐと,$\mathcal{R}_r$ ($\mathcal{R}_\ell$) は筒もしくはメビウス帯と位相同型になる(図 4.8.7 参照).このようにして,この大域的な効果は 3 つの異なる可能性

1. $\mathcal{R}_r$ と $\mathcal{R}_\ell$ は筒と位相同型,
2. $\mathcal{R}_r$ は筒と位相同型で,$\mathcal{R}_\ell$ はメビウス帯と位相同型,
3. $\mathcal{R}_r$ と $\mathcal{R}_\ell$ はメビウス帯と位相同型,

4.8 3次元自励ベクトル場の双曲型不動点にホモクリニックな軌道 *581*

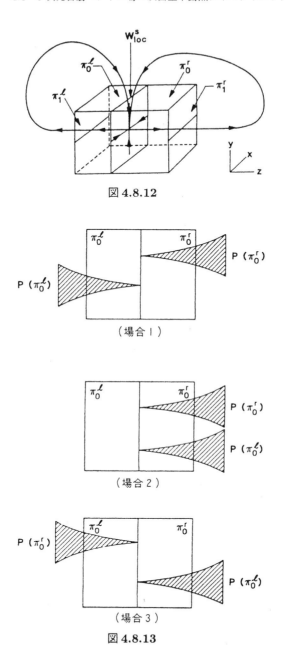

図 4.8.12

図 4.8.13

を与える．これらの3つの場合は図 4.8.13 に示したようにポアンカレ写像に反映される．

これらの状況下でどのように馬蹄型力学が生じると期待できるか動機を与えたい．

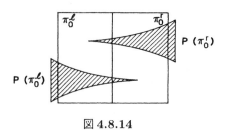

図 4.8.14

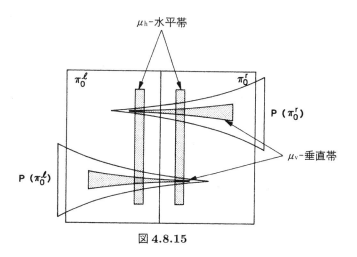

図 4.8.15

場合 1 を考える．ホモクリニック軌道が壊れ，結果として Π_0^r と Π_0^ℓ の像が図 4.8.14 に示したように動くようにパラメータ μ を変化させる．3 次元のベクトル場の 1-パラメータ族においてこのような振る舞いが起きることを期待できるかどうかという問いにはすぐ後で答える．

図 4.8.14 から，この系でどのように馬蹄型力学に似た力学が得られるかを理解し始めることができる．図 4.8.15 に見られるように，Π_0^r と Π_0^ℓ から μ_h-水平帯を選んで，μ が変化すると μ_v-垂直帯の中に自分自身と重なって写像されるように選べる．不動点における固有値の相対的大きさに関する条件は適当な拡大および縮小方向を保証する．$\mu = 0$ では馬蹄型力学的行動は不可能であることを注意しておく．

もちろん多くのことが図 4.8.15 を正当化するために必要である，すなわち，拡大および縮小率およびホモクリニック軌道が壊れるにつれて小さな"半蝶ネクタイ"が適切に振る舞わねばならない．しかし 3 つの場合を別々に取り扱うよりも特定の例を研究することにして，一般の場合の詳細については読者に Afraimovich, Bykov and Silnikov [1983] を参照することを勧める．まずパラメータの役割について論じる．

4.8 3次元自励ベクトル場の双曲型不動点にホモクリニックな軌道 **583**

3次元のベクトル場でパラメータを変化させると特定のホモクリニック軌道は破壊されることが期待される．2つのホモクリニック軌道の場合には両方のホモクリニック軌道が1つのパラメータで制御できて，図 4.8.13 に示したような振る舞いが結果として生じるということは期待できない．このために2つのパラメータが必要で，各パラメータは特定のホモクリニック軌道を "制御" していると考えることができる．分岐理論の言葉ではこれは大域的余次元2分岐問題である．しかしベクトル場が対称性を持てば，たとえば (4.8.1) は y 軸についての $180°$ 回転である $(x, y, z) \to (-x, y, -z)$ という座標変換で不変であれば，このとき1つのホモクリニック軌道の存在には他方の存在が必然的に伴う．それで1つのパラメータが両方を制御することになる．簡単のために対称性のある場合を取り扱い，非対称の場合の議論については読者に Afraimovich, Bykov and Silnikov [1983] を参照することを勧める．対称の場合は数多く研究されたローレンツ方程式において生じる状況そのものであるから，歴史的興味がある，Sparrow [1982] 参照のこと．

我々の考える場合は次の性質によって特徴づけられる．

仮定 1′ $0 < -\lambda_2 < \lambda_3 < -\lambda_1, d \neq 0$.

仮定 2′ (4.8.1) は座標変換 $(x, y, z) \to (-x, y, -z)$ に関して不変であって，ホモクリニック軌道は μ が 0 の近くで図 4.8.16 に示したような方法で壊れる．

仮定 1′ はポアンカレ写像が強い縮小方向および拡大方向を持っていることを保証している（(4.8.6) から d は P_1 を定義する行列の成分で，$d \neq 0$ は生成的な条件であることを思い出せ）．読者は，これらの記述の背後にある幾何学を説明する図 4.8.8 の議論を思い出すべきである．

$\Pi_0^r \cup \Pi_0^\ell$ から $\Pi_0^r \cup \Pi_0^\ell$ へのポアンカレ写像 P は2つの部分，(4.8.7) によって与えられる

$$P_r: \Pi_0^r \to \Pi_0^r \cup \Pi_0^\ell \tag{4.8.22}$$

と

$$P_\ell: \Pi_0^\ell \to \Pi_0^r \cup \Pi_0^\ell \tag{4.8.23}$$

から成っている．ここで，対称性から

$$P_\ell(x, z; \mu) = -P_r(-x, -z; \mu) \tag{4.8.24}$$

が成立する．我々の目的は $\mu < 0$ について，P が 2-ずらしと位相共役な不変カントール集合を持つことを示すことである．これは次の定理で示される．

定理 4.8.2 ある $\mu_0 < 0$ が存在して $\mu_0 < \mu < 0$ に対して，P は 2-ずらしと位相共役な不変カントール集合を持つ．

584   4. 大域的分岐のある側面

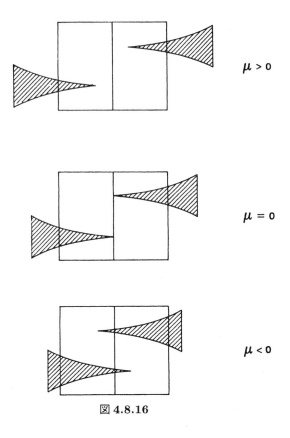

図 4.8.16

証明 この定理の証明の背後にある方法はモーザーの定理（節 4.4 参照）を証明する際に用いたものと同じである．$\Pi_0^r \cup \Pi_0^\ell$ に 2 つの交わりを持たない μ_h-水平帯で，それらが節 4.3 の仮定 1 と 3 を満足するように 2 つの μ_v-垂直帯に写されるものを見つける．

$\mu < 0$ を選んで固定する．そして 2 つの μ_h-水平帯を，1 つは Π_0^r に今 1 つは Π_0^ℓ にあるように選ぶ，ここで"水平"座標は z 軸である．我々は帯の水平な辺を $\mu_h = 0$ になるように x 軸と平行に選ぶ．このとき，(4.8.22) と (4.8.23) で定義されたポアンカレ写像 P のもとで，$\lambda_3 < -\lambda_1$ かつ μ が固定されていることから 2 つの μ_h-水平帯を，各 μ_h-水平帯の像が図 4.8.17 に示したように各 μ_h-水平帯の両方の水平境界と交わるように $W^s(0)$ に十分近く取れる．したがって仮定 1 が成立することが従う．

次に仮定 3 が成立することを確かめねばならない．これは節 4.4 でモーザーの定理の証明において仮定 3 の成立を示したのと全く同様の計算で示せる．それには $-\lambda_2 < \lambda_3 < -\lambda_1$ および $d \neq 0$ が成立することを用いる．詳細は演習として読者に残す． □

4.8 3次元自励ベクトル場の双曲型不動点にホモクリニックな軌道

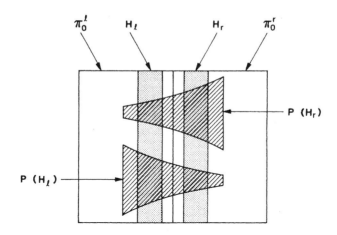

図 4.8.17 μ_h-水平帯 H_r と H_ℓ および P によるその像.

定理 4.8.2 の証明の詳細の多くを残した. 演習 4.52 において残した詳細をどのように完成させるかについての概要を示す.

定理 4.8.2 の力学的結果はすばらしいものである. $\mu \geq 0$ について (壊れた) ホモクリニック軌道の近くでの力学にともなっては何も見るべきものはない. しかし $\mu < 0$ においては馬蹄型力学および付随するカオス的力学はどこからともなく表れる. この特殊な大域的分岐は**ホモクリニック爆発**と呼ばれる.

【観察および文献の追加】

我々は3次元の常微分方程式における実固有値を持つ不動点にホモクリニックな軌道に伴う可能な力学に関して単に表面をなぞったにすぎない. より十分な研究を要するいくつかの結果がある.

1. **対称性を持たない2つのホモクリニック軌道.** その文献については Afraimovich, Bykov and Silnikov [1983] を参照せよ.

2. **ストレンジ・アトラクターの存在.** 馬蹄はカオス的な不変集合であり, そのうえ, 馬蹄の中の全ての軌道は鞍状で不安定である. それにもかかわらず, 馬蹄がどのような系の力学にも驚くべき影響を見せることは明らかである. 特にそれらはしばしば数値解析的に観察されたストレンジ・アトラクターのカオスの心臓部である. 3次元の常微分方程式において実固有値をもった不動点にホモクリニックな軌道に伴ったストレンジ・アトラクターの問題に関しては Afraimovich, Bykov and Silnikov [1983] を参照せよ. そのような問題についてなされた仕事は, ローレンツ方程式との関連でなされている. Sparrow [1982], Guckenheimer and Williams [1980], Williams [1980] はローレンツ・アトラクターについての文献を含んでいる. 最近, そのような方程

586 4. 大域的分岐のある側面

式において，ストレンジ・アトラクターの存在の証明についていくつかの突破口が
Rychlik [1987] と Robinson [1988] で開かれた．
3. **馬蹄型力学を作る分岐**．ホモクリニック爆発において，無限個の全ての可能な周
期軌道がつくられる．これらの軌道が正確にどのようにつくられるか，またどのよ
うに互いに関係しているかという問いが生じる．この問いもまたストレンジ・アト
ラクターの問題に関連している．

最近，バーマン，ウイリアムス，ホルメスは 3 次元の常微分方程式の周期軌道の出現，
消滅および相互関係の理解に分岐不変量として周期軌道の結び目のタイプを用いた．
雑にいえば，3 次元の周期軌道は結び目のある閉環として考えることができる．系が
変化しても，周期軌道は解の一意性より自分自身とは決して交わらない．したがって，
周期軌道の結び目のタイプはパラメータが変化しても変わることができない．それゆ
え結び目のタイプは分岐の不変量であると同時に周期軌道の分類をする際の主要な道
具でもある．文献として，Birman and Williams [1935a, b], Holmes [1986a], [1987],
Holmes and Williams [1985] をあげる．

4.8B 鞍状焦点にホモクリニックな軌道

3 次元の常微分方程式における鞍状焦点型の不動点にホモクリニックな軌道の近傍
での力学を考える．これは最初に Silnikov [1985] によって研究されたことから，**シル
ニコフ現象**として知られている．
次の形の方程式を考える．

$$\begin{aligned}
\dot{x} &= \rho x - \omega y + P(x,y,z), \\
\dot{y} &= \omega x + \rho y + Q(x,y,z), \\
\dot{z} &= \lambda z + R(x,y,z),
\end{aligned} \tag{4.8.25}$$

ここで P,Q,R は $\mathbf{C}^2$ かつ原点で $\mathcal{O}(2)$ とする．$(0,0,0)$ が不動点で，$(0,0,0)$ で線形
化した (4.8.25) の固有値が $\rho \pm i\omega$ と λ で与えられることは明らかである（現時点で
はこの問題についてはパラメータがないことを注意しておく．(4.8.25) の分岐につい
てはあとで考える）．式 (4.8.25) について次の仮定をおく．

仮定 1 (4.8.25) は $(0,0,0)$ をそれ自身に結ぶホモクリニック軌道 Γ を持つ．

仮定 2 $\lambda > -\rho > 0$

したがって，$(0,0,0)$ は非横断的に交わる 2 次元の安定多様体と 1 次元の不安定多様
体を持つ，図 4.8.18 参照のこと．

4.8 3次元自励ベクトル場の双曲型不動点にホモクリニックな軌道　　587

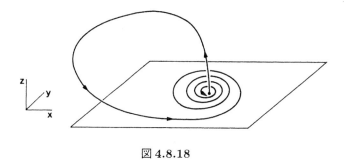

図 4.8.18

Γ の近傍での軌道構造の性質を決定するために，この節の始めに述べたように Γ の近傍で定義されたポアンカレ写像を構成する．

【P_0 の構成】

Π_0 を x-z 平面にある長方形とし，Π_1 を x-y 平面に平行で $z = \varepsilon$ にある長方形とする，図 4.8.19 参照．実固有値のみの場合と違って，Π_0 はさらに詳細な記述を必要とする．しかしこれを行うには原点の近傍での流れの力学をより深く理解する必要がある．

原点の近傍で線形化された (4.8.25) で生成される流れは

$$\begin{aligned} x(t) &= e^{\rho t}(x_0 \cos \omega t - y_0 \sin \omega t), \\ y(t) &= e^{\rho t}(x_0 \sin \omega t + y_0 \cos \omega t), \\ z(t) &= z_0 e^{\lambda t} \end{aligned} \qquad (4.8.26)$$

で与えられる．Π_0 を出発して Π_1 にいたる時間は

$$\varepsilon = z_0 e^{\lambda t} \qquad (4.8.27)$$

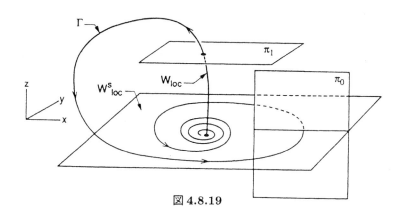

図 4.8.19

588　4. 大域的分岐のある側面

を解くことで

$$t = \frac{1}{\lambda} \log \frac{\varepsilon}{z_0} \tag{4.8.28}$$

と得られる. したがって P_0 は（添え字 0 を省略して）

$$P_0 \colon \Pi_0 \to \Pi_1,$$

$$\begin{pmatrix} x \\ 0 \\ z \end{pmatrix} \mapsto \begin{pmatrix} x\left(\frac{\varepsilon}{z}\right)^{\rho/\lambda} \cos\left(\frac{\omega}{\lambda} \log \frac{\varepsilon}{z}\right) \\ x\left(\frac{\varepsilon}{z}\right)^{\rho/\lambda} \sin\left(\frac{\omega}{\lambda} \log \frac{\varepsilon}{z}\right) \\ \varepsilon \end{pmatrix} \tag{4.8.29}$$

で与えられる. Π_0 をより注意深く考えよう. 任意に選んだ Π_0 について Π_0 上の点が Π_1 に達する前に Π_0 と何度も交わることがありうる. この場合, P_0 は Π_0 を $P_0(\Pi_0)$ に微分同相的には写像しないであろう. 写像が節 4.3 に述べたずらし写像の力学を持つ条件が微分同相写像について与えられているので, このような状況を避けたい. (4.8.26) によって, $x > 0$ である x-z 平面上を出発した点が $x > 0$ である x-z 平面に戻ってくるのには時間 $t = 2\pi/\omega$ かかる. $x = \varepsilon$, $0 < z \leq \varepsilon$ を Π_0 の右側の境界とする. このとき, $x = \varepsilon e^{2\pi\rho/\omega}$, $0 < z \leq \varepsilon$ を Π_0 の左側の境界になるように選ぶならば, Π_0 の内点を出発した点は Π_1 に達する前に Π_0 に戻ることはない. これを Π_0 の定義とする.

$$\Pi_0 = \left\{ (x, y, z) \in \mathbb{R}^3 \mid y = 0,\ \varepsilon e^{2\pi\rho/\omega} \leq x \leq \varepsilon,\ 0 < z \leq \varepsilon \right\}. \tag{4.8.30}$$

Π_1 は $P_0(\Pi_0)$ を内側に含むように十分大きく取る.

さて $P_0(\Pi_0)$ の幾何学について述べよう. Π_1 の座標は x と y であるが, Π_0 の座標との混乱を避けるために x' と y' と書くことにする. (4.8.29) から

$$(x', y') = \left(x\left(\frac{\varepsilon}{z}\right)^{\rho/\lambda} \cos\left(\frac{\omega}{\lambda} \log \frac{\varepsilon}{z}\right),\ x\left(\frac{\varepsilon}{z}\right)^{\rho/\lambda} \sin\left(\frac{\omega}{\lambda} \log \frac{\varepsilon}{z}\right) \right) \tag{4.8.31}$$

を得る. Π_1 の極座標は幾何学の見通しをよくする.

$$r = \sqrt{x'^2 + y'^2}, \qquad \frac{y'}{x'} = \tan\theta$$

とおくと, (4.8.31) は

$$(r, \theta) = \left(x\left(\frac{\varepsilon}{z}\right)^{\rho/\lambda},\ \frac{\omega}{\lambda} \log \frac{\varepsilon}{z} \right) \tag{4.8.32}$$

になる. Π_0 の垂直線, すなわち $x = $ 定数という線について考える. (4.8.32) によって, それは対数的螺旋に写像される. Π_0 の水平線, すなわち $z = $ 定数という線は, $(0, 0, \varepsilon)$ からでる放射線に写像される.

$$R_k = \{(x,y,z) \in \mathbb{R}^3 \mid y = 0, \; \varepsilon e^{\frac{2\pi\rho}{\omega}} \leq x \leq \varepsilon,$$
$$\varepsilon e^{\frac{-2\pi(k+1)\lambda}{\omega}} \leq z \leq \varepsilon e^{\frac{-2\pi k\lambda}{\omega}}\} \tag{4.8.33}$$

という長方形を考える．このとき

$$\Pi_0 = \bigcup_{k=0}^{\infty} R_k$$

を得る．長方形 R_k の像の幾何学を，水平および垂直境界の P_0 による行動を決定することで研究する．これら4つの線分を

$$\begin{aligned}
h^u &= \{(x,y,z) \in \mathbb{R}^3 \mid y = 0, \; z = \varepsilon e^{\frac{-2\pi k\lambda}{\omega}}, \varepsilon e^{\frac{2\pi\rho}{\omega}} \leq x \leq \varepsilon\}, \\
h^\ell &= \{(x,y,z) \in \mathbb{R}^3 \mid y = 0, \; z = \varepsilon e^{\frac{-2\pi(k+1)\lambda}{\omega}}, \varepsilon e^{\frac{2\pi\rho}{\omega}} \leq x \leq \varepsilon\}, \\
v^r &= \{(x,y,z) \in \mathbb{R}^3 \mid y = 0, \; x = \varepsilon, \varepsilon e^{\frac{-2\pi(k+1)\lambda}{\omega}} \leq z \leq \varepsilon e^{\frac{-2\pi k\lambda}{\omega}}\}, \\
v^\ell &= \{(x,y,z) \in \mathbb{R}^3 \mid y = 0, \; x = \varepsilon e^{\frac{2\pi\rho}{\omega}}, \varepsilon e^{\frac{-2\pi(k+1)\lambda}{\omega}} \leq z \leq \varepsilon e^{\frac{-2\pi k\lambda}{\omega}}\}
\end{aligned} \tag{4.8.34}$$

で表す．図 4.8.20 参照．P_0 のもとでのこれらの線分の像は

$$\begin{aligned}
P_0(h^u) &= \{(r,\theta,z) \in \mathbb{R}^3 \mid z = \varepsilon, \theta = 2\pi k, \varepsilon e^{\frac{2\pi(k+1)\rho}{\omega}} \leq r \leq \varepsilon e^{\frac{2\pi k\rho}{\omega}}\}, \\
P_0(h^\ell) &= \{(r,\theta,z) \in \mathbb{R}^3 \mid z = \varepsilon, \theta = 2\pi(k+1), \varepsilon e^{\frac{2\pi(k+2)\rho}{\omega}} \leq r \leq \varepsilon e^{\frac{2\pi(k+1)\rho}{\omega}}\}, \\
P_0(v^r) &= \{(r,\theta,z) \in \mathbb{R}^3 \mid z = \varepsilon, 2\pi k \leq \theta \leq 2\pi(k+1), r(\theta) = \varepsilon e^{\frac{\rho\theta}{\omega}}\}, \\
P_0(v^\ell) &= \{(r,\theta,z) \in \mathbb{R}^3 \mid z = \varepsilon, 2\pi k \leq \theta \leq 2\pi(k+1), r(\theta) = \varepsilon e^{\frac{\rho(2\pi+\theta)}{\omega}}\}
\end{aligned} \tag{4.8.35}$$

で与えられ，$P_0(R_k)$ は図 4.8.20 に示されたようになる．

図 4.8.20 の幾何学はこの系において馬蹄型力学が表れる可能性を強く示唆する．

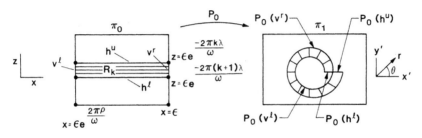

図 4.8.20

590 4. 大域的分岐のある側面

【P_1 の計算】

この節の始めにした議論から，P_1 を次のようにアファイン写像で近似する．

$$P_1 \colon \Pi_1 \to \Pi_0,$$

$$\begin{pmatrix} x \\ y \\ \varepsilon \end{pmatrix} \mapsto \begin{pmatrix} a & b & 0 \\ 0 & 0 & 0 \\ c & d & 0 \end{pmatrix} \begin{pmatrix} x \\ y \\ 0 \end{pmatrix} + \begin{pmatrix} \overline{x} \\ 0 \\ 0 \end{pmatrix} \tag{4.8.36}$$

ここで $(\overline{x}, 0, 0) \equiv \Gamma \cap \Pi_0$ はホモクリニック軌道の Π_0 との交点である（注：Π_0 の選択方法から，Γ は Γ_0 と 1 回だけ交わる）．(4.8.36) における 3×3 行列の構造は Π_1 の座標が x と y で $z = \varepsilon =$ 定数であり，Π_0 の座標が x と z で $y = 0$ であることに由来することに注意する．

【ポアンカレ写像 $P \equiv P_1 \circ P_0$】

Π_0 を十分小さくとって（ε を小さく取る），(4.8.29) と (4.8.36) を組み合せて

$$P \equiv P_1 \circ P_0 \colon \Pi_0 \to \Pi_0,$$

$$\begin{pmatrix} x \\ z \end{pmatrix} \mapsto \begin{pmatrix} x \left(\dfrac{\varepsilon}{z} \right)^{\rho/\lambda} \left[a \cos \left(\dfrac{\omega}{\lambda} \log \dfrac{\varepsilon}{z} \right) + b \sin \left(\dfrac{\omega}{\lambda} \log \dfrac{\varepsilon}{z} \right) \right] + \overline{x} \\ x \left(\dfrac{\varepsilon}{z} \right)^{\rho/\lambda} \left[c \cos \left(\dfrac{\omega}{\lambda} \log \dfrac{\varepsilon}{z} \right) + d \sin \left(\dfrac{\omega}{\lambda} \log \dfrac{\varepsilon}{z} \right) \right] \end{pmatrix} \tag{4.8.37}$$

を得る．そうすれば，$P(\Pi_0)$ は図 4.8.21 のようになる．

P が（少なくとも 2 つの記号の）ずらしと位相共役な不変カントール集合を含んでいることを示すのが，我々の目標である．

図 4.8.22 にあるような長方形 R_k を考える．R_k の水平および垂直帯の特有の行動を確かめるには，$P(R_k)$ の内側および外側の境界が両方とも図 4.8.22 に示したように，R_k の上境界と交わることを確かめる必要がある，いい換えれば，R_k の上水平境界は $P(R_k)$ の内側の境界と（少なくとも）2 点で交わらなければならないことを確かめる必要がある．その上に，R_k の上のいくつの長方形と $P(R_k)$ が上のように交わるかを知ることは有用である．次の補題を得る．

補題 4.8.3 十分大きな固定された k に対して R_k を考える．このとき $P(R_k)$ の内側の境界は，$1 \leq \alpha < -\lambda/\rho$ としたとき，$i \geq k/\alpha$ について，R_i の上水平境界と（少なくとも）2 点で交わる．さらに，$P(R_k) \cap R_i$ の垂直境界の原像は R_k の垂直境界に含まれる．

4.8 3次元自励ベクトル場の双曲型不動点にホモクリニックな軌道　　*591*

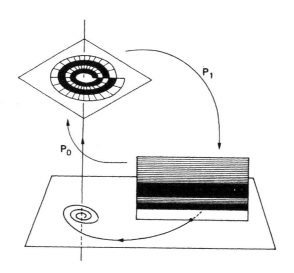

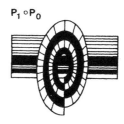

図 **4.8.21**

証明　R_i の上水平境界の z-座標は

$$\bar{z} = \varepsilon e^{\frac{-2\pi i \lambda}{\omega}} \tag{4.8.38}$$

で与えられ，$(0,0,\varepsilon)$ にもっとも近い $P_0(R_k)$ の内側の境界の点は

$$r_{\min} = \varepsilon e^{\frac{4\pi\rho}{\omega}} e^{\frac{2\pi k\rho}{\omega}} \tag{4.8.39}$$

で与えられる．P_1 はアファイン写像であるので，$P(R_k) = P_1 \circ P_0(R_k)$ の内側の境界の限界はある $K > 0$ について

$$\bar{r}_{\min} = K\varepsilon e^{\frac{4\pi\rho}{\omega}} e^{\frac{2\pi k\rho}{\omega}} \tag{4.8.40}$$

で表される．$P(R_k)$ の内側の境界は R_i の上水平境界と，

$$\frac{\bar{r}_{\min}}{\bar{z}} > 1 \tag{4.8.41}$$

が満たされるならば，(少なくとも) 2 点で交わる．(4.8.38) と (4.8.40) を用いて，こ

592   4. 大域的分岐のある側面

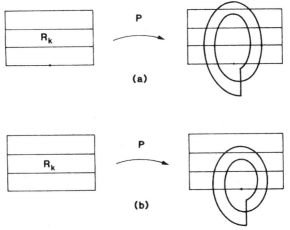

図 **4.8.22** $P(R_k) \cap R_k$ の 2 つの可能性.

の比率を正確に求めれば

$$\frac{\overline{r}_{\min}}{\overline{z}} = K e^{\frac{4\pi\rho}{\omega}} e^{\frac{2\pi}{\omega}(k\rho + i\lambda)} \tag{4.8.42}$$

になる. $Ke^{4\pi\rho/\omega}$ は固定された定数であるから, $e^{(2\pi/\omega)(k\rho+i\lambda)}$ で (4.8.42) の大きさは制御できる. (4.8.42) を 1 より大きくするには $k\rho + i\lambda$ を十分に大きくとればよい. 仮定 2 より $\lambda + \rho > 0$ で, したがって $i \geq k/\alpha, 1 \leq \alpha - \lambda/\rho$ に対して $k\rho + i\lambda$ は正である, それで k を十分に大きくとれば (4.8.42) は 1 より大きくなる.

R_k の垂直境界の行動を述べる. 図 4.8.22a を思い出そう. P_0 のもとで R_k の垂直境界は円環領域のような形をしたものの内側および外側の境界に写される. P_1 は可逆なアファイン写像である, したがって $P_0(R_k)$ の内側および外側の境界は $P(R_k) = P_1 \circ P_0(R_k)$ の内側および外側の境界に対応する. それゆえ $P(R_k) \cap R_i$ の垂直境界の原像は R_k の垂直境界に含まれる. □

補題 4.8.3 は仮定 2 の必要性を指摘している, 実際, もし $-\rho > \lambda > 0$ と仮定すると, R_k の像は k が十分に大ならば図 4.8.22b に図示したように R_k の下に来るであろう.

主要な結果について述べることができるようになった.

定理 4.8.4 十分大きな k について, R_k はポアンカレ写像が 2-ずらしと位相共役となる不変カントール集合 Λ_k を含む.

証明 証明はモーザーの定理 (節 4.4) と定理 4.8.2 の双方の証明に非常によく似てい

る．R_k に 2 つの交わらない μ_h-水平帯で，節 4.3 の仮定 1 および 3 が成立するような μ_v-垂直帯にそれらが写像されるものを見つけなければならない．

その上で仮定 1 が成立する μ_h-水平帯の存在は補題 4.8.3 から従う．仮定 3 が成立することはモーザーの定理および定理 4.8.2 で行ったのと同様な計算によって得られる．演習 4.54 にこの証明の詳細を埋める方法の概要を述べた．　□

いくつか注意をする．

注意 1　P の力学はしばしば "P は可算個の馬蹄を持っている" という言葉で述べられる．

注意 2　補題 4.8.3 から異なる R_k にある馬蹄は交わりを持ち得ることを注意しておく．このことは記号力学の異なった設定を導くであろう．この議論は演習 4.55 で扱う．

注意 3　摂動によってホモクリニック軌道が壊されたら，有限個の Λ_k のみが生き残れる．この議論は演習 4.56 で扱う．

i) グレンディングとスパローの分岐解析

鞍状焦点型の不動点にホモクリニックな軌道の近傍での軌道構造はいかに複雑であるかを見てきたので，この状況がホモクリニック軌道が作られるにつれてどのように起きるかを理解したい．これについては Glendinning and Sparrow [1984] によって与えられた解析が深い洞察にみちている．

(4.8.25) のホモクリニック軌道がスカラー・パラメータ μ に図 4.8.23 に図示したように依存していると仮定する．パラメータに依存するポアンカレ写像を実固有値のみを持った不動点の場合に議論したときと同様の方法で構成する．この写像は

$$
\begin{pmatrix} x \\ z \end{pmatrix} \mapsto
\begin{pmatrix}
x \left(\dfrac{\varepsilon}{z} \right)^{\rho/\lambda} \left[a \cos \dfrac{\omega}{\lambda} \log \dfrac{\varepsilon}{z} + b \sin \dfrac{\omega}{\lambda} \log \dfrac{\varepsilon}{z} \right] + e\mu + \bar{x} \\[2ex]
x \left(\dfrac{\varepsilon}{z} \right)^{\rho/\lambda} \left[c \cos \dfrac{\omega}{\lambda} \log \dfrac{\varepsilon}{z} + d \sin \dfrac{\omega}{\lambda} \log \dfrac{\varepsilon}{z} \right] + f\mu
\end{pmatrix}
\tag{4.8.43}
$$

で与えられる，ここで図 4.8.23 から $f > 0$ である．この写像が $\mu = 0$ で可算無限個の馬蹄を持つことはすでに見た．そして各馬蹄は全ての周期の周期軌道を持つことを知っている．この状況でホモクリニック軌道がつくられるにつれて，どのように馬蹄ができるかを研究するのは難しい（そして未解決の）問題である．起きている現象についての適切な直観を与えることができるより控え目な問題に取り組むことにする，すなわち上述の写像の不動点を研究する．不動点は閉じる前に一度，原点の近傍を通る周

594   4. 大域的分岐のある側面

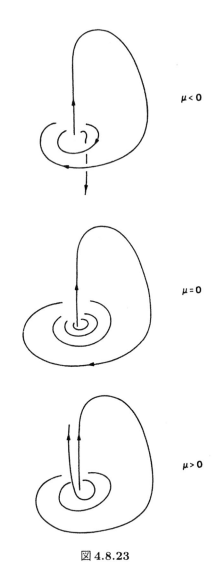

図 4.8.23

期軌道に対応することを思い出そう．より研究しやすい形に写像を変形する．写像は

$$\begin{pmatrix} x \\ z \end{pmatrix} \mapsto \begin{pmatrix} x\left(\dfrac{\varepsilon}{z}\right)^{\rho/\lambda} p\cos\left(\dfrac{\omega}{\lambda}\log\dfrac{\varepsilon}{z} + \phi_1\right) + e\mu + \overline{x} \\ x\left(\dfrac{\varepsilon}{z}\right)^{\rho/\lambda} q\cos\left(\dfrac{\omega}{\lambda}\log\dfrac{\varepsilon}{z} + \phi_2\right) + \mu \end{pmatrix} \quad (4.8.44)$$

の形に書ける．ここで $f=1$ となるように μ を書き換えた（f は正でなければならな

いことを注意しておく）．

$$-\delta = \frac{\rho}{\lambda}, \quad \alpha = p\varepsilon^{-\delta}, \quad \beta = q\varepsilon^{-\delta},$$

$$\xi = -\frac{\omega}{\lambda}, \quad \Phi_1 = \frac{\omega}{\lambda}\log\varepsilon + \phi_1, \quad \Phi_2 = \frac{\omega}{\lambda}\log\varepsilon + \phi_2$$

とおく．このとき，写像は

$$\begin{pmatrix} x \\ z \end{pmatrix} \mapsto \begin{pmatrix} \alpha x z^\delta \cos(\xi\log z + \Phi_1) + e\mu + \overline{x} \\ \beta x z^\delta \cos(\xi\log z + \Phi_2) + \mu \end{pmatrix} \tag{4.8.45}$$

と表される．

この写像の不動点と，その安定性および分岐を研究しよう．

【不動点】

不動点は次の式を解くことで見いだされる．

$$x = \alpha x z^\delta \cos(\xi\log z + \Phi_1) + e\mu + \overline{x}, \tag{4.8.46a}$$

$$z = \beta x z^\delta \cos(\xi\log z + \Phi_2) + \mu. \tag{4.8.46b}$$

x について z の関数として (4.8.46a) を解いて

$$x = \frac{e\mu + \overline{x}}{1 - \alpha z^\delta \cos(\xi\log z + \Phi_1)} \tag{4.8.47}$$

を得る．(4.8.47) を (4.8.46b) に代入することで，

$$(z - \mu)(1 - \alpha z^\delta \cos(\xi\log z + \Phi_1)) = (e\mu + \overline{x})\beta z^\delta \cos(\xi\log z + \Phi_2) \tag{4.8.48}$$

を得る．(4.8.48) を解くことで不動点の z 成分が与えられる．不動点の x 成分は，これを (4.8.46a) に代入すると得られる．(4.8.48) の解についての考えを得るために，z を

$$1 - \alpha z^\delta \cos(\xi\log z + \Phi_1) \sim 1 \tag{4.8.49}$$

を満たすように小さく取る，このとき不動点の z 成分に対する方程式は

$$(z - \mu) = (e\mu + \overline{x})\beta z^\delta \cos(\xi\log z + \Phi_2) \tag{4.8.50}$$

となる．(4.8.50) の右辺および左辺の両辺のグラフを図示し，交点を探すことで (4.8.50) を解く．図 4.8.24 に示したようにいくつかの異なる場合がある．

<u>$\delta < 1$.</u> $\delta < 1$ の場合，

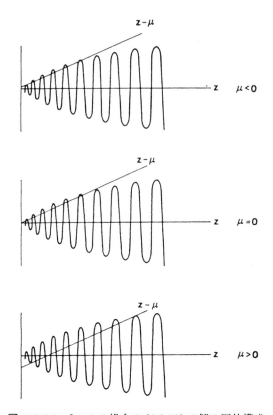

図 4.8.24　$\delta < 1$ の場合の (4.8.50) の解の図的構成.

$\mu < 0$: 有限個の不動点.
$\mu = 0$: 可算無限個の不動点.
$\mu > 0$: 有限個の不動点.

$\underline{\delta > 1}$. 次の場合は $\delta > 1$, すなわち, 仮定 2 が成立しない場合である. 図 4.8.25 に結果を示す. $\delta > 1$ の場合には,

$\mu \leq 0$: $z = \mu = 0$ (すなわちホモクリニック軌道) を除いて不動点は存在しない.
$\mu > 0$: $z > 0$ について, 各 μ について 1 つ不動点が存在する. これは次のように見ることができる. さざ波状の軌道の傾きは $z^{\delta-1}$ のオーダーで, それは $\delta > 1$ であるから, z が小ならば小さい. したがって z-μ 線はそれと一度だけ交わる.

再び, 我々の見つけた不動点は, 閉じる前に 0 の近傍を一度通る (4.8.25) のパラメータ化したものの周期軌道に対応する. これらの不動点についてすでに知りえたことで,

場合2：δ>1

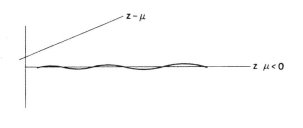

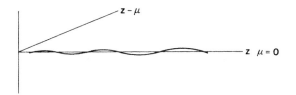

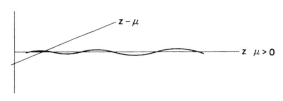

図 **4.8.25** $\delta > 1$ の場合の (4.8.50) の解の図的構成.

次の分岐の図式を図 4.8.26 に描くことができる.

$\delta > 1$ の図式は明らかであるが，$\delta < 1$ の図式は混乱を起こす．上の図式におけるさざ波状の曲線は周期軌道を表す．図 4.8.26 から，周期軌道は対で生じ，低い z に対する方が高い周期（不動点のそばを通るから）を持つことは明らかである．先へ進むにつれてこの曲線の構造にもっと悩まされるであろう．

【不動点の安定性】

写像のヤコビアンは

$$\begin{pmatrix} A & C \\ D & B \end{pmatrix}$$

であたえられる，ここで

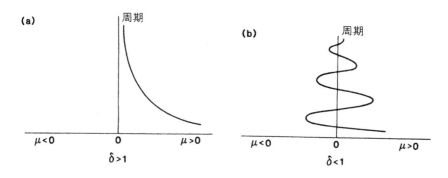

図 **4.8.26** (a) $\delta > 1$. (b) $\delta < 1$.

$$\begin{aligned}
A &= \alpha z^\delta \cos(\xi \log z + \Phi_1), \\
B &= \beta x z^{\delta-1}[\delta \cos(\xi \log z + \Phi_2) - \xi \sin(\xi \log z + \Phi_2)], \\
C &= \alpha x z^{\delta-1}[\delta \cos(\xi \log z + \Phi_1) - \xi \sin(\xi \log z + \Phi_1)], \\
D &= \beta z^\delta \cos(\xi \log z + \Phi_2).
\end{aligned} \tag{4.8.51}$$

この行列の固有値は

$$\lambda_{1,2} = \frac{1}{2}\left\{(A+B) \pm \sqrt{(A+B)^2 - 4(AB-CD)}\right\} \tag{4.8.52}$$

である.

<u>$\delta > 1$</u>. $\delta > 1$ の場合,小さな z に対して固有値は小さい (z^δ および $z^{\delta-1}$ の両方が小さいから) ことは明らかであろう.したがって,$\delta > 1$ では,$\mu > 0$ で存在する周期軌道は小さな μ に対して安定で,$\mu = 0$ でのホモクリニック軌道はアトラクターである.

$\delta < 1$ の場合はもっと複雑である.

<u>$\delta < 1$</u>. $AB - CD$ で与えられる行列の行列式はオーダー $z^{2\delta-1}$ の項しか含んでいないことに注意する.それで写像は十分小さな z について

$\frac{1}{2} < \delta < 1$ では面積縮小,
$0 < \delta < \frac{1}{2}$ では面積拡大

である.

それでこれら 2 つの δ の値域で異なった結果が期待される.
$z - \mu$ との交点が不動点を与えるさざ波状の曲線が

$$(e\mu + \overline{x})\beta z^\delta \cos(\xi \log z + \Phi_2)$$

で与えられたことを思い出そう.したがって,(4.8.51) から,この曲線の最大値に対応する不動点は $B = 0$ に対応し,この曲線の 0 点に対応する不動点は $D = 0$ に対応

する．これらの条件を満たす不動点の安定性を見よう．

<u>$D = 0$</u>. この場合，$\lambda_1 = A$ かつ $\lambda_2 = B$ である．したがって小さな z に対して，λ_1 は小さく λ_2 は常に大であり，したがって不動点は鞍状点である．特に $\mu = 0$ では D は 0 に非常に近いので，全ての周期軌道は予想される通りに鞍状点であろう．

<u>$B = 0$</u>. 固有値は
$$\lambda_{1,2} = \frac{1}{2}\left[A \pm \sqrt{A^2 + 4CD}\right]$$
で与えられ，

$A^2 \sim z^{2\delta}$ は $CD \sim z^{2\delta-1}$ に比較して無視できる，
$A \sim z^\delta$ は $\sqrt{CD} \sim z^{\delta-(1/2)}$ に比較して無視できる，

ので，固有値は両方とも CD の値が大きいか小さいかによって絶対値で大きくか小さくなる．CD が小さいかどうかは $0 < \delta < \frac{1}{2}$ か $\frac{1}{2} < \delta < 1$ であるかによっている．このことから

$\frac{1}{2} < \delta < 1$ なら安定不動点，
$0 < \delta < \frac{1}{2}$ なら不安定不動点

である．他の z の値について（すなわち，$B, D \neq 0$ となる z について）もまとめよう．

図 4.8.27 を考える．それは図 4.8.24 のさまざまのパラメータ値についての拡大図である．この図では 2 つの曲線の交点が不動点の z-座標を与える．

図 4.8.27 に示された各パラメータ値で何が起きるかを述べる．

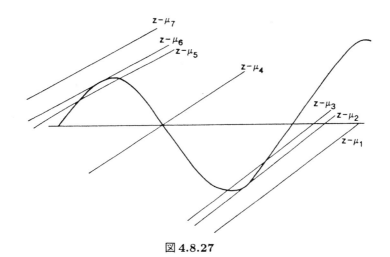

図 4.8.27

$\mu = \mu_6$: この点では接点を持ち，鞍状点-結節点の対が鞍状点-結節点分岐によって生じるであろうことを知っている．

$\mu = \mu_5$: この点では2つの不動点を持ち，低い z の値に対応する方が長い周期を持つ．また曲線の最大値に対応するものは $B = 0$ で，それゆえ $\delta > \frac{1}{2}$ で安定，$\delta < \frac{1}{2}$ で不安定である．そのほかの不動点は鞍状点である．

$\mu = \mu_4$: この点では安定（不安定）不動点が $D = 0$ より鞍状点になる．それゆえ，その安定性は周期倍加分岐でそのタイプが変わらなければならない．

$\mu = \mu_3$: この点では再び $B = 0$ で，それゆえ鞍状点は真に安定または不安定に再びなる．これは逆周期倍加分岐で起きる．

$\mu = \mu_2$: 鞍状点結節点分岐が起きる．

これで遂に図 4.8.28 に到着した．

続いて図 4.8.28 で "振幅" の大きさのついての観念を得たい．なぜなら，もし振幅が小なら，一周の周期軌道はパラメータの狭い値域でしか見ることができないからである．もし振幅が大きければ，大きな可能性でそこに周期軌道が観察されることが期待できる．

図 4.8.28 の曲線への接線が垂直であるパラメータ値を

$$\mu_i, \mu_{i+1}, \cdots, \mu_{i+n}, \cdots \to 0 \tag{4.8.53}$$

で表す．ここで μ_i は符号が交替する．不動点の z-座標は方程式

$$z - \mu = (e\mu + \overline{x})\beta z^\delta \cos(\xi \log z + \Phi_2) \tag{4.8.54}$$

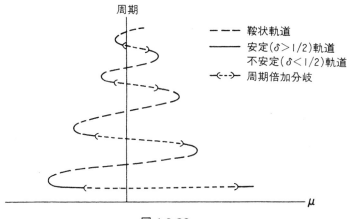

図 **4.8.28**

の解として求められることを思い出そう. したがって

$$z_i - \mu_i = (e\mu_i + \overline{x})\beta z_i^\delta \cos(\xi \log z_i + \Phi_2) \tag{4.8.55}$$

と

$$z_{i+1} - \mu_{i+1} = (e\mu_{i+1} + \overline{x})\beta z_{i+1}^\delta \cos(\xi \log z_{i+1} + \Phi_2) \tag{4.8.56}$$

を得る. (4.8.55) と (4.8.56) から

$$\mu_i = \frac{z_i - \overline{x}\beta z_i^\delta \cos(\xi \log z_i + \Phi_2)}{1 + e\beta z_i^\delta \cos(\xi \log z_i + \Phi_2)} \tag{4.8.57}$$

と

$$\mu_{i+1} = \frac{z_{i+1} - \overline{x}\beta z_{i+1}^\delta \cos(\xi \log z_{i+1} + \Phi_2)}{1 + e\beta z_{i+1}^\delta \cos(\xi \log z_{i+1} + \Phi_2)} \tag{4.8.58}$$

を得る. ここで

$$\xi \log z_{i+1} - \xi \log z_i \approx \pi \Rightarrow \frac{z_{i+1}}{z_i} \approx \exp\frac{\pi}{\xi} \tag{4.8.59}$$

を得ることに注意して,

$$1 + e\beta z_{i(i+1)}^\delta \cos(\xi \log z_{i(i+1)} + \Phi_2) \sim 1 \tag{4.8.60}$$

が成立するように $z \ll 1$ を仮定する. 最終的に

$$\frac{\mu_{i+1}}{\mu_i} = \frac{z_{i+1} + [\overline{x}\beta \cos(\xi \log z_i + \Phi_2)]z_{i+1}^\delta}{z_i - [\overline{x}\beta \cos(\xi \log z_i + \Phi_2)]z_i^\delta} \tag{4.8.61}$$

を得る. $z \to 0$ の極限において, (4.8.61) は

$$\frac{\mu_{i+1}}{\mu_i} \approx -\left(\frac{z_{i+1}}{z_i}\right)^\delta \approx -\exp\left(\frac{\pi\delta}{\xi}\right) \tag{4.8.62}$$

となる. $\delta = -\rho/\lambda$ と $\xi = -\omega/\lambda$ であることを思い出そう. こうして,

$$\lim_{i \to \infty} \frac{\mu_{i+1}}{\mu_i} = -\exp\frac{\rho\pi}{\omega}. \tag{4.8.63}$$

を得る. この量は図 4.8.28 に見るように振幅の大きさを支配している.

【副ホモクリニック軌道】

元のホモクリニック軌道 (主ホモクリニック軌道) を壊したとき, 性質の異なるほかのホモクリニック軌道が生じ, またシルニコフの図がこれらの新しいホモクリニック軌

道でも繰り返されることを示そう．この現象は Hastings [1982], Evans et al. [1982], Gaspard [1983], Glendinning and Sparrow [1984] によって初めて注目された．議論をガスパールに沿って進める．

ホモクリニック軌道を壊したとき，安定多様体は $(e\mu + \bar{x}, \mu)$ で Π_0 と交わる．したがって，$\mu > 0$ なら，この点は我々の写像の初期条件とできる．さて，もしこの点の像の z 成分が 0 なら，原点に落ち込む前に原点の近傍を1度通過する新しいホモクリニック軌道が見つかるであろう．この条件は

$$0 = \beta(e\mu + \bar{x})\mu^\delta \cos(\xi \log \mu + \Phi_2) + \mu \quad (4.8.64)$$

つまり

$$-\mu = \beta(e\mu + \bar{x})\mu^\delta \cos(\xi \log \mu + \Phi_2) \quad (4.8.65)$$

で与えられる．この解を $\delta > 1$ と $\delta < 1$ について不動点に対する方程式を研究したのと同じ方法でグラフ的に見つける．図 4.8.29 参照．

<u>$\delta > 1$</u> については，ただ1つのホモクリニック軌道は $\mu = 0$ で存在する主ホモクリニック軌道である．

<u>$\delta < 1$</u> については，可算無限個の μ の値

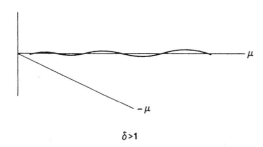

$\delta > 1$

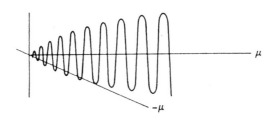

$\delta < 1$

図 **4.8.29** (4.8.65) の解の図的構成．

4.8 3次元自励ベクトル場の双曲型不動点にホモクリニックな軌道　　*603*

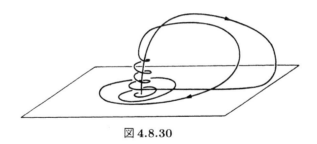

図 **4.8.30**

$$\mu_i, \mu_{i+1}, \cdots, \mu_{i+n}, \cdots \to 0 \qquad (4.8.66)$$

で，これらについて副または二重パルス・ホモクリニック軌道が図 4.8.30 に示したように存在する．

　これらの各ホモクリニック軌道について，元の可算無限個の馬蹄のシルニコフの図が再構成できることに注意する．実固有値を持つ場合の二重パルス・ホモクリニック軌道に関する文献として Yanagida [1987] をあげる．

【観察と一般的注意】

注意 1　　実固有値を持つ鞍状点と鞍状焦点との比較．3次元の例を終わる前に，研究してきた2つの場合の主な相違点を再び強調しておく．

　実固有値．馬蹄を持つためには2つのホモクリニック軌道から出発することが必要である．もしそうでも，パラメータが変わったりしてホモクリニック軌道が壊れない限り馬蹄は存在しない．どのように馬蹄が作られるかを決定するには，ホモクリニック軌道のまわりの大域的な軌道のねじれについて知らなければならない．
　複素固有値．1つのホモクリニック軌道で可算無限個の馬蹄を作るのに十分であって，馬蹄の存在はまず最初にホモクリニック結合が壊れることを必要としない．固有値の複素部分に伴う螺旋がホモクリニック軌道の周囲を一様に"塗りつぶす"ことから，ホモクリニック軌道の大域的なねじれについての知識は必要ではない．
　シルニコフの現象について数多くの仕事がある一方で，いくつかの未解決の問題が存在する．

注意 2　　ストレンジ・アトラクター．シルニコフ型のアトラクターはローレンツ・アトラクターと比較して大きな注目を集めてはいない．固有値の虚数部分に伴う螺旋の位相はシルニコフの問題をより難しくしている．

注意 3　　馬蹄の生成および分岐解析．Glendinning and Sparrow [1984] の分岐解析

604 4. 大域的分岐のある側面

の一部を紹介した．これらの論文はまた興味深い数値実験と予想を含んでいる．読者は Gaspard, Kapal and Nicolis [1984] も参照されたい．結び目理論はこの問題に適用されてはいない．

注意4　非双曲型不動点．3次元の非双曲型不動点にホモクリニックな軌道に関してはわずかしか，というよりは全く結果がない．

注意5　応用．シルニコフ現象は多様な応用がある．参照文献として，たとえばArneodo, Coullet and Tresser [1981a,b], Arneodo, Coullet, Spiegel and Tresser [1985], Arneodo, Coullet and Spiegel [1982], Gaspard and Nicolis [1983], Hastings [1982], Pikovskii, Rabinovich and Trakhetengerts [1979], Rabinovich [1978], Rabinovich and Fabrikant [1979], Roux.Rossi, Bachelart and Vidal [1981], Vysgkind and Rabinovich [1976] がある．

注意6　ホモクリニック軌道の近傍における軌道構造を解析する際の一般的な技法．読者は，1）2次元の微分同相写像の双曲型周期点（または同じことだが，自励3次元ベクトル場の双曲型周期軌道），2）3次元自励ベクトル場で実固有値のみをもつ双曲型不動点，3）3次元自励ベクトル場で複素共役固有値をもつ双曲型不動点，にホモクリニックな軌道の近傍での軌道構造の解析の類似性に注目すべきである．3つの全ての場合において再帰写像はホモクリニック軌道に沿った点の近傍で構成され，それは2つの写像の合成から成っていた．1つの写像は双曲型不変集合（すなわち周期軌道または不動点）の近傍の力学を記述し，他の写像は双曲型不変集合の近傍の外側のホモクリニック軌道の近傍での力学を記述している．不動点が双曲型であることから，第1の写像は力学系（写像，ベクトル場のどちらでも）の線形化によって双曲型不変集合（周期軌道，不動点のどちらでも）の近傍でよく近似される．第2の写像は，ホモクリニック軌道の十分小さな近傍に制限すれば，アファイン写像でよく近似される．どの場合でも，カオス的な不変集合（より正確には，力学が N-ずらしと位相共役な不変カントール集合）がホモクリニック軌道の近傍に存在することを見るには，N 個の μ_h-水平帯で，節 4.3 の仮定 1 と 3 が成立するように，それらが μ_v-垂直帯に写像されるものを見つける．双曲型不変集合の近傍における写像の性質は仮定 3（すなわち，適当な方向に対する伸縮）の検証にかかっている．双曲型不変集合の外側における写像の性質は仮定 1 の検証にかかっている．しかし2次元微分同相写像の双曲型周期軌道にホモクリニックな横断的な軌道の場合には，周期軌道の固有値または安定および不安定多様体の交叉点の性質（双曲性と横断性で十分であった）について特別な仮定は不用である．これは3次元自励ベクトル場の双曲型不動点にホモクリニックな軌道の状況と大きく異なる，この場合には不動点の固有値の比率と，（非横断的な）ホモクリ

ニック軌道の性質に関する行列の仮定が必要である.

注意 7 n 次元 $(n \geq 4)$ 自励ベクトル場の双曲型不動点にホモクリニックな軌道への一般化については,読者は Wiggins [1988] を参照されたい.

注意 8 自励ベクトル場の双曲型不動点達を結ぶヘテロクリニック・サイクルへの一般化については,読者は Wiggins [1988] を参照されたい.

4.9 局所余次元 2 の分岐によって生じる大域的分岐

節 3.1E で,ベクトル場の線形化に伴う行列の固有値が分岐点で 2 つの 0 固有値を持つという状況でのベクトル場の不動点の分岐を研究し,節 3.1F で,行列が 1 つの 0 固有値と純虚数の固有値の対を持つ場合(他の固有値は実部が 0 でない)について研究した.どちらの場合においても,どのような局所的な分岐解析でも説明がつかない力学現象が生じるのを見た.そしてこの節でこの解析を完成させたい.2 つの 0 固有値を持つ場合は完全に成功する.しかし 0 および純虚数固有値の対を持つ場合には部分的にしか成功しない.2 つの 0 固有値を持つ場合から始める.

4.9A 2 つの 0 固有値の場合

節 3.1E から,この分岐に伴う簡約された標準形は

$$
\begin{aligned}
\dot{x} &= y, \\
\dot{y} &= \mu_1 + \mu_2 y + x^2 + bxy, \qquad b = \pm 1
\end{aligned}
\tag{4.9.1}
$$

で与えられることを思い出そう.方程式 (4.9.1) は生成的なすなわち対称性がないベクトル場に当てはまる,我々は $b = +1$ の場合を扱う.

(4.9.1) は $\mu_1 > 0$ のとき周期軌道が存在せず,$\mu_1 < 0$ では周期軌道がポアンカレ-アンドロノフ-ホップ分岐で生成されるということを思い出そう.それゆえ,μ_1 が 0 を通って増加する際の周期軌道の破壊を説明する何かほかの分岐が起きているにちがいない.節 3.1E でなぜこれが**ホモクリニック**または**鞍状点-結合分岐**であるかに関していくらか発見的な議論をした,今このことを証明したい.

(4.9.1) の従属変数およびパラメータの次のような尺度変換から始める.

$$
x = \varepsilon^2 u, \quad y = \varepsilon^3 v, \quad \mu_1 = -\varepsilon^4, \quad \mu_2 = \varepsilon^2 \nu_2 \ (\varepsilon > 0)
\tag{4.9.2}
$$

また独立変数の時間を次のように尺度変換する.

$$
t \longrightarrow \frac{t}{\varepsilon}
$$

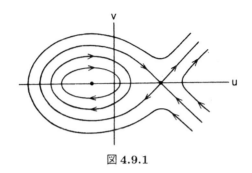

図 4.9.1

それで (4.9.1) は

$$\begin{aligned}\dot{u} &= v, \\ \dot{v} &= -1 + u^2 + \varepsilon(\nu_2 v + uv)\end{aligned} \quad (4.9.3)$$

となる．元の変数においては，$\mu_1 < 0$ のときに興味があり，尺度変換はこのパラメータ体系で結果を説明することを可能にすることを注意する（注：読者はこの特殊な尺度変換を天下りに定義したことでいらつきを覚えるかも知れない．しばらくこの解析を進めるが，この節の終りに"なぜそれが有効か"について論じる）．

この尺度変換の唯一かつ最も重要な特徴は，$\varepsilon = 0$ に対して，尺度変換された方程式 (4.9.3) はハミルトン関数

$$H(u,v) = \frac{v^2}{2} + u - \frac{u^3}{3} \quad (4.9.4)$$

を持つ完全積分可能なハミルトン系になることである．メルニコフの方法を標準形の高次オーダーの影響を含む大域解析をするのに用いることができる．この完全積分可能なハミルトン系の相空間は図 4.9.1 に示してある．したがってベクトル場

$$\begin{aligned}\dot{u} &= v, \\ \dot{v} &= -1 + u^2\end{aligned} \quad (4.9.5)$$

は双曲型不動点を

$$(u,v) = (1,0)$$

に持ち，

$$(u,v) = (-1,0)$$

に楕円型不動点を持つ．そして楕円型不動点の周囲に 1-パラメータの周期軌道の族を持つ．後者の，周期 T^α を持つものを

$$(u^\alpha(t), v^\alpha(t)), \quad \alpha \in [-1, 0) \quad (4.9.6)$$

で表す．ここで

$$(u^{-1}(t), v^{-1}(t)) = (-1, 0) \tag{4.9.7}$$

そして

$$\lim_{\alpha \to 0} (u^{\alpha}(t), v^{\alpha}(t)) = (u_0(t), v_0(t))$$

$$= \left(1 - 3 \operatorname{sech}^2 \frac{t}{\sqrt{2}}, 3\sqrt{2} \operatorname{sech}^2 \frac{t}{\sqrt{2}} \tanh \frac{t}{\sqrt{2}} \right) \tag{4.9.8}$$

は双曲型不動点をそれ自身に結ぶホモクリニック軌道である．

メルニコフ理論は，(4.9.3) の $\mathcal{O}(\varepsilon)$ の部分のこの可積分構造への影響を定めるために用いることができる．ホモクリニック・メルニコフ関数は

$$M(\nu_2) = \int_{-\infty}^{\infty} v_0(t) \left[\nu_2 v_0(t) + u_0(t) v_0(t) \right] dt \tag{4.9.9}$$

で与えられる．(4.9.8) に与えられた $u_0(t)$ と $v_0(t)$ の表現を用いて，(4.9.9) は

$$M(\nu_2) = 7\nu_2 - 5$$

つまり

$$M(\nu_2) = 0 \Rightarrow \nu_2 = \frac{5}{7} \tag{4.9.10}$$

となり，したがって，その上で双曲型不動点の安定および不安定多様体が一致する分岐曲線は

$$\nu_2 = \frac{5}{7} + \mathcal{O}(\varepsilon) \tag{4.9.11}$$

で与えられる．(4.9.11) を元のパラメータ値に翻訳したい．ホモクリニック分岐曲線に対して，(4.9.2) と (4.9.11) を用いれば，

$$\mu_1 = -\left(\frac{49}{25} \right) \mu_2^2 + \mathcal{O}(\mu_2^{5/2}) \tag{4.9.12}$$

を得る．図 4.9.2 に示したように，双曲型不動点の安定および不安定多様体の相対的方向を与える

$$\mu_1 > -\frac{49}{25} \mu_2^2 \quad \text{に対して } M > 0, \tag{4.9.13a}$$

と

$$\mu_1 < -\frac{49}{25} \mu_2^2 \quad \text{について } M < 0 \tag{4.9.13b}$$

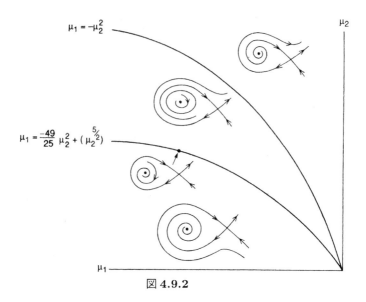

図 4.9.2

を得る.

こうして周期軌道が生成されたり破壊されたりする大域的機構の存在が示された. 実際にポアンカレ-アンドロノフ-ホップ分岐で生成される周期軌道がホモクリニック分岐によって破壊されたものであると主張できるであろうか？ 実はできないのである, なぜなら周期軌道の非局所的鞍状点-結節点分岐がポアンカレ-アンドロノフ-ホップとホモクリニック分岐曲線の間のパラメータ領域で生じることが可能だからである. そのような分岐が起きるかどうか周期軌道のメルニコフ関数を計算することで確認することができる. これは

$$M(\alpha;\nu_2) = \nu_2 \int_0^{T^\alpha} (v^\alpha(t))^2 dt + \int_0^{T^\alpha} u^\alpha(t)(v^\alpha(t))^2 dt \qquad (4.9.14)$$

で与えられる. 条件 $M(\alpha;\nu_2) = 0$ は (4.9.3) の周期軌道の存在を意味する. (4.9.14) を用いれば, これは

$$\nu_2 = \frac{\int_0^{T^\alpha} u^\alpha(t)(v^\alpha(t))^2 dt}{\int_0^{T^\alpha} (v^\alpha(t))^2 dt} \equiv f(\alpha) \qquad (4.9.15)$$

と同値である. $f(\alpha)$ が $[-1,0]$ で単調関数ならば, (4.9.3) が, ポアンカレ-アンドロノフ-ホップ分岐によって生成され, ホモクリニック分岐で破壊されるただ 1 つの周期軌道を持つことを結論づけることが可能である. 実際, $f(\alpha)$ が単調であることがわかる. これは $(u^\alpha(t), v^\alpha(t))$ の表現を楕円関数の言葉で直接計算し, (4.9.15) から

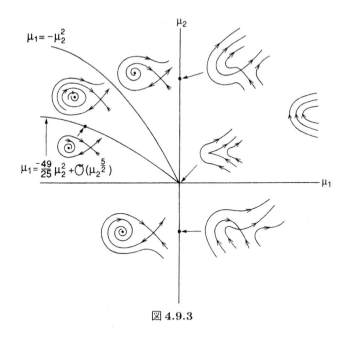

図 4.9.3

$f(\alpha)$ を解析的に評価することで確かめることができる．このことができたなら，$f(\alpha)$ の単調性が調べられるであろう．これは実に面倒な（しかし本質的には一本道の）計算であり，興味を持った読者のために演習として残す．この結果は Bogdanov [1975], Takens [1974], Carr [1981] によって得られたことを注意する．それで $b = 1$ のときの (4.9.1) に対する完全な分岐図は図 4.9.3 にあるようなもので，次の注意をして終わることにする．

注意 1 (4.9.1) の局所的分岐解析には，μ_1 および μ_2 が小さいという制限は必要でない．大域的分岐解析には μ_1 および μ_2 が "十分小" であることが必要である．

注意 2 標準形 (4.9.1) における高次項の復活が分岐図に質的には影響を与えないということは全く容易に示せる．演習 4.61 に必要な議論の概要を述べた．

4.9B 1つの0と1対の純虚数固有値の場合

この分岐にともなう標準形は3次元である．しかし純虚数固有値に伴う線形部分の対称性から1つの座標を他の2つの座標とは切り放すことができる，それで相平面の技法を用いることで解析を始めることができる．ある意味でこの相平面における力学

610　4. 大域的分岐のある側面

は，全体の 3 次元標準形のポアンカレ写像の近似と見ることができる．次の段階で解析をすすめる．

段階 1. 付随する簡約 2 次元標準形の大域分岐を解析する．

段階 2. 簡約 3 次元標準形の言葉で説明する．

段階 3. 標準形の高次項の影響を論議する．

段階 1.　節 3.1F から，我々が関心を持つ付随する 2 次元標準形は

$$\begin{aligned}
\dot{r} &= \mu_1 r + arz, \\
\dot{z} &= \mu_2 + br^2 - z^2
\end{aligned} \tag{4.9.16}$$

で与えられることを思い出そう，ここで $a \neq 0$ および $b = \pm 1$ である．本質的に 4 つしか異なる場合がない，そしてそのうちの 2 つしか大域的分岐の可能性がない（小さな r と z に対して）．それらを

　場合 IIa,b　$a < 0, b = +1$

　場合 III　$a > 0, b = -1$

と書く．場合 IIa,b では $\mu_2 < 0$ における μ_2-軸の近傍での力学に興味がある．場合 III では $\mu_2 > 0$ における μ_2-軸の近傍での力学に興味がある．どちらの場合においても，標準形は（μ_2 の適当な符号のもとで）μ_2-軸で可積分であった．したがって標準形の高次項がこのパラメータ値域のもとで劇的に影響を与えることが期待される．我々の戦術は標準形に 3 次の項を含ませ，摂動されたハミルトン系を得るように変数の変換を導入することである．このときメルニコフ型の解析を周期軌道の数や可能なホモクリニック分岐の数を決定するのに用いることができる．

　(3.1.170) から (4.9.16) に 3 次の項を復活させて

$$\begin{aligned}
\dot{r} &= \mu_1 r + arz + (cr^3 + dr^2 z), \\
\dot{z} &= \mu_2 + br^2 - z^2 + (er^2 z + fz^3)
\end{aligned} \tag{4.9.17}$$

を得る．Guckenheimer and Holmes [1983] に座標変換により (4.9.17) から z^3 を除いて全ての 3 次の項を消去できるということが示されている（この方法については，演習 4.63 に概略を示したので参照のこと）．したがって，一般性を失うことなく，次の標準形を解析することができる．

$$\begin{aligned}
\dot{r} &= \mu_1 r + arz, \\
\dot{z} &= \mu_2 + br^2 - z^2 + fz^3.
\end{aligned} \tag{4.9.18}$$

続いて従属変数を次のように尺度変換する．

$$r = \varepsilon u, \quad z = \varepsilon v, \quad \mu_1 = \varepsilon^2 \nu_1, \quad \mu_2 = \varepsilon^2 \nu_2, \tag{4.9.19}$$

4.9 局所余次元 2 の分岐によって生じる大域的分岐　**611**

時間も次のように尺度変換する.

$$t \longrightarrow \varepsilon t$$

それで (4.9.17) は

$$
\begin{aligned}
\dot{u} &= auv + \varepsilon \nu_1 u, \\
\dot{v} &= \nu_2 + bu^2 - v^2 + \varepsilon f v^3
\end{aligned}
\tag{4.9.20}
$$

になる. $\varepsilon = 0$ において, ベクトル場は第 1 積分 ($a \neq 1$ に対して)

$$
F(u,v) = \frac{a}{2} u^{2/a} \left[\nu_2 + \frac{b}{1+a} u^2 - v^2 \right]
\tag{4.9.21}
$$

を持つ. 残念ながらこれはハミルトン系ではない, しかし (4.9.20) の右辺に積分因子 $u^{(2/a)-1}$ をかければハミルトン系にでき (Guckenheimer and Holmes [1983] 参照),

$$
\begin{aligned}
\dot{u} &= au^{2/a}v + \varepsilon \nu_1 u^{2/a}, \\
\dot{v} &= -bu^{(2/a)-1} + bu^{(2/a)+1} - u^{(2/a)-1}v^2 + \varepsilon f u^{(2/a)-1}v^3
\end{aligned}
\tag{4.9.22}
$$

を得る, ここで, 場合 IIa,b のときは $\mu_2 < 0$ の場合に, そして場合 III では $\mu_2 > 0$ の場合に興味があるのだから, $b = \pm 1$ のとき $\nu_2 = \mp 1$ とする. $\varepsilon = 0$ では, (4.9.22) は次のハミルトニアンを持つハミルトン系である.

$$
H(u,v) = \frac{1}{2} u^{2/a}v^2 + \frac{ab}{2} u^{2/a} - \frac{ab}{2(a+1)} u^{(2/a)+2}, \qquad a+1 \neq 0
$$

または

$$
H(u,v) = -\frac{1}{2} u^{-2}v^2 - \frac{b}{2} u^{-2} - b \log u, \qquad a+1 = 0.
\tag{4.9.23}
$$

図 4.9.4 において, 関連する場合のハミルトニアンの等高線 (すなわち, $\varepsilon = 0$ の場合の (4.9.20) の軌道) を示した. この図から, 場合 IIa,b では可積分ハミルトン系は楕円型不動点を囲んで周期軌道の 1-パラメータ族で振幅が発散していくものを持つ. 場合 III では可積分ハミルトン系は楕円型不動点を囲んで周期軌道の 1-パラメータ族で極限としてヘテロクリニック・サイクルを持つものを持つ. どちらの場合においても周期軌道の 1-パラメータ族でその周期を T^α とするものを

$$(u^\alpha(t), v^\alpha(t)), \qquad \alpha \in [-1, 0)$$

で表す, $(u^{-1}(t), v^{-1}(t))$ は場合 IIa,b, 場合 III のどちらの場合でも楕円型不動点を表し, $\lim_{\alpha \to 0}(u^\alpha(t), v^\alpha(t))$ は場合 IIa,b では非有界な周期軌道を, 場合 III ではヘテロクリニック・サイクルを表す.

　メルニコフ関数は

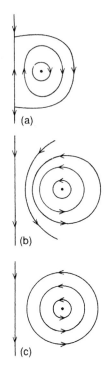

図 4.9.4　$\varepsilon = 0$ の (4.9.22) の積分構造. (a) 場合 III; (b) 場合 IIa,b, $-1 < a < 0$; (c) 場合 IIa,b, $a \leq -1$.

$$M(\alpha; \nu_1)$$
$$= af \int_0^{T^\alpha} (u^\alpha(t))^{(4/a)-1} (v^\alpha(t))^4 dt$$
$$- \nu_1 \int_0^{T^\alpha} \left[b(u^\alpha(t))^{(4/a)+1} - b(u^\alpha(t))^{(4/a)-1} \right.$$
$$\left. + (u^\alpha(t))^{(4/a)-1} (v^\alpha(t))^2 \right] dt \quad (4.9.24)$$

で与えられる. それゆえ, $M(\alpha; \nu_1) = 0$ は

$$\nu_1 = \frac{af \int_0^{T^\alpha} (u^\alpha(t))^{(4/a)-1} (v^\alpha(t))^4 dt}{\int_0^{T^\alpha} [b(u^\alpha(t))^{(4/a)+1} - b(u^\alpha(t))^{(4/a)-1} + (u^\alpha(t))^{(4/a)-1} (v^\alpha(t))^2] dt}$$
$$\equiv f(\alpha) \quad (4.9.25)$$

と同値である. 我々が興味があるのは

　　場合 IIa,b　$a < 0, b = +1, f \neq 0, \nu_1 < 0$

4.9 局所余次元2の分岐によって生じる大域的分岐   *613*

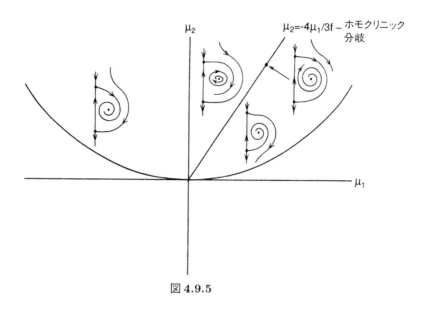

図 4.9.5

場合 III $a > 0, b = -1, f \neq 0, \nu_1 > 0$

である．したがって，もし $f(\alpha)$ が（上のように固定された a, b, f に対して）α について単調であるならば，(4.9.22) はポアンカレ-アンドロノフ-ホップ分岐によって生じるただ 1 つの周期軌道を持ち（安定性については演習 4.64 で考察する），そして振幅が場合 IIa,b では単調に増大し，場合 III ではヘテロクリニック分岐へ消滅する．しかし (4.9.25) が α について単調であることの証明は，積分が初歩的な積分によっては直接に計算できないので，手におえない困難な問題である．幸運にも，Zoladek [1984], [1987]（Carr et al. [1985], van Gils [1985], Chow et al. [1989] も参照）によって最近，(4.9.25) が α について実際に単調であることが証明された．単調性を証明するこれらの論文における技法はここでは触れない複雑な評価を含んでいる．図 4.9.5 に場合 III の $\alpha = 2, f < 0$ のときの可能な分岐の例について示した．

段階 2. 3 次元ベクトル場の力学の言葉で 2 次元ベクトル場の力学を解釈する段階 2 に移ろう．簡約 3 次元標準形は

$$\begin{aligned}
\dot{r} &= \mu_1 r + arz, \\
\dot{z} &= \mu_2 + br^2 - z^2 + fz^3, \\
\dot{\theta} &= \omega + \cdots
\end{aligned} \quad (4.9.26)$$

で与えられる．したがって，(4.9.26) の r と z 成分は θ と独立で，節 3.1F の議論が依然成立する．すなわち周期軌道が全体の 3 次元相空間の中の 2 次元不変トーラスに

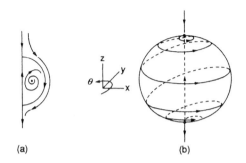

図 4.9.6 (a) 簡約標準形におけるヘテロクリニック・サイクルの断面. (b) 簡約標準形におけるヘテロクリニック・サイクル.

なり，そして場合 III では図 4.9.6 に示したように，ヘテロクリニック・サイクルが，$z < 0$ の双曲型不動点の 2 次元安定多様体と 1 次元不安定多様体が (不変座標軸を持ち) 不変球を作りつつ，$z > 0$ の双曲型不動点の 2 次元不安定多様体と 1 次元安定多様体に一致することになる．どちらの状況も標準形の高次項の追加で根本的に変わる，この状況の議論に段階 3 で取りかかる．

段階 3. 場合 IIa,b および場合 III における簡約標準形の 2 次元不変トーラスと，場合 III におけるヘテロクリニック・サイクルが標準形の高次項によってどのような影響を受けるかという問題は難しいものであり，全体の様子は未だ知られていない．主要な文献と知られている結果について簡単にまとめてみよう．

【不変 2 次元トーラス】
場合 IIa,b と場合 III の簡約標準形の不変 2 次元トーラスに関しては主に次のような問いが生じる．

1. 標準形の高次項の影響を考慮にいれた際に 2 次元トーラスは持続するだろうか？
2. 簡約標準形において不変 2 次元トーラス上の軌道は周期的か準周期的でトーラスを稠密に覆う（節 1.2E 参照）．準周期的流れを持つ 2 次元不変トーラスは標準形の高次項の影響を考慮した際に持続するだろうか？

第 1 の問いに答えるには法方向双曲型不変多様体の持続理論の技法が用いられる（たとえば Fenichel[1971], [1977] と Hirsh, Pugh and Shub [1977] を参照）．法方向双曲性の強さが分岐パラメータによっているから，これらの技法の適用は簡単ではない．不変 2 次元トーラスが持続することを示した結果は Iooss and Langford [1980] と Scheurle and Marsden [1984] によって得られた．

4.9 局所余次元2の分岐によって生じる大域的分岐   *615*

2番目の問いに答えるのには小分母問題が生じ，KAM 理論型の技法を用いる必要が生じる（たとえば Siegel and Moser [1971] を参照）．これはこの本の範囲を大きく越える．しかしこれらの線に沿っていくつかの結果が Scheurle and Marsden [1984] によって得られていることを述べておく．彼らの結果はパラメータ値の正のルベーグ測度を持つカントール集合上で準周期的流れを持つ不変2次元トーラスが存在することを示している．演習3.47にこの2番目の問いに伴う主な論点のいくつかを浮かび上がらせる例を考えた．

【ヘテロクリニック・サイクル】

場合 III において簡約標準形は2つの鞍状不動点を z 軸上に持つ，p_1 を2次元安定多様体と1次元不安定多様体を持つもの，p_2 を2次元不安定多様体と1次元安定多様体を持つものとし，図 4.9.7 に示したように $W^s(p_1)$ と $W^u(p_2)$ が一致して不変球を形づくる．球の軸は $W^u(p_1)$ の枝と $W^s(p_2)$ の枝で一致したものから形づくられる．

標準形の高次項の影響がこの状況を劇的に変えることが期待される．生成的には，p_1 の1次元不安定多様体と p_2 の1次元安定多様体は3次元相空間では交わらないことが期待される．同様に生成的には，p_1 の2次元安定多様体と p_2 の2次元不安定多様体は3次元相空間では1次元軌道に沿って交わることが期待される．この2つの解を図 4.9.7 に示した．

この縮退構造が壊れたとき，球内の $W^u(p_1)$ の枝は $W^s(p_1)$ に落ち込むか，同様に球内の $W^s(p_2)$ の枝は $W^u(p_2)$ に落ち込む．図 4.9.8 参照のこと．このことが起きたならば，節 4.9B から，読者はこれらのホモクリニック軌道のいづれかの近傍で定義された再帰写像が可算無限個のスメールの馬蹄を持つこと，すなわちシルニコフ現象が起きることが可能であることを認識されたい．さらに節 4.8B,i) から可算個の周期倍加と鞍状点-結節点分岐値がホモクリニック軌道が生成されるパラメータ値に集積する．

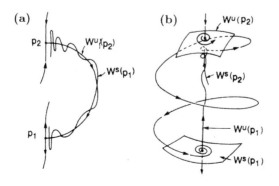

図 4.9.7　(a) 全標準形における多様体の断面．(b) 全標準形におけるホモクリニック軌道．

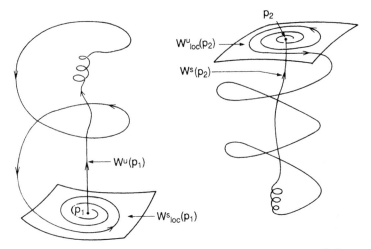

図 4.9.8 　全正規　フォームにおける可能なホモクリニック軌道．

したがって，この特殊な局所余次元 2 分岐は全ての力学的影響を含めると実際には余次元無限大である（節 4.7 の最後の解説を参照されたい）．

この局所余次元 2 分岐点はその準普遍変形によってシルニコフ現象が生じることができるという事実は Broer and Vegter [1984] によって証明された．簡約されていない完全な標準形は双曲型不動点にホモクリニックな軌道を持つことが示されている．彼らの結果は，標準形の線形部分の回転対称性によって，対称性が（すなわち標準形の r と z 成分が θ と独立）標準形の任意の次数について保存されるという意味で微妙である．それで，ホモクリニック軌道はベクトル場のテーラー展開およびそれに伴う標準形変換によって取り上げられない指数的に小さな項の結果である．

【ハミルトニアン-散逸分割】
上述の解析を進めることを可能にした鍵は標準形を，標準形の高次項を摂動とする可積分ハミルトン系の摂動に変形した"すばらしい"尺度変換を見つけることができるという事実であった（注：摂動もまたハミルトニアンである必要はない）．このことができれば，非線形力学系の大域解析の豊富な技法を使用できる．たとえばメルニコフ理論，法方向双曲型不変多様体の摂動理論，KAM 理論などである．しかし本当の問いは "与えられた問題において，どのように問題を完全可積分ハミルトン系の摂動に変換する" 尺度変換を見つけることができるか？ ということである．

この節ではの尺度変換は Takens [1974], Bogdanov [1975], Guckenheimer and Holmes [1983], Kopell and Howard [1975], Iooss and Langford [1980] のすばらしい仕事によっている．しかし最近，標準形をハミルトニアン部分と散逸部分の分離に

4.10 リャプノフ指数　***617***

導く標準形の構造を理解しようという努力がなされている，それで適当な尺度変換が
いくつか計算的手続きによってつくられている．読者に Lewis and Marsden [1989],
Olver and Shakiban [1988] を参照することを勧める．

4.10　リャプノフ指数

$\mathbf{C}^r (r \geq 1)$ ベクトル場

$$\dot{x} = f(x), \qquad x \in \mathbb{R}^n \tag{4.10.1}$$

を考える．$x(t)$ を (4.10.1) の $x(0) = x_0$ を満たす軌道とする．$x(t)$ の近傍での (4.10.1)
の軌道構造を記述したい．特に $x(t)$ に対しての軌道の吸引性もしくは反発性に関する
幾何学を知りたい．このためにはまず $x(t)$ の近傍における次の式で与えられる (4.10.1)
の線形化の軌道構造を研究するのが自然である．

$$\dot{\xi} = Df(x(t))\xi, \qquad \xi \in \mathbb{R}^n. \tag{4.10.2}$$

$X(t)$ を (4.10.2) の解の基本行列とし，e を $\mathbb{R}^n$ のベクトルとする．このとき x_0 を通
る軌道に沿う e 方向への拡大係数は

$$\lambda_t(x_0, e) \equiv \frac{\|X(t)e\|}{\|e\|} \tag{4.10.3}$$

で定義される．ここで $\| \cdot \| = \sqrt{\langle \cdot, \cdot \rangle}$ で，$\langle \cdot, \cdot \rangle$ は $\mathbb{R}^n$ の通常の内積を表す．$\lambda_t(x_0, e)$
は時間に依存する量でまた (4.10.1) の個々の軌道やこの軌道の個々の方向にも依存し
ている．x_0 を通る軌道に沿う e 方向へのリャプノフ特性指数（または単に，リャプノ
フ指数）は

$$\chi(x_0, e) \equiv \overline{\lim_{t \to \infty}} \frac{1}{t} \log \lambda_t(x_0, e) \tag{4.10.4}$$

で定義される．この定義は2つの注意しなければならない点を持っている．

1. (4.10.4) 式は漸近的な量である．それゆえそれが意味を持つには少なくとも任意の
   $t > 0$ について $x(t)$ が存在することを知らなければならない．このことは相空間が
   コンパクトな境界のない多様体であるか，または正方向に不変な領域に x_0 がある
   なら正しい．
2. 計算上の目的には $\overline{\lim}$ を $\lim$ に置き変えられればその方がよい．この問いには次
   に答えよう．

$\{e_1, \cdots, e_n\}$ を $\mathbb{R}^n$ の正規直交基底とする，このとき $\sum_{i=1}^n \chi(x_0, e_i)$ をつくれる．$\mathbb{R}^n$
の正規直交基底で $\sum_{i=1}^n \chi(x_0, e_i)$ が最小値をるものは**正規基底**と呼ばれる．そのよう
な基底の具体的な構成を Liapunov [1966] は与えた（したがってそれは存在する）．解

618   4. 大域的分岐のある側面

の基本行列 $X(t)$ はもし 1) $\lim_{t\to\infty} \frac{1}{t} \log |\det X(t)|$ が存在して有限，かつ 2) 各正規基底 $e_1, \cdots, e_n$ に対して

$$\sum_{i=1}^{n} \chi(x_0, e_i) = \lim_{t\to\infty} \frac{1}{t} \log |\det X(t)|$$

が成り立つとき，$t \to \infty$ で正則と呼ばれる．ここで Liapunov [1966] による主要な定理を述べることができる．

定理 4.10.1   もし $t \to \infty$ で $X(t)$ が正則ならば

$$\chi(x_0, e) = \lim_{t\to\infty} \frac{1}{t} \log \lambda_t(x_0, e) \tag{4.10.5}$$

が任意のベクトル $e \in \mathbb{R}^n$ に対して存在し有限である．

証明   Liapunov [1966] または Oseledec [1968] を参照すること．□

(4.10.2) の解の基本行列 $X(t)$ は (4.10.1) の特定の軌道 $x(t)$ と関連していることに注意する，それで (4.10.1) の異なる軌道 $\tilde{x}(t)$ を考えたならば，$\tilde{x}(t)$ の近傍で線形化されたベクトル場にともなう解の基本行列はおそらく（そしてほとんど確実に）異なる性質を持つ．特に $t \to \infty$ で $X(t)$ が正則でも，それは $t \to \infty$ で正則でないかもしれない．

いくつか例を考える．

例 4.10.1   線形スカラーベクトル場

$$\dot{x} = ax, \qquad x \in \mathbb{R}^1 \tag{4.10.6}$$

を考える，ここで a は定数である．方程式 (4.10.6) は 3 つの軌道，$x = 0$, $x > 0$, $x < 0$ を持つ，しかし各軌道に伴う解の基本行列は

$$X(t) = e^{at} \tag{4.10.7}$$

で与えられる．したがって，(4.10.7) および (4.10.5) を用いて (4.10.6) の各軌道はただ 1 つのリャプノフ指数をもち，各軌道のリャプノフ指数は a である．もし $a > 0$ ならば (4.10.6) の軌道は $t \to \infty$ で指数的に離れる．

例 4.10.2   ベクトル場が作用・角変数（節 1.2D,ii) 参照）で次のように与えられる相空間の領域における平面ハミルトン系を考える．

$$\dot{I} = 0,$$
$$\dot{\theta} = \Omega(I), \qquad (I, \theta) \in \mathbb{R}^+ \times S^1 \qquad (4.10.8)$$

このとき (4.10.8) の軌道は

$$I = 定数,$$
$$\theta(t) = \Omega(I)t + \theta_0 \qquad (4.10.9)$$

で与えられる. (4.10.9) の近傍で (4.10.8) を線形化すると

$$\begin{pmatrix} \dot{\xi}_1 \\ \dot{\xi}_2 \end{pmatrix} = \begin{pmatrix} 0 & 0 \\ \frac{\partial \Omega}{\partial I}(I) & 0 \end{pmatrix} \begin{pmatrix} \xi_1 \\ \xi_2 \end{pmatrix} \qquad (4.10.10)$$

を得る. (4.10.10) の解の基本行列は容易に計算できて

$$X(t) = \begin{pmatrix} C & C \\ C\frac{\partial \Omega}{\partial I}(I)t & 0 \end{pmatrix} \qquad (4.10.11)$$

である, ここで C は定数である. $\delta\theta$ で軌道に接するベクトルを表し, δI で軌道に直交するベクトルを表すことにし, (4.10.11) と (4.10.5) を用いて, (4.10.9) で定義された (4.10.8) の軌道を定める任意の I について

$$\chi(I, \delta I) = 0,$$
$$\chi(I, \delta\theta) = 0$$

を容易に得る.

例 4.10.3 ベクトル場

$$\dot{x} = x - x^3,$$
$$\dot{y} = -y \qquad (4.10.12)$$

を考える. 例 1.1.15 において, (4.10.12) が $(x, y) = (0, 0)$ で鞍状点を持ち, $(\pm 1, 0)$ で沈点を持つことを見た. さらに x 軸上の閉区間 $[-1, 1]$ は吸引集合である. 図 4.10.1 参照. この吸引集合における軌道に伴うリャプノフ指数を計算したい. 吸引集合 $[-1, 1]$ は 5 つの軌道を持つ, 不動点 $(x, y) = (0, 0), (\pm 1, 0)$ および開区間 $(-1, 0)$ と $(0, 1)$ である. 各軌道は 2 つのリャプノフ指数を持つ. それぞれのリャプノフ指数を計算しよう. $\delta x \equiv (1, 0)$ で x 方向の接ベクトルを, $\delta y \equiv (0, 1)$ で y 方向の接ベクトルを表す. 吸引集合の各点で δx と δy は $\mathbb{R}^2$ の基底であることは明らかである. 3 つの不動点のリャプノフ指数は容易に求まるので結果のみ述べる.

4. 大域的分岐のある側面

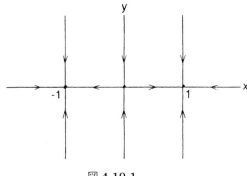

図 4.10.1

$(0,0)$ $\chi((0,0),\delta x) = +1,$
     $\chi((0,0),\delta y) = -1.$

$(-1,0)$ $\chi((-1,0),\delta x) = -2,$
     $\chi((-1,0),\delta y) = -1.$

$(+1,0)$ $\chi((1,0),\delta x) = -2,$
     $\chi((1,0),\delta y) = -1.$

$0<x<1, y=0$ および $-1<x<0, y=0$ の軌道のリャプノフ指数はもう少し計算が必要である．(4.10.12) は座標変換 $x \to -x$ で不変である．それゆえ，$0<x<1$, $y=0$ の軌道のリャプノフ指数は $-1<x<0, y=0$ の軌道のリャプノフ指数と等しい．

(4.10.12) を $(x(t),0)$ の近傍で線形化すると

$$\begin{pmatrix} \dot{\xi}_1 \\ \dot{\xi}_2 \end{pmatrix} = \begin{pmatrix} 1-3x^2(t) & 0 \\ 0 & -1 \end{pmatrix} \begin{pmatrix} \xi_1 \\ \xi_2 \end{pmatrix} \quad (4.10.13)$$

を得る，ここで $x(t)$ は $0<x<1, y=0$ の軌道である．(4.10.12) の x 成分を積分して

$$x^2(t) = \frac{e^{2t}}{e^{2t}+1} \quad (4.10.14)$$

を得る．(4.10.14) を (4.10.13) に代入して，解の基本行列

$$X(t) = \begin{pmatrix} e^{2t}(1+e^{-2t})^{-3/2} & 0 \\ 0 & e^{-t} \end{pmatrix} \quad (4.10.15)$$

を得る. (4.10.5) および (4.10.15) を用いて, リャプノフ指数

$$0 < x < 1, \ y = 0 \qquad \chi((0 < x < 1, y = 0), \delta x) = -2,$$
$$\chi((0 < x < 1, y = 0), \delta y) = -1,$$
$$-1 < x < 0, \ y = 0 \qquad \chi((-1 < x < 0, y = 0), \delta x) = -2,$$
$$\chi((-1 < x < 0, y = 0), \delta y) = -1$$

を得る.

いくつか注意をしてこの節を終わる.

注意 1　x_0 を通る軌道に沿う e 方向のリャプノフ指数は軌道に沿って軌道の初期条件を変えても変わらない. 特に任意の $t_1 \in \mathbb{R}$ について, $x(t_1) \equiv x_1$ とおくと, $\chi(x_0, e) = \chi(x_1, e)$ である. このことは指数が $t \to \infty$ の極限であることから直観的に明らかである, 演習 4.70 参照のこと.

注意 2　与えられた軌道のリャプノフ指数を軌道の近傍でのベクトル場の線形化に伴う解の基本行列の固有値の実部の長時間平均とみなすことができる. それゆえ, それは相空間の局所的拡大および縮小についての情報のみを与え, ねじれや折り畳みについてはなんら情報を与えない.

注意 3　一般にリャプノフ指数は軌道に関して連続関数ではない. このことは例 4.10.3 からわかる.

注意 4　軌道が不動点または周期軌道ならば, リャプノフ指数は, 最初の場合には不動点の近傍で線形化したベクトル場の行列にともなう固有値の実部であり, 第 2 の場合にはフロッケ指数の実部である. したがってリャプノフ指数の理論はある意味で任意の軌道についての線形安定性理論の一般化ともいえる (Goldhirsch et al. [1987] 参照).

このことは興味深い点をもたらす. 不動点と周期軌道の近傍で線形化されたベクトル場に伴う線形固有空間にともなう多様体は, 軌道が線形系と同じ漸近的挙動をする完全な非線形力学のもとで不変である. これらを安定および不安定多様体とみなす. 任意の軌道が, この軌道に伴う負および正のリャプノフ指数の個数とそれぞれ一致する次元を持つ安定および不安定多様体があるだろうか? この問いに対するに答えは肯定的である, そして, それは Pesin [1976], [1977] によって証明された, しかし Sacken and Sell [1974], [1976a], [1976b], [1978], [1980] も参照のこと.

この節においてはリャプノフ指数の多様な性質についてヒントを与えただけであ

622   4. 大域的分岐とカオスのある側面

る．より多くの情報については，読者は Liapunov [1966], Bylov et al. [1966], Oseledec [1968] を参照されたい．Benettin et al. [1980a], [1980b] には全ての軌道のリャプノフ指数を計算するアルゴリズムが与えられている．Goldhirsch et al. [1987] の興味深い論文も参照されたい．リャプノフ指数のここで述べなかった多くの性質について演習で展開する．

4.11 カオスとストレンジ・アトラクター

この最終節で "ストレンジ・アトラクター" という言葉とともに，決定論的力学系に適用された "カオス" という言葉が何を意味するかを調べる．"カオス" を特徴づけるいくつかの性質の定義を与え，そしてこれらの性質の1つ乃至いくつかまたは全ての性質を持つ例を考えることから始めよう．

次のように表される $C^r (r \geq 1)$ 自励ベクトル場と $\mathbb{R}^n$ 上の写像を考える．

$$\text{ベクトル場} \qquad \dot{x} = f(x), \qquad\qquad (4.11.1a)$$

$$\text{写像} \qquad x \mapsto g(x). \qquad\qquad (4.11.1b)$$

(4.11.1a) で生成される流れを $\phi(t,x)$ で表し，それが全ての $t > 0$ で存在すると仮定する．$\Lambda \subset \mathbb{R}^n$ はコンパクトで $\phi(t,x)$ で（または $g(x)$ で）不変とする，すなわち，全ての $t \in \mathbb{R}$ について $\phi(t,\Lambda) \subset \Lambda$（または全ての $n \in \mathbb{Z}$ について $g^n(\Lambda) \subset \Lambda$，ただし g が逆を持たないときには $n \geq 0$ としなければならない）が成立する．次の定義を与える．

定義 4.11.1   流れ $\phi(t,x)$（または $g(x)$）が Λ 上で初期条件への**鋭敏依存性**を持つとは，ある $\varepsilon > 0$ が存在して任意の $x \in \Lambda$ と任意の x の近傍 U について，ある $y \in U$ と $t > 0$（または $n > 0$）が存在して $|\phi(t,x) - \phi(t,y)| > \varepsilon$（または $|g^n(x) - g^n(y)| > \varepsilon$）が成立することである．

雑にいえば，定義 4.11.1 は任意の点 $x \in \Lambda$ について（少なくとも）一点 Λ に任意に近い点が存在して x から離れていくことをいう．何人かの著者は離れていく割合が指数的であることを要求している．この理由については後述する，我々はそうはしない．例で見るように初期条件への鋭敏依存性をもつのは多くの力学系において共通の特徴である．

定義 4.11.2 Λ が**カオス的**であるとは

1. $\phi(t,x)$（または $g(x)$）が Λ 上で初期条件への鋭敏依存性を持つこと，

4.11. カオスとストレンジ・アトラクター 623

2. $\phi(t,x)$（または $g(x)$）が Λ 上で位相的推移性を持つ,

を満たすことである.

何人かの著者（例えば Devaney [1986]）は定義 4.11.2 に付加的要請を加えている.

3. $\phi(t,x)$（または $g(x)$）の周期軌道が Λ で稠密である.

我々は 3 番目をカオス的不変集合の定義の一部には加えない,しかし "カオス" に対するその重要性と関係については検証する.

これらの上に述べた 2 つの定義の性質を示すいくつかの例を考える.

例 4.11.1　次の $\mathbb{R}^1$ 上のベクトル場

$$\dot{x} = ax, \qquad x \in \mathbb{R}^1 \tag{4.11.2}$$

を考える,ここで $a > 0$ とする.(4.11.2) によって生成される流れは

$$\phi(t,x) = e^{at}x \tag{4.11.3}$$

で与えられる.(4.11.3) から次の結論を得る.

1. $\phi(t,x)$ は周期軌道を持たない.
2. $\phi(t,x)$ は**コンパクトでない**集合 $(0,\infty)$ および $(-\infty,0)$ 上で位相的推移性を持つ.
3. 任意の $x_0, x_1 \in \mathbb{R}^1$ $x_0 \neq x_1$ について

$$|\phi(t,x_0) - \phi(t,x_1)| = e^{at}|x_0 - x_1|$$

であるから,$\phi(t,x)$ は $\mathbb{R}^1$ 上の初期条件への鋭敏依存性を持つ.したがって 2 点間の距離は時間の経過と共に（指数的に）増加する.

例 4.11.2　ベクトル場

$$\dot{r} = \sin\frac{\pi}{r}, \qquad (r,\theta) \in \mathbb{R}^+ \times S^1 \tag{4.11.4}$$
$$\dot{\theta} = r,$$

を考える.(4.11.4) によって生成される流れは

$$(r(t),\theta(t)) = \left(\frac{1}{n}, \frac{t}{n} + \theta_0\right), \qquad n = 1, 2, 3, \cdots \tag{4.11.5}$$

で与えられる可算無限個の周期軌道を持つ.周期軌道が n が偶数のとき安定で奇数の

624 4. 大域的分岐とカオスのある側面

とき不安定であることは容易に確かめられる．したがって，相空間のコンパクト領域
で (4.11.4) は可算無限個の不安定周期軌道を持つ．(4.11.4) が隣接する安定周期軌道
によって制限された（開）円環領域の中の初期条件への鋭敏依存性を持つことを検証
するのは読者の演習として残す（演習 4.72 参照）．しかし (4.11.4) は隣接する安定お
よび不安定周期軌道で囲まれた（開）円環領域の中でのみ位相的推移性を持つ．

例 4.11.3　2 次元トーラス $T^2 \equiv S^1 \times S^1$ 上のベクトル場

$$\begin{aligned} \dot{\theta}_1 &= \omega_1, \\ \dot{\theta}_2 &= \omega_2, \end{aligned} \qquad (\theta_1, \theta_2) \in T^2 \tag{4.11.6}$$

で

$$\frac{\omega_1}{\omega_2} = 無理数 \tag{4.11.7}$$

を満たすものを考える．このとき節 1.2A，例 1.2.3 から (4.11.6) によって生成される
流れは T^2 上で位相的推移性を持つ．(4.11.7) から (4.11.6) によって生成される流れ
は周期軌道を持たないことは容易に確かめることができる．T^2 上の (4.11.6) によって
生成される流れが初期条件への鋭敏依存性を持たないことを示すのは読者の演習（演
習 4.73 参照）として残す．

例 4.11.4　次の可積分ねじれ写像

$$\begin{pmatrix} I \\ \theta \end{pmatrix} \mapsto \begin{pmatrix} I \\ 2\pi\Omega(I) + \theta \end{pmatrix} \equiv \begin{pmatrix} f_1(I, \theta) \\ f_2(I, \theta) \end{pmatrix}, \qquad (I, \theta) \in \mathbb{R}^+ \times S^1 \tag{4.11.8}$$

と

$$\frac{\partial \Omega}{\partial I}(I) \neq 0 \qquad (ねじれ条件) \tag{4.11.9}$$

を考える．(4.11.8) の n 回反復は容易に計算できて

$$\begin{pmatrix} I \\ \theta \end{pmatrix} \mapsto \begin{pmatrix} I \\ 2\pi n\Omega(I) + \theta \end{pmatrix} \equiv \begin{pmatrix} f_1^n(I, \theta) \\ f_2^n(I, \theta) \end{pmatrix} \tag{4.11.10}$$

で与えられる．(4.11.8) と (4.11.10) の簡単な形から次のことは検証することが容易で
ある．

1. 全ての軌道は不変円の上に留まることから，(4.11.8) は位相的推移性を持たない．

2. (4.11.8) の周期軌道は相空間で稠密である．これはねじれ条件を用いる．

3. (4.11.8) はねじれ条件から初期条件への鋭敏依存性を持つ．これは次のように示せ
   る．$I_0 \neq I_1$ を満たす $(I_0, \theta_0), (I_1, \theta_1) \in \mathbb{R}^+ \times S^1$ について

$$|((f_1^n(I_0, \theta_0) - f_1^n(I_1, \theta_1)), (f_2^n(I_0, \theta_0) - f_2^n(I_1, \theta_1)))|$$

$$= |((I_0 - I_1), (2\pi n(\Omega(I_0) - \Omega(I_1)) + (\theta_0 - \theta_1)))| \tag{4.11.11}$$

を得る．

それゆえ，(4.11.9) から，$\Omega(I_0) - \Omega(I_1) \neq 0$ である．したがって (4.11.11) から n が
増加すると近くの点の θ 成分は離れていく．しかし離れていく割合は指数的ではない．

例 4.11.5

$$\sigma : \Sigma^N \longrightarrow \Sigma^N \tag{4.11.12}$$

を考える，ただし節 4.2 のように Σ^N は N 記号の両側無限列を表し，σ はずらし写像
を表す．このとき次のことはすでに証明されている．

1. Σ^N はコンパクトで不変である（命題 4.2.4 参照）．

2. σ は位相的推移性を持つ，すなわち σ は Σ で稠密な軌道を持つ（命題 4.2.7 参照）．

3. σ は初期条件への鋭敏依存性を持つ（節 4.1E 参照）．

4. σ は可算個の周期軌道を持ち，それらは Σ で稠密である（命題 4.2.7 および演習
   4.74 参照）

したがって，Σ^N は σ についてカオス的なコンパクト不変集合である．節 4.3，4.4，お
よび 4.8 から 2 次元写像および 3 次元自励ベクトル場はその上で系が (4.11.12) と位
相共役であるコンパクト不変集合を持ち得ることを知っている．これらの場合全てに
ホモクリニック（あるいはヘテロクリニック）軌道がそのような振る舞いを生じる機
構の基礎になっている．このことを知っていれば特定の力学系でカオス的力学が生じ
るかを（系のパラメータの言葉で）予測する技法（たとえばメルニコフの方法）を開
発できるので，このことは重要である．

これらの例に関する次の注意を与える．

注意 1　例 4.11.1 はカオス的な不変集合がコンパクトであることをなぜ要請するか
を示している．

注意 2　例 4.11.2 は相空間のコンパクト不変領域に無限個の不安定周期軌道を持つ

626 4. 大域的分岐とカオスのある側面

だけではカオス的力学には不十分であることを示している.

注意 3　例 4.11.3 はその上で力学が位相的推移性を持つが初期条件への鋭敏依存性を持たないコンパクト不変集合（実際には相空間全体）を持つベクトル場を述べている.

注意 4　例 4.11.4 は初期条件への鋭敏依存性を持ち周期軌道が相空間で稠密であるが位相的推移性を持たない 2 次元可積分写像を記述している.

したがって，例 4.11.1 から 4.11.4 までをあわせると定義 4.11.2 が全て満たされていることの重要性がわかる. 例 4.11.5 は多くの力学系でどのようにカオス的力学が生じるかを示している. しかし観測可能性については触れていない.

定義 4.11.3　$\mathcal{A} \subset \mathbb{R}^n$ はアトラクターとする. このとき $\mathcal{A}$ がカオス的であればストレンジ・アトラクターとよばれる.

したがって，力学系がストレンジ・アトラクターを持つことを示すには次のように進めることができる.

段階 1. 相空間内に捕獲領域 $\mathcal{M}$ を見つける（定義 1.1.13 参照）.

段階 2. $\mathcal{M}$ がカオス的不変集合 Λ を持つことを示す. 実際には，このことは $\mathcal{M}$ の内側に，その上で力学が N-ずらしと位相共役である不変カントール集合を伴うホモクリニック軌道（またはヘテロクリニック・サイクル）が存在することを示すことを意味する（節 4.4 および節 4.8 を思い出せ）.

段階 3. そのとき定義 1.1.26 から

$$\bigcap_{t>0} \phi(t, \mathcal{M}) \quad \left(\text{または} \bigcap_{n>0} g^n(\mathcal{M}) \right) \equiv \mathcal{A} \tag{4.11.13}$$

は吸引集合である. さらに $\Lambda \subset \mathcal{A}$（演習 4.75 参照）であるから，$\mathcal{A}$ は初期条件への鋭敏依存性を生じる機構を含んでいる. $\mathcal{A}$ がストレンジ・アトラクターであることを示すには以下のことを証明すればよい.

　1 Λ 上の初期条件への鋭敏依存性が $\mathcal{A}$ に拡張される.

　2 $\mathcal{A}$ は位相的推移性を持つ.

したがって，まさに 3 つの段階で力学系がストレンジ・アトラクターを持つことが示せる. この本では，段階 1 および 2 をどのように実行するかの技法を展開し，それらの例を見てきた. しかし，第 3 段階，すなわち $\mathcal{A}$ の位相的推移性を示すこと，が "殺し屋" である. なぜなら $\mathcal{A}$ 内の 1 つの安定軌道が位相的推移性を壊すからであり，節

4.7 で周期的沈点が常に 2 次ホモクリニック接触に伴われることを見てきた．さらにニューハウスの仕事から，すくなくとも 2 次元散逸的写像においては，これらのホモクリニック接触は特定の接触を壊しても別のものがホモクリニック錯綜のどこかに作られるという意味で持続的である．このことが周期的強制減衰ダッフィング振動子に対して，数多くの数値実験にもかかわらず，ストレンジ・アトラクターの存在の解析的証明が未解決であることの大きな理由である（Greenspan and Holmes [1984] 参照）．

現在，次の分野で（定義 4.11.3 による）ストレンジ・アトラクターに関する厳密な結果が知られている．

1. **1 次元非可逆写像.**

$$x \mapsto \mu x(1 - x)$$

または

$$x \mapsto x^2 - \mu$$

というパラメータ μ を持つ写像に関しては，ストレンジ・アトラクターの存在に関する完全な結果がある．Jakobson [1981], Misiurewicz [1981], Johnson [1987], Guckenheimer and Johnson [1989] を参照することを読者に勧める．

2. **2 次元写像の双曲型アトラクター** 定義 4.11.2 を満足する双曲型吸引集合の例を Plykin [1974], Nemytskii and Stepanov [1989], Newhouse [1980] は構成した．これらの例は典型的な応用から生じる常微分方程式のポアンカレ写像によってできるわけではないという意味で幾分人工的である．

3. **ローレンツ類似系** ローレンツ方程式（Sparrow [1982] 参照）に伴う位相はニューハウス沈点に伴う多くの問題を避ける．結果として，この数年の間にローレンツ方程式が（ローレンツ方程式の僅かな変形に沿って）ストレンジ・アトラクターを持つことの証明に関して大きな進歩があった．読者は Sinai and Vul [1981], Afraimovich, Bykov and Silnikov [1983], Rychlik [1987], Robinson [1988] を参照することを勧める．

4. **エノン写像.** エノン写像は ε と μ をパラメータとして

$$\begin{aligned} x &\mapsto y, \\ y &\mapsto -\varepsilon x + \mu - y^2 \end{aligned} \tag{4.11.14}$$

で定義される．この 10 年の間に，膨大な数値実験がこの写像のストレンジ・アトラクターの存在を示唆している．最近になって，Benedicks and Carleson [1988] が，小さな ε について (4.11.14) が実際にストレンジ・アトラクターを持つことを示した．

628   4. 大域的分岐とカオスのある側面

　このように，"ストレンジ・アトラクターの問題"は解けたという状況からははるか
に遠い．特に高次元の例，3次元以上のベクトル場または2次元以上の写像について，
十分に研究された例が望まれる．高次元のカオス的行動をする（厳密に証明された）
系のさまざまな例がWiggins [1988] にある，しかしこれらの例のカオスの魅力的な性
質は未だ研究されてはいない．

　力学系がカオス的な不変集合を持つとき，次のような問いが明らかに生じる．すな
わち，カオスは系の"ランダム"とかあるいは"予想不能な"振る舞いの中にどのよう
に姿を現わすのか？ この問いの答えはカオス的不変集合の構成の幾何学によっている，
それで，答えは（予測した通りに）問題毎に変わる．例を考えよう，それはなじみの
周期的強制減衰ダッフィング振動子である．

　この系は

$$
\begin{aligned}
\dot{x} &= y, \\
\dot{y} &= x - x^3 + \varepsilon(-\delta y + \gamma \cos \omega t)
\end{aligned}
\tag{4.11.15}
$$

で与えられる．節4.5Fから十分小さな ε と $\delta < \left(\frac{3\pi\omega}{2\sqrt{2}\mathrm{sech}(\pi\omega/2)}\right)\gamma$ について，(4.11.15)
に伴うポアンカレ写像は双曲型不動点に横断的ホモクリニック軌道を持っていること
を知っている．カオス的力学を (4.11.15) は持つということが定理 4.4.2 から従う．し
かしこのカオスをとくに (4.11.15) の力学の言葉で説明したい．このことをカオス的不
変集合を幾何学的に構成しそれに伴う記号力学を幾何学的に述べることで行う．我々
の議論は発見的であるが，この段階で読者は必要なだけ厳密性を与えることが容易に
できるであろう（演習 4.81 参照）．

　図 4.11.1 において H_+ および H_- と名づけた2つの"水平"帯を考える．P と呼ぶ
ポアンカレ写像のもとで，H_+ および H_- は図 4.11.1 に雑に示したように繰り返し
写像することで自分自身に写像される．H_+ および H_- の水平（または垂直）境界は
$P^4(H_+)$ および $P^4(H_-)$ の水平（または垂直）境界にそれぞれ写像されることは明ら
かであろう．したがって，節 4.3 の仮定1と3が成立することが証明できる（演習 4.80
参照）．それゆえ $H_+ \cup H_-$ は不変カントール集合 Λ を含み，その上で力学は2-ずら
しと位相共役である．$\Lambda \cap H_+$ を出発する点は右側のホモクリニック錯綜を Λ に戻る
前にぐるりとまわる．$\Lambda \cap H_-$ を出発する点は左側のホモクリニック錯綜を Λ に戻る
前にぐるりとまわる．したがって

$$
(\cdots + + + - - + \cdot - + - - \cdots)
$$

で表される記号の列は，H_- を出発して P^4 で H_+ に入り（したがって左側のホモク
リニック錯綜をぐるりとまわる），そして H_- に P^4 で戻り，等々の（したがって右側
のホモクリニック錯綜をぐるりとまわる）初期条件に対応する．この系のカオスの幾
何学的な意味は明らかであろう，しかし読者は演習 4.80 をして欲しい．

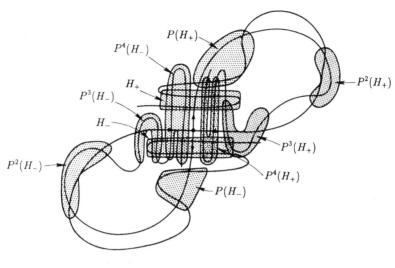

図 4.11.1

この節を最終の注意をして終わることにする．

注意 1　N 記号の全ずらしの力学は決定論的力学系に適用された "カオス" が何を意味するかをもっともよく記述する．この系は真に決定論的であるが，その力学は，**正確な初期条件の特定不可能性**がランダム性や予測不可能性を現す振る舞いをひきおこす．

注意 2　カオス的不変集合の定義（定義 4.11.2）に周期軌道の稠密性についての仮定をいれなかった．カオス的不変集合が双曲型ならば，追跡補題によって（たとえば Shub [1987] 参照）直ちに周期軌道が稠密であることが従う．さらに Grebogi et al. [1985] は N 次元トーラスの写像にアトラクター内の軌道が N 次元トーラスを稠密に覆うという性質を持つカオス的アトラクターの存在の数値実験的証拠を得た．

注意 3　我々の初期条件への鋭敏依存性の定義（定義 4.11.1）において離れていく割合が指数的であることは仮定しなかった．これは応用から生じた典型的な力学系において数値実験によって観察されたストレンジ・アトラクターが一般には双曲型でないことがわかっているからである．したがって，アトラクターの一部が指数的でない伸縮率を持つことが期待される．ここは新しい解析技法の開発が必要とされる領域である．

注意 4　この数年，正のリヤプノフ指数は力学系がカオス的であるかを決定する標準的な判断基準であった．例 4.10.1 および 4.10.3 はこの判断基準には注意が必要であることを示している，演習 4.79 も参照のこと．

630 4. 大域的分岐とカオスの様相

演習問題

4.1 節 4.3 から

$$\mathcal{L}_\Lambda^u = \left\{ \mathcal{S}_\Lambda^u \text{ に含まれる } \Lambda \text{ 上の連続線バンドル } \right\}$$

で

$$\mathcal{L}_\Lambda^u(\alpha(z_0)) \equiv \bigcup_{z_0 \in \Lambda} L_{\alpha(z_0)}^u,$$

$$\mathcal{L}_\Lambda^u(\beta(z_0)) \equiv \bigcup_{z_0 \in \Lambda} L_{\beta(z_0)}^u,$$

で表される $\mathcal{L}_\Lambda^u$ 内の典型的 "点" を持つものを思い起こそう. ここで

$$L_{\alpha(z_0)}^u = \left\{ (\xi_{z_0}, \eta_{z_0}) \in \mathbb{R}^2 \mid \xi_{z_0} = \alpha(z_0)\eta_{z_0} \right\},$$
$$L_{\beta(z_0)}^u = \left\{ (\xi_{z_0}, \eta_{z_0}) \in \mathbb{R}^2 \mid \xi_{z_0} = \beta(z_0)\eta_{z_0} \right\}$$

である. $\mathcal{L}_\Lambda^u$ 上の距離を

$$\|\mathcal{L}_\Lambda^u(\alpha(z_0)) - \mathcal{L}_\Lambda^u(\beta(z_0))\| = \sup_{z_0 \in \Lambda} |\alpha(z_0) - \beta(z_0)| \tag{E4.1}$$

で定義した.

a) (E4.1) が実際に距離であることを示せ.

b) $\mathcal{L}_\Lambda^u$ は距離 (E4.1) を持つ完備な距離空間であることを証明せよ.

c)

$$E^u = \bigcup_{z_0 \in \Lambda} E_{z_0}^u$$

と表した定理 4.3.6 で構成した不安定不変線バンドルを思い起こそう.
$\zeta_{z_0} = (\xi_{z_0}, \eta_{z_0}) \in E_{z_0}^u$ に対し,

$$|Df^{-1}(z_0)\zeta_{z_0}| < \lambda|\zeta_{z_0}|$$

を証明せよ. ここで $0 < \lambda < 1$ である.

4.2 定理 4.3.7 を証明せよ. ヒント：1) (4.3.53) の $\mathcal{L}_\Lambda^u$ 上で定義された写像 F は, ちょうど Λ でなく $\Lambda_{-\infty}$ （μ_v-垂直曲線）上の線バンドル上の写像に拡張できることを示せ.

2) 次に, $x = v(y)$ のグラフを $\Lambda_{-\infty}$ の μ_v-垂直な曲線として, $z_0 = (x_0, y_0)$ をその曲線上の点とする. T_{z_0} を

$$\alpha(z_0) = \lim_{n \to \infty} \frac{v(y_n) - v(y_n')}{y_n - y_n'}$$

である直線 $\xi = \alpha(z_0)\eta$ の集合とする. ここで $y_n \neq y_n'$ は, この極限が存在し y_0 に近づく 2 つの数列である. $|\alpha(z_0)| \leq \mu_v$ であること, および, z_0 を固定して これを満たす $\alpha(z_0)$ の集合は閉であることを示せ.

3)
$$\omega(T_{z_0}) = \max \alpha(z_0) - \min \alpha(z_0) \leq 2\mu_v,$$

とする．ここで最大と最小は上で定義した集合にわたって取る．$\omega(T_{z_0}) = 0$ のとき，その曲線は z_0 で導関数をもち，また 2 つの数列 y_n と y'_n が任意であるために，その導関数は連続であることを示せ．

4) 最後に，段階 3 から $\omega(T_{z_0}) = 0$ を示して終了する．これは次のように行われる．最初に，中間値の定理を使って $F(T_{z_0}) = T_{z_0}$，$z_0 \in \Lambda_{-\infty}$ を示す．次に $\omega(T_{z_0}) = \omega(F(T_{z_0})) \leq \frac{1}{2}\omega(T_{z_0})$ を示すために縮小性を使い，このことから $\omega(T_{z_0}) = 0$ を結論する．$E_{z_0}^u$ はこの $\mathbf{C}^1$ 曲線の接線に一致することがいえるか？

必要なら Moser [1973] を見よ．

4.3 定理 4.3.5 で構成された不変集合 Λ を考える．定理 4.3.6，4.3.7 と 4.3.8 を使って，Λ の安定および不安定多様体を詳しく述べよ．

4.4 馬蹄型力学系は構造安定である．写像 $f: D \to \mathbb{R}^2$ は定理 4.3.5 の仮定を満たすと仮定する．このときそれは不変カントール集合 Λ を持つ．十分小さい ε に対して，写像 $f + \varepsilon g$（g は D 上で $\mathbf{C}^r$，$r \geq 1$）もまた不変カントール集合 Λ_ε を持つことを示せ．さらに Λ_ε は $(f + \varepsilon g)\big|_{\Lambda_\varepsilon}$ が $f\big|_{\Lambda}$ に位相的に共役であるように構成できることを示せ．

4.5 節 4.3 で単位正方形 D 上で定義された写像 f を考えた．D が $\mathbb{R}^2$ の任意の閉集合であったと仮定する．定理 4.3.3，4.3.5，4.3.6 および 4.3.7 が成立するために必要な変更は何か？

4.6 (4.4.1) で定義された写像
$$\begin{aligned} \xi &\mapsto \lambda\xi + g_1(\xi, \eta), \\ \eta &\mapsto \mu\eta + g_2(\xi, \eta), \end{aligned} \qquad (\xi, \eta) \in U \subset \mathbb{R}^2 \tag{E4.2}$$

を考える．(4.4.3) で与えられた変換のもとで
$$\begin{aligned} W_{\mathrm{loc}}^s(0) &= \mathrm{graph}\ h^s(\xi), \\ W_{\mathrm{loc}}^u(0) &= \mathrm{graph}\ h^u(\eta) \end{aligned}$$

を持つ
$$(x, y) = (\xi - h^u(\eta), \eta - h^s(\xi)),$$

となる．
(E4.2) は
$$\begin{aligned} x &\mapsto \lambda x + f_1(x, y), \\ y &\mapsto \mu y + f_2(x, y), \end{aligned}$$

の形を取り
$$\begin{aligned} f_1(0, y) &= 0, \\ f_2(x, 0) &= 0 \end{aligned}$$

であることを示せ．g_1 と g_2 によって f_1 と f_2 の形はどうなるか？

4.7 図 4.4.1 で示された領域 V を考える．V は，$f^{k_0}(V)$ および $f^{k_1}(V)$ が図 4.4.1 のようになるように選べることを示せ．特に，ある正整数 $k_0, k_1 > 0$ に対し，$f^{k_0}(V)$ および $f^{-k_1}(V)$ の両方が，図 4.4.1 のようにそれらの辺が $W^s(0)$ および $W^u(0)$ の部分に一致し第 1 象限にあることを示せ．

4.8 定理 4.4.3 の後に与えられた概略に従い，スメール-バーコフのホモクリニック定理を証明せよ．

4.9 モーザーの定理（定理 4.4.2）とスメール-バーコフのホモクリニック定理（定理 4.4.3）の力学的な類似と差異を論ぜよ．特に，それぞれの定理で構成された不変集合の軌道はどのように異なるのか？

4.10 p_0 で双曲型不動点を持つ $f : \mathbb{R}^2 \to \mathbb{R}^2$ が $\mathbf{C}^r$ $(r \geq 1)$ で，その安定および不安定多様体が図 E4.1a で示されるように横断的に交差すると仮定する．
p_0 近傍の力学に関心がある．p_0 近傍の局所座標 (x, y) で f の線形化が

$$Df(p_0): \begin{pmatrix} x \\ y \end{pmatrix} \mapsto \begin{pmatrix} \lambda & 0 \\ 0 & \mu \end{pmatrix} \begin{pmatrix} x \\ y \end{pmatrix}, \quad \begin{array}{l} \lambda < 1, \\ \mu > 1, \end{array}$$

の形を持ち，p_0 近傍の軌道は図 E4.1b のようになると仮定する．しかしながら，p_0 近傍の安定および不安定多様体は図 4.1a で示されるように無限回振動することを知っている．図 E4.1a と E4.1b は矛盾するか？ そうでなければ，図 E4.1b の軌道はどのように図 E4.1a に現れるのか？

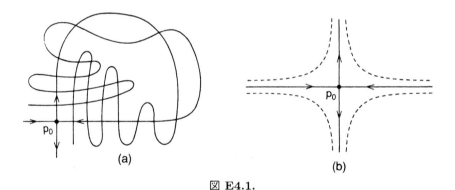

図 **E4.1.**

4.11 それぞれ p_0 および p_1 に双曲型不動点を持つ $\mathbf{C}^r$ $(r \geq 1)$ 微分同相写像

$$f: \mathbb{R}^2 \to \mathbb{R}^2$$

を考える．
$q \in W^s(p_0) \cap W^u(p_1)$ とする．このとき q はヘテロクリニック点，また $W^s(p_0)$ が q で $W^u(p_1)$ に横断的に交差するとき，q は**横断的ヘテロクリニック点**と呼ばれる．より描写的には，ときには q は p_0 および p_1 にヘテロクリニックであると呼ばれる．図 E4.2a を見よ．

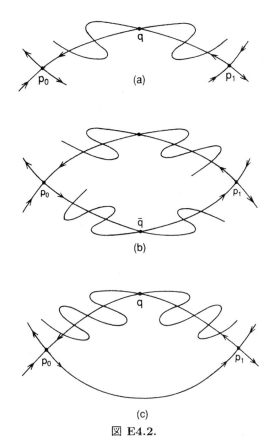

図 E4.2.

a) 横断的ヘテロクリニック点の存在は，カントール集合が存在し，その上で f のある反復が N $(N \geq 2)$ 記号上の全ずらしに位相的に共役であることを意味するか？

b) さらに，$W^u(p_0)$ が図 E4.2b のようなヘテロクリニック・サイクルを形成するように横断的に $W^s(p_1)$ に交差するとする．この場合，f のある反復が N $(N \geq 2)$ 記号上の全ずらしに位相的に共役であるような不変なカントール集合を見いだすことができるか？(ヒント：定理 4.4.2 の証明を模倣せよ．)

c) $W^u(p_0)$ の枝が $W^s(p_1)$ の枝に一致し，引き続き $W^s(p_0)$ は q で横断的に $W^u(p_1)$ に交差しているとする．図 E4.2c 参照．f のある反復が N $(N \geq 2)$ 記号上の全ずらしに位相的に共役であるような不変なカントール集合をそれから見いだせるか？

4.12 (4.5.9) で与えられたホモクリニック多様体のパラメータ化を考える．写像

$$(t_0, \phi_0) \mapsto (q_0(-t_0), \phi_0), \qquad (t_0, \phi_0) \in \mathbb{R}^1 \times S^1$$

は C^r，1 対 1 で上への写像であることを示せ．

4.13 命題 4.5.1 を思い起こそう．十分小さい ε に対し，$\gamma_\varepsilon(t)$ は，$\gamma(t)$ と同じ安定性の型を持つ周期 $T = 2\pi/\omega$ の周期軌道として持続することを証明せよ．局所安定および不安定

634   4. 大域的分岐とカオスの様相

多様体の持続性に関する情報は，Fenichel[1971] あるいは Wiggins [1988] を見よ.

4.14 Γ_γ が $p = (q_0(-t_0), \phi_0)$ で Π_p に横断的に交差するとする．十分小さい ε に対し，$W^s(\gamma_\varepsilon(t))$ および $W^u(\gamma_\varepsilon(t))$ が p から距離 $\mathcal{O}(\varepsilon)$ でそれぞれ Π_p に横断的に交差することを示せ.

4.15 定義 4.5.1 を思い起こそう．定義 4.5.1 の意味で $\gamma_\varepsilon(t)$ に"最も近い"点 $p^s_{\varepsilon, \bar{i}}$ および $p^u_{\varepsilon, \bar{i}}$ は一意的であることを示せ．(ヒント：補題 4.5.2 の証明を調べよ.)

4.16 補題 4.5.2 の証明の設定を思い起こそう.

$$(q_0^s, \phi_0) \in W_{\mathrm{loc}}^s(\gamma(t)) \cap \mathcal{N}(\varepsilon_0)$$

と

$$(q_\varepsilon^s, \phi_0) \in W_{\mathrm{loc}}^s(\gamma_\varepsilon(t)) \cap \mathcal{N}(\varepsilon_0),$$

を選んで，軌跡は

$$(q_0^s(t), \phi(t)) \in W^s(\gamma(t))$$

および

$$(q_\varepsilon^s(t), \phi(t)) \in W^s(\gamma_\varepsilon(t))$$

で，

$$(q_0^s(0), \phi(0)) = (q_0^s, \phi_0)$$

および

$$(q_\varepsilon^s(0), \phi(0)) = (q_\varepsilon^s, \phi_0)$$

を満たすとする．$0 < t < \infty$ に対し

$$\left| (q_\varepsilon^s(t), \phi(t)) - (q_0^s(t), \phi(t)) \right| = \mathcal{O}(\varepsilon_0)$$

を証明せよ.

4.17 $q_\varepsilon^s(t) \in W^s(\gamma_\varepsilon(t))$ を (4.5.6) の解とする．このとき

$$\left. \frac{\partial q_\varepsilon^s(t)}{\partial \varepsilon} \right|_{\varepsilon=0} \equiv q_1^s(t)$$

は $t \to \infty$ のとき t について有界であることを示せ．(ヒント：$t \to \infty$ のとき，$q_1^s(t)$ は $\left. \frac{\partial \gamma_\varepsilon(t)}{\partial \varepsilon} \right|_{\varepsilon=0}$ のように挙動する.) 同じ結果が $t \to -\infty$ で $W^u(\gamma_\varepsilon(t))$ の解について成立するか？

4.18 定理 4.5.6 を思い起こそう．すべての $(t_0, \phi_0) \in \mathbb{R}^1 \times S^1$ に対し $M(t_0, \phi_0) \neq 0$ のとき，$W^s(\gamma_\varepsilon(t)) \cap W^u(\gamma_\varepsilon(t)) = \emptyset$ であることを示せ．(ヒント：補題 4.5.2 の証明を調べよ.)

4.19 定理 4.5.7 を証明せよ．$n = 1$ としなければならない理由を説明せよ.

4.20 定理 4.5.7，4.5.8 および 4.5.9 を思い起こそう．2 次ホモクリニック接触に対応する分岐値は次々と高くなる周期への低調波鞍状点-結節点分岐に対応するパラメータ値の列の極限であることを証明せよ.

4.21 $\delta = 0$ に対して図 4.5.18 に示された減衰周期的強制ダッフィング方程式に付随する断面 Σ^0, $\Sigma^{\pi/2}$, Σ^{π} および $\Sigma^{3\pi/2}$ 上のポアンカレ写像を考える. 安定および不安定多様体の幾何学が $\delta \neq 0$ に対して各断面上でどのように変化するかを述べよ. (ヒント：メルニコフ関数を使え.)

4.22 自励摂動に対するメルニコフの方法

$\mathbf{C}^r$ $(r \geq 2)$ ベクトル場

$$\dot{x} = \frac{\partial H}{\partial y}(x, y) + \varepsilon g_1(x, y; \mu, \varepsilon),$$
$$\dot{y} = -\frac{\partial H}{\partial x}(x, y) + \varepsilon g_2(x, y; \mu, \varepsilon), \qquad (x, y, \mu) \in \mathbb{R}^3$$

すなわち,

$$\dot{q} = JDH(q) + \varepsilon g(q; \mu, \varepsilon) \qquad \text{(E4.3)}$$

を考える. ここで ε は小さく μ をパラメータとみなして

$$q \equiv (x, y),$$
$$DH = \begin{pmatrix} \frac{\partial H}{\partial x} \\ \frac{\partial H}{\partial y} \end{pmatrix},$$
$$J = \begin{pmatrix} 0 & 1 \\ -1 & 0 \end{pmatrix},$$
$$g = (g_1, g_2)$$

である.

非摂動系 (つまり, $\varepsilon = 0$ である (E4.3)) が節 4.5A の仮定 1 と 2 を満たすとする.

a) 関数

$$\overline{M}_1(\alpha; \mu) = \int_0^{T^\alpha} (DH \cdot g)(q^\alpha(t); \mu) dt$$

は摂動系における周期軌道の存在を証明するために使われることを示せ.

（ヒント：非自励摂動系の場合の方針に沿って進んで, ポアンカレ写像を導け. この場合ポアンカレ写像は 1 次元となる. ポアンカレ写像の定義域のために, 中心型の不動点から出る半径方向の線を選ぶ. 作用-角変数を使い, ポアンカレ断面へ最初に戻ってくる時間は $T^\alpha + \mathcal{O}(\varepsilon)$ であることを論ぜよ. 最初に戻る時間で項 $\mathcal{O}(\varepsilon)$ の無視はポアンカレ写像で $\mathcal{O}(\varepsilon^2)$ の誤差を招くだけであることを示せ.)

b) 自励系の場合, 自励系の非退化条件

$$\frac{\partial \Omega}{\partial I} \frac{\partial M_1^{m/n}(I, \theta)}{\partial \theta} \neq 0$$

に類似なものは何か？(非退化条件は, ポアンカレ写像の高次の項が無視できることを論ずるために陰関数定理を使うために必要であった.)

636   4. 大域的分岐とカオスの様相

c) 摂動がハミルトニアンであれば,

$$\overline{M}_1(\alpha;\mu) = 0$$

であることを示せ. この結果をハミルトニアンの等位集合によって幾何学的に説明できるか?

d)

$$M(\mu) = \int_{-\infty}^{\infty} (DH \cdot g)(q_0(t),\mu)dt$$

の幾何学的意味を論ぜよ. $M(\mu)$ を節 4.5 で導いた $M(t_0,\phi_0)$ と比べよ.

4.23 平面楕円軌道における任意の形の衛星の秤動運動を考えた演習問題 1.2.19 を思い起こそう. 運動方程式は

$$\psi'' + 3K_i \sin\psi\cos\psi = \varepsilon[2\mu\sin\theta(\psi'+1)$$
$$+ 3\mu K_i \sin\psi\cos\psi\cos\theta] + \mathcal{O}(\varepsilon^2)$$

で与えられた.

$\varepsilon \neq 0$ について双曲型周期軌道へのホモクリニック軌道を調べるためにメルニコフの方法を使え. この問題で起こるカオス的な力学の物理的表現を述べよ.

4.24 演習問題 1.2.20 で与えられた**駆動モース振動子**の議論を思い起こそう. その方程式は

$$\dot{x} = y,$$
$$\dot{y} = -\mu(e^{-x} - e^{-2x}) + \varepsilon\gamma\cos\omega t \qquad \text{(E4.4)}$$

で与えられた.

a) $\varepsilon = 0$ に対し, $(x,y) = (\infty,0)$ はホモクリニック軌道によってそれ自身につながっている (E4.4) の非双曲型不動点であることを示せ.

(E4.4) が馬蹄型力学系を持つかを見るためにメルニコフの理論を (E4.4) に適用したい. しかしながら, ホモクリニック軌道を持つ不動点は非双曲型である. したがって, 節 4.5 で開発した理論は直ちには適用できない. Schecter [1987a], [1987b] は非双曲型不動点に適用できるようにメルニコフの方法を拡張した. しかしながら, この技巧は説明しない. 代わりに, 次の変数変換

$$x = -2\log u, \qquad y = v \qquad \text{(E4.5)}$$

を導入し, 時間を次のように再パラメータ化する.

$$\frac{ds}{dt} = -\frac{u}{2}.$$

b) (E4.4) をこれらの新しい変数で書き換え, $\varepsilon = 0$ に対してその結果得られる方程式がホモクリニック軌道によってそれ自身につながっている**双曲型不動点**を持つことを示せ. $\varepsilon \neq 0$ に対するホモクリニック軌道を調べるためにメルニコフの方法を適用せよ.

c) $x-y$ と $u-v$ の両方の座標系で得られるカオス力学を述べよ.

この問題は最初に Bruhn [1989] によって解かれた. 変換 (E4.5) は Richard McGehee

の名をとって "McGehee 変換" として知られている．彼は天体力学において無限遠の縮退した不動点を調べるために最初にそれを見つけた（McGehee [1974] を見よ）．このような特異点は力学ではよく現れ，(E4.5) のような座標変換は大いに解析を容易にする．そのような問題へのすばらしい紹介は Devaney[1982] に見いだせる．

4.25 演習問題 1.2.33 を思い起こそう．次の 2 自由度ハミルトン系

$$
\begin{aligned}
\dot{\phi} &= v, \\
\dot{v} &= -\sin\phi + \varepsilon(x - \phi), \\
\dot{x} &= y, \\
\dot{y} &= -\omega^2 x - \varepsilon(x - \phi),
\end{aligned}
\qquad (\phi, v, x, y) \in S^1 \times \mathbb{R}^1 \times \mathbb{R}^1 \times \mathbb{R}^1
\qquad (E4.6)
$$

を考える．ここでハミルトニアンは

$$
H^\varepsilon(\phi, v, x, y) = \frac{v^2}{2} - \cos\phi + \frac{y^2}{2} + \frac{\omega^2 x}{2} + \frac{\varepsilon}{2}(x - \phi)^2
$$

である．

演習問題 1.2.32 で開発された**簡約法**と節 4.5 で (E4.6) の双曲型周期軌道へのホモクリニック軌道を調べるために開発されたホモクリニック・メルニコフの方法を使え．ホモクリニック軌道はハミルトニアンの等位集合から等位集合に移動するときどのように変化するか？ また，2 自由度ハミルトン系において周期軌道が双曲型であるとは何を意味するか？（**ヒント**：1 "方向" は無関係である）．

4.26 C^r （$r \geq 2$）ベクトル場

$$
\begin{aligned}
\dot{x} &= f_1(x, y) + \varepsilon g_1(x, y, t; \varepsilon), \\
\dot{y} &= f_2(x, y) + \varepsilon g_2(x, y, t; \varepsilon),
\end{aligned}
\qquad (x, y) \in \mathbb{R}^2
$$

すなわち，

$$
\dot{q} = f(q) + \varepsilon g(q, t; \varepsilon)
\qquad (E4.7)
$$

を考える．ここで ε は小さく，また $g(q, t; \varepsilon)$ は t について周期的で周期 $T = 2\pi/\omega$ であって，

$$
\begin{aligned}
q &\equiv (x, y), \\
f &\equiv (f_1, f_2), \\
g &\equiv (g_1, g_2)
\end{aligned}
$$

である．

仮定：$\varepsilon = 0$ に対し，(E4.7) は，ホモクリニック軌道 $q_0(t)$ によってそれ自身につながっている双曲型不動点 p_0 を持つ，すなわち $\lim_{t \to \pm\infty} q_0(t) = p_0$．

a) 十分小さい ε に対し (E4.7) で持続される双曲型軌道の安定および不安定多様体の間の距離の尺度を導け．（**ヒント**：節 4.5 の段階に可能な限り従え．必要なら Melnikov [1963] を見よ．）

b) (4.5.9) で定義されているように $(t_0, \phi_0) \in \mathbb{R}^1 \times S^1$ を使った非摂動ホモクリニック軌道のパラメータ化を使うと，a) で得られたメルニコフ関数は t_0 および ϕ_0 の両方で周期的か？ その解答の背後にある理由を完全に説明せよ．

638   4. 大域的分岐とカオスの様相

4.27 非摂動ベクトル場でヘテロクリニック軌道 $q_0(t)$ によって結ばれる2つの双曲型不動点を持つ,つまり,$\lim_{t\to\infty} q_0(t) = p_1$ および $\lim_{t\to-\infty} q_0(t) = p_2$ のとき,メルニコフ理論はどのように変更されるか? (ヒント:節 4.5 のホモクリニック・メルニコフ理論の展開に従え.安定および不安定多様体の間の距離について同じ式に到達する.しかしながら,幾何学的解釈は異なる.)

4.28 ベクトル場

$$\dot{\theta} = \varepsilon v,$$
$$\dot{v} = -\varepsilon \sin\theta + \varepsilon^2 \gamma \cos\omega t, \qquad (\theta, v) \in S^1 \times \mathbb{R}^1, \quad \varepsilon \text{ は小さい}$$

を考える.この方程式に付随したポアンカレ写像が横断的ホモクリニック軌道を持つことを示すためにメルニコフの方法を適用せよ.どんな問題が生ずるか? 次のベクトル場で生じるホモクリニック軌道について何らかの結論を引き出すことが出きるか?

$$\dot{\theta} = \varepsilon v,$$
$$\dot{v} = -\varepsilon \sin\theta + \varepsilon^2 (-\delta v + \gamma \cos\omega t).$$

平均化の方法によって

$$\dot{y} = \overline{f}(y) + \varepsilon g(y, t), \qquad y \in \mathbb{R}^2, \quad \overline{f}(y) = \frac{1}{T}\int_0^T f(y, t)dt,$$

に変換されるベクトル場

$$\dot{x} = \varepsilon f(x, t), \qquad f - t \text{ について } T\text{-周期的}, \quad x \in \mathbb{R}^2$$

にメルニコフの方法を適用することに対してこれらの例はどんな意味を持つのか?

読者には,厳密な結果に沿ったこの形の問題の多くの例について Holmes, Marsden, and Scheurle [1988] をあげておく.

4.29 節 4.6A の最初の議論を思い起こそう.$\boldsymbol{k}$ を点 $\boldsymbol{q}$ と $\boldsymbol{f^{-1}(q)}$ の間の $U[f^{-1}(q), q]$ との $W^s(p_0)$ の交差点の数とする.

a) f が向きを保つとき,$k \geq 1$ でなければならないことを示せ.

b) f が向きを保ち,さらに全ての交差点が横断的であるとき,k にさらにどんな制限が置かれるか?

c) f が向きと,さらに面積を保つとき,k にどんな制限が置かれるか?

4.30 節 4.6B で擬セパラトリックスを横切る流量についての議論で,$f^{-n+1}(L_{1,2}(1))$ は $k = 1, \cdots, n-1$ に対して $f^{-k+1}(L_{2,1}(1))$ に交差することを述べた.$f^{-n+1}(L_{1,2}(1))$ は $k \geq n$ に対し $f^{-k+1}(L_{2,1}(1))$ になぜ交差することができないのか? (ヒント:自己交差する変転タイルのもとで先に節 4.6C を見よ.)

4.31 命題 4.6.4 を証明せよ.

4.32 命題 4.6.5 を証明せよ.

4.33 f を平面，線形減衰，周期的強制振動子から導かれたポアンカレ写像を表すとする．つまりそのベクトル場は

$$\dot{x} = y,$$
$$\dot{y} = -\delta y + f(x, t), \qquad (x, y) \in \mathbb{R}^2$$

であり，ここで $\delta > 0$ で $f(x, t)$ は t について周期的で周期 $T > 0$ を持つ．任意の集合 $A \subset \mathbb{R}^2$ に対し

$$\mu(f(A)) = \delta\mu(A)$$

であることを示せ．ここで $\mu(\cdot)$ は集合の面積を表す．

4.34 補題 4.6.1 を証明せよ．

4.35 補題 4.6.2 を証明せよ．

4.36 節 4.6B で議論されたベクトル場

$$\dot{x} = y,$$
$$\dot{y} = x - x^3 - \varepsilon\delta y + \varepsilon\gamma\cos\omega t$$

を考える．ここで δ と γ はメルニコフの方法を適用できるように尺度変換されている．

a) ホモクリニック・メルニコフ関数を計算し，ホモクリニック軌道への分岐が生じている $\gamma - \delta - \omega$ 空間の曲面を表せ．

b) 耳状領域の構造が $\gamma - \delta - \omega$ とともにどのように変化するか，したがって，ポテンシャルの井戸からの脱出がどのようにパラメータに依存しているかを論ぜよ．

4.37 節 4.6 で議論された一般の写像 f が，任意の集合 $A \subset \mathbb{R}^2$ に対して

$$\mu(f(A)) = \delta\mu(A)$$

を満たすとする．ここで δ はある正の定数．このとき $n \to \infty$ のときの方程式 (4.6.8) の極限を調べよ．得られた結果と命題 4.6.3 のものとを比べよ．

命題 4.6.3 と同様に演習問題 4.32 で得られた結果を使って，$\delta = 0$ および $\delta > 0$ に対してベクトル場

$$\dot{x} = y,$$
$$\dot{y} = x - x^2 - \varepsilon\delta y + \varepsilon\gamma\cos\omega t$$

のポテンシャルの井戸から出入する移送量を比べよ．

4.38 減衰周期的強制ダッフィング振動子

$$\dot{x} = y,$$
$$\dot{y} = x - x^3 + \varepsilon(-\delta y + \gamma\cos\omega t) \tag{E4.8}$$

を考える．(E4.8) が双曲型不動点に対し横断的なホモクリニック軌道を持つようにパラメータが選ばれているとする．ホモクリニック錯綜の任意の耳状領域を選ぶ．(E4.8) は $\delta > 0$ に対し散逸的であるため，耳状領域の面積はポアンカレ写像の反復のもとで大きさが縮まることが期待される．これが本当かをメルニコフ関数を使って耳状領域の面積を計算して確かめよ（節 4.6D を見よ）．その結果を説明せよ．

640   4. 大域的分岐とカオスの様相

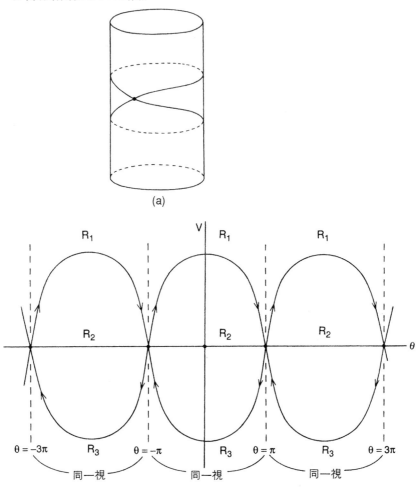

図 E4.3.

4.39 周期的強制，非減衰振動子

$$\begin{aligned}\dot{\theta} &= v, \\ \dot{v} &= -\sin\theta + \gamma\sin\omega t,\end{aligned} \quad (\theta, v) \in S^1 \times \mathbb{R}^1 \quad \text{(E4.9)}$$

で $\gamma, \omega > 0$ であるものを考える．$\gamma = 0$ に対して (E4.9) の相空間は図 E4.3a のようになる．特に，$(\theta, v) = (\pi, 0)$ は 1 対のホモクリニック軌道を持つ (E4.9) の双曲型不動点である．この状況は平面上に相空間を描き，θ-座標が 2π の整数倍だけ違うような点を同一視することによってうまく説明される．図 E4.3b を見よ．ホモクリニック軌道は，相空間を図 E4.3b の 3 つの互いに交わらない領域 R_1, R_2 および R_3 に分割する．この問題の目的は $\gamma \neq 0$ に対しこれらの領域の間の移送を調べることである．

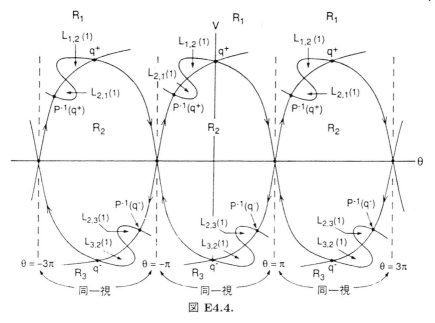

図 E4.4.

$\gamma \neq 0$ に対し "懸垂" 化された系

$$\begin{aligned}\dot{\theta} &= v, \\ \dot{v} &= -\sin\theta + \gamma\sin\phi, \qquad (\theta, v, \phi) \in S^1 \times \mathbb{R}^1 \times S^1 \\ \dot{\phi} &= \omega,\end{aligned}$$

で通常のポアンカレ写像が断面 Σ^{ϕ_0} 上で定義されているものを考える.

a) 十分小さい γ に対し,断面 Σ^0 上のポアンカレ写像,P と表すが,$v^+ = -v^- > 0$ なる $(\theta, v) = (0, v^+) \equiv q^+$ および $(\theta, v) = (0, v^-) \equiv q^-$ で主交叉点を持ち,また q^+ と $P^{-1}(q^+)$ の間に正確に 2 つの耳状領域(それぞれ $L_{1,2}(1)$ と $L_{2,1}(1)$ と表す)と q^- と,$P^{-1}(q^-)$ の間に正確に 2 つの耳状領域(それぞれ $L_{2,3}(1)$ と $L_{3,2}(1)$ と表す)があることを示せ.図 E4.4 を見よ.(ヒント:メルニコフの方法を使え.)

b) P は座標変換

$$(\theta, v) \mapsto (-\theta, v)$$

と時間反転のもとで不変であることを示せ.

c) b) の対称性は $\theta = 0$ 上に 2 つの主交叉点が存在しなければならないことを意味するか?

d) 次の保存則が成立していることを証明せよ.

種の保存

$$\sum_{j=1}^{3}(T_{i,j}(n) - T_{i,j}(n-1)) = 0, \qquad i = 1, 2, 3.$$

642　4. 大域的分岐とカオスの様相

面積の保存

$$\sum_{i=1}^{3}(T_{i,j}(n)-T_{i,j}(n-1))=0, \qquad j=1,2,3.$$

e) b) は

$$T_{1,3}(n)=T_{3,1}(n),$$
$$T_{2,1}(n)=T_{2,3}(n),$$
$$T_{1,2}(n)=T_{3,2}(n)$$

を意味することを示せ.

f) $T_{i,j}(n)-T_{i,j}(n-1), i,j=1,2,3$ を9つの未知の量とみなしたとき, d) の保存則および e) の関係式がこれら9つの未知量に対して8つの独立な方程式を形成するために使えることができることを示せ. これから $T_{i,j}(n)$ の1つの知識が残りの8つを決めることができることを結論せよ.

g)

$$\begin{aligned}
T_{3,1}(n)=\sum_{m=1}^{n-1}(n-m)\big\{\ &\mu(L_{2,1}(1)\cap P^{m}(L_{3,2}(1)))\\
&-\mu(L_{2,1}(1)\cap P^{m}(L_{2,3}(1)))\\
&-\mu(L_{1,2}(1)\cap P^{m}(L_{3,2}(1)))\\
&+\mu(L_{1,2}(1)\cap P^{m}(L_{2,3}(1)))\big\}
\end{aligned} \tag{E4.10}$$

を示せ.

　（ヒント：$P^{m}(L_{2,3}(1))$ は $L_{3,2}(1)$ に, $P^{m}(L_{2,1}(1))$ は $L_{1,2}(1)$ に, $P^{m}(L_{3,2}(1))$ は $L_{2,1}(1)$ に交差できる. 変転タイル耳状領域のこうした可能な交差は, (E4.10) で示された全ての項に対する"道筋"を与えている. 必要なら Rom-Kedar and Wiggins [1989] を見よ.

h) (E4.10) の数値計算を論ぜよ. この手続きと3つの領域間の相空間の移送のモンテカルロ計算と比べてみよ.

i) 減衰周期的強制振子

$$\begin{aligned}
\dot{\theta}&=v,\\
\dot{v}&=-\sin\theta-\delta v+\gamma\sin\omega t,
\end{aligned} \qquad \delta>0$$

を考える. 相空間を3つの互いに交わらない領域に分離する擬セパラトリックスを構成せよ. δ および γ が十分に小さくメルニコフの理論が適用できるとせよ. $\theta=0$ 上に主交叉点があるか？

j) d) の保存則は

$$\sum_{j=1}^{3}(T_{i,j}(n)-T_{i,j}(n-1))=0, \qquad i=1,2,3,$$

$$\sum_{i=1}^{3} T_{i,j}(n) = \delta \sum_{i=1}^{3} T_{i,j}(n-1), \qquad j=1,2,3$$

となることを示せ.

k) e) の関係はまだ成立するか？

l) $T_{3,1}(n)$ を導け.

この演習問題を強制振子の周辺で組織したことに注意しよう．しかしながら，問題は方程式の基本的な形をほとんど使っていない（変転タイルの中の耳状領域の数と同様に主交叉点の存在と位置を明確にするためにメルニコフの理論を使ったという例外はあった．しかし，これは数値的に実行されえたものであった）．最も重要なことは多様体の幾何学の形態であった．

強制振子に付随した多様体の幾何学は多くの例に共通している．ある意味では，それは強制振子の1:1共鳴および標準写像のような2次元写像に対する標準形である (Lichtenberg and Lieberman [1982] を見よ).

4.40 周期的強制非減衰ダッフィング振動子

$$\begin{aligned}\dot{x} &= y, \\ \dot{y} &= x - x^3 + \gamma\cos\phi, \qquad (x,y) \in \mathbb{R}^2 \\ \dot{\phi} &= \omega,\end{aligned} \qquad (\text{E4.11})$$

で $\gamma > 0$ なものを考える. (E4.11) に付随した断面 Σ^0 上のポアンカレ写像を P で表す.

a) 十分小さい γ に対し (E4.11) は, $x^+, -x^- > 0$ なる主交叉点 $(x^+, 0) \equiv q^+$ および $(x^-, 0) \equiv q^-$ を持つことを示せ．平面を R_1, R_2 および R_3 で表される3つの互いに交わらない領域に分割する擬セパラトリックスを定義するためにこれら2つの主交叉点を使え．図 E4.5 を見よ. q^+ と $P^{-1}(q^+)$ の間に正確に2つの耳状領域 ($L_{1,2}(1)$ および $L_{2,1}(1)$ と表す) と q^- と $P^{-1}(q^-)$ 間に正確に2つの耳状領域 ($L_{3,2}(1)$ および $L_{2,3}(1)$ と表す) があることを示せ.（ヒント：メルニコフの方法を使え.）

この問題の目的はこれら3つの領域間の移送を調べることである．節 4.6B で論じた動機付けを与える例 —— 周期的励起と減衰を受ける単井戸型のポテンシャル内で運動する粒

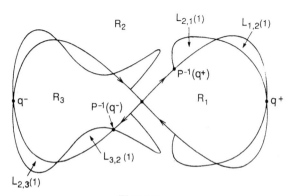

図 **E4.5.**

644   4. 大域的分岐とカオスの様相

子 —— を思い起こそう．この演習問題は，周期的励起を受ける2つ井戸の（対称的）ポテンシャル内で運動する粒子を調べるものと見ることもできる．移送問題は，井戸から井戸へ飛ぶか，井戸から逃れるか，またはどちらかの井戸に捕まることに関連している．

b) P は座標変換

$$(x, y) \rightarrow (x, -y)$$

と時間反転のもとで不変であることを示せ．

c) b) の対称性は x 軸上に2つの主交叉点が存在することを意味するか？

d) 次の保存則が成立していることを証明せよ．

種の保存

$$\sum_{j=1}^{3}(T_{i,j}(n) - T_{i,j}(n-1)) = 0, \qquad i = 1, 2, 3,$$

面積の保存

$$\sum_{i=1}^{e}(T_{i,j}(n) - T_{i,j}(n-1)) = 0, \qquad j = 1, 2, 3$$

e) $T_{1,3}(n) = T_{3,1}(n)$ を示せ．

f)

$$\begin{aligned}
T_{3,1}(n) = \sum_{m=1}^{n-1}(n-m)\big\{ &\mu(L_{2,1}(1) \cap P^{m}(L_{3,2}(1))) \\
&- \mu(L_{2,1}(1) \cap P^{m}(L_{2,3}(1))) \\
&- \mu(L_{1,2}(1) \cap P^{m}(L_{3,2}(1))) \\
&+ \mu(L_{1,2}(1) \cap P^{m}(L_{2,3}(1)))\big\}
\end{aligned}$$

を示せ．

g) 減衰，周期的強制ダッフィング振動子

$$\begin{aligned}
\dot{x} &= y, \\
\dot{y} &= x - x^3 - \delta y + \gamma \cos \omega t,
\end{aligned} \qquad \delta > 0$$

を考える．平面を3つの互いに交わらない領域に分割する擬セパラトリックスを構成せよ．γ と δ が十分に小さくてメルニコフの理論が適用できるとする．x 軸上に主交叉点があるか？

h) d) の保存則は

$$\sum_{j=1}^{3}(T_{i,j}(n) - T_{i,j}(n-1)) = 0, \qquad i = 1, 2, 3,$$

$$\sum_{i=1}^{3} T_{i,j}(n) = \delta \sum_{i=1}^{3} T_{i,j}(n-1), \qquad i = 1, 2, 3$$

になることを示せ．

i) $\dot{T}_{1,3}(n) = T_{3,1}(n)$ であることはまだ本当か？
j) $T_{3,1}(n)$ を導け．

4.41 演習問題 4.39 と 4.40 では，双曲型不動点の安定および不安定多様体の 2 つの枝が相空間を 3 つの互いに交わらない領域に分割するために使われた．しかしながら，その元になる相空間は 2 つの演習問題では大きく異なっていた．演習問題 4.39 ではそれは円柱で，演習問題 4.40 では平面であった．これら 2 つの異なる情況に対して 3 つの領域間の相空間の移送についての類似と差異を議論せよ．

4.42 演習問題 1.2.21 を思い起こそう．この流れの流体粒子の運動の方程式は

$$\dot{x}_1 = \frac{\partial \psi_0}{\partial x_2}(x_1, x_2) + \varepsilon \frac{\partial \psi_1}{\partial x_2}(x_1, x_2, t),$$
$$\dot{x}_2 = -\frac{\partial \psi_0}{\partial x_1}(x_1, x_2) - \varepsilon \frac{\partial \psi_1}{\partial x_2}(x_1, x_2, t) \tag{E4.12}$$

で与えられる．ここで

$$\psi_0(x_1, x_2) = -x_2 + R\cos x_1 \sin x_2,$$
$$\psi_1(x_1, x_2, t) = \frac{\gamma}{2}\left[\left(1 - \frac{2}{\omega}\right)\cos(x_1 + \omega_1 t + \theta)\right.$$
$$\left. + \left(1 + \frac{2}{\omega}\right)\cos(x_1 - \omega t - \theta)\right]\sin x_2$$

である．$\varepsilon = 0, R > 1$ に対して，(E4.12) の流線は図 E4.6 のようになる．p_+ および p_- と表された x_1 軸上の 2 つの双曲型不動点に注意せよ．不動点は Γ_0 および Γ_u で表される一対のヘテロクリニック軌道によって連結されている．このヘテロクリニック・サイクルは図 E4.6 で陰をつけられている捕捉された流体の領域を形成している．

a) $\varepsilon \neq 0$ に対し，Γ_0 は持続され，流体が横切れない障壁となることを示せ．

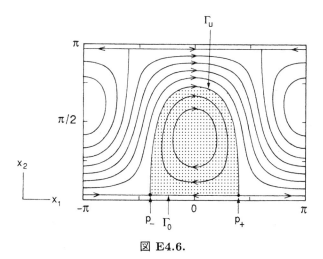

図 **E4.6.**

646   4. 大域的分岐とカオスの様相

b) $\varepsilon \neq 0$ に対して，Γ_u は壊れ横断的なヘテロクリニック軌道を生成することを示せ．これは時間依存の流体の流れにおいて 2 つの領域が混合する流体の機構となっている．

c) $\varepsilon \neq 0$ に対してはヘテロクリニック錯綜に馬蹄型力学系が存在することを示せ．（ヒント：Rom-Kedar et al. [1989] を見よ．）したがって，カオス的な流体粒子の軌跡が存在する．

d) 節 4.6 の耳状領域，主交叉点や移送の議論はホモクリニック軌道についてだけ展開された．しかし，ヘテロクリニック軌道に対しても同じ定義と移送機構が適用できることを示せ（Rom-Kedar and Wiggins [1989] を見よ）．

e) $\varepsilon = 0$ に対して $\Gamma_0 \cup \Gamma_u \cup \{p_+\} \cup \{p_-\}$ で囲まれた 2 つの領域間の移送を調べるために，節 4.6 の結果を使え．特に

1. 付随するポアンカレ写像における領域の間の擬セパラトリックスを定義せよ．

2. 変転タイルを構成せよ．

3. 2 つの領域間の流入を議論せよ．

4. 2 つの領域が R_1 および R_2 として定義されるとき，$T_{1,2}(n)$ を計算し，それを方程式 (4.6.14) と比較せよ．$T_{1,2}(n) = T_{2,1}(n)$ となるか？

4.43 定理 4.7.1 を証明せよ．（ヒント：アイデアは U_{y_0} で領域 S_n を見つけて，節 4.3 の仮定 1 および 3 が f^{n+k} に対して成立するようにする．1) $S_n = \{(x,y) \mid |y - y_0| \leq \varepsilon, 0 \leq x \leq \nu^n\}$ とする．ここで $\rho < \nu < \frac{1}{\lambda}$ である．アイデアは，$f^{n+k}(S_n; 0)$ が S_n に μ_v-垂直帯で交差するのを示すことである．このときこれら 2 つの μ_v-垂直帯の原像は適当な境界の挙動を持ち $0 \leq \mu_h \mu_v < 1$ であるような μ_h-水平帯となる．これは幾つかの段階によって完成される．最初に $f^k(\cdot; 0)$ のもとで，S_n の垂直な直線（つまり，$x = c = $ 定数なる直線）は $y = \gamma c + \frac{\delta}{\beta^2}(x - x_0)^2$ のグラフで与えられる U_{x_0} 内の放物線に写像されることを示す．2) 十分大きい n に対し，$f^{n+k}(\cdot; \mu)$ の点の x-成分は ν^n よりも小さいことを示す．3) 最後に，$\varepsilon = \varepsilon(n) \sim (y_0 \lambda^{-n}/\delta)^{1/2}$ に対し，$f^{n+k}(S_n; 0)$ は S_n の上と下の水平境界を貫通することを示す．これら 3 つの事実から μ_h-垂直および μ_v-水平帯を見いだすことができ，仮定 1 が満たされる．

仮定 3 が成立していることの証明は定理 4.4.2 で実行された同じ段階によく似ている．

$$Df^{n+k}(x,y;0) = \begin{pmatrix} 0 & -\beta\rho^n \\ \gamma\lambda^n & 2\delta\lambda^n(y - y_0) \end{pmatrix}$$

と，$|y - y_0| \sim (y_0 \lambda^{-n}/\delta)^{1/2}$ および十分大きな n に対して，このヤコビアンは本質的に

$$Df^{n+k}(x,y;0) \sim \begin{pmatrix} 0 & 0 \\ \gamma\lambda^n & 2(y_0\delta\lambda^n)^{1/2} \end{pmatrix}$$

であるという事実を使え．）（各場合に描いた図が助けになる．）

4.44 定理 4.7.2 の証明を思い起こそう．f^{n+k} の鞍状点-結節点分岐で生成された沈点はその後

$$\mu = -\frac{3}{4\delta}(\gamma\beta\rho^n + \lambda^{-n})^2 + (y_0\lambda^{-n} - \gamma\rho^n x_0)$$

で周期倍化分岐を起こすことを示す際に，写像はこのパラメータ値で -1 の固有値を持つ

ことだけを示した. この周期倍化分岐は実は非退化または "生成的" であることを示すために（たぶん中心多様体への簡約をおこなって）非線形項を調べよ.

4.45 節 4.8A の議論, 特にベクトル場 (4.8.1) を思い起こそう. 固有値がパラメータ μ に依存するときこれらの節の結果に質的変更はあるか？ この情況を最もよく処理するにはどうするか？

4.46 $\lambda_2 > \lambda_1$ に対しては**生成的**に, $\mu = 0$ に対する (4.8.1) のホモクリニック軌道は原点で $x-y$ 平面の y 軸に接することを示せ.
これが起こらないような**非生成的**な例を構成し, その例がなぜ生成的でないかを説明せよ. （ヒント：適当な対称性を見つけよ.）

4.47 方程式 (4.8.9) では

$$z \to 0 \text{ のとき} \qquad \frac{1}{1 - Az^{|\lambda_1|/\lambda_3}} \sim 1$$

とした. その代わりに

$$\frac{1}{1 - Az^{|\lambda_1|/\lambda_3}} = 1 + Az^{|\lambda_1|/\lambda_3} + \cdots$$

としたとき, 十分小さい z に対して結果は影響を受けないことを示せ.

4.48 節 4.8A で $\lambda_2 < \lambda_1$ の場合を考えよ. この場合 (4.8.1) のホモクリニック軌道が $x-y$ 平面の原点で x 軸に接していることを示せ. 節 4.8A に従いホモクリニック軌道近傍のポアンカレ写像を構成し, 定理 4.8.1 が依然成立していることを示せ. Π_1 において $P_0(\Pi_0)$ の "半蝶ネクタイ" 形を表す際に, それを $\lambda_1 < \lambda_2$ の場合と比べよ.

4.49 節 4.8A で, $\lambda_2 = \lambda_1$ の場合を考えよ. ホモクリニック軌道が原点に戻ってくる幾何学を述べよ. 節 4.8A にしたがってポアンカレ写像を構成し, 定理 4.8.1 が依然成立していることを示せ. Π_1 において $P_0(\Pi_0)$ の "半蝶ネクタイ" 形を表す際に, それと $\lambda_1 > \lambda_2$ および $\lambda_2 < \lambda_1$ の場合を比べよ.

4.50 (4.8.1) がただ一つのホモクリニック軌道を持ち, ホモクリニック軌道近傍で定義されたポアンカレ写像が不変カントール集合を持って, その上で $N(N \geq 2)$ 記号上の全ずらしに位相的に共役であるということは有り得ないことを論ぜよ.

4.51 節 4.8A, i) の議論を思い起こそう. 仮定 $1'$ において, $d \neq 0$ という要請の背後にある必要性と幾何学を論ぜよ.

4.52 定理 4.8.2 の証明の詳細の全てを完成せよ.（ヒント：節 4.4 のモーザーの定理を模倣せよ.）

4.53 節 4.8A, i) の議論を思い起こそう. 代わりに仮定 $1'$ と仮定 $2'$ が依然成立している図 4.8.11 の図 b) を選ぶとする. この場合定理 4.8.2 は依然正しいか？ もしそうなら, 証明を実行するためにどんな変更が必要か？

4.54 定理 4.8.4 の証明の全ての詳細を完成せよ.（ヒント：節 4.4 のモーザーの定理の証明を模倣せよ.）

648　　4. 大域的分岐とカオスの様相

4.55 定理 4.8.4 で不変カントール集合 $\Lambda_k \subset R_k$ が存在し Λ_k に制限されたポアンカレ写像が 2 記号上の全ずらしに位相的に共役であることを証明した．これは十分大きな全ての k について正しかった．Π_0 が不変カントール集合を含み，その上でポアンカレ写像が十分大きい N の N 記号上の全ずらしに位相的に共役であるように定理 4.8.4 が変更されうる（特に，μ_h-水平帯と μ_v-垂直帯の選択）ことを示せ．（ヒント：補題 4.8.3 を使い，また必要なら Wiggins [1988] を見よ．）

この不変集合の力学と定理 4.8.4 で構成された $\bigcup_{k \geq k_0} \Lambda_k$ の力学に違いはあるか？

4.56 定理 4.8.4 の構成を思い起こそう．ポアンカレ写像が（1-パラメータ族で生じるように）摂動を受けるとする．十分小さな摂動に対して，無限個の Λ_k が壊され，有限個が生き残ることを示せ．これは馬蹄型力学系が構造安定であることに矛盾しないか？　（演習問題 4.4 および Wiggins[1988] を見よ．）

4.57 節 4.8B の議論を思い起こそう．(4.8.25) は仮定 1 と 3 を満たし座標変換

$$(x, y, z) \to (-x, -y, -z)$$

のもとで不変であるとする．

a) (4.8.25) は原点にホモクリニックな 2 つの軌道を持たねばならないことを示せ．相空間に 2 つのホモクリニック軌道を描け．このホモクリニック軌道を Γ_0 および Γ_1 で表す．

b) $\Gamma_0 \cup \Gamma_1 \cup \{(0,0,0)\}$ の近傍でポアンカレ写像を構成し，その写像が不変カントール集合を持ちその上で力学が 2 記号上の全ずらしに位相的に共役であることを示せ．

c) 2 つの記号を 0 と 1 で表すとき，相空間の運動においては '0' には Γ_0 近くに沿う軌跡が対応し，'1' には Γ_1 の近くに沿う軌跡が対応することを示せ．これにより，相空間においてカオスが現れる様子の幾何学的記述を与えよ．（必要なら Wiggins [1988] を見よ．）

4.58 仮定 1 と 2 を保ちながら，(4.8.25) の時間の向きを逆にする，つまり

$$t \to -t$$

とする．ホモクリニック軌道近傍の力学を述べよ．

4.59 ベクトル場 (4.8.25) を考える．仮定 1 が保たれているが仮定 2 は次のように置き換えられるとしよう．

仮定 $2'$ $-\rho > \lambda > 0$．

ホモクリニック軌道近傍の力学を述べよ．（必要なら Holmes [1980] を見よ．）

4.60 (4.9.15) で定義された関数 $f(\alpha)$ は単調であることを示せ．

4.61 2 パラメータ族

$$\begin{aligned} \dot{x} &= y, \\ \dot{y} &= \mu_1 + \mu_2 y + x^2 + bxy, \end{aligned} \qquad b = \pm 1 \qquad \text{(E4.13)}$$

は平面ベクトル場の不動点における線形化に付随する行列が

$$\begin{pmatrix} 0 & 1 \\ 0 & 0 \end{pmatrix}$$

の形を持つ不動点の準普遍変形であることを示せ.(ヒント:アイデアは,標準形で無視された高次の項が図 4.9.3 の分岐図式が不変という意味で定性的に新しい力学をもたらさないことを示すことである.不動点と局所分岐を考えることから始めて,これらが定性的に変わらないことを示せ.つぎに,大域的挙動,つまり,ホモクリニック軌道と "大振幅の" 周期軌道を考える.ここでメルニコフの理論を使うことができる.

これらの結果が確定したとき,(E4.13) は準普遍変形であることが分かるか?)

4.62 演習問題 3.32,対称性 $(x, y) \to (-x, -y)$ を持つ 2 重 0 固有値を思い起こそう.標準形は

$$\begin{aligned}
\dot{x} &= y, \\
\dot{y} &= \mu_1 x + \mu_2 y + cx^3 - x^2 y, \qquad c = \pm 1
\end{aligned} \tag{E4.14}$$

で与えられた.この演習問題では起こりうる可能な大域的な挙動を分析したい.

a) $c = +1$ について,尺度の変換

$$x = \varepsilon u, \quad y = \varepsilon^2 v, \quad \mu_1 = -\varepsilon^2, \quad \mu_2 = \varepsilon^2 \nu_2$$

および $t \to \frac{t}{\varepsilon}$ を使って,(E4.14) が

$$\begin{aligned}
\dot{u} &= v, \\
\dot{v} &= -u + u^3 + \varepsilon(\nu_2 v - u^2 v)
\end{aligned} \tag{E4.15}$$

となることを示せ.

b) (E4.15) は $\varepsilon = 0$ に対してはハミルトニアン系であることを示し,相図を描け.

c) メルニコフの理論を使って (E4.15) が

$$\mu_2 = -\frac{\mu_1}{5} + \cdots \tag{E4.16}$$

上でヘテロクリニック結合を持つことを示せ.(E4.16) の高次の項(つまり,$\mathcal{O}(\mu_1^\alpha)$,ここで α はある数)の形は何か? これは原点での分岐曲線の挙動の決定に重要である.

d) (E4.15) は $\mu_2 = 0$ と $\mu_2 = -\frac{\mu_1}{5} + \cdots$ の間で $\mu_1 < 0$ に対する唯一の周期軌道を持つことを示せ.

e) $c = +1$ のとき (E4.14) の完全な分岐図式を描け.(E4.14) は $c = +1$ に対し準普遍変形であるか?

f) $c = -1$ に対し,尺度変換

$$x = \varepsilon u, \quad y = \varepsilon^2 v, \quad \mu_1 = \varepsilon^2, \quad \mu_2 = \varepsilon^2 \nu_2$$

および $t \to \frac{t}{\varepsilon}$ を使って,(E4.14) は

$$\begin{aligned}
\dot{u} &= v, \\
\dot{v} &= u - u^3 + \varepsilon(\nu_2 v - u^2 v)
\end{aligned} \tag{E4.17}$$

となることを示せ.

g) (E4.17) は $\varepsilon = 0$ に対してはハミルトニアン系であることを示し,相図を描け.

650   4. 大域的分岐とカオスの様相

h) メルニコフの理論を使って，(E4.17) が

$$\mu_2 = \frac{4}{5}\mu_1 + \cdots \tag{E4.18}$$

上でホモクリニック分岐，および $c \approx .752$ なる

$$\mu_2 = c\mu_1 + \cdots \tag{E4.19}$$

上で鞍状点-結節点分岐を起こすことを示せ．したがって，$\mu_1 > 0$ に対して，$\mu_2 = \mu_1$ と $\mu_2 = \frac{4}{5}\mu_1 + \cdots$ の間で (E4.14) は $c = -1$ に対して 3 つの周期軌道を持つ．それらの安定性はどうか？$\mu_2 = \frac{4}{5}\mu_1 + \cdots$ と $\mu_2 = c\mu_1 + \cdots$ の間で，(E4.14) は $c = -1$ に対して 2 つの周期軌道を持つ．それらの安定性はどうか？$\mu_2 = c\mu_1 + \cdots$ より下では，$c = -1$ に対して周期軌道はない．

(E4.18) と (E4.19) において高次の項（つまり，$\mathcal{O}(\mu_1^\alpha)$ ここで α はある数）の形は何か？

1. $c = -1$ のとき (E4.14) の完全な分岐図式を描け．(E4.14) は $c = -1$ に対して準普遍変形か？

（ヒント：自励系についてのメルニコフの理論は演習問題 4.22 で，ヘテロクリニック軌道についてのメルニコフの理論は演習問題 4.27 で展開されている．)

4.63 z^3 を除く全ての 3 次の項は (4.9.17) から消去されて，(4.9.18) の形を取ることを示せ．
（ヒント：この結果は J. グッケンハイマーによる．)
次の座標変換

$$s = r(1 + gz),$$
$$w = z + hr^2 + iz^2,$$
$$\tau = (1 + jz)^{-1}t,$$

を考える．ここで g, h, i, j は特定されてない定数で，方程式を簡単にするように選ばれる．新しい座標で (4.9.17) は

$$\frac{ds}{d\tau} = \mu_1 s + asw + (c + bg - ah)s^3 + (d - g - ai + aj)sw^2$$
$$+ R_s(s, w, \mu_1, \mu_2),$$

$$\frac{dw}{d\tau} = \mu_2 + bs^2 - w^2 + (e - 2bg + 2(a+1)h + 2bi + bj)s^2 w$$
$$+ (f - j)w^3 + R_w(s, w, \mu_1, \mu_2),$$

となる．ここで残りの項は s, w, μ_1, μ_2 について $\mathcal{O}(4)$ である．R_s および R_w を無視し，g, h, i, j を 3 次の項ができるだけ簡単になるように選ぶ．3 次の項を

$$\begin{pmatrix} s^3 \\ 0 \end{pmatrix}, \begin{pmatrix} sw^2 \\ 0 \end{pmatrix}, \begin{pmatrix} 0 \\ s^2 w \end{pmatrix}, \begin{pmatrix} 0 \\ w^3 \end{pmatrix}$$

で張られたベクトル空間で考えるとき，3 次の項を消去する問題は線形問題

$$Ax = \theta$$

を解くことに還元される．ここで

$$x = \begin{pmatrix} g \\ h \\ i \\ j \end{pmatrix}, \qquad \theta = \begin{pmatrix} -c \\ -d \\ -e \\ -f \end{pmatrix},$$

$$A = \begin{pmatrix} b & -a & 0 & 0 \\ -1 & 0 & -a & a \\ -2b & 2a+2 & 2b & b \\ 0 & 0 & 0 & -1 \end{pmatrix}$$

である．A がランク 3 を持ち，$\begin{pmatrix} 0 \\ w^3 \end{pmatrix}$ を除いて全ての 3 次の項を消去できることを示す

ことは難しくない．したがって，変換が $\mathcal{O}(2)$ およびそれより低次の方程式を変えないので，標準形を r, z 座標で

$$\dot{r} = \mu_1 r + arz,$$
$$\dot{z} = \mu_2 + br^2 - z^2 + fz^3$$

のように書くことができる（ここで f は全ての値を取りうる）．

4.64 3 次の項を考慮にいれて，ポアンカレ-アンドロノフ-ホップ分岐を場合 IIa,b および III について調べよ．

4.65 図 4.9.5 で示されたホモクリニック分岐が $a = 2$，$f < 0$ に対して生じることを確かめよ．

4.66 図 4.9.8 のように $W^u(p_1)$ が $W^s(p_1)$ に落ち込んでいるとする．定理 4.8.4 の仮定が成立するための標準形についての条件は何か？
図 4.9.8 のように $W^s(p_2)$ が $W^u(p_2)$ に落ち込んでいるとする．この場合に馬蹄型力学も現れるか？（ヒント：演習問題 4.68, b) を見よ．）標準形はどんな条件を満たす必要があるか？

4.67 $\mathbb{R}^3$ の $\mathbf{C}^r$（r は必要なだけ大きい）自励ベクトル場を考える．$\mathbb{R}^3$ の座標を $x-y-z$ で表す．$x-y$ 平面でベクトル場が 2 つの双曲型不動点，p_1 と p_2 を持つとする．
局所的仮定：p_1 で線形化されたベクトル場は

$$\dot{x} = \lambda_1 x,$$
$$\dot{y} = \lambda_2 y,$$
$$\dot{z} = \lambda_3 z$$

の形を持つ．ここで $\lambda_1 > 0$，$\lambda_3 < \lambda_2 < 0$ である．
p_2 で線形化されたベクトル場は

$$\dot{x} = \rho x - \omega y,$$
$$\dot{y} = \omega x + \rho y,$$
$$\dot{z} = \lambda z$$

の形を持つ．ここで $\rho < 0$，$\lambda > 0, \omega \neq 0$ である．

652   4. 大域的分岐とカオスの様相

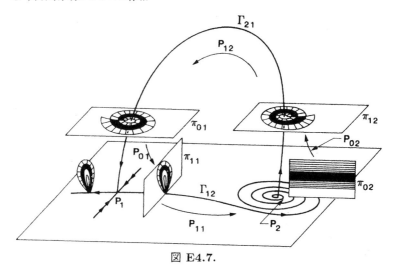

図 E4.7.

大域的仮定: p_1 と p_2 は $x-y$ 平面にあるヘテロクリニック軌道, Γ_{12} と表す, によって結ばれている.

p_2 と p_1 は面の外にあるヘテロクリニック軌道, Γ_{21} と表す, によって結ばれている. 図 E4.7 を見よ.

したがって, $\Gamma_{12} \cup \Gamma_{21} \cup \{p_1\} \cup \{p_2\}$ はヘテロクリニック・サイクルを形成する. 目的はそのヘテロクリニック・サイクルの近傍でポアンカレ写像 P を構成し, 次の定理を証明することである.

定理 E4.1. (Tresser [1984]) P は

$$\frac{\rho \lambda_2}{\lambda \lambda_1} < 1$$

であれば可算個の馬蹄型力学を持つ.

(ヒント: P は 4 つの写像の合成から構成される. 断面 Π_{01}, Π_{11}, Π_{12} および Π_{02} を適当に定義する. 図 E4.7 を見よ. Π_{01} と Π_{11} は十分 p_1 に近く, また Π_{12} および Π_{02} は p_2 に十分近いように選ばねばならない. これらの断面上の座標が適当に選ばれると, 写像は次のように導ける.

$$P_{01}: \Pi_{01} \to \Pi_{11},$$

$$\begin{pmatrix} x_1 \\ \varepsilon \\ z_1 \end{pmatrix} \mapsto \begin{pmatrix} \varepsilon \\ \varepsilon \left(\dfrac{\varepsilon}{x_1}\right)^{\lambda_2/\lambda_1} \\ z_1 \left(\dfrac{\varepsilon}{x_1}\right)^{\lambda_3/\lambda_1} \end{pmatrix},$$

$$P_{02}: \Pi_{02} \to \Pi_{12},$$

$$
\begin{pmatrix} x_2 \\ 0 \\ z_2 \end{pmatrix} \mapsto \begin{pmatrix} x_2 \left(\dfrac{\varepsilon}{z_2} \right)^{\rho/\lambda} \cos \dfrac{\omega}{\lambda} \log \dfrac{\varepsilon}{z_2} \\[2mm] x_2 \left(\dfrac{\varepsilon}{z_2} \right)^{\rho/\lambda} \sin \dfrac{\omega}{\lambda} \log \dfrac{\varepsilon}{z_2} \\[2mm] \varepsilon \end{pmatrix},
$$

$P_{12}:\ \Pi_{12} \to \Pi_{01},$

$$
\begin{pmatrix} x_2 \\ y_2 \\ \varepsilon \end{pmatrix} \mapsto \begin{pmatrix} 0 \\ 0 \\ \varepsilon \end{pmatrix} + \begin{pmatrix} a_2 & b_2 & 0 \\ c_2 & d_2 & 0 \\ 0 & 0 & 0 \end{pmatrix} \begin{pmatrix} x_2 \\ y_2 \\ 0 \end{pmatrix},
$$

$P_{11}:\ \Pi_{11} \to \Pi_{02},$

$$
\begin{pmatrix} \varepsilon \\ y_1 \\ z_2 \end{pmatrix} \mapsto \begin{pmatrix} \varepsilon \\ 0 \\ 0 \end{pmatrix} + \begin{pmatrix} 0 & 0 & 0 \\ a & a_1 & b_1 \\ 0 & c_1 & d_1 \end{pmatrix} \begin{pmatrix} 0 \\ y_1 \\ z_1 \end{pmatrix}.
$$

ここで $x_1 - y_1 - z_1$ は p_1 近傍の座標を，$x_2 - y_2 - z_2$ は p_2 近傍の座標を表している．これらの写像は近似である（節 4.8 の最初の議論を見よ）．これらの正当性を論じ，その導出の全ての段階を特定せよ．

このときヘテロクリニック・サイクル近傍のポアンカレ写像は

$$
P \equiv P_{11} \circ P_{01} \circ P_{12} \circ P_{02} : \Pi_{02} \to \Pi_{02}
$$

のように定義される．証明の残りは定理 4.8.4 と殆ど同じである．（さらに必要ならば Wiggins [1988] を見よ．）

4.68 $\mathbb{R}^3$ の $\mathbf{C}^r$（r は必要なだけ大きい）自励ベクトル場を考える．$\mathbb{R}^3$ の座標を $x - y - z$ で表す．ベクトル場は $x - y$ 平面にある 2 つの双曲型不動点，p_1 および p_2 を持つとする．
局所的仮定：p_1 で線形化されたベクトル場 は

$$
\begin{aligned}
\dot{x} &= \rho_1 x - \omega_1 y, \\
\dot{y} &= \omega_1 x + \rho_1 y, \\
\dot{z} &= \lambda_1 z
\end{aligned}
$$

の形で

$$
\lambda_1 > 0,\ \rho_1 < 0 \qquad \text{および} \qquad \omega_1 \neq 0
$$

である．
p_2 で線形化されたベクトル場は

$$
\begin{aligned}
\dot{x} &= \rho_2 x - \omega_2 y, \\
\dot{y} &= \omega_2 x + \rho_2 y, \\
\dot{z} &= \lambda_2 z
\end{aligned}
$$

の形で $\lambda_2 < 0,\ \rho_2 > 0$, および $\omega_2 \neq 0$ である．
大域的仮定：p_1 と p_2 を結ぶ $x - y$ 平面の軌跡 Γ_{12} が存在する．

654   4. 大域的分岐とカオスの様相

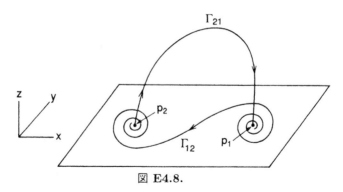

図 E4.8.

p_2 と p_1 を結ぶ軌跡 Γ_{21} が存在する.
その幾何学については図 E4.8 を見よ. Γ_{12} および Γ_{21} はヘテロクリニック軌道, つまり, 2 つの異なる不動点に両側漸近的な軌道の例である. $\Gamma_{12} \cup \Gamma_{21} \cup \{p_1\} \cup \{p_2\}$ はヘテロクリニック・サイクルをなすといわれる.

a) ヘテロクリニック・サイクルの近傍でポアンカレ写像を定義し, 写像が不変カントール集合を持ち, その上で力学が N ($N \geq 2$) 記号上の全ずらしに位相的に共役であるような固有値 (つまり, $\rho_1, \rho_2, \lambda_1$ および λ_2) に関する条件があるかどうかを決定せよ.

b)
$$|\rho_2| = |\rho_1|,$$
$$|\lambda_2| = |\lambda_1|,$$
$$|\omega_2| = |\omega_1|$$

の場合を考える. この場合馬蹄型力学が存在するか? この場合が節 4.9B で議論された簡約された (よって対称的な) 3 次元標準形の場合 III に関連しているものは何か?

4.69 節 1.2A で述べられたホモクリニック軌道近傍でポアンカレ写像を導くための動機づけを与える例を思い起こせ. ここでヘテロクリニック軌道に対する同様の例を述べよう. それぞれ p_1 と p_2 に双曲型不動点を持つ $\mathbf{C}^r$ (r は必要なだけ大きい) ベクトル場の 2 パラメータ族を考える.

局所的仮定: p_1 で線形化されたベクトル場は

$$\dot{x}_1 = \alpha_1 x_1, \qquad \alpha_1 < 0, \ \beta_1 > 0$$
$$\dot{y}_1 = \beta_1 y_1,$$

で与えられ, p_2 で線形化されたベクトル場は

$$\dot{x}_2 = \alpha_2 x_2, \qquad \alpha_2 > 0, \ \beta_2 < 0$$
$$\dot{y}_2 = \beta_2 y_2,$$

で与えられる. ここで $\alpha_i, \beta_i, i = 1, 2$ は定数である.
大域的仮定: p_1 と p_2 はヘテロクリニック・サイクルによって結合されている. 正の時

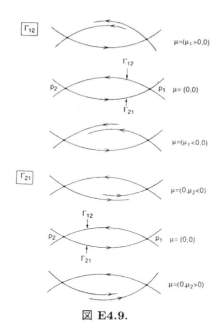

図 E4.9.

間で p_1 から p_2 へ行くヘテロクリニック軌道を Γ_{12} で表し,正の時間で p_2 から p_1 へ行くヘテロクリニック軌道を Γ_{21} で表す.

ヘテロクリニック・サイクルは次のようにパラメータに依存する. $\mu \equiv (\mu_1, \mu_2)$ に対し,$\mathcal{N}$ を μ_1, μ_2 平面の 0 の近傍とする.このとき次のことを仮定する.

1) Γ_{12} は全ての $\mu \in \{(\mu_1, \mu_2) \mid \mu_1 = 0\} \cap \mathcal{N} \equiv \mathcal{N}_1$ に対して存在する.
2) Γ_{21} は全ての $\mu \in \{(\mu_1, \mu_2) \mid \mu_2 = 0\} \cap \mathcal{N} \equiv \mathcal{N}_2$ に対して存在する.

さらにまた,Γ_{12} および Γ_{21} は図 E4.9 のように "横断的に" 壊れるとする.
ヘテロクリニック・サイクルの近傍のポアンカレ写像の 2 パラメータ族を構成し,周期軌道の分岐と安定性を調べよ.(ヒント:節 1.2A の場合 3 と演習問題 4.66 のアイデアを適用せよ.)

4.70 節 4.10 の議論を思い起こし,任意の有限の T に対して

$$\chi(x_0, e) = \chi(x(T), e)$$

であることを示せ.

4.71 C^r 写像または流れが,初期条件に C^r で依存し,また初期条件への鋭敏依存性を示すことができるか? 説明せよ.

4.72 例 4.11.2 を思い起こそう.隣接する安定な周期軌道によって囲まれた開円環領域の全てあるいは幾つかの軌道は初期条件への鋭敏依存性を示すか?

4.73 例 4.11.3 を思い起こそう.(4.11.6) により生成された流れが T^2 上で位相的に推移的であることを示せ.

656   4. 大域的分岐とカオスの様相

4.74 力学系

$$\sigma: \Sigma^N \to \Sigma^N$$

に対し周期軌道が Σ^N で稠密であることを示せ.

4.75

$$x \mapsto g(x), \qquad x \in \mathbb{R}^n$$

は $\mathbf{C}^r$ $(r \geq 1)$ 写像とする. $\mathcal{M} \subset \mathbb{R}^n$ がカオス的不変集合 $\Lambda \subset \mathcal{M}$ を持つ閉じこめ領域とする. このとき

$$\mathcal{A} \equiv \bigcap_{n>0} g^n(\mathcal{M})$$

を定義して,

$$\Lambda \subset \mathcal{A}$$

を示せ.

4.76 平面のハミルトン・ベクトル場を考える. あらゆる軌道の全てのリャプノフ指数が零である必要はあるか?

4.77 ベクトル場の軌跡は少なくとも 1 つ 0 のリャプノフ指数を持たねばならないことを示せ. (ヒント:軌道に接する方向を考えよ.)

4.78 しばしば

力学系は正のリャプノフ指数を持つときカオス的である

という言葉を聞く. この言葉が節 4.10 および 4.11 の議論に照らして何を意味しているかを論ぜよ. 散逸的および非散逸的系の両方について考えよ.

4.79 現実的な例では, 軌道のリャプノフ指数は数値的に計算しなければならない. この場合, 問題が生じることが分かる. すなわち, リャプノフ指数は極限 $t \to \infty$ で得られる数であり, 実際には, 有限時間量についてだけしか計算できないのである.
例 4.10.3 を思い起こそう. 初期条件

$$(x, y) = (\varepsilon, 0)$$

および方向

$$\delta x = (1, 0)$$

を考える.

$$\chi_t(x_0, e) = \frac{1}{t} \log \lambda_t(x_0, e),$$

として, この例について

$$\chi_t((\varepsilon, 0), \delta x)$$

を計算する. その例の議論から, ある T に対して

$$\chi_t((\varepsilon, 0), \delta x) \leq 0, \qquad t \in [T, \infty)$$

である. $T_0(\varepsilon)$ を

$$\chi_{T_0(\varepsilon)}((\varepsilon, 0), \delta x) = 0$$

なる t の値とする.

a) $T_0(\varepsilon)$ を計算し，それを ε の関数としてグラフにせよ.

b) リャプノフ指数の数値計算に関するこの例から何を結論できるか？

4.80 節 4.11 の最後の減衰，周期的強制ダッフィング振動子の相空間におけるカオスの議論を思い起こそう．この演習問題の目的は，その議論において与えられた発見論的な論拠を厳密にすることである.

a) 与えられた断面（Σ^0 とする）上のポアンカレ写像に対してホモクリニック錯綜 を正確に描け．コンピュータを使ってもよい.

b) ポアンカレ写像の反復のもとで μ_v-垂直帯に写像し，節 4.3 の仮定 1 と 3 が満たされるような 2 つの μ_h-水平帯，H_0 および H_1 と表される，の候補を見つけよ．相空間の運動と不変集合上の力学の関係が節 4.11 で述べたものになるように水平帯を選べ.

c) カオス的不変集合を形成するために必要な反復の数とパラメータ $\gamma - \delta - \omega$ の間の関係を述べよ（必要なら，Holmes and Marsden [1982] を見よ）.

4.81 減衰，周期的強制ダッフィング振動子の吸引集合．減衰，周期的強制ダッフィング振動子

$$\dot{x} = y,$$
$$\dot{y} = x - x^3 + \varepsilon(-\delta y + \gamma \cos \omega t) \tag{E4.20}$$

で，ε が小さく，また $\delta, \gamma, \omega > 0$ なものを考える.

$$\gamma \in \left(\hat{R}^M(\omega)\delta, \hat{R}^{M-2}(\omega)\delta \right)$$

と選ぶ．1.2E,i) から，このパラメータの選択は，次数 M（奇数）の外側の共鳴帯が励起されるが次数 $M-2$ のさらに外側の共鳴帯は励起されないことを意味する．P を (E4.20) に付随したポアンカレ写像，p を次数 M の共鳴帯上の周期 M の鞍状点とする．このとき Holmes and Whitley[1984] による次の結果を証明せよ.

定理 E4.2 (ホルメス，ウィトレイ) $A \equiv \bigcap_{n \geq 0} P^n(D) = \overline{W^u(p)}$．ここで D は次数 M の共鳴帯に含まれる閉じこめ領域である.

（ヒント：1.2E,ii) から，両方の成分は D の境界に 1 回だけ交差することを知っている．これは図 E4.10 で図示されているように D を 2 つの互いに交わらない領域 S および T に分離する（明らかにこの図は理想化されている，つまり，多くが無視されているが，表すべき要点は含んでいる.）以下に，ポアンカレ写像を $M(M+2)$ 回反復したもの，$\tilde{P} \equiv P^{M(M+2)}$ と表す，に関して論じよう．したがって，p と q はこの写像の不動点であり，q は $M+2$ 共鳴帯上の鞍状点を表す.

さて節 1.2E,ii) から $W^s(q)$ の両成分は $W^i(p)$ に横断的に交差する．p から出ていく $W^u(p)$ 上で p, x, y の順に並んでいる，x, y と示した，これらの交差点上の 2 つの特定の点を考える．$\tilde{P}^{-1}$ のもとでこれらの点を反復して，図 E4.11 のように p から出ていく $W^u(p)$ に沿って p, x', y', x, y の順に並ぶ点 x', y' を得る．$W^s(q)$ と $W^u(p)$ の 2 つの弧 $\overline{xx'}$ は図 E4.11 で陰をつけた閉領域 R を囲む.

さて設定を述べたので，証明を完成するために必要な段階の簡単な概略を与えよう.

1) $\overline{W^u(p)} \subset A$ を示せ（簡単）.

2) $A \subset \overline{W^u(p)}$ を示せ.

これは次のように示される.

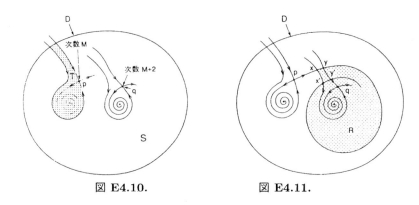

図 E4.10.　　　図 E4.11.

a) M 番目の共鳴帯に閉じこめられないようなその上の全ての点は次に低いレベルへと移ることを論証せよ．(これは既にメルニコフの理論によって確立されている．)
b) $\overline{R} \equiv \bigcap_{n \geq 0} P^n(R) \subset W^u(p)$ を示せ．
c) 全ての点はある低い共鳴レベル上で構成された $\overline{R}$ に最終的に落ち込むことを論証せよ．$A \subset \overline{W^u(p)}$ が a), b) および c) の結果として起こる理由を詳しく議論せよ．また次数 M および次数 $M+2$ の共鳴帯上に 1 つの (固定した) 鞍状点-沈点の対だけを考えるだけでなぜ十分なのか？)

4.82 しばしば

> 次元 2 およびそれ以上の微分同相写像または次元 3 およびそれ以上のベクトル場に対しては，ホモクリニック軌道がカオスを発生させる

という言葉を聞く．
この主張は一般的に正しいか？ 例をつけて完全な議論を与えよ．

4.83 定理 4.7.2 は保測写像について成立していることを示せ．(ヒント：Tedeschini-Lalli and Yorke [1986] で与えられている陰関数定理の証明を使え．)

4.84 定理 4.7.1 の結果は保測写像に対して成立しているか？

参考文献

Abraham, R.H. and Marsden, J.E. [1978]. *Foudations of Mechanics.* Benjamin/Cummings: Menlo Park, CA.

Abraham, R.H., Marsden, J.E., and Ratiu, T. [1988]. *Manifolds, Tensor Analysis, and Applications.* Springer-Verlag: New York, Heidelberg, Berlin.

Abraham, R.H. and Shaw, C.D. [1984]. *Dynamics–The Geometry of Behavior, Part Three: Global Behavior.* Aerial Press, Inc.: Santa Cruz.

Afraimovich, V.S., Bykov, V.V., and Silnikov, L.P. [1983]. On structurally unstable attractiong limit sets of Lorenz attractor type. *Trans. Moscow Math. Soc.* **2**, 153-216.

Alekfseev, V.M. [1968a]. Quasirandom dynamical systems, I. *Math. USSR-Sb.* **5**, 73-128.

Alekseev, V.M. [1968b]. Quasirandom dynamical systems, II. *Math. USSR-Sb.* **6**, 505-560.

Alekseev, V.M. [1969]. Quasirandom dynamical systems, III. *Math. USSR-Sb.* **7**, 1-43.

Alligood, K.T., Yorke, E.D., and Yorke, J.A. [1987]. Why period-doubling cascades occur in periodic orbit creation followed by stability shedding. *Physica* **28D**, 197-205.

Andronov, A.A. [1929]. Application of Poincaré theorem on "bifurcation points" and "change in stability" to simple autooscillatory systems. *C.R. Acad. Sci. Paris* **189** (15), 559-561.

Andronov, A.A., Leontovich, E.A., Gordon, I.I., and Maier, A.G. [1971]. *Theory of Bifurcations of Dynamic Systems on a Plane.* Israel Program of Scientific Translations: Jerusalem.

Andronov, A.A. and Pontryagin, L. [1937]. Systéms grossiers. *Dokl. Akad. Nauk. SSSR* **14**, 247-251.

Arnéodo, A., Coullet, P., and Tresser, C. [1981a]. A possible new mechanism for the onset of turbulence. *Phys. Lett.* **81A**, 197-201

Arnéodo, A., Coullet, P., and Tresser, C. [1981b]. Possible new strange attractors with spiral structure. *Comm. Math. Phys.* **79**, 573-579.

Arnéodo, A., Coullet, P., and Tresser, C. [1982]. Oscillators with chaotic behavior: An illustration of a theorem by Shil'nikov. *J. Statist. Phys.* **27**, 171-182.

Arnéodo, A., Coullet, P., and Spiegel, E. [1982]. Chaos in a finite macroscopic system. *Phys. Lett.* **92A** 369-373.

660　参考文献

Arnéodo, A., Coullet, P., Spiegel, E., and Tresser, C. [1985]. Asymptotic chaos. *Physica* **14D**, 327-347.

Arnold, V.I. [1972]. Lectures on bifurcations in versal families. *Russian Math. Surveys* **27**, 54-123.

Arnold, V.I. [1973]. *Ordinary Differential Equations*. M.I.T. Press: Cambridge, MA.

Arnold, V.I. [1977]. Loss of stability of self oscillations close to resonances and versal deformations of equivariant vector fields. *Functional Anal. Appl.* **11**(2), 1-10.

Arnold, V.I. [1978]. *Mathematical Methods of Classical Mechanics*. Springer-Verlag: New York, Heidelberg, Berlin.

Arnold, V.I. [1983]. *Geometrical Methods in the Theory of Ordinary Differential Equations*. Springer-Verlag: New York, Heidelberg, Berlin.

Aubry, S. [1983a]. The twist map, the extended Frenkel-Kontorova model and the devil's staircase. *Physica* **7D**, 240-258.

Aubry, S. [1983b]. Devil's staircase and order without periodicity in classical condensed matter. *J. Physique* **44**, 147-162.

Baer, S.M., Erneux, T., and Rinzel, J. [1989]. The slow passage through a Hopf bifurcation: Delay, memory effects, and resonance. *SIAM J. Appl. Math.* **49**, 55-71.

Baider, A. [1989]. Unique normal forms for vector fields and Hamiltonians. *J. Differential Equations* **78**, 33-52.

Baider, A. and Churchill, R.C. [1988]. Uniqueness and non-uniqueness of normal forms for vector fields. *Proc. Roy. Soc. Edinburgh Sect. A* **108**, 27-33.

Bartlett, J.H. [1982]. Limits of stability for an area-preserving polynomial mapping. *Celestial Mech.* **28**, 295-317.

Benedicks, M. and Carleson, L. [1988]. The Dynamics of the Hénon Map. preprint.

Benettin, G., Galgani, L., Giorgilli, A., and Strelcyn, J.-M. [1980a]. Lyapunov characteristic exponents for smooth dynamical systems and for Hamiltonian systems; a method for computing all of them, Part I: Theory. *Meccanica* **15**, 9-20.

Benettin, G., Galgani, L., Giorgilli, A., and Strelcyn, J.-M. [1980b]. Lyapunov characteristic exponents for smooth dynamical systems and for Hamiltonian systems; a method for computing all of them, Part II: Numerical application. *Meccanica* **15**, 21-30.

Birkhoff, G.D. [1927]. *Dynamical Systems*. A.M.S. Coll. Publications, vol. 9, reprinted 1966. American Mathematical Society: Providence.

Birkhoff, G.D. [1935]. Nouvelles Recherches sur les systéms dynamiques. *Mem. Point. Acad. Sci. Nobi. Lyncaei* **1**, 85-216.

Birman, J.S. and Williams, R.F. [1983a]. Knotted periodic orbits in dynamical systems I: Lorenz's equations. *Topology* **22**, 47-82.

Birman, J.S. and Williams, R.F. [1983b]. Knotted periodic orbits in dynamical systems II: Knot holders for fibred knots. *Contemp. Math.* **20**, 1-60.

Bogdanov, R.I. [1975]. Versal deformations of a singular point on the plane in the case of zero eigenvalues. *Functional Anal. Appl.* **9**(2), 144-145.

Bost, J. [1986]. Tores invariants des systèms dynamiques Hamiltoniens. *Astérisque* 133-134. 113-157.

Bowen, R. [1970]. Markov partitions for Axiom A diffeomorphisms. *Amer. J. Math.* **92**, 725-747.

Bowen, R. [1978]. *On Axiom A Diffeomorphisms.* CBMS Regional Conference Series in Mathematics, vol. 35. A.M.S. Publications: Providence.

Boyce, W.E. and DiPrima, R.C. [1977]. *Elementary Differential Equations and Boundary Value Problems.* Wiley: New York.

Broer, H.W. and Vegter, G. [1984]. Subordinate Sil'nikov bifurcations near some singularities of vector fields having low codimension. *Ergodic Theory and Dynamical Systems* **4**, 509-525.

Bruhn, B. [1989]. Homoclinic bifurcations in simple parametrically driven systems. *Ann. Physik* **46**, 367-375.

Bryuno, A.D. [1989]. *Local Methods in Nonlinear Differential Equations. Part I. The Local Method of Nonliner Analysis of Differential Equations. Part II. The Sets of Analyticity of a Normalizing Transformation.* Springer-Verlag: New York, Heidelbergm, Berlin.

Bylov, B.F., Vinograd, R.E., Grobman, D.M., and Nemyckii, V.V. [1966]. *Theory of Liapunov Characteristic Numbers.* Moscow (Russian).

Byrd, P.F. and Friedman, M.D. [1971]. *Handbook of Elliptic Integrals for Scientists and Engineers.* Springer-Verlag: New York, Heidelberg, Berlin.

Carr, J. [1981]. *Applications of Center Manifold Theory.* Springer-Verlag: New York, Heidelberg, Berlin.

Carr, J., Chow, S.-N., and Hale, J.K. [1985]. Abelian integrals and bifurcation theory. *J. Differential Equations* **59**, 413-436.

Celletti, A. and Chierchia, L. [1988]. Construction of analytic KAM surfaces and effective stability bounds. *Comm. Math. Phys.* **118**, 119-161.

Channon, S.R. and Lebowitz, J.L. [1980]. Numerical experiments in stochasticity and homoclinic oscillation. *Ann. New York Acad. Sci.* **357**, 108-118.

Chillingworth, D.R.J. [1960]. *Differentiable Topology with a View to Applications.* Pitman: London.

Chorin, A.J. and Marsden, J.E. [1979]. *A Mathematical Introduction to Fluid Mechanics.* Springer-Verlag: New York, Heidelberg, Berlin.

Chow, S.-N. and Hale, J.K. [1982]. *Methods of Bifurcation Theory.* Springer-Verlag: New York, Heidelbergm, Berlin.

Chow, S.-N., Li, C., and Wang, D. [1989]. Uniqueness of periodic orbits of some vector fields with codimension two singularities. *J. Differential Equations* **77**, 231-253.

Conley, C. [1978]. *Isolated Invariant Sets and the Morse Index.* CBMS Regional Conference Series in Mathematics, vol. 38. American Mathematical Society: Providence.

Coullet, P. and Spiegel, E.A. [1983]. Amplitude equations for systems with competing instabilities. *SIAM J. Appl. Math.* **43**, 774-819.

Cushman, R. and Sanders, J.A. [1986]. Nilpotent normal forms and representation theory of $sl(2,R)$. In *Multi-Parameter Bifurcation Theory*, M. Golubitsky and J. Guckenheimer (eds.) Contemporary Mathematics, vol. 56. American Mathematical Society, Providence.

Devaney, R.L. [1982]. Blowing up singularities in classical mechanical systems. *Amer. Math. Monthly* **89**(8), 535-552.

Devaney, R.L. [1986]. *An Introduction to Chaotic Dynamical Systems.* Benjamin/Cummings: Menlo Park, CA.

Dubrovin, B.A., Fomenko, A.T., and Novikov, S.P. [1984]. *Modern Geometry–Methods and Applications, Part I. The Geometry of Surfaces, Transformation Groups, and Fields.* Springer-Verlag: New York, Heidelberg, Berlin.

Dubrovin, B.A., Fomenko, A.T., and Novikov, S.P. [1984]. *Modern Geometry–Methods and Applications, Part II. The Geometry and Topology of Manifolds.* Springer-Verlag: New York, Heidelberg, Berlin.

Dugundji, J. [1966]. *Topology.* Allyn and Bacon: Boston.

Easton, R.W. [1986]. Trellises formed by stable and unstable manifolds in the plane. *Trans. Amer. Math. Soc.* **294**, 714-732.

Elphick, C., Tirapegui, E., Brachet, M.E., Coullet, P., and Iooss, G. [1987]. A simple global characterization for normal forms of singular vecter fields. *Physica* **29D**, 95-127.

Erneux, T. and Mandel, P. [1986]. Inperfect bifurcation with a slowly varying control parameter. *SIAM J. Appl. Math.* **46**, 1-16.

Evans, J.W., Fenichel, N., and Feroe, J.A. [1982]. Double impulse solutions in nerve axon equations. *SIAM J. Appl. Math.* **42**(2), 219-234.

Fenichel, N. [1971]. Persistence and smoothness of invariant manifolds for flows. *Indiana Univ. Math. J.* **21**, 193-225.

Fenichel, N. [1974]. Asymptotic stability with rate conditions. *Indiana Univ. Math. J.* **23** 1109-1137.

Fenichel, N. [1977]. Asymptotic stability with rate conditions, II. *Indiana Univ. Math. J.* **26** 81-93.

Fenichel, N. [1979]. Geometric singular perturbation theory for ordinary differential equations. *J. Differential Equations* **31**, 53-98.

Franks, J.M. [1982]. *Homology and Dynamical Systems.* CBMS Regional Conference Series in Mathematics, vol. 49. A.M.S. Publications: Providence.

Galin, D.M. [1982]. Versal deformations of linear Hamiltonian systems. *Amer. Math. Soc. Trans.* **118**,1-12.

Gambaudo, J.M. [1985]. Perturbation of a Hopf bifurcation by external time- periodic forcing. *J. Differential Equations* **57**, 172-199.

Gantmacher, F.R. [1977]. *Theory of Matrices*, vol. 1. Chelsea: New York.

Gantmacher, F.R. [1989]. *Theory of Matrices*, vol. 2. Chelsea: New York.

Gaspard, P. [1983]. Generation of a countable set of homoclinic flows through bifurcation. *Phys. Lett.* **97A**, 1-4.

Gaspard, P., Kapral, R., and Nicolis, G. [1984]. Bifurcation phenomena near homoclinic systems: A two parameter analysis. *J. Statist. Phys.* **35**, 697-727.

Gaspard, P. and Nicolis, G. [1983]. What can we learn from homoclinic orbits in chaotic systems? *J. Statist. Phys.* **31**, 499-518.

Gaspard, N.K. and Silnikov, L.P. [1972]. On three dimensional dynamical systems close to systems with a structurally unstable homoclinic curve, I. *Math. USSR-Sb.* **17**, 467-485.

Gaspard, N.K. and Silnikov, L.P. [1973]. On three dimensional dynamical systems close to systems with a structurally unstable homoclinic curve, I. *Math. USSR-Sb.* **19**, 139-156.

Gibson, C.G. [1979]. *Singular Points of Smooth Mappings*. Pitman: London.

Glendinning, P. and Sparrow, C. [1984]. Local and global behavior near homoclinic orbits. *J. Statist. Phys.* **35**, 645-696.

Goggin, M.E. and Milonni, P.W. [1988]. Driven Morse oscillator: Classical chaos, quantum theory, and photodissociation. *Phys. Rev. A* **37**, 796-806.

Goldhirsch, I., Sulem, P.-L., and Orszag, S.A. [1987]. Stability and Lyapunov stability of dynamical systems: A differential approach and a numerical method. *Physica* **27D**, 311-337.

Goldstein, H. [1980]. *Classical Mechanics*, 2nd ed. Addison-Wesley: Reading, MA.

Golubitsky, M. and Guillemin, V. [1973]. *Stable Mappings and Their Singularities*. Springer-Verlag: New York, Heidelberg, Berlin.

Golubitsky, M. and Schaeffer, D.G. [1985]. *Singularities and Groups in Bifurcation Theory*, vol. 1. Springer-Verlag: New York, Heidelberg, Berlin.

Golubitsky, M. and Stewart, I. [1987]. Generic bifurcation of Hamiltonian systems with symmetry. *Physica* **24D**, 391-405.

Golubitsky, M., Stewart, I., and Schaeffer, D.G. [1988]. *Sigularities and Groups in Bifurcation Theorym*, vol. 2. Springer-Verlag: New York, Heidelberg, Berlin.

Grebenikov, E.A. and Ryabov, Yu.A. [1983]. *Constructive Methods in the Analysis of Nonlinear Systems*. Mir: Moscow.

Grebogi, C., Oh, E., and Yorke, J.A. [1985]. Attractors on an N-torus: Quasiperiodicity versus chaos. *Physica* **15D**, 354-373.

Greenspan, B.D. and Holmes, P.J. [1983]. Homoclinic orbits, subharmonics, and global bifurcations in forced oscillations. In *Nonlinear Dynamics and Turbulence*, G. Barenblatt, G. Iooss, and D.D. Joseph(eds.), pp. 172-214. Pitman: London.

Greenspan, B.D. and Homes, P.J. [1984]. Repeated resonance and homoclinic bifurcation in aperiodically forced family of oscillators. *SIAM J. Math. Anal.* **15**, 69-97.

Grobman, D.M. [1959]. Homeomorphisms of systems of differential equations. *Dokl. Akad. Nauk SSSR* **128**, 880.

664   参考文献

Guckenheimer, J. [1981]. On a codimension two bifurcation. In *Dynamical Systems and Turbulence*, D.A. Rand and L.S. Young(eds.), pp. 99-142. Springer Lecture Notes in Mathematics, vol. 898. Springer-Verlag: New York, Heidelberg, Berlin.

Guckenheimer, J. and Holmes, P.J. [1983]. *Nonlinear Oscillations, Dynamical Systems, and Bifurcations of Vector Fields*. Springer-Verlag: New York, Heidelberg, Berlin.

Guckenheimer, J. and Johnson, S. [1989]. Distortion of S-unimodal maps, preprint.

Guckenheimer, J. and Williams, R.F. [1980]. Structural stability of the Lorenz attractor. *Publ. Math. IHES* **50**, 73-100.

Haberman, R. [1979]. Slowly varying jump and transition phenomena associated with algebraic bifurcation problems. *SIAM J. Appl. Math.* **37**, 69-105.

Hadamard, J. [1898]. Les surfaces à curbures opposés et leurs lignes géodesiques. *Journ. de Math.* **5**, 27-73.

Hale, J. [1980]. *Ordinary Differential Equations*. Robert E. Krieger Publishing Co., Inc.: Malabar, Florida.

Hale, J.K. and Lin, X.-B. [1986]. Symbolic dynamics and nonlinear semiflows. *Ann. Mat. Pura Appl.* **144**(4), 224-259.

Hartman, P. [1960]. A lemma in the theory of structural stability of differential equations. *Proc. Amer. Math. Soc.* **11**, 610-620.

Hassard, B.D., Kazarinoff, N.D., and Wan, Y.-H. [1980]. *Theory and Applications of the Hopf Bifurcation*. Cambridge University Press: Cambridge.

Hastings, S. [1982]. Single and multiple pulse waves for the Fitzhgh-Nagumo equations. *SIAM J. Appl. Math.* **42**. 247-260.

Hausdorff, [1962]. *Set Theory*. Chelsea: New York.

Henry, D. [1981]. *Geometric Theory of Semilinear Parabolic Equations*. Springer Lecture Notes in Mathematics, vol. 840. Springer-Verlag: New York, Heidelberg, Berlin.

Herman, M.R. [1988]. Existence et non existence de Tores Invariants par des diffeomorphismes symplectiques, preprint.

Hirsch, M.W. [1976]. *Differential Topology*. Springer-Verlag: New York, Heidelberg, Berlin.

Hirsch, M.W., Pugh, C.C., and Shub, M. [1977]. *Invariant Manifolds*. Springer Lecture Notes in Mathematics, vol. 583. Springer-Verlag: New York, Heidelberg, Berlin.

Hirsch, M.W. and Smale, S. [1974]. *Differential Equations, Dynamical Systems, and Linear Algebra*. Academic Press: New York.

Holmes, C. and Holmes, P.J. [1981]. Second order averaging and bifurcations to subharmonics in Duffing's equation. *J. Sound and Vibration* **78**(4), 161-174.

Holmes, C.A. and Wood, D. [1985]. Studies of a complex Duffing equation in nonlinear waves on plane Poiseuille flow, preprint, Imperial College, London.

Holmes, P.J. [1980]. A strange family of three-dimensional vector fields near a degenerate singularity. *J. Differential Equations* **37**, 382-404.

Holmes, P.J. [1985]. Dynamics of a nonlinear oscillator with feedback control I: Local analysis. *Trans. ASME J. Dyn. Sys. Control* **107**, 159-165.

Holmes, P.J. [1986a]. Knotted periodic orbits in suspensions of Smale's horseshoe: Period multiplying and cabled knots. *Physica* **21D**, 7-41.

Holmes, P.J. [1986b]. Spatial structure of time-periodic solutions of the Ginzburg-Landau equation. *Physica* **23D**, 84-90.

Holmes, P.J. [1987]. Knotted periodic orbits in suspensions of annulus maps. *Proc. Roy. Soc. London Ser. A* **411**, 351-378.

Holmes, P.J. and Marsden J.E. [1982]. Horseshoes in perturbation of Hamiltonian systems with two degrees of freedom. *Comm. Math. Phys.* **82**, 523-544.

Holmes, P.J., Marsden, J.E., and Scheurle, J. [1988]. Exponentially small splitting of separatrices with applications to KAM theory and degenerate bifurcations. Contemporary Mathematics, vol. 81, pp. 213-243. American Mathematical Society: Providence.

Holmes, P.J. and Moon, F.C. [1983]. Strange attractors in nonlinear mechanics. *Trans. ASME J. Appl. Mech.* **50**, 1021-1032.

Holmes, P.J. and Rand, D.A. [1978]. Bifurcations of the forces van der Poloscillator. *Quart. Appl. Math.* **35**, 495-509.

Holmes, P.J. and Whitley, D.C. [1984]. On the attracting set for Duffing's equation I: Analytical methods for small force and damping. In *Partial Differential Equations and Dynamical Systems*, W. Fitzgibbon III(ed.), pp. 211-240. Pitman: London.

Holmes, P.J. and Williams, R.F. [1985]. Knotted periodic orbits in suspensions of Smale's horseshoe: Torus knots and bifurcation sequences. *Arch. Rational Mech. Anal.* **90**, 115-194.

Hopf, E. [1942]. Abzweigung einer periodischen Lösung von einer stationären Lösung eines Differentialsystems. *Ber. Math. Phys. Sächsische Akademie der Wissenschaften Leipzig* **94**, 1-22 (see also the English translation in Marsden and McCracken [1976]).

Iooss, G. [1979]. *Bifurcation of Maps and Applications*. North Holland: Amsterdam.

Iooss, G. and Langford, W.F. [1980]. Conjectures on the routes to turbulence via bifurcation. In *Nonlinear Dynamics*, R.H.G. Helleman (ed.), pp. 489-505. New York Academy of Sciences: New York City, NY.

Jakobson, M.V. [1981]. Absolutely continuous invariant measures for one-parameter families of one-dimensional maps. *Comm. Math. Phys.* **81**, 39-88.

Johnson, R.A. [1986]. Exponential dichotomy, rotation number, and linear differential operators with bounded coefficients. *J. Differential Equations* **61**, 54-78.

Johnson, R.A. [1987]. m-Functions and Floquet exponents for linear differential systems. *Ann. Mat. Pura Appl. (4)* vol. CXLVII, 211-248.

Johnson, S. [1987]. Singular measures without restrictive intervals. *Comm. Math. Phys.* **110**, 185-190.

Kaper, T.J., Kovačič, G., and Wiggins, S. [1989]. Melnikov functions, action, and lobe area in Hamiltonian systems, preprint, California Institute of Technology, Pasadena, CA.

666 参考文献

Kaplan, B.Z. and Kóttick, D. [1983]. Use of a three-phase oscillator model for the compact representation of synchronomous generators. *IEEE Trans. Magn.*, vol. MAG-19, 1480-1486.

Kaplan, B.Z. and Kottick, D. [1985]. A compact representaion of synchronous motors and unregulated synchronous generators. *IEEE Trans. Magn.*, vol. MAG-21, 2657-2663.

Kaplan, B.Z. and Kottick, D. [1987]. Employment of three-phase compact oscillator models for representing comprehensively two synchronous generator systems. *Elect. Mach. Power Systems* **12**, 363-375.

Kaplan, B.Z. and Yardeni, D. [1989]. Possible chaotic phenomenon in a three-phase pscillator. *IEEE Trans. Circuits and Systems* **36**(8), 1148-1151.

Kato, T. [1980]. *Perturbation Theory for Linear Operators*, Corrected 2nd Ed. Springer-Verlag: New York, Heidelbeg, Berlin.

Katok, A. and Bernstein, D. [1987]. Birkhoff periodic orbits for small perturbations of completely integrable Hamiltonian systems with convex Hamiltonians. *Invent. Math.* **88**, 225-241.

Kelley, A. [1967]. The stable, center-stable, center, center-unstable, unstable manifolds. An appendix in *Transversal Mappings and Flows*, R. Abraham and J. Robbin. Benjamin: New York.

Kevorkian, J. and Cole, J.D. [1981]. *Perturbation Methods in Applied Mathematics*. Springer-Verlag: New York, Heidelberg, Berlin.

Kocak, H. [1984]. Normal forms and versal deformations of linear Hamiltonian systems. *J. Differential Equations* **51**, 359-407.

Kopell, N. and Howard, L.N. [1975]. Bifurcations and trajectories joining critical points. *Adv. in Math.* **18**, 306-358.

Kummer, M. [1971]. How to avoid "secular" terms in classical and quantum mechanics. *Nuovo Cimento B*, 123-148.

Landau, L.D. and Lifschitz, E.M. [1976]. *Mechanics*. Pergamon: Oxford.

Landman, M.J. [1987]. Solutions of the Ginzburg-Landau equation of interest in shear flow transition. *Stud. Appl. Math.* **76**(3), 187-238.

Landford, W.F. [1985]. A review of interactions of Hopf and steady-state bifurcations. In *Nonlinear Dynamics and Turbulence*, G. Barenblatt, G. Iooss, and D.D. Joseph (eds.), pp. 215-237. Pitman: London.

LaSalle, J.P. and Lefschetz, S. [1961]. *Stability by Liapunov's Direct Method*. Academic Press: New York.

Lebovitz, N.R. and Schaar, R.J. [1975]. Exchange of stabilities in autonomous systems. *Stud. Appl. Math.* **54**, 229-260.

Lebovitz, N.R. and Schaar, R.J. [1977]. Exchange of stabilities in autonomous systems, II. Vertical bifurcations. *Stud. Appl. Math.* **56**, 1-50.

Lerman, L.M. and Silnikov, L.P. [1989]. Homoclinic structures in infinite-dimensional systems. *Siberian Math. J.* **29**(3), 408-417.

Leivinson, N. [1949]. A second order differential equation with singular solutions. *Ann. Math.* **50**, 127-153.

Lewis, D. and Marsden, J. [1989]. A Hamiltonian-dissipative decomposition of normal forms of vector fields, preprint, University of California-Berkeley.

Liapunov, A.M. [1966]. *Stability of Motion.* Academic Press: New York.

Lichtenberg, A.J. and Lieberman, M.A. [1982]. *Regular and Stochastic Motion.* Springer-Verlag: New York, Heidelberg, Berlin.

de la Llave, R. and Rana, D. [1988]. Accurate strategies for small divisor problems, preprint.

Lochak, P. and Meunier, C. [1988]. *Multiphase Averaging for Classical Systems.* Springer-Verlag: New York, Heidelberg, Berlin.

McGehee, R. [1974]. Triple collision in the collinear three body problem. *Invent. Math.* **27**, 191-227.

MacKay, R.S. [1988]. A criterion for non-existence of invariant tori for Hamiltonian systems. *Physica D* (to appear).

MacKay, R.S., Meiss, J.D., and Percival, I.C. [1984]. Transport in Hamiltonian systems. *Physica* **13D**, 55-81.

MacKay, R.S., Meiss, J.D., and Stark, J. [1989]. Converse KAM theory for symplectic twist maps, preprint.

MacKay, R.S., and Percival, I.C. [1985]. Converse KAM: Theory and Practice. *Comm. Math. Phys.* **98**, 469-512.

Mandel, P. and Erneux, T. [1987]. The slow passage through a steady bifurcation: Delay and memory effects. *J. Statist. Phys.* **48**, 1059-1070.

Marsden, J.E. and McCracken, M. [1976]. *The Hopf Bifurcation and Its Applications.* Springer-Verlag: New York, Heidelberg, Berlin.

Mather, J. [1982]. Existance of quasi-periodic orbits for twist maps of the annulus, *Topology* **21**(4), 457-467.

Mather, J. [1984]. Non-existence of invariant circles. *Ergodic Theory Dynamical Systems* **4**, 301-311.

Mather, J. [1986]. A criterion for the non-existence of invariant circles. *Publ. Math. IHES* **63**, 153-204.

Melnikov, V.K. [1963]. On the stability of the center for time periodic perturbations. *Trans. Moscow Math. Soc.* **12**, 1-57.

Meyer, K.R. [1986]. Counter-examples in dynamical systems via mormal form theory. *SIAM Rev.* **28**, 41-51.

Milnor, J. [1985]. On the concept of attractor. *Comm. Math. Phys.* **99**, 177-195.

Misiurewicz, M. [1981]. The structure of mapping of an interval with zero entropy. *Publ. Math. IHES* **53**, 5-16.

Mitropol'skii, Y.A. [1965]. *Problems of the Asymptonic Theory of Nonstationary Vibrations.* Israel Programs for Scientific Translations.

Modi, V.S. and Brereton, R.C. [1969]. Periodic solutions associated with the gravity-gradient-oriented system: Part I. Analytical and numerical determination. *AIAA J.* **7**, 1217-1225.

Morozov, A.D. [1976]. A complete qualitative investigation of Duffing's equation. *Differential Equations* **12**, 164-174.

Morozov, A.D. and Silnikov, L.P. [1984]. On nonconservative periodic systems close to two-dimensional Hamiltonian. *PMM USSR* **47**, 327-334.

Morse, M. and Hedlund, G.A. [1938]. Symbolic dynamics. *Amer. J. Math.* **60**, 815-866.

Moser, J. [1966a]. A rapidly convergent iteration method and non-linear partial differential equations, I. *Ann. Scuola Norm. Sup. Pisa Cl. Sci.* **20**(2), 265-315.

Moser, J. [1966b]. A rapidly convergent iteration method and non-linear partial differential equations, I. *Ann. Scuola Norm. Sup. Pisa Cl. Sci.* **20**(3), 499-535.

Moser, J. [1968]. Lectures on Hamiltonian systems. *Mem. Amer. Math. Soc.* **81**, American Mathematical Society: Providence.

Moser, J. [1973]. *Stable and Random Motions in Dynamical Systems.* Princeton University Press: Princeton.

Moses, E. and Steinberg, V. [1988]. Mass transport in propagating patterns of convection. *Phys. Rev. Lett.* **60**(20), 2030-2033.

Murdock, J. and Robinson, C. [1980]. Qualitative dynamics from asymptotic expansions: Local theory. *J. Differential Equations* **36**, 425-441.

Naimark, J. [1959]. On some cases of periodic motions depending on parameters. *Dokl. Akad. Nauk. SSSR* **129**, 736-739.

Nayfeh, A.H. and Mook, D.T. [1979]. *Nonlinear Oscillations.* John Wiley: New York.

Nehorošev, N.N. [1972]. Action-angle variables and their generalizations. *Trans. Moscow Math. Soc.* **26**, 180-198.

Neishtadt, A.I. [1987]. Persistence of stability loss for dynamical bifurcation, I. *Differential Equations* **23**, 1385-1391.

Neishtadt, A.I. [1988]. Presistence of stability loss for dynamical bifurcation, II. *Differential Equations* **24**, 171-176.

Nemytskii, V.V. and Stepanov, V.V. [1989]. *Qualitative Theory of Differential Equations.* Dover: New York.

Newell, A.C. [1985]. *Solitons in Mathematics and Physics.* CBMS-NSF Regional Conference Series in Applied Mathematics, vol. 48, SIAM: Philadelphia.

Newhouse, S.E. [1974]. Diffeomorophisms with infinitely many sinks. *Topology* **13**, 9-18.

Newhouse, S.E. [1979]. The abundance of wild hyperbolic sets and non-smooth stable sets for diffeomorphisms. *Publ. Math. IHES* **50**, 101-151.

Newhouse, S.E. [1980]. Lectures on dynamical systems. In *Dynamical Systems*. C.I.M.E. Lectures, Bressanone, Italy, June 1978, pp. 1-114. Birkhauser: Boston.

Newhouse, S.E. [1983]. Generic properties of consevative systems. In *Chaotic Behavior of Deterministic Systems*. Les Houches 1981, G. Iooss, R.H.G. Helleman, and R. Stora (eds.). North-Holland: Amsterdam, New York.

Newhouse, S. and Palis, J. [1973]. Bifurcations of Morse-Smale dynamical systems. In *Dynamical Systems*, M.M. Peixoto (ed.). Academic Press: New York, London.

Newton, P.K. and Sirovich, L. [1986a]. Instabilities of the Ginzburg-Landau equation: Periodic solutions. *Quart. Appl. Math.* **44**(1), 49-58.

Newton, P.K. and Sirovich, L. [1986b]. Instabilities of the Ginzburg-Landau equation: Part II, secondary bifurcation. *Quart. Appl. Math.* **44**(2), v367-374.

Nitecki, Z. [1971]. *Differentiable Dynamics*. M.I.T. Press: Cambridge.

Ottino, J.M. [1989]. *The Kinematics of Mixing: Stretching Chaos, and Transport*. Cambridge University Press: Cambridge.

Olver, P.J. [1986]. *Applications of Lie Groups to Differential Equations*. Springer-Verlag: New York, Heidelberg, Berlin.

Olver, P.J. and Shakiban, C. [1988]. Dissipative decomposition of ordinary differential equations. *Proc. Roy. Soc. Edinburgh Sect. A* **109**, 297-317.

Oseledec, V.I. [1968]. A multiplicative ergodic theorem. Liapunov characteristic numbers for dynamical systems. *Trans. Moscow Math. Soc.* **19**, 197-231.

Palis, J. and deMelo, W. [1982]. *Geometric Theory of Dynamical Systems: An introduction*. Springer-Verlag: New York, Heidelberg, Berlin.

Peixoto, M.M. [1962]. Structual stability on two-dimensional manifolds. *Topology* **1**, 101-120.

Percival, I.C. [1979]. Variational principles for invariant tori and cantori. In *Nonlinear Dynamics and the Beam-Beam Interaction*, M. Month and J.C. Herrera (eds.), *Am. Inst. of Phys. Conf. Proc.* **57**, 302-310.

Percival, I. and Richards, D. [1982]. *Introduction to Dynamics*. Cambridge University Press: Cambridge.

Pesin, Ja. B. [1976]. Families of invariant manifolds corresponding to nonzero characteristic exponents. *Math. USSR-Izv.* **10**(6), 1261-1305.

Pesin, Ja.B. [1977]. Characteristic Lyapunov exponents and smooth ergodic theory. *Russian Math. Surveys* **32**(4), 55-114.

Pikovskii, A.S., Rabinovich, M.I., and Trakhtengerts, V.Yu. [1979]. Onset of stochasticity in decay confinement of parametric instability. *Soviet Phys. JETP* **47**, 715-719.

Pliss, V.A. [1964]. The reduction principle in the theory of stability of motion. *Soviet Math.* **5**, 247-250.

Plykin, R. [1974]. Sources and sinks for A-diffeomorphisms. *Math. USSR-Sb.* **23**, 233-253.

Poincaré, H. [1982]. *Les Méthodes Nouvells de la Mécanique Céleste*, vol. I. Gauthier-Villars: Paris.

670 参考文献

Poincaré, H. [1899]. *Les Méthodes Nouvells de la Mécanique Céleste*, 3 vols. Gauthier-Villars: Paris.

Poincaré, H. [1929]. Sur les propriétés des fonctions défines par les équations aux différences parielles. *Oeuvres*, Gauthier-Villars: Paris, pp. XCIX-CX.

Rabinovich, M.I. [1978]. Stochastic self-oscillations and turbulence. *Soviet Phy. Uspekhi* **21**, 443-469.

Rabinovich, M.I. and Fabrikant, A.L. [1979]. Stochastic self-oscillation of waves in non-equilibrium media. *Soviet Phys. JETP* **50**, 311-323.

Rand, R.H. and Armbruster, D. [1987]. *Perturbation Methods, Bifurcation Theory and Computer Algebra*. Springer-Verlag: New York, Heidelberg, Berlin.

Robinson, C. [1983]. Bifurcation to infinitely many sinks. *Comm. Math. Phys.* **90**, 433-459.

Robinson, C. [1988]. Bifurcation to a transitive attractor of Lorenz type, preprint.

Rom-Kedar, V., Leonard, A., and Wiggins, S. [1989]. An analytical study of transport, mixing, and chaos in an unsteady vortical flow. *J. Fluid Mech.* (to appear).

Rom-Kedar, V. and Wiggins, S. [1989]. Transport in two-dimensional maps. *Arch. Rational Mech. Anal.* (in press).

Roux, J.C., Rossi, A., Bachelart, S., and Vidal, C. [1981]. Experimental observations of complex dynamical behavior during a chemical reaction. *Physica* **2D**, 395-403.

Rubin, W. [1964]. *Principles of Mathematical Analysis*. McGraw-Hill: New York.

Ruelle, D. [1973]. Bifurcations in the presence of a symmetry group. *Arch. Rational Mech. Anal.* **51**, 136-152.

Ruelle, D. [1981]. Small random perturbations of dynamical systems and the definition of attractors. *Comm. Math. Phys.* **82**, 137-151.

Rychlik, M. [1987]. Lorenz attractors through Silnikov type bifurcations. Part I, preprint.

Sacker, R.S. [1965]. On invariant surfaces and bifurcations of periodic solutions of ordinary differential equations. *Comm. Pure Appl. Math.* **18**, 717-732.

Sacker, R.J. and Sell, G.R. [1974]. Existence of dichotomies and invariant splittings for linear differential systems I. *J. Differential Equations* **15**, 429-458.

Sacker, R.J. and Sell, G.R. [1976a]. Existence of dichotomies and invariant splittings for linear differential systems II. *J. Differential Equations* **22**, 478-496.

Sacker, R.J. and Sell, G.R. [1976b]. Existence of dichotomies and invariant splittings for linear differential systems III. *J. Differential Equations* **22**, 497-522.

Sacker, R.J. and Sell, G.R. [1978]. A spectral theory for linear differential systems. *J. Differential Equations* **27**, 320-358.

Sacker, R.J. and Sell, G.R. [1980]. The spectrum of an invariant submanifold. *J. Differential Equatinós* **37**, 135-160.

Sanders, J.A. and Verhulst, F. [1985]. *Averaging Methods in Nonlinear Dynamical Systems*. Springer-Verlag: New York, Heildelberg, Berlin.

Schecter, S. [1985]. Persistent unstable equilibria and closed orbits of a singularly perturbed system. *J. Differential Equations* **60**, 131-141.

Schecter, S. [1987a]. The saddle-node separatrix-loop bifurcation. *SIAM J. Math. Anal.* **18**, 1142-1156.

Schecter, S. [1987b]. Melnikov's method of asaddle-node and the dynamics of the forced Josephson junction. *SIAM J. Math. Anal.* **18**, 1699-1715.

Schecter, S. [1988]. Stable manifolds in the method of averaging. *Trans. Amer. Math. Soc.* **308**, 159-176.

Scheurle, J. and Marsden, J.E. [1984]. Bifurcation to quasi-periodic tori in the interaction of steady state and Hopf bifurcations. *SIAM J. Math. Anal.* **15**(6), 1055-1074.

Schwartz, A.J. [1963]. A generalization of a Poincaré-Bendixson theorem to closed two-dimensional manifolds. *Amer. J. Math.* **85**, 453-458; errata, ibid. **85**, 753.

Sell, G.R. [1971]. *Topological Dynamics and Differential Equations.* Van Nostrand-Reinhold: London.

Sell, G.R. [1978]. The structure of a flow in the vicinity of an almost periodic motion. *J. Differential Equation* **27**, 359-393.

Shub, M. [1987]. *Global Stability of Dynamical Systems.* Springer-Verlag: New York, Heidelberg, Berlin.

Siegel, C.L. [1941]. On the Integrals of Canonical Systems. *Ann. Math.* **42**, 806-822.

Siegel, C.L. and Moser, J.K. [1971]. *Lectures on Celestial Mechanics.* Springer-Verlag: New York, Heidelberg, Berlin.

Sijbrand, J. [1985]. Properties of center manifolds. *Trans. Amer. Math. Soc.* **289**, 431-469.

Silnikov, L.P. [1965]. A Case of the Existence of a Denumerable Set of Periodic Motions. *Sov. Math. Dokl.* **6**, 163-166.

Sinai, J.G. and Vull, E. [1981]. Hyperbolicity conditions for the Lorenz model. *Physica* **2D**, 3-7.

Smale, S. [1963]. Diffeomorphisms with many periodic points. In *Differetial and Combinatorial Topology*, S.S. Cairns (ed.), pp. 63-80. Princeton University Press: Princeton.

Smale, S. [1966]. Structurally stable systems are not dense. *Amer. J. Math.* **88**, 491-496.

Smale, S. [1967]. Differentiable dynamical systems. *Bull. Amer. Math. Soc.* **73**, 747-817.

Smale, S. [1980]. *The Mathematics of Time: Essays on Dynamical Systems, Economic Processes and Related Topic.* Springer-Verlag: New York, Heidelberg, Berlin.

Smoller, J. [1983]. *Shock Waves and Reaction-Diffusion Equations.* Springer-Verlag: New York, Heidelberg, Berlin.

Šošitaĭšvili, A.N. [1975]. Bifurcations of topological type of a vector field near a singular point. *Trudy Sem. Petrovsk.* **1**, 279-309.

Sparrow, C. [1982]. *The Lorenz Equations.* Springer-Verlag: New York, Heidelberg, Berlin.

672　参考文献

Stark, J. [1988]. An exhaustive criterion for the non-existence of invariant circles for area-prerving twist maps. *Comm. Math. Phys.* **117**, 177-189.

Sternberg, S. [1957]. On local C^n contractions of the real line. *Duke Math. J.* **24**, 97-102.

Sternberg, S. [1957]. Local contractions and a theorem of Poincaré. *Amer. J. Math.* **79**, 809-824.

Sternberg, S. [1958]. On the structure of local homeomorphisms of Euclidean n-space, II. *Amer. J. Math.* **80**, 623-631.

Takens, F. [1974]. Singularities of vector fields. *Publ. Math. IHES* **43**, 47-100.

Takens, F. [1979]. Forced oscillations and bifurcations. *Comm. Math. Inst. Rijksuniv. Utrecht* **3**, 1-59.

Tedeschini-Lalli, L. and Yorke, J.A. [1986]. How often do simple dynamical processes have infinitely many coexisting sinks ? *Comm. Math. Phys.* **106**, 635-657.

Tresser, C. [1984]. About some theorems by L.P. Silnikov. *Ann. Inst. H. Poincaré* **40**, 440-461.

van Gils, S.A. [1985]. A note on "Abelian integrals and bifurcation theory." *J. Differential Equations* **59**, 437-441.

van der Meer, J.-C. [1985]. *The Hamiltonian Hopf Bifurcation.* Springer Lecture Notes in Mathematics, vol. 1160. Springer-Verlag: New York, Heidelberg, Berlin.

Vyshkind, S.Ya. and Rabinovich, M.I. [1976]. The phase stochastization mechanism and the structure of wave turbulence in dissipative media. *Soviet Phys. JETP* **44**, 292-299.

Weiss, J.B. and Knobloch, E. [1989]. Mass transport and mixing by modulated traveling waves. *Phys. Rev. A* (to appear).

Wiggins, S. [1988]. *Global bifurcations and Chaos: Analytical Methods.* Springer-Verlag: New York, Heidelberg, Berlin.

Wiggins, S. and Holmes, P.J. [1987a]. Periodic orbits in slowly varying oscillators. *SIAM J. Math. Anal.* **18**, 542-611.

Wiggins, S. and Holmes, P.J. [1987b]. Homoclinic orbits in slowly varying oscillators. *SIAM J. Math. Anal.* **18**, 612-629. (See also 1988, *SIAM J. Math. Anal.* **19**, 1254-1255, errata.)

Williams, R.F. [1980]. Structure of Lorenz attractors. *Publ. Math. IHES* **80**, 59-72.

Yanagida, E. [1987]. Branching of double pulse solutions from single pulse solutions in nerve axon equations. *J. Differential Equations* **66**, 243-262.

York, J.A. and Alligood, K.T. [1985]. Period doubling cascades of attractors: A prerequisite for horseshoes. *Comm. Math. Phys.* **101**, 305-321.

Zoladek, H. [1984]. On the versality of symmetric vector fields in the plane. *Math. USSR-Sb.* **48**, 463-492.

Zoladek, H. [1987]. Bifurcation of certain family of planar vector fields tangent to axes. *Differential Equations* **67**, 1-55

索　引

■あ行

アトラクター, 46
アーノルドの舌, 420
アファイン写像, 73
α 極限集合, 43
α 極限点, 43
鞍状点, 10
　鞍状点結合, 334
　鞍状点-結節点分岐, 258, 282, 303, 351, 553, 605
　鞍状点-結節点分岐の標準形, 266
安定結節点, 10
安定性, 8
　漸近安定, 7, 8
　線形安定, 9
　大域漸近安定, 13
　リャプノフ安定, 6
安定性交替型分岐, 259, 266, 283, 369
　安定性交替型分岐の標準形, 269
安定部分空間, 17

移送, 550
位相共役, 91, 441
位相的推移性, 623
位相的に推移的, 47
位相的に同値, 300
1 自由度, 31
1:1 共鳴, 182
1:3 共鳴, 182
異調, 192
異調パラメータ, 109
一般的な位置, 103
移流, 184
陰関数定理, 15

A から誘導された族, 310
衛星, 636
A_0 の変形, 309

x_0 を通る軌道, 2
N 記号上の全ずらし, 448
n 自由度ハミルトン系, 155
エネルギー関数, 31
エノン写像, 627
f の x での k-ジェット, 293
f の k-ジェット拡大, 294
円写像, 82
円周写像, 388
円筒 $\mathbb{R}^1 \times S^1$, 30

横断写像, 483
横断性, 95, 102
横断的, 481
　横断的ホモクリニック軌道, 493
　横断的ホモクリニック点, 479
ω 極限集合, 43
ω 極限点, 43

■か行

開折, 290
回転数, 82
解の延長, 38
カオス, 163, 425, 442
　カオス的, 622
　　カオス的力学, 425
可換, 91
可積分ハミルトン系, 34
可積分ベクトル場, 30
KAM 定理, 152
還元原理, 194
完全, 447
観測可能性, 626
カントーラス, 154
カントール集合, 442, 448
Γ の指数, 36
簡約系, 190
簡約法, 188, 637

記号力学, 436, 443
基準モード, 35
軌道, 2
吸引集合, 45
吸引領域, 45
強共鳴, 391
強制ファン・デア・ポール方程式, 181, 418
共鳴, 73
  1:1 共鳴, 182
  1:3 共鳴, 182
  共鳴関係, 132, 138, 144
  共鳴項, 217
  共鳴帯, 139, 145, 162
    共鳴帯通過, 192
    共鳴帯間の相互作用, 171
    共鳴の次数, 238
行列の族の準普遍変形, 308
行列 u の中心化群, 313
局所 $\mathbf{C}^k$ 共役, 232
局所 $\mathbf{C}^k$ 同値, 232
局所分岐, 255
距離, 436

駆動モース振動子, 636
熊手型（ピッチフォーク）分岐, 203, 260,
  269, 284, 373, 395
  熊手型分岐の標準形, 272
グラフ変換, 252

k-ジェット空間, 293
k 次のベクトル値単項式の空間, 215
結合振動子, 80
減衰，強制ダッフィング振動子, 155

構造安定, 98, 99, 288
構造安定性, 95
高調波, 75
  次数 n の高調波, 78
  次数 n の高調波応答, 78
高低調波, 75
勾配ベクトル場, 58
固有値 1, 365
固有値 −1, 378
コンリー–モーザー条件, 449

■さ行
錯綜の力学, 531
差分方程式, 1
作用, 125

作用-角座標系, 122
3 次元トーラス, 410

$\mathbf{C}^k$ 位相, 99
$\mathbf{C}^k$ 共役, 91
$\mathbf{C}^k$ 同値, 235
次元の低減, 65
指数理論, 36
$\mathbf{C}^0$-共役, 301
$\mathbf{C}^0$-同値, 300
$\mathbf{C}^0$-同値な準普遍変形, 301
写像, 1
  アファイン写像, 73
  エノン写像, 627
  円周写像, 388
  横断写像, 483
  写像度理論, 38
  写像に対する鞍状点-結節点分岐におけ
    る中心多様体, 401
  写像の鞍状点-結節点分岐, 394
  写像の安定性交替型分岐, 395
  写像の共役性, 89
  写像の局所分岐の余次元, 389
  写像の熊手型分岐, 395
  写像の周期倍化分岐, 395
  写像の不動点の分岐, 363
  写像のリャプノフ定理, 57
  写像を流れで補間する技巧, 413
  ずらし写像, 448
  同相写像, 440
  ねじれ写像, 137
  ポアンカレ写像, 104, 516
周期解, 26
周期強制減衰ダッフィング振動子, 417,
  627, 628
周期強制線形振動子, 71
周期倍加カスケード, 553
周期倍化分岐, 380, 395, 423
縮小写像, 453
主交叉点, 533
主ホモクリニック軌道, 601
純虚数固有値の対, 273, 336
準周期軌道, 152, 154
準線形偏微分方程式, 195
準普遍, 310
  準普遍変形, 290, 300
    準普遍変形の実数化, 323
常微分方程式, 1
剰余集合, 100

初期条件に関する存在，一意性，微分可能
　　性, 38
初期条件に関する鋭敏性, 442, 622
シルニコフ現象, 615
自励摂動に対するメルニコフの方法, 635
シンプレクティック行列, 325

ストレンジ・アトラクター, 585, 603, 626
スメールの馬蹄, 425, 565, 579
スメール・バーコフのホモクリニック定
　　理, 490
ずらし写像, 448

正規基底, 617
静止点, 6
生成性, 95, 98
正則点, 52
正半軌道, 49
正不変集合, 15
積分曲線, 2
セクター・バンドル, 465
接平面近似の失敗, 198
セパラトリックス, 32
0 固有値, 257
漸近安定, 7, 8
漸近的振る舞い, 43
線形安定, 9
線形化, 8
線形近似, 10

双曲型不動点, 10
双曲型不動点の安定及び不安定多様体, 61
双曲型不変集合, 471
相曲線, 2
相空間, 1
相流, 41
族, 310
　　族の基底, 310

■た行
大域安定多様体, 498
大域漸近安定, 13
大域的断面, 70
大域的分岐, 425, 605
大域的不安定多様体, 498
第 1 積分, 31, 34
第 1 変分方程式, 511
対称性, 565
　　対称性を持つ 2 重 0 固有値, 406

代数多様体, 288
対流, 184
ダッフィング振動子, 5
　　減衰，強制ダッフィング振動子, 155
　　非強制ダッフィング振動子, 10, 24, 28,
　　　　30, 46, 52
多様体
　　局所，安定，不安定及び中心多様体, 22
　　双曲型不動点の安定及び不安定多様体,
　　　　61
　　大域安定多様体, 498
　　大域的不安定多様体, 498
　　代数多様体, 288
　　多様体の分離, 498
　　不変多様体, 15
　　ホモクリニック多様体, 495

小さい分母, 181
中心, 10
　　中心多様体, 193
　　　　写像に対する鞍状点-結節点分岐にお
　　　　　ける中心多様体, 401
　　　　写像に対する中心多様体, 205
　　　　中心多様体定理, 291, 364
　　　　中心多様体の性質, 211
　　　　中心多様体の理論, 256
　　　　中心多様体理論, 193
　　　　パラメータに依存する中心多様体,
　　　　　199
　　　　ベクトル場に対する鞍状点-結節点分
　　　　　岐における中心多様体, 398
　　　　ベクトル場の中心多様体, 194
　　中心部分空間, 17
稠密軌道, 438
調和応答, 76
沈点, 10

通約, 81
筒, 580

定常点, 6
低調波, 75
　　次数 m の低調波, 78
　　次数 m の低調波応答, 77
　　低調波分岐, 522
　　低調波メルニコフ関数, 520, 521
　　低調波メルニコフ・ベクトル, 132
　　低調波メルニコフベクトル, 521
　　低調波メルニコフ理論, 119, 493

ディリクレの定理, 57

同相写像, 440, 448
同値, 310
動力系の力学, 411
特異点, 6
　特異点理論, 291
閉じこめ領域, 45
トムの横断性定理, 296

■な行
ナイマルク-サッカー分岐, 381, 389, 416
ナヴィエ・ストークス方程式, 183
流れ, 41

2 次平均化, 179
2 次ホモクリニック接触, 555, 562
2 重 0 固有値, 306, 325
2 重パルス・ホモクリニック軌道, 603
2-トーラス, 35
　2-トーラス $T^2 = S^1 \times S^1$, 30
2 要素からなる混合流体, 184

ねじれ写像, 137

■は行
ハミルトニアン, 103
ハミルトン系
　n 自由度ハミルトン系, 155
　可積分ハミルトン系, 34
ハミルトン・ベクトル場, 410
パラメータに関する微分可能性, 39
ハルトマン-グロブマン定理, 236

非強制ダッフィング振動子, 10, 24, 28,
　30, 46, 52
非共鳴, 151
非線形シュレディンガー方程式（NLS），
　421
非双曲型不動点, 604
非通約, 81
微分同相, 4, 64
非遊走集合, 45
非遊走的, 44
標準形, 193, 213
　標準形定理, 68, 217
　ベクトル場の標準形, 213
秤動運動, 182, 636

ファン・デア・ポール変換, 110, 192
ファン・デア・ポール方程式, 181
　強制ファン・デア・ポール方程式, 181,
　418
不安定, 7
　不安定結節点, 10
　不安定部分空間, 17
フィードバック制御系, 411
複素ギンツブルグ-ランダウ方程式
　（CGL）, 421
複素ダッフィング方程式, 421
副ホモクリニック軌道, 601
不動点, 6
　不動点の安定中心多様体, 22
　不動点の局所中心多様体, 22
　不動点の不安定中心多様体, 22
　不動点の分岐, 260
　不動点の余次元, 298
負不変集合, 15
部分多様体の余次元, 288
不変, 15
　不変円, 152, 185
　不変多様体, 15
普遍, 310
　普遍開折, 290
不変円, 385
不変な 2-トーラス, 361
分岐, 162
　鞍状点-結節点分岐, 258, 262, 303, 394,
　553, 605
　鞍状点-結節点分岐の標準形, 266
　安定性交替型分岐, 259, 266, 283, 369,
　395
　局所分岐, 255
　熊手型（ピッチフォーク）分岐, 203,
　260, 269, 284, 373, 395
　　熊手型分岐の標準形, 272
　周期倍化分岐, 380, 395, 423
　大域的分岐, 425, 605
　低調波分岐, 522
　ナイマルク-サッカー分岐, 381, 389,
　416
　不動点の分岐, 260
　分岐図式, 258
　分岐値, 258
　分岐点, 258, 289
　分岐の余次元, 287
　分岐理論, 199
　ポアンカレ-アンドロノフ-ホップ分岐,

227, 273, 279, 286, 304, 325, 333,
347, 402
　ホモクリニック分岐, 334, 522, 553, 605
　$\mu = 0$ での分岐, 262
分子の拡散, 184
分子の光分離, 183

平均化法, 106, 280, 402, 638
平衡解, 6
ペイショットの定理, 290
平面 $\mathbb{R}^2 = \mathbb{R}^1 \times \mathbb{R}^1$, 30
ベクトル場, 1, 60, 400
　可積分ベクトル場, 30
　勾配ベクトル場, 58
　自励系ベクトル場, 5, 39
　非自励系ベクトル場, 5, 42
　ベクトル場に対する鞍状点-結節点分岐
　　における中心多様体, 398
　ベクトル場の鞍状点-結節点分岐, 394
　ベクトル場の安定性交替型分岐, 394
　ベクトル場の共役性と同値性, 232
　ベクトル場の熊手型分岐, 394
　ベクトル場の不動点の分岐, 255
ヘテロクリニック軌道, 625, 652, 654
ヘテロクリニック・サイクル, 360, 611,
615, 645
ベール空間, 100
変形, 290
ベンディクソンの判定基準, 28

ポアッソン括弧, 190, 520
ポアンカレ-アンドロノフ-ホップ分岐,
227, 273, 279, 286, 304, 325, 333,
347, 402
ポアンカレ写像, 64, 104, 516
ポアンカレ-ベンディクソンの定理, 48,
51, 65, 279, 402
ホップ分岐定理, 281
ホモクリニック, 478
　ホモクリニック軌道, 465, 625
　　ホモクリニック軌道に対するメルニコ
　　フの方法, 493, 625
　ホモクリニック錯綜, 532
　ホモクリニック座標, 496
　ホモクリニック多様体, 495
　ホモクリニック点, 491, 533

ホモクリニック爆発, 585
ホモクリニック分岐, 334, 522, 553, 605
　ホモクリニック分岐の余次元, 565

■ま行
McGehee 変換, 637
マシューの方程式, 98

耳状領域, 533, 535
$\mu = 0$ での分岐, 262
μ_h-水平曲線, 450
μ_h-水平帯, 450
μ_v-垂直曲線, 450
μ_v-垂直帯, 450

結び目理論, 604

芽, 293
メビウス帯, 580

モーザーの定理, 484, 567, 584
モーザーのねじれ定理, 152
モース振動子, 183

■や行
湧点, 10

余次元, 287, 565

■ら行
Λ 上の不変安定線バンドル, 472
Λ 上の不変不不安定線バンドル, 472
ラムダ補題, 482

力学系, 1
リプシッツ関数, 450
リャプノフ安定, 6
リャプノフ関数, 11, 13, 46
リャプノフ-シュミット還元, 291
流体輸送, 183
臨界点, 6

レイノルズ数, 183

ローレンツ・アトラクター, 603
ローレンツ方程式, 58, 627

【著者】

S. ウィギンス
Stephen Wiggins
Department of Applied Mechanics
California Institute of Technology
Pasadena, California 91125, USA

【監訳者】

丹羽　敏雄 (にわ　としお)
津田塾大学学芸学部情報数理科学科教授

【訳者】

今井　桂子 (いまい　けいこ)
中央大学理工学部情報工学科教授

田中　茂 (たなか　しげる)
津田塾大学学芸学部情報数理科学科教授

水谷　正大 (みずたに　まさひろ)
東京情報大学総合情報学部情報システム学科
教授

森　真 (もり　まこと)
日本大学文理学部数学科教授

非線形の力学系とカオス　新装版

平成 25 年 2 月 25 日　発　　　行
令和 7 年 2 月 25 日　第 7 刷発行

監訳者　丹　羽　敏　雄

訳　者　今　井　桂　子
　　　　田　中　　　茂
　　　　水　谷　正　大
　　　　森　　　　　真

編　集　シュプリンガー・ジャパン株式会社

発行者　池　田　和　博

発行所　丸善出版株式会社
　　　　〒101-0051 東京都千代田区神田神保町二丁目17番
　　　　編集：電話 (03)3512-3266／FAX (03)3512-3272
　　　　営業：電話 (03)3512-3256／FAX (03)3512-3270
　　　　https://www.maruzen-publishing.co.jp

© Maruzen Publishing Co., Ltd., 2012

印刷・製本／大日本印刷株式会社

ISBN 978-4-621-06583-9　C3041　　　　Printed in Japan

本書の無断複写は著作権法上での例外を除き禁じられています.

本書は, 2000年6月にシュプリンガー・ジャパン株式会社より
出版された同名書籍を再出版したものです.